Vectorworks 2024

Asja Milinović

Vectorworks 2024

Praktische Übungen zur 2D- und 3D-Konstruktion

2. Auflage

Asja Milinović
Hürth, Deutschland

ISBN 978-3-658-46400-4   ISBN 978-3-658-46401-1   (eBook)
https://doi.org/10.1007/978-3-658-46401-1

Die Deutsche Nationalbibliothek verzeichnet diese Publikation in der Deutschen Nationalbibliografie; detaillierte bibliografische Daten sind im Internet über https://portal.dnb.de abrufbar.

© Der/die Herausgeber bzw. der/die Autor(en), exklusiv lizenziert an Springer Fachmedien Wiesbaden GmbH, ein Teil von Springer Nature 2021, 2024

Das Werk einschließlich aller seiner Teile ist urheberrechtlich geschützt. Jede Verwertung, die nicht ausdrücklich vom Urheberrechtsgesetz zugelassen ist, bedarf der vorherigen Zustimmung des Verlags. Das gilt insbesondere für Vervielfältigungen, Bearbeitungen, Übersetzungen, Mikroverfilmungen und die Einspeicherung und Verarbeitung in elektronischen Systemen.
Die Wiedergabe von allgemein beschreibenden Bezeichnungen, Marken, Unternehmensnamen etc. in diesem Werk bedeutet nicht, dass diese frei durch jede Person benutzt werden dürfen. Die Berechtigung zur Benutzung unterliegt, auch ohne gesonderten Hinweis hierzu, den Regeln des Markenrechts. Die Rechte des/der jeweiligen Zeicheninhaber*in sind zu beachten.
Der Verlag, die Autor*innen und die Herausgeber*innen gehen davon aus, dass die Angaben und Informationen in diesem Werk zum Zeitpunkt der Veröffentlichung vollständig und korrekt sind. Weder der Verlag noch die Autor*innen oder die Herausgeber*innen übernehmen, ausdrücklich oder implizit, Gewähr für den Inhalt des Werkes, etwaige Fehler oder Äußerungen. Der Verlag bleibt im Hinblick auf geografische Zuordnungen und Gebietsbezeichnungen in veröffentlichten Karten und Institutionsadressen neutral.

Planung/Lektorat: Sandy Lunau
Springer Vieweg ist ein Imprint der eingetragenen Gesellschaft Springer Fachmedien Wiesbaden GmbH und ist ein Teil von Springer Nature.
Die Anschrift der Gesellschaft ist: Abraham-Lincoln-Str. 46, 65189 Wiesbaden, Germany

Wenn Sie dieses Produkt entsorgen, geben Sie das Papier bitte zum Recycling.

Vorwort

Meine Arbeit als Dozentin für CAD-Programme und die direkte Interaktion mit Vectorworks-Einsteiger*innen haben mich motiviert, dieses Werk zu verfassen.

Durch wiederkehrende Anregungen und Nachfragen meiner Kursteilnehmer*innen begann ich kleine Aufgaben und Anleitungen für meinen Unterricht zu erstellen, um das Erlernen von Vectorworks mit praktischem Bezug erheblich zu erleichtern. Diese ersten Arbeiten wurden zu umfangreichen Übungen und schlussendlich zu diesem Buch.

Ich hoffe sehr, dass diese Ausführungen den Leser*innen die Grundprinzipien des Programms Vectorworks nahebringen, damit jede zukünftige Aufgabe in Vectorworks selbstständig bewältigt werden kann.

Das Buch wendet sich, mit vielen begleitenden Arbeitsschritten, an Einsteiger*innen in Vectorworks, sowie an bereits erfahrenere Vectorworks Benutzer*innen, die ihr Wissen mit diesem Buch vertiefen und ihren Einblick in den Umfang an Möglichkeiten innerhalb Vectorworks erweitern wollen.

Hierfür gilt mein herzlicher Dank allen meinen Seminarteilnehmer*innen, die mir mit ihren Anmerkungen geholfen haben, den Buchinhalt benutzerfreundlicher und anwendungsbezogener zu machen.

Darüber hinaus möchte ich mich besonders bei meiner geliebten Tochter Elin Lucia für die Korrekturen und ihre Unterstützung bei meinem Buchprojekt bedanken.

Ich wünsche allen Lesern*innen eine erfolgreiche Erarbeitung der Aufgaben und viel Spaß beim Entdecken von Vectorworks.

Köln, Januar 2021　　　　　　　　　　　　　　　　　　Asja Milinović, Dipl.-Ing.

Vorwort zur zweiten Auflage

Der Grund für die zweite Auflage dieses Buches ist die im Vergleich zur Vorgängerversion stark veränderte Programmoberfläche von Vectorworks 2024. Diese Änderungen haben mich dazu veranlasst, das gesamte Buch an die neuen Nutzer*innenerfahrung und die neuen Optionen im Programm anzupassen.

Einige der Werkzeuge und Befehle, die in der ersten Auflage erläutert wurden, sind in der Standard-Arbeitsumgebung von Vectorworks 2024 nicht mehr automatisch vorhanden. In der neuen Auflage zeige ich deshalb, wie sich die Benutzeroberfläche von Vectorworks 2024 anpassen lässt, damit diese fehlenden Werkzeuge sowie Befehle wieder direkt verfügbar sind.

Um die Bearbeitung der Aufgaben im Buch zu erleichtern, habe ich zusätzliche Werkzeuge verwendet, die das Arbeiten in Vectorworks weiter vereinfachen.

Ich hoffe, dass diese neue Auflage den Leser*innen ebenfalls eine wertvolle Unterstützung bietet und ihnen hilft, effizienter und erfolgreicher mit Vectorworks zu arbeiten.

Köln, Oktober 2024   Asja Milinović, Dipl.-Ing.

Zum besseren Verständnis der Befehle und Werkzeuge wurden Auszüge aus der Vectorworks-Onlinehilfe in kleinerer Schriftgröße zitiert (siehe Literaturverzeichnis).

Die gezeigten Bildschirmabbildungen stammen aus der Vectorworks Version 2024.

Vectorworks ist eine eingetragene Marke der Vectorworks Inc.

Inhaltsverzeichnis

1.	**Einführung in Vectorworks**	1
1.1	**Vectorworks-Programmoberfläche**	1
1.1.1	Vectorworks Dokument-/Zeichnungsstruktur	4
1.1.2	Einrichten eines Dokuments	5
1.1.3	Vorgabedokument	5
1.1.4	Plangröße	6
1.1.5	Neues Dokument öffnen	8
1.1.6	Automatisches Speichern	9
1.1.7	Multifunktionsleiste	11
1.1.8	Bezugsebene Ansicht	12
1.1.9	Aktuelle Ansicht	13
1.1.10	Gesicherte Darstellung	13
1.1.11	Arbeitsebenenmodi	14
	1. Ausrichtung Konstruktionsebene	15
	2. Auto-Arbeitsebene	16
	3. Arbeitsebene	16
1.1.12	ZOOMEN	19
1.1.13	Plan rotieren	21
1.1.14	Aktuelle Projektionsart	23
1.1.15	Darstellungsarten	25
1.1.16	Mausfunktionen	26
1.1.17	Tastenkürzel	27
1.1.18	Weitere Zeichenhilfe in der Methodenzeile	29
1.1.19	Mehrere Ansichtsfenster	29
1.1.20	Smart Options	31
1.1.21	Schnellsuche	33
1.1.22	Ablösbaren Registerkarten	35
1.1.23	Vectorworks-Hilfe	36
1.1.24	Vectorworks-Direkthilfe	38
1.2	**Vectorworks starten**	39
1.2.1	Startbildschirm	39
1.2.2	Vectorworks-Programmoberfläche	41
1.2.3	Anordnen von Paletten	43
1.2.4	Inhalt der Favoriten-Palette anpassen	45
1.2.5	Kopie der Arbeitsumgebung sichern	50
1.2.6	Unterwerkzeuge	51
1.2.7	Anzeigeart der Werkzeuge in der Werkzeugpalette	51
1.2.8	Ansicht der Multifunktionsleiste anpassen	52
1.2.9	Zeigerfang-Set in der Statusleiste anzeigen	53

2. Erste Schritte in der 2D-Konstruktion 54
2.1 Vectorworks starten 54
2.2 Linie 59
        1. Linie zwischen zwei Punkten zeichnen 61
        2. Linie mit Hilfe der Objektmaßanzeige zeichnen 62
        3. Linie über das Dialogfenster anlegen 63
2.2.1 Attribute zuweisen 67
        1. Linienart-gestrichelt und gepunktet 67
        2. Farbe und Stiftstärke der Linie L-3`ändern 70
        3. Komplexe Linienart-Linie Gras abstrakt 72
        4. Linienendzeichen (Pfeile) 73
2.3 Rechteck, Kreis und Polylinie 78
2.3.1 Rechtecke 79
        1. Rechteck gezeichnet mittels der Methode –
           Definiert durch Diagonale 82
        2. Rechteck gezeichnet mittels der Methode –
           Definiert durch Mittelpunkt 82
        3. Rechteck gezeichnet mittels der Methode -
           Definiert durch Seitenmitte 86
2.3.2 Kreise 89
        1. Kreis gezeichnet mittels der Methode –
           Definiert durch Mittelpunkt und Radius 89
        2. Kreis gezeichnet mittels der Methode –
           Definiert durch Durchmesser 93
        3. Kreis gezeichnet mittels der Methode –
           Definiert durch Sehne und einen Punkt auf dem Kreisbogen 100
2.3.3 Kreisbogen 101
2.4 2D-Objekte duplizieren und verteilen 103
2.4.1 Der Lattenzaun 104
        1. Vertikales Holzbrett 106
        2. Horizontales Holzbrett 108
        3. Verrunden des Lattenkopfes 112
2.4.2 Polylinie 116
        1. Duplizieren von Quadraten entlang einer Polylinie 116
        2. Bézierkurve 117
2.5 Objekte duplizieren und anordnen 120
2.5.1 Fassade mit gleichmäßiger Fensteranordnung 120
        1. Fassadenwand 122
        2. Fenster 123
        3. Rahmen und Glas 123
        4. Fenster duplizieren und anordnen 129
        5. Fenster umformen 131

3.	**Formen und Farben**	136
3.1	**Neues Dokument anlegen**	138
	1. Maßstabs festlegen	138
	2. Einheit und Dezimalstellen einstellen	139
	3. Plangröße einstellen	140
	4. Neue Ebene und Klasse erstellen	141
	5. Rechtecke	144
	6. Bilderrahmen	145
3.2	**Rechteck 1**	151
3.3	**Rechteck 2**	153
	1. Fangmodus - An Teilstück ausrichten	153
	2 Teilwinkel	155
3.4	**Rechteck 3**	161
3.5	**Rechteck 4**	163
3.6	**Rechteck 5**	166
	1. Regelmäßiges Vieleck	166
3.7	**Rechteck 6**	170
3.8	**Zusatzaufgaben**	175
3.8.1	Farbverlauf bearbeiten	175
	1. Farbverlauf bearbeiten	180
	2. Neue Farbe, neuen Farbregler hinzufügen	181
	3. Farbverlauf zuweisen	183
3.8.2	Individuelle Linienart anlegen	185
	1. Linenmuster zeichnen	186
	2. Ordner für Linienarten	189
	3. Positionieren von Wiederholungselementen	193
	4. Linenart zuweisen	194
3.8.3	Individuelle Schraffur erstellen	196
	1. Ordner für Schraffuren	196
	2. Schichten	198
	3. Schraffur zuweisen	203
	4. Schraffur bearbeiten	204
3.8.4	Individuelles Mosaik erstellen	204
	1. Ordner für Mosaike	205
	2. Mosaikmuster zeichnen	208
	3. Positionieren von Wiederholungselementen	211
	4. Mosaik zuweisen	214
	5. Mosaik bearbeiten	215
3.9	**Gesamtergebnis**	217

4.	**Vitrine**	218
4.1	**Neues Dokument anlegen**	220
	1. Eigenen Bemaßungsstandard erstellen	220
	2. Bearbeiten von Klassen	225
4.2	**Vitrine - Korpus**	226
	1. Linke Seite der Vitrine	226
	2. Oberboden	228
	3. Rechte Seite der Vitrine	229
	4. Unterboden	230
	5. Mittelböden	231
	6. Oberboden bearbeiten	234
4.3	**Vitrine – Türen**	242
4.3.1	Linke Tür	242
4.3.2	Rechte Tür	244
4.4	**Klassenstile zuweisen**	245
4.4.1	Klasse der Tür wechseln	245
4.4.2	Klassendarstellung	247
4.4.3	Klasse - Status „Zeigen, ausrichten und bearbeiten"	250
4.5	**Bemaßung**	251
4.6	**Projektpräsentation**	254
4.6.1	Layoutebene, Ansichtsbereich anlegen	255
	1. Plangröße ändern	257
4.6.2	Ansichtsbereich bearbeiten	259
	1. Begrenzung bearbeiten	262
	2. Ergänzungen bearbeiten	263
	3. Text	263
4.7	**Plankopf einfügen**	265
5.	**Dekorative Gegenstände**	267
5.1	**Bücher**	269
5.1.1	Büchergruppe	269
	1. Symbol anlegen	271
5.1.2	Abgestufte Büchergruppe	275
5.1.3	Bücherstapel	277
	1. Symbol ersetzen	281
5.1.4	Geneigte Büchergruppe	283
	1. Symbol bearbeiten	284
	2. Symbol ersetzen	288
	3. Symbol bearbeiten	290
5.2	**Fotorahmen mit Bild**	293

5.3	**Blumenvase**	296
5.3.1	Vase	297
5.3.2	Blume	299
5.4	**Tischlampe**	303
5.4.1	DWG-Datei herunterladen	304
5.4.2	DWG-Datei importieren	306
5.5	**Gezeichnete Objekte verteilen**	317
5.5.1	Symbole verschieben	318
5.6	**Layoutebene bearbeiten**	322
6.	**Erste Schritte in der 3D-Konstruktion**	326
6.1	**Neues Dokument anlegen**	327
6.2	**Gartenhaus**	329
6.2.1	Korpus	331
	1. Außenvolumen	331
	2. Innenvolumen	333
6.2.2	Tür	336
	1. Türöffnung	336
	1. Türblatt	339
6.2.3	Dach	341
6.2.4	Abschrägen der Wände	342
	1. Rechte Wand	342
	2. Linke Wand	346
6.2.5	Dachfläche	349
6.2.6	Flächen abschrägen	354
	1. Linke Dachseite abschrägen	355
	2. Rechte Dachseite abschrägen	356
6.3	**Gartentisch**	358
6.3.1	Tischplatte, Verjüngungskörper	359
6.3.2	Tischbein, Schichtkörper	360
6.3.3	Vase	363
	1. Schichtkörper	364
	2. Hohlkörper	366
6.3.4	Schale	367
	1. Rotationskörper	372
6.4	**Kinderzelt**	373
	1. Zeltboden	374
	2. Schnittform des Zeltes	375
6.4.1	NURBS-Kurve	377
6.4.2	Kurvenverbindung anlegen	379
6.4.3	Textur	382
6.4.4	Darstellungsart - Renderworks	384

7.	**Turm**	386
7.1	**Neues Dokument anlegen**	389
7.2	**Turmschaft und Sockel des Turmes**	392
7.2.1	Eingangstor	395
7.2.2	Fenster	398
7.3	**Oberer Teil des Turmschaftes**	402
7.4	**Turmspitze**	405
7.5	**Turmkranz**	407
7.5.1	Zahnschnittfries (oben)	409
7.5.2	Zahnschnittfries (unten)	417
7.6	**Umformen der Fenster**	425
7.7	**Mehrfenstertechnik**	428
7.8	**Fensterumrandung**	429
7.8.1	Fensterfries, Pfadkörper	433
7.9	**Schnittbox**	436
7.10	**Texturen zuweisen**	438
7.11	**Darstellungsart – Renderworks Eigen**	444

Literaturverzeichnis 447

Stichwortverzeichnis 448

1. Einführung in Vectorworks

1.1 Vectorworks-Programmoberfläche

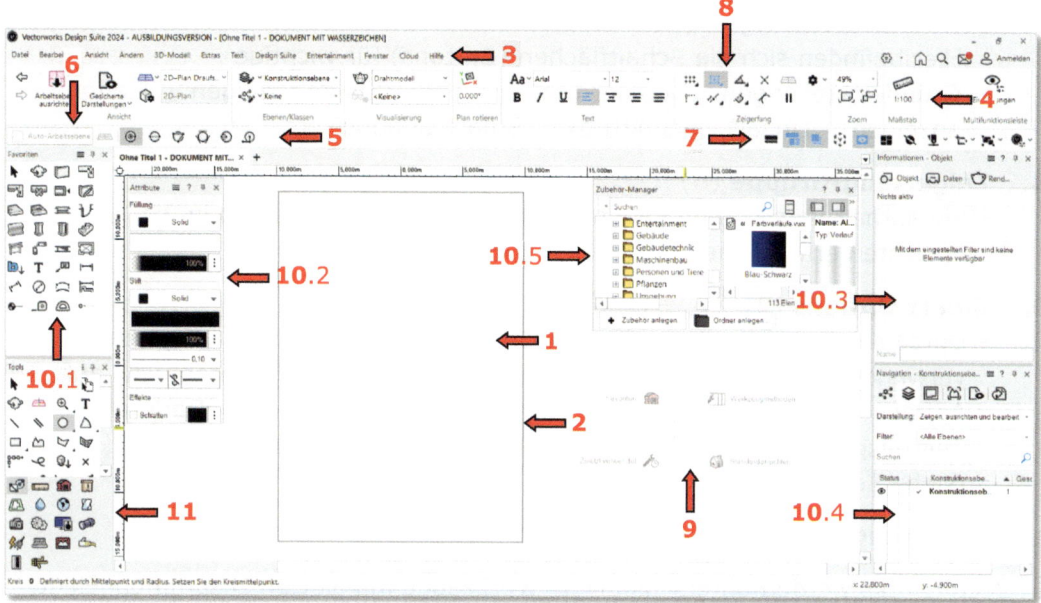

1. **Zeichenfläche** (**1**)
   - Das Zeichenblatt wird mittig auf dem Bildschirm als grauer Rahmen angezeigt.

2. **Plangröße** (**2**)
   - Mit dem Befehl *Plangröße* legen Sie die Größe des Zeichenblattes fest. Alle Objekte, die innerhalb dieses Rahmens gezeichnet werden, können ausgedruckt werden. Objekte außerhalb des Rahmens werden hingegen nicht gedrückt (siehe Seite 6 ff.).

3. **Menüzeile** (**3**)
   - Sie enthält Aufklappmenüs, in denen die Befehlsaufrufe für das 2D- und 3D-Zeichnen nach Kategorien eingeteilt sind.

4. **Multifunktionsleiste** (Standardansicht) (**4**)
   - In dieser Leiste werden Klassen, Ebenen, Ansichten aufgerufen, Maßstäbe gewählt, Zugriff auf verschiedene Zoom-Optionen gewährt usw.

5. **Methodenzeile** (**5**)
   - Diese zeigt mehrere Methodensymbole (Optionen) für das Ausführen eines Werkzeuges an.

6. **Arbeitsebenenmodi** (6)
   - Hier können Sie festlegen, wie eine Arbeitsebene beim Zeichnen von 2D-Objekten verwendet wird.
   - Dieser Modus ist nur aktiv, wenn Sie ein 2D-Werkzeug aktivieren und eine der 3D-Ansichten als Ansicht auswählen.

7. **Schnelleinstellungen** (7)
   - Hier befinden sich die Schaltflächen (Buttons) für wichtige Grundeinstellungen: „Dunkler Hintergrund", „Raster anzeigen", „Plangröße anzeigen", „Lineal", „Schnittbox", „Smart Options" etc.

8. **Zeigerfang-Gruppe** (8)
   - Sie enthält verschieden Fangmodi, die das präzise Zeichnen in 2D- und 3D-Ansichten ermöglichen (siehe Seite 53).

9. **Smart Options** (9)
   - Durch die Anzeigemethode Smart Options können die am häufigsten verwendete Werkzeuge, Werkzeuggruppen, Standardansichten usw. auf Anfrage direkt neben dem Mauszeiger eingeblendet werden. Dadurch wird Zeit gespart und die Effizienz bei der Mausbedienung erhöht
   (siehe Seite 31 ff.).

10. **Werkzeugpaletten**

In Vectorworks werden unterschiedliche Werkzeuge in Paletten zusammengelegt. Sie können beliebig verschoben oder rechts und links an die Benutzeroberfläche angekoppelt/angedockt werden:

1. **Favoriten-Palette** (10.1)
   - Sie enthält die wichtigsten Werkzeuge für die ausgewählte Arbeitsumgebung.

2. **Attributpalette** (10.2)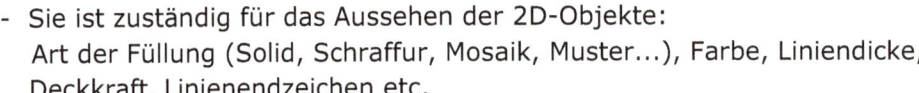
   - Sie ist zuständig für das Aussehen der 2D-Objekte:
   Art der Füllung (Solid, Schraffur, Mosaik, Muster...), Farbe, Liniendicke, Deckkraft, Linienendzeichen etc.
   - In der Attributpalette lassen sich die grafischen Eigenschaften der Objekte festlegen. Sie können dort bestimmen, ob ein Objekt transparent, einfarbig, mit einem Füllmuster, einer Schraffur, einem Verlauf oder mit einem Bild gefüllt sein soll. Außerdem wählen Sie hier die Füllmusterfarben, das Stiftmuster, die Stiftfarben, die Deckkraft, die Liniendicke, die Linienart, die Linienendzeichenart sowie die Linienendzeichengröße der Objekte aus und bestimmen, ob und wie ein Schlagschatten gezeichnet wird.
   - Möchten Sie bestimmten Objekten Attribute oder einen Klassenstil zuweisen, aktivieren Sie zuerst die Objekte, die Sie ändern möchten und wählen Sie dann in der Attributpalette die gewünschten Eigenschaften aus.

Informationen-Palette (10.3)
   - Sie ist auf drei Registerkarten aufgeteilt: Objekt, Daten und Rendern.

- In der ersten Registerkarte "Objekt" werden Informationen zum aktuell ausgewählten Objekt angezeigt, wie seine Maße, Position im Koordinatensystem und vieles mehr.
  In diesem Bereich können Sie auch aktive Objekte umformen, an andere Koordinaten verschieben oder in eine andere Klasse/Ebene verschieben.
- In der zweiten Registerkarte „Daten" können aktive Objekte mit einer Datenbank verknüpft werden.
- In der dritten Registerkarte „Rendern" können Sie einem 3D-Objekt die Textur zuweisen.

3. **Navigationspalette** (**10**.4)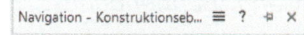
   - In dieser Palette werden Strukturelemente von Vectorworks wie Klassen, Ebenen, Layoutebenen etc. angezeigt. Dabei können sie aktiviert, grau oder unsichtbar dargestellt werden usw.

4. **Zubehör-Manager** (**10**.5)
   - Dies ist eine Art Symbolverwaltungsstelle, in der Zubehör/Symbole erstellt, bearbeitet und verwaltet werden können.

11. Tools (11)

In der Tools-Palette sind je nach gewählter Arbeitsumgebung verschiedene Werkzeuggruppen angeordnet. Diese Werkzeuge sind nach ihrer Funktion gruppiert (siehe Seite 43 f.).

Vectorworks Werkzeuge sind in Gruppen/Tools thematisch angeordnet:

1. **Konstruktion**
   - In dieser Palette befinden sich grundlegende Werkzeuge, hauptsächlich für das 2D-Zeichnen programmiert.

2. **Bemaßung/Beschriftung**
   - In dieser Palette befinden sich die Werkzeuge zur Erstellung der *Bemaßungen* und auch für *Strecke messen*, *Winkel messen*, *Plankopf*, *Verweislinie*, *Schnittverlauf* etc.

3. **Architektur**
   - In dieser Gruppe befinden sich Werkzeuge zum Zeichnen von *Wänden*, *Fenster*, *Türen*, *Boden/Decken*, *Treppen* usw.

4. **Innenarchitektur**
   - In dieser Gruppe befinden sich Werkzeuge, die für Innenarchitektur wichtig sind: *Schrank*, *Regal*, *Tisch und Stühle* etc.

5. **Landschaft**
   - Dieses Modul hat speziell entwickelte Werkzeuge für Landschaftsarchitekten, Stadtplaner sowie Garten- und Landschaftsbauer: *Pflanze*, *Baum*, *Parkplatz*, *Böschung*, *Hecke* etc.

6. **GIS**
   - Import und Export von GIS-Daten, Georeferenzierung von Vectorworks-
   - Zeichnungen.

7. **Bewässerung**
   - Speziell entwickelte Werkzeuge und Befehle, um Bewässerungsanlagen zu entwerfen.

8. **Veranstaltung**
   - Speziell entwickelte Werkzeuge für Veranstaltungs- und Bühnentechniker: *Zaun, Geländer, Gang, Bühnenpodest, Bühnentreppe, Bestuhlung* usw.

9. **Modellieren**
   - In dieser Palette befinden sich wichtige Werkzeuge für das 3D-Modellieren: *Kugel, Kegel, Punkt 3D, NURBS-Kurve, Drücken/Ziehen, Extrahieren...*

10. **Visualisieren**
    - In dieser Palette befinden sich Werkzeuge zum Einsetzen von Lichtquellen und Rendern von 3D-Objekte: *Lichtquelle, Sonnenstand, Kamera, Fotomaske* etc.

11. **Objekte/Normteile**
    - Intelligente Symbole aus dem Maschinenbaubereich.

Werkzeugpaletten
- öffnen und schließen

Sie haben die Möglichkeit, sämtliche Paletten einzeln über die Befehle in der Menüzeile (**1**) zu öffnen oder zu schließen:

- unter Aufklappmenü *Fenster* (**2**) – Untermenü *Paletten* (**3**) – z.B. *Informationen, Navigation, Attribute, Zubehör-Manager* usw. (**4**).

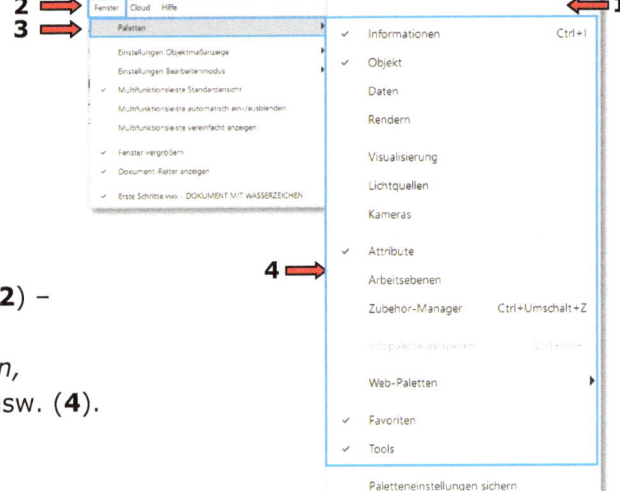

1.1.1 Vectorworks Dokument-/Zeichnungsstruktur

Das Vectorworks Dokument ist durch **Konstruktionsebenen**, **Klassen** und **Layoutebenen** strukturiert. Jedes gezeichnete Objekt wird automatisch einer Ebene und einer Klasse zugeordnet.

In den Grundeinstellungen von Vectorworks wird standardmäßig eine Konstruktionsebene namens „Konstruktionsebene-1" sowie zwei Klassen namens „Keine" und „Bemaßung" zum Zeichnen erstellt.

In diesem Fall werden alle gezeichneten Objekte auf die „Konstruktionebene-1" und in die Klasse „Keine" platziert.
Alle Bemaßungen werden automatisch der Klasse „Bemaßungen" zugeordnet. Diese beiden Standardklassen können nicht gelöscht werden.
Es wird empfohlen, eigene Ebenen und Klassen anzulegen und insbesondere die Klasse „Keine" leer zu halten.
Besondere Eigenschaften der Konstruktionsebenen bestehen darin, dass sie in bestimmten Höhen (in der z-Richtung) angelegt werden können. Dadurch werden die Objekte entsprechend ihrer Ebenenzugehörigkeit in eine bestimmte Höhe (in der z-Richtung) positioniert.
Klassen bestimmen das Erscheinungsbild von Objekten einschließlich grafischer Attribute, Texturen, Textstile usw., jedoch nur dann, wenn die Option „Automatisch zuweisen" aktiviert ist.
Layoutebenen dienen der Darstellung und dem Druck von Plänen.

1.1.2 Einrichten eines Dokuments

In Vectorworks wird Ihr Projekt in einem Vectorworks-Dokument gezeichnet. Um effektiv mit dem Zeichnen zu beginnen, sollten Sie zunächst drei wichtige Einstellungen - Einheiten, Maßstab und Plangröße - in dem neuen Dokument festlegen.

Weitere wichtige Einstellungen umfassen die Struktur von Ebenen und Klassen, Darstellungsoptionen, Bemaßungsstandards und andere Präferenzen, die Sie in einem Vorgabedokument zusammenstellen und speichern können.

Bevor Sie mit dem Zeichnen beginnen, ist es ratsam, all diese Parameter für das neue Dokument oder Projekt festzulegen.

1.1.3 Vorgabedokument

Die von Vectorworks bereits entwickelten und vorbereiteten Vorgaben stehen Ihnen zur Verfügung.

Es ist jedoch sinnvoll eigene Vorgabedokumente für Ihre Projekte in Vectorworks zu erstellen. Dies erleichtert Ihre Arbeit mit Vectorworks erheblich.

In diesen Vorgabedokumenten können Sie die gewünschten Einstellungen wie Maßstab, Einheit, Ebenen, Klassen, Symbole, Textstil, Linienarten, Planköpfe, Firmenlogos usw. speichern und bei Bedarf für neue Projekte wiederverwenden.

Speichern Sie das Dokument mit den gewünschten Einstellungen als Vorlage über den Befehl in der Menüzeile (**1**):

- *Datei (**2**) - Als Vorgabe sichern... (**3**)*.

1. Einführung in Vectorworks

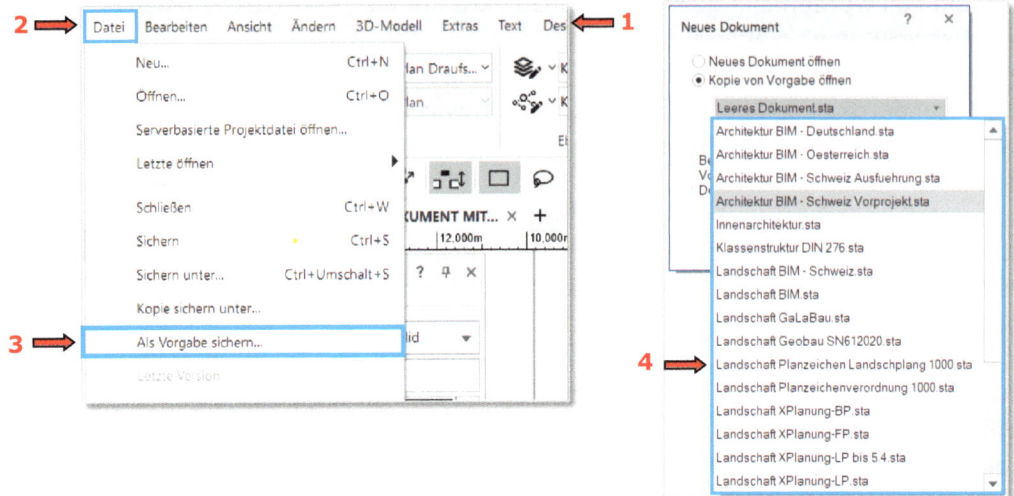

Alle Vorgabedokumente (**4**), einschließlich solcher, die speziell für Architekten, Landschaftsarchitekten, Designer, Spotlight usw. von Vectorworks entwickelt und abgelegt wurden, befinden sich im Vectorworks-Programmordner /Bibliotheken/ Vorgaben: Vorgaben (**5**) - Vorgabedokumente (**6**).

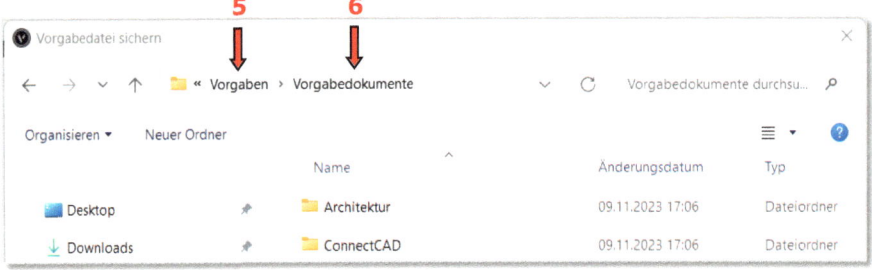

1.1.4 Plangröße

Die Größe eines Zeichenblatts, das als grauer Rahmen im Zeichenbereich angezeigt wird, können Sie mit dem Befehl *Plangröße* einstellen und bearbeiten.

Alles, was Sie innerhalb dieses Rahmens gezeichnet haben, kann ausgedruckt werden. Alles andere, was außerhalb des Rahmens liegt, nicht.

WICHTIG: Mit dem Befehl *Plangröße* können Sie nicht das Papierformat ihres Druckers bestimmen. Dies können Sie im Dialogfenster „Seite einrichten" festlegen:

- Gehen Sie in der Menüzeile zu dem Befehl: *Datei* (**1**) – *Plangröße…* (**2**) oder klicken Sie mit der rechten Maustaste (RMT) auf eine leere Stelle in der Zeichenfläche:
- In dem nun erscheinenden Kontextmenü (**3**) wählen Sie den Befehl *Plangröße…* (**4**) aus.

1. Einführung in Vectorworks

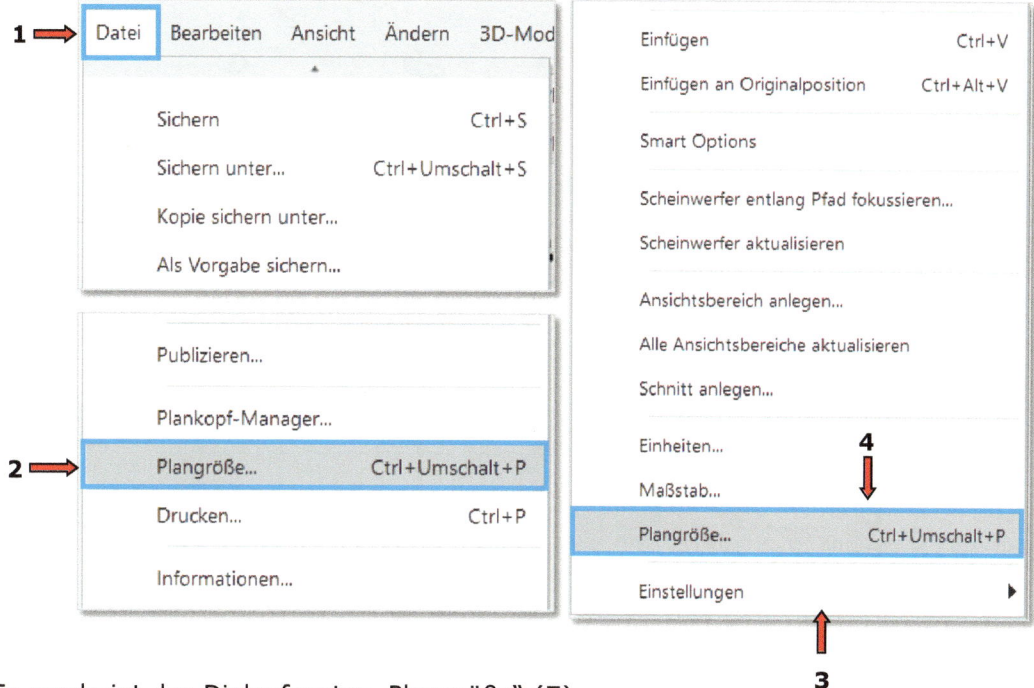

Es erscheint das Dialogfenster „Plangröße" (**5**).

- Klicken Sie auf die Schaltfläche „Drucker und Seite einrichten..." (**6**).

In dem nun erschienenen Dialogfenster „Seite einrichten" (**7**) können Sie das „Papierformat" (**8**) auswählen, „Ausrichtung" (**9**) bestimmen usw.

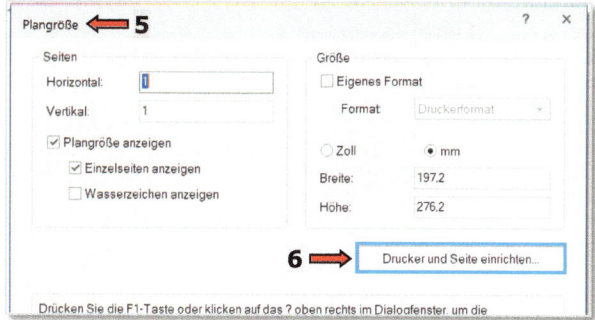 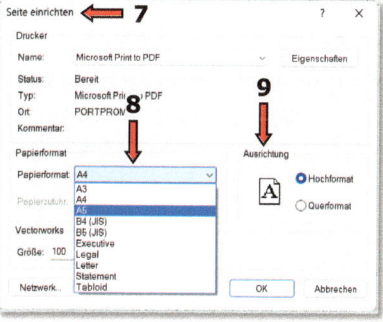

Die Einstellung „Plangröße anzeigen" lässt sich über die Schnelleinstellungen (**10**) auf der rechten Seite der Methodenzeile ein- und ausschalten:

- Mit einem Klick auf den Pfeil-Listenknopf (**11**) öffnet sich das Aufklappmenü (**12**):
- In der nun erscheinenden Liste wählen Sie die Option „Plangröße anzeigen" (**13**) aus.

In der Methodenzeile erscheint nun bei den Schnelleinstellungen (**10**) das Symbol für „Plangröße anzeigen" (**14**). Mit einem Klick auf dieses Symbol können Sie das Zeichenblatt (das als grauer Rahmen angezeigt ist) ein- und ausschalten.

1. Einführung in Vectorworks

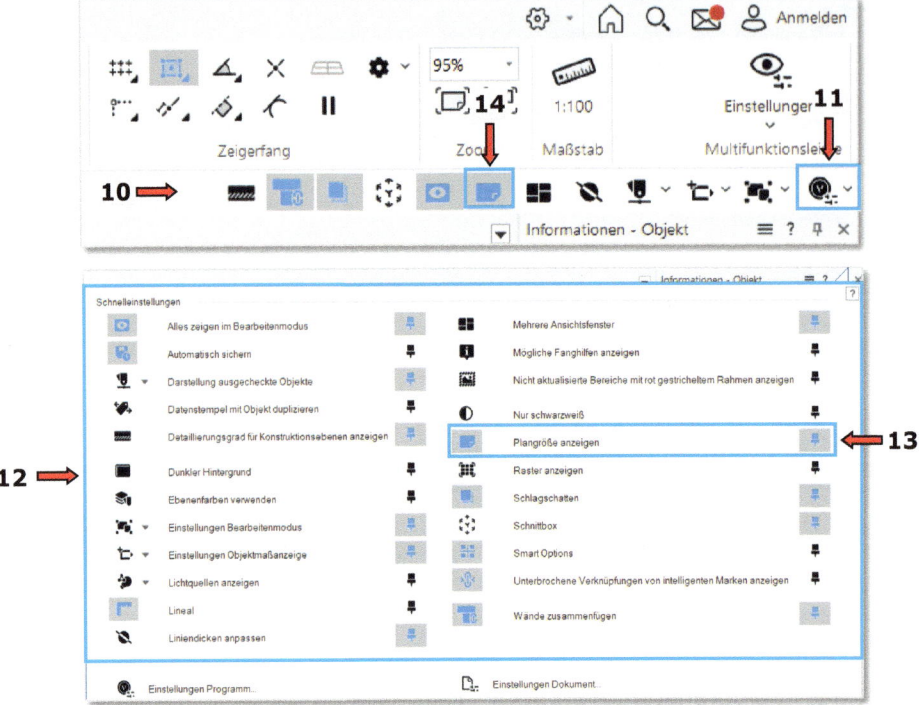

1.1.5 Neues Dokument öffnen

Mit dem Befehl *Neu* in dem Aufklappmenü „Datei" wird ein neues Vectorworks-Dokument angelegt:

- *Datei* (**1**) – *Neu...* (**2**).

Darauffolgend öffnet sich das Dialogfenster „Neues Dokument" (**3**).

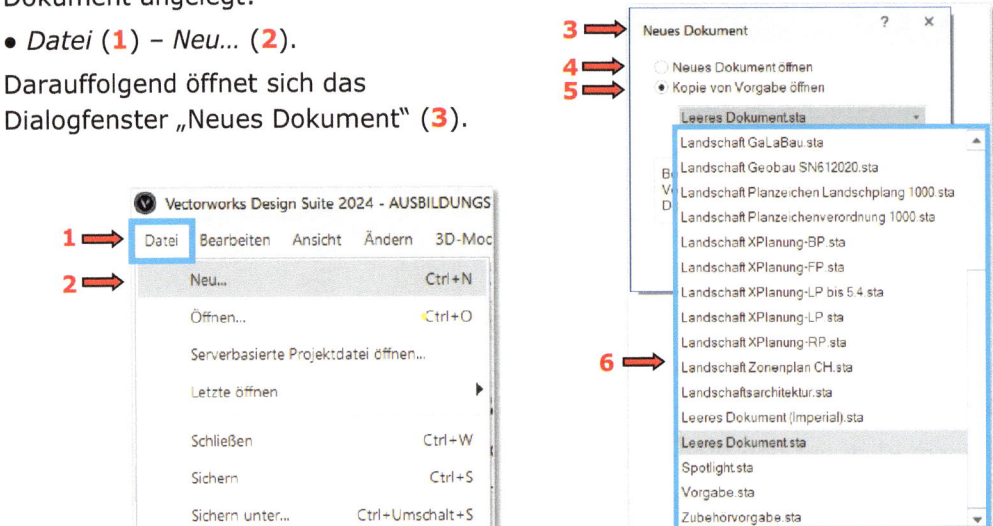

Wenn Sie in diesem Dialogfenster die Option „Neues Dokument öffnen" (**4**) auswählen, wird ein Dokument mit den Grundeinstellungen von Vectorworks angelegt.

Dieses können Sie jederzeit ändern und an Ihre Wünsche und Bedürfnisse anpassen, um effizienter arbeiten zu können.

WICHTIG: Alle Zeichnungseigenschaften sollten zu Beginn des Zeichenprozesses festgelegt werden. Wenn Sie die Grundeinstellungen mitten im Zeichenprozess ändern, besteht die Möglichkeit, dass beispielsweise bei einer späteren Anpassung des Maßstabs die Textgröße nicht korrekt angepasst wird.

Durch die Option „Kopie von Vorgabe öffnen" (**5**) können Sie eine Kopie eines vorhandenen Vorgabedokuments auswählen.

Im Aufklappmenü (**6**) werden alle Vorgabedokumente aufgelistet, die im Ordner „Vorgabedokumente" (Vectorworks-Programmordner/Bibliotheken /Attribute und Vorgaben bzw. im Benutzerdatenordner) gespeichert wurden. Die mitgelieferten Vorgabedokumente von Vectorworks entsprechen den branchenspezifischen Anforderungen je nach gekauftem Vectorworks-Modul (z. B. für Architektur, Landschaft, Spotlight).

1.1.6 Automatisches Speichern

Eine der wichtigsten Einstellungen in Vectorworks ist das automatische Speichern der Datei bzw. des Dokuments.

Bevor Sie mit Ihrer Arbeit an einem Vectorworks-Dokument beginnen, sollten Sie das automatische Speichern aktivieren. Dadurch werden Ihre Daten vor plötzlichen Programmabstürzen geschützt.
Um dies zu tun, gehen Sie in der Menüzeile (**1**) zu dem Menü „Extras" (**2**). Wählen Sie aus dem Aufklappmenü (**3**) das Untermenü „Programm Einstellungen" (**4**) und anschließend den Befehl *Programm...* (**5**) aus.

Im späteren Verlauf dieses Buches wird die Navigation zu einem Befehl mit Bindestrichen (-) dargestellt:

- *Extras* (**2**) - *Programm Einstellungen* (**4**) – *Programm...* (**5**).

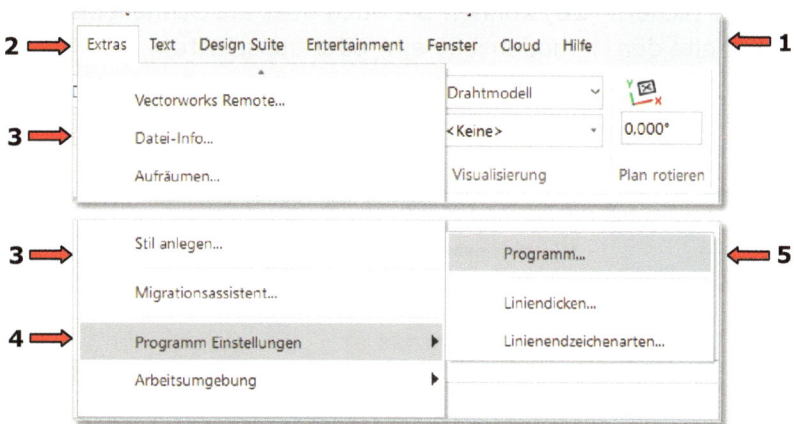

1. Einführung in Vectorworks

- In dem nun erscheinenden Dialogfenster „Einstellungen Programm" (**6**) öffnen Sie die Registerkarte „Sichern" (**7**). Hier finden Sie die Einstellungen, die das automatische Sichern und das Erstellen von Backup-Dateien steuern.

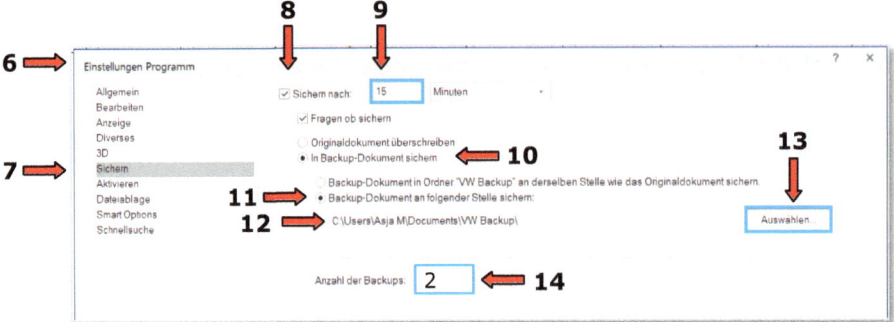

- Aktivieren Sie die Option „Sichern nach" (**8**).
- In das rechts liegende Eingabefeld (**9**) tragen Sie die gewünschte Zeitspanne ein, nach der das automatische Speichern erfolgen soll, z. B. alle 15 Minuten.
- Aktivieren Sie die Option „In Backup-Dokument sichern" (**10**). Dadurch wird eine Kopie Ihres Dokumentes erstellt, die bei jedem folgenden Speichern (Sichern) überschrieben wird.
- Sichern Sie das Backup-Dokument nicht an der gleichen Stelle wie das Originaldokument, sondern wählen Sie stattdessen die Option „Backup-Dokument an folgender Stelle sichern:" (**11**) aus.

Dafür müssen Sie den Ziel-Ordner auf Ihrer lokalen Festplatte (**12**) bestimmen:

- Um den gewünschten Ordner auf der Festplatte zu finden, klicken Sie auf die Schaltfläche „Auswählen…" (**13**).
- In dem letzten Bereich des Dialogfensters legen Sie fest, wie viele Backup-Dateien erstellt werden sollen, bevor die älteste überschrieben wird (**14**). Wenn Sie sich beispielsweise für 2 Backup-Dokumente entscheiden, finden Sie im Backup-Ordner (**12**) auf Ihrer Festplatte immer die beiden zuletzt gespeicherten Backup-Dokumente, die sie länger als 15 Minuten bearbeitet haben.

Das automatische Sichern (**16**) können Sie auch über die Schnelleinstellungen (**15**) auf der rechten Seite der Methodenzeile ein- oder ausschalten.

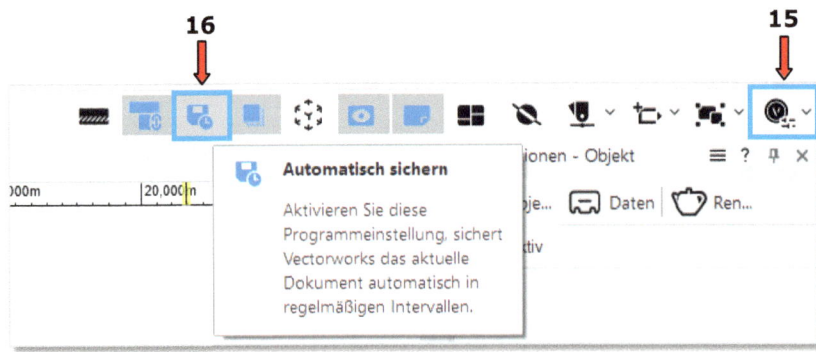

1. Einführung in Vectorworks

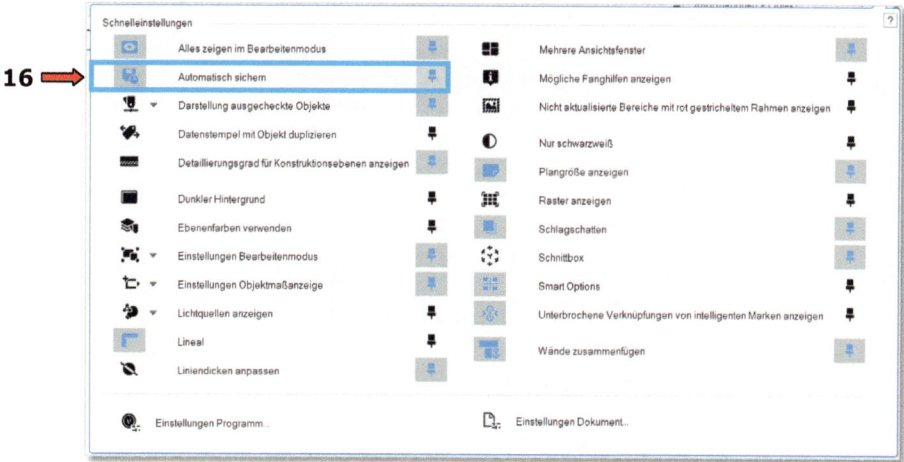

1.1.7 Multifunktionsleiste

Die Multifunktionsleiste (**1**) befindet sich direkt unter der Menüzeile (**2**).

Über die Multifunktionsleiste können Sie auf Ebenen und Klassen zugreifen und diese bearbeiten, den Maßstab auswählen, den Plan rotieren, die aktuelle Ansicht festlegen, die Projektions- und Darstellungsart auswählen usw.

Das Erscheinungsbild der gesamten Multifunktionsleiste wird durch das Symbol „Anzeige Multifunktionsleiste" (**3**) gesteuert.

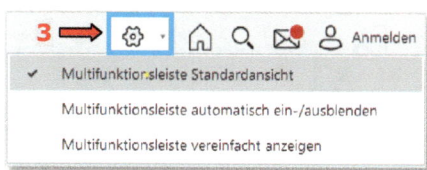

Die Gruppen und Schaltflächen in der Multifunktionsleiste lassen sich über die Option „Einstellungen Multifunktionsleiste" (**4**) auf der rechten Seite ein- und ausschalten:

- Durch einen Klick auf den Pfeil-Listenknopf (**4**) öffnet sich das Aufklappmenü „Einstellungen Multifunktionsleiste" (**5**):
- In der aufgeklappten Liste (**5**) können Sie die gewünschte Option durch einen Klick auf das Pin-Icon (**6**) ein- oder ausschalten.

In der Multifunktionsleiste (**1**) wird diese dann ein- oder ausgeblendet.

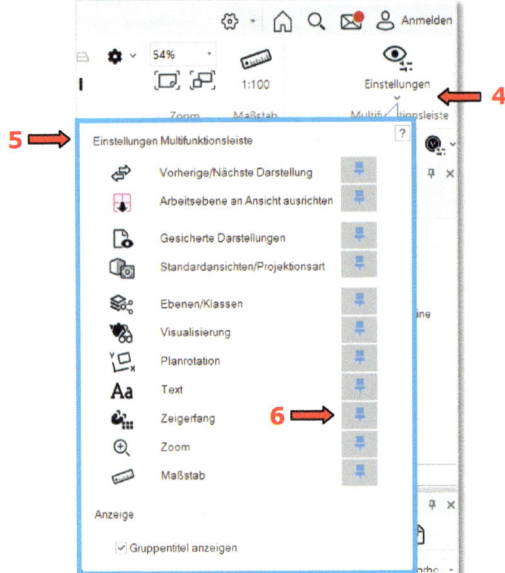

1.1.8 Bezugsebene Ansicht (**1**)

Eine Ansicht in Vectorworks ist die Darstellung eines 3D-Objektes aus einem bestimmten Blickwinkel.

Hier können Sie die Ausrichtung für Standard- und benutzerdefinierte Ansichten auswählen. Alle verfügbaren Ansichten befinden sich im Aufklappmenü „Aktuelle Ansicht" (**2**). Die aktuell gewählte Ansicht wird angezeigt. Falls die Ansicht manuell rotiert ist, wird sie als „3D-Ansicht festlegen" bezeichnet.

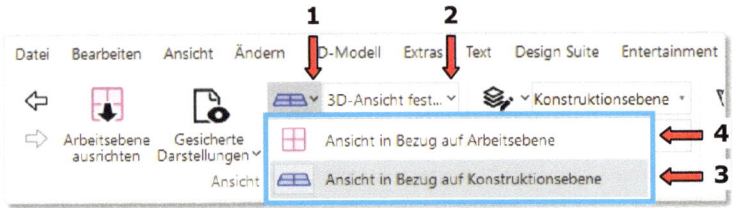

Ansicht in Bezug auf Konstruktionsebene (**3**)

Die Ansicht, sei es eine ausgewählte Standardansicht oder eine rotierte Ansicht, richtet sich nach der Position der aktiven Konstruktionsebene.

Die Konstruktionsebene ist eine Grundoberfläche (ähnlich einer xy-Ebene im Koordinatensystem), auf der alle Objekte platziert werden.

„Sie kann nicht gedreht oder verschoben werden" (siehe Vectorworks-Hilfe [1])

Die Achsen der Konstruktionsebene werden mit **x**, **y** und **z** bezeichnet.

Ansicht in Bezug auf Arbeitsebene (4)

Die Ansicht, sei es eine ausgewählte Standardansicht oder eine rotierte Ansicht, richtet sich nach der Position der aktiven Arbeitsebene und nicht nach der Position der Konstruktionsebene.

Die Achsen der Arbeitsebene werden mit **x′**, **y′** und **z′** bezeichnet.

1.1.9 Aktuelle Ansicht (2)

Vectorworks hat 15 Standardansichten (**5**). Sie können auch weitere Ansichten erzeugen:

1. Durch das Rotieren mit dem Werkzeug *Ansicht rotieren* (**7**) aus der Favoriten-/Konstruktion-Palette (**6**).
2. Sie können das Werkzeug *Ansicht rotieren* temporär während des Zeichnens aktivieren:
    - Drücken Sie zunächst die Kontrolltaste (Strg) auf der Tastatur.
    - Halten Sie dann die Kontrolltaste (Strg) gedrückt und bewegen Sie das Mausrad.

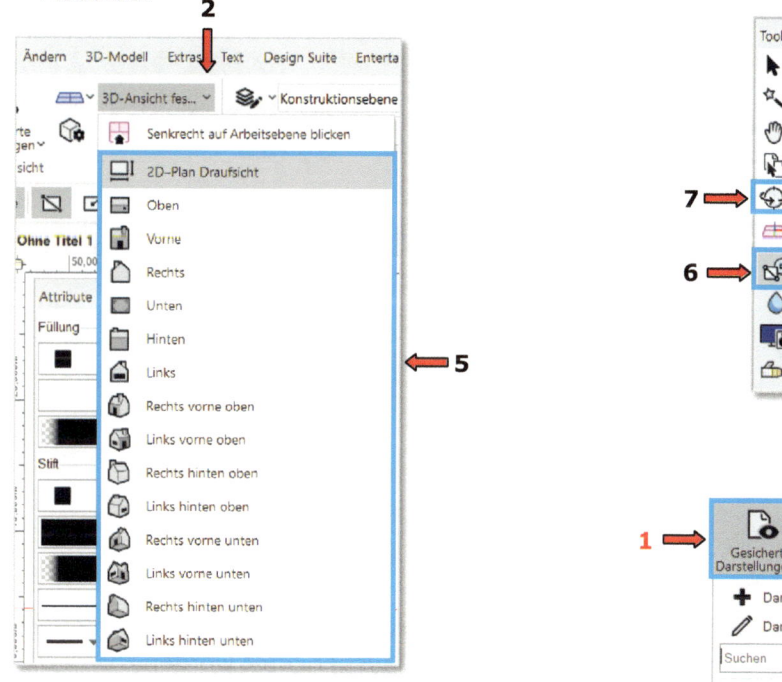

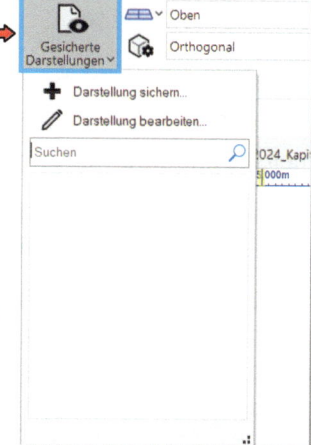

1.1.10 Gesicherte Darstellungen

In dem Drop-down-Menü „Gesicherte Darstellungen" (**1**) in der Multifunktionsleiste können verschiedene Darstellungen einer Zeichnung abgespeichert, bearbeitet und aufgerufen werden.

1. Einführung in Vectorworks

[...] Eine gesicherte Darstellung ist wie eine Kamera, die aufgestellt wurde, um eine Zeichnung aus einem bestimmten Winkel und mit einem bestimmten Set von Ansichtseinstellungen anzuzeigen. Dazu gehört, welche Klassen und Konstruktionsebenen aktiv sind, die Sichtbarkeiten der nicht aktiven Klassen und Konstruktionsebenen, der aktuelle Zoomfaktor und die Planposition. Ist ein Produkt der Vectorworks Design Suite installiert, können die Planrotation und die Position der Schnittbox gesichert werden. [...]
(siehe Vectorworks-Hilfe [1])

1.1.11 Arbeitsebenenmodi

Die Arbeitsebenenmodi (**2,3,4**) befinden sich auf der linken Seite der Methodenzeile (**1**). Diese Modi sind nur aktiv, wenn ein 2D-Werkzeug ausgewählt ist und Sie sich in einer 3D-Ansicht befinden.

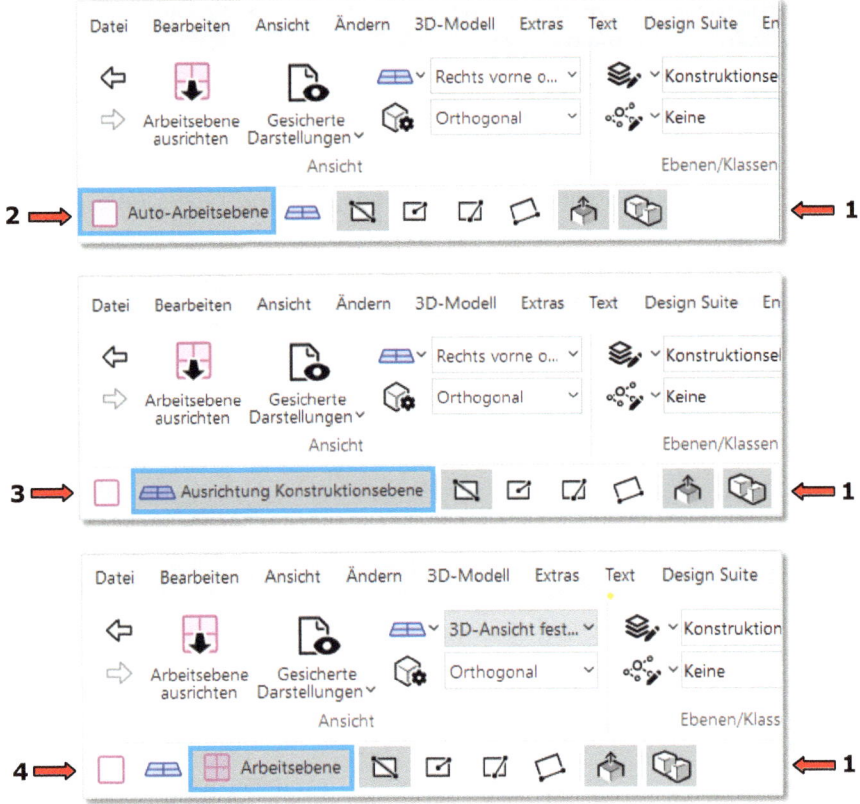

2D- und 3D-Objekte können an der aktiven Konstruktionsebene, der automatischen Arbeitsebene oder einer gesicherten Arbeitsebene ausgerichtet werden.

Mit Hilfe des Modus „Auto-Arbeitsebene" (**2**) können Sie zweidimensionale Objekte auf der Fläche eines gezeichneten 3D-Objekts zeichnen.

Wenn der Modus „Ausrichtung Konstruktionsebene" (**3**) aktiviert ist, wird das 2D- oder 3D-Objekt auf der Konstruktionsebene gezeichnet.
Der Modus „Arbeitsebene" (**4**) wird angezeigt, wenn eine von Ihnen erstellte Arbeitsebene aktiv ist.

1. Ausrichtung Konstruktionsebene (3)

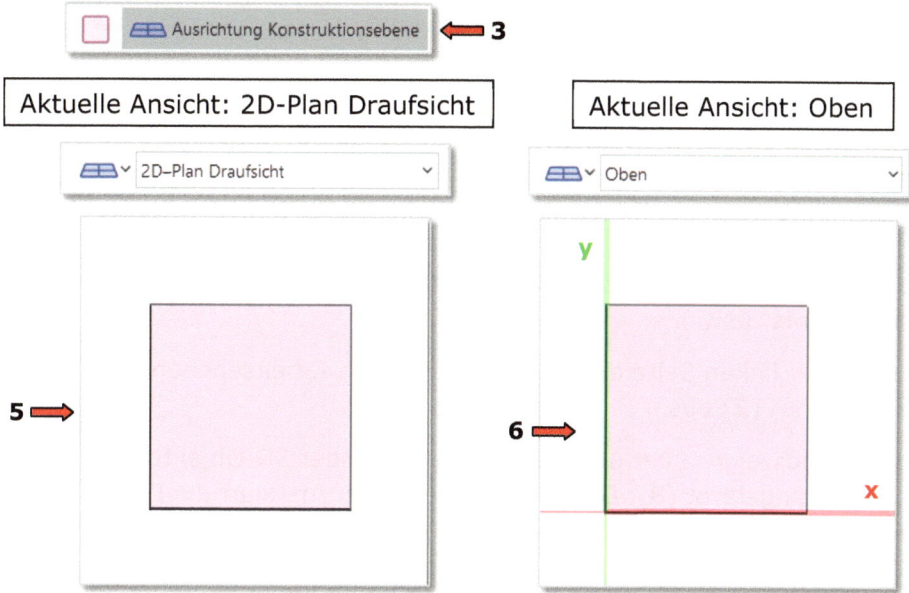

Die Ansicht „2D-Plan Draufsicht" wird standardmäßig ohne Koordinatenachsen angezeigt (**5**).

„Oben" ist eine 3D-Ansicht und wird mit den **x**-**y** Koordinatenachsen angezeigt (**6**). Diese Achsen sind auch Anzeichen dafür, dass das Zeichnen im dreidimensionalen Raum von Vectorworks stattfindet.

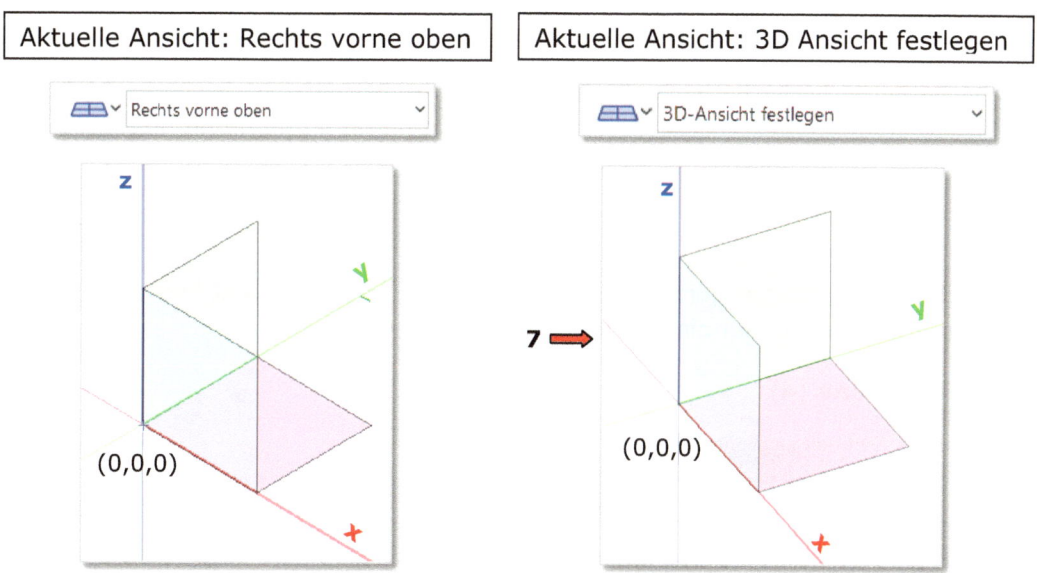

Diese Ansicht (**7**) wird mithilfe des Werkzeugs *Ansicht rotieren* festgelegt.

2. Auto-Arbeitsebene (2)

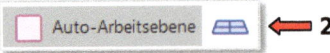 ← 2

Mithilfe diesen Arbeitsebenenmodus können Sie zweidimensionale Objekte auf der Fläche eines gezeichneten 3D-Objekts zeichnen. Die Voraussetzungen, um diese Objektausrichtung nutzen zu können, sind:
1. Sie müssen im Voraus ein Konstruktions-Werkzeug (z. B. *Linie*; *Rechteck* usw.) ausgewählt haben.
2. Die Objekte müssen in einer der 3D-Ansichten angezeigt werden („Oben", „Unten", „Rechts" usw.).

Wählen Sie auf der linken Seite der Methodenzeile den Arbeitsebenenmodus „Auto-Arbeitsebene" (**2**) aus.

Wenn sich der Mauszeiger über der Fläche eines 2D- oder 3D-Objektes befindet, wird diese leicht eingefärbt (**8**). Der Intelligente Zeiger markiert die Fläche und Sie können nun auf dieser Fläche zeichnen (das Werkzeug zum Zeichnen haben Sie bereits aktiviert).

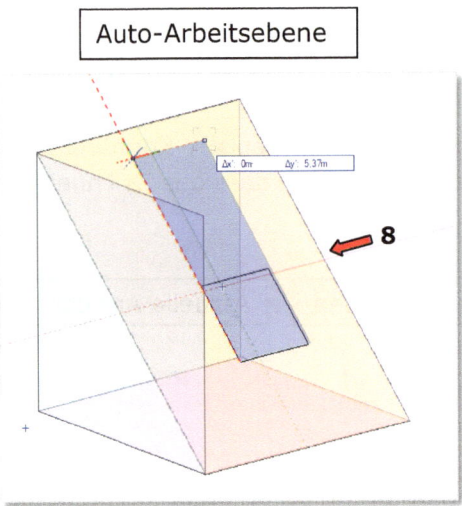

Auto-Arbeitsebene

Falls sich der Mauszeiger gerade über keinem gezeichneten Objekt befindet, wird die Auto-Arbeitsebene auf die Konstruktionsebene gelegt.

3. Arbeitsebene (4)

 ← 4

Die Arbeitsebene ermöglicht das Zeichnen im dreidimensionalen Raum.
Sie kann überall im Raum positioniert werden und ist unendlich groß.
Die Arbeitsebene wird mit einem pinkfarbenen Rechteck (**9**) dargestellt.

1. Einführung in Vectorworks

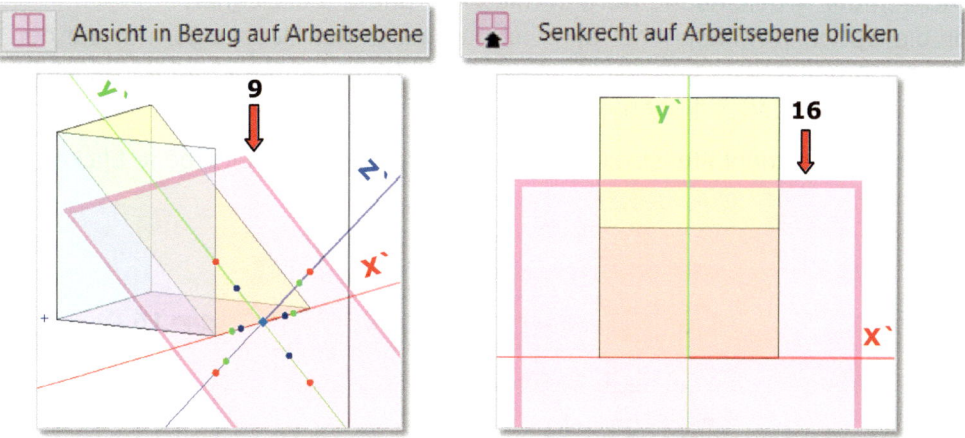

Ihre Farbe können Sie ändern, indem Sie in der Menüzeile folgende Schritte durchführen:

- Klicken Sie auf *Extras – Programmeinstellungen – Programm...*
- In dem nun erscheinenden Dialogfenster „Einstellungen Programm" (**10**) öffnen Sie Registerkarte „Aktivieren" (**11**).
- Klicken Sie auf die Schaltfläche „Einstellungen Zeichenhilfen..." (**12**).

Das Dialogfenster „Einstellungen Zeichenhilfen" (**13**) wird geöffnet. Hier können Sie vielen Elementen der Benutzeroberfläche (z. B. einer Arbeitsebene-**14**) eine personalisierte Farbe (**15**) zuweisen.

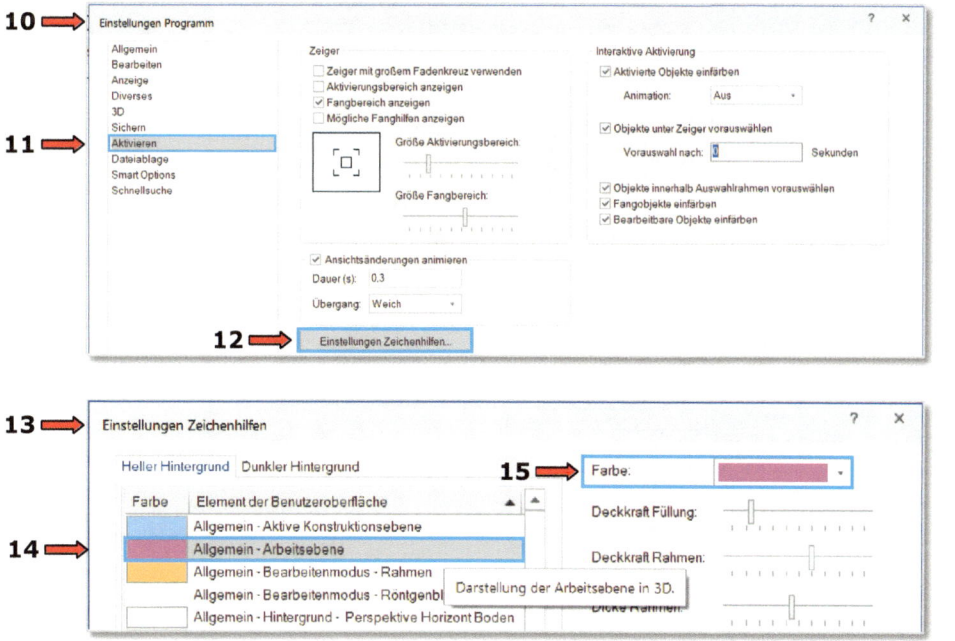

Die Achsen der Arbeitsebene werden mit **x'**, **y'** und **z'** bezeichnet.
Wenn die Option „Arbeitsebene" aktiv ist, kann sich der Mauszeiger nur auf der Fläche der Arbeitsebene bewegen. Jedes neue Objekt kann nur auf ihr gezeichnet oder parallel zu ihr verschoben werden.

Eine nützliche Zeichenhilfe ist die Option „Senkrecht auf Arbeitsebene blicken" (**16**).

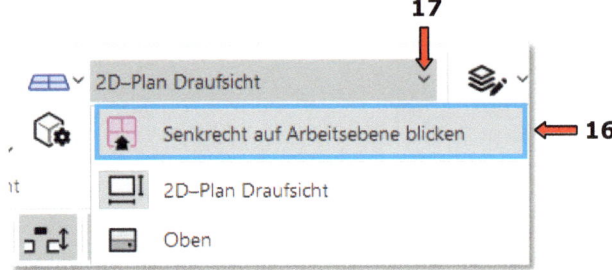

Durch Drücken der Schaltfläche „Senkrecht auf Arbeitsebene blicken" (**16**) im Drop-Down-Menü „Aktuelle Ansicht" (**17**) wird die Arbeitsebene (nur visuell) so gedreht, dass sie parallel zur Bildschirmebene angezeigt wird. Der tatsächliche Winkel zur Konstruktionsebene bleibt erhalten.
Das Zeichnen, Duplizieren, Ausrichten usw. werden dadurch auf der Arbeitsebene erheblich erleichtert.

Der Intelligente Zeiger findet auch den Punkt (**18**) außerhalb der Arbeitsebene und richtet sich auf die senkrechte Projektion dieses Punktes (**19**) auf der Arbeitsebene (**20**) aus.

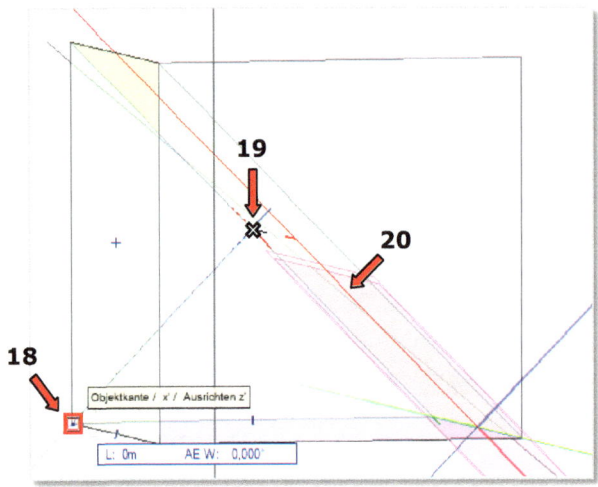

1.1.12 ZOOMEN

Das Zoomen ist eine unverzichtbare Funktion in jedem CAD-Programm. Mit ihr können Sie optische Darstellung eines Bildschirmausschnittes verändern, entweder vergrößern oder verkleinern. Dabei wird die tatsächliche Größe der gezeichneten Objekte nicht beeinflusst.

In Vectorworks können Sie die Größe der Darstellung einer Zeichnung auf dem Bildschirm auf verschiedene Arten verändern:

1. Zoomen mit dem Mausrad

Die Voraussetzung für diese Zoom-Methode ist, dass die Maus über ein Mausrad/Scrollrad verfügt:

- Drehen Sie das Mausrad nach oben → Vectorworks vergrößert den Bildschirmausschnitt, beginnend von der Stelle, an welcher sich der Mauszeiger gerade befindet.

- Drehen Sie das Mausrad nach unten → Vectorworks verkleinert den Bildschirmausschnitt, beginnend von der Stelle, an welcher sich der Mauszeiger momentan befindet.

Mit diese ZOOM-Methode können Sie auch während des Zeichnens zoomen.

2. Zoomen Sie mit den Werkzeugen *Ausschnitt vergrößern* (**2**) und *Ausschnitt verkleinern* (**3**) aus der Tools-Palette (**1**).

Um beide Werkzeuge sehen zu können, drücken Sie auf den Pfeil unten rechts auf die Schaltfläche oder mit dem Klick der rechten Maustaste auf die Schaltfläche.

Alternativ klicken Sie mit der linken Maustaste zuerst auf die Schaltfläche 🔍 und dann:

- Um den Ausschnitt zu vergrößern, halten Sie die Befehlstaste [Strg] gedrückt. Dieses Tastenkürzel aktiviert temporär das Werkzeug *Ausschnitt vergrößern*.

- Um den Ausschnitt zu verkleinern, halten Sie die Wahltaste [Alt] gedrückt. Dieses Tastenkürzel aktiviert temporär das Werkzeug *Ausschnitt verkleinern*.

Um die Werkzeuge *Ausschnitt vergrößern* (**2**) und *Ausschnitt verkleinern* (**3**) ausführen zu können, ziehen Sie einen Rahmen (diagonal mit 2 Klicks → 1 und 2), um den zu skalierenden Bildschirmausschnitt.

1. Einführung in Vectorworks

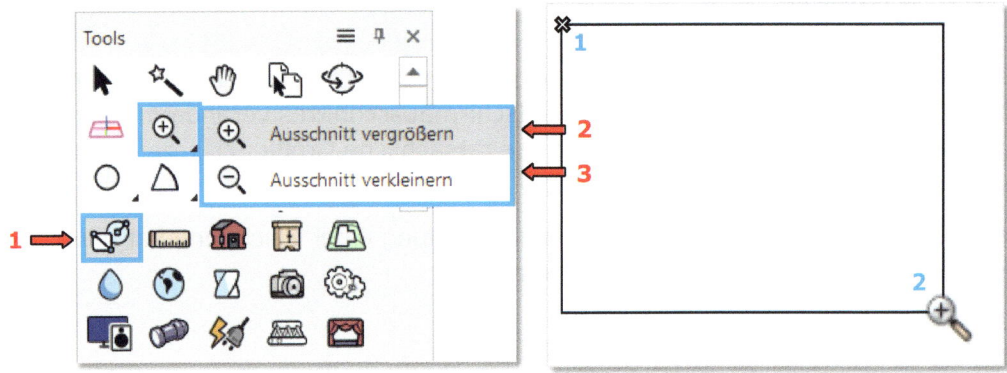

3. Zoomen mit den **Lupensymbolen** in der Multifunktionsleiste (**4**)

3.1 In dem Textfeld (**5**) in der Multifunktionsleiste wird prozentual angezeigt, welcher Vergrößerungs- bzw. Verkleinerungsfaktor benutzt wird, um die Zeichnung darzustellen.
   - An dieser Stelle können Sie einen Skalierungsfaktor entweder durch eine Eingabe in das Textfeld (**5**) festlegen oder ihn aus dem Einblendmenü (**6**) auswählen.

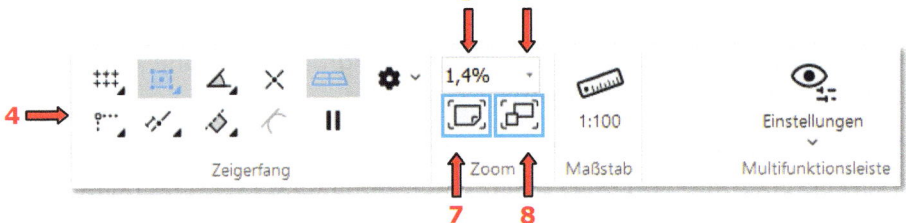

3.2 Erstes Lupensymbol „Zoom auf Seite" (**7**)
   - Durch einen Klick auf dieses Symbol wird die Darstellung der Zeichnung so skaliert, dass sich das gesamte Zeichenblatt (abhängig von der gewählten Plangröße) dem Zeichenfenster anpasst.

3.3 Zweites Lupensymbol „Zoom auf Objekte" (**8**)
   - Durch einen Klick auf dieses Symbol wird die Bildschirmdarstellung der Zeichnung so skaliert, dass alle gezeichneten Objekte in der Zeichnung auf dem Bildschirm angezeigt werden.
   - Falls ein Objekt oder mehrere Objekte aktiv sind, wird die Bildschirmdarstellung der Zeichnung so skaliert (vergrößert oder verkleinert), dass das aktivierte Objekt/die aktivierten Objekte das gesamte Zeichenfenster einnehmen.

1.1.13 Plan rotieren

Mit dem Befehl *Plan rotieren* können Sie die Zeichnungen vorübergehend um die **x**-Achse rotieren. Wenn Zeichnungen unter einem schrägen Winkel erstellt wurden, können Sie sie auf eine horizontale Position (W: 0,00°) drehen. Dadurch wird die Bearbeitung solcher Zeichnungen erleichtert und beschleunigt.

Diese Funktion setzt voraus, dass die Zeichnung entweder in der Ansicht „2D-Plan Draufsicht" oder „Oben" angezeigt wird.

Der Befehl *Plan rotieren* befindet sich:
- entweder in der Menüzeile: *Ansicht* (**1**) – *Plan rotieren* (**2**)
- oder in der Multifunktionsleiste: als Schaltfläche „Plan rotieren" (**3**) oder als Textfeld (**4**).

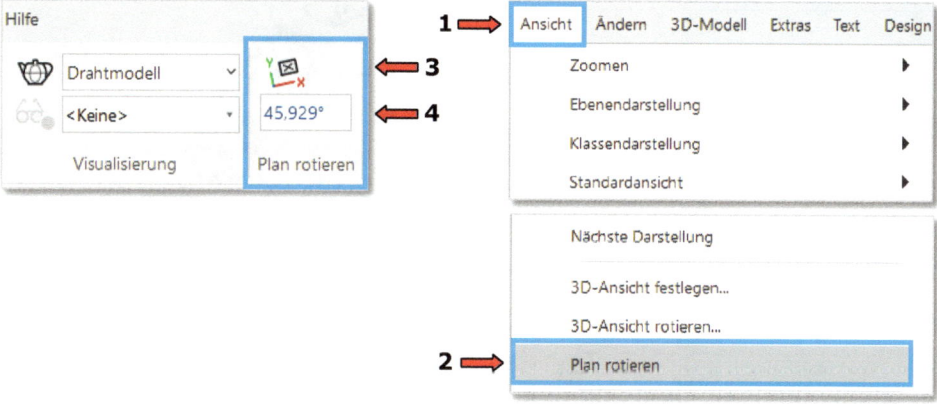

Dabei wird ein benutzerdefiniertes Koordinatensystem erzeugt. In der linken unteren Ecke der Zeichenfläche wird das benutzerdefinierte Koordinatensymbol mit Pfeilen (**5**) angezeigt, während das Lineal an den Seiten der Zeichenfläche blau dargestellt wird (**6**).

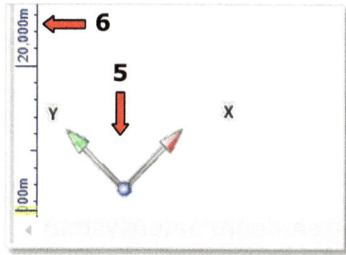

In der Multifunktionsleiste wird unter „Aktuelle Ansicht" (**7**) auch die Ansicht „2D-Plan rotiert" (**8**) angezeigt.

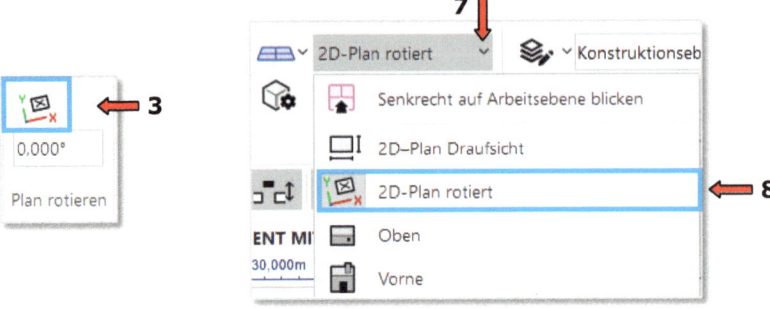

Rotieren Sie den Plan so, dass die Linie L-**2** horizontal ausgerichtet ist:
• Drücken Sie die Schaltfläche „Plan rotieren" (**3**) in der Multifunktionsleiste.

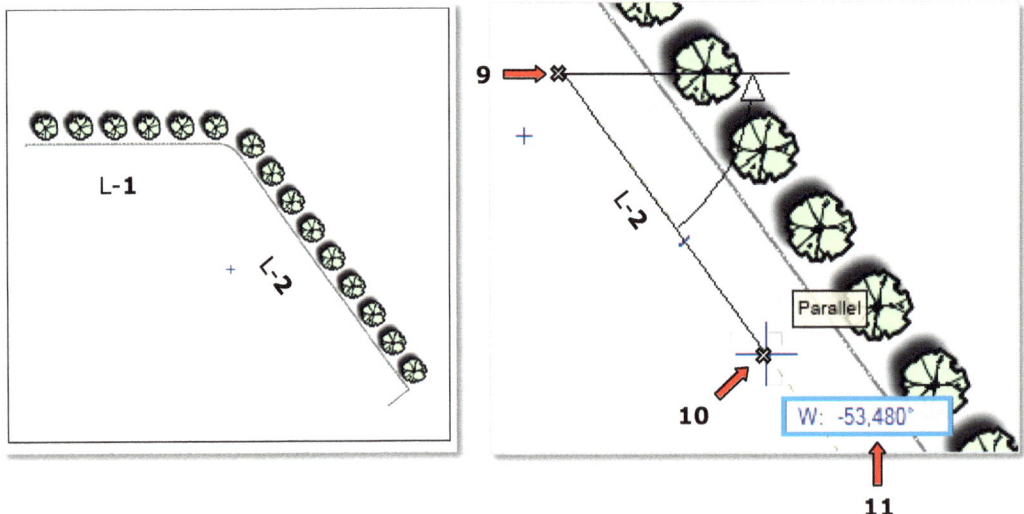

• Definieren Sie den Rotationswinkel wie folgt:
• Zuerst bestimmen Sie mit einem Klick das Rotationszentrum (**9**).
• Mit dem zweiten Klick definieren Sie den Rotationswinkel (**10**).

Falls Sie den Wert des Rotationswinkels kennen, können Sie ihn direkt in die Objektmaßanzeige (**11**) oder in das Textfeld (**4**) eingeben.

Der Plan wurde um 53,480° (**11**) gedreht und die Linie L-**2** liegt horizontal (**12**) im neu erstellten benutzerdefinierten Koordinatensystem.
Dadurch wird das Zeichnen entlang der schrägen Linie L-**2** (**13**) erleichtert.
Sobald Sie fertig sind, klicken Sie in das Textfeld (**4**) und geben Sie „0" ein.
Bestätigen Sie mit der Eingabetaste.
Die Zeichnung wird wieder ins ursprüngliche Weltkoordinatensystem gedreht.

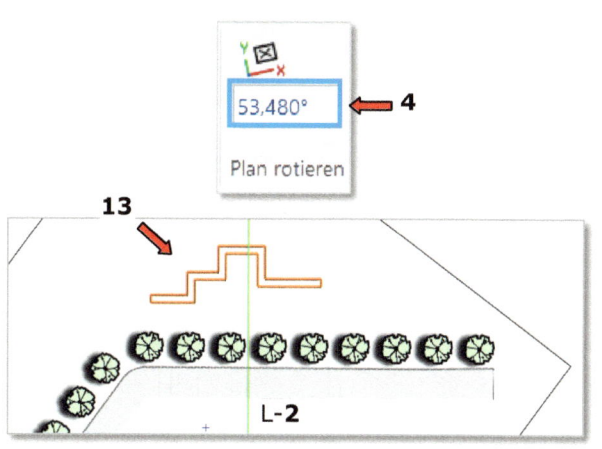
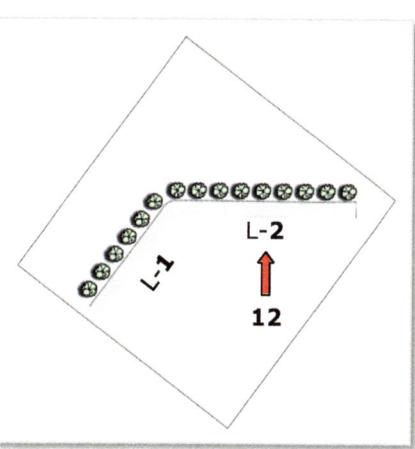

1.1.14 Aktuelle Projektionsart (1)

Die aktuelle Projektionsart gibt Auskunft darüber, wie ein 3D-Objekt in der Zeichnung auf dem Bildschirm dargestellt wird.

Orthogonal (2)

Diese Projektionsart erleichtert das Konstruieren. Es werden keine perspektivisch gekürzten Seiten des 3D-Objektes angezeigt, sondern dessen orthogonale Parallelprojektion auf dem Bildschirm.

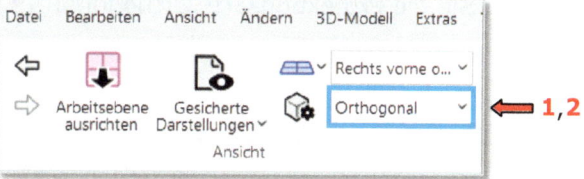

Beispiele an einem Würfel:

Aktuelle Ansicht: Rechts vorne oben

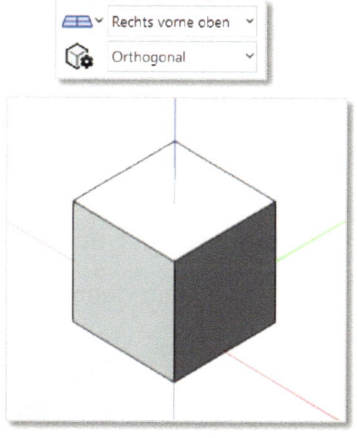
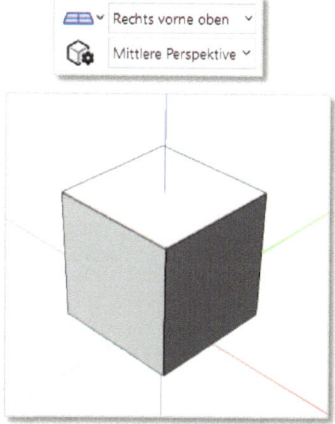

1. Einführung in Vectorworks

Ansicht: Vorne

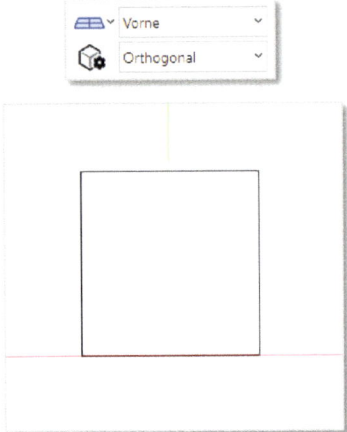 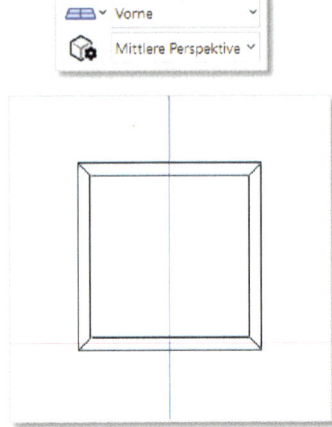

Stellen Sie sicher, dass beim Wechseln von einer 2D- zu einer 3D-Ansicht immer die Projektionsart „Orthogonal" verwendet wird:

- Gehen Sie in der Menüzeile zu:
  Extras (**3**) – *Programm Einstellungen* (**4**) – *Programm…* (**5**).
- Im erscheinenden Dialogfenster „Einstellungen Programm" (**6**), öffnen Sie die Registerkarte „3D" (**7**):
- Im Aufklappmenü „Standard Darstellungsart und Projektionsart 3D-Ansicht festlegen:" (**8**) wählen Sie die Projektionsart „Orthogonal" (**9**) aus.

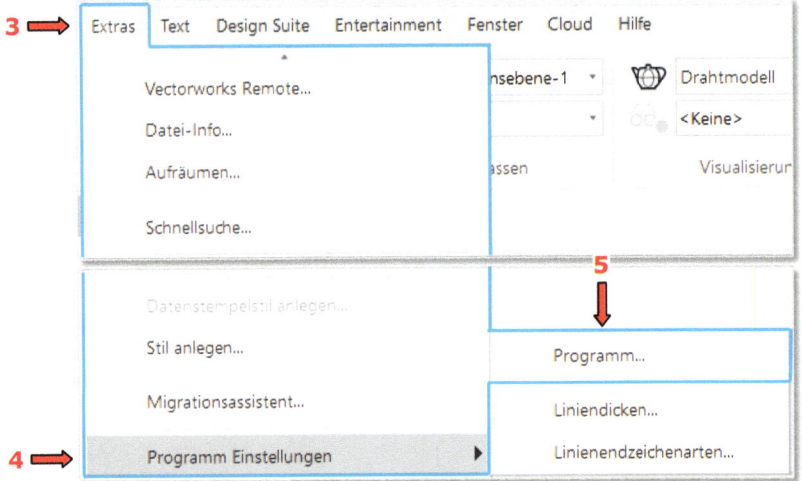

1. Einführung in Vectorworks

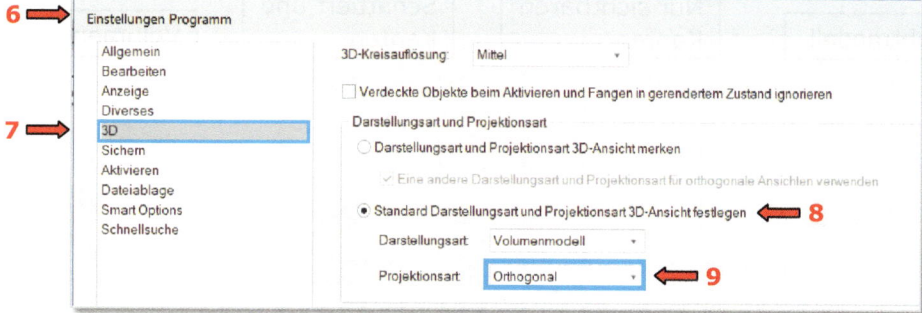

1.1.15 Darstellungsart

Dieser Befehl ändert die Art und Weise, wie die Objekte in der aktuellen Zeichnung angezeigt werden. Sie können wählen, ob sie als einfache Linien ohne Flächen, in einer realistischen Darstellung oder als Skizze dargestellt werden sollen. In Vectorworks stehen insgesamt dreizehn verschiedene Darstellungsarten zur Verfügung, darunter „Drahtmodell", „Volumenmodel", „Renderstil", „Nur sichtbare Kanten", „Alle Kanten", „Skizzenstil" usw.

Der Befehl *Darstellungsart* befindet sich in der Menüzeile unter:

• *Ansicht* (**1**) – *Darstellungsart* (**2**) – hier wählen Sie die gewünschte Darstellungsart aus (**3**).

In der Multifunktionsleiste befindet sich Dropdown-Menü „Aktuelle Darstellungsart" (**4**), aus dem Sie die gewünschte Darstellungsart auswählen können.
Die Schaltfläche "Einstellungen für gewählte Darstellungsart" (**5**) öffnet das Dialogfenster für die Einstellungen der aktuellen Darstellungsart.

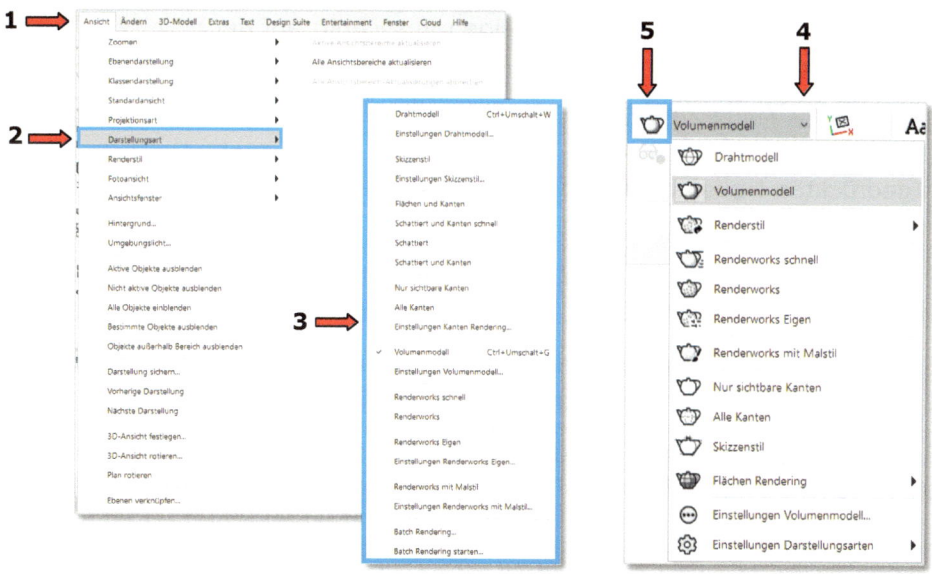

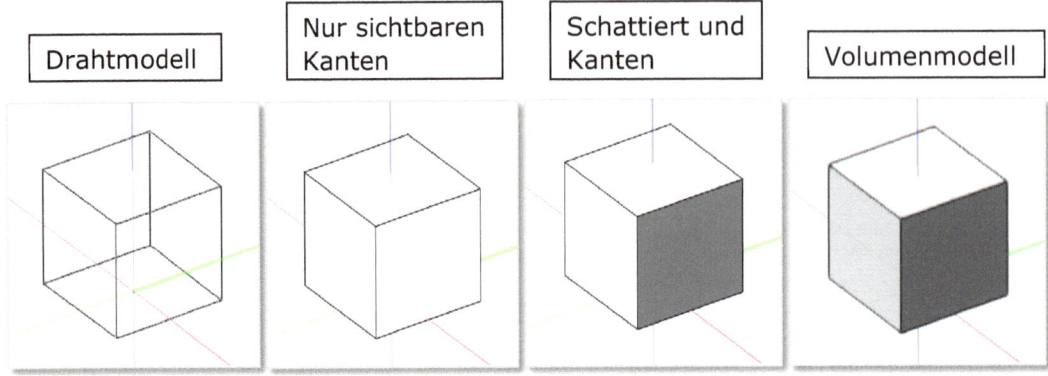

1.1.16 Mausfunktionen

Ein Klick der linken Maustaste (LMT) aktivieren ein Objekt, einen Befehl oder ein Werkzeug.

Wenn Sie gleichzeitig die Umschalttaste gedrückt halten, können Sie mehrere Objekte nacheinander auswählen.

Durch einen Doppelklick der LMT auf ein Objekt wird das Werkzeug *Umformen* aktiviert. Danach können Sie das aktive Objekt durch seine Modifikationspunkte verändern.

Wenn Sie das Objekt mit der LMT aktivieren, gedrückt halten und ziehen, können Sie das aktive Objekt verschieben (die Drag-and-drop-Funktion/die Methode „Drücken-Ziehen-Loslassen").

Halten Sie gleichzeitig die Befehlstaste [Strg-Taste] und die LMT gedrückt und ziehen Sie dann die Maus, um das aktive Objekt zu kopieren.

Durch Drehen des Mausrads können Sie einen Ausschnitt auf der Bildschirmoberfläche optisch skalieren.

Durch Drücken des Mausrads wird temporär die Pan–Funktion/das Werkzeug *Ausschnitt verschieben* aktiviert.
Mit dem gedrückten Mausrad können Sie auch während des Zeichnens den Bildschirmausschnitt verschieben.

Wenn Sie das Mausrad drehen und gleichzeitig die Steuerungstaste (Windows) oder die Wahltaste (Mac) gedrückt halten, können Sie nach oben bzw. unten scrollen.

Wenn Sie das Mausrad drehen und gleichzeitig die Umschalttaste gedrückt halten, können Sie nach links bzw. rechts scrollen.

Wenn Sie zuerst die Strg-Taste und danach das Mausrad drücken und erst dann die Maus bewegen, können Sie die 3D-Ansicht rotieren.

Wird ein Objekt oder eine Zeichenfläche mit der rechten Maustaste (RMT) angeklickt, erscheint ein Kontextmenü mit objektbezogenen Befehlen und Funktionen.

1.1.17 Tastenkürzel

Zahlreiche Werkzeuge und Befehle lassen sich auch durch das Tippen eines Buchstabens oder einer Zahl auf der Tastatur aufrufen.

Vectorworks hat bereits eine große Anzahl wichtiger Werkzeuge, Befehle und Funktionen mit einem Tastenkürzel belegt.

Das Tastenkürzel (**1**) eines Werkzeugs erfahre Sie, indem Sie den Mauszeiger über dem Werkzeugsymbol (**2**) etwa eine Sekunde lang ruhen lassen.

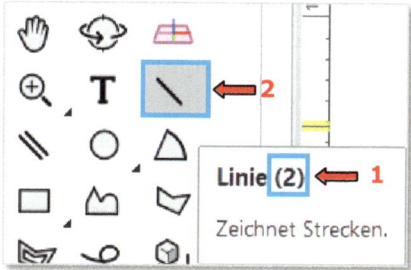

Wenn Sie einem Werkzeug ein eigenes Tastaturkürzel zuordnen möchten, gehen Sie in der Menüzeile zu:

- *Extras - Arbeitsumgebungen - Arbeitsumgebung anpassen.*

Einige Tastenkürzel

[Strg]-Taste auf der Windows-Tastatur → ^/**[CTRL]** -Taste auf der Mac-Tastatur

[Alt]-Taste auf der Windows-Tastatur → ⌥ -Taste auf der Mac-Tastatur

Standard-Tastenkürzel	
[Strg] + Z	Rückgängig
[Strg] + Y	Wiederherstellen
[Strg] + C	Kopieren
[Strg] + X	Ausschneiden
[Strg] + V	Einfügen

1. Einführung in Vectorworks

Zeichenhilfen-Tastenkürzel	
⇧ Schift-Taste (Umschalttaste):	
	- mehrere Objekte hintereinander aktivieren - proportional zeichnen und skalieren - zeichnen oder verschieben unter bestimmten Winkeln, die in der Zeigerfang-Option – *An Winkeln ausrichten*, angegeben wurden
Strg-Taste	beim Verschieben (mit dem Werkzeug *Aktivieren*) ein Duplikat erzeugen (Windows)
[ALT] Wahltaste oder Alt -Taste:	
	- alle Objekte, die vom Selektionsrahmen nur berührt werden, können mit der [Alt]-Taste aktiviert werden - beim Verschieben mit dem Werkzeug *Aktivieren* wird auf einem Macintosh ein Duplikat erzeugt - die zu bearbeitende Objekte müssen in Vectorworks in der Regel bereits vor der Befehlsauswahl aktiv sein. Falls Sie die Aktivierung vergessen haben, drücken Sie nach der Auswahl eines Werkzeuges/Befehls die Alt-Taste und klicken Sie auf das zu bearbeitendes Objekt...
⇥ Tabulatortaste:	
	- in die Objektmaßanzeige springen - in der Objektmaßanzeige von einem Eingabefeld zu einem weiteren springen - im Dialogfenster in der Infopalette in der Objektanzeige in das nächste Feld springen - gleichzeitig mit gedrückter Umschalttaste [⇧], in das vorige Feld springen
[Esc] Escape-Taste:	
	- Zeichnen - bzw. Rendervorgang abbrechen - Dialogfenster verlassen - Infopalette bzw. Objektmaßanzeige verlassen
⟵ Rückschritttaste:	
	- den letzten Punkt beim Zeichnen von Linien, Polygonen, Wänden, Kettenbemaßungen löschen
⇧ + → Umschalttaste + kleine Pfeiltaste:	
	- Objekte in kleinen Schritten verschieben
Y	Lupe, vergrößert den Teil der Zeichnung auf den der Mauszeiger gerade zeigt
F	Schnellsuche
G	Temporären Nullpunkt setzen
T	Ausrichtkante/Ausrichtpunkt setzen
R	Röntgenblick, Objekte, auf die der Mauszeiger gerade zeigt, werden transparent dargestellt
C	Polygone, Polylinie, Wände und Pfadobjekte schließen
X	das Werkzeug *Aktivieren*
[Alt] + M	Strecke messen

1. Einführung in Vectorworks

Befehle	
[Strg] + D	Duplizieren
[Strg] + M	Verschieben
usw.	

Für weiter Tastenkürzel siehe Vectorworks-Hilfe:
http://vectorworks-hilfe.computerworks.eu/2017/Vectorworks_2017_Tastenkuerzel.pdf

1.1.18 Weitere Zeichenhilfe in der Methodenzeile

In der Methodenzeile (**3**) werden passende Methoden für das gerade aktive Werkzeug, z. B. Werkzeug *Umformen* angezeigt. Diese sind je nach Funktionalität in den Methodengruppen zusammengefasst.

Sie können auch während des Zeichnens innerhalb einer Gruppe mit den Tasten **U**, **I**, **O**, **P** (auf der Tastatur) von einer Methode zu den anderen wechseln.

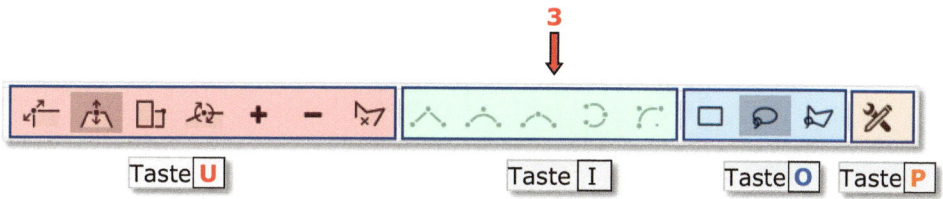

1.1.19 Mehrere Ansichtsfenster

Das Zeichenfenster kann in Vectorworks in mehrere Ansichtsfenster geteilt werden, wodurch die Arbeitsfläche in mehrere Rechtecke aufgeteilt wird. Jedes dieser Ansichtsfenster kann unterschiedliche Standardansichten (wie 2D-Plan Draufsicht, Oben, Vorne, Unten usw.), Darstellungsarten (wie Drahtmodell, OpenGL, Renderworks usw.) und Projektionsarten enthalten.

Während Sie in einem der aktiven Ansichtsfenster zeichnen (das durch eine blaue Begrenzung und einen blauen Titel gekennzeichnet ist - **1**), werden alle anderen Fenster parallel aktualisiert und zeigen das Modell aus verschiedenen Blickwinkeln an. Diese Technik kann beim Zeichnen von 3D-Modellen sehr hilfreich sein.

Beachten Sie, dass nur das aktive Ansichtsfenster gedruckt werden kann.

Um die Mehrfenstertechnik ein- und auszuschalten, gehen Sie in der Menüzeile, zum Befehl:

- *Ansicht* (**2**) – *Ansichtsfenster* (**3**) – *Mehrere Ansichtsfenster verwenden* (**4**).

1. Einführung in Vectorworks

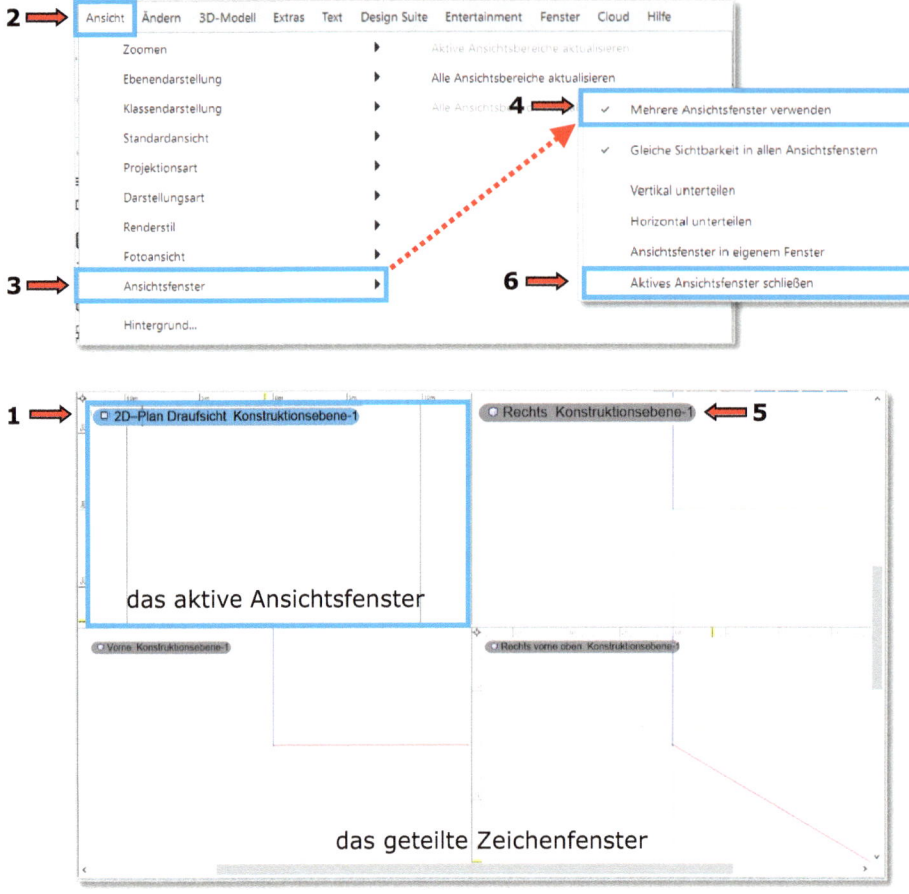

Um ein einzelnes Ansichtsfenster auszuschalten, folgen Sie diesen Schritten:

- Klicken Sie mit der rechten Maustaste (RMT) auf den Titel (**5**) des zu schließenden Ansichtsfensters.
- Wählen Sie im erscheinenden Kontextmenü die Option „Aktives Ansichtsfenster schließen" (**6**) aus.

Einige Varianten von mehreren Ansichtsfenstern sind:

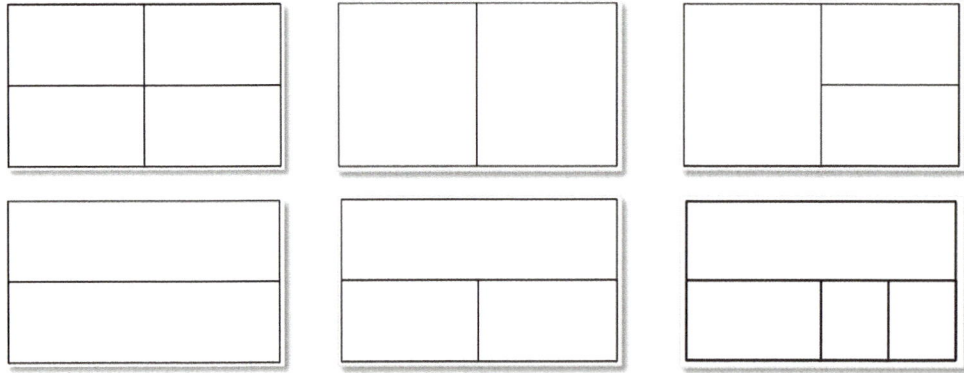

1.1.20 Smart Options

Die Anzeigemethode **Smart Options** ermöglicht es, die am häufigsten verwendete Werkzeuge, Werkzeuggruppen, Standardansichten usw. direkt neben dem Mauszeiger einzublenden. Dadurch wird Zeit und Mausbewegung eingespart. Dank dieser neuen Anzeige können mehrere Werkzeugpaletten ausgeschaltet werden, um mehr Platz auf der Benutzeroberfläche zum Zeichnen zu schaffen, was besonders interessant bei kleineren Bildschirmen ist.

Die Elemente der Anzeige Smart Options lassen sich je nach Wunsch und Bedarf konfigurieren.
Smart Options können in dem Dialogfenster „Einstellungen Programm", ein- oder ausgeschaltet werden.

- Gehen Sie, in der Menüzeile, zu dem folgenden Befehl:
  Extras (**1**) – *Programm Einstellungen* (**2**) – *Programm...* (**3**).

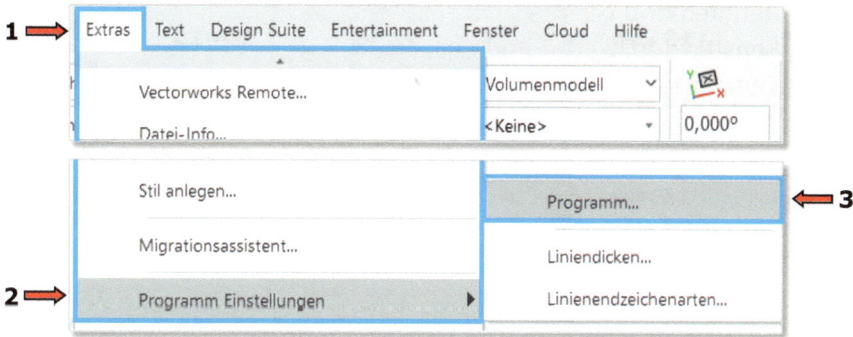

Das Dialogfenster „Einstellungen Programm" (**4**) wird geöffnet.

- Öffnen Sie die Registerkarte „Smart Options" (**5**) mit einem Klick.

Die Registerkarte „Smart Options" (**6**) wird geöffnet.

- Aktivieren Sie auf dem rechten Teil des Dialogfensters die Option „Smart Option verwenden" (**7**). Dadurch werden Smart Options nach Bedarf auf der Zeichenfläche angezeigt.
- Aktivieren Sie im Gruppenfeld „Einstellungen zur Anzeige" (**8**) eine gewünschte Option z.B. „Mit Leertaste anzeigen" (**9**).

Dadurch werden die ausgewählten Icons oder Symbole (**17**) der Smart Options neben dem Mauszeiger (**16**) angezeigt, wenn Sie die Leertaste drücken (der Mauszeiger muss sich dabei auf der Zeichenfläche befinden).

- Legen Sie im Gruppenfeld „Darstellung" (**10**) fest, wie die Smart Options angezeigt werden sollen, z. B. als Icons, als Text usw. Wählen Sie dazu die gewünschte Anzeigeart (**12**) aus der Aufklappliste „Anzeigen als:" (**11**) aus.

1. Einführung in Vectorworks

In demselben Gruppenfeld (**10**) befinden sich vier Aufklapplisten „Auswahl Quadranten" (**13**). Für jeden Quadranten (**17**) können Sie die Optionen auswählen, die angezeigt werden sollen.

Diese Optionen sind in zwei Gruppen sortiert:
- „Allgemein" (**14**)
- „Werkzeuggruppen" (**15**).

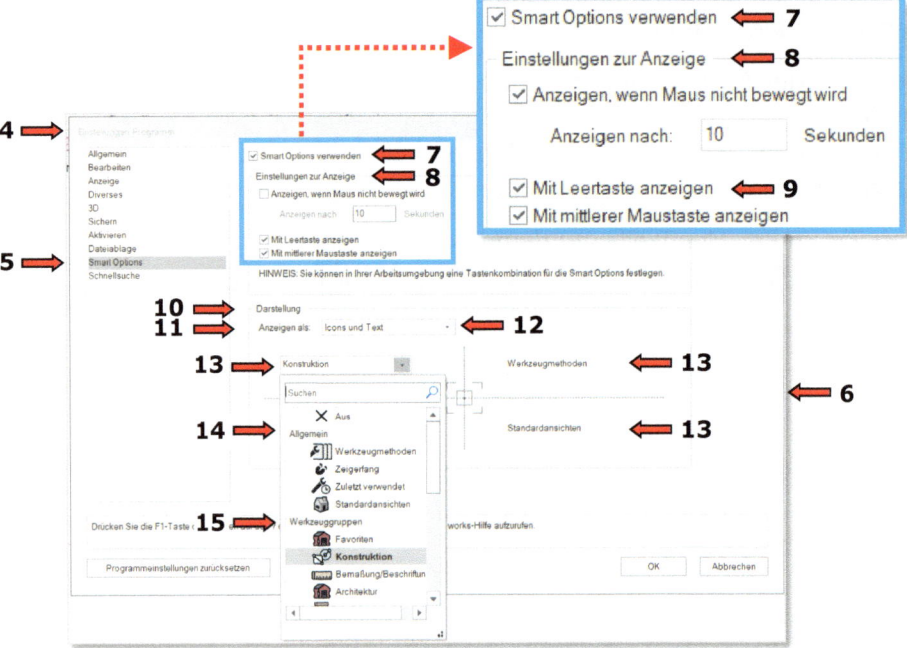

Diese Quadranten (**17**) werden um den Mauszeiger (**16**) auf der Zeichenfläche angezeigt.

[...] Nur Werkzeuggruppen und Werkzeuge in der aktuellen Arbeitsumgebung werden angezeigt. Befindet sich ein Werkzeug, das in den Vectorworks-Einstellungen definiert wurde, nicht in der aktuellen Arbeitsumgebung, ist der entsprechende Quadrant leer. [...]
(siehe Vectorworks-Hilfe [1])

- Bestätigen Sie die Eingaben im Dialogfenster, indem Sie auf OK klicken.

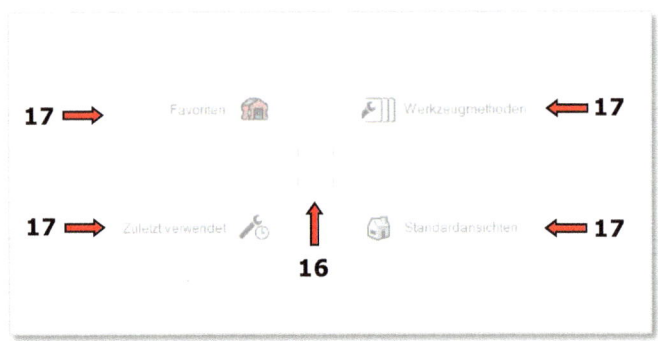

1. Einführung in Vectorworks

Smart Options verwenden

In dem Dialogfenster „Einstellungen Programm" (**4**) haben Sie festgelegt, wie Sie die Smart Options aufrufen möchten, beispielweise hier durch Drücken der Leertaste (**9**).

- Drücken Sie die Leertaste.

Vier hellgraue Symbole (→ Quadranten) werden um den Mauszeiger auf dem Bildschirm angezeigt (**17**).

- Bewegen Sie den Mauszeiger zu dem benötigten Quadranten (**18**).
- Aktivieren Sie ihn mit einem Klick.
- Wählen Sie das benötigte Werkzeug (**19**) bzw. eine der Standardansichten (**20**) aus.

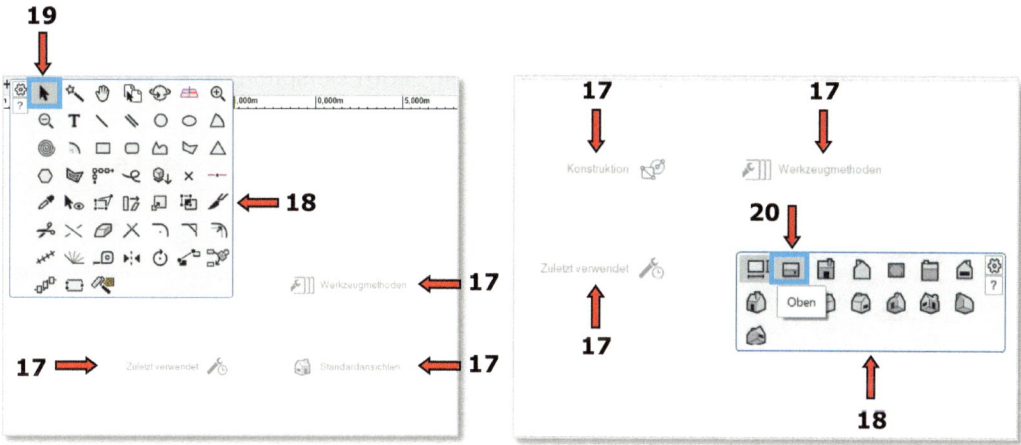

1.1.21 Schnellsuche

Die Schnellsuche ist ein neuer, sehr praktischer Befehl in Vectorworks 2021. Statt die Paletten oder Menüs nach Werkzeugen oder Befehlen durchsuchen zu müssen, können Sie diese schnell mit dem Befehl *Schnellsuche* in der aktuellen Arbeitsumgebung finden.

Sie haben mehrere Möglichkeiten, die Schnellsuche zu aktivieren:

1. Wählen Sie den Befehl in der Menüzeile (**1**) aus:
   Extras (**2**) – *Schnellsuche* (**3**).
2. Klicken Sie auf das kleine Lupensymbol (**4**) ganz rechts in der Menüzeile (**1**). Dadurch wird auf der Zeichenfläche das Fenster für die Schnellsuche geöffnet (**5**).
3. Drücken Sie die Taste **F** auf der Tastatur. Dadurch wird auf der Zeichenfläche das Fenster für die Schnellsuche geöffnet (**5**).

1. Einführung in Vectorworks

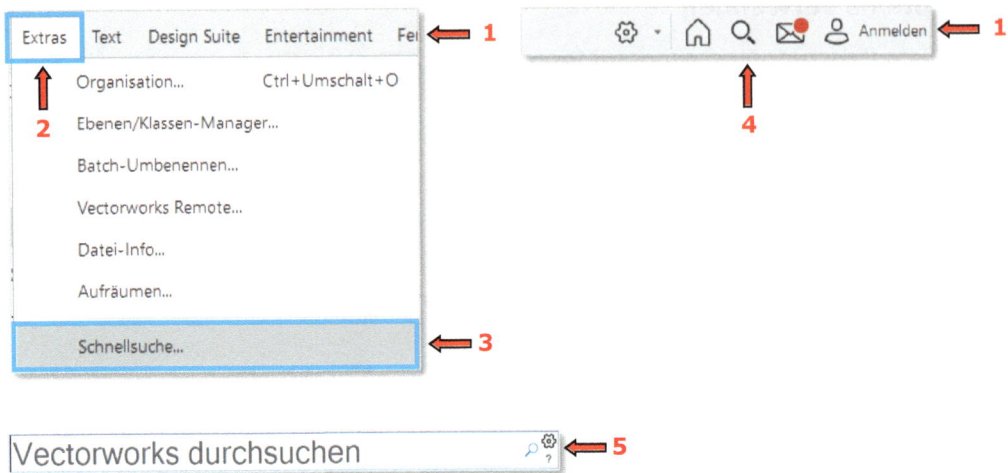

- Geben Sie in das Suchfeld (**5**) ein Suchwort ein, zum Beispiel „Linie" (**6**). Vectorworks schlägt die geeigneten Linienfunktionen (**7**) vor.

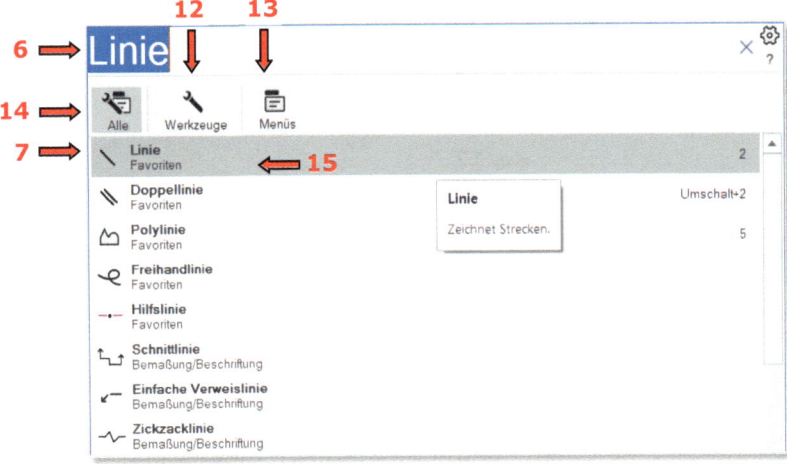

Die Einstellungen für diesen Befehl finden Sie im Dialogfenster „Einstellungen Programm" (**8**).

- Klicken Sie auf: *Extras - Programm Eistellungen – Programm...*
- Öffnen Sie im erscheinenden Dialogfenster „Einstellungen Programm" (**8**) die Registerkarte „Schnellsuche" (**9**).
- Dort können Sie zwei Optionen ein- oder ausschalten:
    1. „Suchfilter anzeigen" (**10**):
       Mit Hilfe dieser Option können Sie festlegen, ob nach Werkzeugen (**12**), Befehlen (**13**) oder beidem (**14**) gesucht wird.

2. „Beschreibung anzeigen" (**11**):
   Mit Hilfe dieser Option wird der Menüpfad für Befehle bzw. die Werkzeuggruppe für Werkzeuge angezeigt (**15**).
- Bestätigen Sie mit OK.

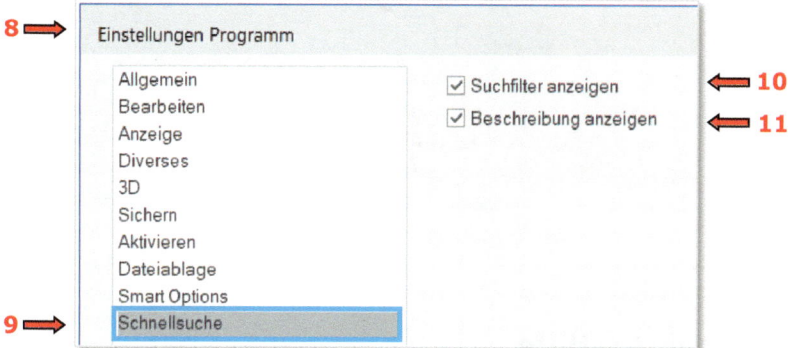

1.1.22 Ablösbare Registerkarten
(der Information- und Navigation-Palette)

Die Registerkarten (**1**) lassen sich einzeln aus der Information- bzw. Navigation-Palette herausziehen.

Wenn Sie alle Registerkarten wieder gruppieren möchten, drücken Sie die Titelseite einer Registerkarte und ziehen Sie diese über eine andere Registerkarte.

Dabei erscheint ein Andockhilfe-Symbol (**2**). Ziehen Sie die gedrückte Registerkarte zu dem mittleren, quadratischen Andockhilfe-Symbol (**3**) und lassen Sie die Registerkarte dann los.

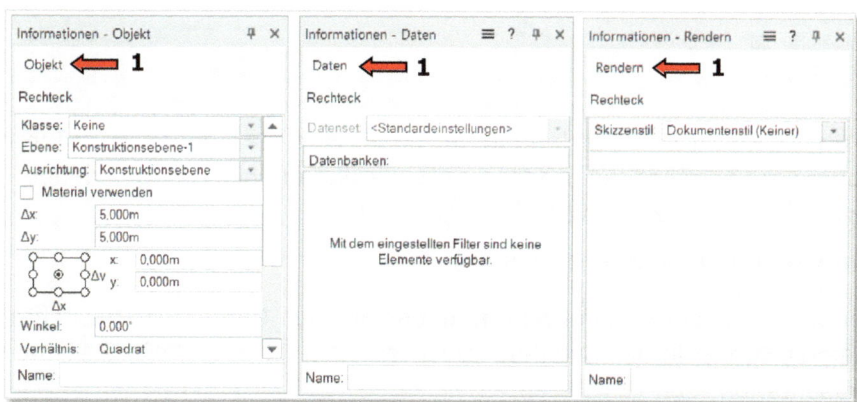

1. Einführung in Vectorworks

1.1.23 Vectorworks-Hilfe

In der Vectorworks-Onlinehilfe finden Sie detaillierte Informationen und Hilfestellungen zu allen Funktionen und Programmbestandteilen von Vectorworks.

Die Onlinehilfe ist jederzeit während des Zeichnens für Sie zugänglich.

Sie können darauf zugreifen, indem Sie den Befehl *Vectorworks-Hilfe* (**2**) in der Menüzeile (**1**) aufrufen:

- *Hilfe* (**2**) – *Vectorworks-Hilfe* (**3**).

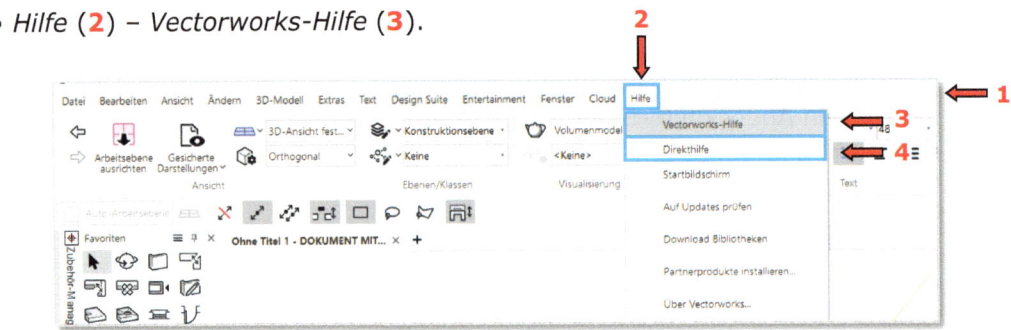

Falls Sie über eine Internetverbindung verfügen, wird die Onlinehilfe in Ihrem Standardbrowser geöffnet (**5**). Andererseits werden die heruntergeladenen Hilfedateien auf Ihrer lokalen Festplatte geöffnet.

Die Suche kann wie folgt durchgeführt werden:

1. Öffnen Sie die Onlinehilfe (**5**) und geben Sie den Namen des gesuchten Themas/Kapitel in das Suchfeld „Suchen..." ein, z. B. „Hilfe", „Zeichnen", „Präsentation" etc. (**6**).

2. Bestätigen Sie die Suche entweder mit der Eingabetaste oder durch Klicken auf das Lupensymbol.

1. Einführung in Vectorworks

3. Daraufhin werden mehrere Ergebnisse, die Ihren Suchbegriff enthalten, aufgelistet (**7**). Dort finden Sie alle entsprechenden Hilfsthemen mit dem gesuchten Begriff. Scrollen Sie durch die Liste und klicken Sie auf das gewünschte Suchergebnis (**8**).
Falls Sie nach einem Text mit einer bestimmten Reihenfolge suchen, setzen Sie den gesamten Text in Anführungszeichen.

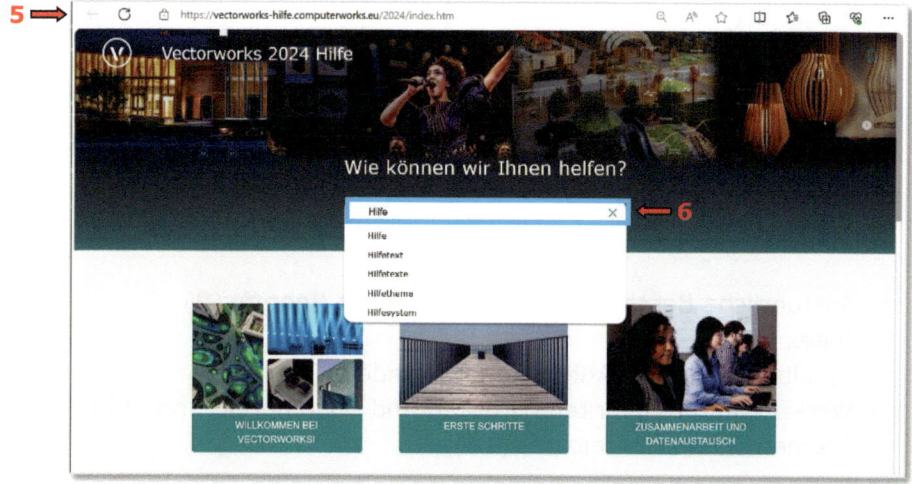

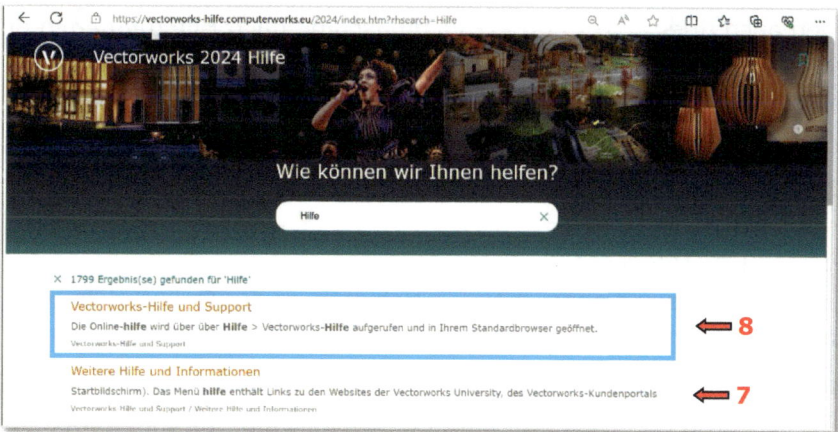

4. In der Mitte des Browserfensters, im Bereich für das Thema (**9**), erscheint eine ausführliche Beschreibung des gesuchten Begriffs.

5. Suche mit dem **Index** (**10**)
Klicken Sie auf der linken Seite auf den Reiter/Kapitel „Index" (**10**). In dem daraufhin geöffneten Aufklappmenü (**11**) werden alle Themen alphabetisch aufgelistet. Scrollen Sie durch die Liste oder geben Sie den ersten Buchstaben des gesuchten Begriffes ein (der Index sucht passende Hilfsthemen aus). Klicken Sie dann auf den gewünschten Link.

1. Einführung in Vectorworks

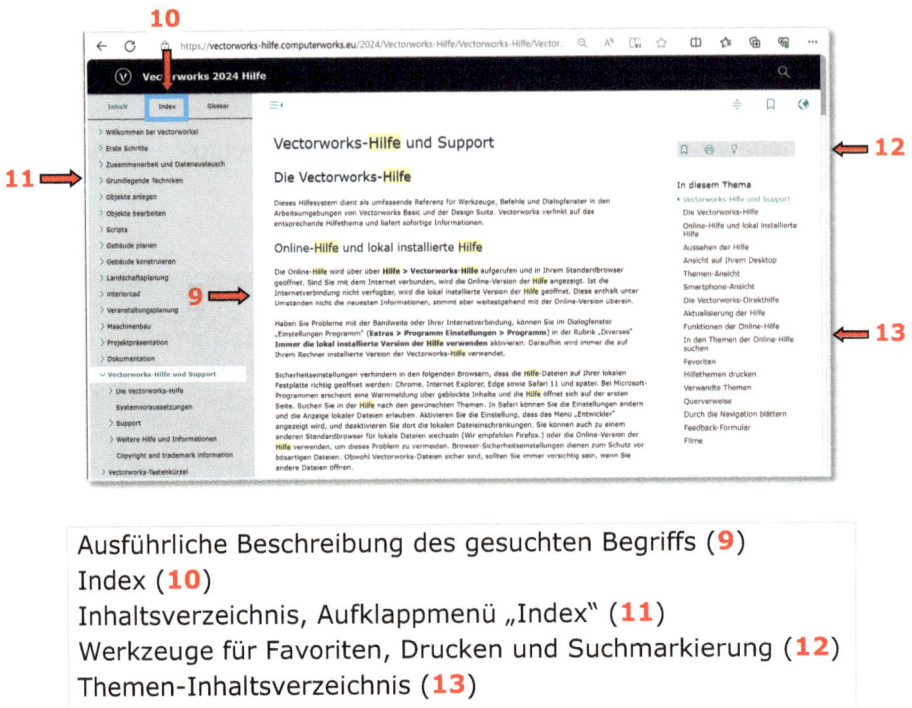

Ausführliche Beschreibung des gesuchten Begriffs (**9**)
Index (**10**)
Inhaltsverzeichnis, Aufklappmenü „Index" (**11**)
Werkzeuge für Favoriten, Drucken und Suchmarkierung (**12**)
Themen-Inhaltsverzeichnis (**13**)

Sie können auch über eine Internet-Suchmaschine nach Hilfsthemen in der Vectorworks-Hilfe suchen. Tragen Sie den Text in das Suchfeld ein: „Vectorworks Hilfe *Versionsnummer* *Suchbegriff*".

1.1.24 Vectorworks-Direkthilfe

Mit dem Befehl *Direkthilfe*: *Hilfe* (**2**) – *Direkthilfe* (**4**),
gelangen Sie direkt zur entsprechenden Hilfsdatei in der Online-Hilfe. Dort finden sich Erläuterungen zu dem gerade angeklickten Werkzeug oder Befehl.

Wenn Sie den Befehl *Direkthilfe* aktivieren, erscheint neben dem Mauszeiger ein kleines „Fragezeichen". Klicken Sie mit dem Mauszeiger auf ein Werkzeug oder wählen Sie einen Befehl oder eine Palette aus (**14**).

Der Befehl *Direkthilfe* im Menü „Hilfe" ermöglicht Ihnen jede Vectorworks-Funktion aufzurufen, nicht nur Befehle und Werkzeuge, sondern auch Zeichenhilfen, Attribute und Paletten. Dadurch können Sie direkt die entsprechende Stelle im elektronischen Handbuch aufrufen.

Mithilfe der **F1**-Taste können Sie auch die Vectorworks-Hilfe aktivieren und direkt zur entsprechenden Beschreibung eines gerade aktiven Werkzeugs oder eines gerade geöffneten Dialogfensters gelangen.

Anmerkung: Mit der Notiz „(siehe Vectorworks-Hilfe [1])" werden im Verlauf dieses Buches zitierte Ausschnitte aus der Vectorworks Onlinehilfe markiert.
Weitere detaillierte Beschreibungen zu den Befehlen und Werkzeugen finden sich in der Onlinehilfe, erreichbar über die Menüzeile: *Hilfe – Vectorworks-Hilfe.*

1.2 Vectorworks starten

1.2.1 Startbildschirm

Die Vectorworks-Startseite wird angezeigt, wenn Sie Vectorworks starten.

Über den Startbildschirm können Sie schnell neue Dateien (**1**) erstellen, auf Ihre zuletzt verwendeten Dateien (**3**) zugreifen und alle anderen vorhandenen Dateien (**2**) öffnen.
Von diesem Dialogfenster aus haben Sie schnellen Zugriff auf Neuerungen (**4**) von Vectorworks wie Informationen über neue Funktionen, Hinweise auf bevorstehende Webinare und Events. Dieser Bereich wird regelmäßig aktualisiert. Im Bereich "Beispieldaten" (**5**) haben Sie Zugang zu branchenspezifischen Vectorworks-Beispieldateien, die Sie als Inspiration für Ihre Projekte verwenden können.
Mit einem Klick auf das Fragezeichen (**6**) gelangen Sie zur Vectorworks Online-Hilfe. Im Bereich "Lernen und Entdecken" (**8**) finden Sie direkte Links zu Vectorworks-lizenzierten Kursen, Informationen über neue Softwarefunktionen, Hinweise auf bevorstehende Webinare und weitere wichtige Tipps. Außerdem können Sie von hier aus auch auf Ihr Vectorworks-Konto zugreifen (**7**). Im „Cloud Service" (**9**) können Sie Ihre Dateien speichern, teilen und gemeinsam bearbeiten.
Die "Mitteilungszentrale" (**10**) informiert über neue Programmversionen, Updates, Webinare, Schulungen und bietet viele weitere Tipps.

1. Einführung in Vectorworks

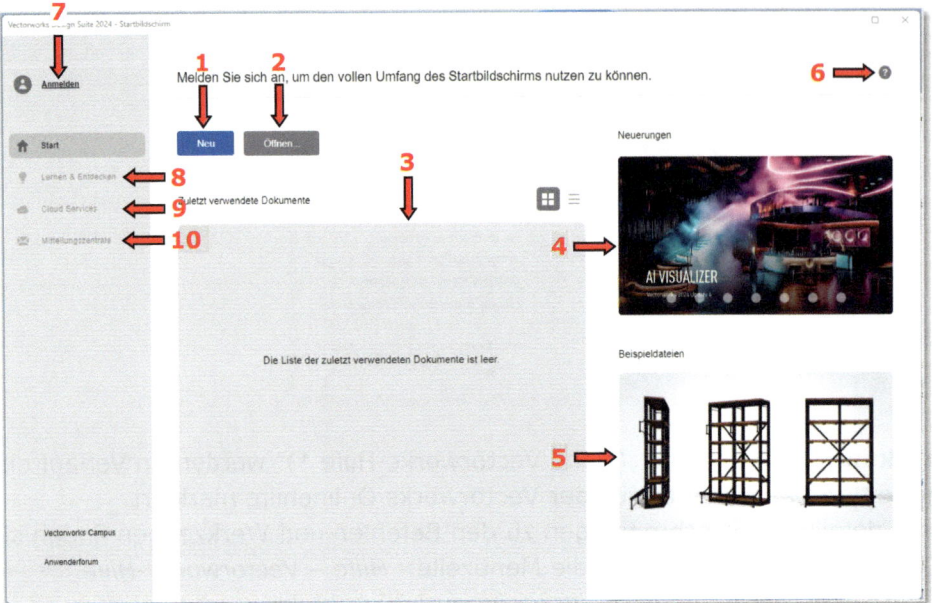

Erstellen Sie ein neues Dokument,

- indem Sie auf die Schaltfläche „Neu" (**11**) klicken.
- Im erscheinenden Dialogfenster „Neues Dokument" (**12**) wählen Sie die Option „Neues Dokument öffnen" (**13**) aus.
- Bestätigen Sie die Auswahl mit OK (**14**).

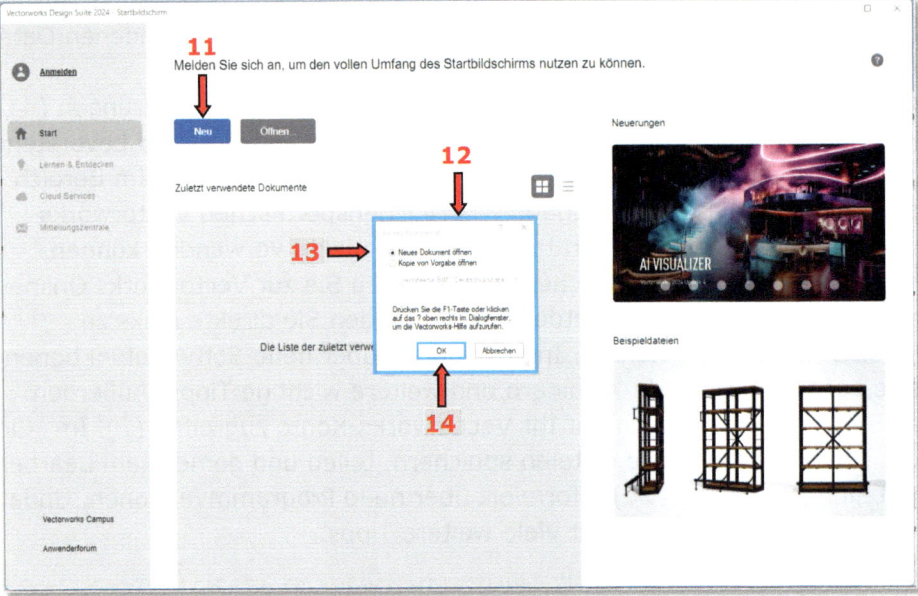

1. Einführung in Vectorworks

Die Option "Neues Dokument öffnen" (**13**) erzeugt ein neues leeres Vectorworks-Dokument mit den Grundeinstellungen von Vectorworks. Es können bis zu acht Dokumente gleichzeitig geöffnet sein.

Nach dem Öffnen sollten Sie die Einheiten und den Maßstab des Dokuments überprüfen und sie gegebenenfalls anpassen.

1.2.2 Vectorworks-Programmoberfläche

Ein neues Dokument wird geöffnet. Die Grundeinstellungen der Arbeitsumgebung sowie die Programmoberfläche/Benutzeroberfläche (**1**) werden aufgebaut.

Je nach der installierten Vectorworks-Version/Produkt auf Ihrem Rechner oder der Auswahl einer Arbeitsumgebung können sich die Inhalte der Paletten und der Programmoberfläche unterscheiden.

[…] Wenn Sie Vectorworks zum ersten Mal starten, nutzt das Programm die Arbeitsumgebung, die sich im Programmordner im Verzeichnis "Arbeitsumgebungen" befindet. Konzept: **Arbeitsumgebungen**
Jedes Vectorworks-Produkt hat eine eigene Arbeitsumgebung mit einer Zusammenstellung von Werkzeugen und Befehlen, die auf die jeweilige Branche zugeschnitten sind. Die Werkzeuge und Befehle der Arbeitsumgebung "Basic" enthalten die grundlegenden Funktionen, die für das allgemeine 2D-Zeichnen und 3D-Modellieren benötigt werden, und erscheinen auch in allen Arbeitsumgebungen der Design Suite. Jedes Produkt der Design Suite wird mit einem zusätzlichen Satz branchenspezifischer Werkzeuge und Befehle installiert, die zusammen mit den Basic-Werkzeugen und -Befehlen die Arbeitsumgebung für das jeweilige Produkt bilden. Um zwischen den Arbeitsumgebungen zu wechseln, wählen Sie Extras > Arbeitsumgebung und wählen dann die gewünschten Arbeitsumgebung aus. […]
[…] Mit **Extras > Arbeitsumgebung > Arbeitsumgebungen** können beliebig viele Arbeitsumgebungen erstellt und unter einem Namen gesichert werden. […]

[…] TIPP: Es ist empfehlenswert, eine Standardarbeitsumgebung von Vectorworks nicht zu verändern. Legen Sie besser eine Kopie der Arbeitsumgebung an (Duplizieren im Dialogfenster „Arbeitsumgebungen") und verändern Sie diese Kopie nach Ihren Vorstellungen. […]

Die detaillierte oder ausführliche Beschreibung finden Sie in Vectorworks Onlinehilfe:
Menü *Hilfe – Vectorworks-Hilfe* (siehe Seite 36 ff.)

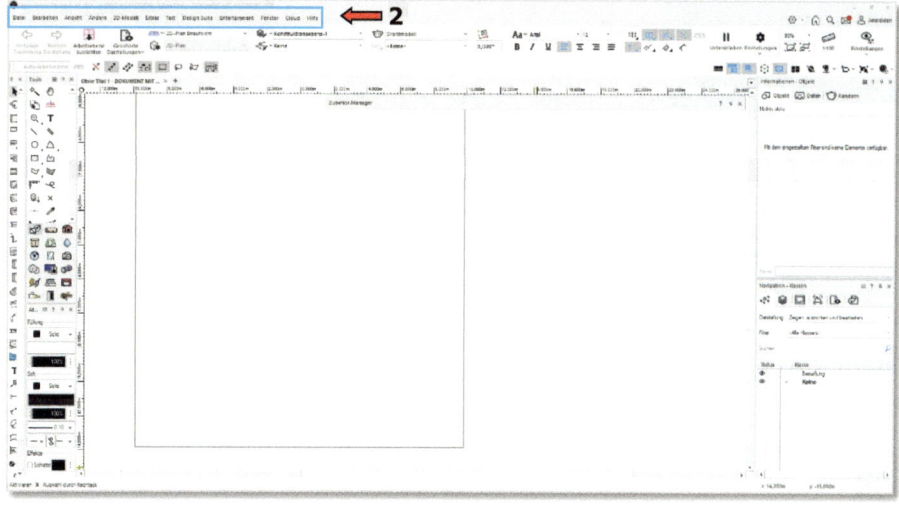

Vectorworks-Programmoberfläche **1**

1. Einführung in Vectorworks

In den mitgelieferten Standardarbeitsumgebungen von Vectorworks sind alle Befehle und Werkzeuge übersichtlich nach ausgewählten fachspezifischen Themen in Menüs und Paletten zusammengestellt.

Dieses Buch führt Sie durch zahlreiche Übungen, um Ihnen das Erlernen grundlegender 2D- und 3D-Werkzeuge sowie Befehle zu vermitteln. Die dafür notwendigen Werkzeuge und Befehle sind in der mitgelieferten Standardarbeitsumgebung von Vectorworks „Basic" zu finden.

Um das Buch effektiv zu nutzen, empfiehlt es sich daher, die Arbeitsumgebung Basic (**5**) auszuwählen:

- Gehen Sie dazu in der Menüzeile (**2**) zu dem Befehl:
  Extras (**3**) *– Arbeitsumgebung* (**4**) *– Basic* (**5**).

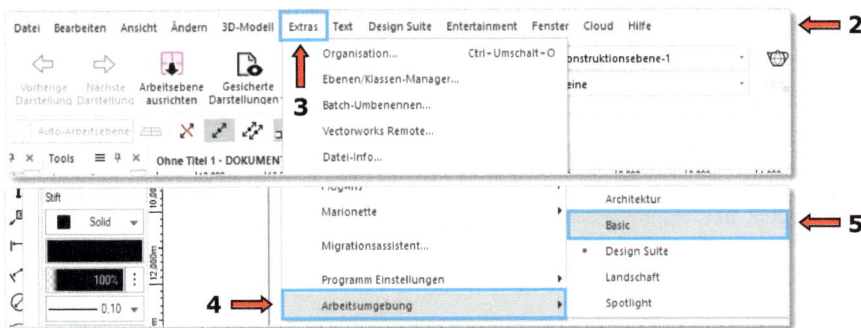

Dadurch wird die Benutzeroberfläche neu geladen (**6**) und entsprechend mit passenden Paletten (**7**) und Menüs (**8**) aufgebaut. Um die Arbeit mit Vectorworks zu erleichtern, ist die Benutzeroberfläche in verschiedene Funktionsbereiche mit Werkzeugpaletten und Menüs unterteilt.

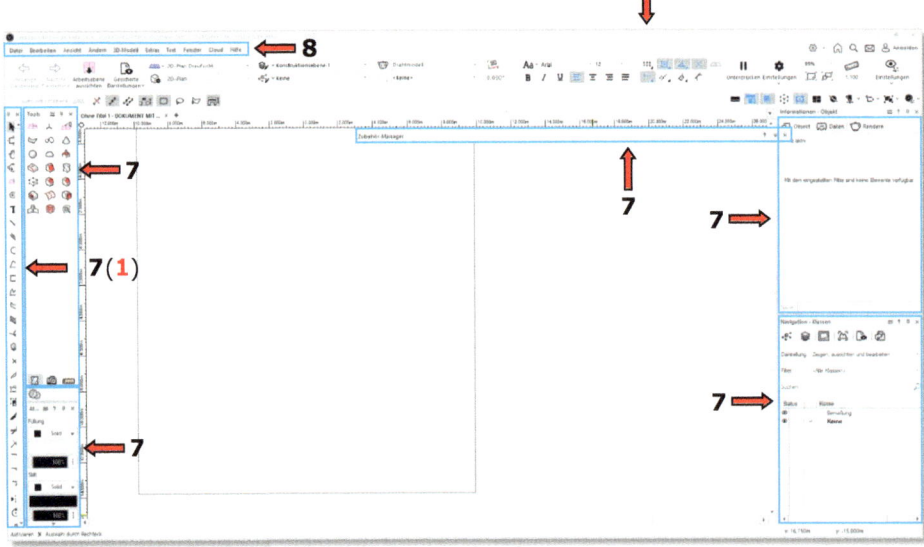

1. Einführung in Vectorworks

1.2.3 Anordnen von Paletten

In diesem Beispiel sind die Paletten und Werkzeuggruppen nicht wie gewünscht dargestellt. Allerdings können sie in Bezug auf ihre Form, Position, Anzeige und Inhalt angepasst und dann so gespeichert werden.

Ab Vectorworks 2024 ist eine **Favoriten-Palette** (**1**) verfügbar, die die wichtigsten Werkzeuge für die ausgewählte Arbeitsumgebung enthält. Zum Beispiel enthält die Favoriten-Palette der Arbeitsumgebung "Basic" wesentliche Werkzeuge zum Erstellen oder Bearbeiten von 2D- und 3D-Objekten.

Favoriten-Palette vergrößern

Die Favoriten-Palette (**1**) wird auf der linken Seite der Arbeitsfläche in einer schmalen Größe präsentiert. Um sie breiter zu machen, bewegen Sie die linke Maustaste zum rechten Rand der Palette und warten Sie, bis sich der Mauszeiger nicht mehr ändert ←→ (**2**). Dann klicken Sie mit der linken Maustaste, halten Sie sie gedrückt und ziehen Sie die Maus, bis die Palette die gewünschte Breite hat (**3**).

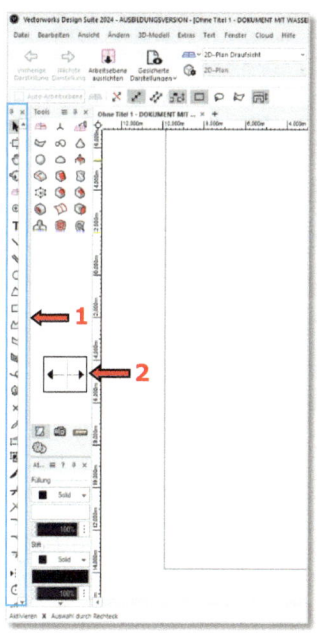
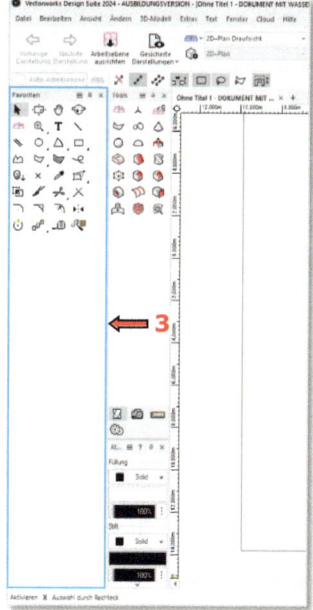

Tools-Palette auf dem Bildschirm verschieben/andocken

Je nach der gewählten Arbeitsumgebung sind in der **Tools-Palette** (**1**) mehrere Werkzeuggruppen angeordnet, deren Werkzeuge entsprechend ihrer Funktionalität gruppiert sind. Zum Beispiel werden in der Tools-/Konstruktions-Palette essenzielle Werkzeuge für das 2D- und 3D-Zeichnen bereitgestellt, während sich in der Architektur-Palette Werkzeuge befinden, mit denen architektonische Objekte wie Wände, Decken, Fenster usw. gezeichnet werden können.

1. Einführung in Vectorworks

Verschieben Sie diese Palette unter die Favoriten-Palette, indem Sie mit der linken Maustaste in die Titelleiste im leeren, hellgrauen Bereich (**2**) klicken. Halten Sie die Maustaste gedrückt und ziehen Sie die Werkzeugpalette unter die Favoriten-Palette (**3**). Ein blaues Kreuz, das Symbol für die Andockhilfe (**4**), erscheint. Ziehen Sie die Palette auf den unteren Pfeil des Andockhilfe-Symbols (**5**). Sobald ein blaues Feld die Position und Größe der Werkzeugpalette anzeigt (**6**), lassen Sie sie los. Die Tool-Palette passt sich automatisch der Größe der bereits angedockten Favoriten-Palette an (**7**).

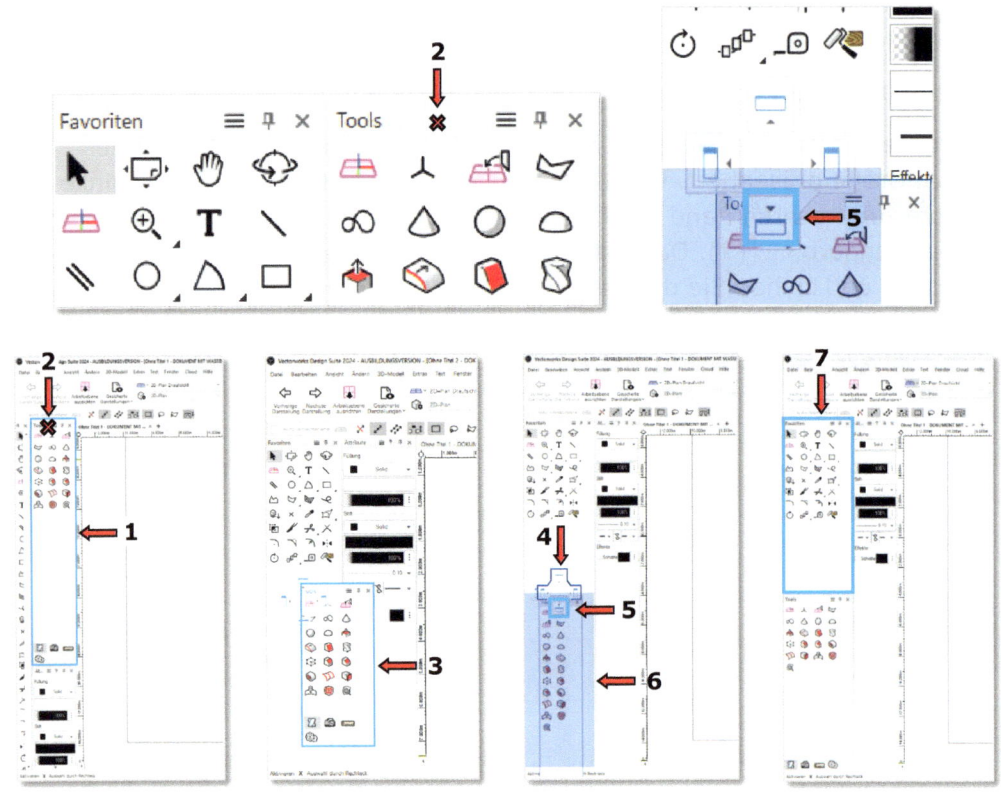

Gleiches gilt für das Verschieben von Reitern innerhalb einer Palette.

Wenn eine Palette nicht angedockt werden soll, halten Sie die Kontrolltaste gedrückt, während Sie die Palette in die Nähe der Andockhilfe bewegen. Dadurch werden die Andockhilfen nicht angezeigt.

Die Attribute-Palette auf dem Bildschirm verschieben/andocken:
Verschieben Sie die Attribute-Palette unterhalb (**1**) der Tool-Palette (**2**) oder legen Sie sie freischwebend auf der linken Seite der Zeichenfläche neben der Favoriten-Palette (**3**) ab.

1. Einführung in Vectorworks

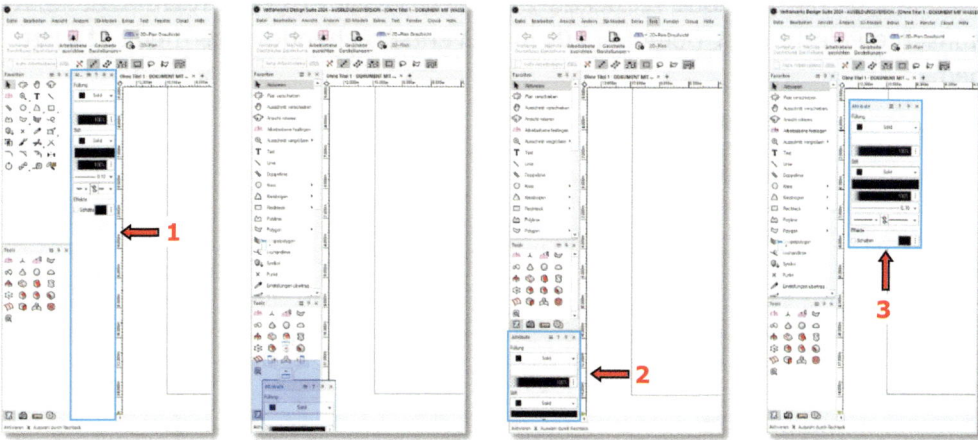

1.2.4 Inhalt der Favoriten-Palette anpassen

Um den Inhalt der Favoriten-Palette (**1**) anzupassen, können Sie diese sowie alle anderen Paletten mithilfe des Befehls:

- *Extras* (**2**) - *Arbeitsumgebung* (**3**) - *Arbeitsumgebung anpassen* (**4**)
- oder in dem Paletten-Menü (**5**), unter der Paletten-Titelleiste: *Anpassen…* (**6**) an individuelle Bedürfnisse anpassen.

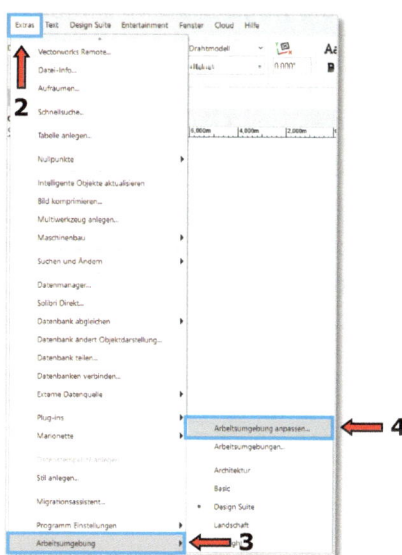

In dem erscheinenden Dialogfenster „Arbeitsumgebung anpassen" (**7**), in den Registerkarten "Menüs" (**8**) und "Werkzeuge" (**9**) befinden sich alle Befehle und Werkzeuge von Vectorworks. Hier können Sie die Inhalte Ihrer Arbeitsumgebung anpassen.

1. Einführung in Vectorworks

Verwenden Sie die Methode "Drücken-Ziehen-Loslassen"(**11**), um Werkzeuge in die gewünschte Palette oder Befehle (**10**) in das entsprechende Untermenü (**12**) zu ziehen.

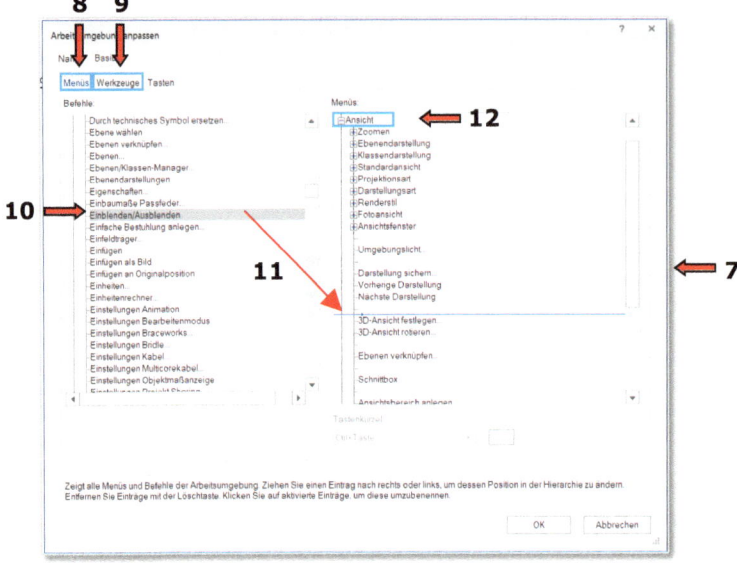

1. Befehl **Einblenden/Ausblenden** zur Arbeitsumgebung hinzufügen:

- Öffnen Sie die Registerkarte „Menüs" (**1**) im Dialogfenster „Arbeitsumgebung anpassen".
- Öffnen Sie die Liste „Alle Befehle" (**2**).
- Verwenden Sie die Methode "Drücken-Ziehen-Loslassen"(**5**), um den Befehl *Einblenden/Ausblenden* (**3**) dem Untermenü „Ansicht" (**4**) hinzuzufügen.
- Platzieren Sie den Befehl *Einblenden/Ausblenden* an der gewünschten Stelle (z. B. unter dem Befehl *Nächste Darstellung*) und lassen Sie ihn los, um ihn hinzuzufügen.
- Bestätigen Sie mit OK.

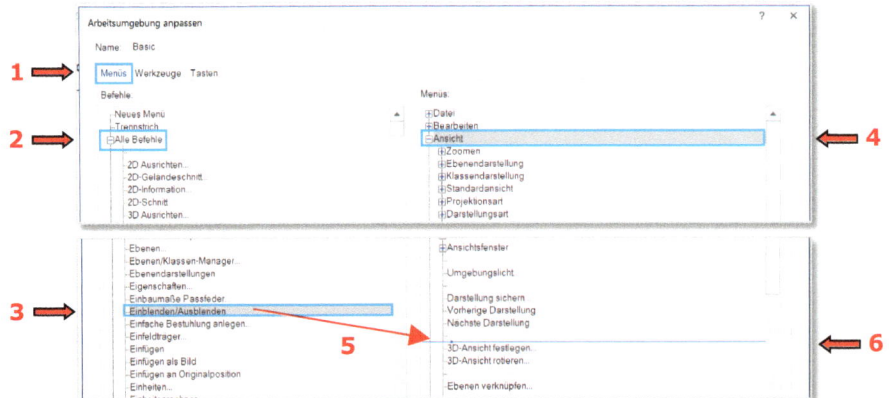

- Um diese Befehlsgruppe von anderen zu trennen, können Sie den Trennstrich (**7**) auch mittels der Methode „Drücken-Ziehen-Loslassen" (**8**) unter den Befehlsgruppe „Einblenden/Ausblenden" (**9**) hinzufügen. Platzieren Sie den Trennstrich an der gewünschten Stelle (**10**) und lassen Sie ihn los, um ihn hinzuzufügen.

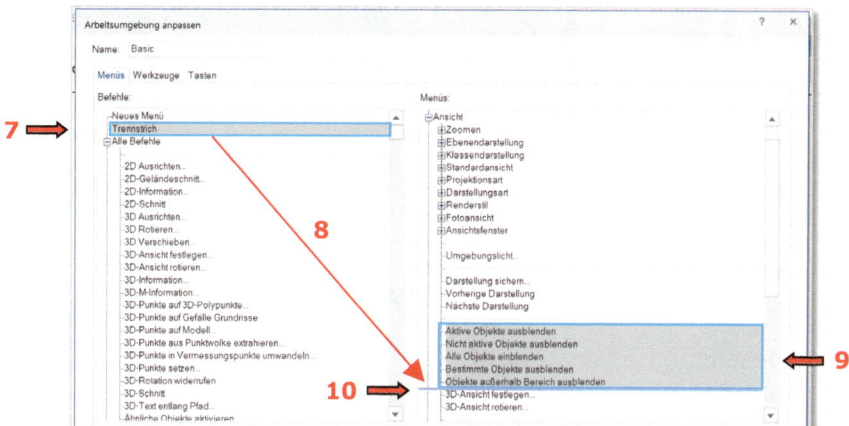

Bitte fügen Sie nun die folgenden Werkzeuge ihrer Arbeitsumgebung hinzu. Diese waren bis 2023 Bestandteil der Favoriten-Palette und werden später benötigt, um die Übungen aus dem Buch durchzuführen. Ich habe diese Werkzeuge an derselben Stelle in der Favoriten- oder Konstruktions-Palette platziert, wo sie bis 2023 standen. Bitte fügen Sie diese Werkzeuge nur hinzu, wenn Sie in Ihrer Favoriten-Palette fehlen.

WICHTIG: Sollten Sie während der Arbeit im Buch feststellen, dass ein Werkzeug oder ein Befehl in Ihrer Arbeitsumgebung fehlt, fügen Sie ihn bitte, wie oben beschrieben, mithilfe des Befehls *Arbeitsumgebung anpassen* hinzu.

2. Werkzeug ***Ähnliches aktivieren*** einfügen:

- Wechseln Sie zu der Registerkarte "Werkzeuge" (**1**).
- Wählen Sie das Werkzeug *Ähnliches aktivieren* (**3**) aus der Liste „Alle Werkzeuge" (**2**) und ziehen Sie es mithilfe der Methode "Drücken-Ziehen-Loslassen"(**5**) in die Favoriten-Palette (**4**) unter dem Werkzeug *Aktivieren* (**6**) hinzu (**7**).
- Lassen Sie es dort los (**7**).

1. Einführung in Vectorworks

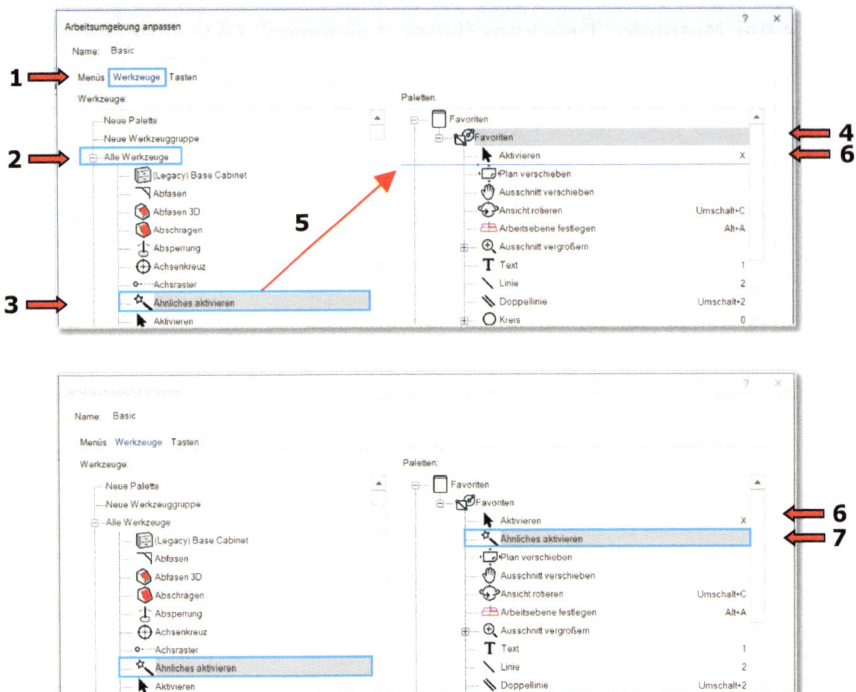

3. Werkzeug *Hilfslinie* einfügen:

- Die Registerkarte „Werkzeuge" (**1**) ist bereits geöffnet.
- Wählen Sie das Werkzeug *Hilfslinie* (**8**) aus der Liste „Alle Werkzeuge" (**2**) und ziehen Sie es mithilfe der Methode "Drücken-Ziehen-Loslassen" (**5**) in die Favoriten-Palette (**4**) unter das Werkzeug *Punkt* (**9**) hinzu (**10**).
- Lassen Sie es dort los (**10**).

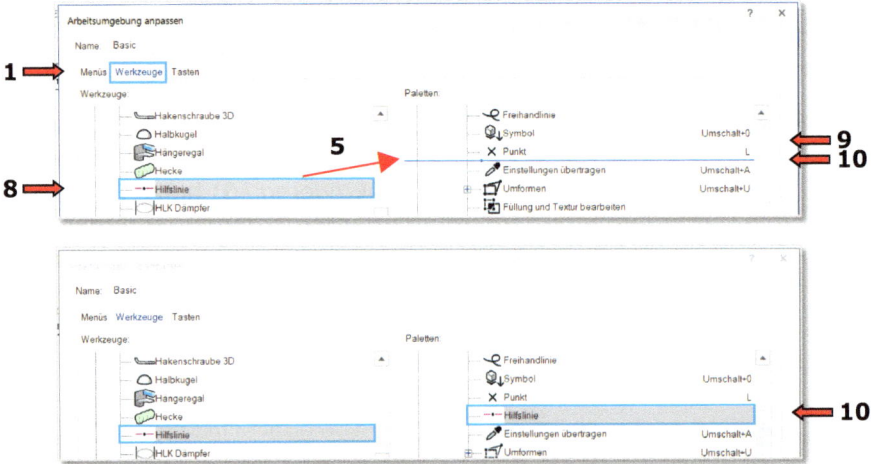

1. Einführung in Vectorworks

Fügen Sie außerdem die folgenden Werkzeuge der Favoriten-Palette hinzu:

4. Werkzeug **Unterteilen** (**11**) einfügen (unter dem Werkzeug *Parallele*):

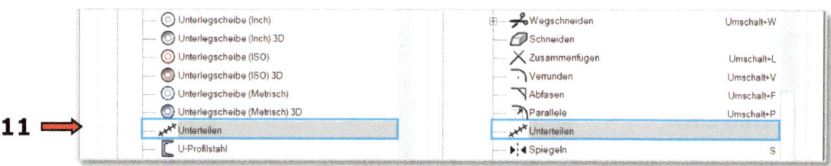

5. Werkzeug **Teilwinkel** (**12**) einfügen (als Unterwerkzeug von Werkzeug *Unterteilen*):

- Um das Werkzeug *Teilwinkel* als Unterwerkzeug des Werkzeugs *Unterteilen* hinzuzufügen, bewegen Sie die Maus während der Methode "Drücken-Ziehen-Loslassen" weiter nach rechts (**13**) unterhalb des Werkzeugs *Unterteilen*.

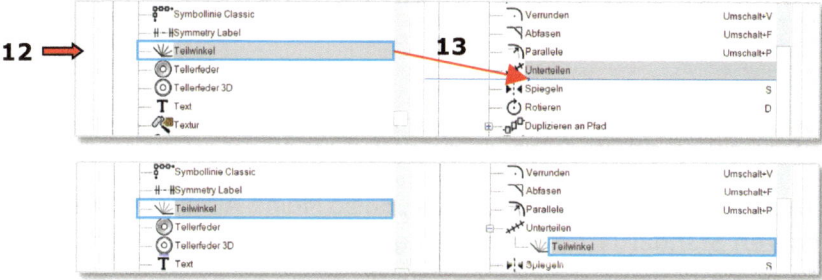

6. Werkzeug **Versetzen** (**14**) einfügen (unter dem Werkzeug *Duplizieren an Pfad*):

[...] TIPP: Es ist empfehlenswert, eine Standardarbeitsumgebung von Vectorworks nicht zu verändern. Legen Sie besser eine Kopie der Arbeitsumgebung an (Duplizieren im Dialogfenster „Arbeitsumgebungen") und verändern Sie diese Kopie nach Ihren Vorstellungen. [...]

Die detaillierte oder ausführliche Beschreibung finden Sie in Vectorworks Onlinehilfe:
Menü *Hilfe – Vectorworks-Hilfe* (siehe Seite 36 ff.)

1. Einführung in Vectorworks

1.2.5 Kopie der Arbeitsumgebung sichern

Bevor Sie die Eingaben bestätigen, geben Sie den neuen Namen dieser Arbeitsumgebung an, indem Sie folgende Schritte ausführen:

- Tragen Sie den neuen Namen in das Eingabefeld „Name" ein, zum Beispiel „Basic Meine AU" (**1**).
- Bestätigen Sie mit OK.
- Es wird ein neues Dialogfenster (**2**) geöffnet, bestätigen Sie dies ebenfalls mit OK.

Dort wird angezeigt, an welchem Ort die angepasste Kopie dieser Arbeitsumgebung gespeichert wird (**3**).

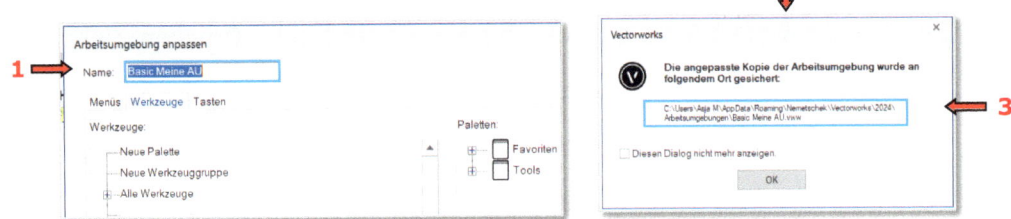

[...] Sämtliche Arbeitsumgebungen, die im Ordner „Arbeitsumgebungen" abgelegt sind, werden in Vectorworks im Untermenü „Arbeitsumgebungen" (Menü „Extras") angezeigt. [...] (siehe Vectorworks-Hilfe [1])

Es wird eine neue Arbeitsumgebung namens „Basic Meine AU" (**7**) erstellt. Diese wird unter anderen Standardarbeitsumgebungen angezeigt:

- Gehen Sie zu *Extras* (**4**) - *Arbeitsumgebung* (**5**).
- Oder wählen Sie *Extras* (**4**) - *Arbeitsumgebung* (**5**) – *Arbeitsumgebungen...* (**6**).

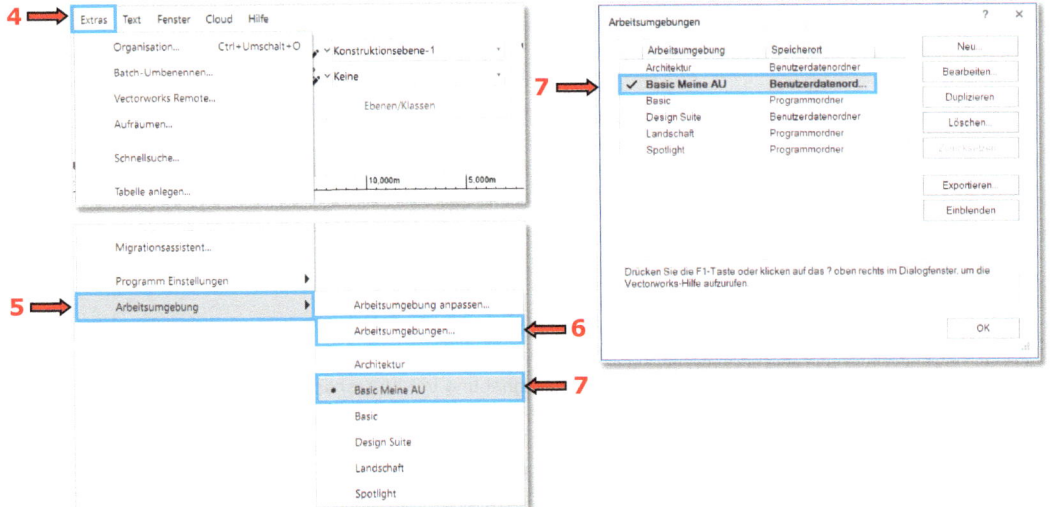

1.2.6 Unterwerkzeuge

Einige Werkzeuge werden als Unterwerkzeuge zur Arbeitsumgebung hinzugefügt. Zum Beispiel befindet sich das Werkzeug *Verschieben* (**2**) als Unterwerkzeug des Werkzeugs *Duplizieren an Pfad* (**1**) in der Favoriten-Palette. Um es zu aktivieren:

- Klicken Sie mit der RMT auf das Werkzeug *Duplizieren an Pfad* (**1**).
  Alternativ können Sie auf das kleine Pfeil-Symbol (**3**) unten rechts auf dem Werkzeugsymbol *Duplizieren an Pfad* klicken.

Das Werkzeug *Verschieben* (**4**) wird dann rechts eingeblendet und kann aktiviert werden (**2**).

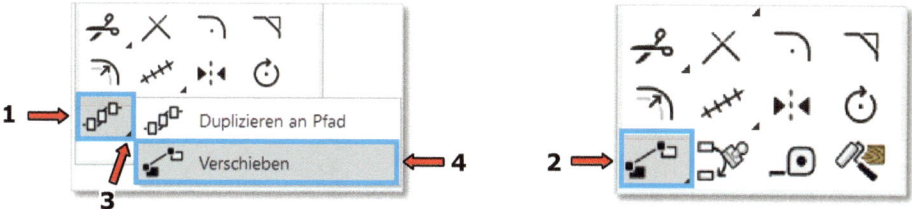

1.2.7 Anzeigeart der Werkzeuge in der Werkzeugpalette

Die Werkzeuge in den Paletten können als Icons, als Icons mit Text oder nur als Text dargestellt werden. Um eine dieser Einstellungen zu wählen:

- Klicken Sie auf das Hilfsmenü (**1**) oben auf der rechten Seite der Palette.
- Im daraufhin geöffneten Palettenmenü (**2**) wählen Sie den Befehl *Anzeigen als* (**3**) aus.
- Wählen Sie dann eine der vorgeschlagenen Anzeigeoptionen: *Icons*, *Icons mit Text* oder *Text*. Zum Beispiel können Sie Icons und Text (**4**) hier auswählen.

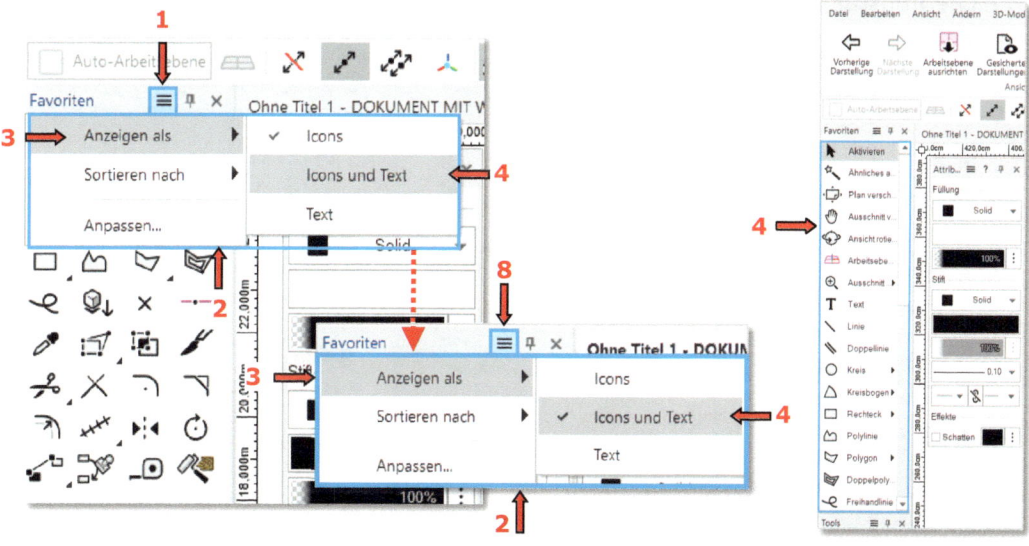

1. Einführung in Vectorworks

1.2.8 Ansicht der Multifunktionsleiste anpassen

Die Multifunktionsleiste (**1**) können Sie auf drei verschiede Arten anzeigen:

- Klicken Sie mit der rechten Maustaste (RMT) auf eine leere Stelle (**2**) in der Multifunktionsleiste (**1**).
- Wählen Sie im daraufhin geöffneten Fenster (**3**) die Option „Multifunktionsleiste Standardansicht" (**4**) aus.

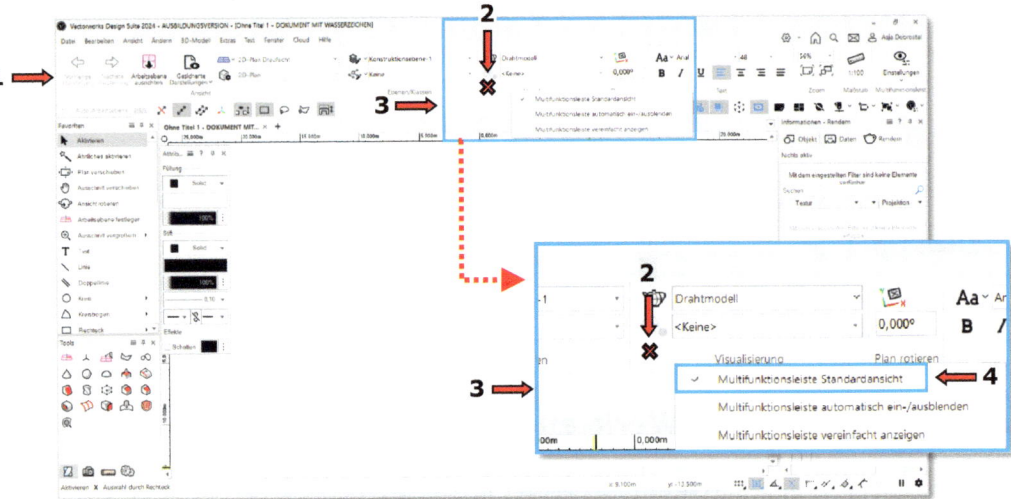

Öffnen Sie das Dropdown-Menü „Einstellungen Multifunktionsleiste" (**5**), indem Sie auf den Pfeil (**6**) auf der rechten Seite der Multifunktionsleiste klicken.

Um eine Gruppe in der Multifunktionsleiste ein- oder auszuschalten, klicken Sie auf das Pin-Icon dieser Gruppe (**7**) (siehe Seite 11f.).

- Im Feld „Anzeige" deaktivieren Sie die Option „Gruppentitel anzeigen" (**8**), um die Beschriftungen für jede Gruppe (**9**) auszublenden und somit mehr Platz im Zeichenfenster zu schaffen.

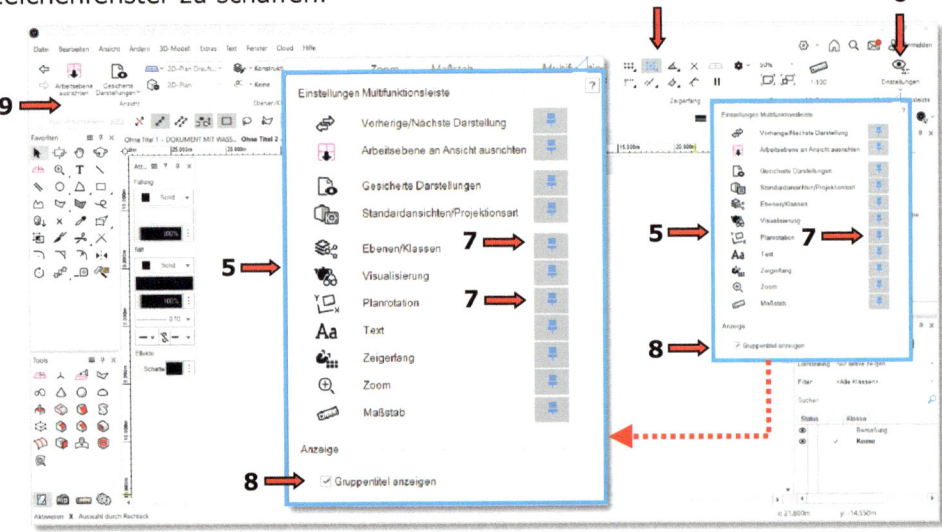

1.2.9 Zeigerfang-Set in der Statusleiste anzeigen

Deaktivieren Sie die Zeigerfang-Gruppe (**10**) in der Multifunktionsleiste, um die Multifunktionsleiste sowie die Zeigerfang-Gruppe (= das Zeigerfang-Set) selbst übersichtlicher zu gestalten. Um dies zu tun:

• Klicken Sie auf das Pin-Icon der Zeigerfang-Gruppe (**11**).

Dadurch wird sie von der Multifunktionsleiste entfernt (**12**) und automatisch unten rechts in der Statuszeile (**13**) angezeigt (**14**).

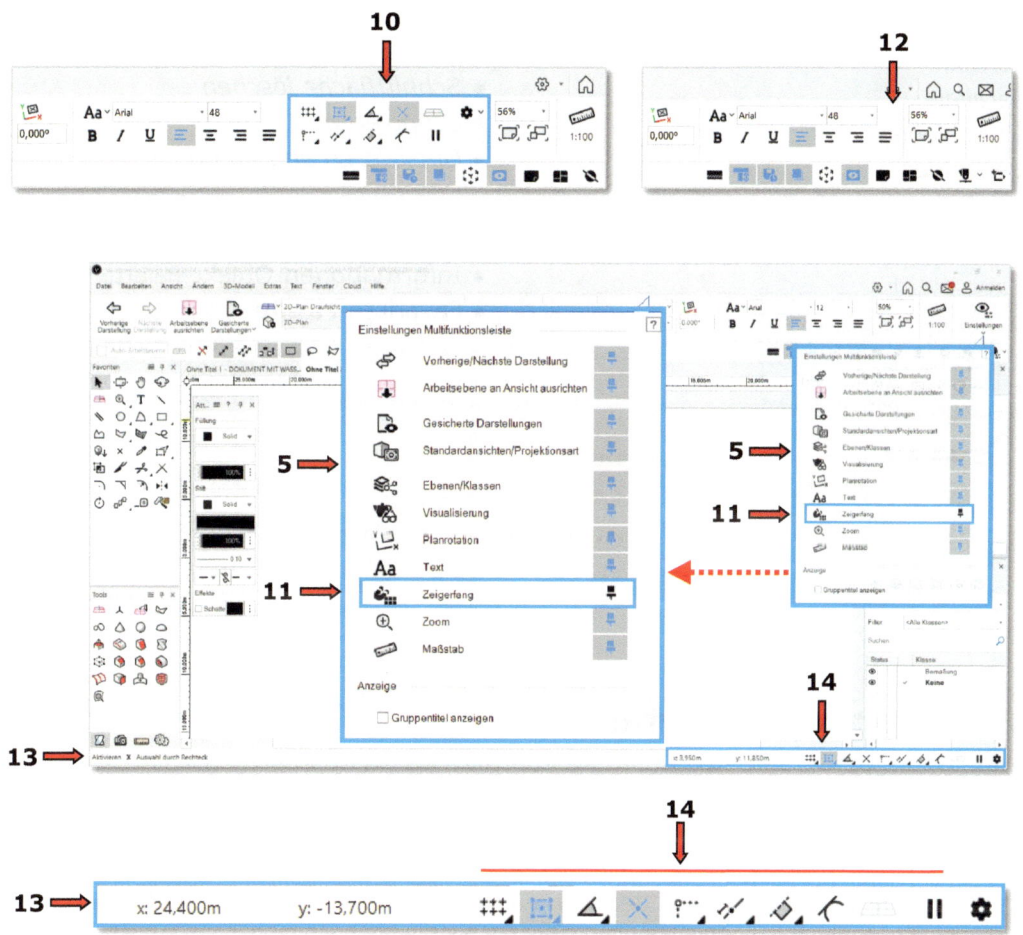

2. Erste Schritte in der 2D-Konstruktion

INHALT:

Werkzeuge
- *Punkt*
- *Linie*
- *Objekt spiegeln*
- *Rechteck*
- *Polygon*
- *Polylinie*
- *Parallele*
- *Verschieben*
- *Verrunden*
- *Duplizieren an Pfad*
- *Umformen*

Zeichenhilfen
- *Zeigerfang-Funktionen*
- *Fangmodus An Punkt ausrichten*
- *Temporärer Nullpunkt*

Befehle
- *Fläche zusammenfügen*
- *Schnittfläche löschen*
- *Gruppieren*
- *Duplizieren und Anordnen*

- *Attribute zuweisen*
- *Informationen-Objekt-Palette*
- *Favoriten-Palette*

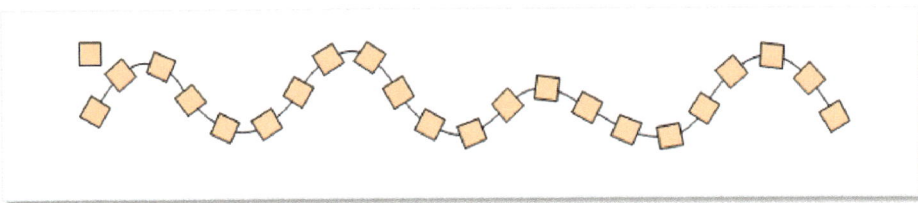

2.1 Vectorworks starten

Sie haben Vectorworks gestartet und die Vectorworks-Arbeitsumgebung gemäß den Anweisungen im vorherigen Kapitel „Vectorworks starten" entsprechend angepasst (siehe Seite 39 ff.).

Das Dokument hat automatisch den Namen „Ohne Titel 1" erhalten. Sie können diesen später beim Speichern des Dokuments ändern.

Kontrollieren Sie nun:

1. ob die Längeneinheit in diesem Dokument auf „Meter" eingestellt ist, indem Sie wie folgt vorgehen:

- In der Menüzeile (**1**) wählen Sie den Befehl:
  Datei (**2**) – *Dokument Einstellungen* (**3**) – *Einheiten...* (**4**):

2. Erste Schritte in der 2D-Konstruktion

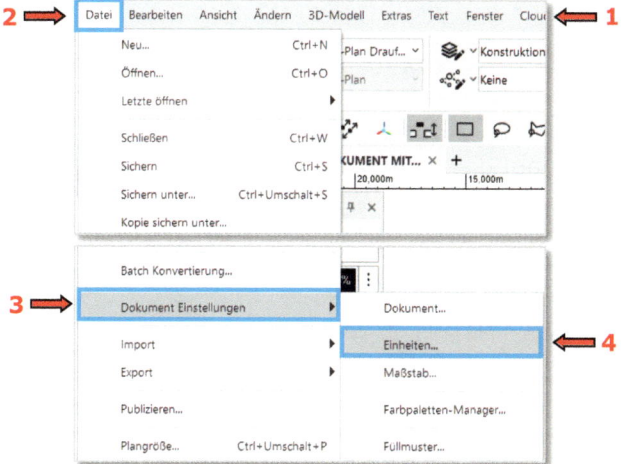

Es wird das Dialogfenster „Einheiten" (**5**) geöffnet.

- Öffnen Sie die Registerkarte „Bemaßungen" (**6**):
- Kontrollieren Sie, ob im Gruppenfeld „Längen-Einheit" (**7**) unter dem Aufklappmenü „Einheiten:" (**8**) die Einheit „Meter" (**9**) ausgewählt ist.

Falls nicht:

- Wählen Sie aus dem Aufklappmenü „Einheiten:" (**8**) die Einheit „Meter" (**10**) aus.

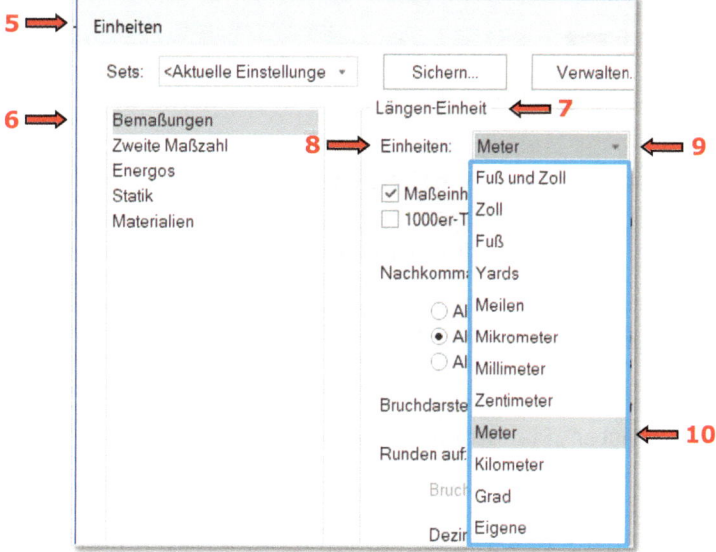

2. ob der Maßstab 1:100 (**11**) ist:

- Falls nicht, klicken Sie in der Multifunktionsleiste (**12**) auf das Symbol für den Maßstab (**13**). Wählen Sie aus dem nun erscheinenden Dialogfenster „Maßstab" (**14**) den Maßstab 1:100 (**15**) aus.

2. Erste Schritte in der 2D-Konstruktion

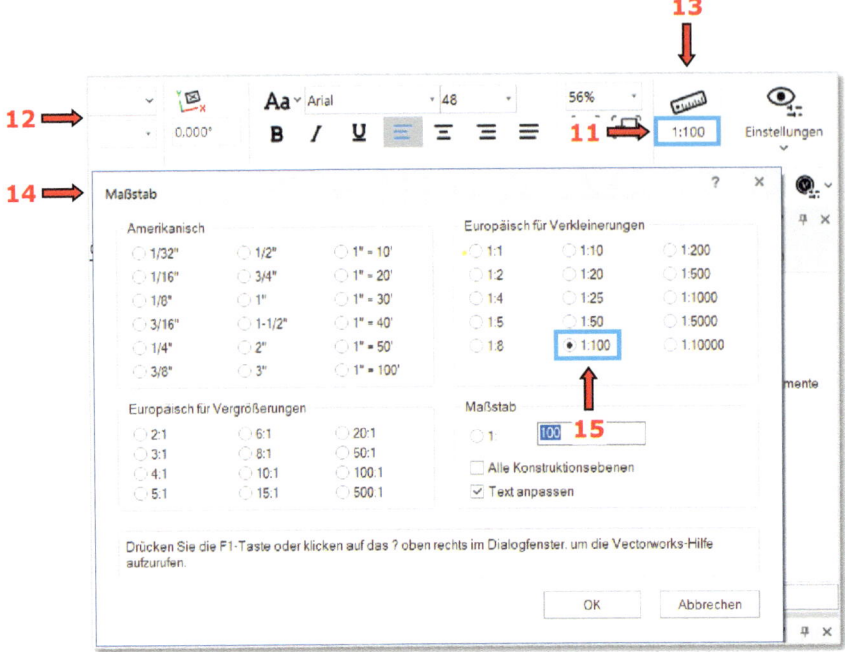

3. ob die „2D-Plan Draufsicht" (**16**) als „Aktuelle Ansicht" in der Multifunktionsleiste ausgewählt ist:

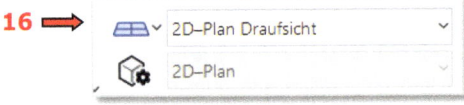

Falls diese Ansicht momentan aktiv ist, arbeiten Sie im zweidimensionalen Raum von Vectorworks. Die aktive Konstruktionsebene wird in allen anderen Ansichten (Oben, Unten, Rechts usw.) in einer dreidimensionalen Projektionsart angezeigt.

4. ob das Zeichenblatt (Papierformat A4) im Hochformat ausgerichtet ist:

- Gehen Sie in der Menüzeile (**1**) zu dem Befehl: *Datei* (**2**) – *Plangröße…* (**17**).

Es wird das Dialogfenster „Plangröße" (**18**) geöffnet.

- Klicken Sie auf die Schaltfläche „Drucker und Seite einrichten…" (**19**).

Das Dialogfenster „Seite einrichten" (**20**) wird geöffnet:

- Dort können Sie das „Papierformat:" A4 (**21**) und die „Ausrichtung" → „Hochformat" (**22**) auswählen (siehe Seite 6 ff.).

2. Erste Schritte in der 2D-Konstruktion

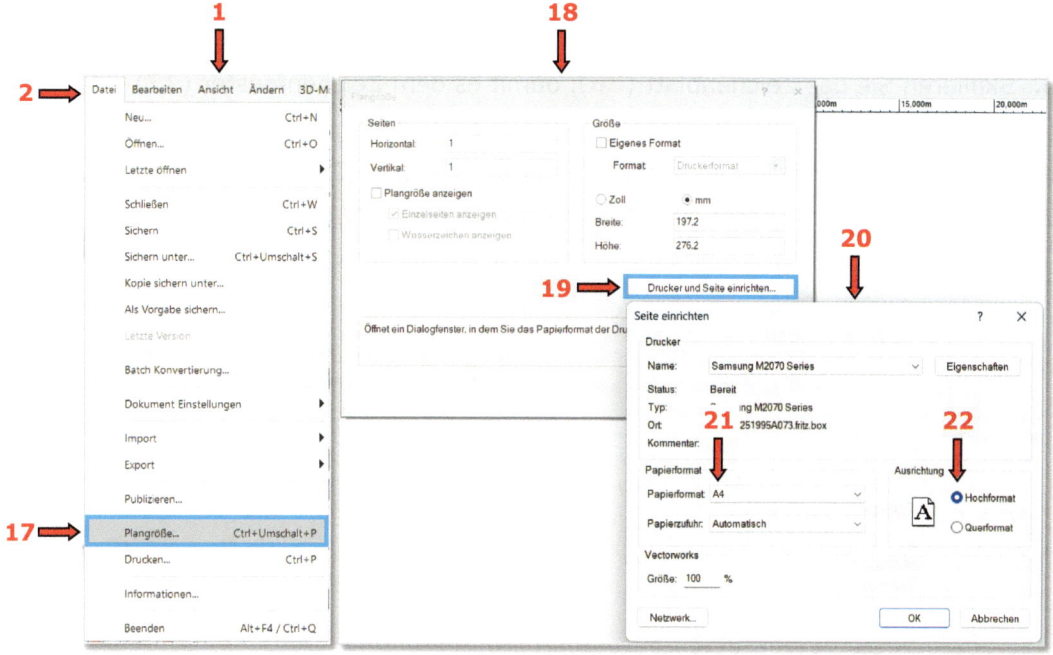

5. ob die automatische Sicherung eingeschaltet ist:

- Gehen Sie in der Menüzeile zu dem Befehl:
  Extras - Programm Einstellungen – Programm...
Es öffnet sich das Dialogfenster „Einstellungen Programm" (**23**).
- Öffnen Sie auf der linken Seite des Dialogfensters die Registerkarte „Sichern" (**24**):
- Aktivieren Sie die Option „Sichern nach" (**25**) (siehe Seite 9 ff.).

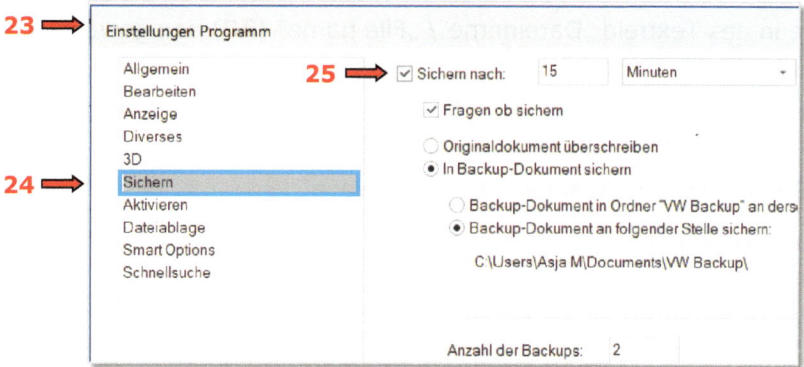

57

2. Erste Schritte in der 2D-Konstruktion

Weitere Einstellungen:

6. Skalieren Sie das Zeichenblatt (**26**), damit es dem Zeichenfenster (**27**) angepasst wird:

- In der Multifunktionsleiste klicken Sie auf das Symbol „Zoom auf Seite" (**28**).

Das Zeichenblatt (**26**) passt sich dem Zeichenfenster (**27**) an.

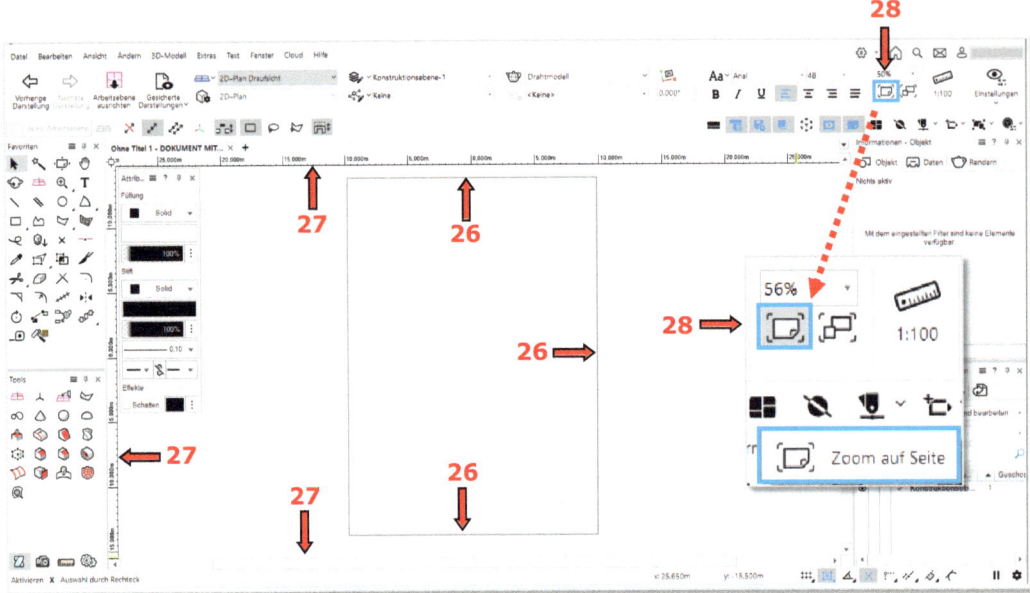

7. Wenn Sie nach 15 Min gefragt werden, ob das Programm Ihr Dokument unter einem Namen sichern und ein Backup erstellen soll, antworten Sie mit „Ja".

Der Datei-Explorer (**29**) wird geöffnet (→ Windows).

- Geben Sie dem Dokument einen Namen:
- Tragen Sie in das Textfeld „Dateiname"/ „File name" (**30**) den gewünschten Namen ein, z.B. „Erste Schritte" (**31**).
- Finden Sie in der Adressleiste (**32**) oder im Navigationsbereich (**33**) den gewünschten Ordner und speichern Sie das Dokument.
- Drücken Sie auf die Schaltfläche „Speichern/Save" (**34**).

Das Dokument wurde unter dem Namen „Erste Schritte" im ausgewählten Ordner auf Ihrem Rechner gespeichert.

2. Erste Schritte in der 2D-Konstruktion

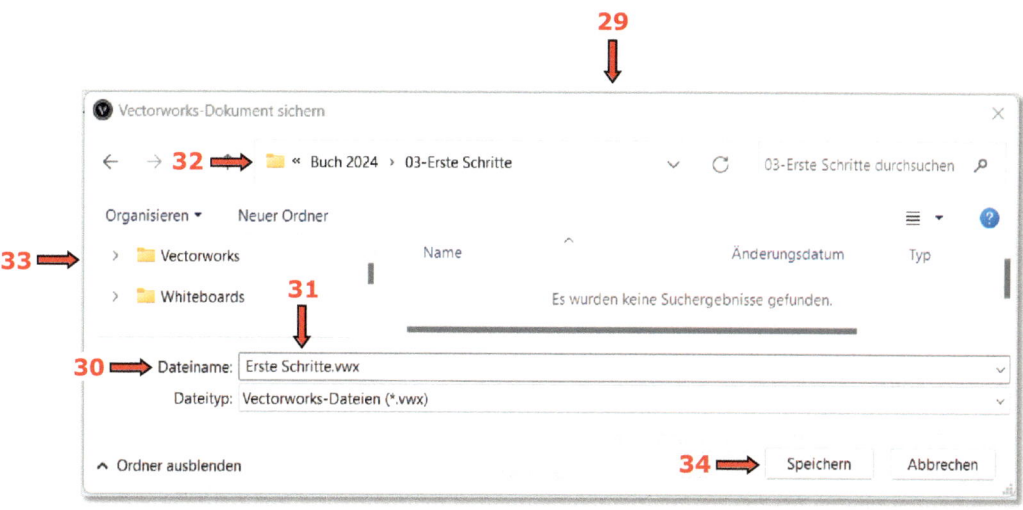

2.2 Linie

Punkte einfügen
2D-Punkte erzeugen
[...] Mit dem Werkzeug **Punkt** setzen Sie 2D-Punkte in die Zeichnung ein. Klicken Sie dazu einfach an die Stelle, an welcher das Punktobjekt erscheinen soll. Da es sich dabei nur um verschiebbare Referenzpunkte handelt, können 2D-Punkte nicht umgeformt oder verschoben werden.
Ein 2D-Punktobjekt wird durch ein kleines Kreuz angezeigt. Punktobjekte haben keine Ausdehnung; sie repräsentieren lediglich einen Punkt. Aus diesem Grund werden Punktobjekte auch nicht gedruckt.
Gehen Sie folgendermaßen vor:
1. Aktivieren Sie das Werkzeug Punkt.
2. Klicken Sie an die Stelle, an der der 2D-Punkt platziert werden soll. [...] (siehe Vectorworks-Hilfe [1])

Linien zeichnen
[...] Mit dem Werkzeug **Linie** können Sie gerade Linien mit bestimmten oder beliebigen Winkeln zeichnen.
In bestimmten Winkeln — Die Linie darf nur vertikal, horizontal und in einer beliebigen Richtung um 30 oder 45 Grad von der Vertikalen oder Horizontalen abweichen.
In beliebigen Winkeln — Zeichnet die Linie in jedem beliebigen Winkel.
Halten sie die Umschalttaste gedrückt, um die Linie an vorbestimmten Winkel auszurichten. [...] (siehe Vectorworks-Hilfe [1])

Infopalette: Reiter „Objekt"
Im Reiter „Objekt" der Infopalette können Sie die Einstellungen und die Form eines Objekts überprüfen und verändern. Außerdem werden für alle Objekte Klassen- und Ebeneninformationen angezeigt. Bei den meisten Objekten wird auch der Winkel angezeigt, um den das Objekt rotiert ist. [...]
[...] Im oberen Teil der Infopalette erhalten Sie Informationen über die gerade gewählten Objekte [...]
(siehe Vectorworks-Hilfe [1])

Paletten und Reiter anzeigen und ausblenden
Führen Sie einen der folgenden Schritte durch, um eine Palette oder einen Paletten-Reiter anzuzeigen oder auszublenden:
• Wählen Sie Fenster > Paletten > [Palettenname] oder [Reitername]. [...]
• Klicken Sie in der Titelleiste einer Palette auf das Hilfsmenü und wählen Sie dort den Namen eines Reiters, um diesen anzuzeigen oder auszublenden. [...]
• Klicken Sie auf die Schaltfläche X, um die Palette auszublenden. [...] (siehe Vectorworks-Hilfe [1])

Die detaillierte oder ausführliche Beschreibung des Befehls/des Werkzeuges finden Sie in Vectorworks Onlinehilfe: Menü *Hilfe – Vectorworks-Hilfe* (siehe Seite 36 ff.)

2. Erste Schritte in der 2D-Konstruktion

Punkte

Bevor Sie mit dem Zeichnen der Linien beginnen, sollten vier Referenzpunkte in der oberen Hälfte des Zeichenblattes platziert werden. An diesen Punkten werden Linien ausgerichtet.

- Wählen Sie in der Favoriten-Palette (**1**) das Werkzeug *Punkt* × (**2**) aus.

> Statt der Werkzeugpaletten können Sie zum Zeichnen die Anzeigemethode **Smart Options** verwenden (siehe Seite 31 ff.).

- Klicken Sie ungefähr an die Stellen **1**, **2**, **3** und **4**, wie in der Abbildung (**3**) dargestellt.

Es wurden vier Punkte gezeichnet.

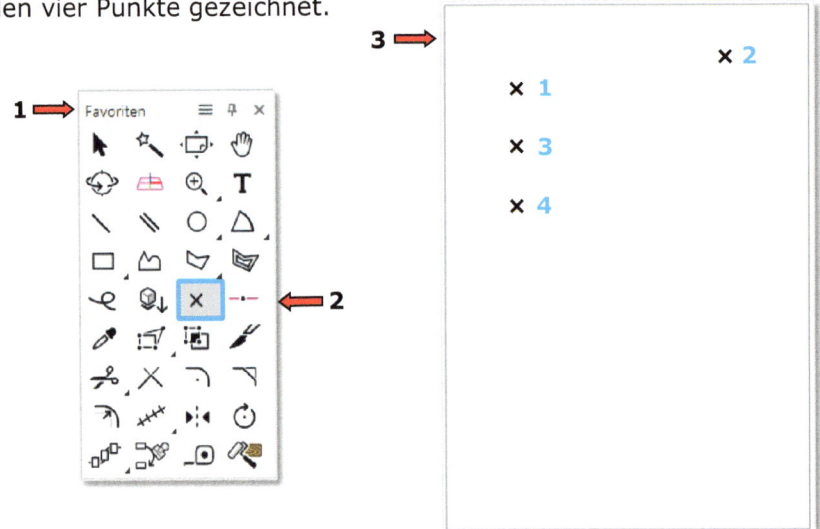

Linien

- Wählen Sie das Werkzeug *Linie* (**2**) aus.

Es befindet sich in der Favoriten-/Konstruktions-Palette (**1**).

In der Methodenzeile (**3**) finden Sie verschiedenen Methoden, um eine Linie in Vectorworks zu zeichnen:

- Aktivieren Sie die zweite Methode - *In beliebigen Winkeln* (**4**) und die dritte Methode - *Aus Anfangspunkt* (**5**).

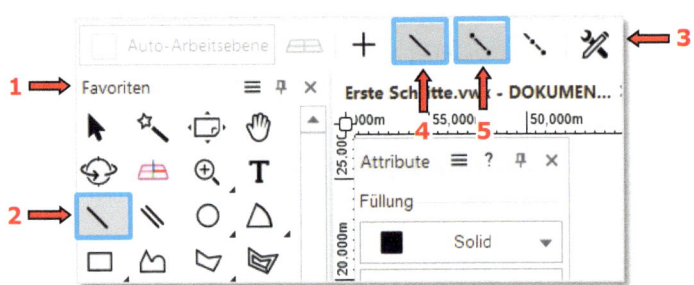

- Vergessen Sie nicht den Fangmodus *An Objekt ausrichten* (**6**) unten rechts in der Statusleiste (**7**) zu aktivieren.

Das „Zeigerfang-Set" (**6**) wird unten rechts in der Statuszeile (**7**) nur angezeigt, wenn es in der Multifunktionsleiste ausgeblendet ist (siehe Seite 53).

Dadurch kann sich der Intelligente Zeiger an die eben gezeichneten Punkte **1**, **2**, **3**, und **4** ausrichten.

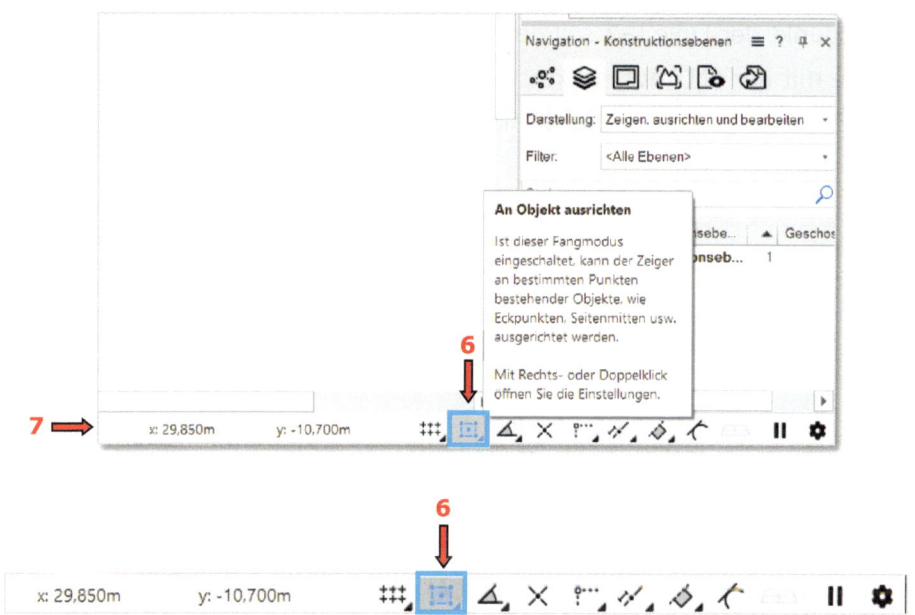

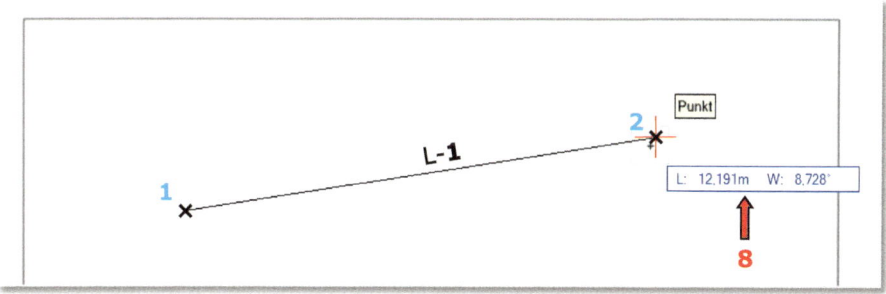

In Vectorworks gibt es drei Arten eine Linie zu zeichnen:

1. **Linie zwischen zwei Punkten zeichnen** (L-1)

- Klicken Sie mit der LMT (linke Maustaste) auf Punkt **1** (→ Anfangspunkt der Linie) und dann auf Punkt **2** (→ Endpunkt der Linie).

Bevor Sie den zweiten Punkt anklicken, zeigt die Objektmaßanzeige (**8**) die Länge der Linie und deren Winkel zur x-Achse an.

2. Erste Schritte in der 2D-Konstruktion

2. Linie mit Hilfe der Objektmaßanzeige zeichnen (L-2)

Punkt **3** soll der Anfangspunkt der zweiten Linie L-**2** sein. Sie soll 10 m lang sein und parallel zur x-Achse (W:0,00°) verlaufen → Polare Koordinateneingabe.

Polare Koordinateneingabe bedeutet, dass die Linie durch Angabe ihrer Länge (L:) und ihres Winkels zur x-Achse definiert (W:) wird. Dies erfolgt ausgehend von einem festen Punkt → wie beispielweise hier - Punkt **3**.

- Wählen Sie das Werkzeug *Linie* (**2**) aus.

Der Anfangspunkt der Linie L-**2** soll der Punkt **3** sein.

- Klicken Sie mit der LMT auf Punkt **3** (**1**).
- Bewegen Sie den Mauszeiger leicht nach rechts.

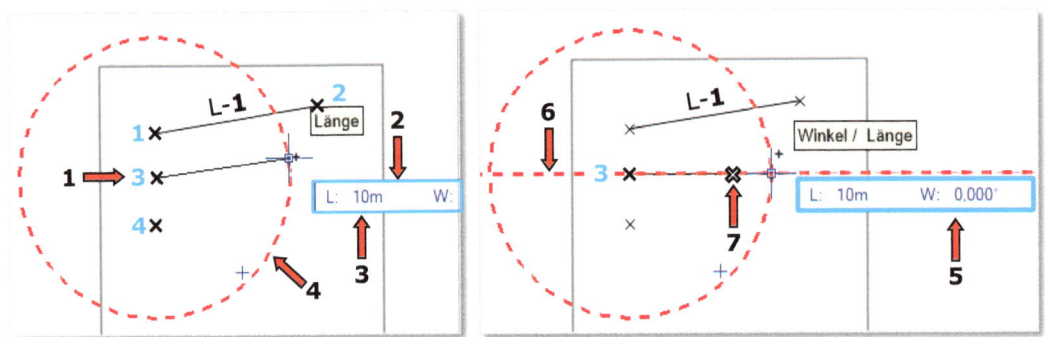

Dadurch erscheint die Objektmaßanzeige (**2**) mit den Eingabefeldern (L:, W: usw.), in denen Sie die Maße der Linie über die Tastatur eingeben können:

- Betätigen Sie die Tabulatortaste ⇄ auf der Tastatur.

Der Mauszeiger springt in das erste Eingabefeld der Objektmaßanzeige → zuständig für die Längeneingabe (**3**):

- Setzen Sie den Wert für die Länge L: auf 10 m (**3**) über die Tastatur ein.

Vectorworks zeigt unmittelbar danach einen rot gestrichelten Hilfskreis (**4**) mit dem Radius 10 m an, wobei der Kreismittelpunkt der Anfangspunkt **3** ist.

Ein weiterer notwendiger Parameter, um diese Linie zu zeichnen, ist ihr Winkel zur x-Achse:

- Drücken Sie die Tabulatortaste ⇄ ein zweites Mal.

Mit diesem Schritt ist die eben eingetragene Länge der Linie definiert und der Mauszeiger springt in das zweite Eingabefeld → zuständig für die Winkeleingabe (**5**):

- Tragen Sie für den Winkel den Wert W: 0° ein (**5**).
- Bestätigen Sie die Winkeleingabe mit der Eingabetaste ↵ auf der Tastatur.

Unmittelbar danach zeigt Vectorworks eine rot gestrichelte Hilfslinie (**6**) mit dem eingegebenen Winkel von 0° an.

Vectorworks hat immer noch zwei Optionen, die Linie zu zeichnen.

Es ist unklar, in welche Richtung die Linie gezeichnet werden soll, entweder rechts oder links vom Mittelpunkt:

- Definieren Sie die Richtung der Linie, indem Sie mit der LMT auf die gewünschte Seite des Mittelpunkts (in diesem Fall rechts - **7**) klicken.

Vectorworks hat Linie L-**2** gezeichnet.

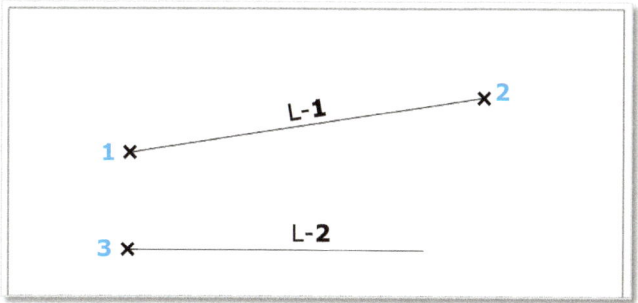

In der Informationen-Objekt-Palette (**8**) werden die Informationen über die **aktive** Linie L-**2** (**9**) angezeigt.

Polare Koordinateneingabe (**10**)
Länge der Linie (**11**)
Winkel zur X-Achse (**12**)

Um den linken Kontrollpunkt der Linie zu fixieren, klicken Sie auf die entsprechende Stelle auf der schematischen Darstellung der Linie (**13**). Die Position dieses Kontrollpunktes (**13**) wird im Koordinatensystem (**14**) angezeigt.

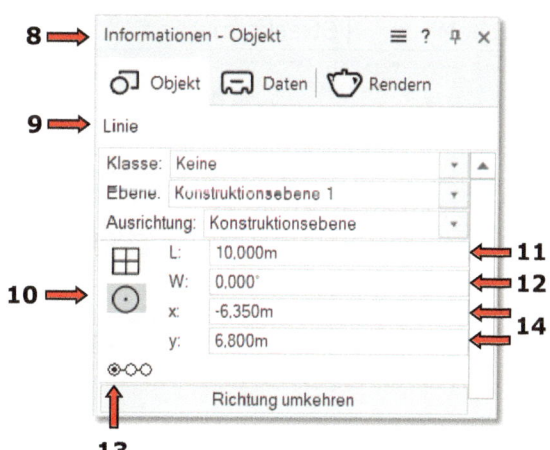

3. Linie über das Dialogfenster anlegen (L-3)

Der Anfangspunkt der dritten Linie L-**3** ist Punkt **4**. Sie soll 12 m lang sein und in einem Winkel von (-20°) zur x-Achse verlaufen.
Um das Dialogfenster „Objekt anlegen – Linie" (**1**) zu öffnen:

- Doppelklicken Sie auf das Werkzeug *Linie* ╲ in der Favoriten-Palette:
- Dadurch öffnet sich das Dialogfenster „Objekt anlegen - Linie" (**1**):
- Aktivieren Sie die Polare Koordinateneingabe (**2**).
- Tragen Sie für die Länge L: 12 m (**3**) ein.
- Tragen Sie für den Winkeln W: -20° (**4**) ein.

2. Erste Schritte in der 2D-Konstruktion

- Fixieren Sie den linken Kontrollpunkt in der schematischen Darstellung der Linie (**5**), mit diesem Kontrollpunkt wird die Linie auf die gewählte Stelle auf der Zeichenfläche platziert.
- Aktivieren Sie die Option „Nächster Klick" (**6**).

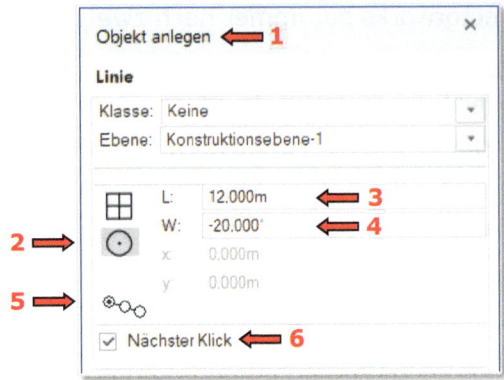

Die Option „Nächster Klick" bedeutet, dass die Position der Linie (sobald das Dialogfenster geschlossen wird) mit einem Klick auf die Zeichenfläche festgelegt werden muss.

- Bestätigen Sie den Eintrag im Dialogfenster mit OK.
- Klicken Sie auf den Punkt **4**, um die Linie L-**3** zu platzieren (**7**).

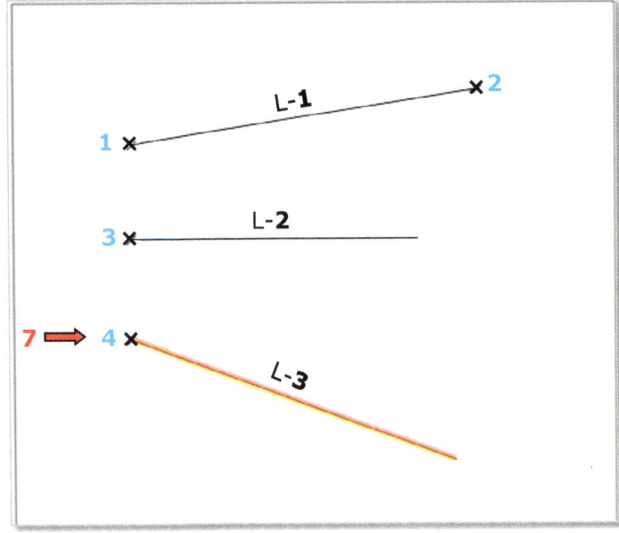

Linien spiegeln

Objekte spiegeln

[...] „Mit dem Werkzeug **Spiegeln** lassen sich Objekte an einer beliebigen Achse spiegeln oder der Arbeitsebene spiegeln. [...]

[...] **Objekte an einer Achse spiegeln**

Gehen Sie folgendermaßen vor:
1. Aktivieren Sie die Objekte, die gespiegelt werden sollen.
2. Aktivieren Sie das Werkzeug **Spiegeln** und die Methode **Original** oder **Duplikat**.
3. Klicken Sie, um den Beginn der Achse festzulegen. Wenn Sie den Zeiger bewegen, um die Achslinie zu erzeugen, wird eine Vorschau des gespiegelten Objekts angezeigt. Klicken Sie nochmals, um das Ende der Achse zu definieren. Bei Objekten in Wänden (wie Fenster oder Stützen, Produkt der Design Suite erforderlich) wird die Achse senkrecht an der Wand ausgerichtet.

Das Objekt oder sein Duplikat wird auf die entgegengesetze Seite der Ebene gespiegelt, die durch die Projektion der Achse auf die Arbeitsebene erzeugt wird. [...] (siehe Vectorworks-Hilfe [1])

Spiegelachse

Sie soll durch die Mitte der linken und rechten Seite des Zeichenblattes verlaufen, welches als grauer Rahmen dargestellt ist.

- Mit dem Werkzeug *Linie* ⧵ verbinden Sie die Mitte der linken (**5**) und rechten (**6**) Seite des Zeichenblatts.

Die Spiegelachse muss nicht im Voraus gezeichnet werden. Sie kann auch nach Aktivierung des Werkzeugs *Spiegeln* mit zwei Klicks festgelegt werden.

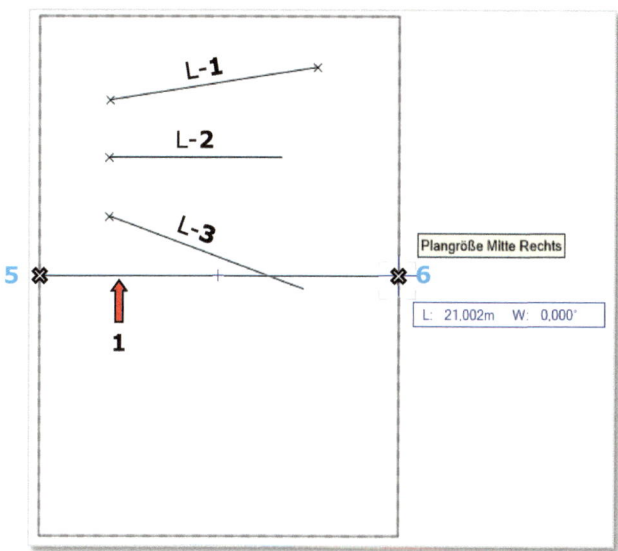

Die drei zuerst gezeichneten Linien sollen über diese Linie → Spiegelachse (**1**) gespiegelt werden.

Bevor Sie das Werkzeug *Spiegeln* (**3**) in der Favoriten-/Konstruktion-Palette aktivieren, müssen alle drei Linien aktiviert sein:

- Aktivieren Sie das Werkzeug *Aktivieren* und klicken Sie auf diese drei Linien nacheinander bei gedrückter Umschalttaste ⇧ (**2**).

Um die Werkzeuge und Befehle in Vectorworks ausführen zu können, müssen Sie die zu bearbeitende Objekte im Voraus aktivieren (bis auf ein paar Ausnahmen). Falls Sie das vergessen haben, können Sie die Objekte nachträglich bei gedrückter Alt-Taste (Windows) bzw. Befehl-Taste (Mac) und evtl. Umschalttaste aktivieren.

Sie können entweder das Originalobjekt oder die Kopie des Originalobjektes spiegeln. Dazu stehen Ihnen in der Methodenzeile (**4**) zwei Methoden zur Verfügung: *Original* (**5**) und *Duplikat* (**6**).

2. Erste Schritte in der 2D-Konstruktion

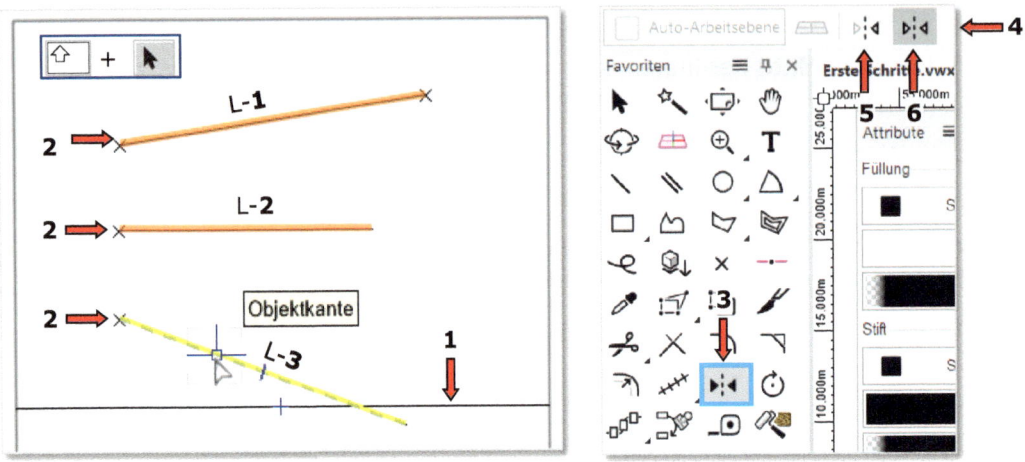

Um die Kopie des Originalobjekt zu spiegeln:

- Aktivieren Sie das Werkzeug *Spiegeln* (**3**) in der Favoriten-Palette und wählen Sie die zweite Methode - *Duplikat* (**6**) in der Methodenzeile (**4**).
- Klicken Sie zweimal (**7**) entlang der Spiegelachse (**1**) dort, wo der Text „Objektkante" (**8**) angezeigt wird.

Die gespiegelten Kopien (L-**1**`, L-**2**`, L-**3**`) wurden erzeugt (**9**).

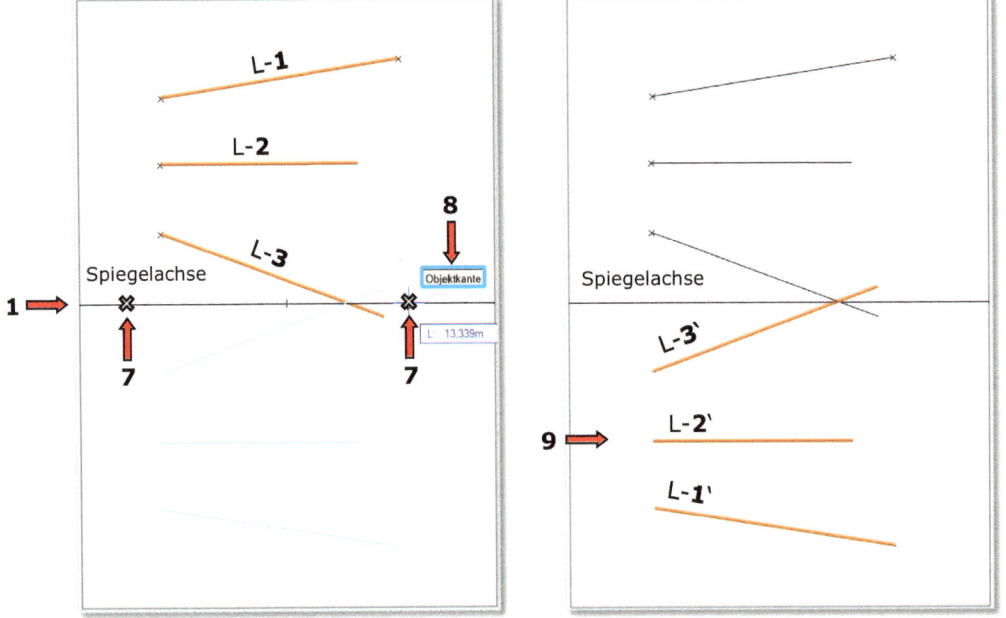

2.2.1 Attribute zuweisen

Objekten Attribute zuweisen
Konzept: Attribute
Attribute sind Eigenschaften, die planaren 2D-Objekten zugewiesen werden können. Mit Attributen bestimmen Sie, ob ein Objekt transparent, einfarbig, mit einem Füllmuster, einer Schraffur, einem Verlauf oder mit einem Bild gefüllt sein soll. Sie haben die Wahl zwischen verschiedenen Füllmusterfarben, Stiftmustern, Stiftfarben, unterschiedlicher Deckkraft, Liniendicken, Linienarten, Linienendzeichenarten sowie Linienendzeichengrößen und bestimmen, ob und wie ein Schlagschatten gezeichnet wird.
Attribute können Objekten auf verschiedenen Wegen zugewiesen werden:
- Einem aktivierten Objekt werden über die Attributpalette Attribute zugewiesen. [...]
- [...] Klassen können so definiert werden, dass alle Objekte, die in dieser Klasse erzeugt werden oder denen diese Klasse zugewiesen wird, bestimmte Attribute erhalten. [...] (siehe Vectorworks-Hilfe [1])

In dieser Übung werden Sie der Spiegelachse und den zuletzt gespiegelten Linien neue Attribute zuweisen (siehe Seite 2, Abschnitt 10.2).

In der Attribute-Palette befinden sich die Einträge (Attribute), die für das Aussehen der 2D-Objekte zuständig sind, z.B. Füllung, Stiftart, Linienendzeichenart, Deckkraft usw.

Die Attribute-Palette kann mit dem Befehl in der Menüzeile (**1**) wie folgt geöffnet oder geschlossen werden:

- *Fenster* (**2**) – *Paletten* (**3**) – *Attribute* (**4**).

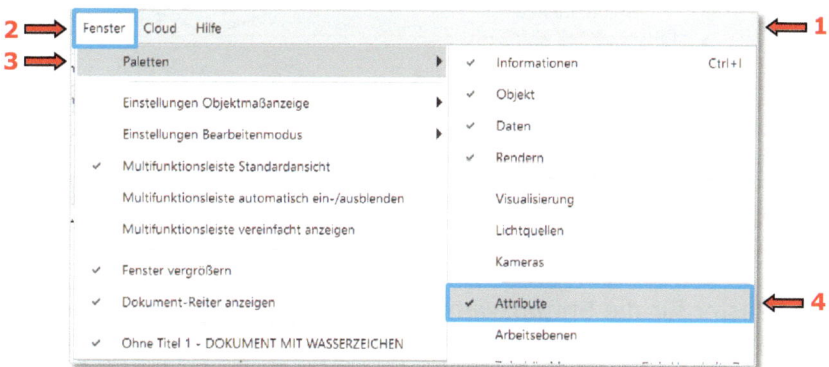

Um einem Objekt Attribute zuzuweisen, muss das Objekt aktiviert sein.
In der Attribute-Palette werden dessen aktuelle Attribute angezeigt.
An dieser Stelle können Sie diese auch nach Ihren Wünschen ändern.

1. Linienart - gestrichelt und gepunktet

Die Option-Solid soll bei der Stiftattribute der Spiegelachse in die Linienart gestrichelt und gepunktet umgeändert werden.

Die Linienarten in Vectorworks werden aus einfachen oder komplexen 2D-Objekten erzeugt. Dabei entsteht ein „Linienmuster", das sich entlang der Begrenzungslinie eines gezeichneten 2D-Objektes wiederholt.

Die Linienart „gestrichelt-gepunktet" besteht aus einfachen Strichlinien und gehört in Vectorworks zu den „Standard Linienarten".

2. Erste Schritte in der 2D-Konstruktion

Sie ist wie alle anderen Linienarten als Zubehör im Zubehör-Manager angelegt und kann dort bearbeitet werden.

Der Zubehör-Manager wird mit dem folgenden Befehl in der Menüzeile geöffnet und geschlossen:

- *Fenster – Paletten – Zubehör-Manager.*

Um die Attribute einer Linie zu ändern, muss diese zuerst aktiviert werden.

- Aktivieren Sie die Spiegelachse (**2**).

In der Attribute-Palette (**1**) werden ihre aktuellen Attribute angezeigt →
im Bereich „Stift" (**3**) ist der Eintrag „Solid" (**4**) aktiv.

- Mit einem Klick auf den Pfeil (**5**) öffnen Sie das Aufklappmenü:
- Aus der Liste wählen sie den Eintrag „Linienart" (**6**) aus.

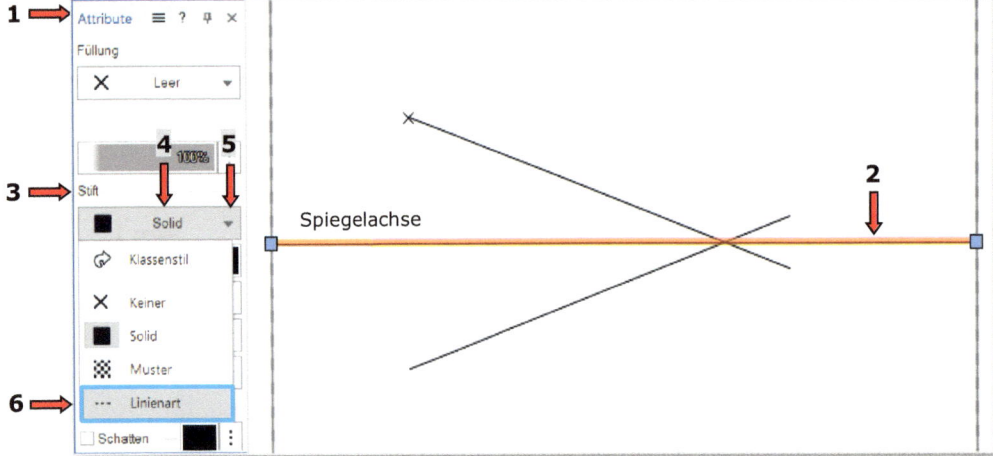

Im Vorschau-Fenster für die Stiftauswahl „Auswahl Stift" (**7**) wird standardmäßig Stiftart „ISO-02 Strichlinie" vorgeschlagen. Um eine andere Stiftart auszuwählen, gehen sie wie folgt vor:

- Klicken Sie auf das Fenster „Auswahl Stift" (**7**). Dadurch wird das Zubehör-Auswahlmenü (**8**) geöffnet, im alle verfügbaren Linienarten aufgeführt sind.

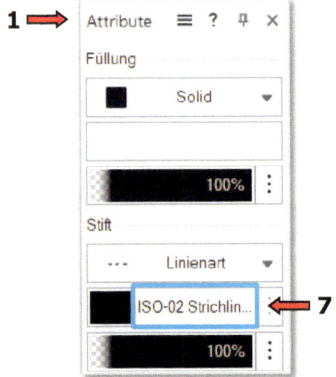

2. Erste Schritte in der 2D-Konstruktion

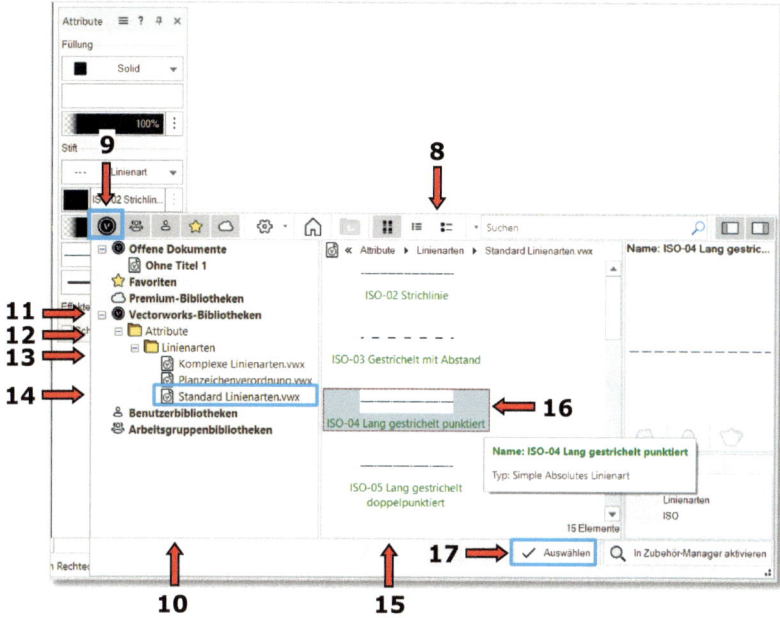

- Die Methode „Vectorworks-Bibliotheken" (**9**) muss eingeblendet sein.
- Im Navigationsbereich (**10**) in der Dateigruppe „Vectorworks-Bibliotheken" (**11**) öffnen Sie den Ordner „Attribute" (**12**).
- Anschließend öffnen Sie den Unterordner „Linienarten" (**13**).
- Dort öffnen Sie die Datei „Standard Linienarten.vwx" (**14**).

Auf der rechten Seite wird der Inhalt der Datei/Zubehörliste (**15**) angezeigt, mit allen gespeicherten Standard-Linienarten.

- Aus dieser Zubehörliste wählen Sie die Linienart „ISO-04 Lang gestrichelt punktiert" (**16**) aus.
- Bestätigen Sie die Auswahl, indem Sie unten rechts im Dialogfenster auf die Schaltfläche „Auswählen" (**17**) klicken.

Alternativ können Sie diese durch Doppelklicken auf die gewünschte Stiftart im Zubehör-Manager einem 2D-Objekt zuweisen.

Die Spiegelachse wird gestrichelt-punktiert angezeigt (**18**).

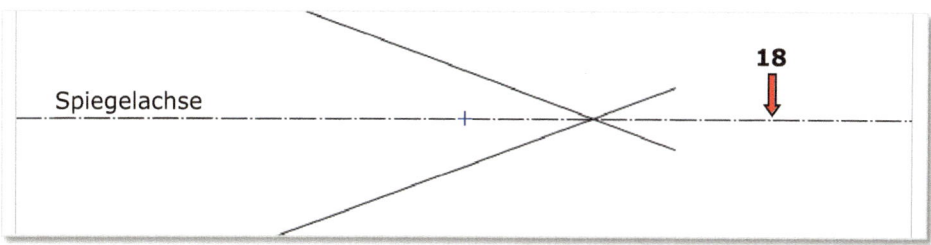

2. Farbe und Stiftstärke der Linie L-3' ändern

- Aktivieren Sie die Linie L-3' (**1**).
- In der Attribute-Palette (**2**) ändern Sie deren Stiftfarbe:
- Klicken Sie auf das Vorschau-Fenster „Stiftfarbe" (**3**).

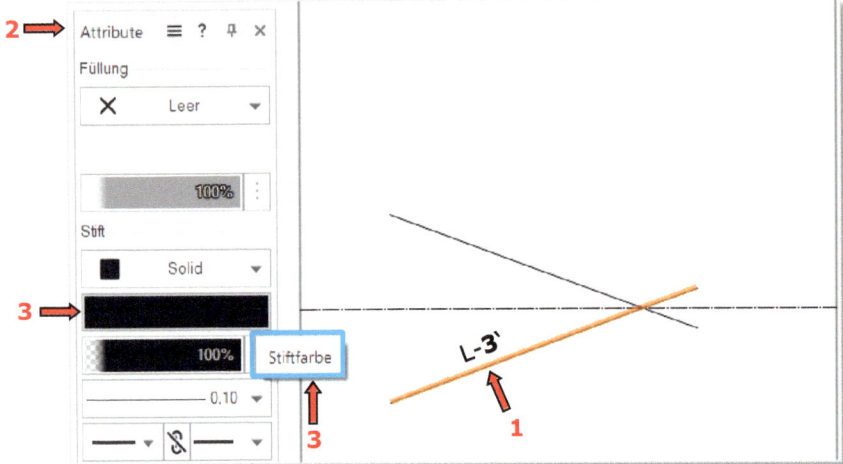

Es öffnet sich die Farbauswahlpalette „Farbe" (**4**) mit mehreren Farbpaletten zur Auswahl der Stiftfarbe. Wenn Sie eine Farbpalette aktivieren, werden ihre Farben im Dialogfenster angezeigt.

- Klicken Sie auf die Schaltfläche „Aktive Farbpalette" (**5**).
- Wählen Sie aus der nun erscheinenden Liste (**6**) die Farbpalette „Vectorworks Classic" (**7**) aus.

Unten im Dialogfenster zur Bestimmung der Stiftfarbe (**8**) werden die verfügbaren Farben aus der Farbpalette „Vectorworks Classic" angezeigt.

- Wählen Sie eine Farbe z.B. Classic 187 (**9**) aus.

Diese Farbe wird automatisch in die Attribute-Palette aufgenommen und dort angezeigt (**10**).

Ändern Sie die Liniendicke der Linie L-3':

- Klicken Sie in der Attribute-Palette auf das Vorschau-Fenster „Liniendicke" (**11**) oder auf den Pfeil auf der rechten Seite (**12**).
- Wählen Sie die Liniendicke 1,40 aus (**13**).

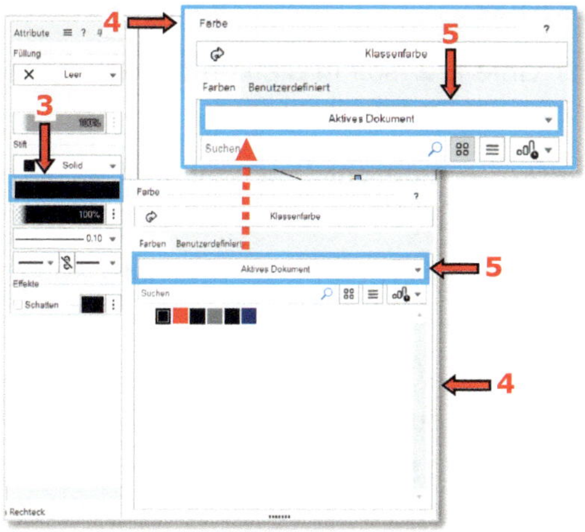

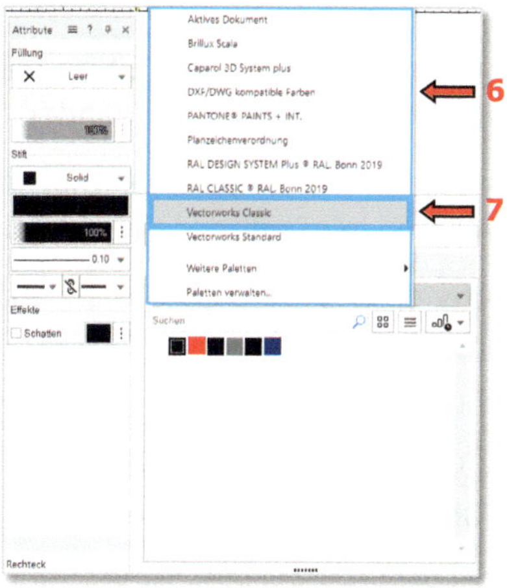

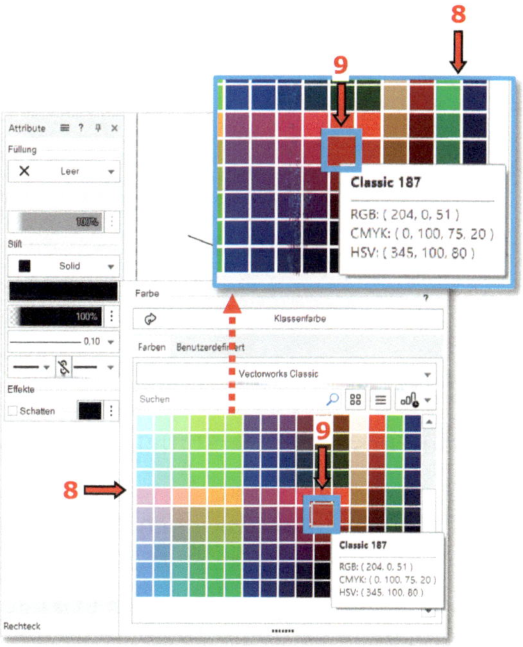

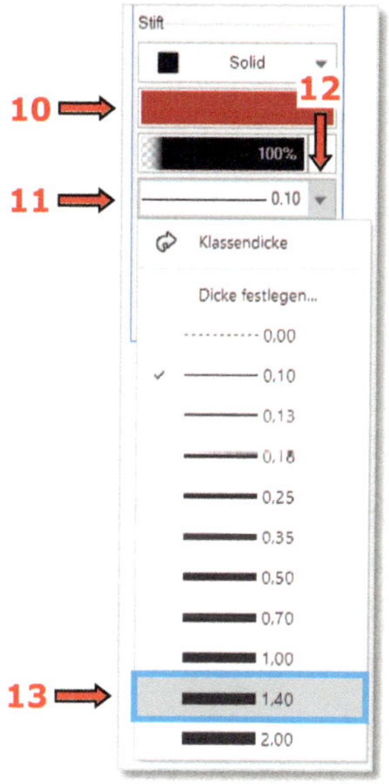

2. Erste Schritte in der 2D-Konstruktion

Die Linie L-**3**' wird in der Farbe Classic 187 und mit einer Liniendicke von 1,40 angezeigt (**14**).

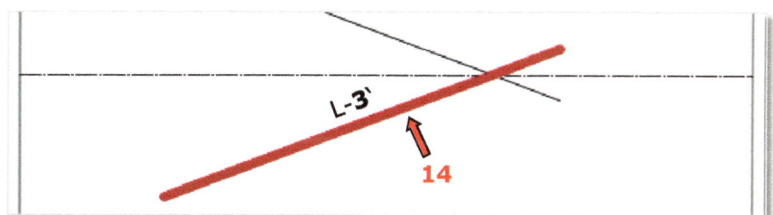

3. Komplexe Linienart - Linie Gras abstrakt

Die Option „Solid" in den Stiftattributen der Linie L-**2**' soll in die komplexe Linienart „Linie Gras abstrakt" umgeändert werden.

Das Zubehör → Symbol „Komplexe Linienarten" ermöglicht Ihnen die Erstellung einer kreativen Linie, mit der Sie ein oder mehrere 2D-Objekten zeichnen können.

- Aktivieren Sie die Linie L-**2**' (**1**). Deren Attribute werden in der Attribute-Palette angezeigt.

Im Aufklappmenü „Stift" (**2**) ist der Eintrag „Solid" (**3**) aktiv.

- Öffnen Sie das Aufklappmenü durch einen Klick auf den Pfeil (**4**)
- Wählen Sie aus der Liste den Eintrag „Linienart" (**5**) aus.

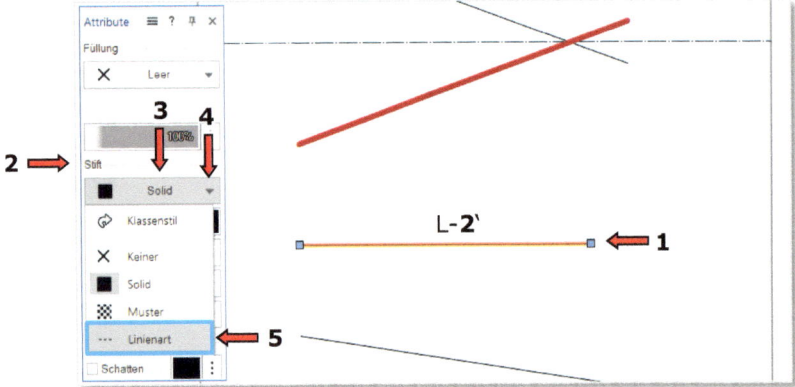

In der Attribute-Palette erscheint ein Vorschau-Fenster für die Stiftauswahl namens „Auswahl Stift" (**6**).

- Klicken Sie auf das Fenster „Auswahl Stift" (**6**). Dadurch öffnet sich das Zubehör-Auswahlmenü (**7**).
- Im Navigationsbereich (**8**) öffnen Sie zunächst den Ordner „Attribute" (**10**) aus der Dateigruppe „Vectorworks-Bibliotheken" (**9**).
- Anschließend öffnen Sie den Unterordner „Linienarten" (**11**) und klicken Sie auf die Datei „Komplexe Linienarten.vwx" (**12**).

Auf der rechten Seite erscheint die Zubehörliste (**13**) mit allen angelegten komplexen Linienarten.

- Wählen Sie aus dieser Zubehörliste die Linienart: „Linie Gras abstrakt" (**14**) aus.
- Bestätigen Sie die Auswahl, indem sie unten rechts im Dialogfenster auf die Schaltfläche „Auswählen" klicken (**15**).

Diese Linienart wird als Zubehör im Zubehör-Manager Ihres aktuellen Dokuments angelegt.

2. Erste Schritte in der 2D-Konstruktion

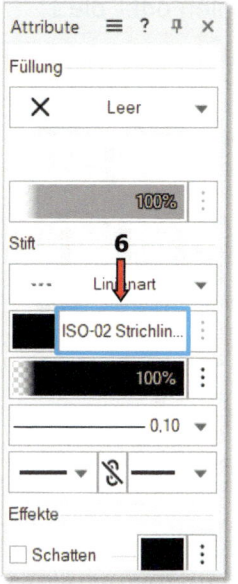
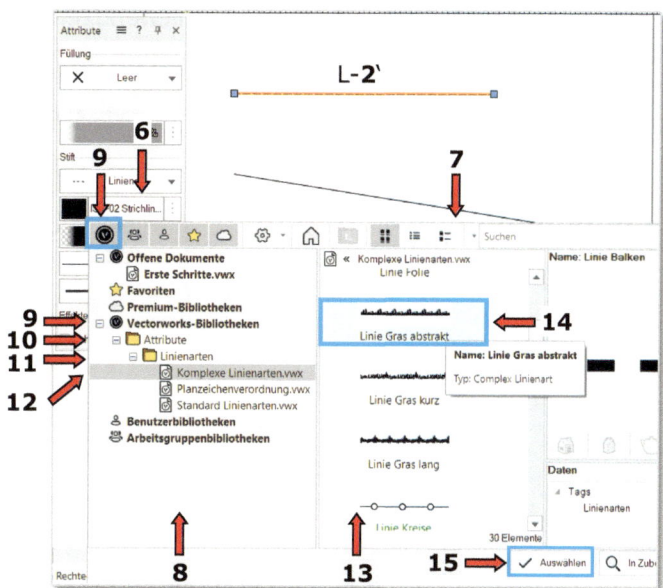

Die Linie L-**2**' wird mit dem neuen Attribut dargestellt (**16**).

4. Linienendzeichen (Pfeile)

Die Linie L-**1**' soll mit **Pfeil**-Linienendzeichen versehen werden.

Die Linienendzeichen (wie Pfeil, Querstrich, Quadrat, Kreuz und viele mehr) können nicht nur Linien, sondern auch Polygonen, Polylinien, Kreisbögen usw. zugewiesen werden. Sie haben die Möglichkeit, zwischen verschiedenen Arten von Linienendzeichen zu wählen, bestehende zu bearbeiteten oder eigene zu erstellen. Die Schaltflächen für die Linienendzeichen (**2**) befinden sich unten in der Attribute-Palette (**1**).

Durch Klicken auf das Symbol „Linienendzeichen" (**2**) oder auf den Pfeil rechts (**3**) können Sie Linienendzeichen an einem oder beiden Enden eines Objektes einblenden.
Durch Klicken auf die Schaltfläche „Linienendzeichen verketten" (**4**) können Sie an beiden Enden eines Objekts dieselbe Linienendzeichenart erzeugen.

- Aktivieren Sie die Linie L-**1**' (**5**).
- Klicken Sie in der Attribute-Palette auf den Pfeil (**3**), um das Auswahlmenü für „Linienendzeichenart" (**6**) zu öffnen.

73

Aus der Liste können Sie verschiedene Linienendzeichen auswählen oder die Einträge aus der „Liste bearbeiten..." (**7**).

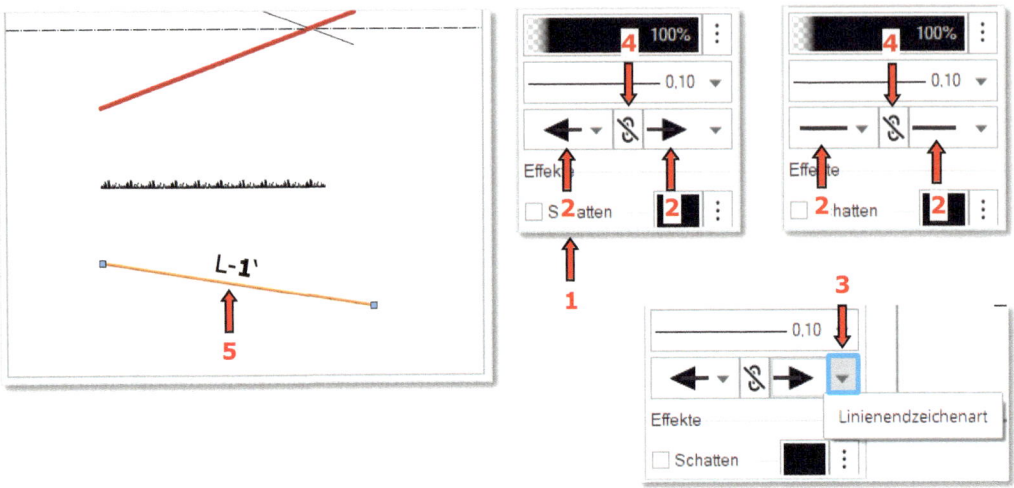

- Aktivieren Sie den Eintrag „Liste bearbeiten..." (**7**).

Der bestehende Eintrag für das **Pfeil**-Linienendzeichen (**8**) in der Liste soll geändert werden. Das vorgeschlagene **Pfeil**-Linienendzeichen (**9**) ist zu klein für die Zeichnung.

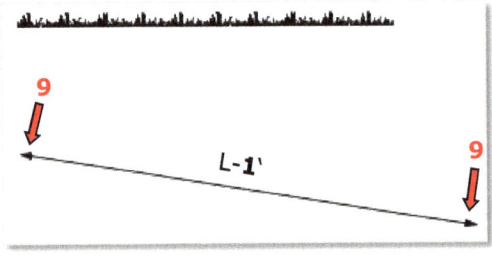 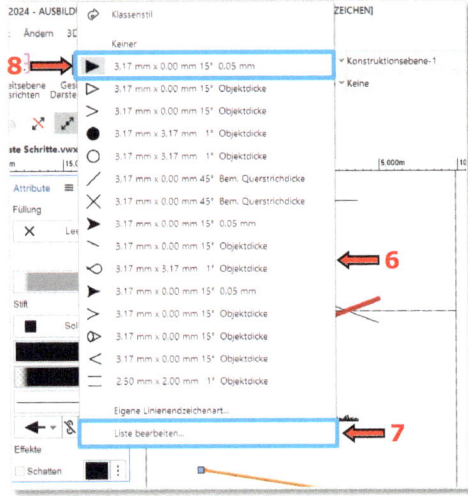

Bearbeiten Sie es:

- Markieren Sie im nun erscheinenden Dialogfenster „Linienendzeichenarten" (**10**) die erste Linienendzeichenart (**11**).
- Klicken Sie auf die Schaltfläche „Bearbeiten..." (**12**).
- Daraufhin öffnet sich das Dialogfenster „Linienendzeichenart bearbeiten" (**13**):

- Hier können Sie verschiedene Parameter für die Linienendzeichen auswählen oder bestimmen:

  - Grundform: Pfeil (**14**)
  - Füllung: Stiftfarbe (**15**)
  - Abschluss: Gerade (**16**)
  - Winkel: 20 (**17**)
  - Länge: 10 (**18**).

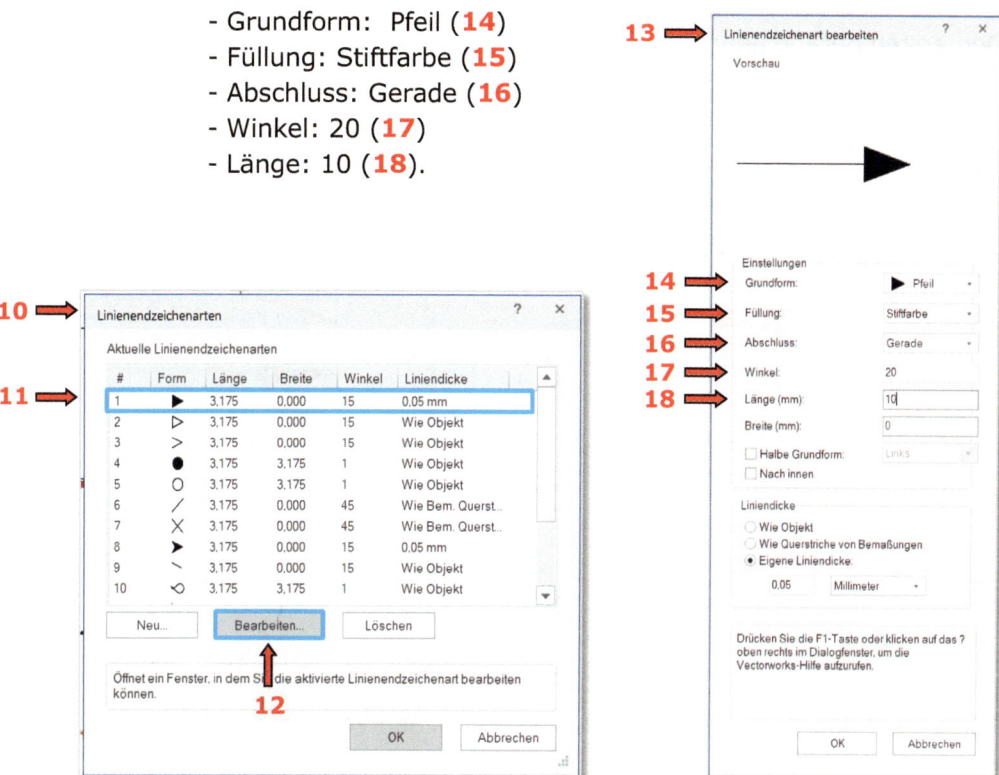

- Bestätigen Sie mit OK.

Sie sind wieder zu dem Auswahlmenü „Linienendzeichenarten" (**19**) zurückgelangt. Die Parameter der zuvor markierten Linienendzeichenart (**11**) wurden geändert (**20**).

- Bestätigen Sie mit OK.

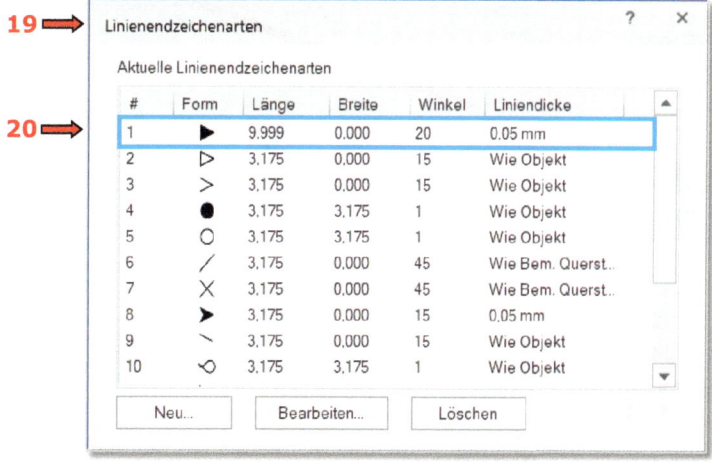

2. Erste Schritte in der 2D-Konstruktion

- Öffnen sie erneut das Auswahlmenü „Linienendzeichenart" (**22**), indem Sie:
- In der Attribute-Palette (**21**) auf den Pfeil (**3**) klicken.
- Den ersten gerade geänderten Eintrag (**23**) markieren.

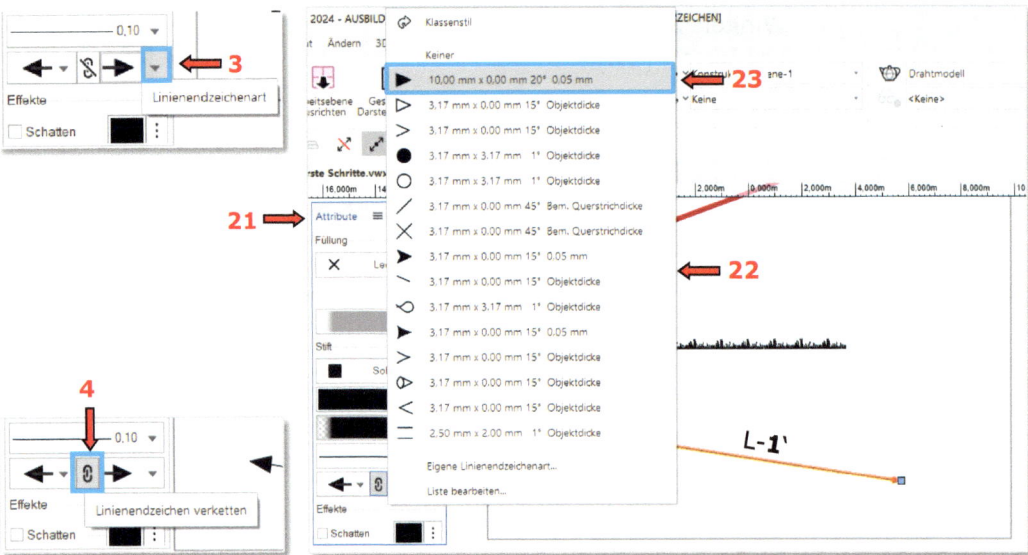

- Klicken Sie auf die Schaltfläche „Linienendzeichen verketten" (**4**).

Mit dem Befehl „Linienendzeichen verketten" legen Sie fest, dass an beiden Enden eines Objekts dieselbe Linienendzeichenart angezeigt wird.

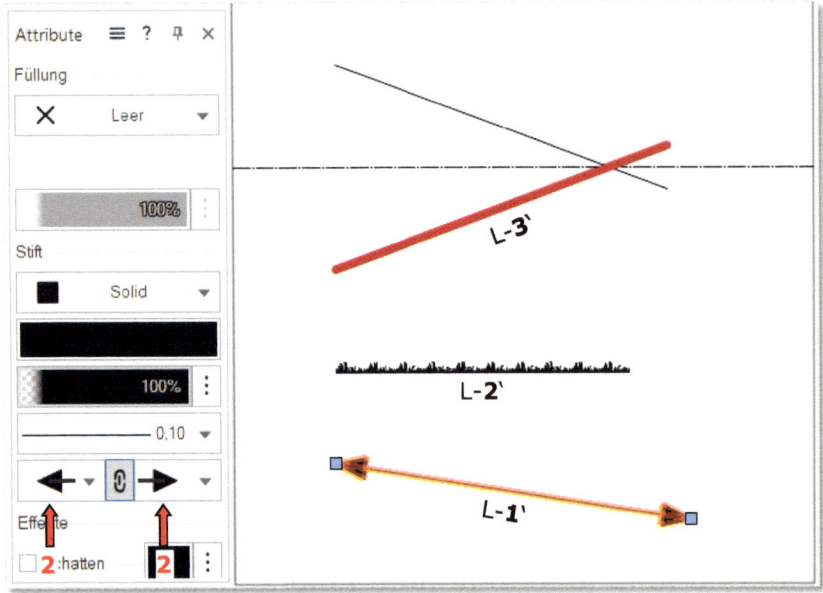

Die ausgewählte Linienendzeichenart (**23**) wird für beide Schaltflächen
„Linienendzeichen" (**2**) festgelegt. Damit werden auf beiden Enden der Linie die
gleichen Pfeile angezeigt (**24**).

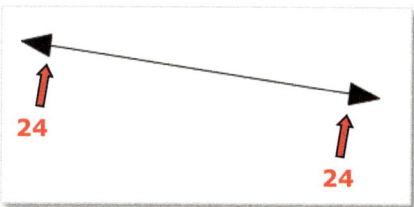

Für die nächste Übung „**Rechteck, Kreis und Polylinie**" haben Sie die Wahl,
entweder ein neues Dokument zu öffnen oder in diesem Dokument fortzufahren.
Dafür verschieben Sie die gezeichneten Linien und Punkte vom Zeichenblatt, das als
grauer Rahmen dargestellt wird:

- Aktivieren Sie alle Objekte innerhalb des Zeichenblattes (**1**) mit dem Werkzeug
  Aktivieren und mit der Methode - *Auswahl durch Rechteck* .
  Verschieben (**2**) Sie sie dann, indem Sie die LMT gedrückt halten und sie zur
  Seite ziehen (Drücken-Ziehen-Loslassen-Methode).

Oder Sie können alle markierten Objekte mit der Entf-Taste löschen.

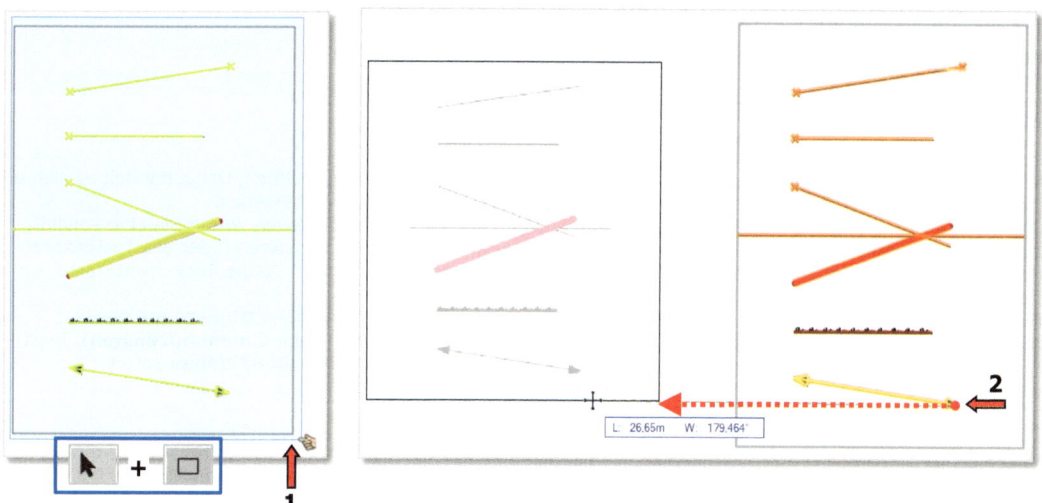

2. Erste Schritte in der 2D-Konstruktion

2.3 Rechteck, Kreis und Polylinie

Rechtecke zeichnen

Werkzeug	Arbeitsumgebung: Werkzeuggruppe	Tastenkürzel
Rechteck ☐	Basic und Spotlight: Favoriten Architektur und Landschaft: Konstruktion	4

Mit dem Werkzeug **Rechteck** werden Rechtecke und gedrehte Rechtecke gezeichnet. [...]
[...] Um ein Quadrat zu erzeugen, halten Sie während des Zeichnens die Umschalttaste gedrückt. Wollen Sie ein Rechteck mit einem Seitenverhältnis im Goldenen Schnitt (ungefähr 1:1.618) zeichnen, müssen Sie während des Zeichnens die Kontrolltaste und die Umschalttaste (Windows) bzw. die Befehlstaste und die Umschalttaste (Mac) gedrückt halten.
In der Infopalette wird unter **Verhältnis** das Seitenverhältnis der Seiten des Rechtecks angezeigt.
[...] (siehe Menü *Hilfe – Vectorworks-Hilfe*[1])

Kreise zeichnen

Werkzeug	Arbeitsumgebung: Werkzeuggruppe	Tastenkürzel
Kreis ○	Basic und Spotlight: Favoriten Architektur und Landschaft: Konstruktion	0

Mit dem Werkzeug **Kreis** können Sie Kreise auf verschiedene Arten zeichnen. [...] (siehe Vectorworks-Hilfe [1])

2D-Polygone zeichnen
2D-Polygon-Werkzeug

Werkzeug	Arbeitsumgebung: Werkzeuggruppe	Tastenkürzel
Polygon ▽	Basic und Spotlight: Favoriten Architektur und Landschaft: Konstruktion	8

Mit dem Werkzeug **Polygon** können Sie offene und geschlossene Polygone mit einzelnen Linien zeichnen. Polygone können zwischen drei und 32'767 Scheitelpunkte aufweisen. Das Werkzeug **Polygon** kann auch automatisch Polygone erzeugen, indem es bestehende Geometrie füllt oder umreißt, so dass eine Zeichnung durch Umreißen, Füllen oder Texturieren (mit einem Bild oder einem Verlauf) der neuen Polygone einfach mit Anmerkungen versehen werden kann. Mit der Methode **Drücken/Ziehen** können Sie das Polygon in 3D-Ansichten sofort nach dem Anlegen extrudieren. [...] (siehe Vectorworks-Hilfe [1])

Polylinien zeichnen

Werkzeug	Arbeitsumgebung: Werkzeuggruppe	Tastenkürzel
Polylinie ⌓	Basic und Spotlight: Favoriten Architektur und Landschaft: Konstruktion	5

Mit dem Werkzeug **Polylinie** können Sie offene und geschlossene Polylinien zeichnen. Dabei handelt es sich um Objekte, die aus einer Reihe von verbundenen Kreisbögen, Kurven oder Linien bestehen.
Eine Polylinie kann aus verschiedenen Kombinationen von Scheitelpunkten bestehen. Wenn Sie eine Polylinie zeichnen, ändern Sie den Scheitelpunkttyp, indem Sie eine andere Methode aktivieren (oder das Tastenkürzel U tippen, um die Methode zu wechseln, siehe **Tastenkürzel anpassen**). Drücken Sie die Rückschritt-Taste, um den zuvor erzeugten Scheitelpunkt zu entfernen.
Die Ecken einer Polylinie können mit den **Glätten**-Befehlen geglättet werden (siehe **Objekte glätten**).
Außerdem lassen sich über die Attributpalette Linienendzeichen hinzufügen (siehe **Linienendzeichen**). In 3D-Ansichten lässt sich die Polylinie nach dem Erzeugen mit Hilfe der Methode **Drücken/Ziehen** sofort extrudieren. [...] (siehe Vectorworks-Hilfe [1])

Flächen zusammenfügen
Mit dem Befehl **Flächen zusammenfügen** (Menü **Ändern**) können mehrere sich überlappende Objekte zu einem Polygon oder einer Polylinie verschmolzen werden. Es werden alle Objekte zusammengefügt, die eine Fläche darstellen, also mit einem Füllmuster versehen werden können. Dazu gehören Rechtecke, Kreise, Kreisbogen, Polygone, Polylinien und Freihandlinien. Enthalten die Objekte keine runden Anteile, wird ein Polygon angelegt, ansonsten eine Polylinie. Beim Zusammenfügen zweier Objekte mit unterschiedlichen Attributen (Muster, Farbe, Klassenzugehörigkeit, Datenbankverknüpfung usw.) werden die Attribute des zuerst gezeichneten Objekts (bzw. des weiter hinten liegenden) beibehalten. Die Reihenfolge der Objekte kann mit den Befehlen unter **Ändern > Anordnen** verändert werden. [...] (siehe Vectorworks-Hilfe [1])

Schnittfläche löschen
Mit dem Befehl **Schnittfläche löschen** (Menü **Ändern**) können Sie die Schnittfläche zweier oder mehrerer sich überlappender Objekte aus dem weiter hinten liegenden Objekt herausstanzen. Salopp formuliert wird das Objekt vorne zu einer Plätzchenform, mit der man aus dem hinteren Objekt aussticht wie aus einem Teig. (Die Reihenfolge von Objekten kann mit den Befehlen unter **Ändern > Anordnen** verändert werden, siehe **Objekte neu anordnen**.) Das Objekt, aus dem die Schnittfläche herausgestanzt wird, wird, wenn möglich, in ein

Polygon, sonst in eine Polylinie umgewandelt. Sie können den Befehl auch auf mehr als zwei Objekte anwenden, das vorderste Objekt stanzt seine Form dann in alle unter ihm liegenden. In den Abbildungen wurde das stanzende Objekt ausgeblendet, damit das Resultat sichtbar wird. [...] (siehe Vectorworks-Hilfe [1])

2.3.1 Rechtecke

Die einfachen geometrischen Formen (wie z.B. Rechtecke und Kreise) können, wie bereits beim Werkzeug *Linie* gezeigt, auf drei Arten erzeugt werden:
1. durch zwei Mausklicks auf die Zeichenfläche
2. durch die Eingabe in die Objektmaßanzeige oder
3. über das Dialogfenster „Objekt anlegen".

Für jedes dieser Werkzeuge (z.B. *Rechteck*, *Kreis*, *Polygon* usw.) hat Vectorworks entsprechend ihrer geometrischen Eigenschaften mehrere Methoden entwickelt. In dieser Übung werden außerdem unterschiedliche Zeigerfang-Funktionen angewendet, was eine sehr wichtige Zeichenhilfe in Vectorworks darstellt. Dadurch steigt der Schwierigkeitsgrad der Arbeitsschritte.

Linien

Zuerst sollen drei Linien als Basis für die nächste Übung gezeichnet werden.

Die Linien sollen jeweils 2 m lang sein und mit der Stiftfarbe Dunkelrot (**2**) sowie einer Dicke von 0,7 (**3**) gezeichnet werden.

Um das Objekt in einer bestimmten Farbe oder mit einer bestimmten Liniendicke zu zeichnen, müssen diese Einstellungen bereits in der Attribute-Palette festgelegt werden, bevor Sie das Werkzeug zum Zeichnen aktivieren.

• Bestimmen Sie die gewünschte Stiftfarbe (**2**) und Liniendicke (**3**) in der Attribute-Palette (**1**), bevor Sie das Werkzeug *Linie* aktivieren.

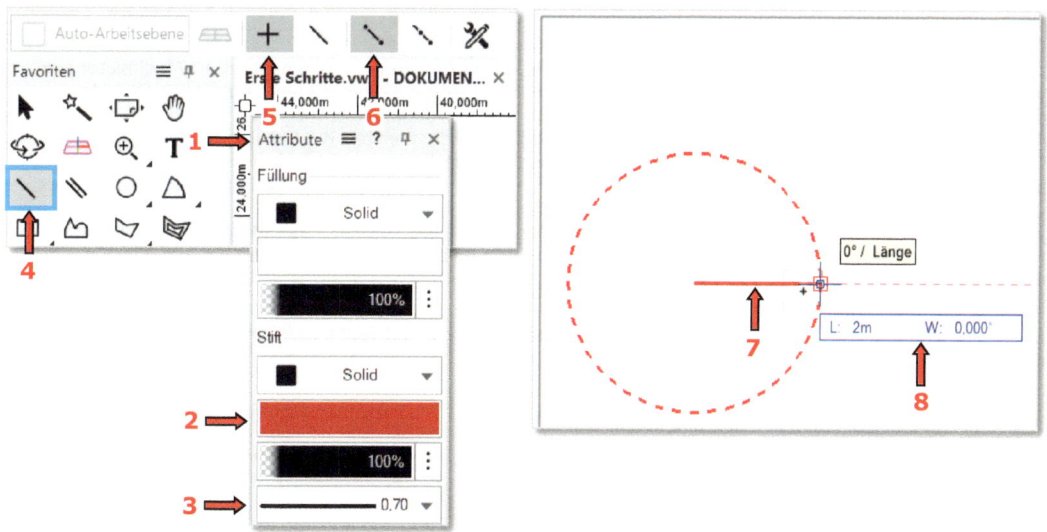

2. Erste Schritte in der 2D-Konstruktion

- Aktivieren Sie das Werkzeug *Linie* (**4**) in der Favoriten-Palette und wählen Sie die erste Methode - *In bestimmten Winkel* (**5**) sowie die dritte Methode - *Aus Anfangspunkt* (**6**) in der Methodenzeile.
- Zeichnen Sie die erste Linie (**7**), indem Sie oben links auf das Zeichenblatt klicken (→ Anfangspunkt) und dann in der Objektmaßanzeige (**8**) den Wert für die Länge (2m) und (0,00°) eingeben (mit Hilfe der Tabulatortaste).
- Kopieren Sie diese Linie (L-**1**) zweimal nach rechts (**9**) mit dem Werkzeug *Aktivieren* (durch die Drücken-Ziehen-Loslassen-Methode bei gedrückter Strg-Taste)

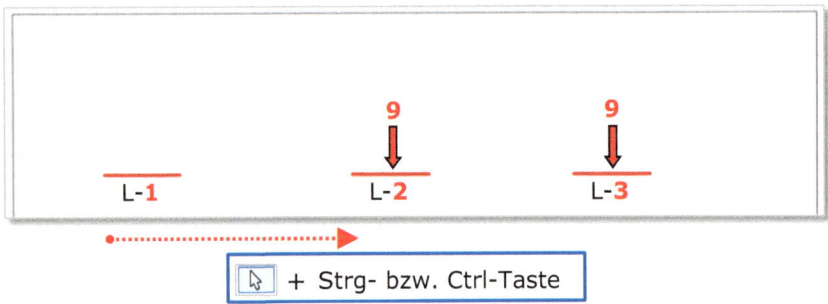

Methode Transformieren

Objekte können Sie auch mit dem Werkzeug *Aktivieren* (**10**), mit der vierten Methode -*Transformieren* (**11**) und der achten Methode – *Umformen und verdrehen* (**12**) verschieben oder kopieren.

Objekte mit dem 3D-Modifikator transformieren
Die Werkzeuge **Subdivision bearbeiten** und **Umformen** und **Aktivieren** stellen einen 3D-Modifikator zur Verfügung, mit dem Sie eine Vielzahl an Freiform-Modellierungsoperationen an bestimmten 3D-Objekten durchführen können. Dazu gehören Subdivision-Objekte, 3D-Polygone, NURBS-Kurven und NURBS-Flächen. Die Funktionsweise und das Verhalten des 3D-Draggers bleiben für die meisten Werkzeuge und Objekttypen konsistent. Beim Werkzeug **Aktivieren** wird der 3D-Modifikator allerdings dazu verwendet die meisten aktivierten Objekte zu verschieben oder umzupositionieren, statt Scheitelpunkte zu manipulieren und Objekte umzuformen.
Wenn ein Werkzeug aktiviert ist, das den 3D-Modifikator verwendet, sind die folgenden Methoden für die Methode **Transformieren** oder für eine der primären Methoden für das Umformen von NURBS-Flächen verfügbar. [...] (siehe Vectorworks-Hilfe [1])

[...] Drücken Sie die Kontrolltaste (Windows) oder die Wahltaste (Mac), um aktivierte Objekte zu duplizieren und transformieren. Neben dem Zeiger wird ein + angezeigt, wenn die Taste gedrückt wird.
[...] (siehe Vectorworks-Hilfe [1])

- Aktivieren Sie das Werkzeug *Aktivieren* (**10**) in der Favoriten-Palette.
- Wählen Sie in der Methodenzeile die vierte Methode – *Transformieren* (**11**) und die achte Methode - *Umformen und verdrehen* (**12**).
- Klicken Sie auf die gezeichnete Linie (**13**).

Der 3D-Modifikator wird angezeigt (**14**).

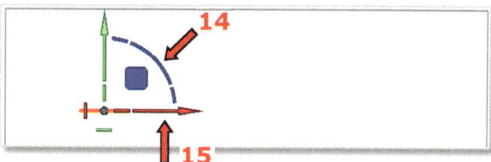

- Klicken Sie auf den roten Pfeil des Modifikators (**15**), um das Objekt in x-Richtung zu bewegen oder zu duplizieren. Um eine Kopie der Linie zu erstellen, halten Sie die Strg-Taste gedrückt. Neben dem Zeiger wird ein kleines Plus-Symbol (+) angezeigt (**16**).
- Bewegen Sie die Linie mit der linken Maustaste LMT nach rechts (**17**) und klicken Sie an der gewünschten Stelle, um die Kopie der Linie zu platzieren.

Die erste Kopie der Linie wurde platziert (**18**).

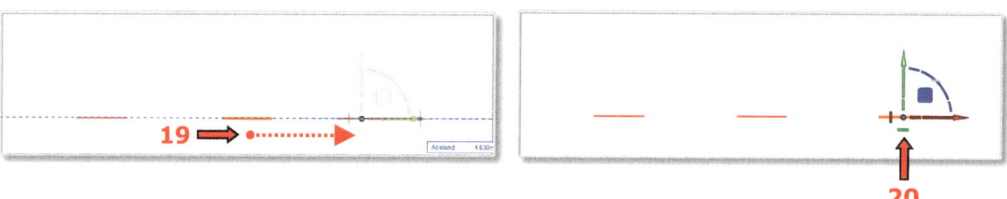

- Wiederholen sie diesen Vorgang mit der zweiten Linie → ersten Kopie (**19**) und erstellen Sie die zweite Kopie auf der rechten Seite (**20**).

Rechtecke

Die Rechtecke werden an den drei zuletzt gezeichneten Linien ausgerichtet, um ein besseres Verständnis der Zeigerfang-Funktionen zu ermöglichen.

Die Rechtecke sollten mit der schwarzen Stiftfarbe (**1**) und einer Linienstärke von 0,13 (**2**) gezeichnet werden. Tragen Sie diese Attribute vor dem Zeichnen in die Attribute-Palette ein.

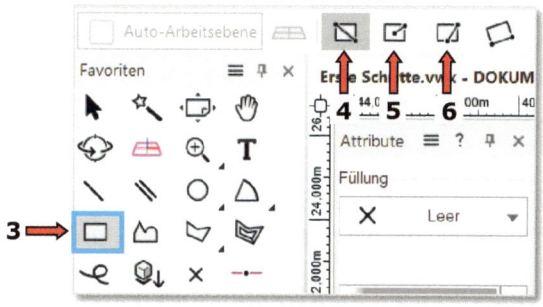

2. Erste Schritte in der 2D-Konstruktion

1. Rechteck gezeichnet mittels der Methode – Definiert durch Diagonale

Das erste Rechteck wird so gezeichnet, dass die Länge seiner Diagonale mit zwei Klicks der LMT bestimmt wird.

Aufgabe:

Zeichnen Sie das Rechteck mit zwei Klicks, ausgehend vom rechten Ende der Linie L-**1** auf die Zeichenfläche.

WICHTIG: Stellen Sie sicher, dass der Fangmodus *An Objekt ausrichten* (**7**) im Zeigerfang-Set aktiviert ist.

Anleitung:

- Aktivieren Sie das Werkzeug *Rechteck* (**3**) in der Favoriten-Palette und wählen Sie die erste Methode - *Definiert durch Diagonale* (**4**) in der Methodenzeile.
- Zeichnen Sie die Diagonale des Rechtecks zuerst mit einem Klick (**1**) auf das rechte Ende der Linie (L-**1**).
- Ziehen Sie dann die LMT nach oben rechts und definieren Sie mit dem zweiten Klick (**2**) auf der Zeichenfläche die Länge der Diagonale des Rechtecks.

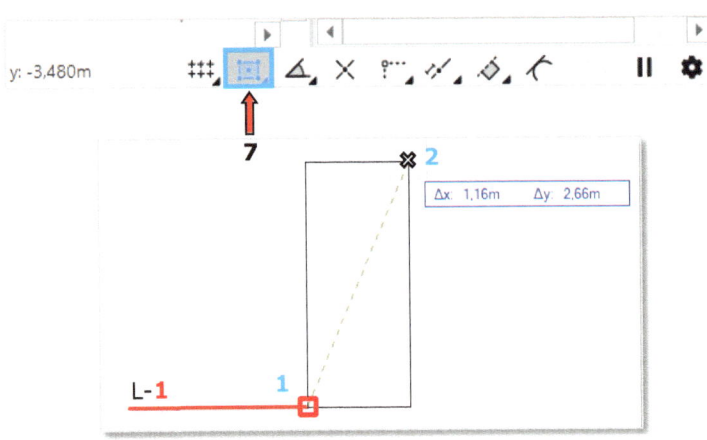

2. Rechteck gezeichnet mittels der Methode – Definiert durch Mittelpunkt

Bei dieser Methode sollte die Hälfte der Diagonale bekannt sein. Das Rechteck wird ausgehend von seinem Mittelpunkt gezeichnet.

Aufgabe:

Das Rechteck soll genau so lang sein wie die Linie L-**2**. Seine Breite soll 0,5 m betragen und sein Mittelpunkt soll auf dem rechten Ende der Linie L-**2** Punkt **3** liegen.

2. Erste Schritte in der 2D-Konstruktion

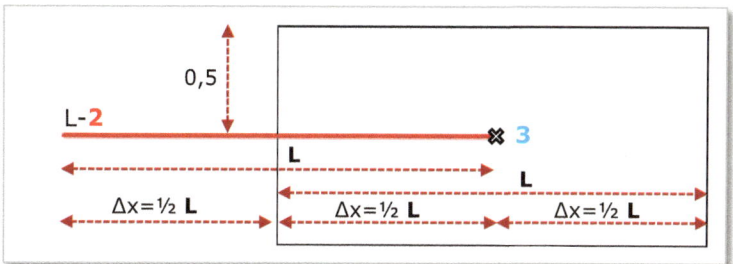

In dieser Übung wird die Länge des Rechtecks über eine Hilfslinie konstruiert und seine Breite wird über einen Eintrag in der Objektmaßanzeige definiert.

- Um die benötigte Hilfslinie anzuzeigen, müssen Sie den Fangmodus *An Punkt ausrichten* (**8**) im Zeigerfang-Set einschalten.

An Ausrichtpunkt ausrichten
Dieser Fangmodus erlaubt das Ausrichten von Objekten an Punkten, an denen der Zeiger für eine bestimmte Zeit pausiert oder wo ein spezielles Tastenkürzel gedrückt wurde. Wurde ein Ausrichtpunkt definiert, können Sie mit Hilfe von Hilfslinien oder Hinweisen des Intelligenten Zeigers vertikal, horizontal oder in einem bestimmten Winkel daran ausrichten.
Um einen Ausrichtpunkt zu setzen, pausieren Sie den Zeiger für ein paar Sekunden über einer Stelle oder ein Objekt oder drücken die Taste "T". Der Ausrichtpunkt wird mit einem kleinen roten Quadrat markiert. [...] (siehe Vectorworks-Hilfe [1])

Anleitung:

- Aktivieren Sie das Werkzeug *Rechteck* (**3**) in der Favoriten-Palette, und wählen Sie die zweite Methode - *Definiert durch Mittelpunkt* (**5**) in der Methodenzeile.
- Mit dem ersten Klick **3** auf das rechte Ende der Linie L-**2** bestimmen Sie die Position des Mittelpunktes (**9**).

Mit Hilfe des Fangmodus *An Objekt ausrichten* wird der Kontrollpunkt **3** markiert und der Text „Endpunkt" wird eingeblendet.

Das Rechteck soll die gleiche Länge wie Linie L-**2** haben, d.h. die Hälfte seiner Länge entspricht der Hälfte der Länge von Linie L-**2**:

- Fahren Sie mit dem Mauszeiger nach links entlang der Linie L-**2** (**10**) ohne zu drücken, bis der Text „Mittelpunkt" (**11**) erscheint.
- Verweilen Sie mit dem Mauszeiger an dieser Stelle.

Nach einer Sekunde erscheint ein kleines rotes Quadrat (**12**).

2. Erste Schritte in der 2D-Konstruktion

Sie können dasselbe schneller erreichen, indem Sie die Taste **T** auf der Tastatur drücken.

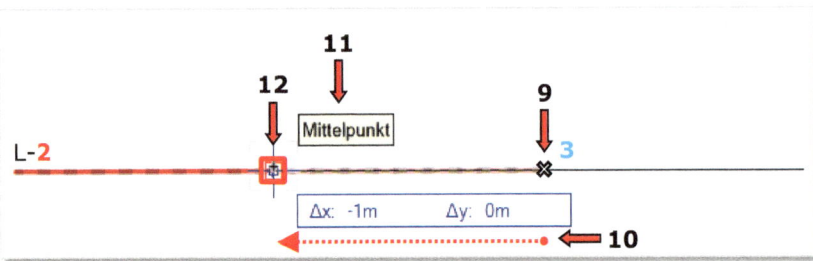

- Mit einem Doppelklick auf ein Symbol im Zeigerfang-Set z.B. auf das Symbol *An Punkt ausrichten* (**8**) öffnet sich das Dialogfenster „Einstellungen Ausrichtpunkt" (**13**).
- Auf der rechten Seite können Sie festlegen, wie viele Sekunden (**14**) Vectorworks warten soll, bevor er den Ausrichtpunkt setzt. →

HINWEIS: Sie können den Ausrichtpunkt auch manuell setzen, indem Sie die Taste **T** auf der Tastatur drücken (**15**).

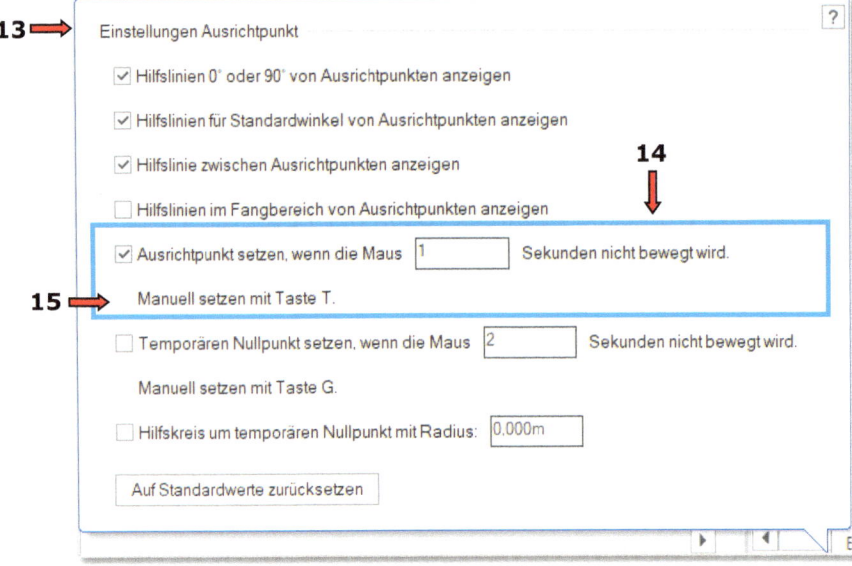

Vectorworks hat den Ausrichtpunkt **4** markiert.

- Fahren Sie mit dem Mauszeiger nach oben, weiterhin ohne zu drücken (**16**).

Eine grün gestrichelte Hilfslinie (**17**) wird temporär durch den Ausrichtpunkt **4** angezeigt.
Ihr Mauszeiger gleitet entlang dieser Hilfslinie (**17**), wodurch die Hälfte der Rechteckbreite, dargestellt als Δx (**18**) definiert wird (mit Hilfe der Zeigerfang-Funktion *An Punkt ausrichten* - **8**).

Gleichzeitig erscheint die Objektmaßanzeige (**19**).

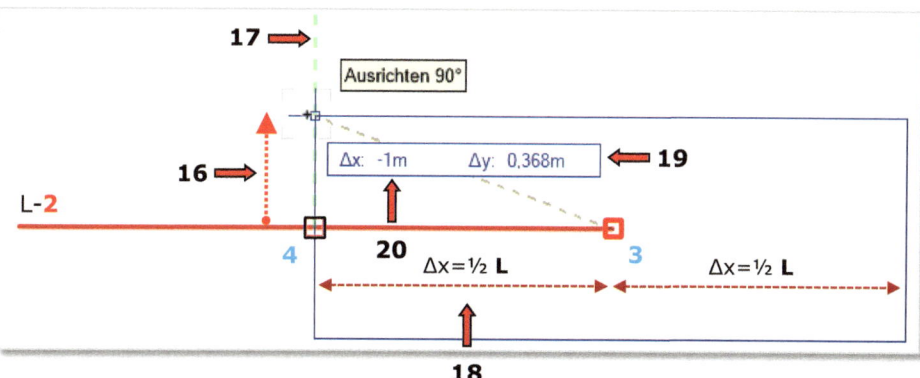

Vectorworks hat den Wert für Δx (**20**) schon in die Objektmaßanzeige eingetragen (= -1m).

- Drücken Sie die Tabulatortaste so lange, bis der Mauszeiger in das Eingabefeld Δy springt:
- Tragen Sie für die Breite des Rechtecks Δy: 0,5 m (**21**) ein.
- Bestätigen Sie diesen Wert mit der Eingabetaste.

Eine rot gestrichelte Hilfslinie y=5 (**22**) wird angezeigt.

- Klicken Sie mit der LMT auf den Schnittpunkt (**23**) der grünen (**17**) und der roten (**22**) Hilfslinie.

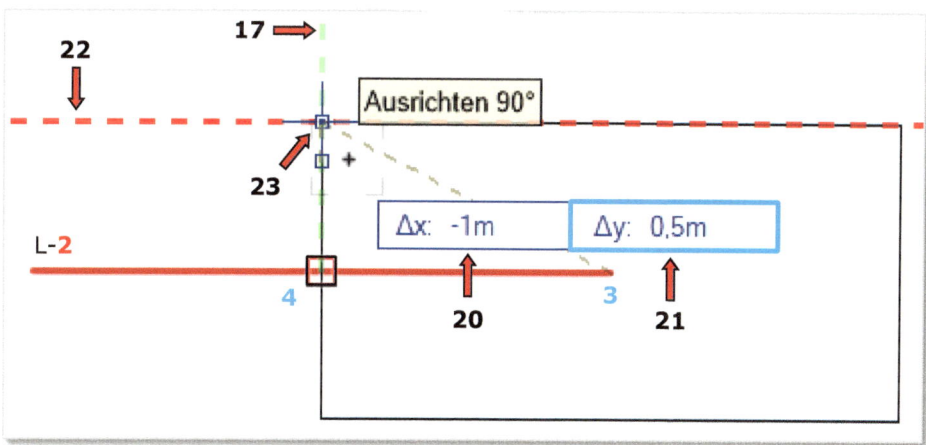

Das gezeichnete Rechteck verdeckt die Linie L-**2**, da es im Vordergrund gezeichnet wurde (**24**).

In Vectorworks werden Objekte der Reihe nachgezeichnet. Das zuerst gezeichnete Objekt liegt unten auf der Zeichenfläche, das zuletzt gezeichnete ganz oben.

Diese Reihenfolge kann man mit vier Befehlen (**27**) in der Menüzeile ändern: *Ändern* (**25**) – *Anordnen* – (**26**) – z. B. *In den Hintergrund* (**27**).

2. Erste Schritte in der 2D-Konstruktion

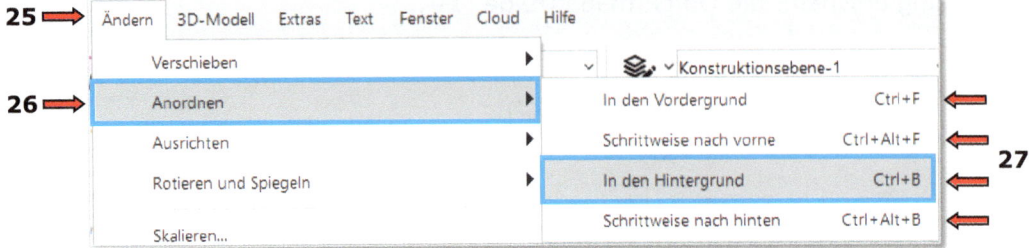

- Falls das gezeichnete Rechteck nicht aktiv ist, aktivieren Sie es (**24**).
- Gehen Sie in der Menüzeile zum Befehl *In den Hintergrund*:
  Ändern – Anordnen – In den Hintergrund.

Das Rechteck wird in den Hintergrund angeordnet (**28**).

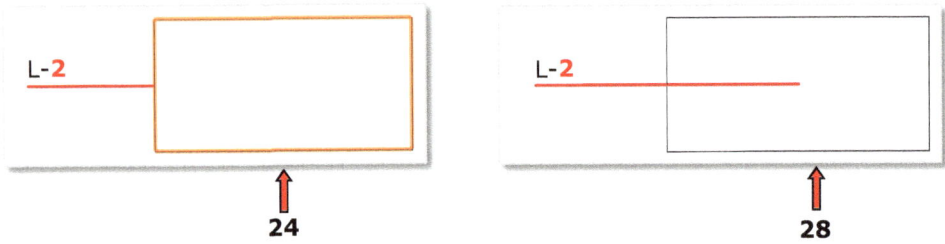

3. Rechteck gezeichnet mittels der Methode – Definiert durch Seitenmitte

Aufgabe:

Die Länge dieses Rechtecks soll die gleiche Länge wie Linie L-**3** (**L**) haben. Es soll dieselbe Breite wie das erste Rechteck (**B**) erhalten. Die Mitte der unteren Seite soll auf dem rechten Ende der Linie L-**3**, am Ausrichtpunkt **5**, liegen.

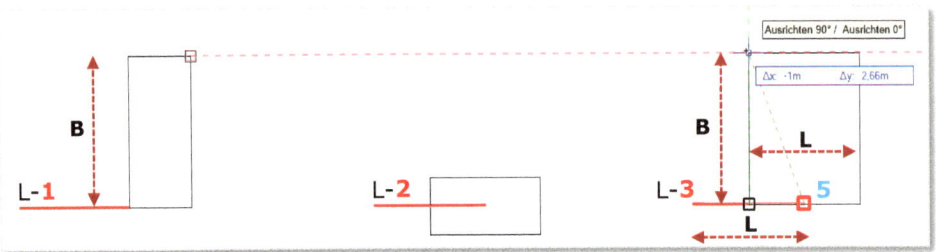

Für diese Aufgabe brauchen Sie die Hilfe der Zeigerfang-Funktionen:
- *An Objekt ausrichten* (**1**)
- *An Punkt ausrichten* (**2**).

86

2. Erste Schritte in der 2D-Konstruktion

Anleitung:

In dieser Übung werden die Länge und die Breite des Rechtecks durch zwei Hilfslinien konstruiert.

- Aktivieren Sie das Werkzeug *Rechteck* in der Favoriten-Palette und wählen Sie die dritte Methode - *Definiert durch Seitenmitte* aus.

- Bestimmen Sie die Position der Mitte der unteren Seite des Rechteckes (**4**), indem Sie auf das rechte Ende der Linie L-**3** klicken, auf den Kontrollpunkt **5** (der Text „Endpunkt" erscheint - **3**).

Der Vorgang ist der gleiche wie in der letzten Übung.

Das Rechteck soll die gleiche Länge wie Linie L-**3** haben:

- Bewegen Sie den Mauszeiger nach links entlang der Linie L-**3** (**5**) (ohne zu drücken), bis der Text „Mittelpunkt" (**6**) erscheint.

- Halten Sie den Mauszeiger an dieser Stelle, bis nach einer Sekunde ein kleines rotes Quadrat (**7**) erscheint.

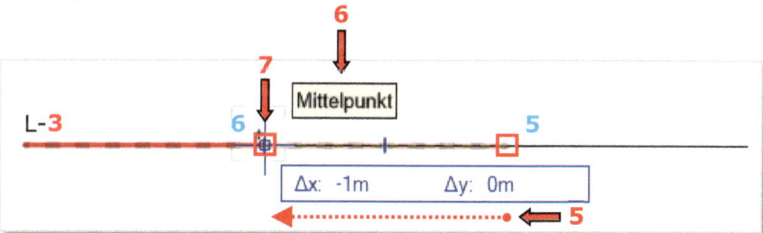

Vectorworks hat den Ausrichtpunkt **6** markiert.

- Fahren Sie weiterhin, ohne zu drücken mit dem Mauszeiger nach oben.

Eine grüne gestrichelte Hilfslinie (**8**) wird durch den Ausrichtpunkt **6** eingeblendet. Mit dieser Hilfslinie definieren Sie die Länge des Rechtecks (**L**) definiert → Δx: (-1m) (**9**). Das bedeutet, die Hälfte der Länge von Linie L-**3** wird zu der Hälfte der Länge des Rechtecks.

- Ihr Mauszeiger kann jetzt entlang der Hilfslinie (**8**) gleiten.

2. Erste Schritte in der 2D-Konstruktion

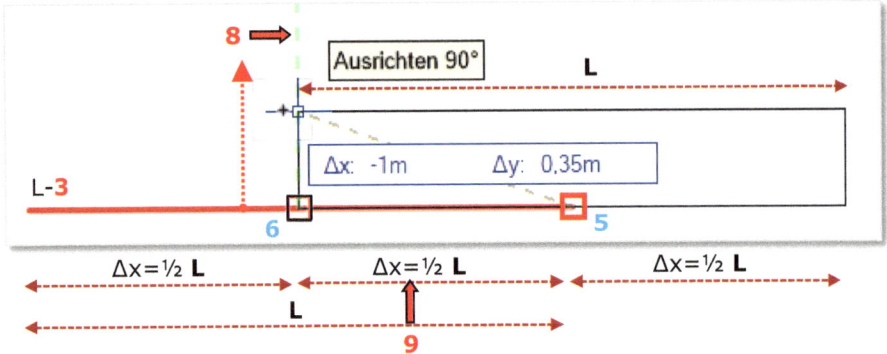

Das Rechteck soll dieselbe Breite (**B**) wie das erste Rechteck haben.

- Ziehen Sie den Mauszeiger, weiterhin ohne zu drücken, bis zu der oberen rechten Ecke des ersten Rechtecks (**10**):
- Verweilen Sie eine Sekunde über diesem Punkt, oder drücken Sie die Taste **T** auf der Tastatur, bis der Ausrichtpunkt **7** mit einem roten Quadrat markiert wird.

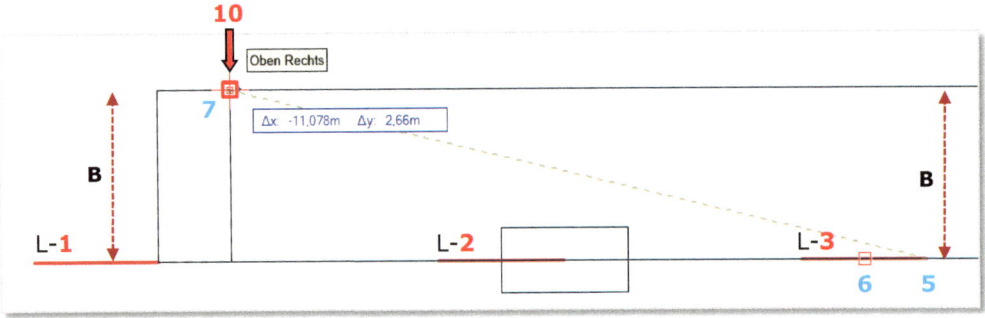

- Fahren Sie weiterhin, ohne zu klicken mit dem Mauszeiger nach rechts (**11**).

Es erscheint eine rot gestrichelte Hilfslinie (**12**). Diese überträgt die Breite (**B**) des ersten Rechtecks auf das dritte Rechteck.

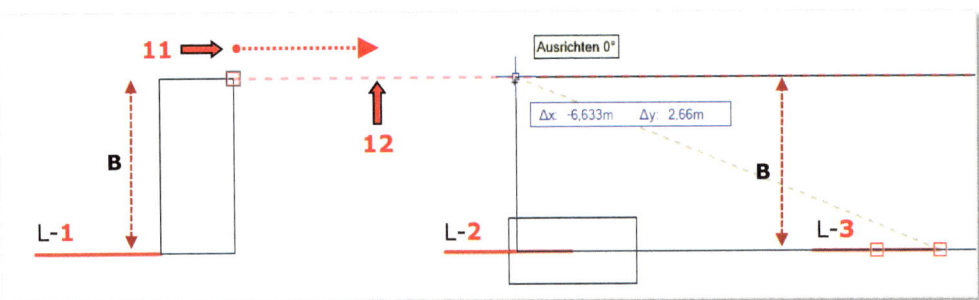

- Fahren Sie mit dem Mauszeiger nach rechts, bis die grün gestrichelte Hilfslinie erscheint (**13**).
- Klicken Sie erst jetzt mit der LMT auf die Schnittstelle (**14**) der roten (**12**) und grünen (**13**) Hilfslinie.

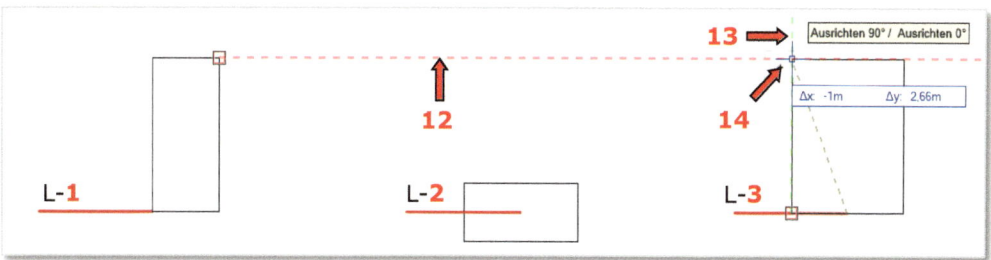

Das Rechteck mit der Länge **L** und der Breite **B** wurde ohne direkte Maßeingabe gezeichnet und bleibt aktiv (**15**).

Es steht im Vergleich zu Linie L-**3** im Vordergrund.

- Ordnen Sie es mit dem Befehl aus der Menüzeile in den Hintergrund an:
  Ändern – Anordnen – In den Hintergrund → Ergebnis (**16**).

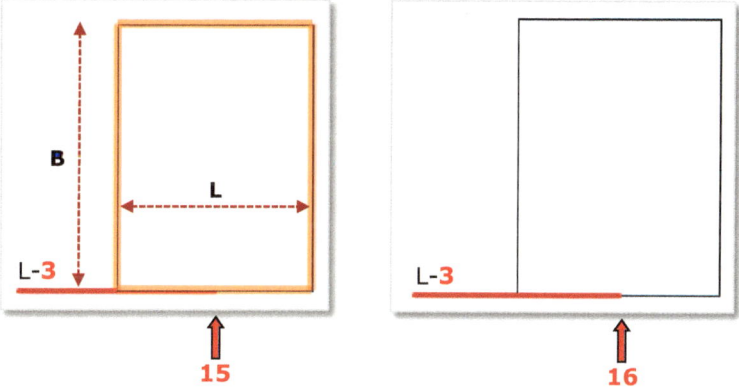

2.3.2 Kreise

**1. Kreis gezeichnet mittels der Methode –
Definiert durch Mittelpunkt und Radius**

Aufgabe:

Der Mittelpunkt des Kreises **8** soll auf dem rechten Ende von Linie L-**1** liegen.
Der Radius soll 3/8 der Länge von Linie L-**1** entsprechen.
Die Stiftfarbe des gezeichneten Kreises soll dunkelgrün sein (**1**).
Die Dicke der Linie soll 0,50 (**2**) und die Füllung: Leer (**3**) sein.

2. Erste Schritte in der 2D-Konstruktion

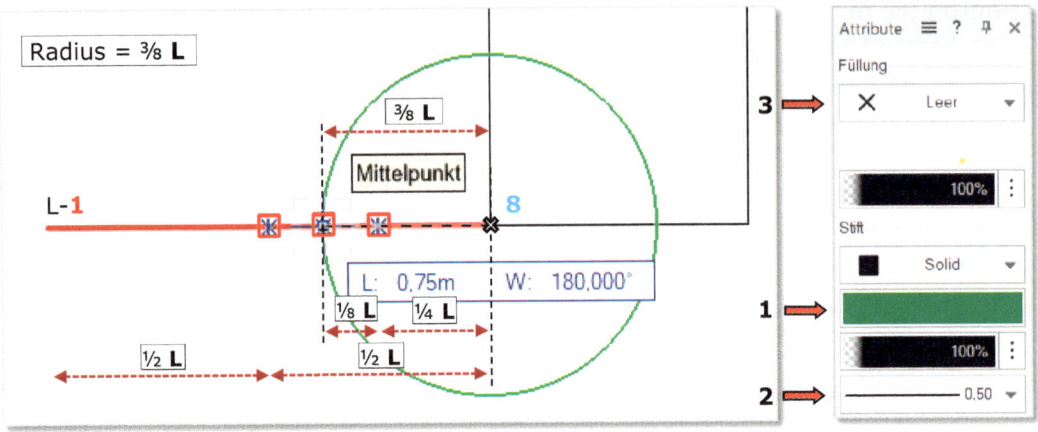

Anleitung:

- Tragen Sie die vorgegebenen Attribute in die Attribute-Palette ein.
  Stiftfarbe - dunkelgrün (**1**)
  Dicke der Linie - 0,50 (**2**)
  Füllung - Leer (**3**)

Um diese Übung einfacher durchzuführen, ohne den Taschenrechner oder zusätzlichen Hilfskonstruktionen zu benötigen, sollten Sie wieder die Zeigerfang-Funktionen verwenden. Der Fangmodus *An Teilstück ausrichten* (**6**) ist in diesem Fall eine sehr nützliche Hilfe.

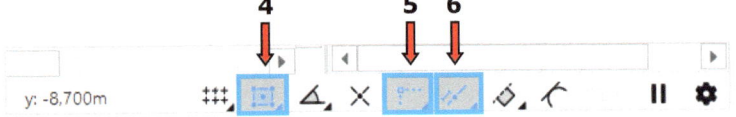

An Teilstück ausrichten
Aktivieren Sie den Fangmodus **An Teilstück ausrichten**, um ein Objekt an Punkten mit einem bestimmten Abstand entlang einer geraden oder gebogenen Linie, Polygonkanten, Wandkanten und anderen linearen Objekten auszurichten. Befindet sich der Zeiger nicht über einem solchen Teilstück, sondern irgendwo auf einer Objektkante, blendet der Intelligente Zeiger den Text „Objektkante" ein. [...] (siehe Vectorworks-Hilfe [1]

- Wählen Sie im Zeigerfang-Set die drei unten angezeigten Fangmodi:
  - Zum Markieren von Ausrichtpunkten:
    An Objekt ausrichten (**4**)
    An Punkt ausrichten (**5**)
  - Zum Teilen von Liniensegmenten zwischen zwei markierten Ausrichtpunkten (nur optisch):
    An Teilstück ausrichten (**6**)
- Doppelklicken Sie auf das Symbol *An Teilstück ausrichten* (**6**) im Zeigerfang-Set.

Das Dialogfenster „Einstellungen Teilstück" (**7**) wird geöffnet.

2. Erste Schritte in der 2D-Konstruktion

- Im Gruppenfeld „Fangen auf:" (**8**) tragen Sie bei der Option „Bruch:" (**9**) den Wert ½ (**10**) ein. Das bedeutet, dass die Hälfte zwischen den zwei markierten Ausrichtpunkten mit einem Teilpunkt markiert wird.

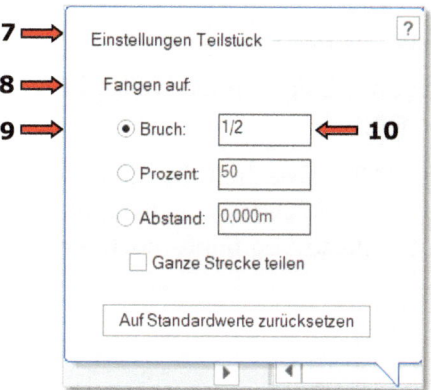

Die notwendigen Vorbereitungen für diese Aufgabe wurden erledigt. Sie können nun mit dem Zeichnen beginnen.

- Aktivieren Sie das Werkzeug *Kreis* (**11**) in der Favoriten-Palette und wählen Sie die erste Methode - *Definiert durch Mittelpunkt und Radius* (**12**).

Bevor Sie die Position des Zentrums **8** mit einem Mausklick auf dem rechten Ende der Linie L-**1** definieren, müssen Sie diesen Punkt markieren:

- Bewegen Sie den Mauszeiger zum rechten Ende von Linie L-**1** (**13**) und warten Sie, bis Vectorworks das rote Quadrat einblendet.

Der Punkt wird zum Ausrichtpunkt **8**.

91

2. Erste Schritte in der 2D-Konstruktion

- Nachdem das rote Quadrat erschienen ist, klicken Sie auf diesen Ausrichtpunkt **8** → um den Mittelpunkt des Kreises festzulegen (**14**).
- Fahren Sie mit dem Mauszeiger nach links (ohne zu drücken) bis zu dem Mittelpunkt von Linie L-**1** (**15**). Der Infotext „Mittelpunkt" (**16**) wird angezeigt.
- Verweilen Sie an der Stelle, bis das rote Quadrat erscheint.

Dadurch erkennt der Intelligente Zeiger einen weiteren Ausrichtpunkt **9** und kann das Liniensegment dazwischen teilen.

Vectorworks zeigt die Hälfte (**17**), zwischen den beiden markierten Ausrichtpunkten (**8** und **9**) an (→ Ausrichtpunkt **10**). Diese Liniensegmente haben ¼ der Länge von Linie L-**1** → daher müssen Sie diese Segmente noch einmal halbieren, um ein ⅛ der Länge zu erhalten.

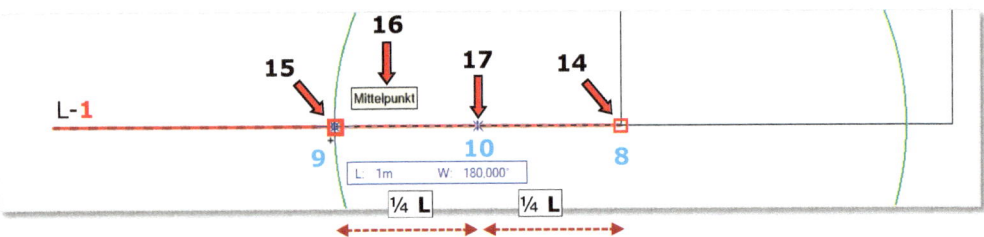

- Bewegen Sie den Mauszeiger weiterhin, ohne zu drücken bis zu dem Ausrichtpunkt **10**.
- Verweilen Sie an der Stelle (oder drücken sie die Taste **T**).

Dadurch werden weitere Teilungen zwischen den Ausrichtpunkten **8-10** und **10-9** angezeigt (**18** und **19**).

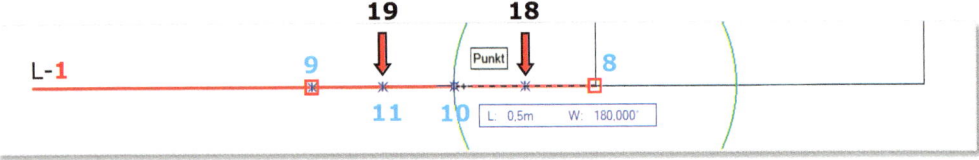

- Klicken Sie nun auf den Ausrichtpunkt **11** (**19**) → die Mitte zwischen Punkt **9** und **10**.

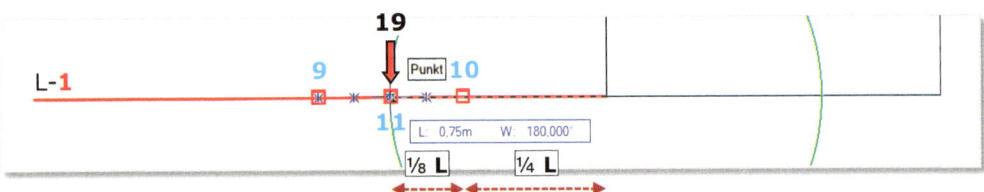

Der Kreis, mit dem vorgegebenen Radius (3/8 L) und den Attributen, wurde gezeichnet (**20**).

2. Erste Schritte in der 2D-Konstruktion

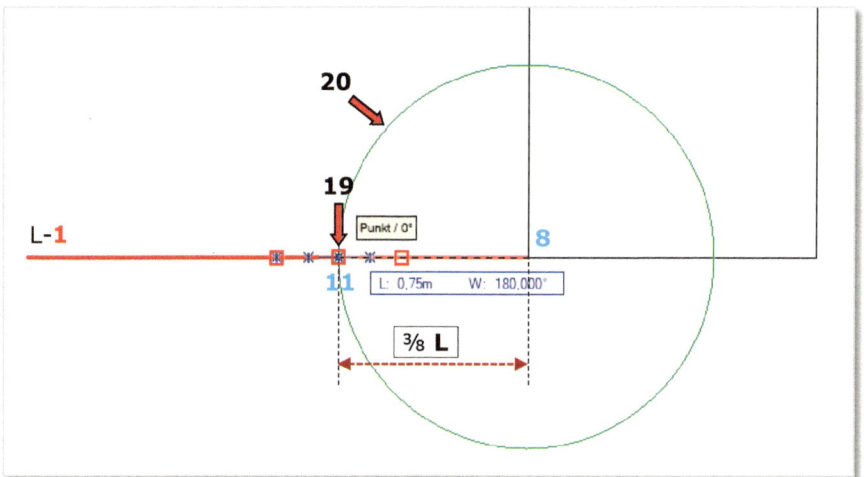

2. Kreis gezeichnet mittels der Methode – Definiert durch Durchmesser

Aufgabe:

Zeichnen Sie den Umriss einer Stehlampe.

Sie steht am linken Ende der Linie L-**2**, beim Ausrichtpunkt **12**.
Die Lampe ist 2 m hoch.

- Die Glaskugel (**A**) hat einen Durchmesser von 0,425 m.
    Attribute:
    Füllung: Solid - Hellgelb
    Stiftfarbe: Schwarz
    Stiftdicke: 0,18

- Die Leuchtenstange (**B**)
    Attribute:
    Stiftdicke: 0,35

- Die Fußplatte (**C**) hat einen Durchmesser von 0,5 m.
    Attribute:
    Stiftfarbe: Solid - Schwarz
    Stiftdicke: 1,40

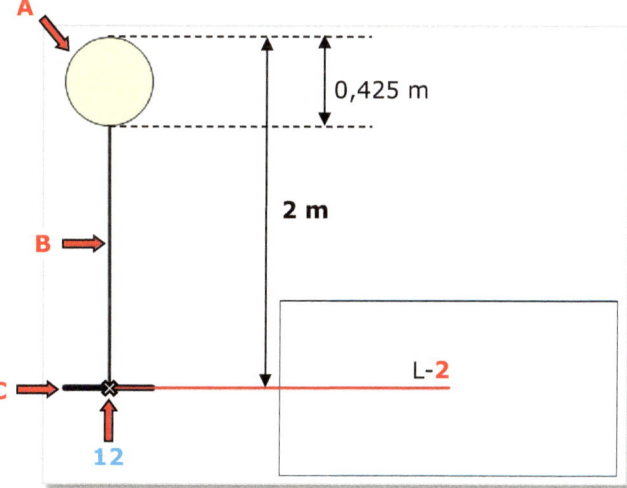

2. Erste Schritte in der 2D-Konstruktion

Anleitung:

- Tragen Sie die vorgegebenen Attribute für die Glaskugel (**A**) in die Attribute-Palette (**1**) ein:
  - Füllung: Solid - Hellgelb, z.B. Classic 022 (**2**)
  - Stiftfarbe: Solid - Schwarz (**3**)
  - Dicke der Linie: 0,18 (**4**).

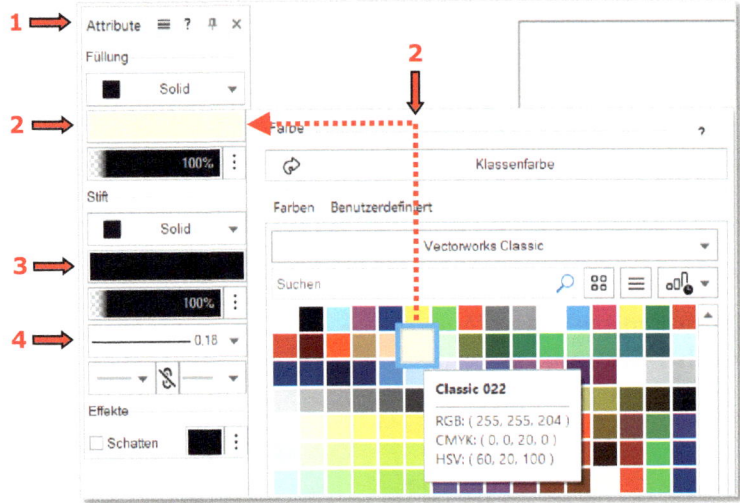

Mit der Position der Glaskugel (**A**) wird die Höhe der Lampe auf 2 m festgelegt.

Zeichnen Sie diese (**A**) unter Verwendung der Zeigerfang-Hilfe *An Kante ausrichten*, mit der Option „Parallele zu Ausrichtkante mit Abstand:"

- Doppelklicken Sie auf das Symbol *An Kante ausrichten* (**5**) im Zeigerfang-Set:
- Dadurch wird das Dialogfenster „Einstellungen Ausrichtkante" (**6**) geöffnet.
- Aktivieren Sie die Option „Parallele zu Ausrichtkante mit Abstand:" (**7**) und tragen Sie den Abstand von 2m (**8**) in das Eingabefeld ein.

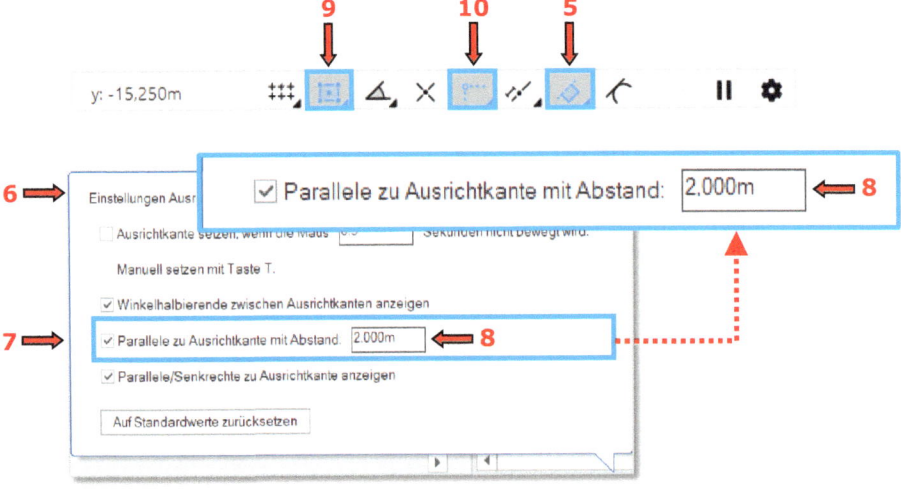

- Aktivieren Sie im Zeigerfang-Set noch zwei andere Fangmodi:
  An Objekt ausrichten (**9**) und
  An Punkt ausrichten (**10**).

Glaskugel

Zeichnen Sie die Glaskugel (**A**) mit dem Werkzeug *Kreis* (**11**) und der zweiten Methode - *Definiert durch Durchmesser* (**12**).

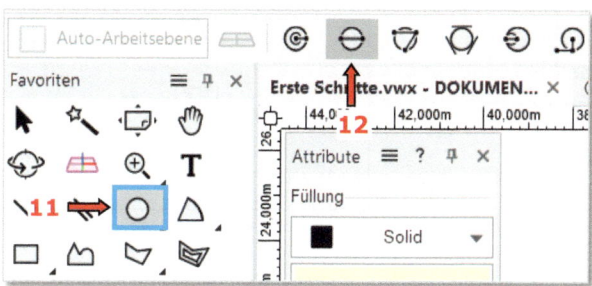

- Nachdem Sie das Werkzeug *Kreis* aktiviert haben, fahren Sie mit dem Mauszeiger über die Linie L-**2**:

Der Text „Objektkante" (**13**) wird angezeigt.

- Drücken Sie die Taste **T** → entlang der Linie L-**2** erscheint eine rot gestrichelte Referenzlinie (**14**).

Im nächsten Schritt wird eine Hilfsparallele mit einem Abstand von 2 m von dieser Referenzlinie angezeigt.

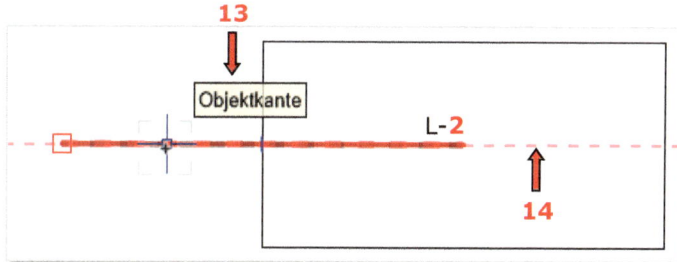

- Bewegen Sie den Mauszeiger (ohne zu klicken) bis zum linken Ende von Linie-**2**. Verweilen Sie dort → der Ausrichtpunkt **12** wird angezeigt.

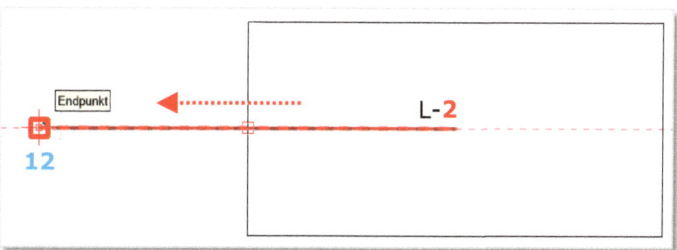

2. Erste Schritte in der 2D-Konstruktion

- Von diesem Punkt aus bewegen Sie den Mauszeiger senkrecht nach oben (**15**).

Es erscheint eine grün gestrichelte Hilfslinie (**16**), die senkrecht zu Linie L-**2** steht und durch den Ausrichtpunkt **12** verläuft.

Der Infotext „Ausrichten 90°" (**17**) wird angezeigt.

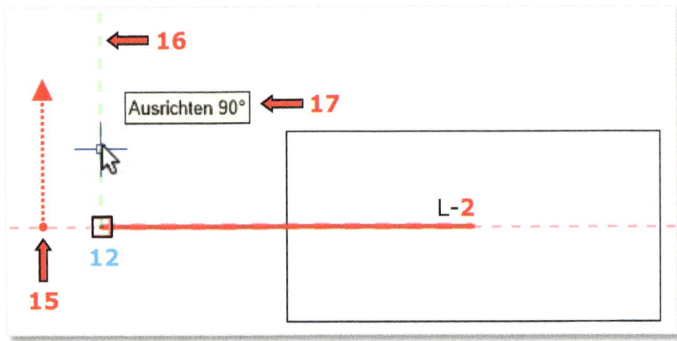

- Bewegen Sie den Mauszeiger weiter nach oben (**18**), entlang der grün gestrichelten Hilfslinie (**16**), ohne zu drücken, so lange bis die 2 m entfernte rot gestrichelte Hilfsparallele (**19**) erscheint.

Der Info-Text „Abstand zu ARK/Ausrichten 90°" (**20**) wird angezeigt.

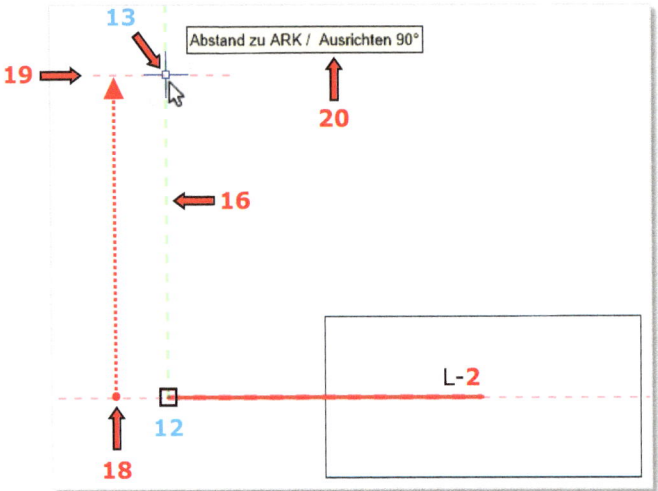

- Klicken Sie auf den Schnittpunkt **13** der Hilfsparallelen (**19**) und der Senkrechten zur Linie L-**2** (**16**).

Damit haben Sie die Position eines Kreispunktes und die Höhe der Lampe auf 2 m definiert.

- Bewegen Sie den Mauszeiger, ohne zu klicken nach unten (**21**).

Es erscheint die Objektmaßanzeige (**22**).

- Betätigen Sie die Tabulatortaste. Der Mauszeiger spring in das erste Eingabefeld der Objektmaßanzeige.

2. Erste Schritte in der 2D-Konstruktion

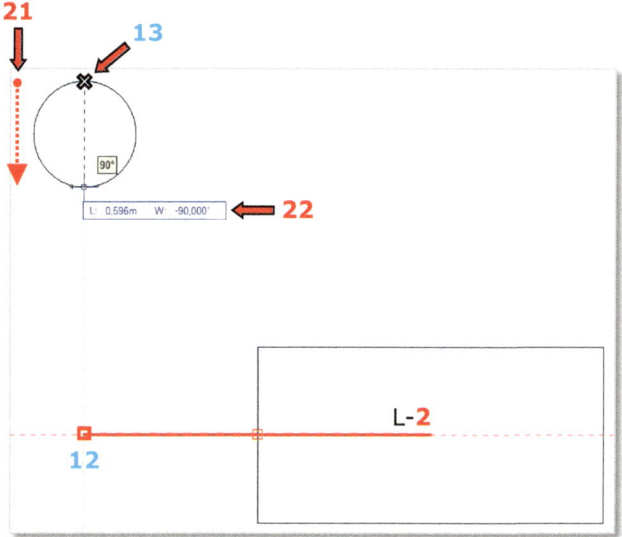

- Tragen Sie den Wert für die Länge (→ den Durchmesser) L: 0,425 m über die Tastatur ein (**23**).

Vectorworks zeigt unmittelbar danach einen rot gestrichelten Hilfskreis (**24**) mit dem Radius 0,425 m (um den Punkt **13**) an.

- Drücken Sie zweimal die Eingabetaste, um die Eingabe zu bestätigen.

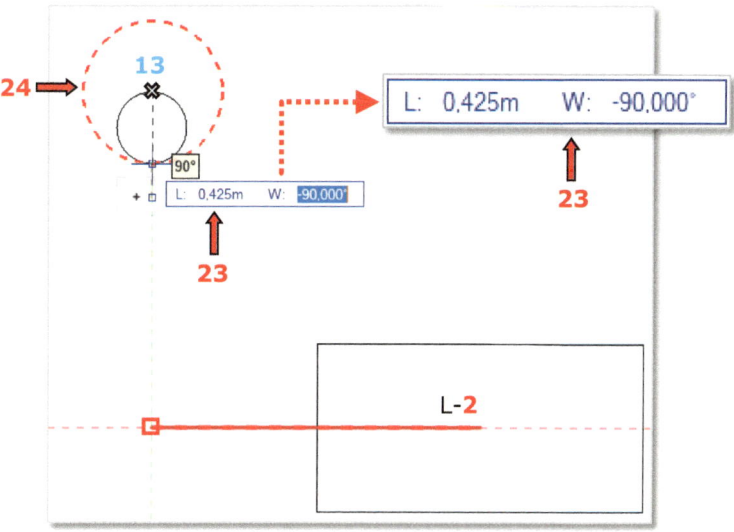

2. Erste Schritte in der 2D-Konstruktion

Der Kreis mit den vorgegebenen Anforderungen wurde gezeichnet (**25**).

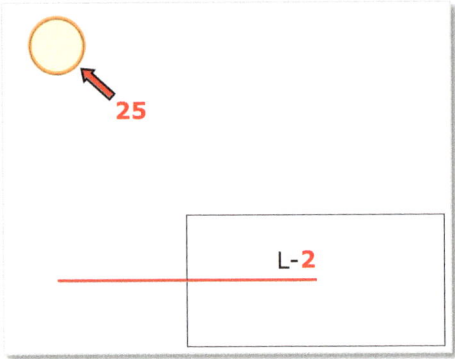

Leuchtenstange (**B**)

- Zeichnen Sie mit dem Werkzeug *Linie* eine Linie von der Glaskugel bis zum Ausrichtpunkt **12** (**26**).
- Ändern Sie ihre Stiftdicke in der Attribute-Palette auf 0,35.

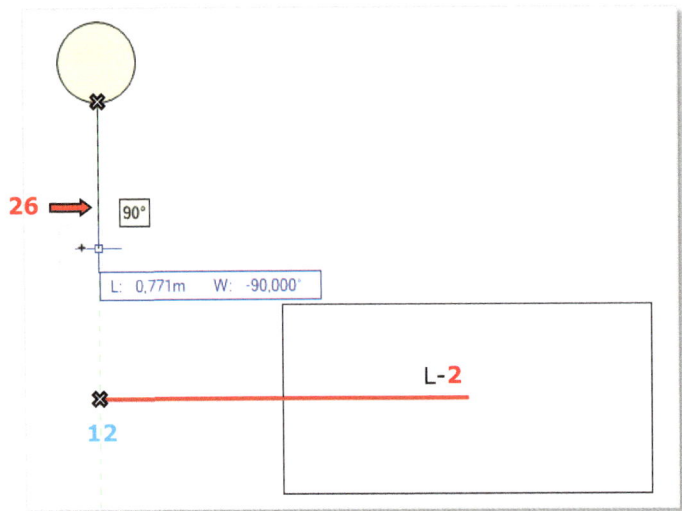

Fußplatte (**C**)

- Bevor Sie die Fußplatte (**C**) zeichnen, ändern Sie in der Attribute-Palette die Stiftdicke auf 1,40.
- Aktivieren Sie das Werkzeug *Linie*, wählen Sie die erste Methode - *In bestimmten Winkel* (**27**) und die vierte Methode - *Aus Mitte* (**28**).

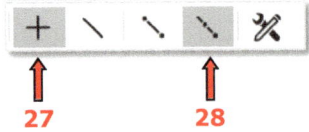

Die Linie wird von Ausrichtpunkt **12** aus sowohl nach links als auch rechts gezeichnet (**29**).

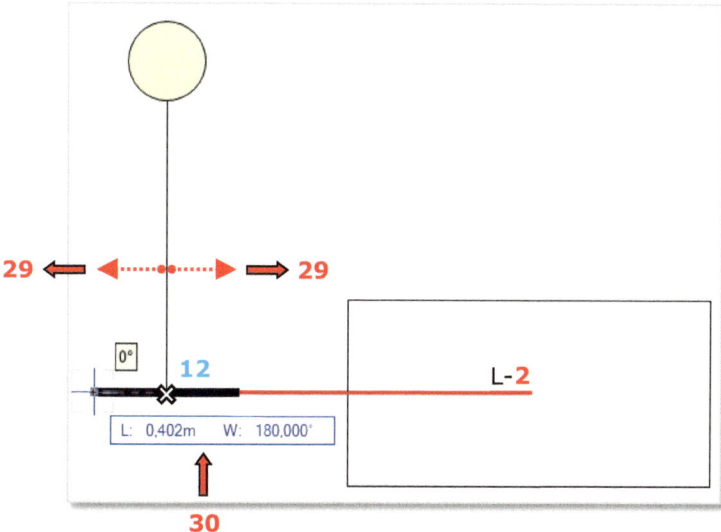

- Tragen Sie in die erschienene Objektmaßanzeige (**30**) die Hälfte der gewünschten Länge ein (da die Linie von der Mitte aus nach links und rechts gezeichnet wird).
- Betätigen Sie die Tabulatortaste.
- Tragen Sie den Wert für die Länge L: 0,25 m über die Tastatur ein (**31**).
- Bestätigen Sie diesen Wert zweimal mit der Eingabetaste.

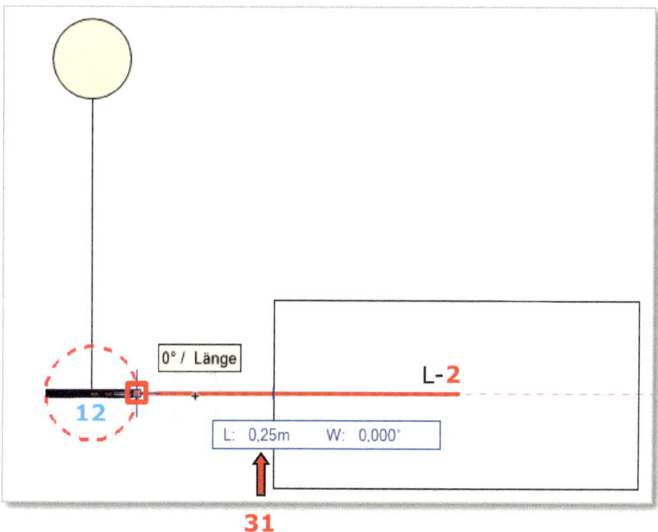

2. Erste Schritte in der 2D-Konstruktion

3. Kreisbogen gezeichnet mittels der Methode – Definiert durch Sehne und einen Punkt auf dem Kreisbogen

Aufgabe:

Zeichnen Sie zuerst einen Kreisabschnitt über das dritte Rechteck und fügen Sie beide zusammen. Dadurch entsteht der Umriss eines Bogenfensters.

Die Sehnenlänge des Kreisabschnittes soll gleich der Länge des Rechtecks sein (**l** = **L**).
Seine Breite (**b**) soll 0,30 m betragen.

Attribute:

Füllung: Solid – Classic 038 (**1**)
Stiftfarbe: Solid - Schwarz
Dicke der Linie: 0,25

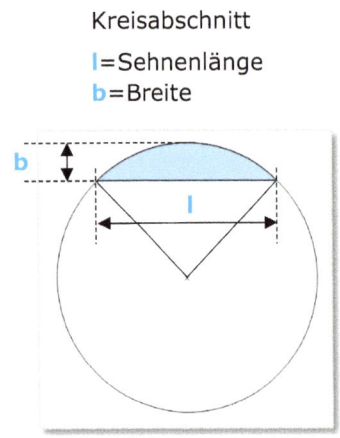
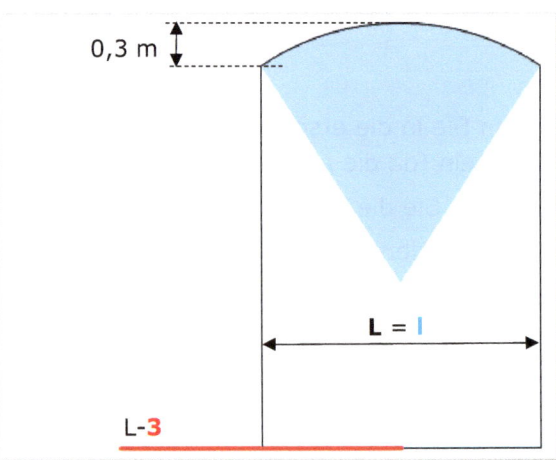

Anleitung:

- Tragen Sie die vorgegebenen Attribute in die Attribute-Palette ein:
  Füllung: Solid – Classic 038 (**1**)
  Stiftfarbe: Solid - Schwarz
  Dicke der Linie: 0,25.
- Für diese Übung benötigen Sie die zwei Fangmodi:
  An Objekt ausrichten (**2**)
  An Punkt ausrichten (**3**).
- Aktivieren Sie das Werkzeug *Kreisbogen* (**4**) und wählen Sie die sechste Methode – *Definiert durch Sehne und einen Punkt auf Kreisbogen* (**5**) aus.

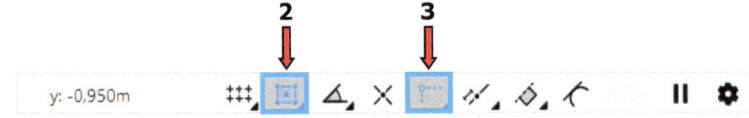

2. Erste Schritte in der 2D-Konstruktion

2.3.3 Kreisbogen

• Zuerst bestimmen Sie die Sehnenlänge, indem Sie auf Punkt **1** klicken und dann auf den Punkt **2**.

Kreisbögen zeichnen

Werkzeug	Arbeitsumgebung: Werkzeuggruppe	Tastenkürzel
Kreisbogen	Basic und Spotlight: Favoriten Architektur und Landschaft: Konstruktion	3
Mit dem Werkzeug **Kreisbogen** lassen sich auf verschiedene Arten Kreisbogen zeichnen. [...]		
Definiert durch Sehne und Punkt auf Kreisbogen	Definiert den Kreisbogen durch zwei Endpunkte und einem anderen Punkt auf dem Kreisbogen	

[...] (siehe Vectorworks-Hilfe [1])

WICHTIG: In der Statuszeile unten links (**6**) wird die Anweisung für den nächsten Arbeitsschritt angezeigt. Es ist eine sehr nützliche Arbeitshilfe, besonders bei komplexen Werkzeugen.

Kreisbogen 3 Definiert durch Sehne und einem Punkt auf Kreisbogen. Setzen Sie den Kreisbogenstartpunkt.

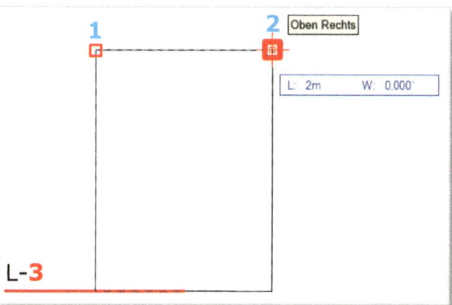

• Nach dem zweiten Klick bewegen Sie den Mauszeiger bis zur Mitte des Rechtecks (**7**) und warten, bis ein kleines rotes Quadrat erscheint → Ausrichtpunkt **3**:
• Der Intelligente Zeiger hat die Mitte des Rechtecks → den Ausrichtpunkt **3** markiert.

2. Erste Schritte in der 2D-Konstruktion

- Fahren Sie mit dem Mauszeiger nach oben, bis eine grün gestrichelte Hilfslinie (**8**) erscheint. Auf diese wird der dritte Kreisbogenpunkt positioniert.
- Tragen Sie den Wert für die Breite (**b**) des Kreisabschnittes L: 0,3 m (**9**) in die Objektmaßanzeige ein.

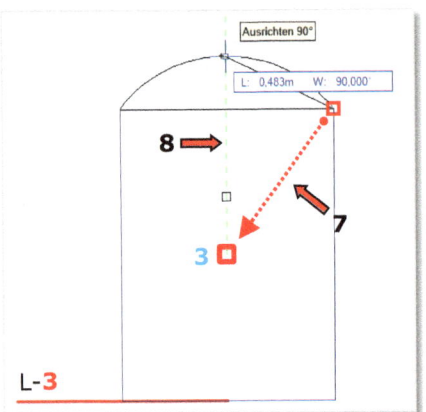 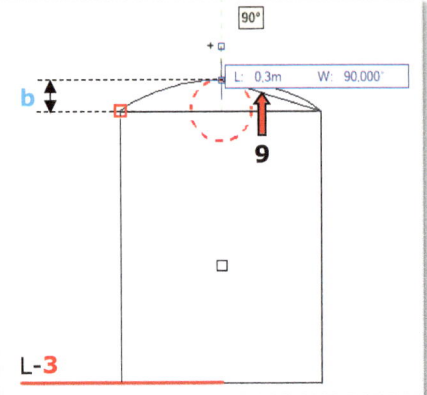

- Drücken Sie zweimal die Eingabetaste.

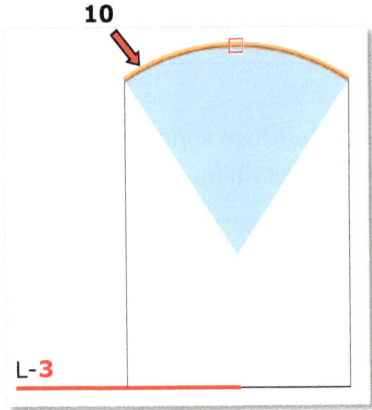 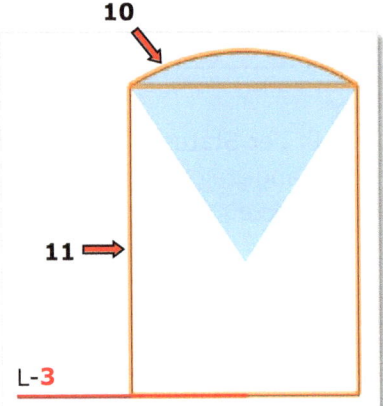

Flächen zusammenfügen

Der Kreisbogen wurde gezeichnet und bleibt aktiv (**10**).

- Bei gedrückter Umschalttaste aktivieren Sie zusätzlich das Rechteck (**11**).

Verschmelzen Sie diese beiden Flächen zu einer:

- Gehen Sie zu dem Befehl in der Menüzeile (**12**):
  Ändern (**13**) – *Flächen zusammenfügen* (**14**).

Es wurde der Umriss eines Bogenfensters gezeichnet (**15**).

2. Erste Schritte in der 2D-Konstruktion

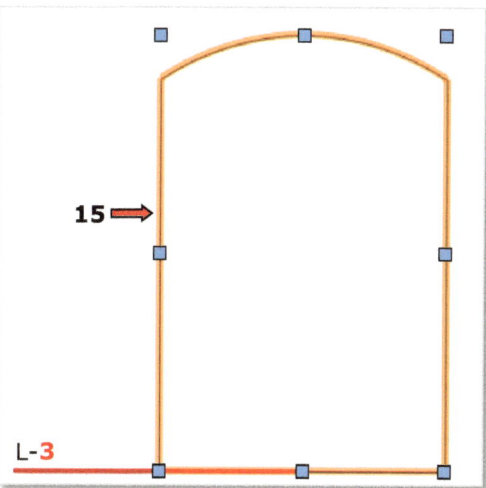

2.4 2D-Objekte duplizieren und verteilen

Objekte an Pfad duplizieren

Werkzeug	Arbeitsumgebung: Werkzeuggruppe
Duplizieren an Pfad	Basic und Spotlight: Favoriten
	Architektur und Landschaft: Konstruktion

Mit dem Werkzeug **Duplizieren an Pfad** können Sie Duplikate eines aktiven Objekts erstellen, die entweder entlang eines bestehenden oder eines neuen Pfades angeordnet werden. Dabei können Sie mit einem Mausklick bestimmen, welcher Punkt der Duplikate auf dem Pfad zu liegen kommen soll. [...] (siehe Vectorworks-Hilfe [1])

Objekte per Mausklick verschieben

Werkzeug	Arbeitsumgebung: Werkzeuggruppe	Tastenkürzel
Verschieben	Basic: Favoriten (Unterwerkzeug von **Duplizieren an Pfad**)	M
	Architektur und Landschaft: Konstruktion	
	Spotlight: Favoriten	

Mit Hilfe des Werkzeugs **Verschieben** können die aktivierten Objekte in einem bestimmten Abstand verschoben, dupliziert und verteilt werden. Auch Symbole in Wänden lassen sich mit diesem Werkzeug verschieben [...] (siehe Vectorworks-Hilfe [1])

Verrunden und Abfasen
Objekte verrunden

Werkzeug	Arbeitsumgebung: Werkzeuggruppe	Tastenkürzel
Verrunden	Basic und Spotlight: Favoriten	Umschalttaste + V
	Architektur und Landschaft: Konstruktion	

Mit dem Werkzeug **Verrunden** (Werkzeugpalette „Konstruktion") können Sie zwei Objektkanten (Linien, Rechteckseiten, Kreise usw.) mit einem tangentialen Kreisbogen mit beliebigem Radius miteinander verbinden. Sie können Linien, Rechtecke, Polygone, Polylinien, Kreise, Kreisbogen, NURBS-Kurven, 3D-Polygone und Wände verrunden. Bei Rechtecken, Polygonen und Polylinien platziert das Werkzeug eine Verrundung zwischen angrenzenden Seiten des Objekts. Auch Löcher in Polylinien können verrundet werden. Außerdem löscht oder zerschneidet das Werkzeug mit verschiedenen Verrunden-Methoden Objekte an den Endpunkten der Verrundung. [...] (siehe Vectorworks-Hilfe [1])

Objekte neu anordnen
Mit den vier Befehlen des Untermenüs **Anordnen** (Menü **Ändern**) kann die Reihenfolge einzelner sich überlappender Objekte innerhalb einer Ebene verändert werden.
Schrittweise nach vorne und **Schrittweise nach hinten** können nur auf Objekte angewendet werden, die andere Objekte überlappen oder von anderen Objekten überlappt werden. [...] (siehe Vectorworks-Hilfe [1])

2. Erste Schritte in der 2D-Konstruktion

2.4.1 Der Lattenzaun

Aufgabe:

Der Zaun besteht aus horizontalen Querriegeln und senkrecht stehenden Latten. Die Pfosten werden in dieser Übung nicht berücksichtigt.
- Der Gartenzaun soll eine Höhe von 1 m und eine Länge von 12 m haben.
- Die Bodenlinie erstreckt sich über eine Länge von 12 m.
- Die horizontalen Bretter haben die Maße 3,0 x 0,09 m (**1**).
- Die untere Bretterreihe (**2**) befindet sich 20 cm über dem Boden (**3**).
- Die untere und obere Bretterreihe ist symmetrisch zur horizontalen Mittelachse der vertikalen Holzbretter (= Spiegelachse S₁) angeordnet.
- Die vertikalen Holzbretter haben die Maße 0,09 x 0,9 m (**4**).
  Die Ecken der Lattenkopf sind abgerundet, wobei der Radius 2,5 cm beträgt (**5**).
- Die vertikalen Holzbretter (**4**) sind 10 cm über dem Boden angebracht (**6**).
- Der Abstand zwischen zwei vertikalen Holzlatten soll weniger als 10 cm betragen (**7**).
- Die weiteren Maße entnehmen Sie bitte den Skizzen unten.

Attribute der Zaunelemente (**8**):
- Füllung: Weiß
- Linienart: Solid – Schwarz
- Liniendicke: 0,25

Attribute der Bodenlinie:
- Linienart: Solid - Schwarz
- Liniendicke: 1,00 (**9**)

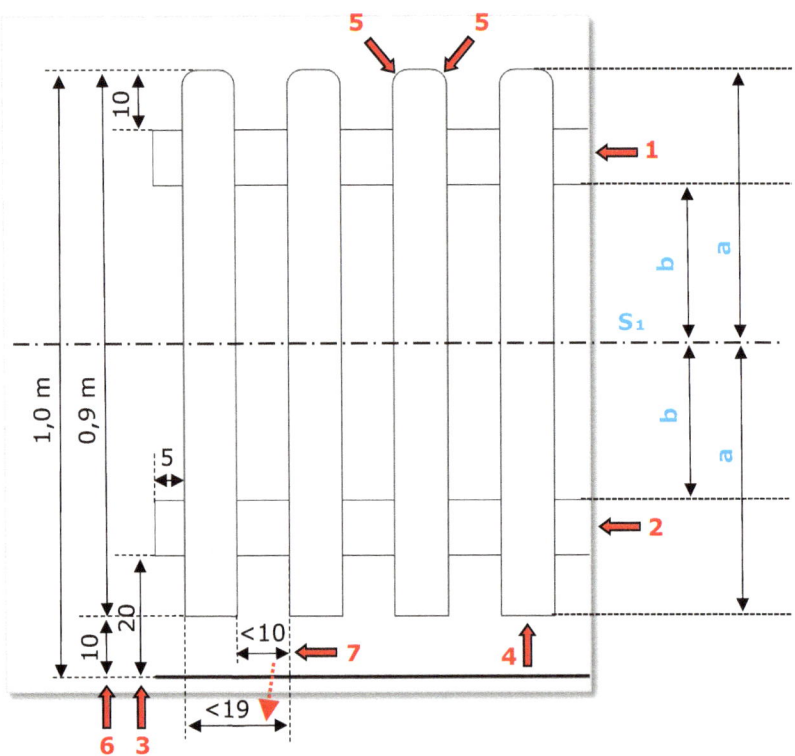

2. Erste Schritte in der 2D-Konstruktion

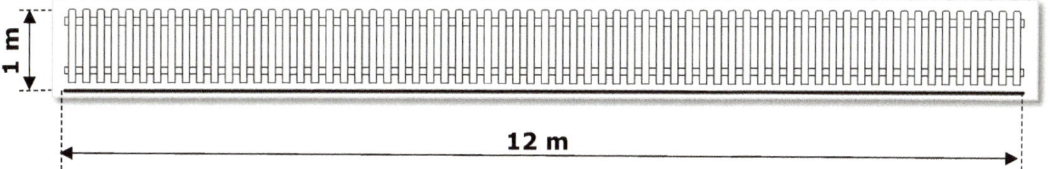

- Wählen Sie im Zeigerfang-Set die zwei unten aufgeführten Fangmodi aus:
  - *An Objekt ausrichten*
  - *An Winkel ausrichten*.

Bodenlinie

Zeichnen Sie zunächst die Bodenlinie, die gleichzeitig als Hilfslinie dient.

- Tragen Sie in der Attribute-Palette die vorgegebenen Attribute:
  Liniendicke: 1,00 (**9**) ein.

Legen Sie die Bodenlinie über das Dialogfenster „Objekt anlegen" an.

- Doppelkicken Sie auf das Werkzeug *Linie* in der Favoriten-Palette
- Im nun erscheinenden Dialogfenster „Objekt anlegen- Linie" (**1**):
- Aktivieren Sie die Polare-Koordinateneingabe (**2**).
- Um die Länge der Linie festzulegen, geben Sie im Eingabefeld für
  L: 12 m (**3**) ein.
- Fixieren Sie den mittleren Kontrollpunkt (**4**) in der schematischen Darstellung der Linie.
- Markieren Sie die Option „Nächster Klick" (**5**).

Wenn Sie die Eingaben im Dialogfenster (**1**) mit OK bestätigen, erwartet Vectorworks, dass Sie mit dem nächsten Klick (**5**) die Linie (mit ihrem mittleren Punkt → **4**) auf das Zeichenblatt positionieren.

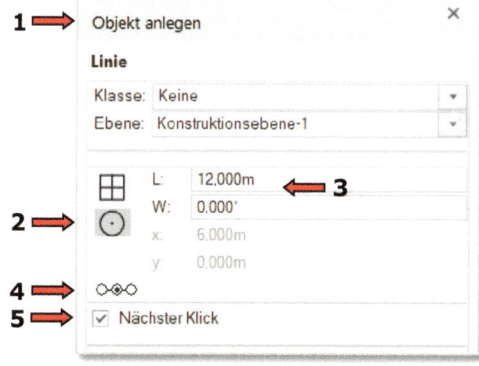

105

2. Erste Schritte in der 2D-Konstruktion

- Positionieren Sie die Bodenlinie unterhalb der zuvor gezeichneten Rechtecke und Kreise, ungefähr so wie auf der Abbildung (**6**) dargestellt.

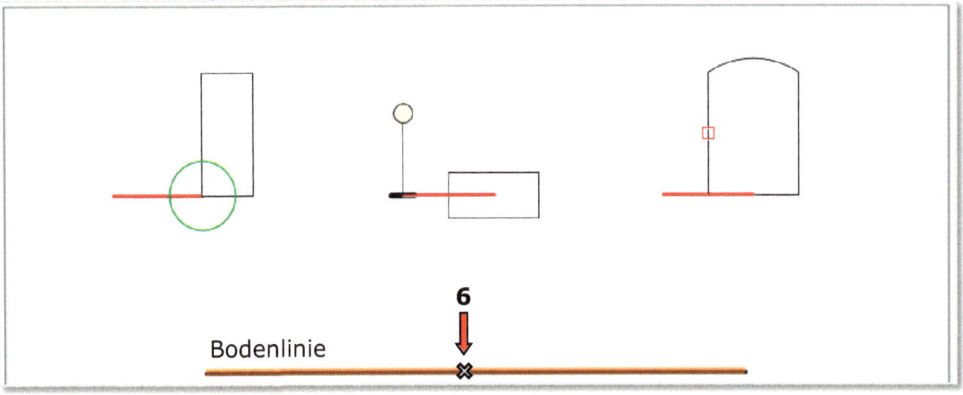

Lattenzaun

- Tragen Sie die vorgegebenen Attribute in die Attribute-Palette ein (vergessen Sie nicht, die Stiftdicke auf 0,25 zu ändern).

1. **Vertikales Holzbrett** hat die Maße 0,09 x 0,90 m und soll 0,1 m von der Bodenlinie entfernt sein (**6**).

- Doppelklicken Sie auf das Werkzeug *Rechteck* ☐ in der Favoriten-Palette:
- Im nun erscheinenden Dialogfenster „Objekt anlegen - Rechteck" (**7**), tragen Sie folgende Werte ein:
    Die Breite des Rechtecks Δx: 0,09 m (**8**)
    Die Länge des Rechtecks Δy: 1,00 m (**9**)
- Fixieren Sie den unteren linken Punkt (**10**) in der schematischen Darstellung.
- Aktivieren Sie die Option „Nächster Klick" (**11**).
- Bestätigen Sie die Eingaben mit OK.

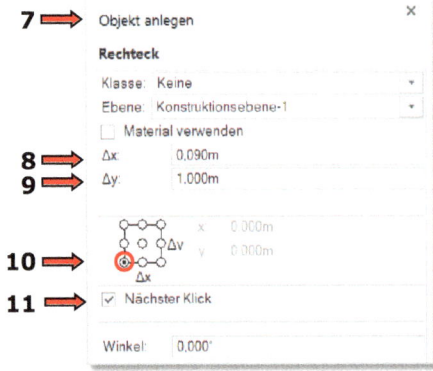

2. Erste Schritte in der 2D-Konstruktion

- Positionieren Sie das Rechteck mit einem Klick auf das linke Ende der Bodenlinie (**12**).

Mit der Höhe dieses Rechtecks haben Sie die Höhe (= 1,0 m) des Gartenzauns festgelegt.

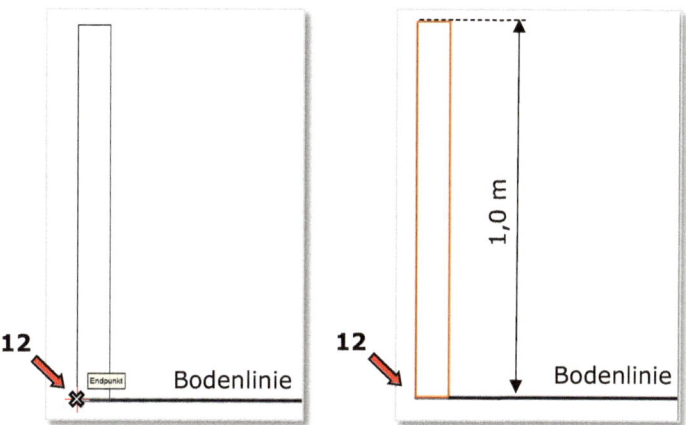

- Das Rechteck ist noch aktiv und seine Maße werden in der Informationen-Objekt–Palette (**13**) angezeigt:
- Ändern Sie seine Höhe in der Informationen-Objekt–Palette gemäß den Vorgaben in der Aufgabestellung → ziehen Sie 10 cm von dem Δy-Wert ab (**14**).

WICHTIG: Fixieren Sie das Rechteck in der Informationen-Objekt–Palette oben (**15**), damit seine obere Seite auf 1 m Höhe (von der Bodenlinie) bleibt (**16**).

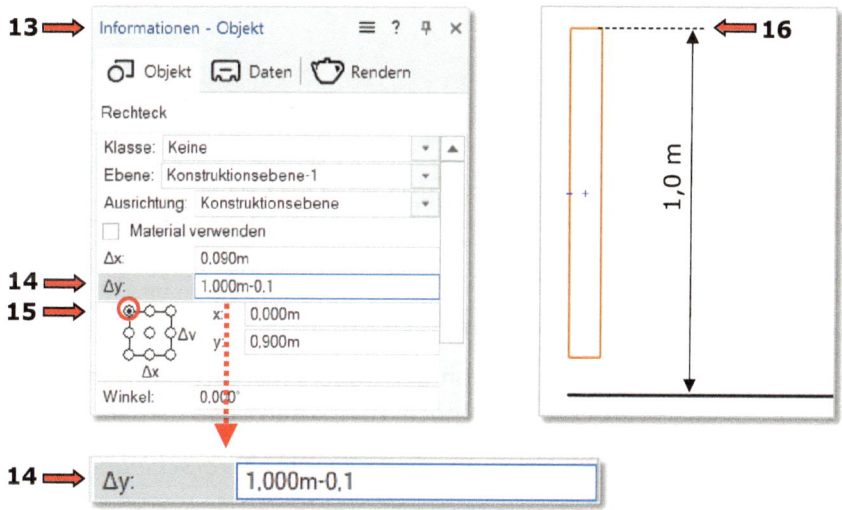

107

2. Erste Schritte in der 2D-Konstruktion

2. Horizontales Brett

- Doppelklicken Sie auf das Werkzeug *Rechteck* in der Favoriten-Palette:
- Im nun erscheinenden Dialogfenster „Objekt anlegen - Rechteck", tragen Sie folgende Werte ein:
    - Die Länge des Rechtecks Δx: 3,00 m (**17**)
    - Die Breite des Rechtecks Δy: 0,09 m (**18**)
    - Fixieren Sie den unteren linken Punkt (**19**) in der schematischen Darstellung.
    - Aktivieren Sie die Option „Nächster Klick" (**20**).
    - Bestätigen Sie die Eingaben mit OK.
- Platzieren Sie das Rechteck mit einem Klick auf das untere linke Ende (**21**) des gerade gezeichneten vertikalen Holzbretts (**22**).

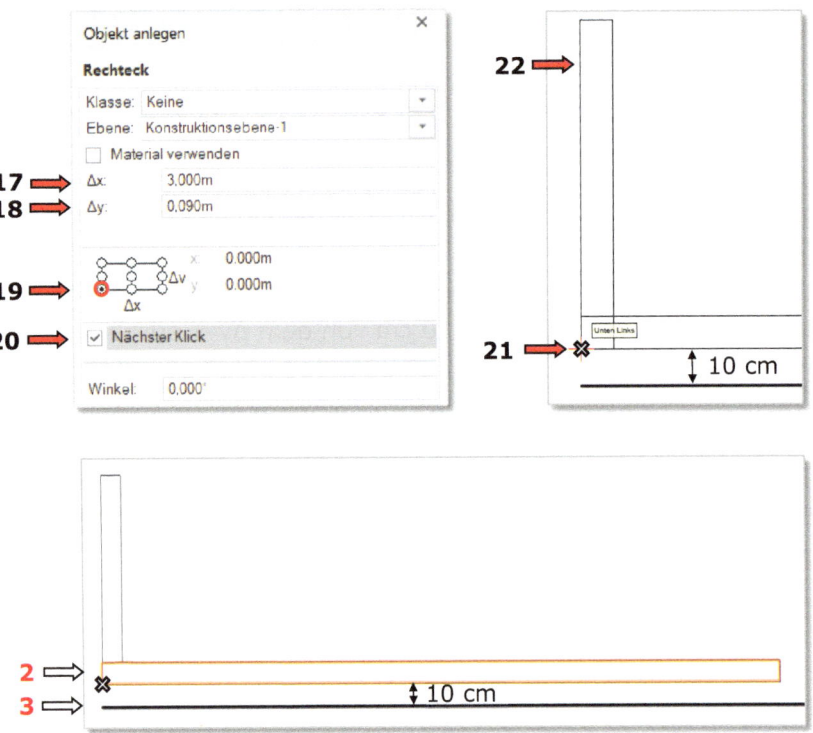

Verschieben der unteren Bretterreihe (Werkzeug)

Die untere Bretterreihe (**2**) soll 20 cm von der Bodenlinie entfernt sein (**3**). Das gezeichnete horizontale Brett muss also noch 10 cm nach oben verschoben werden.

- Verschieben Sie das aktive Rechteck mit dem Werkzeug *Verschieben* aus der Favoriten-Palette:

Hinweis: Das Werkzeug *Verschieben* (**23**) befindet sich in der Favoriten-Palette und ist ein Unterwerkzeug von Werkzeug *Duplizieren an Pfad* (**24**):

- Klicken Sie mit der RMT auf das Werkzeug *Duplizieren an Pfad* (**24**).

Das Werkzeug *Verschieben* (**23**) wird rechts eingeblendet und kann aktiviert werden (siehe Seite 51).

- In der Methodenzeile aktivieren Sie die erste Methode - *Verschieben* (**25**).

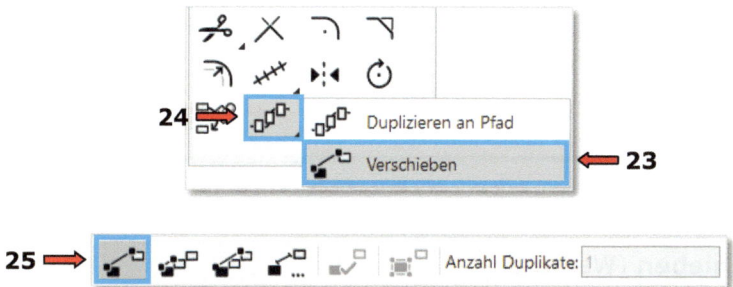

- Klicken Sie mit der LMT auf das linke Ende der Bodenlinie **1** und dann auf die untere linke Ecke des Rechtecks **2** (der Abstand zwischen diesen beiden Punkten beträgt 10 cm).

Alternativ können Sie auch den numerischen Wert 0,1 m (**26**) in die Objektmaßanzeige eintragen und dann zweimal bestätigen.
Das horizontale Brett wurde um 10 cm nach oben verschoben und bleibt aktiv.

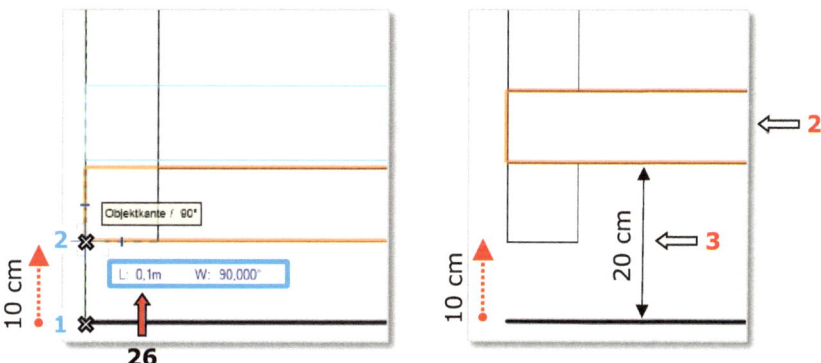

- Spiegeln Sie das untere horizontale Brett um die waagerechte Mittelachse der vertikalen Holzlatten (=Spiegelachse **S**):

- Aktivieren Sie das Werkzeug *Spiegeln* in der Favoriten-Palette und die zweite Methode – *Duplikat* .

- Klicken Sie zweimal entlang der Spiegelachse **S**$_1$.

Die Kopie des unteren Brettes wird nach oben gespiegelt (**27**).

2. Erste Schritte in der 2D-Konstruktion

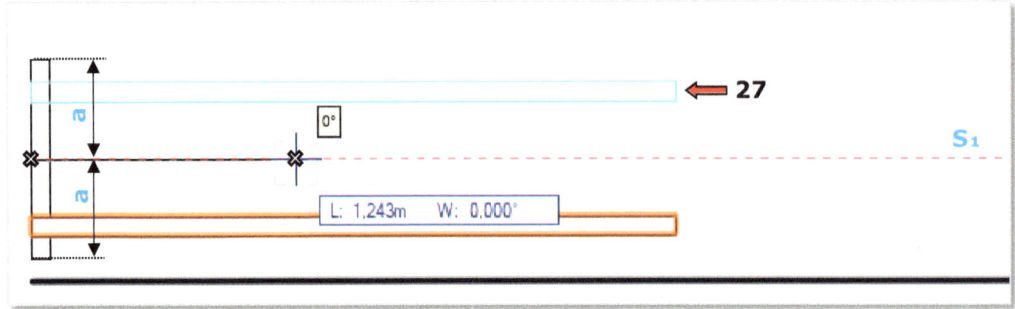

Duplikate verschieben (Werkzeug)

Die horizontalen Bretter müssen noch dreimal in horizontaler Richtung kopiert werden, um eine Gesamtlänge von 12 m zu erreichen.

- Aktivieren Sie beide gezeichneten Bretter (bei gedrückter Umschalttaste).
- Kopieren Sie die aktiven Rechtecke erneut mit dem Werkzeug *Verschieben* aus der Favoriten-Palette:
- Aktivieren Sie diesmal die zweite Methode - *Duplikate verschieben* (**28**) und die fünfte Methode - *Original erhalten* (**29**).
- Tragen Sie in das Eingabefeld „Anzahl Duplikate" den Wert 3 ein (**30**).
- Mit zwei Klicks definieren Sie die Strecke, um welche die beiden aktiven Rechtecke verschoben und kopiert werden sollen (= 3 m):
- Der Startpunkt **1** dieser Strecke ist die linke untere Ecke eines horizontalen Rechtecks und der Endpunkt **2** ist die rechte untere Ecke.

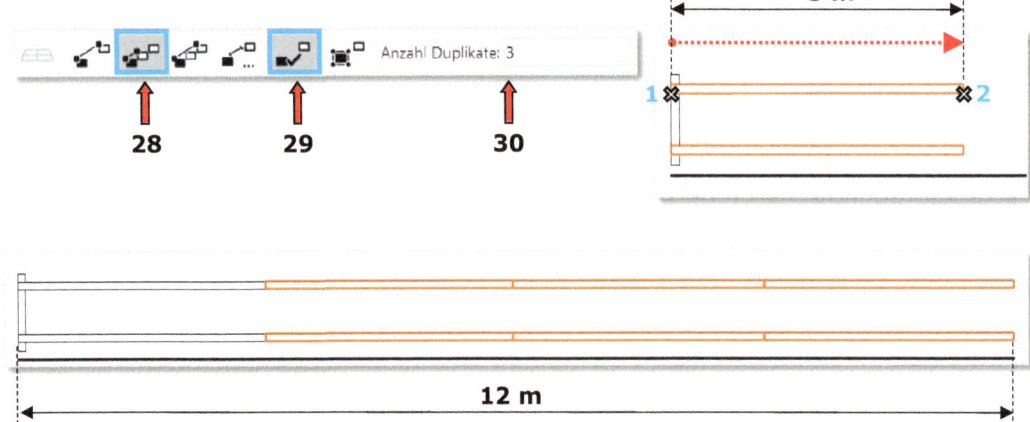

Die horizontalen Rechtecke stehen im Vordergrund.

Um die horizontalen Rechtecke in den Hintergrund zu verschieben, führen Sie bitte die folgenden Schritte aus:

- Aktivieren Sie alle horizontalen Rechtecke.

- Gehen Sie zur Menüzeile und wählen Sie den Befehl:
  Ändern (**31**) – *Anordnen* (**32**) – *In den Hintergrund* (**33**).

Auf diese Weise sollten die horizontalen Rechtecke erfolgreich in den Hintergrund verschoben werden.

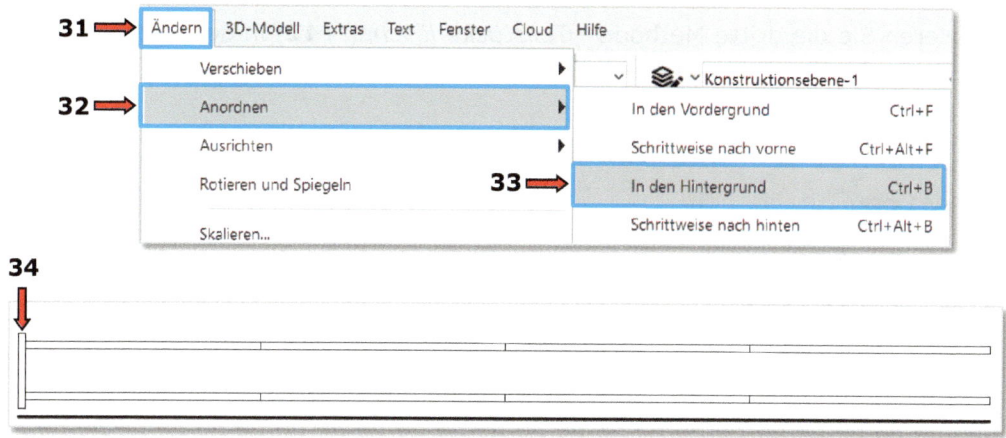

Verschieben des vertikalen Holzbrettes um 5 cm nach rechts (Befehl)

- Aktivieren Sie das vertikale Rechteck (**34**).
- Gehen Sie zur Menüzeile und wählen Sie den Befehl:
  Ändern (**35**) – *Verschieben* (**36**) – *Verschieben...* (**37**).
- Im erscheinenden Dialogfenster „2D Verschieben" (**38**) wählen Sie die Option „Kartesisch" (**39**) aus:
- Das Rechteck soll in x-Richtung verschoben werden. Geben Sie dazu den Wert 0,05 m (**40**) in das Eingabefeld für „Δx:" ein.

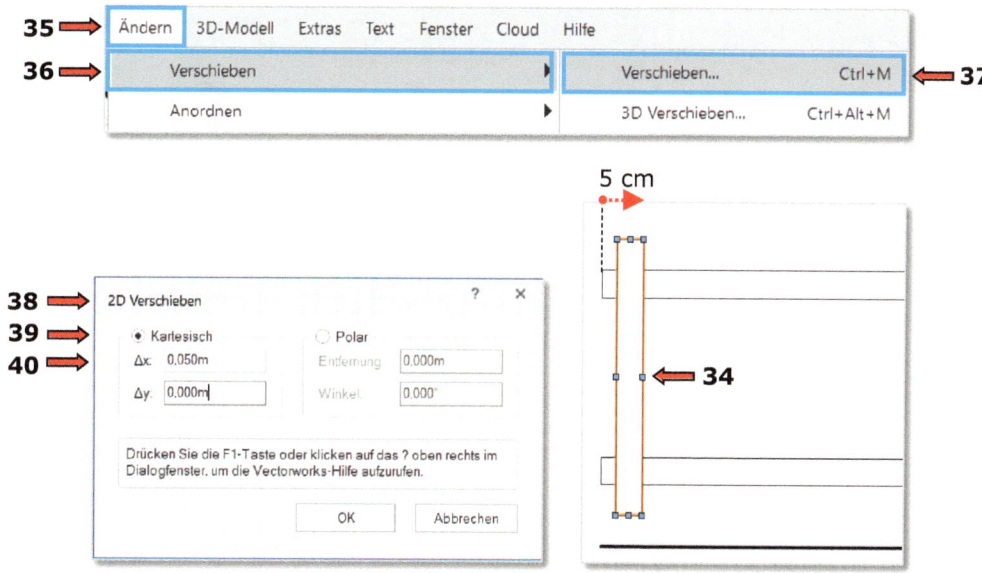

111

3. Verrunden des Lattenkopfes

Der Lattenkopf soll abgerundete Ecken haben.
Bearbeiten Sie das vertikale Holzbrett (das Rechteck muss nicht aktiv sein).

- Wählen Sie das Werkzeug *Verrunden* (**41**) aus der Favoriten-Palette aus.
- Aktivieren Sie die dritte Methode - *Teilstücke löschen* (**42**) in der Methodenzeile und legen Sie den Abrundungsradius fest – „Radius:" 0,025 m (**43**).

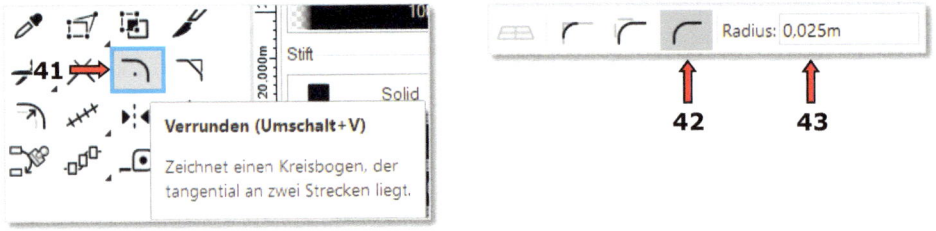

- Klicken Sie nacheinander auf die linke **a** und die obere Seite **b** des Rechtecks.

Die Ecke, die von beiden Seiten eingeschlossen ist, wird verrundet (**44**).

- Klicken Sie nacheinander auf die obere **b** und die rechte Seite **c** des Rechtecks

Die Ecke, die von beiden Seiten eingeschlossen ist, wird verrundet (**45**).

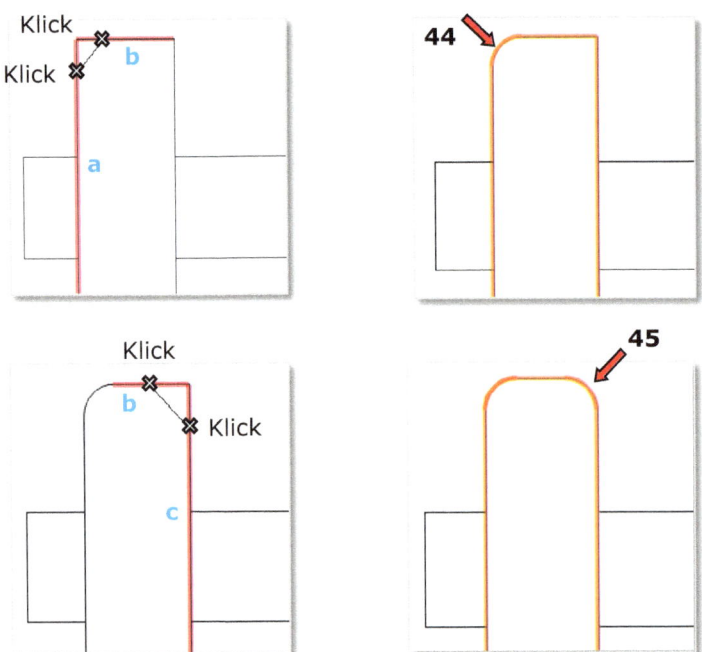

Verteilen der vertikalen Holzbretter

Das vertikale Holzbrett (**46**) soll über die Mittelachse der Bodenlinie
(→ Spiegelachse S₂) gespiegelt werden.

Mit diesem gespiegelten Holzbrett (**47**) definieren Sie, bei dem Werkzeug *Duplizieren an Pfad*, das rechte Ende des Pfades 2.

- Aktivieren Sie das Werkzeug *Spiegeln* in der Favoriten-Palette und wählen Sie die zweite Methode – *Duplikat* aus.
- Klicken Sie auf die Mitte der Bodenlinie und ziehen Sie den Mauszeiger senkrecht nach oben (oder unten).

Es erscheint eine grün gestrichelte Hilfslinie → Spiegelachse S₂.

- Mit einem zweiten Klick auf diese Linie definieren Sie die Spiegelachse S₂ und erzeugen eine gespiegelte Kopie des aktiven Rechtecks (**47**).

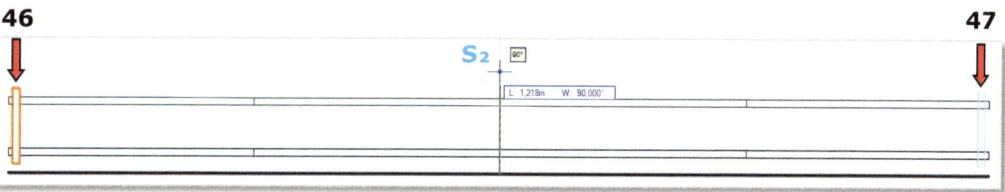

Die vertikalen Holzbretter sollen zwischen den beiden äußeren Brettern (**46** und **47**) verteilt werden, wobei der Abstand zwischen den einzelnen Brettern nicht größer als 10 cm sein darf.

Duplizieren an Pfad

Mit dem Werkzeug *Duplizieren an Pfad* aus der Favoriten-Palette können Sie „Folgende Duplikate" (**56**) mit einem „Ungefähren Abstand:" (**57**) duplizieren. Diese Option benötigen Sie in dieser Aufgabe.

- Aktivieren Sie das linke Holzbrett (**46**).
- Wählen Sie aus der Favoriten-Palette das Werkzeug *Duplizieren an Pfad* (**48**) aus.
- In der Methodenzeile wählen Sie die zweite Methode - *An neuen Pfad* (**49**) aus.
- Durch einen Klick auf das Symbol „Einstellungen Duplizieren an Pfad" (**50**) wird das Dialogfenster „Duplizieren an Pfad" (**51**) geöffnet.

2. Erste Schritte in der 2D-Konstruktion

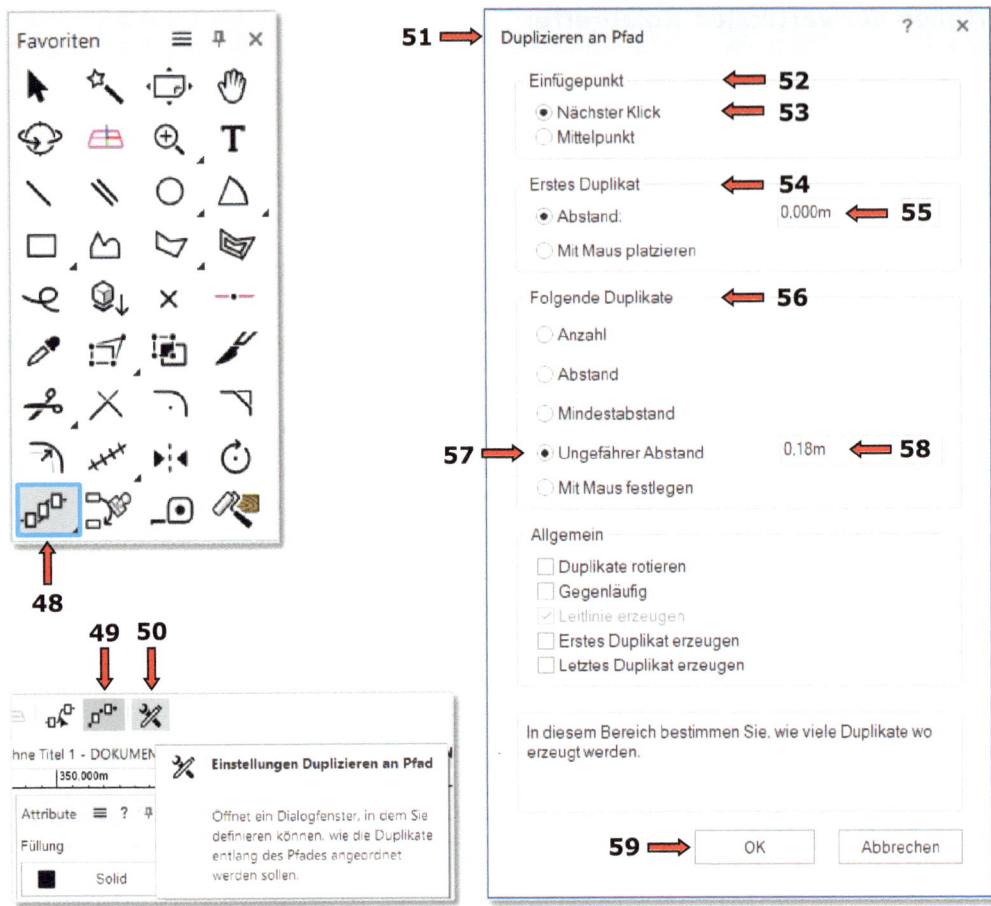

- Im Gruppenfeld „Einfügepunkt" (**52**) wählen Sie die Option „Nächster Klick" (**53**) aus. → Dadurch wird das aktive Objekt mit einem Klick (= „Nächster Klick") auf den Anfangspunkt des Pfades eingefügt.
- Im Gruppenfeld „Erstes Duplikat" (**54**) können Sie den Abstand vom ersten Duplikat zum Einfügepunkt bestimmen:
- Tragen sie für den Abstand den Wert 0,0 m (**55**) ein → damit kein zusätzlicher Abstand vorhanden ist.
- Im Gruppenfeld „Folgende Duplikate" (**56**) wählen Sie die Option „Ungefährer Abstand:" (**57**) aus.
- Tragen Sie den Wert 0,18 m (**58**) in das Eingabefeld ein.

Dieser Abstand ist kleiner als die Summe:

(Brettbreite 9 cm) + (maximal erlaubte Abstand zwischen den zwei Brettern 10 cm) = 19 cm

- Bestätigen Sie die Eingaben im Dialogfenster mit einem Klick auf OK (**59**).

Die folgenden Schritte können Sie unten links in der Statusleiste ablesen.

Bestimmen Sie den Einfügepunkt auf dem aktiven Objekt (**60**):

- Klicken Sie auf die untere rechte Ecke des aktiven Objekts **1**
  → „Nächster Klick" (**53**).

Die Holzbretter sollten entlang des Pfades zwischen den Punkten **1** und **2** dupliziert werden.

Im nächsten Schritt sollen Sie den ersten Punkt des Pfades festlegen:

- Klicken Sie wieder auf die untere rechte Ecke des aktiven Objekts **1**
  → der erste Punkt des Pfades.
- Fahren Sie mit dem Mauszeiger nach rechts (**61**) und klicken Sie dann zweimal (**62**) auf den unteren rechten Punkt **2** des gespiegelten Holzbrettes.

Die vertikalen Holzbretter werden zwischen den zwei äußeren Brettern (**46** und **47**) dupliziert und verteilt (**63**).

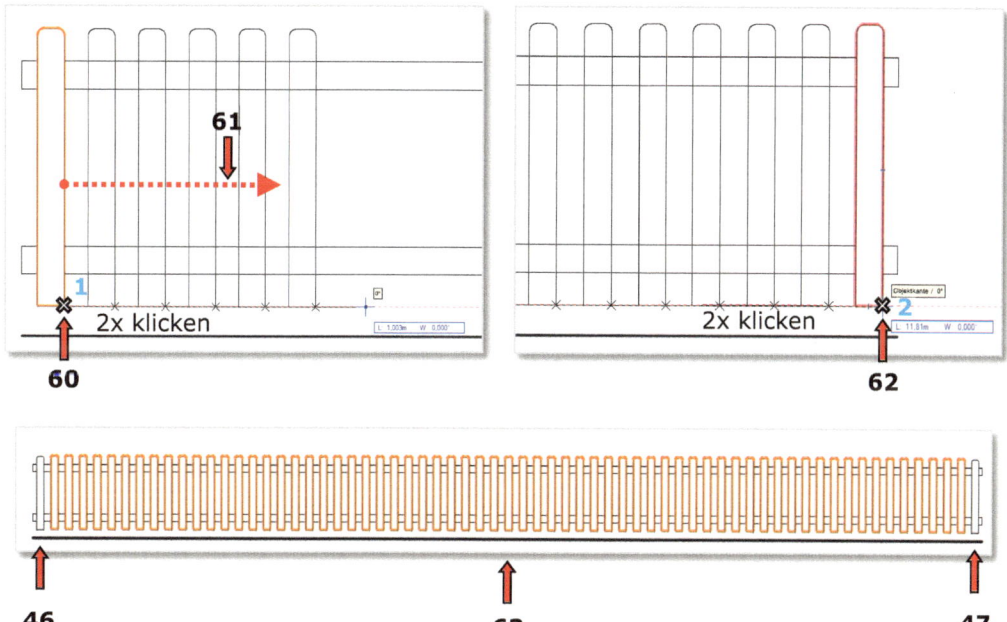

Strecke messen

Kontrollieren Sie, ob der Abstand zwischen den zwei Brettern kleiner als 10 cm ist.

- Wählen Sie aus der Favoriten-Palette das Werkzeug *Strecke messen* (**64**) aus:
- Messen Sie den Abstand zwischen den zwei beliebigen Holzbrettern, indem Sie auf Punkte **3** und **4** klicken.

Der gemessene Abstand beträgt 8,9 cm (**65**).

2. Erste Schritte in der 2D-Konstruktion

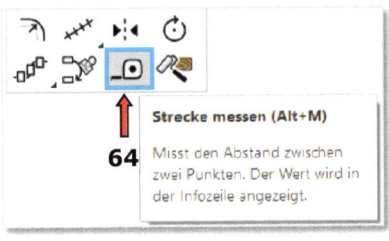
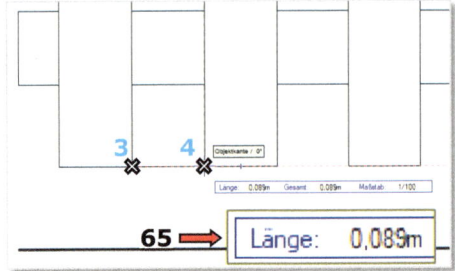

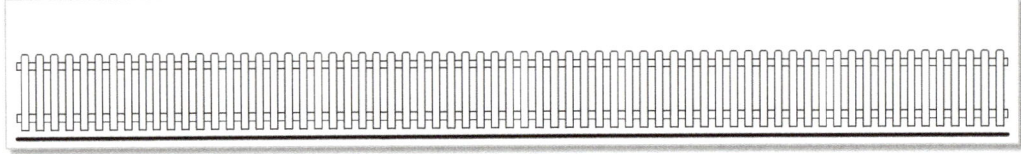

Ergebnis

2.4.2 Polylinie

1. Duplizieren von Quadraten entlang einer Polylinie

Aufgabe:

Zeichnen Sie eine Bézierkurve/Polylinie (**1**) sowie ein Quadrat mit den Maßen 0,5 x 0,5 m (**2**), wie in der Abbildung unten gezeigt.
Duplizieren Sie das Quadrat gleichmäßig 25-mal entlang der Bézierkurve (**3**).

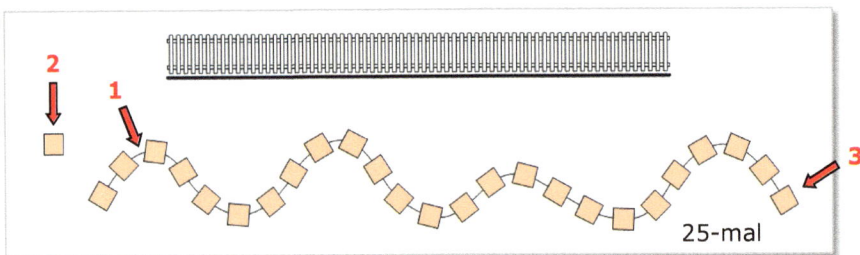

Attribute der Bézierkurve (**4**)
- Füllung: Leer
- Linienart: Solid – Schwarz
- Liniendicke: 0,25

Attribute des Quadrats (**5**)
- Füllung: Solid-Classic 021
- Linienart: Solid - Schwarz
- Liniendicke: 0,25

Die Bézierkurve ist eine parametrisch modellierte Kurve, bei der die Krümmung durch die Kontrollpunkte bestimmt wird. In Vectorworks kann sie mit dem Werkzeug *Polylinie* und der zweiten Methode - *Bézierkurve einfügen* gezeichnet werden.

2. Erste Schritte in der 2D-Konstruktion

Anleitung:

- Für diese Übung müssen Sie den Fangmodus *An Objekt ausrichten* (**6**) einschalten.

2. Bézierkurve (Werkzeug *Polylinie*)

- Stellen Sie die Attribute der Bézierkurve in der Attribute-Palette (**4**) ein.
- Wählen Sie das Werkzeug *Polylinie* (**7**) aus der Favoriten-Palette und die zweite Methode - *Bézierkurve einfügen* (**8**) aus der Methodenzeile aus:

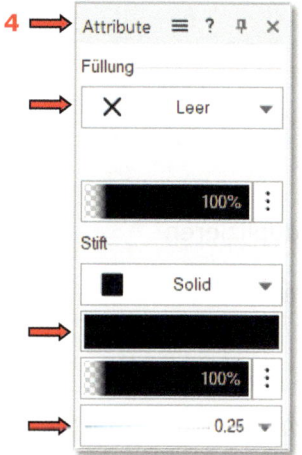

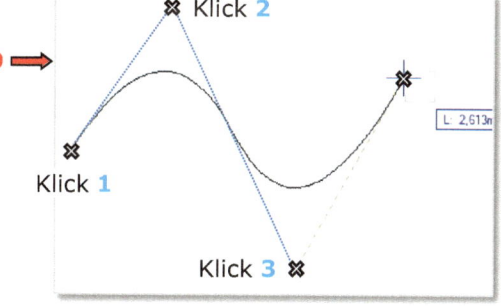

- Zeichnen Sie die Bézierkurve (**1**), indem Sie mit der LMT unter den Gartenzaun klicken, wie auf der Skizze (**9**) schematisch dargestellt (auf die Punkte **1**; **2**; **3** usw.).
- Schließen Sie die Polylinie, indem Sie einem Doppelklick ausführen.

Legen Sie das Quadrat (**2**) über das Dialogfenster wie folgt an:

- Stellen Sie die Attribute (**5**) in der Attribute-Palette ein.
- Doppelklicken Sie auf das Werkzeug *Rechteck* in der Favoriten-Palette.
- In das nun erscheinende Dialogfenster „Objekt anlegen - Rechteck" (**10**) tragen Sie die Maße des Quadrats ein:
    - Δx: 0,5 m (**11**)
    - Δy: 0,5 m (**12**).
- Bestätigen Sie die Eingaben im Dialogfenster mit OK.

2. Erste Schritte in der 2D-Konstruktion

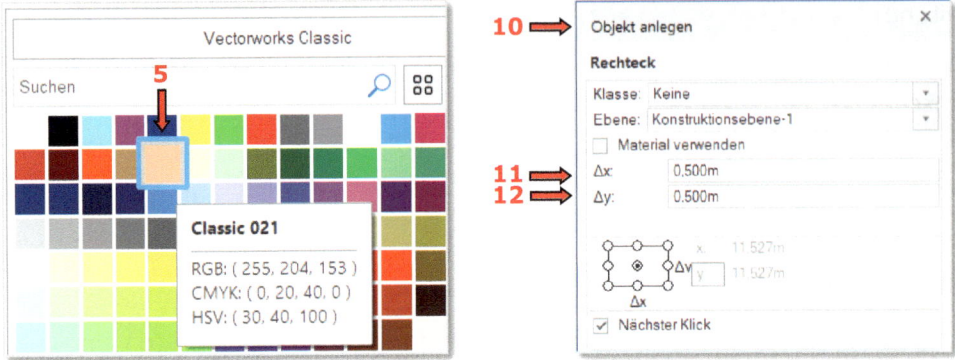

- Mit einem Klick platzieren Sie das Quadrat (**2**) links von der Polylinie (**1**).

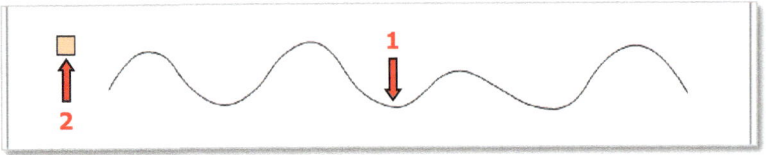

Duplizieren an Pfad - das Quadrat entlang der Polylinie duplizieren

Duplizieren Sie das Quadrat (**2**) 25-mal entlang der Polylinie (**1**):
- Wählen Sie wieder das Werkzeug *Duplizieren an Pfad* aus.
- Diesmal wählen Sie die erste Methode - *An bestehenden Pfad* (**13**) aus.
- Klicken Sie auf das Symbol - *Einstellungen Duplizieren an Pfad* (**14**).

Das Dialogfenster „Duplizieren an Pfad" (**15**) wird geöffnet:
- Im Gruppenfeld „Einfügepunkt" (**16**) wählen Sie die Option „Mittelpunkt" (**17**) aus.

Dadurch wird das Quadrat mit seinem Mittelpunkt an den Anfangspunkt des Pfades eingefügt.

- Im Gruppenfeld „Erstes Duplikat" (**18**) bestimmen Sie den Abstand: 0 m (**19**).
- Im Gruppenfeld „Folgende Duplikate" (**20**) wählen Sie die Option „Anzahl:" (**21**) aus und tragen 25 in das Eingabefeld ein.
- Im Gruppenfeld „Allgemein" (**22**) wählen Sie die Optionen:
  „Duplikate rotieren" (**23**)
  „Erstes Duplikat erzeugen" (**24**)
  „Letztes Duplikat erzeugen" (**25**) aus.
- Schließen Sie das Dialogfenster mit OK.

2. Erste Schritte in der 2D-Konstruktion

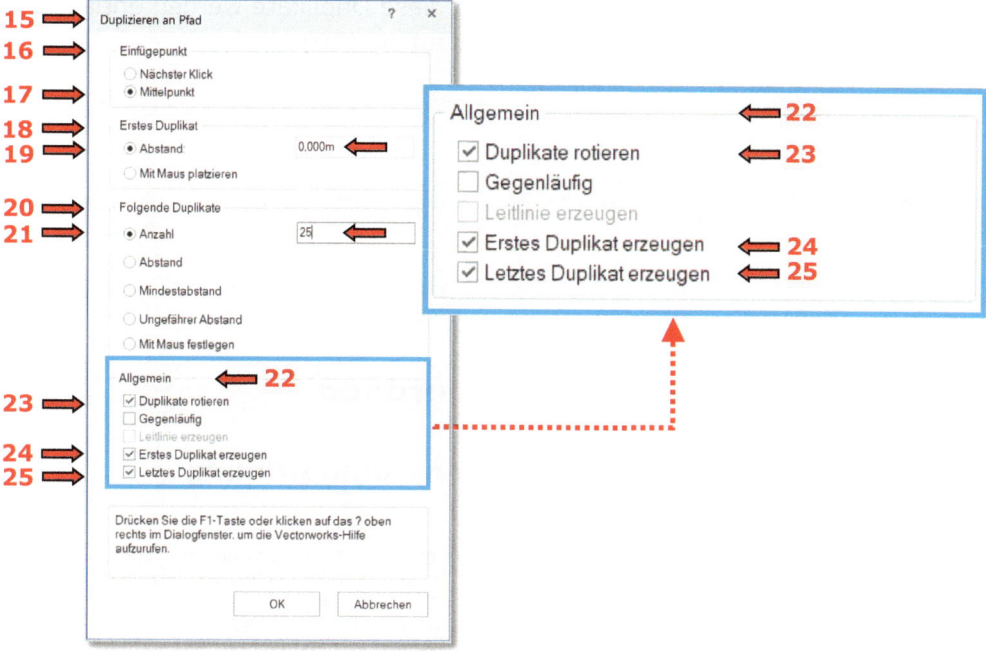

Die folgenden Schritte können Sie aus der Statuszeile ablesen. Nach jedem Arbeitsschritt wird der nächste erklärt.

- Falls das Quadrat nicht aktiv ist, aktivieren Sie es mit einem Klick (**26**), während das Werkzeug *Duplizieren an Pfad* eingeschaltet ist.
- Bewegen Sie den Mauszeiger über die Polylinie, die als Pfad dienen soll. Sie wird rot gefärbt (**27**).

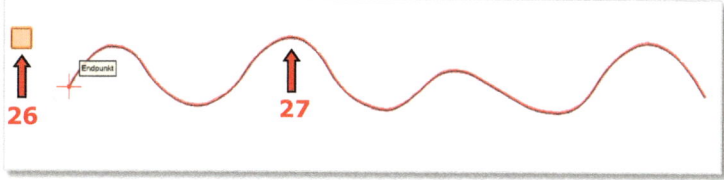

- Wenn Sie auf die Polylinie klicken, werden die duplizierten Quadrate grau angezeigt (**28**).

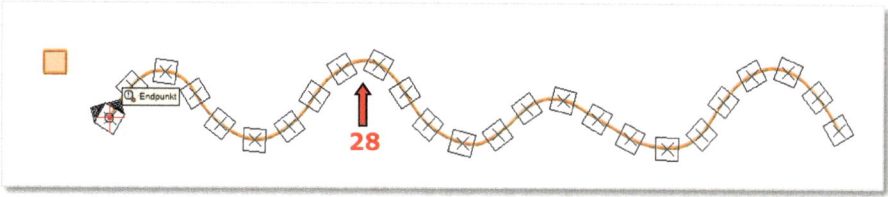

- Mit dem zweiten Klick auf die Polylinie werden die Eingaben bestätigt.

119

2. Erste Schritte in der 2D-Konstruktion

Das Quadrat (**26**) wird 25-mal dupliziert und diese Duplikate werden entlang der Polylinie gleichmäßig verteilt und gleichzeitig rotiert (**29**).

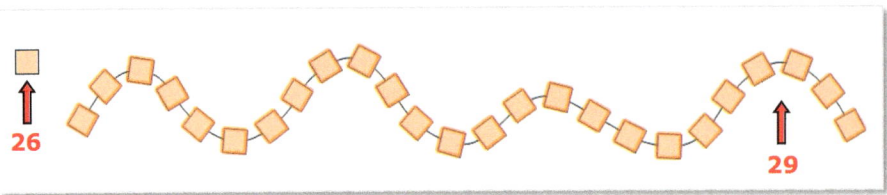

2.5 Objekte duplizieren und anordnen

2.5.1 Fassade mit gleichmäßiger Fensteranordnung

Temporären Nullpunkt festlegen
Sie können jeden Punkt, den der Intelligente Zeiger bezeichnet, vorübergehend zum Nullpunkt des Koordinatensystems machen, auf den sich alle Felder in der Objektmaßanzeige beziehen („Temporärer Nullpunkt"). Befindet sich die Maus beispielsweise über dem Eckpunkt eines Rechtecks und der Fangmodus „An Objekt ausrichten" ist eingeschaltet, wird beim Zeiger ein Pünktchen und ein Text „Oben Links" eingeblendet. Drücken Sie jetzt die Taste „**G**", wird dieser Punkt vorübergehend zum so genannten Temporären Nullpunkt. [...] (siehe Vectorworks-Hilfe [1])

Parallelen zu Objekten erzeugen

Werkzeug	Arbeitsumgebung: Werkzeuggruppe	Tastenkürzel
Parallele	Basic und Spotlight: Favoriten Architektur und Landschaft: Konstruktion	Umschalttaste + P

Mit dem Werkzeug **Parallele** können Sie eine Parallele zu einem Objekt erzeugen oder das aktivierte Objekt um einen bestimmten Abstand zu seiner ursprünglichen Position versetzen. NURBS-Flächen werden entlang der Flächennormalen versetzt.
HINWEIS: Haben Sie das Werkzeug **Parallele** bereits aktiviert, bevor Sie ein Objekt aktiviert haben, können Sie das Objekt nachträglich mit gedrückter Alt-Taste (Windows) bzw. Befehlstaste (Mac) aktivieren.
[...] (siehe Vectorworks-Hilfe [1])

Objekte gruppieren
Mit den Befehlen des Untermenüs **Gruppe** können Sie zwei oder mehrere einzelne Objekte (einschließlich Text und Symbole) zu einer Gruppe zusammenfassen. Die Objektgruppe wird dann als einzelnes Objekt behandelt. Gruppierte Objekte können z. B. in einem Schritt auf eine andere Ebene verschoben werden. Außerdem können Sie mit dem Befehl auch zwei oder mehr Gruppen zu einer einzelnen Gruppe gruppieren. [...]
[...] Gehen Sie folgendermaßen vor:
1. Aktivieren Sie die Objekte (oder Gruppen), die gruppiert werden sollen.
2. Wählen Sie **Ändern > Gruppen > Gruppieren**.

Die Objekte werden zu einem Objekt gruppiert und die Gruppe wird der aktiven Klasse zugewiesen.
(siehe Vectorworks-Hilfe [1])

Objekte duplizieren und anordnen
Mit dem Befehl **Duplizieren und anordnen** (Menü **Bearbeiten**) können beliebig viele Duplikate von 2D- und 3D-Objekten auf einmal angelegt und auf verschiedene Arten angeordnet werden.
Informationen dazu wie in Wände eingesetzte Symbole entlang einer Wand dupliziert und angeordnet werden, finden Sie unter **Symbole in einer Wand mit dem Befehl „Duplizieren und Anordnen" duplizieren.** [...]
[...]Gehen Sie folgendermaßen vor:
1. Aktivieren Sie die Objekte, die dupliziert werden sollen.
2. Wählen Sie **Bearbeiten > Duplizieren und anordnen**.

Das Dialogfenster „Duplizieren und anordnen" öffnet sich. Wählen Sie die gewünschte **Anordnung**. Das Dialogfenster zeigt dynamisch die entsprechenden Einstellungen für die gewählte Anordnung.

3. Nehmen Sie die gewünschten Einstellungen vor.

Ist die Position der Anordnung bereits definiert, werden die Duplikate automatisch dort eingefügt.
Ist **Nächster Mausklick** aktiviert, müssen Sie die gewünschte Ansicht der Zeichnung wählen und an die Stelle klicken, an der die Duplikate platziert werden sollen. Für rechteckige und kreisförmige Anordnungen klicken Sie in die Mitte der Anordnung. [...] (siehe Vectorworks-Hilfe ¹)

Aufgabe:

Zeichnen Sie eine Fassadenvariante mit einer gleichmäßigen Fensteranordnung (**1**).
Die Fassadenwand hat eine Länge von 12 m und eine Höhe von 13 m.
Die Geschosse sind 3 m hoch.
Die Brüstungshöhe beträgt 0,80 m.
Die Fenster haben die Maße 1,2 x 1,4 m und die Breite der Fensterrahmen beträgt 12,5 cm.
Die restlichen Details entnehmen Sie bitte der Abbildung unten (**2**).
Die Attribute der Fassade (**3**) sind:
- Füllung: Solid - Classic 046
- Linienart: Solid - Schwarz
- Liniendicke: 0,25

Die Attribute der Fenster entsprechen denen der Fensterrahmen:

1. Fensterrahmen (**4**):
- Füllung: Solid – Weiß
- Linienart: Solid – Schwarz
- Liniendicke: 0,25

2. Glas (**5**):
- Füllung: Solid – Classic 038
- Linienart: Solid - Schwarz
- Liniendicke: 0,25
- Deckkraft: 50%

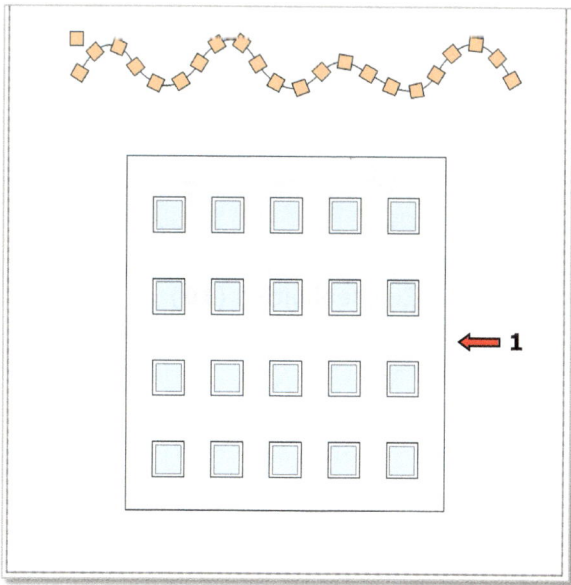
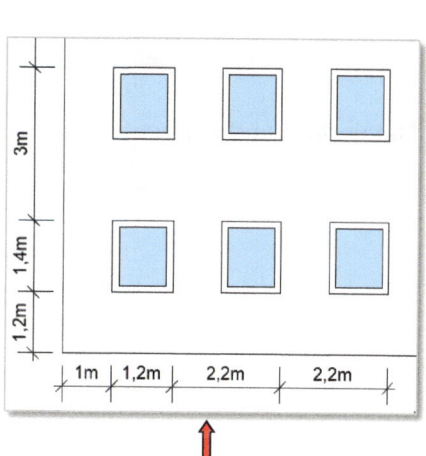

1. Fassadenwand

- Stellen Sie die Attribute in der Attribute-Palette ein.

Attribute der Fassade (**3**) →

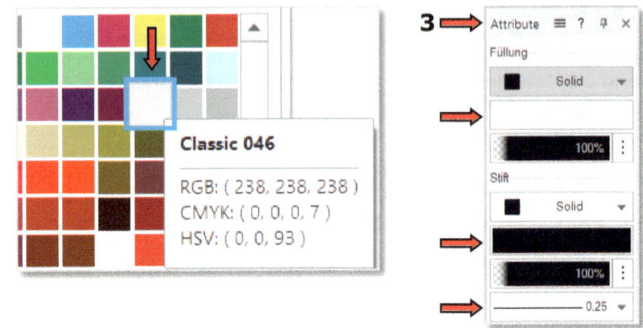

Legen Sie das Rechteck über das Dialogfenster „Objekt anlegen" an:
- Doppelklicken Sie auf das Werkzeug *Rechteck.*
- Im nun erscheinenden Dialogfenster „Objekt anlegen -Rechteck" tragen Sie folgende Werte ein:
  - Δx: 12 m (**6**)
  - Δy: 13 m (**7**).
  - Fixieren Sie den unteren mittleren Punkt (**8**) in der schematischen Darstellung.
  - Aktivieren Sie die Option „Nächster Klick" (**9**).
  - Bestätigen Sie die Eingaben mit OK.

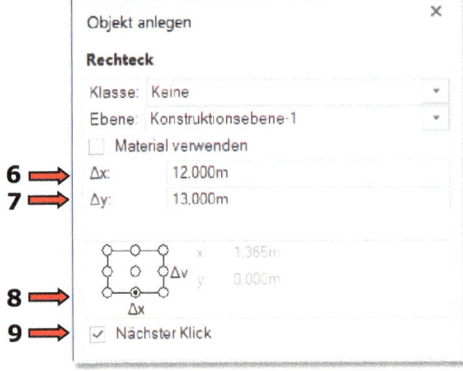

- Platzieren Sie das Rechteck im unteren Teil des Zeichenblattes (**10**).

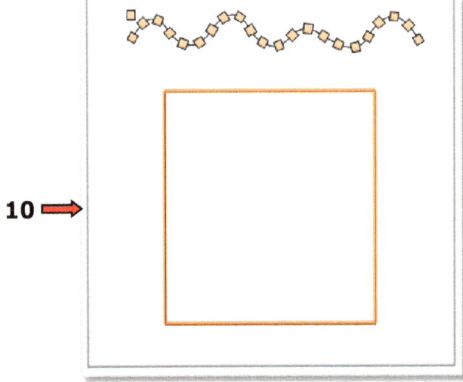

2. Fenster

- Stellen Sie die Attribute der Fensterrahmen (**4**) in der Attribute-Palette ein.
- Legen Sie das Rechteck über das Dialogfenster „Objekt anlegen" an, indem Sie auf das Werkzeug *Rechteck* doppelklicken.
- Im nun erscheinenden Dialogfenster „Objekt anlegen" tragen Sie folgende Werte ein:
  - Δx: 1,2 m (**11**)
  - Δy: 1,4 m (**12**).
  - Fixieren Sie den unteren linken Punkt (**13**) in der schematischen Darstellung.
  - Aktivieren Sie die Option „Nächster Klick" (**14**).
  - Bestätigen Sie die Eingaben mit OK.
- Platzieren Sie das Fenster (**15**) durch einen Klick neben die Fassadenwand (**10**).

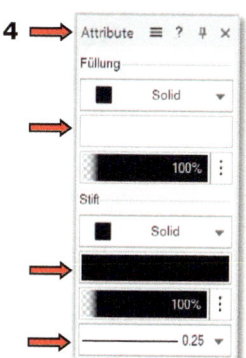

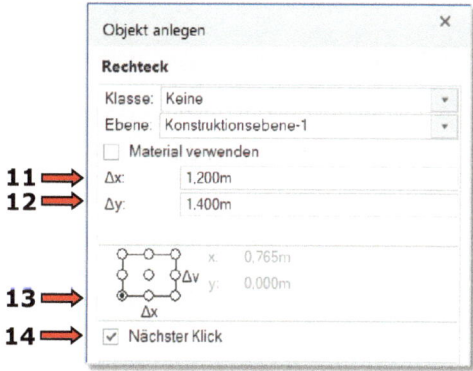

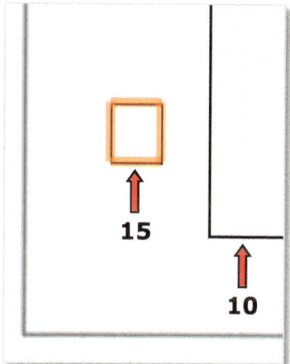

3. Rahmen und Glas

- Aktivieren Sie das gerade gezeichnete Rechtecke → Fenster (**15**).

Das Fenster soll aus einem Rahmen und einer Glasfläche bestehen.
Die Rahmenbreite beträgt 12,5 cm.

Parallele

- Für diese Aufgabe wählen Sie das Werkzeug *Parallele* (**16**) aus der Favoriten-Palette.
- In der Methodenzeile aktivieren Sie die erste - *Mit bestimmten Abstand* (**17**) und die dritte Methode - *Original Objekt behalten* (**18**).
- Tragen Sie in das Eingabefeld für den Abstand den Wert 0,125 m (**19**) ein.

Das aktive Fenster wird um diesen Abstand von seiner ursprünglichen Position versetzt werden.

2. Erste Schritte in der 2D-Konstruktion

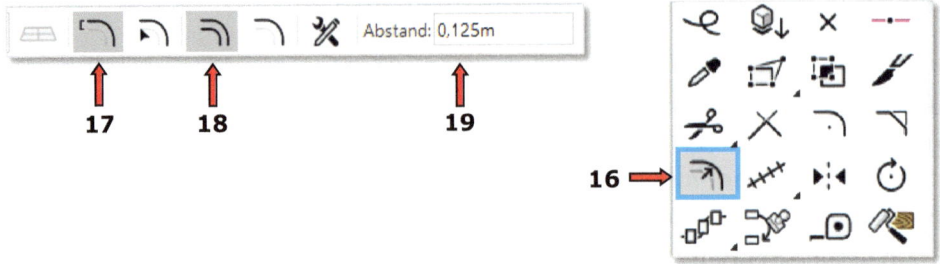

Die Parallele soll nach innen erzeugt werden (**21**).

• Klicken Sie innerhalb des Fensters (**20**).

Das kleinere Rechteck → die gerade gezeichnete Parallele (**21**) soll zur Glasfläche werden.

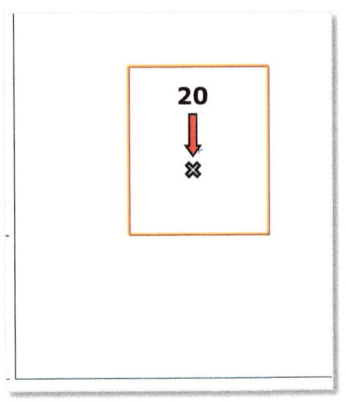
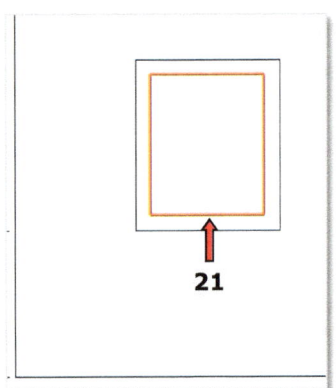

Die Parallele (**21**) ist noch ausgewählt.

• Ändern Sie die Attribute in
  der Attribute-Palette →

  Attribute für die Glasfläche (**5**):
  - Füllung: Solid – Classic 038 (**22**)
  - Deckkraft: 50% (**23**)
  - Linienart: Solid - Schwarz (**24**)
  - Liniendicke: 0,25 (**25**)

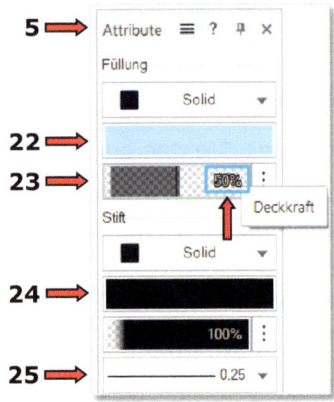

Deckkraft festlegen

• Klicken Sie in der Attribute-Palette auf das Deckkraft-Feld (**23**).

• Bewegen Sie den Zeiger, bis der Prozentsatz 50% angezeigt wird (**26**).

Alternativ können Sie auf die Prozentzahl im Deckkraft-Feld klicken und 50 eingeben.

2. Erste Schritte in der 2D-Konstruktion

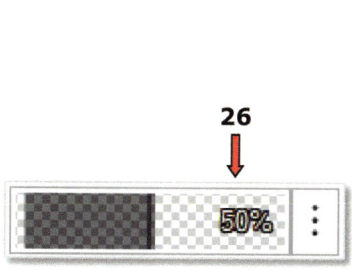

Ergebnis

Die Glasfläche (**2**) soll aus der Fensterfläche (**1**) ausgeschnitten werden.

- Aktivieren Sie beide übereinanderliegenden Rechtecke (**1** und **2**).

WICHTIG: Die Reihenfolge der Objekte bei dem Befehl *Schnittfläche löschen* ist sehr wichtig. Das vorderste Objekt sticht seine Form in alle unter ihm liegenden Objekte ein.

Das größere Rechteck (**1**) sollte im Hintergrund angeordnet sein.
Sollte das nicht der Fall sein, aktivieren Sie das Rechteck (**1**) und wählen Sie den folgenden Befehl in der Menüzeile aus:
Ändern – Anordnen – In den Hintergrund.

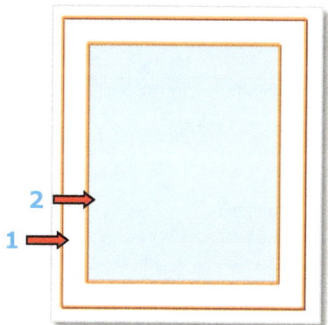

Schnittflächen löschen (Befehl)

Schneiden Sie jetzt die Schnittfläche beider Rechtecke aus:

- Gehen Sie zu dem Befehl in der Menüzeile:
  Ändern (**27**) – *Schnittfläche löschen* (**28**).

2. Erste Schritte in der 2D-Konstruktion

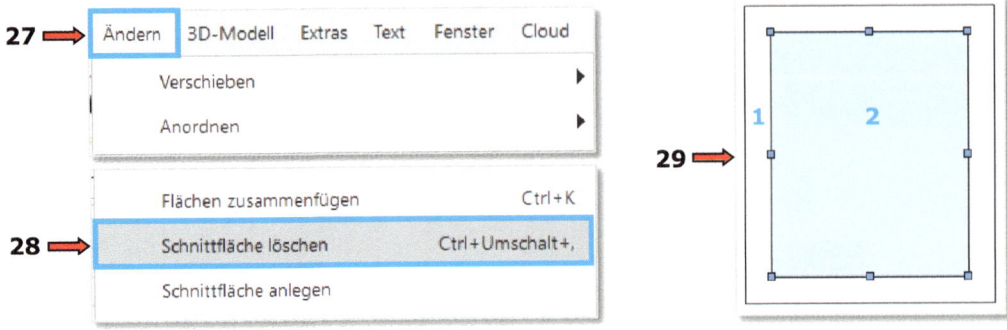

Die Form des kleinen Rechtecks (**2**) wurde aus dem größeren, dahinterliegenden Rechteck (**1**) ausgeschnitten und bleibt aktiv (**29**).

Das Fenster besteht jetzt aus zwei Elementen, dem Fensterrahmen und der Glasfläche. Um später eine einfachere Auswahl dieser beiden Objekte zu ermöglichen, gruppieren Sie sie.

Gruppieren

- Aktivieren Sie beide Elemente und gruppieren Sie sie:
- Gehen Sie in der Menüzeile zum Befehl:
  Ändern – Gruppen (**30**) *– Gruppieren* (**31**).

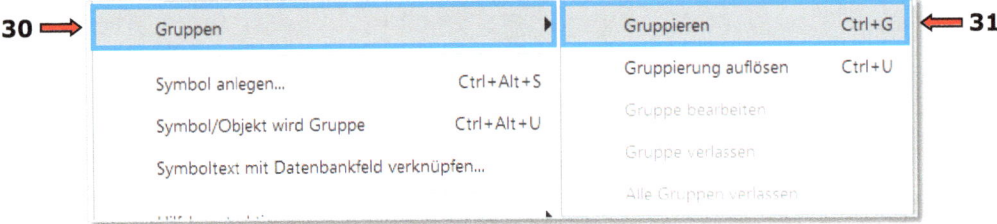

Die Fensterelemente bleiben in dieser Gruppe (**32**) eingeschlossen. Mit einem Klick können Sie nun die Gruppe inklusive ihres gesamten Inhaltes aktivieren und dann verschieben oder löschen.
Um die einzelnen Elemente der Gruppe bearbeiten zu können, müssen Sie die Gruppe mit einem Doppelklick öffnen (**33**). Dadurch wird der Bearbeitungsmodus „Gruppe bearbeiten" geöffnet. Erst in diesem können Sie ein Objekt innerhalb der Gruppe aktivieren und bearbeiten, beispielweise die Glasfläche (**34**).

2. Erste Schritte in der 2D-Konstruktion

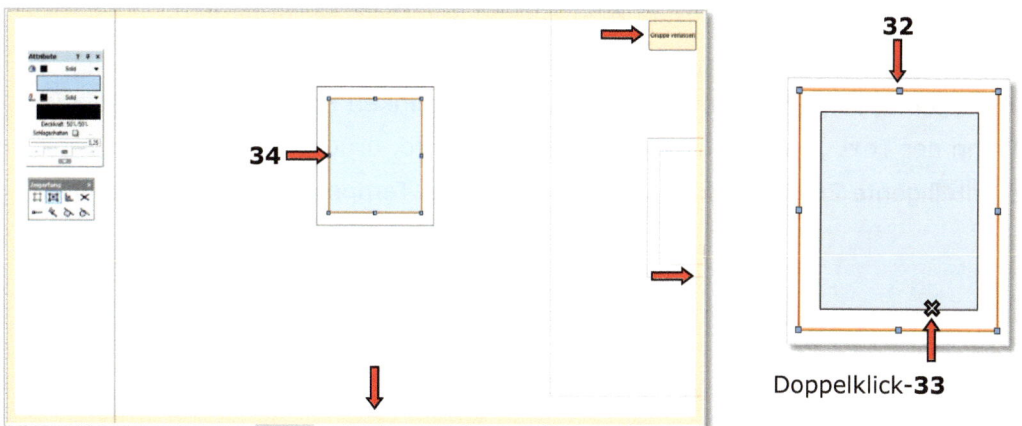

Doppelklick-**33**

Temporärer Nullpunkt

Die Fenster-Gruppe (**32**) soll mithilfe der Zeichenhilfe „Temporärer Nullpunkt" positioniert werden.

- Aktivieren Sie die Gruppe.
- Wählen Sie das Werkzeug *Verschieben* aus der Favoriten–Palette aus.
- In der Methodenzeile aktivieren Sie die erste Methode - *Verschieben* (**35**).

Das Fenster soll mit seiner unteren linken Ecke **2**, 1 m in X-Richtung (**36**) und 1,2 m in Y-Richtung (**37**) von der unteren linken Fassadenecke **1** entfernt platziert werden.

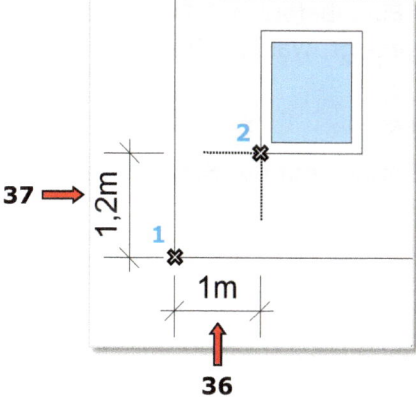

Hier können Sie den Temporären Nullpunkt (0',0') verwenden.
Der ausgewählte Punkt (in diesem Fall – Punkt **1**) wird vorübergehend als Nullpunkt des Koordinatensystems angenommen.

2. Erste Schritte in der 2D-Konstruktion

Der Temporäre Nullpunkt wird durch Drücken der Taste **G** aufgerufen.

- Klicken Sie mit der LMT auf die untere linke Ecke der Fenster-Gruppe **3** und bewegen Sie den Mauszeiger (**38**) zur unteren linken Ecke der Fassadenwand **1**.
- Wenn der Text „Unten Links" (**39**) angezeigt wird, drücken Sie die Taste **G**.

Der Intelligente Zeiger meldet sich mit dem Text „Temporärer Nullpunkt" (**40**).

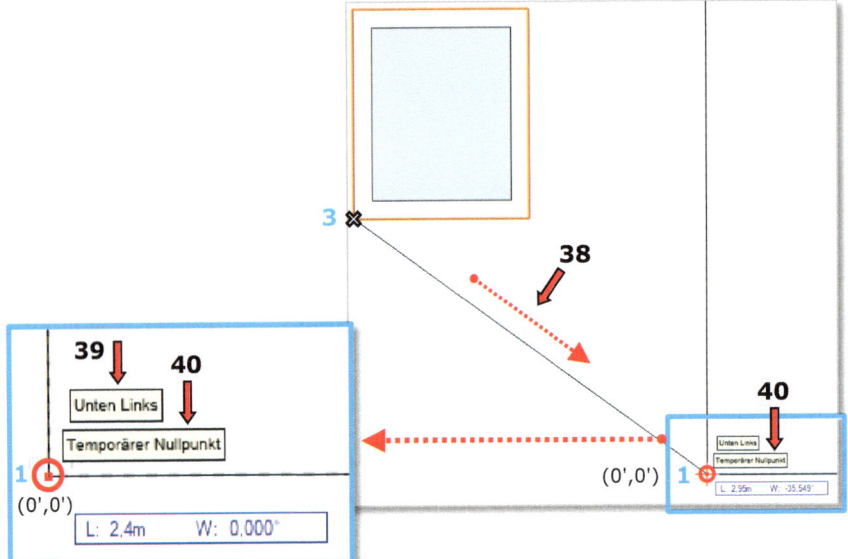

- Drücken Sie fünfmal die Tabulatortaste ⇄ , bis der Mauszeiger in das Eingabefeld „x:" (**42**) der Objektmaßanzeige (**41**) springt.
- Tragen Sie in das Eingabefeld der Objektmaßanzeige für „x:" 1 m (**42**) ein.
- Drücken Sie noch einmal die Tabulatortaste.

Der Mauszeiger springt in das Eingabefeld „y:" (**43**) und gleichzeitig wird eine rot gestrichelte Hilfslinie (**44**) angezeigt, was die Eingabe im „x:" - Eingabefeld impliziert.

- Tragen Sie für „y:" 1,2 m (**45**) ein.
- Bestätigen Sie die Eingabe für „y:" mit der Eingabetaste.

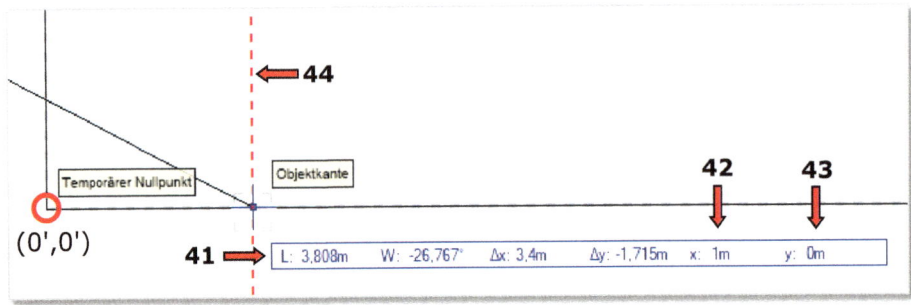

2. Erste Schritte in der 2D-Konstruktion

Es wird eine zweite rot gestrichelte Hilfslinie angezeigt (**46**).

Der gesuchte Punkt **2** ist der Schnittpunkt (**47**) dieser zwei Hilfslinien (**44** und **46**).

• Klicken Sie an diese Stelle **2**.

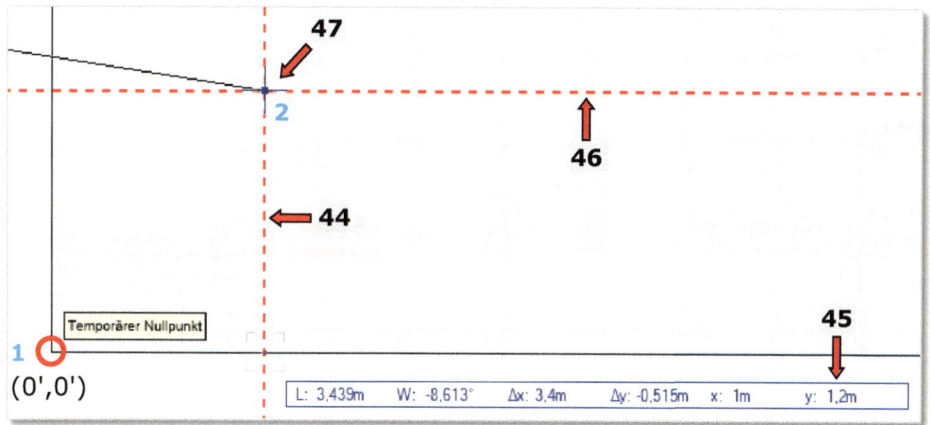

Das Rechteck wird an die angegebene Position (Punkt **2**) gelegt.

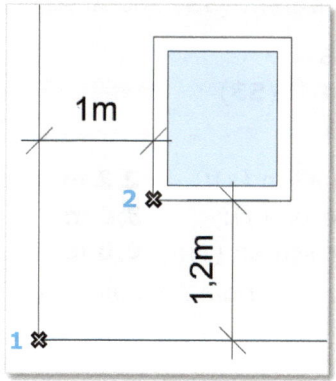

4. Fenster duplizieren und anordnen

• Aktivieren Sie die Fenster-Gruppe (**48**).
• Gehen Sie in der Menüzeile zum Befehl:
  Bearbeiten (**49**) – *Duplizieren und Anordnen* (**50**).

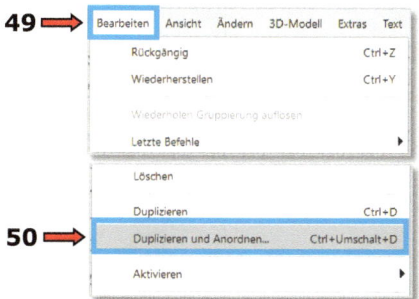
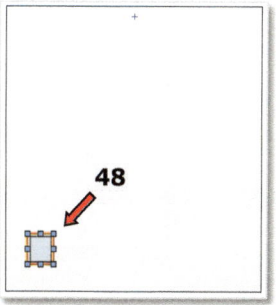

2. Erste Schritte in der 2D-Konstruktion

Es erscheint das Dialogfenster „Duplizieren und Anordnen" (**51**).

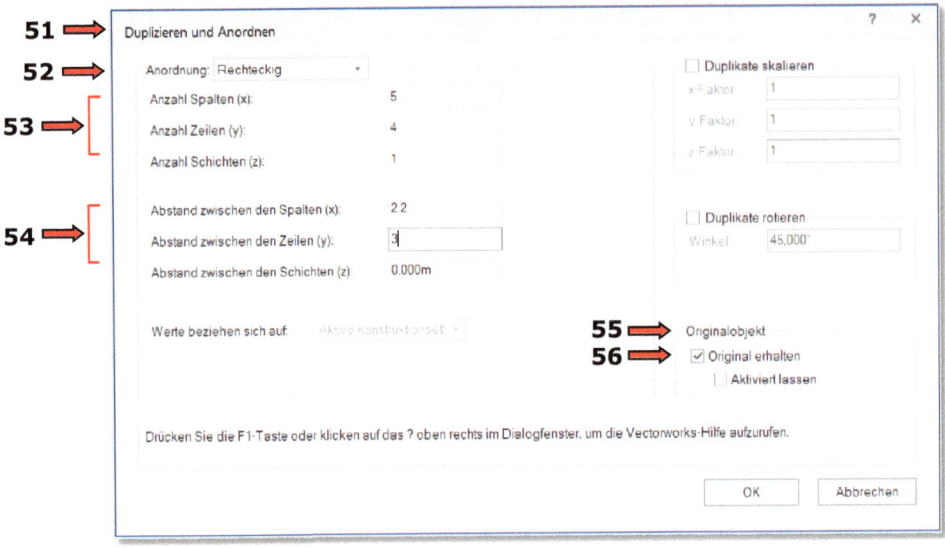

- Wählen Sie im Gruppenfeld „Anordnung:" (**52**) die Option „Rechteckig" aus und tragen Sie die Werte für Anzahl... (**53**) und Abstand... (**54**) ein:

    - Anzahl Spalten (x):   **5**
    - Anzahl Zeilen (y):   **4**   (**53**)
    - Anzahl Schichten (z):   **1**

    - Abstand zwischen den Spalten (x):   **2,2 m**
    - Abstand zwischen den Zeilen (y):   **3,0 m**   (**54**)
    - Abstand zwischen den Schichten (z):   **0,0 m**

    - Aktivieren Sie die Option ☑ „Original erhalten" (**56**) im Gruppenfeld „Originalobjekt" (**55**).

Ergebnis

5. Fenster umformen

Objekte umformen

Werkzeug	Arbeitsumgebung: Werkzeuggruppe	Tastenkürzel
Umformen	Basic und Spotlight: Favoriten Architektur und Landschaft: Konstruktion	Umschalttaste + U

Mit dem Werkzeug **Umformen** können bestehende Objekte umgeformt werden, indem deren Scheitelpunkte verschoben, gelöscht, geändert oder hinzugefügt werden. Sie können die Länge von Objekten (inklusive Bemaßungen) ändern, einzelne Objekte umformen oder mehrere Objekte gleichzeitig umformen. Sie können Polygone und Polylinien umformen, einschließlich Linien, die mit dem Werkzeug **Freihandlinie** gezeichnet wurden (und die als Polylinien angesehen werden). Außerdem lassen sich exakte Radiusmaße für die Modifikationspunkte von Kreisbögen definieren. Das Werkzeug **Umformen** kann auch für das Umformen von 3D-Vollkörpern, Dächern, Treppen, NURBS-Kurven und -Flächen, 3D-Polygonen und anderen Objekten verwendet werden. [...] (siehe Vectorworks-Hilfe [1])

2D-Umformmethoden

Werkzeug	Arbeitsumgebung: Werkzeuggruppe	Tastenkürzel
Umformen	Basic und Spotlight: Favoriten Architektur und Landschaft: Konstruktion	Umschalttaste + U

Das Werkzeug **Umformen** verfügt über die folgenden Methoden, wenn 2D-Funktionalität verwendet wird. Es verfügt auch über Methoden für das Ändern von bestehenden Scheitelpunkten sowie Auswahlrahmen-Methoden.

Methode	Beschreibung
Punkt verschieben	Mit dieser Methode können Sie die Form eines Objekts ändern, indem Sie auf einen Modifikationspunkt klicken und diesen verschieben.
Kante parallel verschieben	Mit dieser Methode können Sie eine Kante parallel zu ihrer ursprünglichen Position verschieben, ohne dass die angrenzenden Winkel geändert werden.

[...] (siehe Vectorworks-Hilfe [1])

Alternativ können Sie die untere Fensterreihe in Schaufenster umwandeln.
Die Unterkante dieser Fenster sollte sich 50 cm über dem Bodenniveau befinden.

- Aktivieren Sie die Zeigerfang-Hilfe *An Kante ausrichten*.
- Doppelklicken Sie auf das Symbol *An Kante ausrichten* (**57**) im Zeigerfang-Set:

Es wird das Dialogfenster „Einstellungen Ausrichtkante" (**58**) geöffnet.

  - Aktivieren Sie die Option „Parallele zu Ausrichtkante mit Abstand:" (**59**) und bestimmen Sie im Eingabefeld den Abstand 0,5 m (**60**) (= die Höhe der Unterkante der Schaufenster über dem Bodenniveau).

- Aktivieren Sie auch die Fangmodi *An Objekt ausrichten* und *An Winkel ausrichten*.

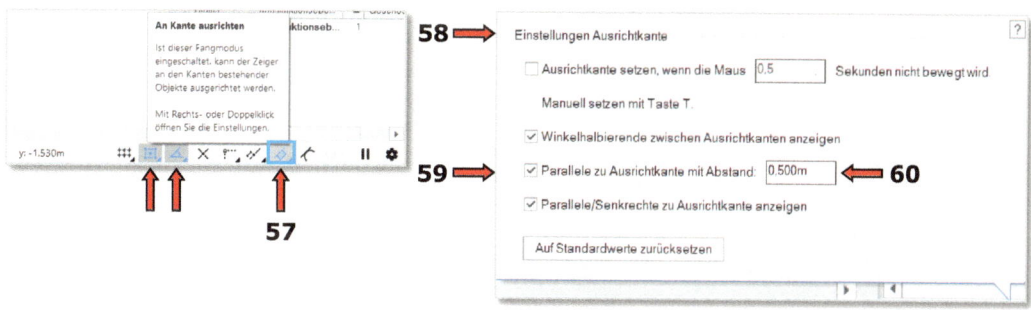

2. Erste Schritte in der 2D-Konstruktion

Um die untere Fensterreihe umformen zu können, müssen Sie zuerst die Gruppierung dieser Fenster-Gruppen aufheben.

- Aktivieren Sie die untere Fensterreihe (**61**).
- Gehen Sie in der Menüzeile zu dem Befehl:
  Ändern – Gruppen – Gruppierung auflösen.

Die untere Fensterreihe wird in ihre Einzelteile zerlegt.

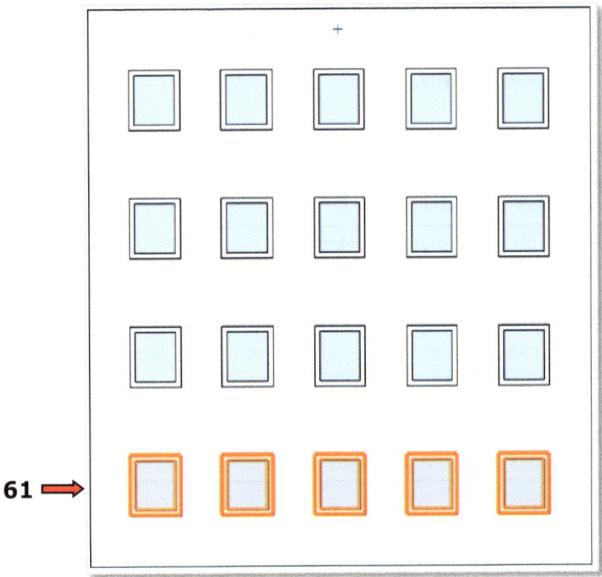

Umformen

Diese Fenster können jetzt umgeformt werden. Die Fenster sind weiterhin aktiv.

- Aktivieren Sie in der Favoriten-Palette das Werkzeug *Umformen* (**62**) und die zweite Methode - *Kante parallel verschieben* (**63**).

2. Erste Schritte in der 2D-Konstruktion

Alle charakteristischen Kontrollpunkte der aktiven Objekte werden angezeigt (**64**).

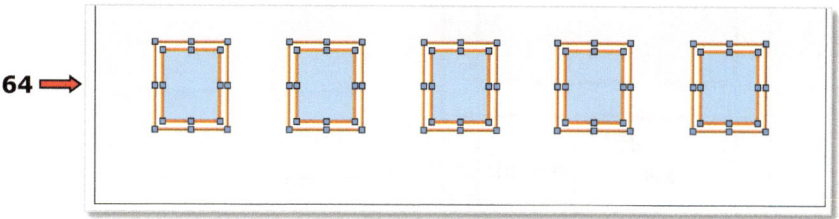

Die Unterkanten der Fenster sollten nach unten verschoben werden.

- Markieren Sie diese mit einem Rahmen (**65**) → klicken Sie auf Punkt **1**, ziehen Sie den Mauszeiger nach unten rechts bis zu Punkt **2** und lassen Sie dann die Maustaste los.
- Bewegen Sie den Mauszeiger über die untere Seite der Fassadenwand (**66**) ohne zu drücken.
- Wenn diese von dem Intelligenten Zeiger markiert wird (z. B. mit dem Text-Info „Objektkante" oder „Unten Mitte"), drücken Sie die Taste **T** auf der Tastatur, um diese als Ausrichtkante zu markieren.

Es erscheint eine rot gestrichelte Hilfslinie (**67**) → die Ausrichtkante.

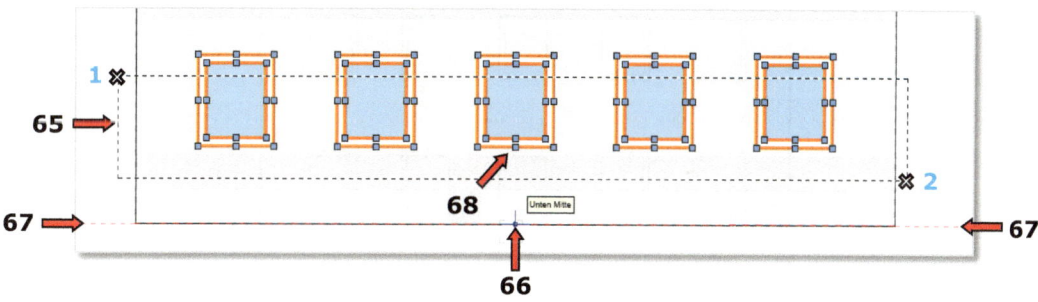

- Packen Sie nun einen darunterliegenden Fensterpunkt (**68**) und ziehen Sie ihn gedrückt und senkrecht nach unten (**69**) bis der Intelligente Zeiger den Text „90° / Abstand zu ARK" (**70**) anzeigt
  → „Parallele zu Ausrichtkante mit Abstand:" 0,5 m.

Der Mauszeiger wird an dieser Stelle leicht angedockt/angezogen (**71**).

- Klicken Sie auf diesen Punkt (**71**).

Alle Unterkanten der Fenster werden um 70 cm (**72**) nach unten verschoben (50 cm über dem Bodenniveau - **73**).

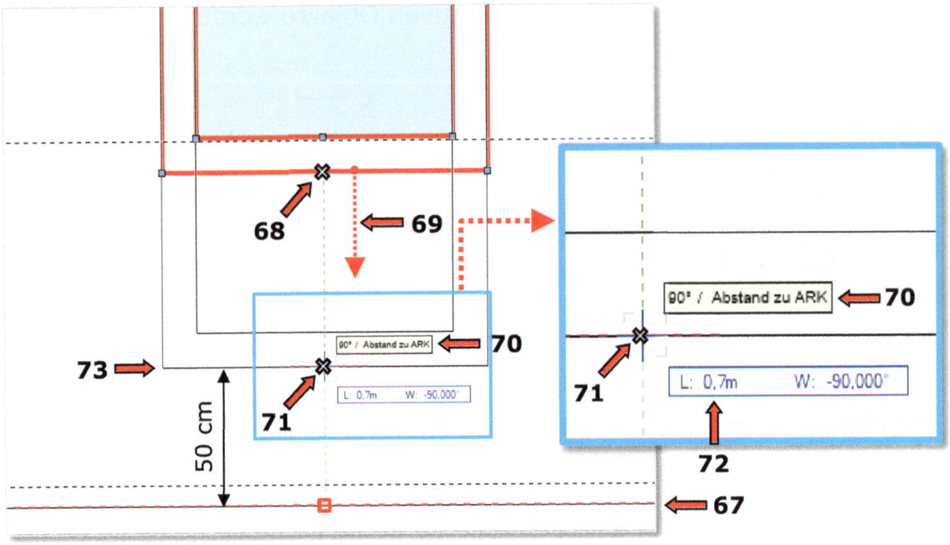

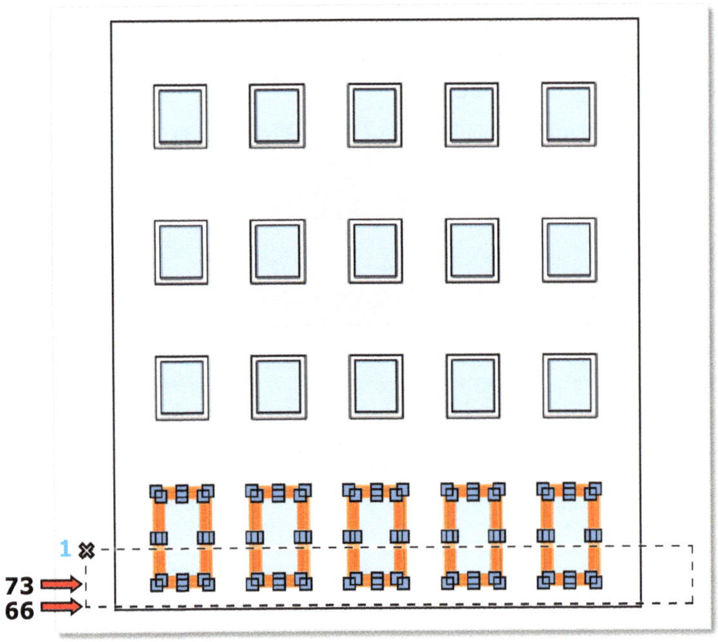

2. Erste Schritte in der 2D-Konstruktion

Sie können die restlichen Fenster-Grupppierungen aufheben, die gesamte Fassade zusammen mit allen Fenstern aktivieren und dann die gemeisamen Schnittflächen mit dem Befehl: *Ändern – Schnittfläche löschen* (**74**) entfernen.

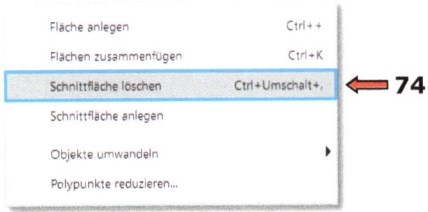

2. Erste Schritte in der 2D-Konstruktion

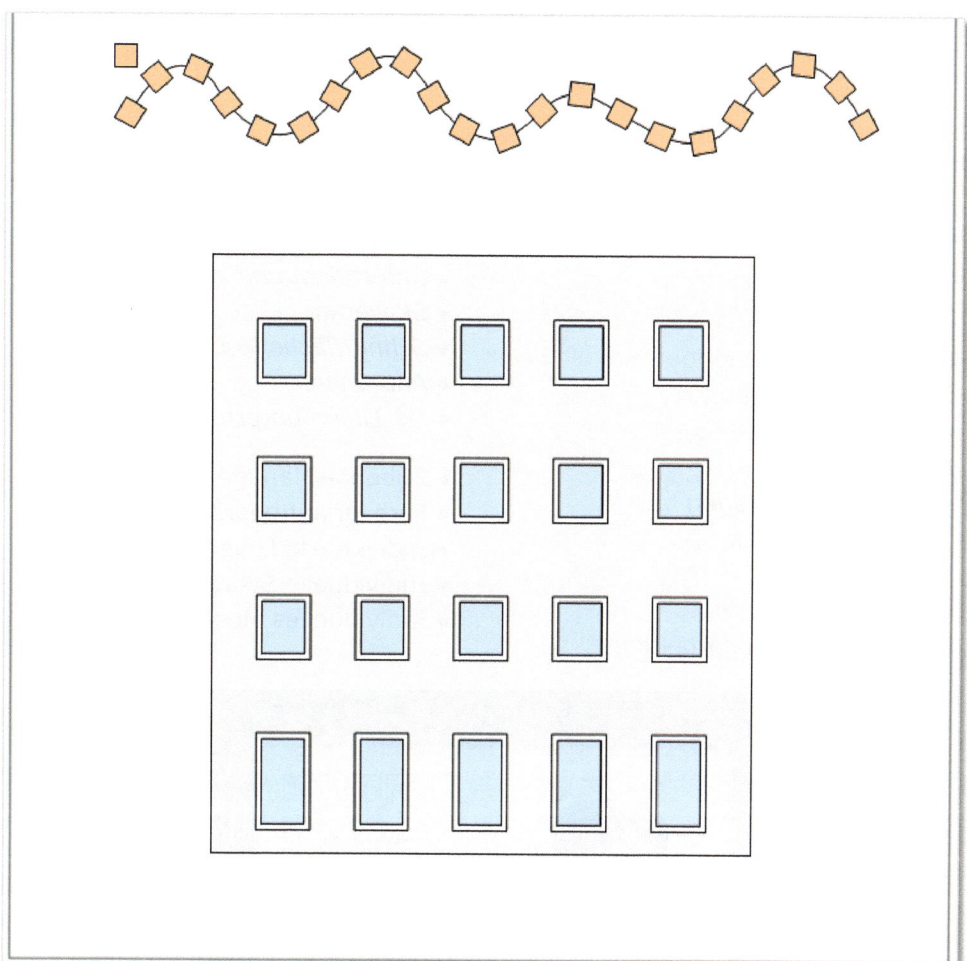

Ergebnis

3. Formen und Farben

INHALT:

- Neues Dokument anlegen
- Maßstab einstellen
- Einheiten einstellen
- Plangröße einstellen
- Neue Ebene erstellen
- Neue Klasse erstellen

Werkzeuge
- *Parallele*
- *Verrunden*
- *Teilwinkel*
- *Einstellungen übertragen*
- *Regelmäßiges Vieleck*
- *Schneiden*
- *Zerschneiden*
- *Füllung und Textur bearbeiten*

Zeichenhilfe
- Fangmodus *An Teilstück ausrichten*

Befehle
- *Unterteilen und zerschneiden*
- *Skalieren*
- *Schnittfläche löschen*
- *Anordnen*
- *Mit Linien unterteilen...*

- Zubehör-Manager
- Farbverlauf bearbeiten
- Individuelle Linienart anlegen
- Individuelle Schraffur erstellen
- Individuelles Mosaik erstellen

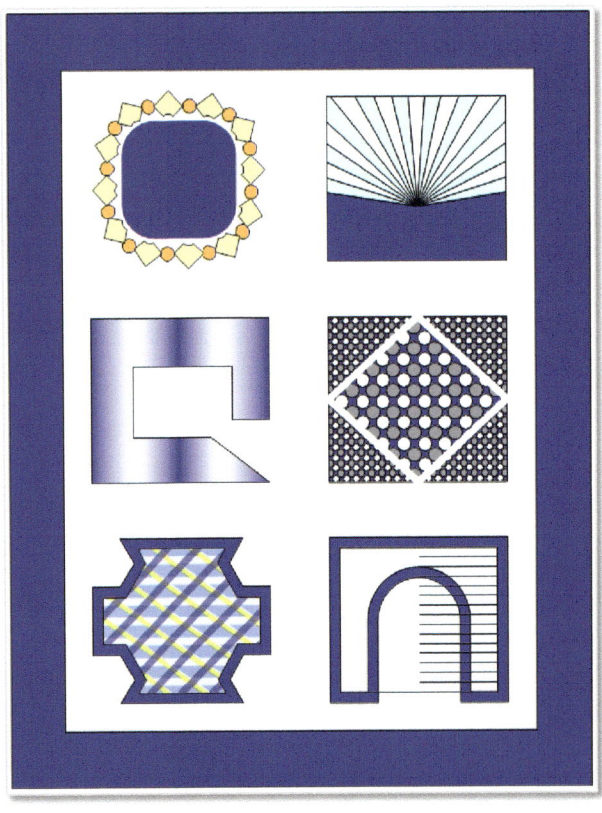

© Der/die Autor(en), exklusiv lizenziert an
Springer Fachmedien Wiesbaden GmbH, ein Teil von Springer Nature 2024
A. Milinović, *Vectorworks 2024*, https://doi.org/10.1007/978-3-658-46401-1_3

3. Formen und Farben

Aufgabe:

Zeichnen Sie einen Bilderrahmen mit mehreren Rechtecken. Bearbeiten Sie jedes Rechteck einzeln in Form und Farbe.
- Das Bildformat beträgt 150 x 200 mm.
- Das Lichtmaß (der sichtbare Bereich des Bildes) (**1**) soll 138 x 188 mm betragen.
- Die Leistenbreite des Bilderrahmens soll 16 mm betragen.
- Das Außenmaß des Bilderrahmens beträgt 170 x 220 mm.

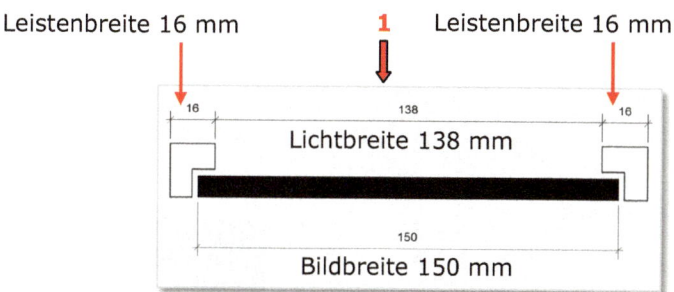

- Der Bilderrahmen soll mittig auf dem Plan positioniert werden (x: 0; y: 0).
- Der sichtbare Bereich des Bildes (→ Lichtmaß) soll in 6 gleiche Rechtecke untergeteilt werden.
- Diese Rechtecke sollen um 0,75 % skaliert werden.
- Die Farbe des Bilderrahmens soll im Dialogfenster „Farbe" in der Katasterkarte „Benutzerdefiniert" (**2**) festgelegt werden: Solid - Rot: 89; Grün: 89; Blau: 160.

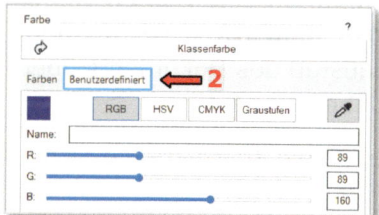

- Die Rechtecke sollen entsprechend den Angaben in Form und Farbe bearbeitet werden.
- Die Füllung-Solid soll in einen Farbverlauf (**3**) umgewandelt werden.
- Es soll eine eigene Schraffur (**4**) erstellt werden.
- Es soll ein eigenes Mosaik (**5**) erstellt werden.
- Es soll eine eigene Linienart (**6**) erstellt werden.

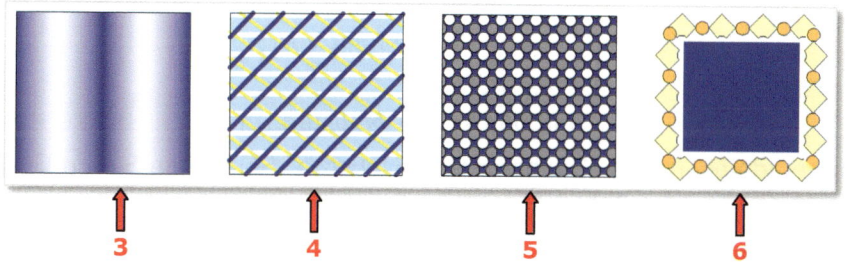

3. Formen und Farben

3.1 Neues Dokument anlegen
(siehe Seite 39 ff.)

Starten Sie Vectorworks. Die Vectorworks-Startseite (**1**) wird angezeigt.

- Erstellen Sie ein neues Dokument, indem Sie auf die Schaltfläche „Neu" (**2**) klicken.
- Im nun erscheinenden Dialogfenster „Neues Dokument" (**3**) wählen Sie die Option „Neues Dokument öffnen" (**4**) aus.
- Bestätigen Sie die Auswahl mit OK (**5**).

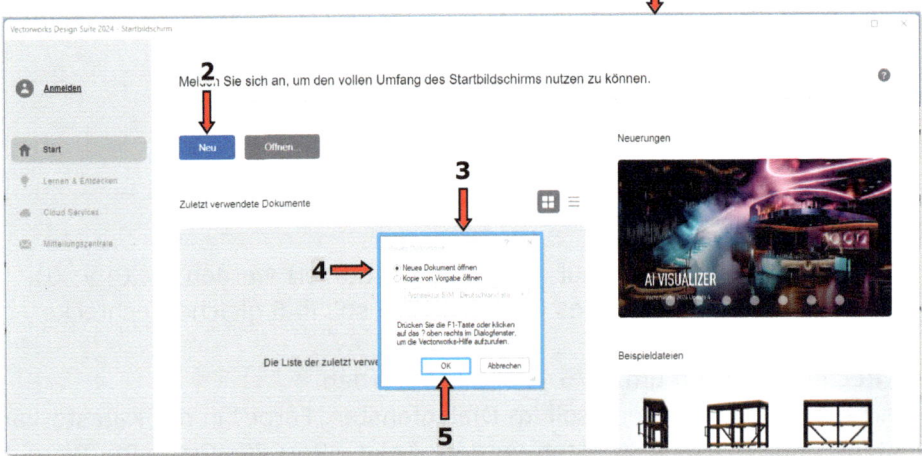

Die Option "Neues Dokument öffnen" (**4**) erzeugt ein neues leeres Vectorworks-Dokument mit den Grundeinstellungen von Vectorworks. Nach dem Öffnen sollten Sie die Einheiten und den Maßstab des Dokuments überprüfen und sie gegebenenfalls anpassen (siehe Seite 8 ff.).

WICHTIG: Kontrollieren Sie, ob die automatische Sicherung aktiv ist
(siehe Seite 9 ff.).

Es wurde ein neues Dokument mit den voreingestellten Grundeinstellungen von Vectorworks geöffnet:
Einheit: Meter, Dezimalstellen: 0,001; Maßstab: 1:100; Ebene: Konstruktionsebene-1; Klassen: Keine, Bemaßung usw.
Diese Einstellungen werden Sie in den nächsten Schritten ändern.

1. Maßstab festlegen

Um den Maßstab festzulegen, gehen Sie wie folgt vor:

- Wählen Sie in der Menüzeile den Befehl:
  Datei (**1**) – *Dokument Einstellungen* (**2**) – *Maßstab...* (**3**):
- In dem gerade geöffneten Dialogfenster „Maßstab" (**4**) tragen Sie im Gruppenfeld „Maßstab" (**5**) für „1:" Zahl 1 (**6**) ein.
- Bestätigen Sie mit OK (**7**).

3. Formen und Farben

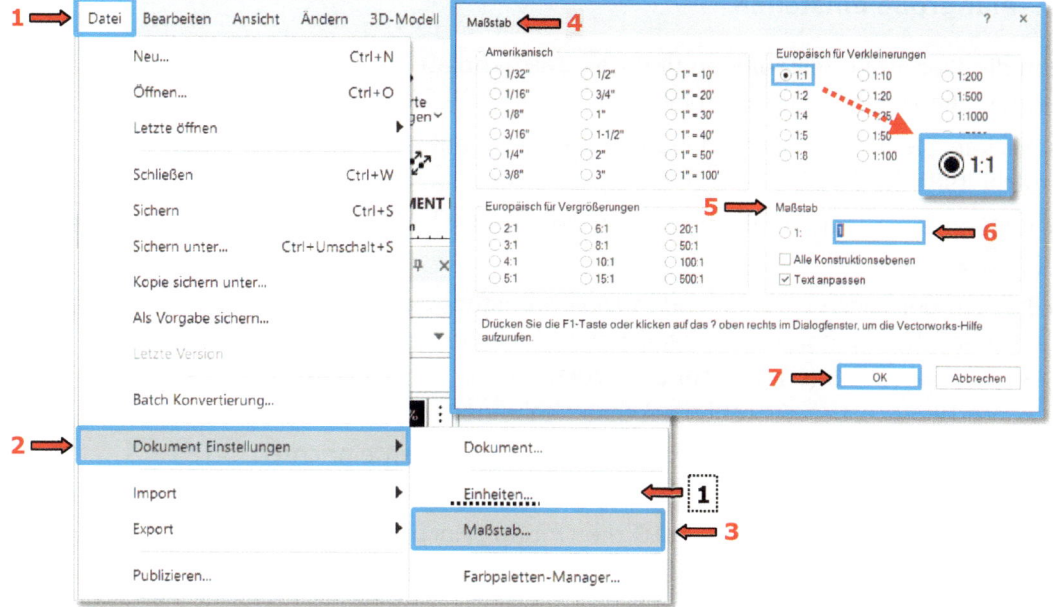

2. Einheit und Dezimalstellen einstellen

Um die Einheiten und Dezimalstellen einzustellen, gehen Sie wie folgt vor:

- Wählen Sie aus der Menüzeile folgenden Befehl aus:
  Datei–Dokument Einstellungen–Einheiten... **1**

- Das Dialogfenster „Einheiten" (**2**) wird geöffnet. Öffnen Sie die Registerkarte „Bemaßungen" (**3**):

- In dem Gruppenfeld „Längen-Einheit" (**4**) wählen Sie folgende Einstellungen aus:
  - Im Aufklappmenü „Einheiten:" (**5**) Millimeter (**6**).
  - Unter „Nachkommastellen:" (**7**) wählen Sie Als Dezimalstellen anzeigen (**8**).
  - Unter „Runden auf:" (**9**) setzen Sie „Dezimalstellen für Anzeige:" 1 und „Anzeige runden auf:" 1.

- Bestätigen Sie mit OK.

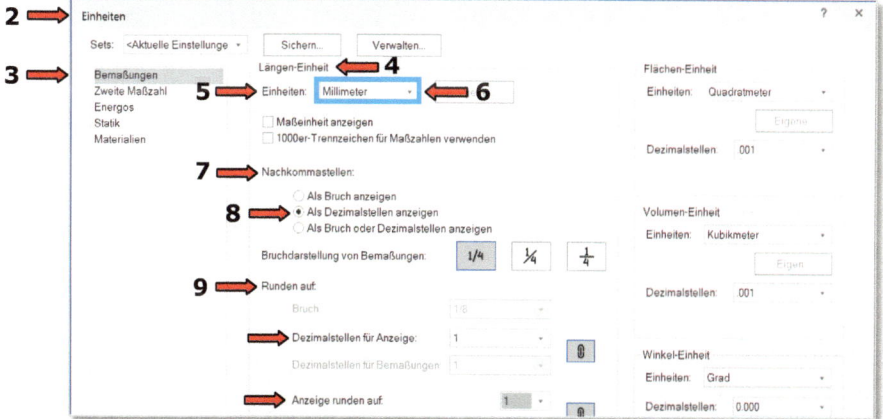

139

3. Plangröße einstellen

Um die Plangröße festzulegen und das Zeichenblatt auf „Hochformat" einzustellen, gehen Sie wie folgt vor:

- Klicken Sie mit der rechten Maustaste (RMT) auf eine leere Stelle der Arbeitsfläche (**1**).
- Wählen Sie aus dem nun erscheinenden Kontextmenü (**2**) den Befehl *Plangröße...* (**3**) aus.
- In dem daraufhin erscheinenden Dialogfenster „Plangröße" (**4**) tragen Sie die gewünschten Eingaben in das Gruppenfeld „Seiten" (**5**) ein:
  - „Horizontal:" 1 (**6**), Anzahl der Wiederholungen in x-Richtung
  - „Vertikal:" 1 (**7**), Anzahl der Wiederholungen in y-Richtung.
- Klicken Sie auf die Schaltfläche „Drucker und Seiten einrichten..." (**8**)
- Im danach erscheinenden Dialogfenster „Seite einrichten" (**9**) wählen Sie in dem Gruppenfeld „Ausrichtung" (**10**) die Option „Hochformat" (**11**) aus.
- Für das Papierformat wählen Sie „Papierformat:" A4 (**12**) aus.
- Bestätigen Sie mit OK, bis alle Dialogfenster geschlossen sind.

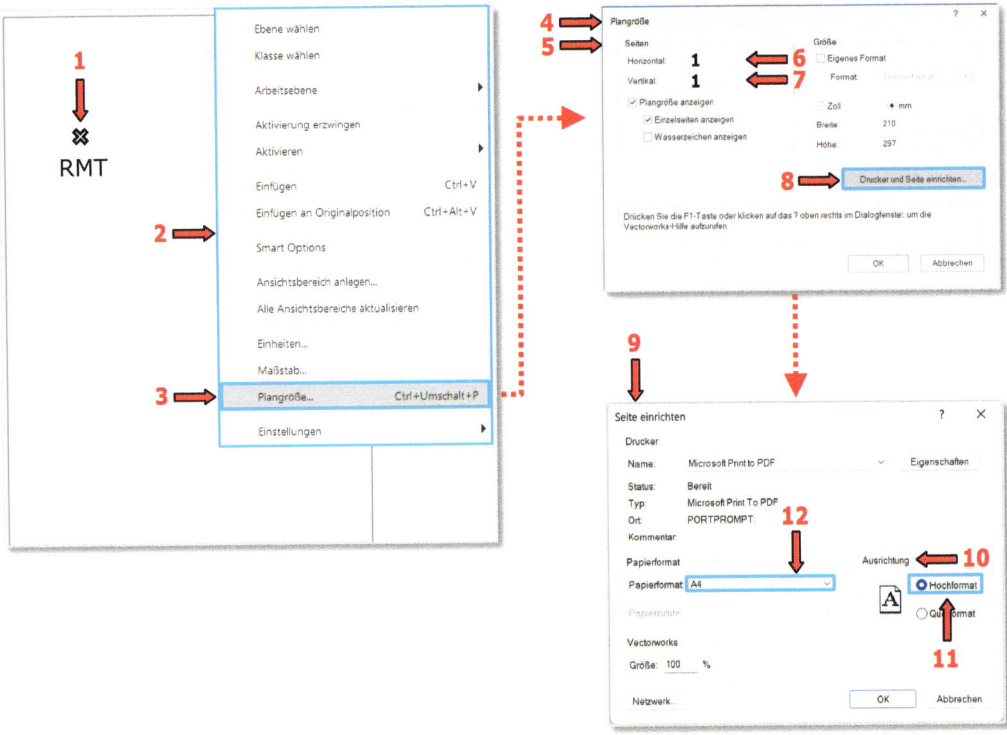

4. Neue Ebene und Klasse erstellen

Das Dialogfenster „Organisation"
Im Dialogfenster „Organisation" (**Extras > Organisation**) können Sie strukturelle Elemente der Zeichnung anlegen und verwalten. Dieses Dialogfenster verfügt über spezielle Funktionen, um Elemente in Listen zu sortieren, auszuwählen und zu bearbeiten (siehe **Listen in Dialogfenstern**).
Gehen Sie folgendermaßen vor:
Führen Sie einen der folgenden Schritte aus:
Wählen Sie **Extras > Organisation**.
Klicken Sie in der Multifunktionsleiste entweder auf **Einstellungen Ebenen** oder **Einstellungen Klassen** und wählen Sie **Dialogfenster "Organisation" öffnen**. [...] (siehe Vectorworks-Hilfe [1])

Konzept: Klassen
Klassen sind neben den Konstruktionsebenen ein Verwaltungssystem, das es ermöglicht, Objekte in Plänen zu sortieren. Sie können alle Objekte, auch solche, die auf unterschiedlichen Konstruktionsebenen liegen oder z. B. Bestandteil eines Symbols sind, in einer Klasse ablegen. In einem Architekturplan würden sich z. B. Klassen wie „Elektroinstallationen", „Außenwände", „Möbel" usw. anbieten.
Vectorworks-Klassen funktionieren ähnlich wie – und werden exportiert als – AutoCAD-Layers. Wenn eine Zeichnung für AutoCAD exportiert werden soll, sollten Sie Klassen verwenden, um bestimmte Teile der Zeichnung einfacher ein- und auszublenden. So können Sie z. B. die Möbel vor dem Export des Plans für einen Elektroinstallateur über die Klasse „Möbel" ausblenden.

- Klassen weisen folgende Eigenschaften auf:
  Klassen können verwendet werden, um Sichtbarkeiten zu steuern. Da alle Objekte in einer Klasse die gleiche Sichtbarkeit zugewiesen ist, können z. B. alle Objekte der Klasse „Bemaßung" in einem Arbeitsschritt unsichtbar gemacht werden.
- Klassen können dazu verwendet werden, Objekten graphische Attribute, Texturen und Textstile zuzuweisen (siehe **Klassenstile zuweisen**). Eine Klasse ist also eine Eigenschaft eines Objekts, vergleichbar mit seinen Attributen. Beim Kopieren eines Objekts von einem Dokument in ein anderes wird deshalb auch dessen Klasse mitkopiert.
- Alle Objekte, die neu gezeichnet werden, werden in der gerade aktiven Klasse abgelegt. Die aktive Klasse wird in der Multifunktionsleiste unter **Aktive Klasse** ausgewählt.
- Ein neues Dokument enthält immer automatisch zwei Klassen: die Klasse „Keine" und die Klasse „Bemaßung". Alle Objekte, die Sie zeichnen, werden in die Klasse „Keine" abgelegt, solange Sie keine neue Klasse definieren und diese zur aktiven machen. Alle Bemaßungen werden automatisch in der Klasse „Bemaßung" abgelegt. (Sie können diese Einstellung aber ändern, siehe **Eigene Bemaßungsstandards verwenden**.) Beide Standardklassen lassen sich nicht löschen.
- Komplexe Objekte wie Symbole oder Intelligente Objekte können mehr als eine Klasse enthalten. So lassen sich unterschiedliche Teile des Objekts ein- und ausblenden.
- Klasseninformationen können als Filterkriterien für Tabellen verwendet werden. Auf diese Weise lässt sich z. B. bei der Installation von Leitungen die Übersicht über die Kosten behalten (siehe **Tabellen**). [...] (siehe Vectorworks-Hilfe [1])

Konzept: Ebenen
Ohne Einteilung der Elemente einer Zeichnung auf verschiedene Ebenen würde eine sinnvolle Handhabung komplexer Pläne unmöglich. Ebenen strukturieren den Inhalt von Plänen nach bestimmten Kriterien und stellen ein wichtiges Mittel zum Ordnen eines Plans dar. Jedes Objekt, das angelegt wird, befindet sich automatisch auf einer Ebene, daher existiert in jedem neuen Vectorworks-Dokument mindestens eine Ebene.
In Vectorworks gibt es zwei Arten von Ebenen: Konstruktionsebenen und Layoutebenen. Auf den Konstruktionsebenen zeichnen und modellieren Sie Objekte. Layoutebenen dienen der Präsentation von Plänen und können sowohl Objekte als auch Ansichtsbereiche (siehe **Ansichtsbereiche**) enthalten. Damit sie besser voneinander unterschieden werden können, werden Konstruktionsebenen mit einem dünnen Rahmen und Layoutebenen mit einem breiten grauen Rahmen angezeigt. [...] (siehe Vectorworks-Hilfe [1])

Konstruktionsebenen
Man kann sich die Konstruktionsebenen eines Dokuments als übereinanderliegende Klarsichtfolien vorstellen. Konstruktionsebenen liegen durchaus wörtlich übereinander. So verdecken Objekte, die sich auf einer weiter oben liegenden Konstruktionsebenen befinden, Objekte auf den Konstruktionsebenen darunter. Natürlich kann die Reihenfolge der Konstruktionsebenen jederzeit geändert werden. [...]
[...] Die Konstruktionsebenen von Vectorworks weisen im 3D-Teil des Programms eine besondere Eigenschaft auf: Sie befinden sich einerseits in einer bestimmten Höhe und verfügen andererseits über eine Ausdehnung in z-Richtung (Höhe der Wände). Diese beiden Werte können im Dialogfenster „Konstruktionsebene bearbeiten" unter **Ebenenbasishöhe (z)** und **Ebenenwandhöhe (Δz)** (Mac) bzw. **Ebenenwandhöhe ($\pm$z)** (Windows) bestimmt werden. Die Ebenenbasishöhe bestimmt, auf welcher Höhe die gewählte Konstruktionsebene liegen soll, die Ebenenwandhöhe definiert, wie hoch die Wände auf der Konstruktionsebene sein sollen. [...] (siehe Vectorworks-Hilfe [1])

Die detaillierte oder ausführliche Beschreibung des Befehls/des Werkzeuges finden Sie in Vectorworks Onlinehilfe: Menü *Hilfe – Vectorworks-Hilfe* (siehe Seite 36 ff.)

3. Formen und Farben

Neue Ebene erstellen

Um eine neue Ebene mit dem Namen „2D-Objekte" zu erstellen, folgen Sie diese Schritte:

- Klicken Sie mit der RMT auf eine leere Stelle der Zeichenfläche, wie zuvor gezeigt.
- Im nun erscheinenden Kontextmenü wählen Sie den Befehl *Organisation* aus.
- Im nun erscheinenden Dialogfenster „Organisation" (**1**) klicken Sie auf die Registerkarte „Konstruktionsebene" (**2**) und betätigen Sie die Schaltfläche „Neu…" (**3**).
- Im Dialogfenster „Neue Konstruktionsebene" (**4**) legen Sie eine neue Konstruktionsebene an und tragen Sie in das Eingabefeld – „Name:" 2D-Objekte (**5**) ein.
- Bestätigen Sie mit OK, bis alle Dialogfenster geschlossen sind.

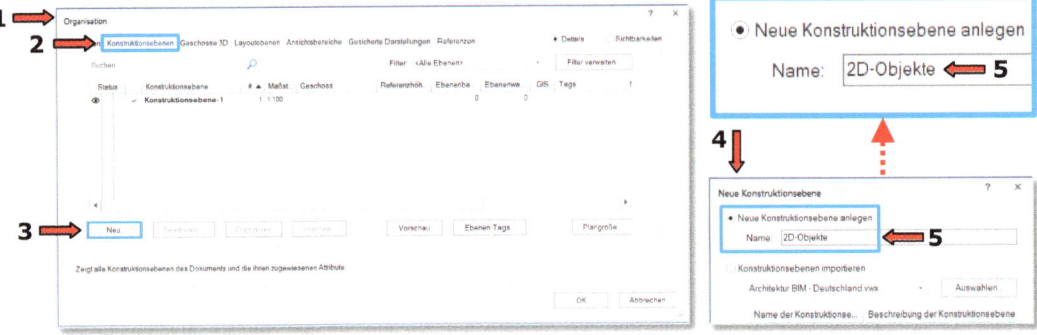

Neue Klasse erstellen

Um eine neue Klasse mit dem Namen „Rechtecke" zu erstellen, befolgen Sie diese Schritte:

- Im Dialogfenster „Organisation" (**6**) in der Registerkarte „Klassen" (**7**) klicken Sie auf die Schaltfläche „Neu…" (**8**).
- Im nun erscheinenden Dialogfenster „Neue Klasse" (**9**) legen Sie eine neue Klasse namens „Rechtecke" (**10**) an.
- Bearbeiten Sie die neue Klasse „Rechtecke" (**11**), indem Sie diese Klasse in dem Dialogfenster „Organisation" (**6**) auswählen (sie wird grau unterlegt) und anschließend auf die Schaltfläche „Bearbeiten…" (**12**) klicken.

3. Formen und Farben

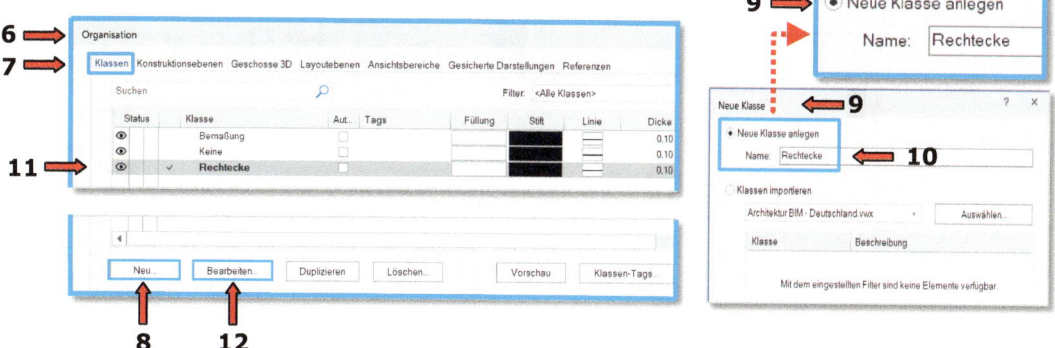

- Im daraufhin erscheinenden Dialogfenster „Klasse bearbeiten" (**13**) öffnen Sie die Registerkarte „Attribute" (**14**).
- Aktivieren Sie im Gruppenfeld „Attribute" (**15**) die Option „Automatisch zuweisen" (**16**), sodass alle Objekte, die in dieser Klasse gezeichnet werden, automatisch deren Attribute erhalten.
- Für die Füllung wählen Sie aus dem Aufklappmenü „Füllung:" (**17**) den Eintrag „Solid" (**18**) aus.
- Klicken Sie auf das Vorschau-Fenster „Auswahl Füllung" (**19**), das Feld, in dem die aktive Farbe angezeigt wird, oder auf den Pfeil auf der rechten Seite (**20**).
- Im nun geöffneten Dialogfenster „Farbe" (**21**) wechseln Sie zur Registerkarte "Benutzerdefiniert" (**22**).
- Markieren Sie den Farbraum „RGB" (**23**).

Die Farbdefinitionswerte für diesen Farbraum (=RGB) werden angezeigt. Geben Sie die angegebenen Werte der benutzerdefinierten Farben unter Verwendung der Farbraumdefinition ein:

- Erstellen Sie im Farbraum „RGB" (**23**) eine Farbe aus der Mischung der drei Grundfarben Rot, Grün und Blau: Rot: 89; Grün: 89; Blau: 160 (**24**).
- Bestätigen Sie mit OK.

3. Formen und Farben

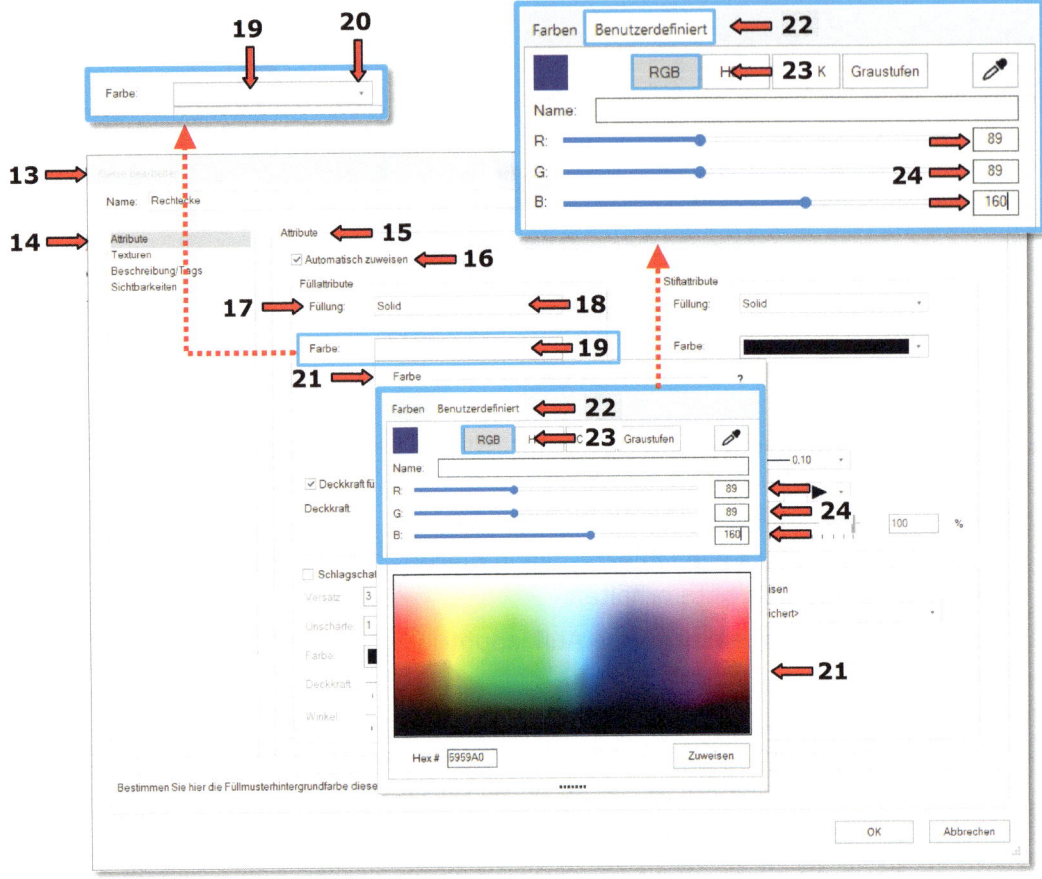

5. Rechtecke

Objekte gleichmäßig unterteilen und zerschneiden
Mit dem Befehl **Unterteilen und zerschneiden** (Menü **Ändern**) lassen sich Linien, Kreisbögen, Kreise und Rechtecke in einzelne gleich große Teilstücke bzw. Rechtecke unterteilen. Sie können wahlweise das Originalobjekt oder ein Duplikat davon unterteilen und zerschneiden. [...]
1. Aktivieren Sie die Objekte, die unterteilt und zerschnitten werden sollen.
2. Wählen Sie **Ändern > Unterteilen und zerschneiden**.
3. Legen Sie im erscheinenden Dialogfensterfest, in wie viele Teile bzw. Rechtecke die aktivierten Objekte geteilt werden. [...] (siehe Vectorworks-Hilfe [1])

Objekte skalieren
Mit dem Befehl **Skalieren** (Menü **Ändern**) können Sie die aktivierten Objekte oder Gruppen in x- und/oder y-Richtung skalieren oder die aktivierten Elemente gleichmäßig in x-, y- und z-Richtung skalieren. Das aktivierte Elemente wird von seinem Mittelpunkt aus skaliert. Skalieren Sie interaktiv mit einer Referenzlänge, kann das Objekt durch Messen der Länge eines Segments in der Zeichnung oder Definition einer neuen Länge für das Segment skaliert werden. Sie können aktivierte Objekte auch symmetrisch skalieren, indem Sie das Verhältnis der neuen Fläche zur aktuellen Fläche als Skalierungsfaktor verwenden. Sind keine Objekte aktiviert, kann die gesamte Zeichnung skaliert werden.
HINWEIS: Sie müssen ein oder mehrere 2D-Objekte oder pfadbasierte Intelligente Objekte aktivieren, um diese symmetrisch nach Fläche zu skalieren.
HINWEIS: Wenn Sie nicht die gesamte Zeichnung skalieren, skaliert der Befehl **Skalieren** Symbole nicht direkt, obwohl er Symbole im Bearbeitenmodus skalieren kann. Verwenden Sie die Infopalette, um eine Symbolinstanz direkt in der Zeichnung zu skalieren (siehe **Symbole über die Infopalette skalieren**). [...]
(siehe Vectorworks-Hilfe [1])

3. Formen und Farben

- Zeichnen Sie weiterhin auf der Ebene „2D-Objekte" (**1**) und in der Klasse „Rechtecke" (**2**) (beide müssen aktiv sein).

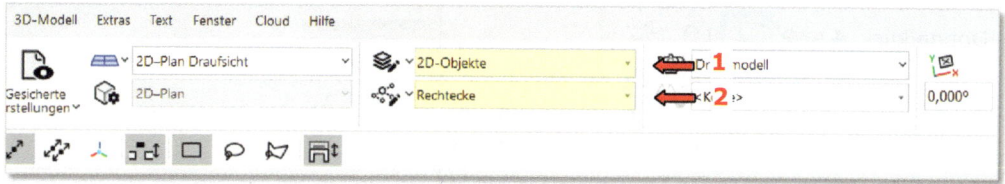

6. Bilderrahmen

- Aktivieren Sie zunächst im Zeigerfang-Set (**1**) den Fangmodus *An Objekt ausrichten* (**2**).

Ein Bilderrahmen mit dem Lichtmaß 138 x 188 cm (**3**) soll mittig auf der Zeichnungsfläche A4 (= Planmitte) gezeichnet werden.
Das Lichtmaß (Lichtbreite x Lichthöhe) bezieht sich auf den sichtbaren Teil des Bildes.

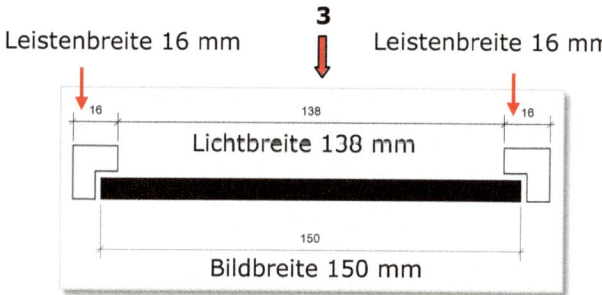

Anleitung:

- Zeichnen Sie ein Rechteck mit den Abmessungen 138 x 188 mm, indem sie das Werkzeug *Rechteck* (**4**) doppelt anklicken (über das Dialogfenster „Objekt anlegen"):
- Das Dialogfenster „Objekt anlegen - Rechteck" (**5**) wird geöffnet:
- Tragen Sie für die Lichtbreite Δx: 138 mm (**6**) und für
  die Lichthöhe Δy: 188 mm (**7**) ein.
- Fixieren Sie den mittleren Punkt (**8**) in der schematischen Darstellung.
- Mit der Option „Nächster Klick" (**9**) bestimmen Sie den Einfügepunkt des Rechtecks in der Zeichnung.
- Bestätigen Sie die Einträge in dem Dialogfenster mit OK.

3. Formen und Farben

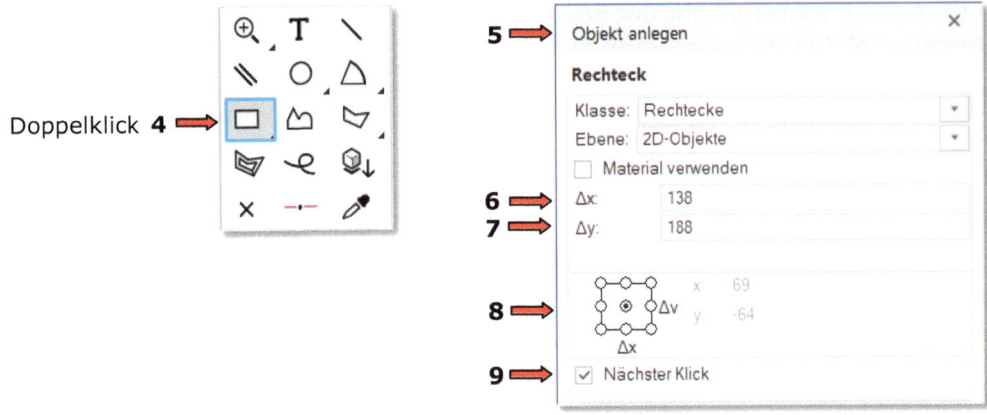

Doppelklick **4**

- Klicken Sie auf die Mitte des Plans (= x: 0; y: 0) → (**10**).

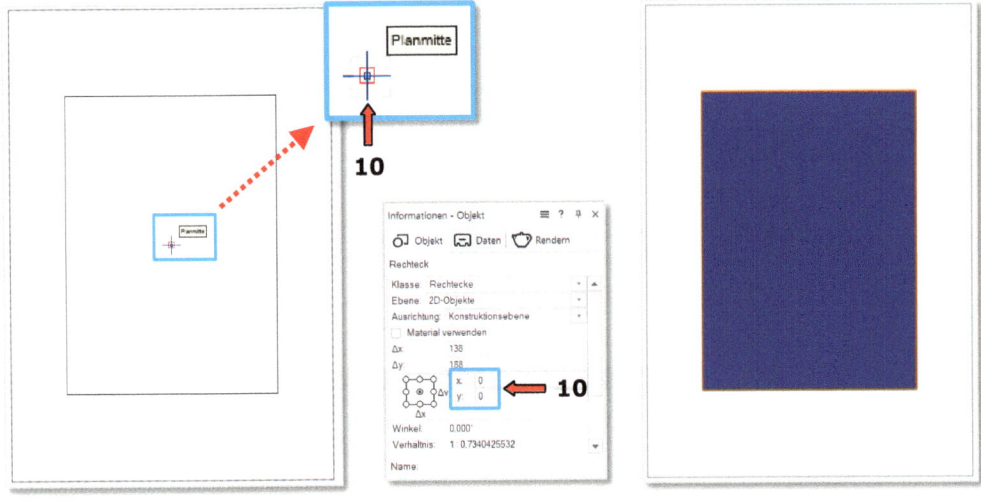

Ergebnis

Eine Leiste mit einer Breite von 16 mm soll gezeichnet werden.
Das bereits gezeichnete Rechteck ist noch aktiv.

- Verwenden Sie das Werkzeug *Parallele* aus der Favoriten-Palette, um die Leisten des Bilderrahmens zu erstellen.
- Wählen Sie in der Methodenzeile die erste Methode - *Mit bestimmten Abstand* (**11**) und die dritte Methode - *Originalobjekt behalten* (**12**) aus.
- Der Abstand zwischen den beiden Parallelen soll 16 mm (**13**) betragen.

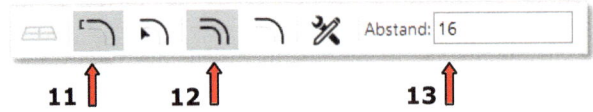

- Klicken Sie außerhalb des Rechtecks (**14**), damit die Parallele außerhalb des Rechtecks erzeugt wird (**15**).

Die Parallele bleibt aktiv und wird im Vordergrund angeordnet (**15**).

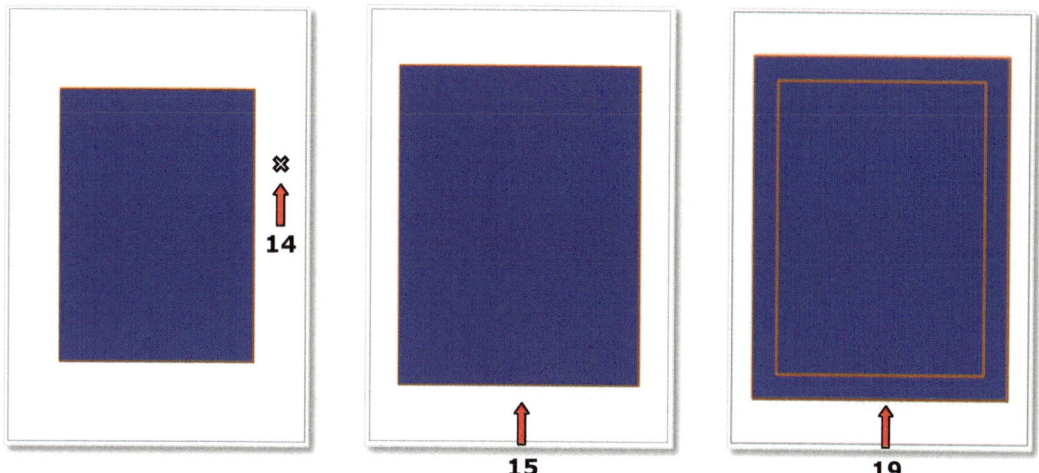

Die gemeinsame Schnittfläche beider Rechtecke soll gelöscht werden.
Die Reihenfolge der Objekte ist beim Befehl *Schnittfläche löschen* sehr wichtig.
Das schneidende Objekt muss im Vordergrund stehen.

- Um das große Rechteck nach hinten zu ordnen, wählen Sie den folgenden Befehl in der Menüzeile aus:
  Ändern (**16**) – *Anordnen* (**17**) – *In den Hintergrund* (**18**).

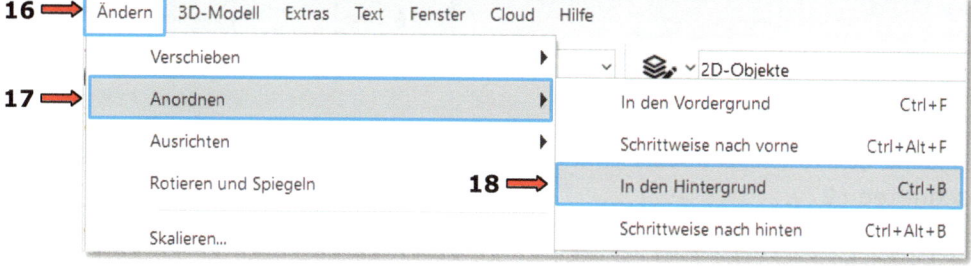

- Aktivieren Sie beide Rechtecke (**19**).
- Wählen Sie den Befehl in der Menüzeile: *Ändern – Schnittfläche löschen* aus.

Das kleinere Rechteck wurde aus dem größeren ausgeschnitten, jedoch nicht gelöscht. Es ist weiterhin aktiv.

3. Formen und Farben

Unterteilen und zerschneiden

Objekte gleichmäßig unterteilen und zerschneiden
Mit dem Befehl **Unterteilen und zerschneiden** (Menü **Ändern**) lassen sich Linien, Kreisbögen, Kreise und Rechtecke in einzelne gleich große Teilstücke bzw. Rechtecke unterteilen. Sie können wahlweise das Originalobjekt oder ein Duplikat davon unterteilen und zerschneiden. [...] (siehe Vectorworks-Hilfe [1])

Dieses Rechteck (= der sichtbare Bereich des Bildes) soll auf sechs gleich große Rechtecke unterteilt und zerschnitten werden.

- Unterteilen Sie das Rechteck mit dem folgenden Befehl aus der Menüzeile:
  Ändern – Unterteilen und zerschneiden... (**20**).
- In das nun erscheinende Dialogfenster „Unterteilen und zerschneiden" (**21**) tragen Sie die folgenden Werte ein:
  - Im Gruppenfeld „Rechteck" (**22**):
    - „Anzahl Spalten (x):" 2 (**23**)
    - „Anzahl Zeilen (y):" 3 (**24**)
- Im Gruppenfeld „Originalobjekt" (**25**) sollten Sie die Option „Original erhalten" (**26**) nicht aktivieren.
- Bestätigen Sie mit OK.

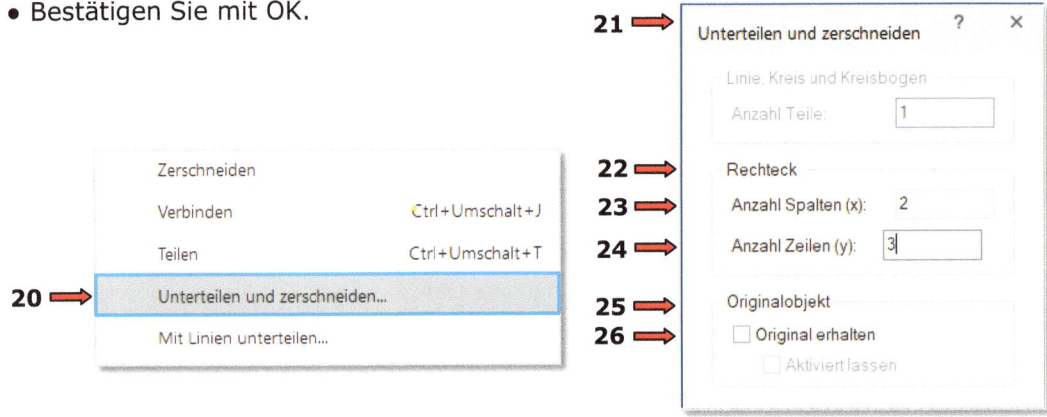

Die Fläche des Rechtecks wurde in sechs gleich große Rechtecke unterteilt und zerschnitten (**27**).
Alle unterteilten Rechtecke sind noch aktiv (**27**). Sie sollten so skaliert werden, dass ihre Seitenverhältnisse erhalten bleiben.

- Aktivieren Sie nur eines der sechs Rechtecke (**28**) und kopieren Sie es zur Seite (**29**). Verwenden Sie dafür die Drücken-Ziehen-Loslassen-Methode bei gedrückter Strg-Taste.

3. Formen und Farben

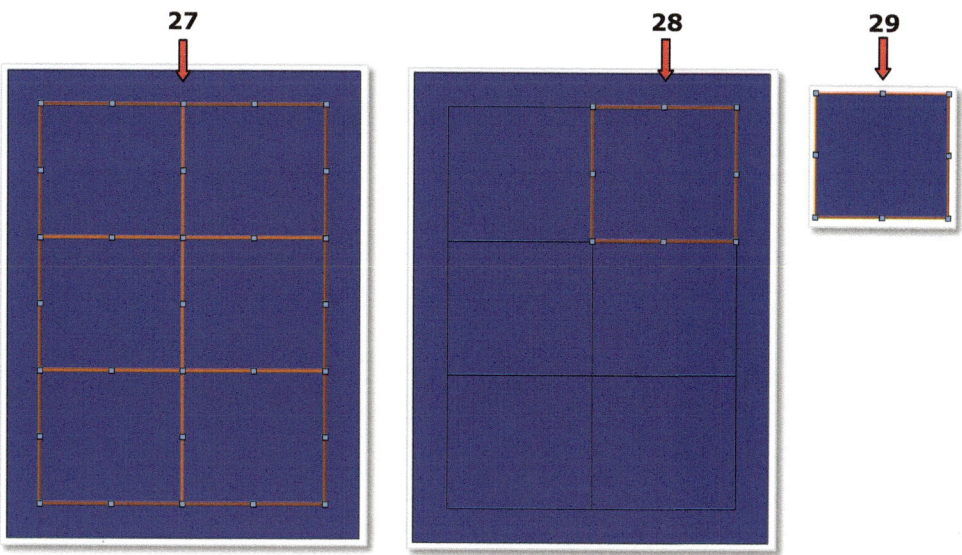

Skalieren

- Skalieren Sie dieses Rechteck mit dem Befehl *Skalieren* um den Faktor 0,75: Ändern (**30**) – Skalieren... (**31**).
- In dem nun erscheinenden Dialogfenster „Objekte skalieren" (**32**) wählen Sie die Option „Symmetrisch" (**33**) aus:
- Tragen Sie für den Skalierungsfaktor „x, y, z-Faktor:" den Wert 0,75 (**34**) ein.
- Bestätigen Sie mit OK.

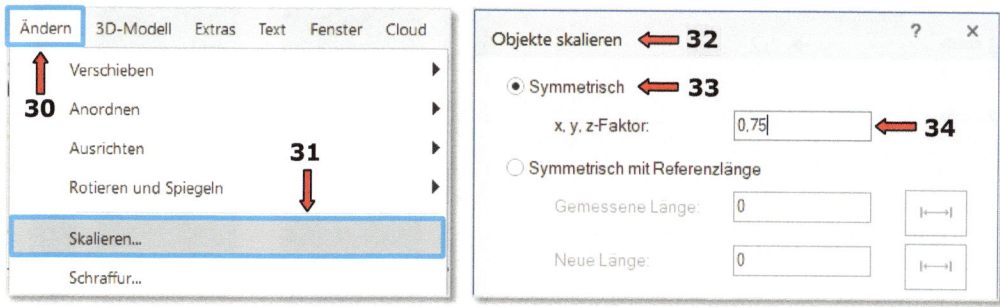

Das Rechteck wurde um den Skalierungsfaktor 0,75 symmetrisch skaliert.
In der Informationen-Objekt-Palette können Sie die neuen Maße ablesen
(= 52 x 47 mm) (**35**).
Alle sechs Rechtecke sollen diese neuen Maße (52 x 47 mm) erhalten:

- Aktivieren Sie wieder alle sechs Rechtecke (**27**).
- Überprüfen Sie in der Informationen-Objekte-Palette, ob diese Maße angezeigt werden (**36**).

WICHTIG: Fixieren Sie zuerst den mittleren Punkt in der schematischen Darstellung (**37**).

- Ändern Sie die Maße wie folgt:
  Δx: in 52 mm (**38**)
  Δy: in 47 mm (**39**).

37

Alt
29

Neu
35

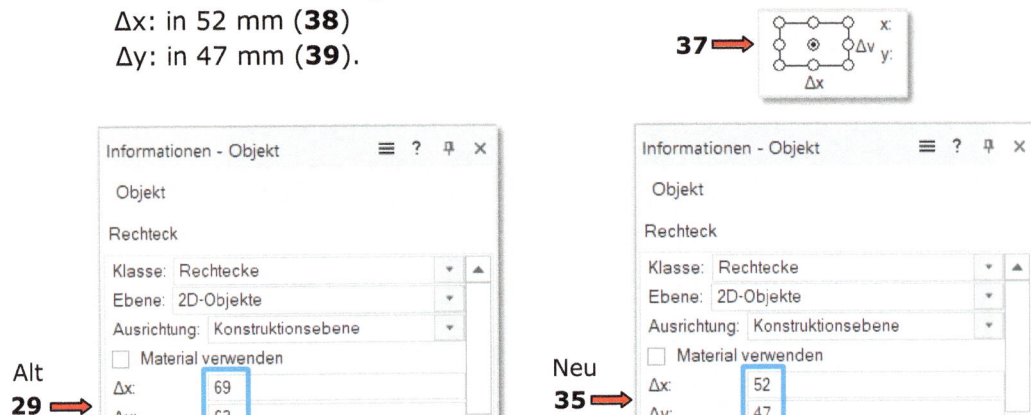

Alle sechs Rechtecke werden gleichzeitig um ihren Mittelpunkt (**37**) skaliert (**40**).

36
38
39
37

38
39

40

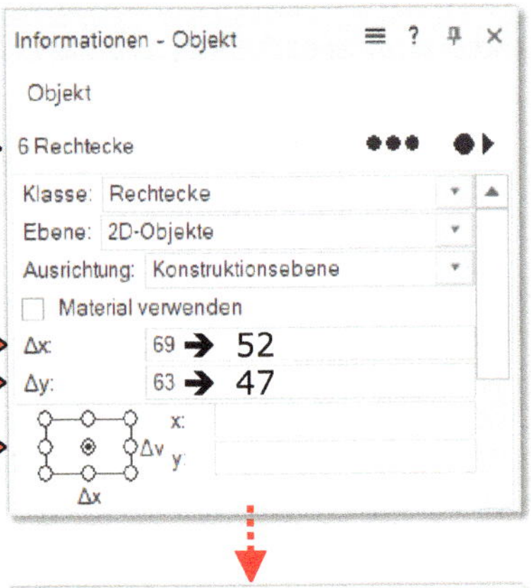

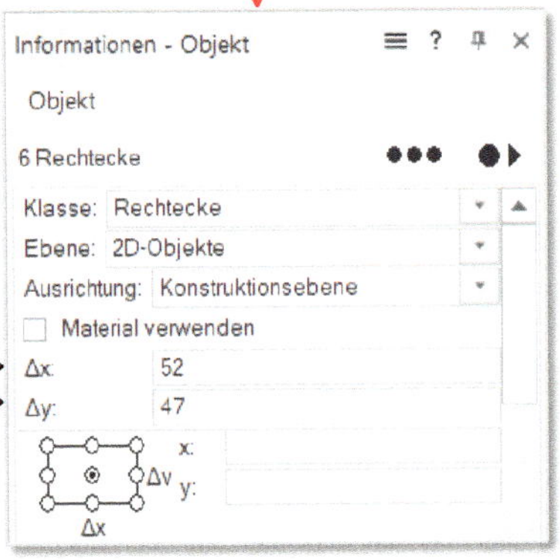

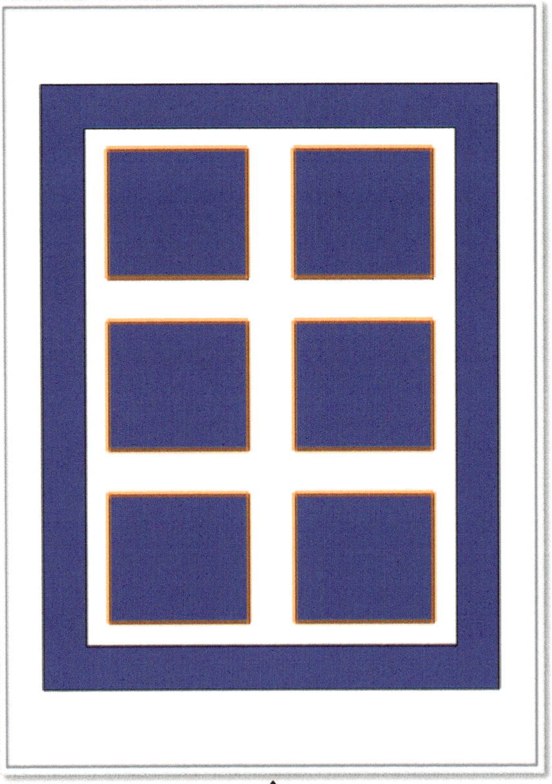

3. Formen und Farben

Diese sechs Rechtecke sollen nun unterschiedlich bearbeitet werden, sowohl in Form als auch in Farbe.

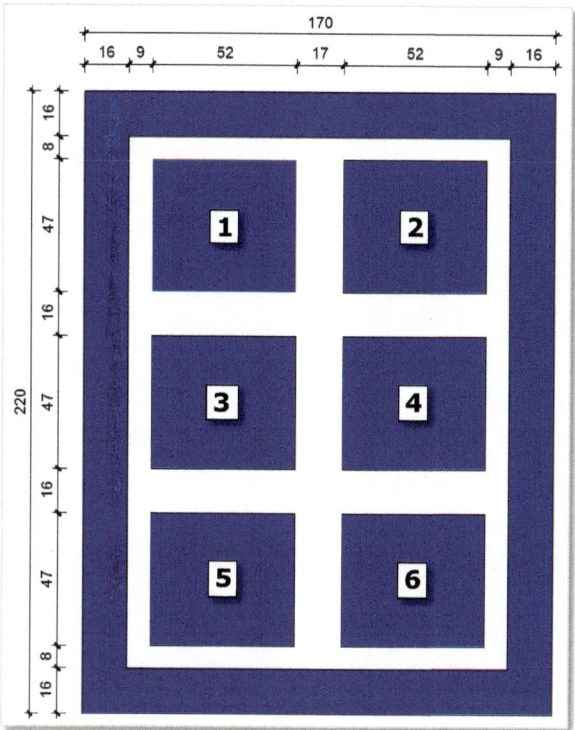

3.2 Rechteck 1

Ändern Sie die Maße von *Rechteck 1* in der Informationen-Objekt–Palette auf 35 x 35 mm und runden Sie seine Ecken mit einem Radius von 10 mm ab.

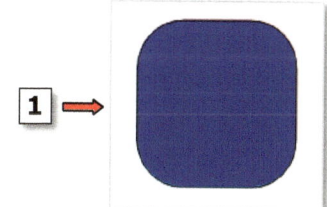

Infopalette
Die Infopalette ist neben der Maus das wichtigste Instrument, um bestehende Objekte zu bearbeiten: Sie zeigt die Einstellungen für die aktivierten Objekte in einer Zeichnung an und ermöglicht es, diese zu ändern. Welche Einstellungen angezeigt werden, hängt davon ab, welche Objekttypen aktiviert sind. Im Feld Name können Sie einen optionalen Identifikator für das aktivierte Objekt eingeben. [...] (siehe Vectorworks-Hilfe [1])

Anleitung:

- Aktivieren Sie *Rechteck 1* (**1**).
- Ändern Sie seine Größe in der Informationen-Objekt-Palette (**2**):
- Fixieren Sie den Mittelpunkt (**3**) in der schematischen Darstellung.
- Tragen Sie folgende Werte in das Eingabefeld ein:
  Δx: 52 → 35 mm (**4**)
  Δy: 47 → 35 mm (**5**) → Ergebnis (**6**).

3. Formen und Farben

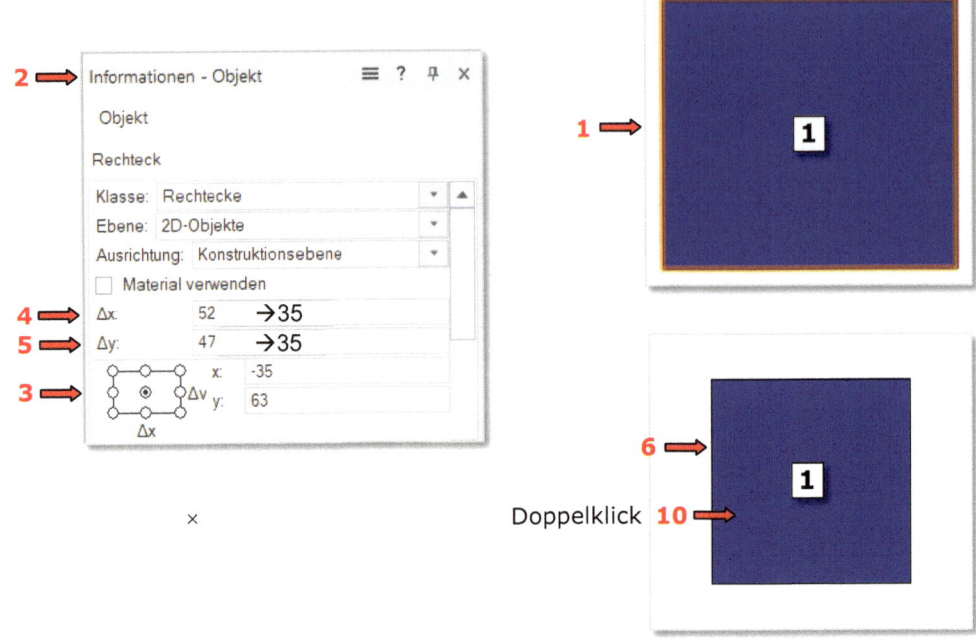

Verrunden

Verrunden Sie alle Ecken von *Rechteck 1* wie folgt:

- Aktivieren Sie *Rechteck 1* (**1**).
- Wählen Sie in der Favoriten-Palette das Werkzeug *Verrunden* (**7**) und in der Methodenzeile die dritte Methode - *Teilstücke löschen* (**8**) aus.
- Geben Sie einen Radius: von 10 mm ein (**9**).
- Doppelklicken Sie auf *Rechteck 1* (**10**) → dadurch werden alle seine Ecken verrundet (**11**).

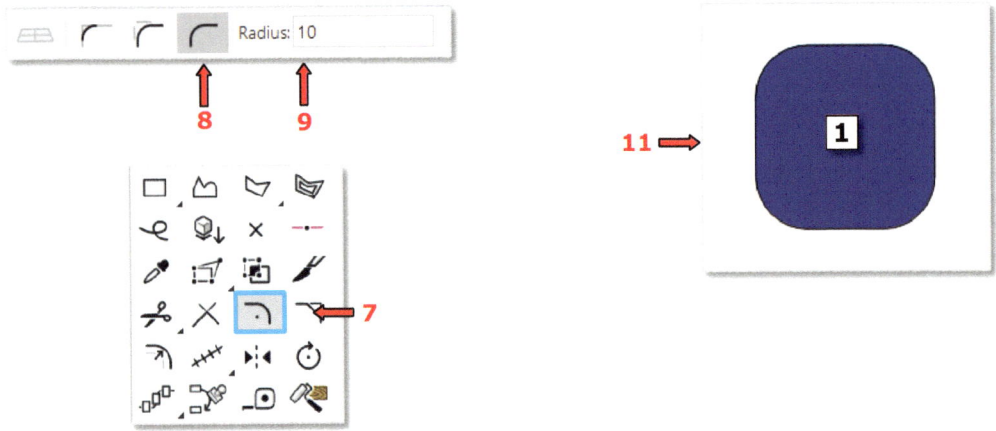

3.3 Rechteck 2

Aufgabe:

Teilen Sie die oberen zwei Drittel von *Rechteck 2* in 21 Winkel auf und ändern Sie die Farben der Teilwinkel abwechselnd in Weiß und Hellblau.

Im Zeigerfang-Set müssen diese Fangmodi eingeschaltet sein:
  An Objekt ausrichten (**1**)
  An Winkel ausrichten (**2**)
  An Punkt ausrichten (**3**)
  An Teilstück ausrichten (**4**).

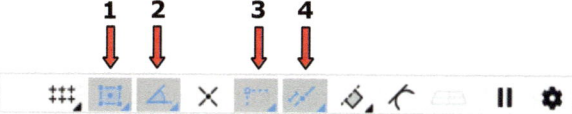

Anleitung:

1. Fangmodus - An Teilstück ausrichten

- Im Fangmodus *An Teilstück ausrichten* (**4**) legen Sie die Teilungsart auf ¹/₃ fest:
- Durch einen Doppelklick auf das Symbol *An Teilstück ausrichten* (**4**) öffnen Sie das Dialogfenster „Einstellungen Teilstück" (**5**).
- In dem Gruppenfeld „Fangen auf:" (**6**) wählen Sie die Option „Bruch" (**7**) aus.
- Geben Sie im rechts liegenden Eingabefeld ¹/₃ (**8**) ein.

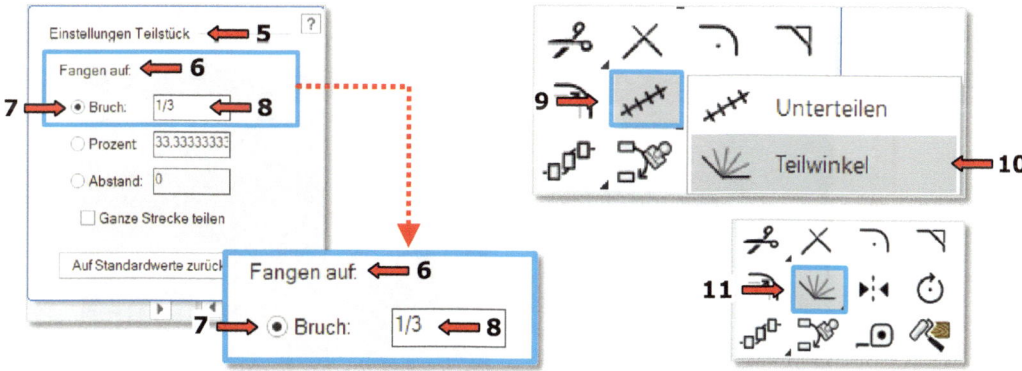

Das Werkzeug *Teilwinkel* (**11**) kann einen Winkel zwischen zwei Linien in beliebig viele Teilwinkel unterteilen. Es befindet sich in der Favoriten-Palette und ist ein Unterwerkzeug des Werkzeugs *Unterteilen* (**9**) (siehe Seite 49).

- Klicken Sie mit der RMT auf das Werkzeug *Unterteilen* (**9**).

Das Werkzeug *Teilwinkel* (**10**) wird rechts eingeblendet und kann aktiviert werden (**11**).

Zeichnen Sie zwei waagerechte Hilfslinien. Diese werden zu Schenkeln des teilenden Winkels.

3. Formen und Farben

- Wählen Sie das Werkzeug *Linie* aus.

Der Anfangspunkt der Linie soll sich auf dem unteren Drittel der linken Seite (Punkt **C**) befinden.

Der Intelligente Zeiger und die eingeschalteten Fangmodi helfen Ihnen, den Punkt **C** zu finden:

- Mit dem aktiven Werkzeug *Linie* bewegen Sie den Mauszeiger, ohne zu drücken, über den Punkt **A** (= untere linke Ecke von *Rechteck 2*) (**12**)
→ der intelligente Zeiger markiert diesen Punkt mit einem roten Quadrat.
- Bewegen Sie danach den Mauszeiger über den Punkt **B** (= obere linke Ecke von *Rechteck 2*) (**13**) → der intelligente Zeiger markiert auch diesen Punkt.
- Weiterhin, ohne zu drücken, bewegen Sie den Mauszeiger nach unten, entlang der linken Seite von Rechteck (**14**) → der intelligente Zeiger zeigt die ¹/₃ Teilungen auf dieser Seite an.
- Klicken Sie auf das angezeigte untere Drittel (= Ausrichtpunkt **C**) (**15**).

Den Endpunkt der waagerechten Linie finden Sie auch mit Hilfe des eingeschalteten Fangmodus *An Punkt ausrichten* → der Endpunkt befindet sich auf der senkrechten Mittelachse m$_v$ von *Rechteck 2* (= Punkt **D**):

- Nach dem ersten Klick auf Punkt **C** (**15**) bewegen Sie den Mauszeiger über den Mittelpunkt von *Rechteck 2* (→ Ausrichtpunkt **M**) (**16**).
- Wenn der intelligente Zeiger diesen Punkt markiert, bewegen Sie den Mauszeiger nach unten (**17**).

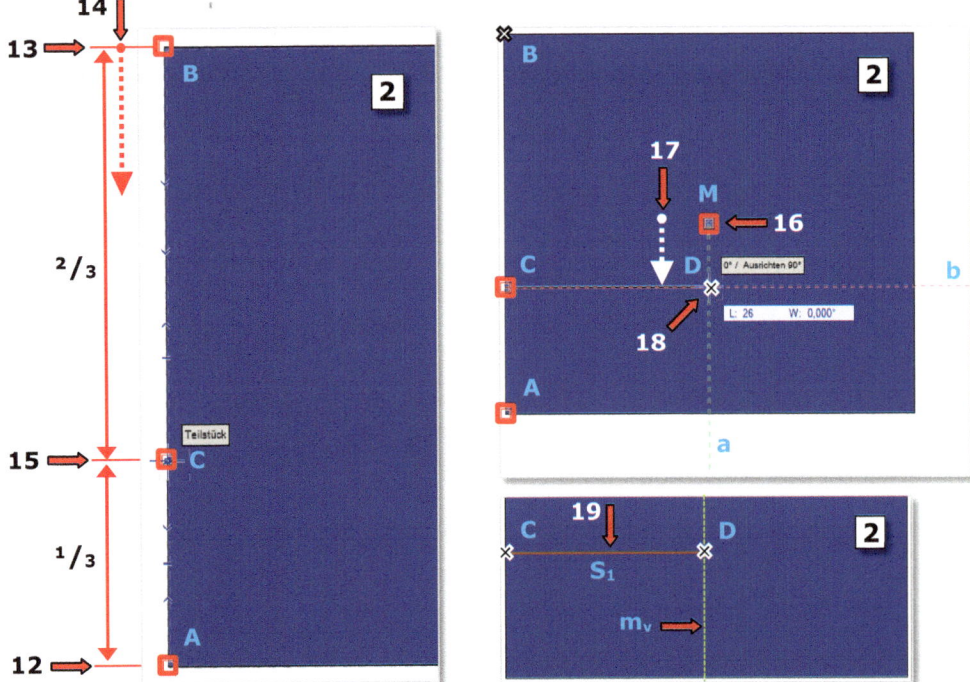

Es wird eine grün gestrichelte Hilfslinie **a** angezeigt.

- Bewegen Sie den Mauszeiger entlang dieser Hilfsline, bis eine zweite waagerechte, rot gestrichelte Hilfslinie **b** erscheint.
- Klicken Sie auf den Schnittpunkt beider Hilfslinien **a** und **b** (**18**).

Der erste Schenkel des Winkels S_1, der Winkel, der geteilt werden soll, wurde gezeichnet (**19**).

- Zeichnen Sie den zweiten Winkelschenkel S_2 von Punkt **D** waagerecht zur rechten Seite von *Rechteck* **2** (Punkt **E**) (**20**).

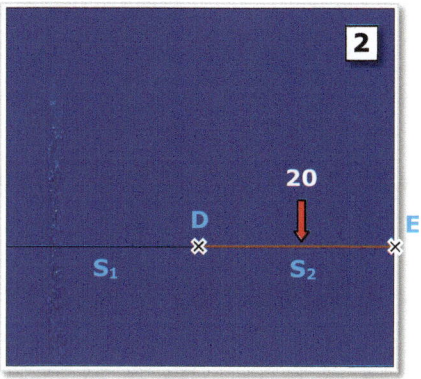

2. Teilwinkel

- Aktivieren sie das Werkzeug *Teilwinkel* (**11**) in der Favoriten-Palette.
- Wahlen Sie die erste Methode - *Teilwinkel Werkzeug Einstellungen* (**21**) aus.
- In dem nun erscheinenden Dialogfenster „Einstellungen Teilwinkel" (**22**) geben Sie an, in wie viele Teile der Winkel geteilt werden soll:
  „Anzahl Teilwinkel:" 21 (**23**).
- Bestätigen Sie mit OK.
- Klicken Sie zuerst auf den ersten konstruierten Winkelschenkel S_1 (**24**), dann auf den zweiten S_2 (**25**).

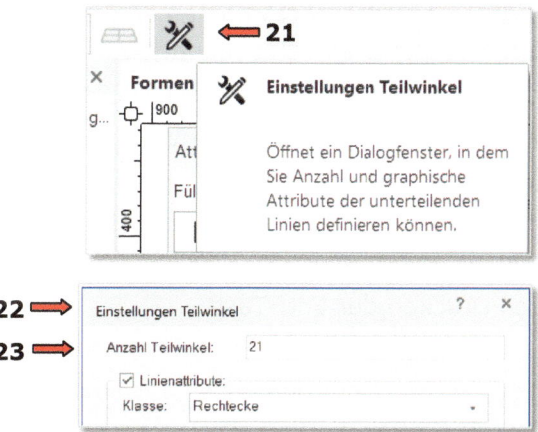

3. Formen und Farben

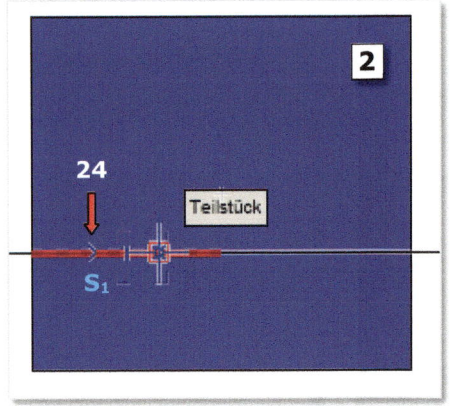
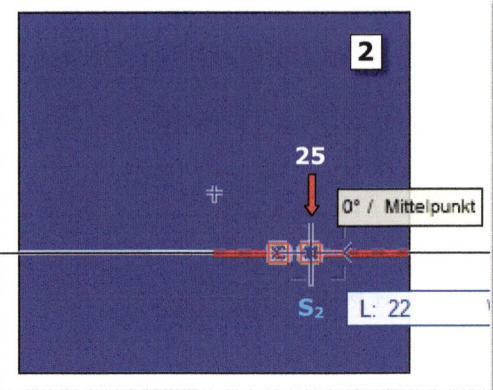

- Bewegen Sie den Mauszeiger nach oben.

Die winkelteilenden Linien werden grau/schwarz angezeigt (**26**).

- Bewegen Sie den Mauszeiger weiterhin nach oben, bis alle Winkelteilenden aus *Rechteck 2* herausragen.
- Klicken Sie ein drittes Mal (**27**).

Die Winkelteilenden wurden gezeichnet (**28**).

Die Fläche von *Rechteck 2* soll mit den gezeichneten Winkelteilenden ausgeschnitten werden. Die Winkelteilenden sind noch aktiv (**28**).

- Bei gedrückter Umschalttaste aktivieren Sie zusätzlich *Rechteck 2* (**29**).
- Gehen Sie in der Menüzeile zu dem folgenden Befehl:
  Ändern – Schnittfläche löschen (**30**).

Die Schnittfläche wurde gelöscht.

- Aktivieren Sie alle Winkelteilenden und zwei Hilfslinien S_1 und S_2 (**31**).
- Löschen Sie diese durch Drücken der Entf-Taste.

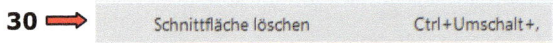

3. Formen und Farben

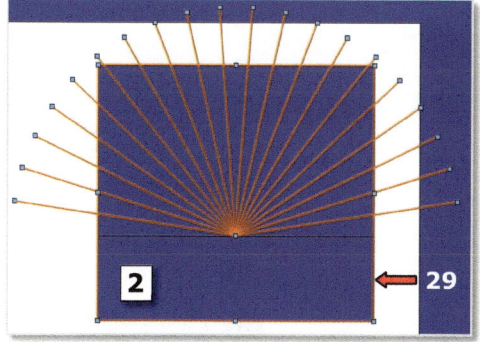 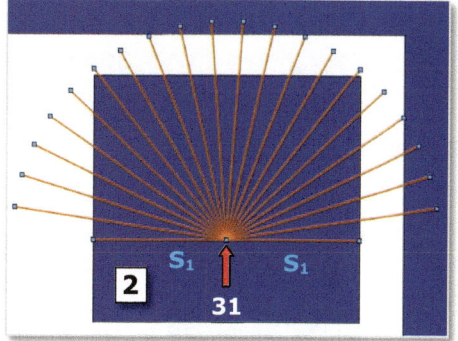

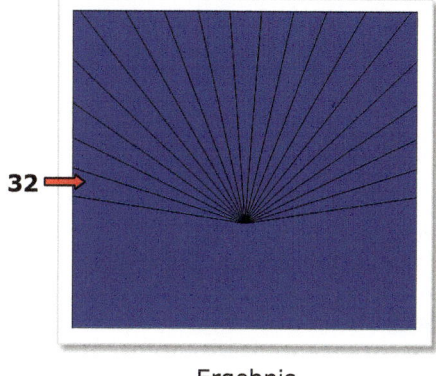
Ergebnis

Die Füllfarbe der entstandenen Dreiecke soll abwechselnd in Hellblau und Weiß geändert werden.

- Aktivieren Sie das erste Dreieck (**32**) und ändern Sie seine (Klassenstil-) Farbe (**33**) in der Attribute-Palette (**34**):
- Klicken Sie auf das Aufklappmenü „Füllung" (**35**) und wählen Sie, für die Füllung (**36**), den Eintrag „Solid" (**37**) aus.
- Klicken Sie in das Vorschau-Fenster für die Füllfarbe (**38**).
- In dem nun erscheinenden Einblendmenü „Farbe" (**39**) aktivieren Sie die Farbpalette Vectorworks Classic (**40**) → deren Farben werden unten angezeigt (**41**).
- Wählen Sie die Farbe Classic 081 (**42**) aus.

Das aktive Dreieck (**32**) hat die Farbe Classic 081 (**42**) erhalten.

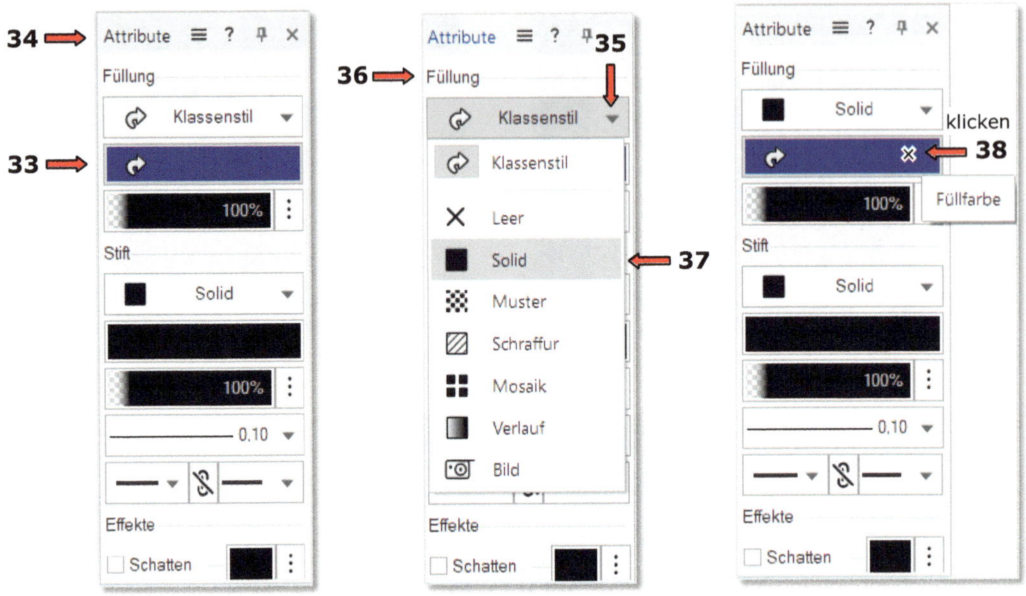

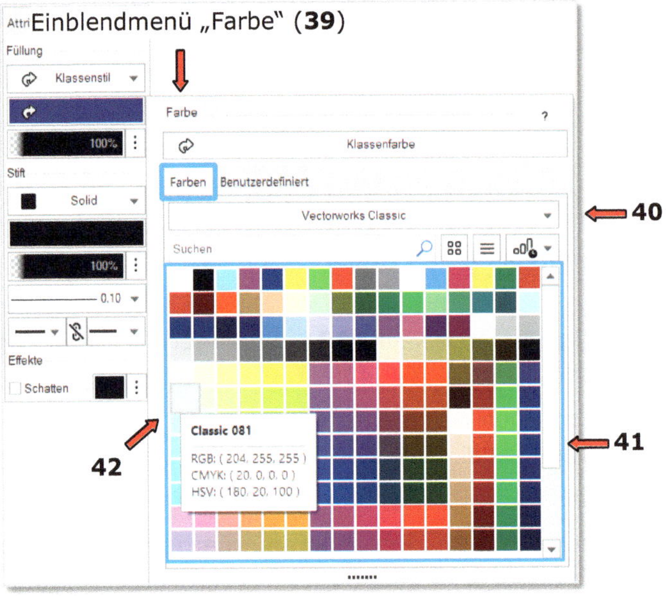

3. Formen und Farben

- Aktivieren Sie nun das zweite Dreieck (**43**) und ändern Sie dessen Klassenstil-Farbe (**33**) in der Attribute-Palette auf Weiß (**44**).

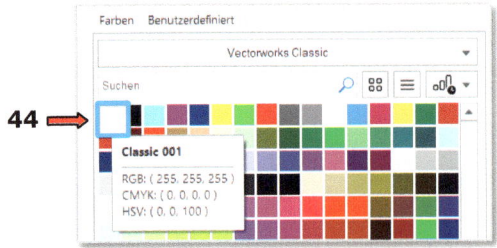

3. Formen und Farben

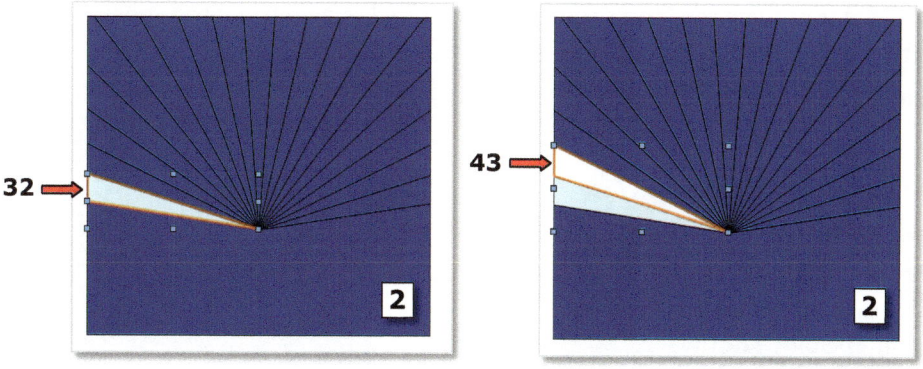

Einstellungen übertragen

Attribute übertragen

Werkzeug	Arbeitsumgebung: Werkzeuggruppe	Tastenkürzel
Einstellungen übertragen	Basic und Spotlight: Favoriten Architektur und Landschaft: Konstruktion	Umschalttaste + A

Mit dem Werkzeug **Einstellungen übertragen** können Sie in einem Schritt bestimmte Attribute von einem Objekt auf ein anderes ähnliches Objekt übertragen.
Das Werkzeug **Einstellungen übertragen** überträgt keine Attribute zwischen Dateien. [...]
(siehe Vectorworks-Hilfe [1])

- Übertragen Sie die Farbe des ersten Dreiecks → Polygons (Solid - Classic 081-42) auf jedes zweite Dreieck, indem Sie das Werkzeug *Einstellungen übertragen* (Pipettenzeiger) (46) aus der Favoriten-Palette (45) verwenden.
- Wählen Sie in der Methodenzeile die dritte Methode - *Einstellungen übertragen* (47) aus.
- Aktivieren Sie im nun erscheinenden Dialogfenster „Einstellungen übertragen" (48) die Option „Hintergrundfarbe" (49).
- Bestätigen Sie mit OK.
- Klicken Sie zuerst mit dem Pipettenzeiger (50) (das erste Methodensymbol) auf das erste Dreieck (52), dessen Farbe Sie kopieren wollen.

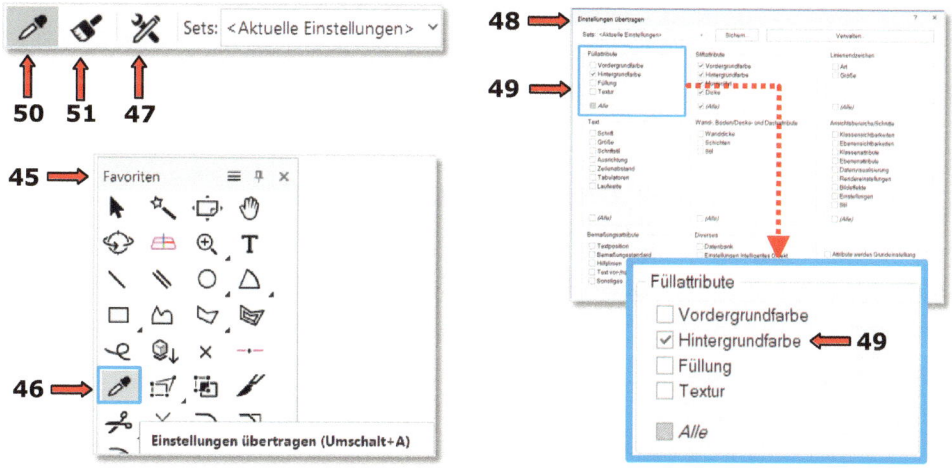

159

3. Formen und Farben

- Klicken Sie dann mit dem Pinselzeiger ✎ (**51**) (das zweite Methodensymbol) auf das dritte Dreieck (**53**), dem Sie die Farbe zuweisen wollen.

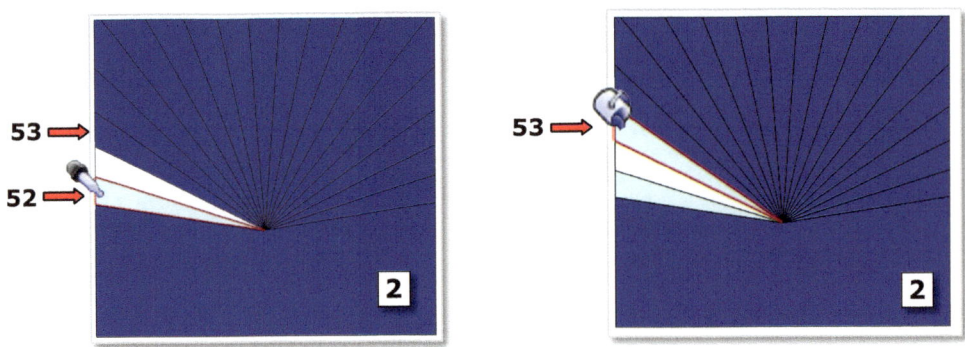

- Wiederholen Sie dies bei jedem zweiten Dreieck → Polygon (**54**).
- Übertragen Sie die Farbe des zweiten Dreiecks → Polygons (Solid - Weiß **44**) (**55**) auf die verbleibenden Dreiecke (**56**), indem sie das Werkzeug *Einstellungen übertragen* (Pipettenzeiger) ✎ (**46**) verwenden.

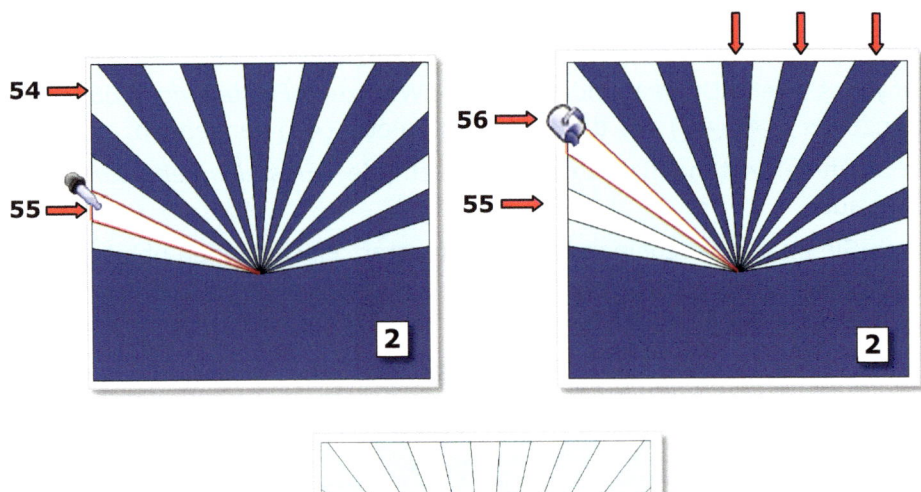

Ergebnis

3. Formen und Farben

3.4 Rechteck 3

Aufgabe:

Schneiden Sie eine polygonale Fläche aus *Rechteck 3* aus.

• Schalten Sie die Fangmodi:

  An Objekt ausrichten
  An Winkel ausrichten ein.

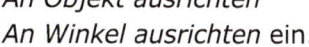

Anleitung:

Eine polygonale Fläche soll aus *Rechteck 3* ausgeschnitten werden:

• Aktivieren Sie *Rechteck 3* (**1**).

• Wählen Sie das Werkzeug *Schneiden* (**2**) aus der Konstruktion–Palette.

Schneiden

Schneiden

Werkzeug	Arbeitsumgebung: Werkzeuggruppe	Tastenkürzel
Schneiden	Basic: Favoriten (Unterwerkzeug von **Wegschneiden**) Architektur und Landschaft: Konstruktion Spotlight: Favoriten	Umschalttaste + S

Mit dem Werkzeug **Schneiden** können Sie Flächen, Linien und Begrenzungen von Ansichtsbereichen schneiden, indem Sie eine Schnittfläche in Form eines Rechtecks, eines Polygons oder eines Kreises um die zu schneidende Fläche zeichnen. Die Maße der Schnittfläche können Sie auch während des Zeichnens in die Objektmaßanzeige eingeben. Wände, Gruppen und Symbole lassen sich mit dem Werkzeug **Schneiden** nicht bearbeiten. [...]
(siehe Vectorworks-Hilfe [1])

Das Werkzeug *Schneiden* (**2**) ist ein Unterwerkzeug des Werkzeugs *Wegschneiden* (**3**) (siehe Seite 51).

• In der Methodenzeile wählen Sie die erste Methode - *Schnittfläche löschen* (**4**) und die fünfte Methode - *Polygon* (**5**) aus.

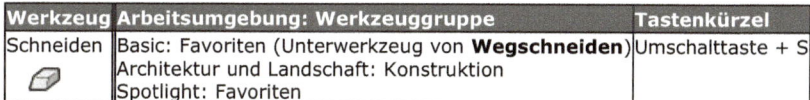
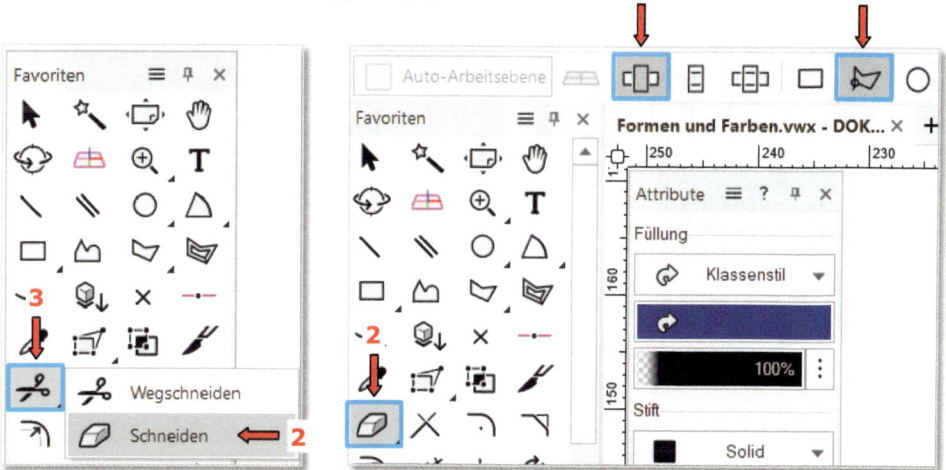

161

3. Formen und Farben

- Zeichnen Sie das Polygon, wie auf Seite 154 gezeigt, von Punkt **1** bis Punkt **8**: geben Sie die entsprechenden Maße während des Zeichnens in der Objektmaßanzeige ein (**6**). `L: 18   W: 90°` ⬅ **6**

Von Punkt **1** bis Punkt **2**:

- Starten Sie mit einem Klick auf Punkt **1** (**7**).
- Bewegen Sie den Mauszeiger senkrecht nach oben (**8**), die Objektmaßanzeige erscheint (**6**).
- Betätigen Sie die Tabulatortaste ⇄, um den Mauszeiger in das erste Eingabefeld der Objektmaßanzeige zu setzen.
- Geben Sie über die Tastatur den Wert für die Länge L: 18 mm (**9**) ein.
- Bestätigen Sie die Eingabe mit der Eingabetaste ↵.

Vectorworks zeigt nun einen rot gestrichelten Hilfskreis (**10**) mit einem Radius von 18 mm um den Anfangspunkt **1** an.
Das Winkelmaß wird durch den Intelligenten Zeiger vorgeschlagen → 90° (**11**), unterstützt durch den aktiven Fangmodus *An Winkel ausrichten*.

- Bestätigen Sie die Winkeleingabe mit der Eingabetaste.
- Klicken sie auf Punkt **2**.

Von Punkt **2** bis Punkt **3**:

- Bewegen Sie den Mauszeiger nach links (**12**) und tragen Sie die Werte: in die Objektmaßanzeige ein: L: 11; W: 180° (**13**).
- Bestätigen Sie zweimal mit der Eingabetaste.
- Wiederholen Sie diesen Vorgang für die weiteren Punkte **4**, **5**, **6** und **7**, wie auf Abbildung (**14**) dargestellt.
- Schließen Sie den letzten Polygonzug mit einem Klick auf den Startpunkt **1/8** ab (**15**).

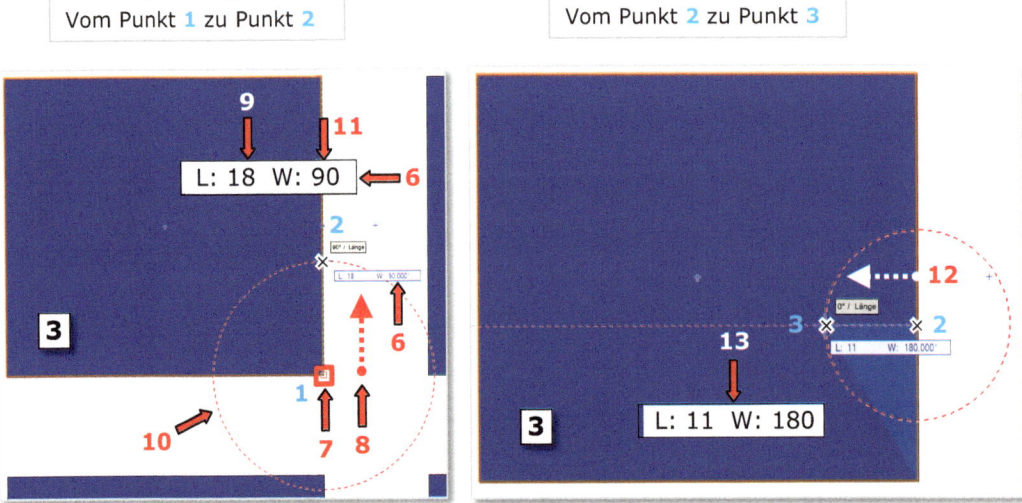

Vom Punkt **1** zu Punkt **2**

Vom Punkt **2** zu Punkt **3**

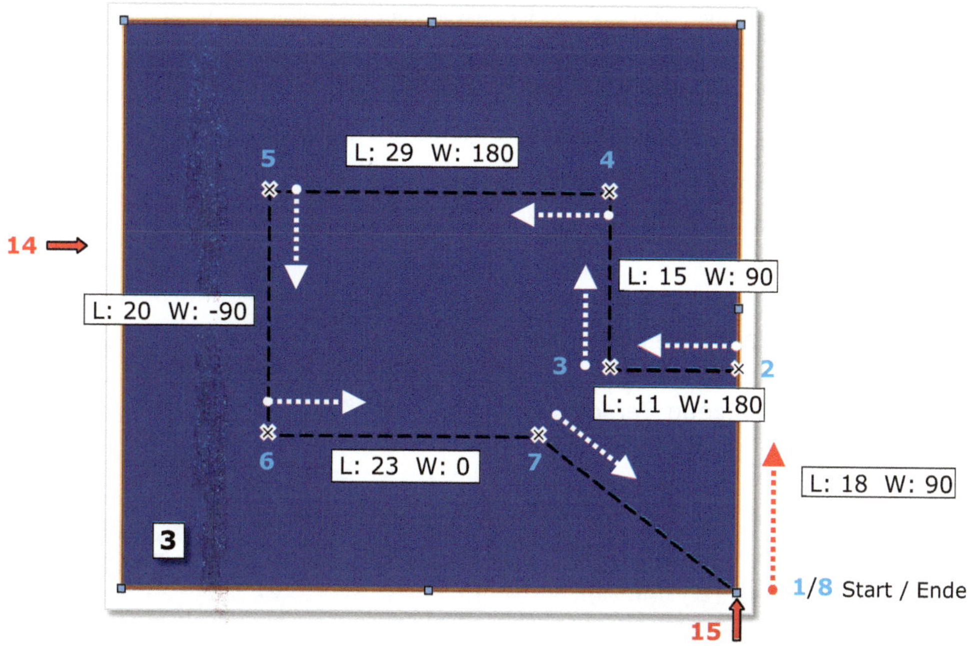

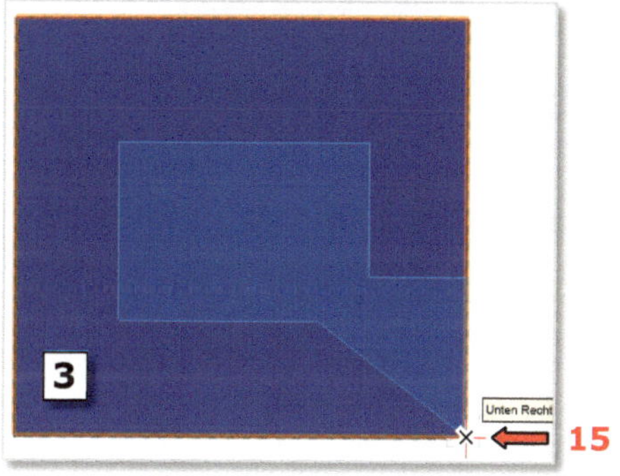

3. Formen und Farben

3.5 Rechteck 4

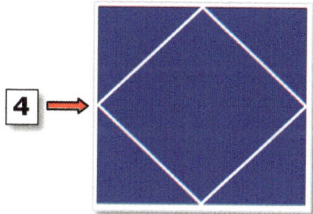

Aufgabe:

Zerschneiden Sie *Rechteck 4* in vier Polylinien
(vier Dreiecke) und zeichnen Sie eine Raute in der Mitte.

Zerschneiden

Objekte zerschneiden

Werkzeug	Arbeitsumgebung: Werkzeuggruppe	Tastenkürzel
Zerschneiden	Basic und Spotlight: Favoriten Architektur und Landschaft: Konstruktion	Umschalttaste + Z

Das Werkzeug **Zerschneiden** zerschneidet Objekte.

163

3. Formen und Farben

Wird ein Objekt zerschnitten, kann sich sein Objekttyp ändern. Eine zerschnittene Dachfläche erzeugt z. B. einen geschnittenen Vollkörper, der nicht mehr als Dachfläche bearbeitet werden kann.
[...] **Objekte mit Schnittlinie zerschneiden**
Die Methode **Mit Leitlinie** zerschneidet 2D-Objekte, NURBS-Kurven und -Flächen, Vollkörper und Ansichtsbereiche entlang einer Schnittlinie auf der Bildschirmebene.
Gehen Sie folgendermaßen vor:
1. Aktivieren Sie das Werkzeug **Zerschneiden** und die Methode **Mit Leitlinie** sowie eine der Methoden **Alle Objekte** oder **Aktivierte Objekte**.
2. Ziehen Sie eine Leitlinie durch das Objekt, das zerschnitten werden soll. Das Objekt wird markiert.
Das Objekt wird entlang der Schnittlinie zerschnitten und alle Teile bleiben an ihrer Position in der Zeichnung.
[...] (siehe Vectorworks-Hilfe [1])

Anleitung:

Rechteck **4** auf vier Dreiecke (Polylinien) zerschneiden:

- Wählen Sie das Werkzeug *Zerschneiden* (**1**) aus der Favoriten-Palette und in der Methodenzeile:
die zweite Methode - *Mit Leitlinie* (**2**) und die vierte Methode - *Alle Objekte* (**3**) aus.

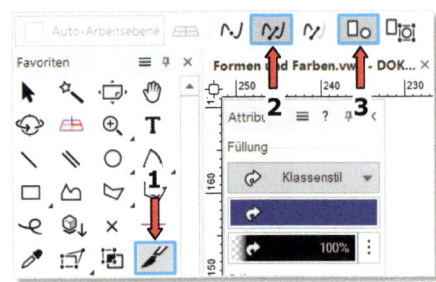

- Ziehen Sie eine Linie (**4**) von der Mitte der linken Seite **1** bis zur Mitte der oberen Seite **2** von *Rechteck* **4**.

Rechteck **4** wurde in zwei Teile zerlegt **A** und **B**. Aus dem Rechteck (**6**) sind zwei Polylinien (**7**) entstanden (siehe Informationen-Objekt-Palette).

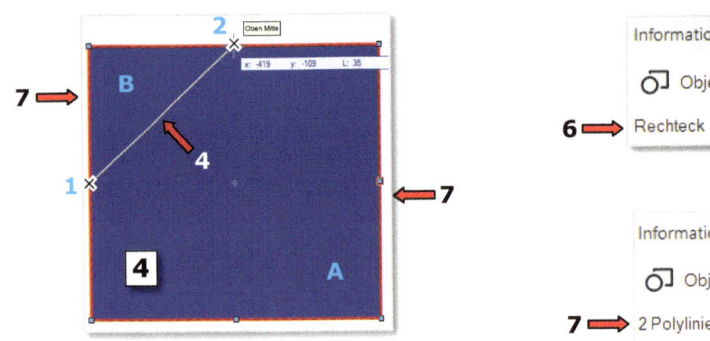
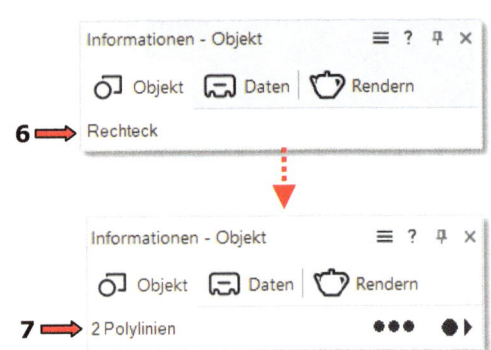

- Zerschneiden Sie die Polylinie **C**:
- Ziehen Sie eine Linie von Punkt **2** bis zum Mittelpunkt der rechten Seite → Punkt **3** (**8**).

Rechteck **4** wurde in drei Polylinien zerlegt, **A**, **B** und **C**.

- Zerschneiden Sie die verbleibende Polylinie **D** von *Rechteck* **4**:
- Ziehen Sie eine Linie von Punkt **3** bis zum Mittelpunkt der unteren Seite → Punkt **4** (**9**).
- Ziehen Sie eine Linie von Punkt **4** bis zum Punkt **1**.

3. Formen und Farben

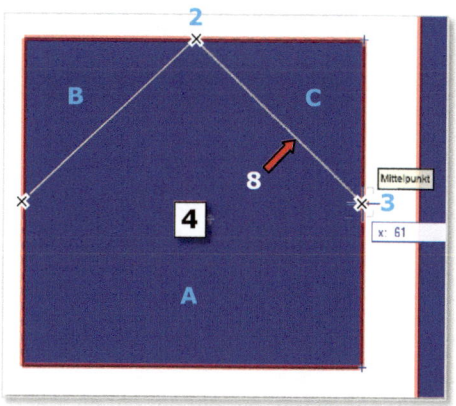
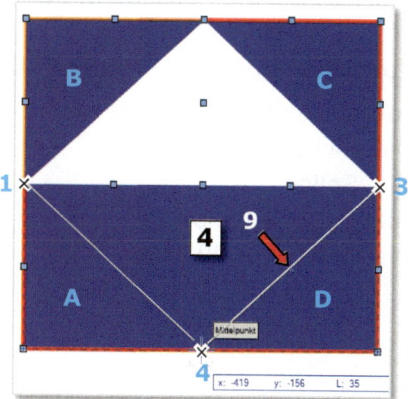

Es sind vier gleiche offene Polylinien **A**, **B**, **C** und **D** (**10**) und eine leere Fläche **E** (in Form einer Raute) in der Mitte, entstanden (**11**).

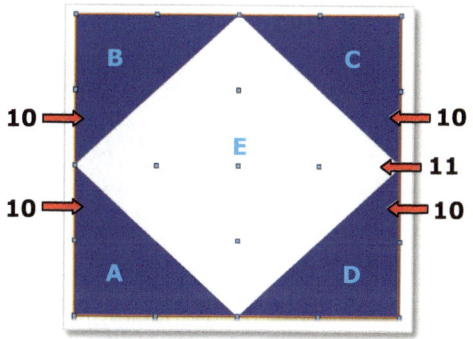
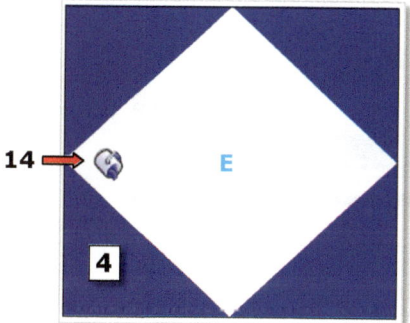

Füllen Sie die leere Fläche **E** mit einem Polygon aus:

- Wählen Sie in der Favoriten-Palette das Werkzeug *Polygon* (**12**) und die zweite Methode - *Aus umschließenden Objekten* (**13**) aus.
- Klicken Sie in die leere Fläche **E** (**14**).

Es wurde eine offene Polylinie gezeichnet (**15**).

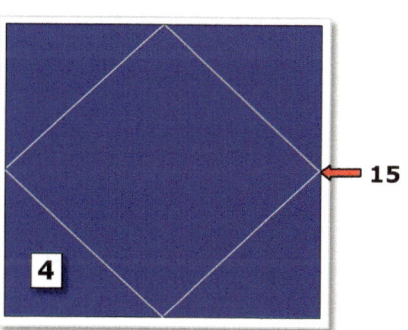
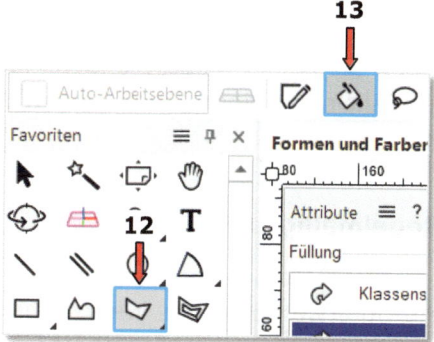

3. Formen und Farben

- Schließen Sie die Polylinie mit dem Befehl *Schließen* (**17**) in der Informationen-Objekt-Palette (**16**).
- Ändern Sie die Linienfarbe und Liniendicke der Polylinie:
  Stift: Solid
  Linienfarbe in Weiß (**18**)
  Liniendicke in 2,00 (**19**).

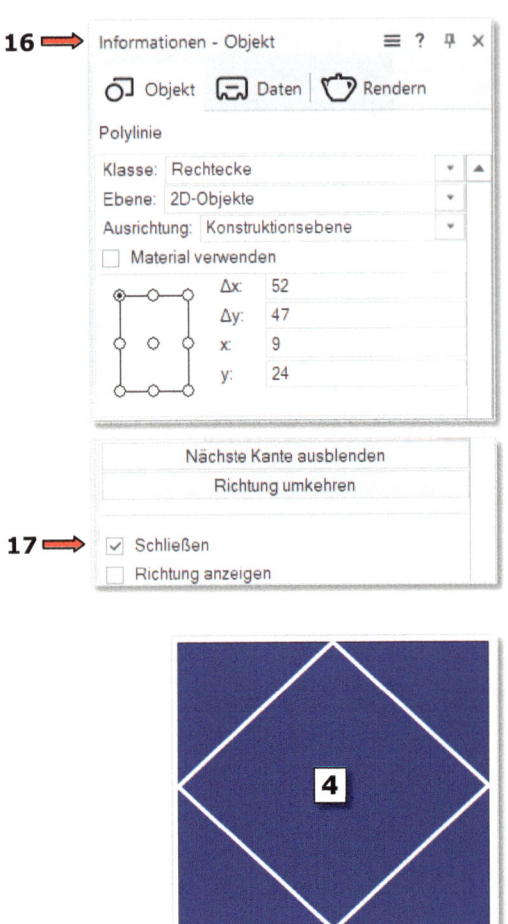

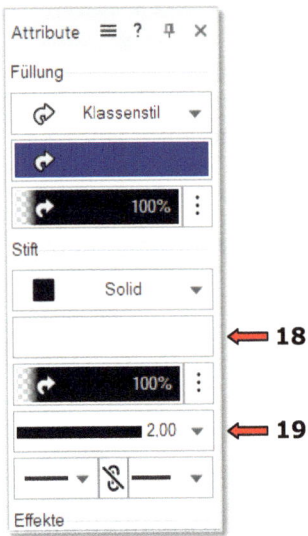

Ergebnis

3.6 Rechteck 5

Aufgabe:

Schneiden Sie vier regelmäßige Sechsecke (Seitenlänge 8 mm) aus *Rechteck 5* aus. Zeichnen Sie zu der resultierenden Fläche eine Parallele mit einem Abstand von 3 mm.

Anleitung:

1. **Regelmäßiges Vieleck**

Das regelmäßige Sechseck wird mit dem Werkzeug *Regelmäßiges Vieleck* (**2**) (→ ein Unterwerkzeug des Werkzeugs *Polygon* - **1**) gezeichnet:

- Klicken Sie auf den kleinen Pfeil unten rechts, auf das Symbol „Polygon" (**1**) (oder klicken Sie mit der RMT auf das Werkzeug *Polygon*).

3. Formen und Farben

Das Symbol „Polygon" (**1**) öffnet sich und zeigt zwei weitere Unterwerkzeuge an.
- Wählen Sie das Werkzeug *Regelmäßiges Vieleck* (**2**) aus.
- Wählen Sie in der Methodenzeile die dritte Methode - *Definiert durch Seite* (**3**) aus.
- Die Anzahl der Ecken soll 6 betragen → „Anzahl Ecken:" 6 (**4**).

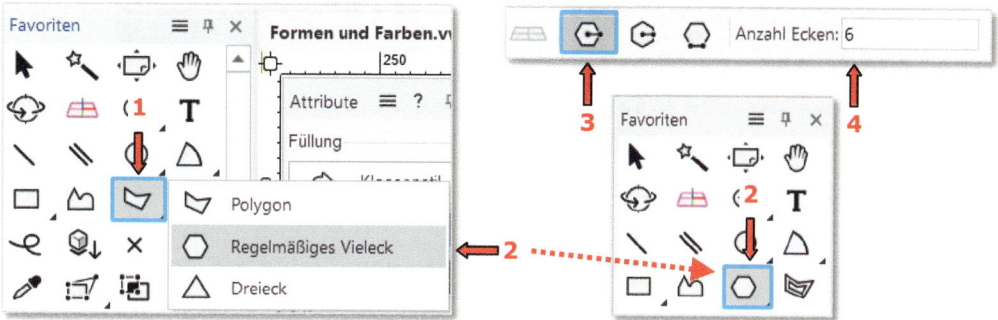

Beginnen Sie in der oberen rechten Ecke von *Rechteck* **5**:
- Klicken Sie auf die obere rechte Ecke **1** von *Rechteck* **5** und bewegen Sie den Mauszeiger nach links (**5**):
- In die nun erscheinende Objektmaßanzeige tragen Sie die Seitenlänge von 8 mm ein: L: 8 (**6**).
- Bestätigen Sie mit OK.

Ein rot gestrichelter Hilfskreis (**7**) wird angezeigt.
- Klicken Sie auf den Schnittpunkt des Hilfskreises und der oberen Seite von *Rechteck* **5** → Punkt **2**.

Das Sechseck wurde oben rechts gezeichnet (**8**).

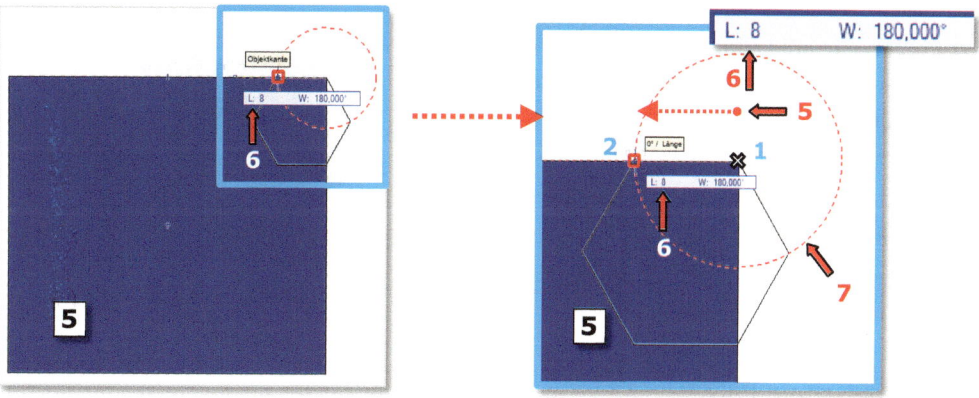

- Spiegeln Sie es an die linke obere Ecke mit dem Werkzeug *Spiegeln* und der zweiten Methode - *Duplikat*.

Die Spiegelachse soll senkrecht durch die Mitte von *Rechteck* **5** verlaufen (**9**).

3. Formen und Farben

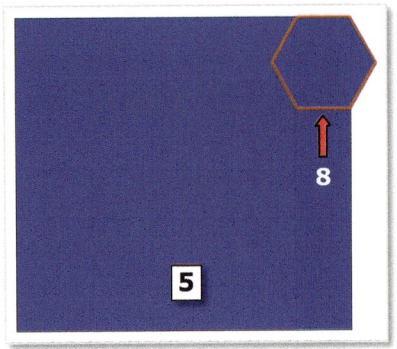
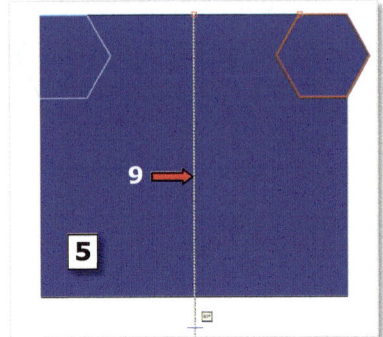

- Aktivieren Sie beide oben gezeichneten Sechsecke und spiegeln Sie diese nach unten.

Die Spiegelachse soll waagerecht durch die Mitte von *Rechteck 5* verlaufen (**10**).

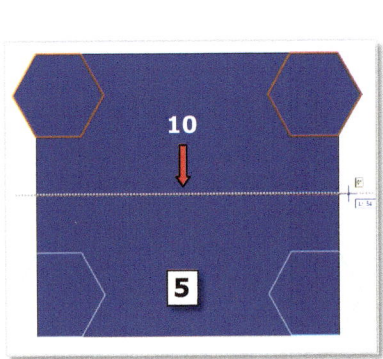
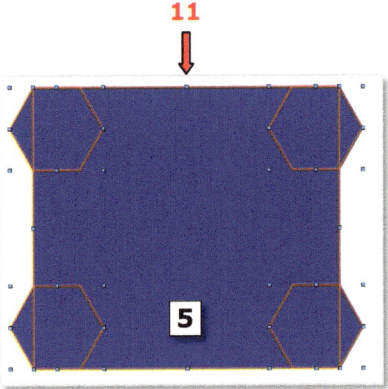

Schnittfläche löschen

- Aktivieren Sie alle vier Sechsecke und *Rechteck 5* (**11**) und gehen Sie in der Menüzeile zu dem Befehl:
  Ändern – Schnittfläche löschen.

Die Schnittfläche wurde aus *Rechteck 5* ausgeschnitten.

- Die Sechsecke sind noch aktiv und können jetzt gelöscht werden.
  Drücken Sie die Entf-Taste.

Das Ergebnis ist ein Polygon (**12**).

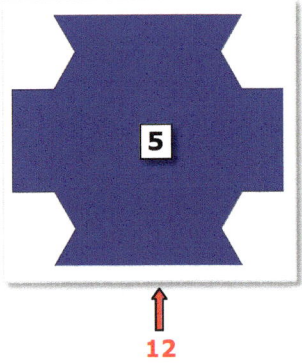

3. Formen und Farben

Parallele

Eine Parallele mit einem Abstand von 3 mm soll zum entstandenen Polygon gezeichnet werden.

- Aktivieren Sie Polygon **5** (**12**) und um die Parallele nach innen zu zeichnen:
- Wählen Sie in der Favoriten-Palette das Werkzeug *Parallele* , in der Methodenzeile die erste Methode - *Mit bestimmten Abstand* (**13**) und die dritte Methode - *Originalobjekt behalten* (**14**) aus.
- Der Abstand der Parallele zum Originalobjekt soll 3 mm betragen: „Abstand:" 3 (**15**).
- Klicken Sie inerhalb von Polygon **5** (**16**).

Die Parallele wurde innerhalb von Polygon **5** gezeichnet und ist noch aktiv (**17**).

- Ändern Sie ihre Farbe in der Attribute-Palette in Solid – Classic 038 (**18**) um.

Ergebnis

169

3. Formen und Farben

3.7 Rechteck 6

Aufgabe:

Schneiden Sie eine Torbogenform aus *Rechteck 6* aus (siehe Abbildung **1**).

Zeichnen Sie zu der entstandenen Polylinie **6** eine Parallele mit einem Abstand von 3 mm. Schneiden Sie diese von der Polylinie aus.
Unterteilen Sie die rechte Hälfte der neu entstandenen Polylinie senkrecht in 15 gleiche Teile.

- Aktivieren Sie im Zeigerfang-Set (**2**)
  die Fangmodi:
  - *An Objekt ausrichten*
  - *An Winkel ausrichten*
  - *An Punkt ausrichten.*

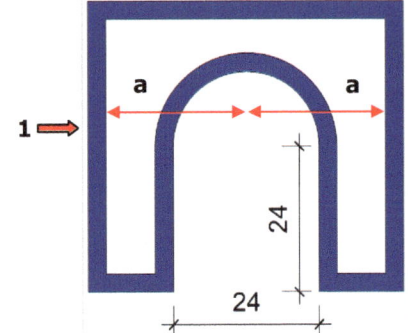

Anleitung:

Schneiden

Das Werkzeug *Schneiden* ist ein Unterwerkzeug des Werkzeugs *Wegschneiden* (siehe Seite 51).

- Aktivieren Sie *Rechteck 6*.
- Schneiden Sie eine kreisförmige Fläche aus *Rechteck 6* aus
  (mit dem Werkzeug *Schneiden* aus der Favoriten-Palette):
- In der Methodenzeile aktivieren Sie die erste Methode - *Schnittfläche löschen* (**3**) und die sechste Methode - *Kreis* (**4**).

- Klicken Sie auf den Mittelpunkt von *Rechteck 6* (M).
- Bewegen Sie den Mauszeiger leicht zur Seite (**5**):
- In die nun erscheinende Objektmaßanzeige tragen Sie den Wert für den Radius 12 mm ein, L: 12 (**6**).
- Drücken Sie die Eingabetaste, um die Eingabe zu bestätigen.

Ein rot gestrichelter Hilfskreis (**7**) wird eingeblendet.

- Drücken Sie die Eingabetaste erneut.

Die kreisförmige Fläche wurde aus *Rechteck 6* ausgeschnitten (**8**).

3. Formen und Farben

Das Rechteck wurde zu einer Polylinie. (siehe Informationen-Objekt–Palette).

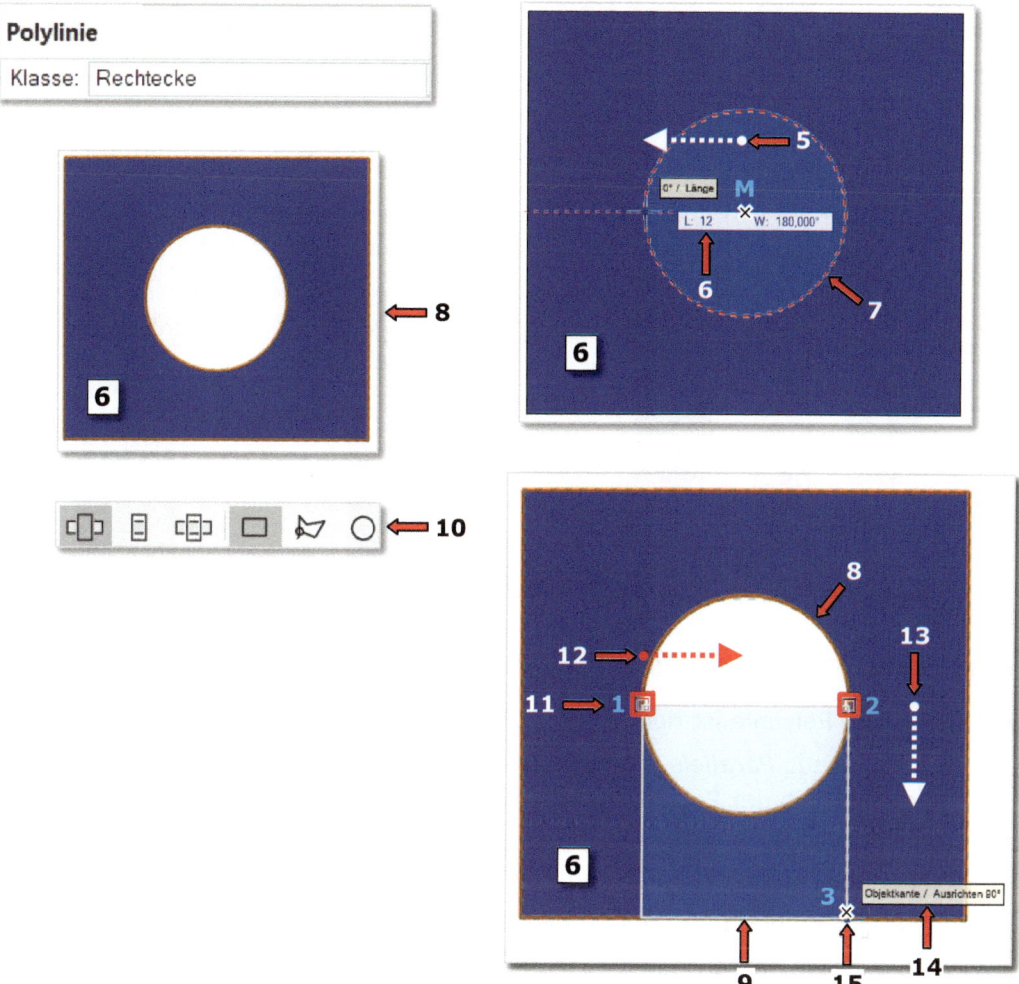

Eine rechteckförmige Fläche (**9**) soll unter dem ausgeschnittenen Kreis (**8**) ausgeschnitten werden.

Die Polylinie und das Werkzeug *Schneiden* sind aktiv.

- Ändern Sie in der Methodenzeile die sechste Methode - *Kreis* zu der vierten Methode - *Rechteck* (**10**).

- Schneiden Sie eine rechteckige Fläche aus *Rechteck 6* aus, indem Sie auf den linken Quadrant-Punkt des Kreises (Punkt **1**) klicken (**11**) und dann den Mauszeiger, ohne zu klicken, zu dem rechten Quadrant-Punkt des Kreises (Punkt **2**) bewegen (**12**).

Der Intelligente Zeiger markiert mit Hilfe des eingeschalteten Fangmodus *An Punkt ausrichten* den Ausrichtpunkt **2** mit einem kleinen roten Quadrat.

- Bewegen Sie den Mauszeiger von Ausrichtpunkt **2** aus, ohne zu klicken, senkrecht nach unten (**13**).

3. Formen und Farben

Eine grün gestrichelte Hilfslinie erscheint.

- Bewegen Sie den Mauszeiger entlang dieser Hilfslinie bis zu der unteren Seite von Polylinie **6** (Punkt **3**).
- Wenn der Text „Objektkante/Ausrichten 90°" (**14**) erscheint, klicken Sie auf Punkt **3** (**15**).

Eine Fläche in Form eines Torbogens wurde aus *Rechteck* **6** ausgeschnitten (**16**).

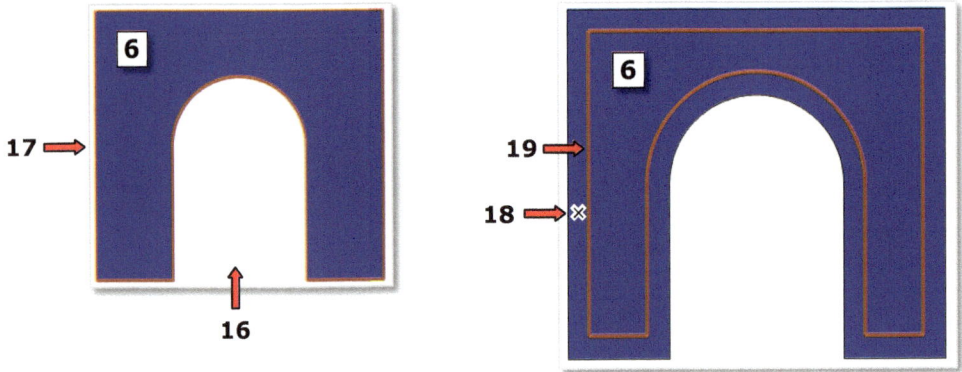

Parallele

Eine Parallele soll zu Polylinie **6** gezeichnet werden.

Die gezeichnete Polylinie ist noch aktiv (**17**).

- Mit dem Werkzeug *Parallele* aus der Favoriten-Palette erstellen Sie eine Parallele innerhalb der Polylinie:
- In der Methodenzeile wählen Sie die erste - *Mit bestimmten Abstand* und die dritte Methode - *Originalobjekt behalten* aus.
- Der Abstand zwischen den zwei Parallelen soll 3 mm betragen → Abstand: 3.
- Klicken Sie innerhalb Polylinie **6** (**18**), damit die Parallele innerhalb der Polylinie erzeugt wird (**19**).

Schnittfläche löschen

Die Fläche der Parallele soll aus Polylinie **6** ausgeschnitten werden.

- Aktivieren Sie die beiden Polylinien (Polylinie **6** und Parallele) (**20**).
- Gehen Sie in der Menüzeile zu dem Befehl: Ändern – Schnittfläche löschen.

Die Schnittfläche der Parallelen wurde ausgeschnitten. Die Parallele bleibt erhalten und ist noch aktiv.

- Drücken Sie die Entf-Taste und die Parallele wird gelöscht (**21**).

3. Formen und Farben

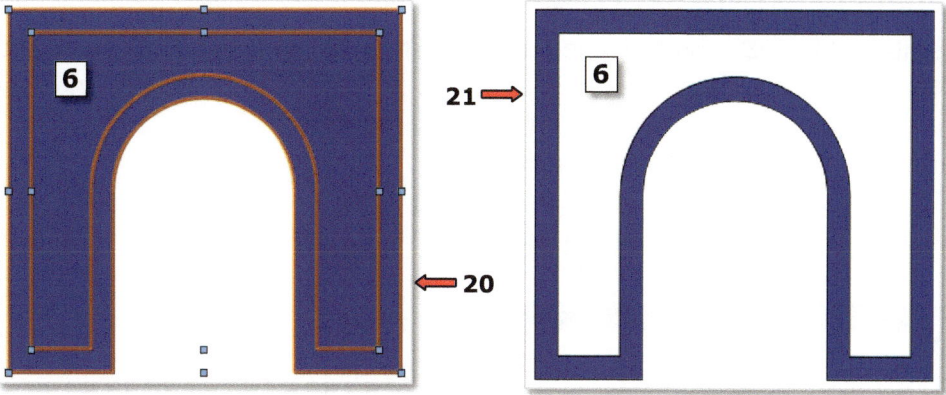

Mit Linien unterteilen

Die rechte Hälfte der Polylinie soll mit 15 waagerechten (parallelen) Linien unterteilt werden.

- Zeichnen Sie zwei Linien (**22**), oben **A** und unten **B**, auf die Innenseiten von Polylinie **6**.
- Gehen Sie zu dem folgenden Befehl in der Menüzeile: Ändern – Mit Linien unterteilen… (**23**).

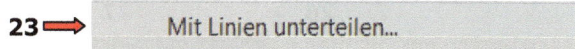

Objekte mit Linien unterteilen

Mit Hilfe des Befehls **Mit Linien unterteilen** (Menü **Ändern**) lässt sich der Raum zwischen zwei bestehenden Linien mit beliebig vielen Linien unterteilen. Die ursprünglichen Linien können dabei parallel oder in einem Winkel zueinander liegen.
1. Wählen Sie **Ändern > Mit Linien unterteilen**.
2. Klicken Sie auf die beiden Linien, deren Zwischenraum unterteilt werden soll.
3. Klicken Sie an die Stelle, an der die Anfangs- bzw. Endpunkte der Unterteilungslinien liegen sollen. Eine senkrechte Linie (bei parallelen Linien) bzw. ein Kreisbogen (bei gewinkelten Linien) zeigt dabei die Linie an, auf der die Punkte zu liegen kommen.
HINWEIS: Liegen Anfangs- und Endpunkt auf der gleichen Linie, werden statt Linien Punktobjekte zur Unterteilung verwendet.
Geben Sie im Dialogfenster „Mit Linien unterteilen" ein, in wie viele Teile der Raum zwischen den beiden Linien unterteilt werden soll. […] (siehe Vectorworks-Hilfe [1])

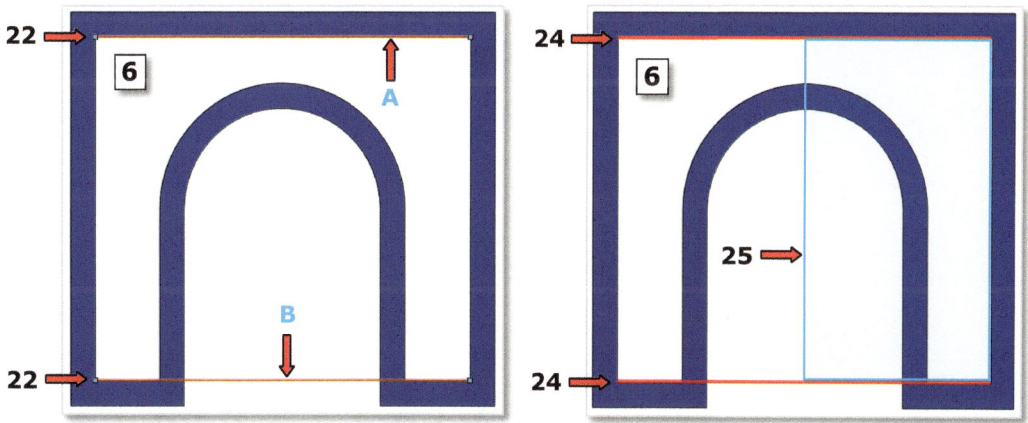

3. Formen und Farben

- Aktivieren Sie beide Linien (**24**) nacheinander.

Die rechte Hälfte (**25**) von Polylinie **6** soll zwischen diesen Linien (**24**) unterteilt werden.

- Legen Sie den Startpunkt der Unterteilung fest (**26**)
  (= die Mitte der unteren Linie - Punkt **4**).
- Legen Sie den Endpunkt der Unterteilung fest (**27**)
  (= rechtes Ende der unteren Linie - Punkt **5**).

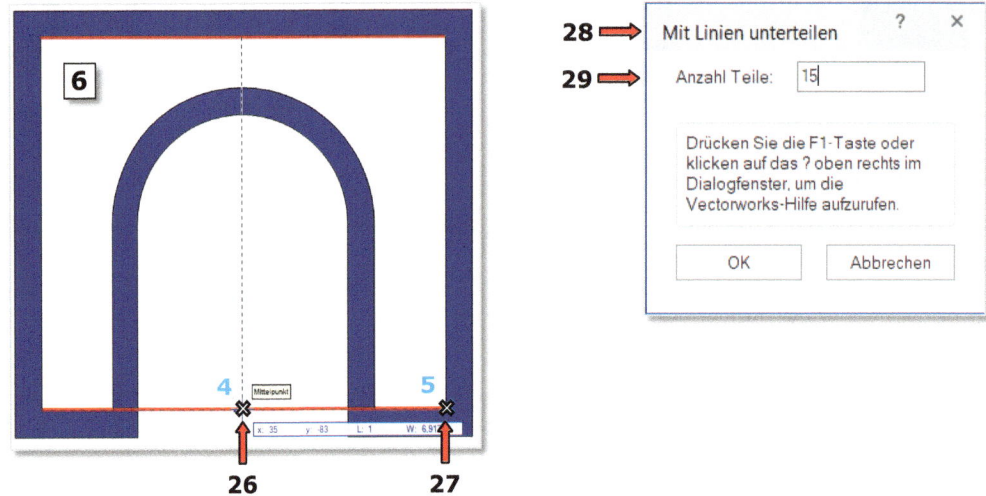

- In das nun erscheinende Dialogfenster „Mit Linien unterteilen" (**28**) tragen Sie ein, in wie viele Teile die Fläche (**25**) unterteilt werden soll:
- In das Eingabefeld „Anzahl Teile:" tragen Sie 15 ein (**29**).
- Bestätigen Sie mit OK.

Die rechte Hälfte von Polylinie **6** wurde senkrecht in 15 gleiche Teile unterteilt (**30**).

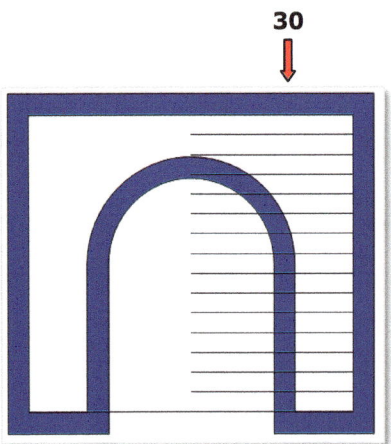

3. Formen und Farben

Gesamtergebnis

3.8 Zusatzaufgaben

In dieser Übung wird gezeigt wie man:
- einen bereits im Zubehör-Manager vorhandenen Farbverlauf bearbeiten und anpassen kann,
- eine eigene Schraffur,
- ein eigenes Mosaik und
- eine eigene Linienart erstellen kann,
- und letztlich, wie alle diese Attribute dann bestimmten Objekten zugewiesen werden können.

3.8.1 Farbverlauf bearbeiten
dieser wird *Polygon 3* zugewiesen

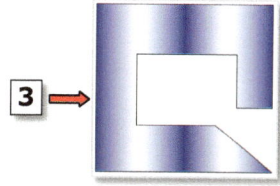

Verläufe

Verläufe anlegen und bearbeiten
Ein Verlauf ist ein allmählicher Übergang zwischen zwei oder mehr Farben und/oder Transparenzen. Verläufe werden über den Zubehör-Manager definiert und dort gespeichert.
Änderungen an einer Verlaufsdefinition wirken sich auf alle Instanzen dieses Verlaufs in der Zeichnungsdatei aus.
Gehen Sie folgendermaßen vor:

3. Formen und Farben

1. Führen Sie einen der folgenden Schritte aus:
   - Um eine neue Verlaufsdefinition anzulegen, klicken Sie im Zubehör-Manager auf **Zubehör anlegen**, wählen im Dialogfenster "Zubehör" **Verlauf** und klicken auf **OK**. Sie können stattdessen auch im Zubehör-Manager unter **Zubehörtyp** "Verläufe" wählen und dann auf **Neuer Verlauf** klicken.
   - Um eine neue Verlaufsdefinition zu erzeugen, die auf einem bestehenden Verlauf basiert, klicken Sie im Zubehör-Manager mit der rechten Maustaste auf das Zubehör und wählen im Kontextmenü **Duplizieren**. Geben Sie der neuen Verlaufsdefinition im Dialogfenster "Name" den gewünschten Namen. Klicken Sie mit der rechten Maustaste auf das neue Zubehör und wählen Sie im Kontextmenü **Bearbeiten**.
   - Um eine bestehende Verlaufsdefinition zu bearbeiten, klicken Sie im Zubehör-Manager mit der rechten Maustaste auf das Zubehör und wählen im Kontextmenü **Bearbeiten**.

   Das Dialogfenster "Verlauf bearbeiten" öffnet sich.
2. Geben Sie dem Verlauf-Zubehör einen Namen und wählen Sie die Start- und Endfarben für das Segment sowie deren Deckkraft. Verläufe können aus mehreren Segmenten und mehr als zwei Farben bestehen. Um einen Verlauf mit mehr als zwei Farben zu erzeugen, klicken Sie in den Farbregler-Bereich. Dies fügt einen Farbregler und einen Mittelpunktregler zum Verlauf hinzu. Jeder Farbregler verfügt über einen eigenen Wert für die Deckkraft.

Bestimmen Sie die Position eines gewählten Farb- oder Mittelpunktreglers, indem Sie diesen an die gewünschte Stelle ziehen oder dessen Position unter **Position** eingeben. [...] (siehe Vectorworks-Hilfe [1])

Anleitung:

Suchen Sie den Farbverlauf Blau-Weiß-Blau in dem Zubehör-Manager aus:

- Öffnen Sie den Zubehör-Manager, indem Sie in der Menüzeile zu dem Befehl gehen: *Fenster* (**1**) – *Paletten* (**2**) – *Zubehör-Manager* (**3**).

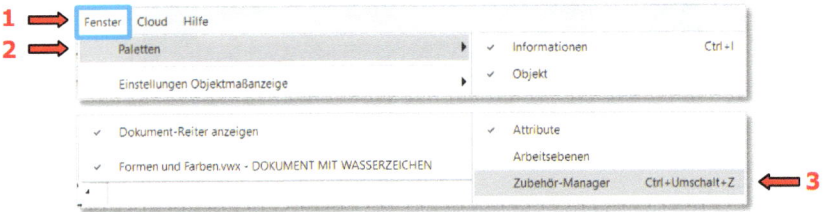

Der Zubehör-Manager wird geöffnet (**4**). Damit er beim Scrollen offenbleibt, klicken Sie auf die Stecknadel (**F**) auf der rechten Seite der Titelleiste.

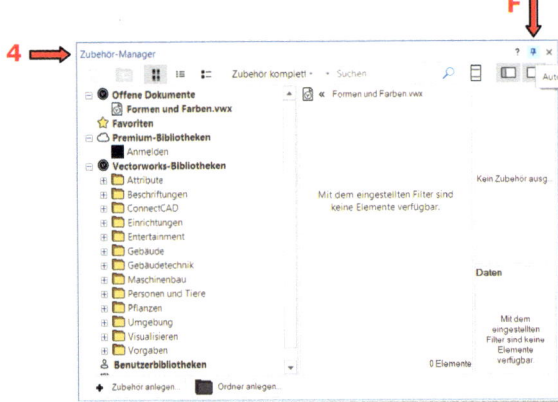

- Wählen Sie aus den Vectorworks-Bibliotheken (**5**) im Navigationsbereich, den Zubehör-Ordner „Attribute" (**6**) aus:

3. Formen und Farben

- Wählen Sie aus diesem den Unterordner „Farbverläufe" (**7**) und öffnen Sie die Datei „Farbverläufe.vwx" (**8**), in welcher Farbverläufe gespeichert sind.

Auf der rechten Seite, in der Zubehörliste (**9**), wird der Inhalt der ausgewählten Datei „Farbverläufe.vwx" (**8**) angezeigt.

- Suchen Sie den Farbverlauf Blau-Weiß-Blau (**10**) aus.

Um dieses Symbol (Verlauf) ändern zu können, müssen Sie es zuerst in ihr Dokument importieren.

- Klicken Sie mit der RMT auf diesen.
- Aus dem nun erscheinenden Kontextmenü wählen Sie den Befehl *Importieren* (**11**) aus.

Das Dialogfenster „Zubehör importieren" (**12**) wird geöffnet.

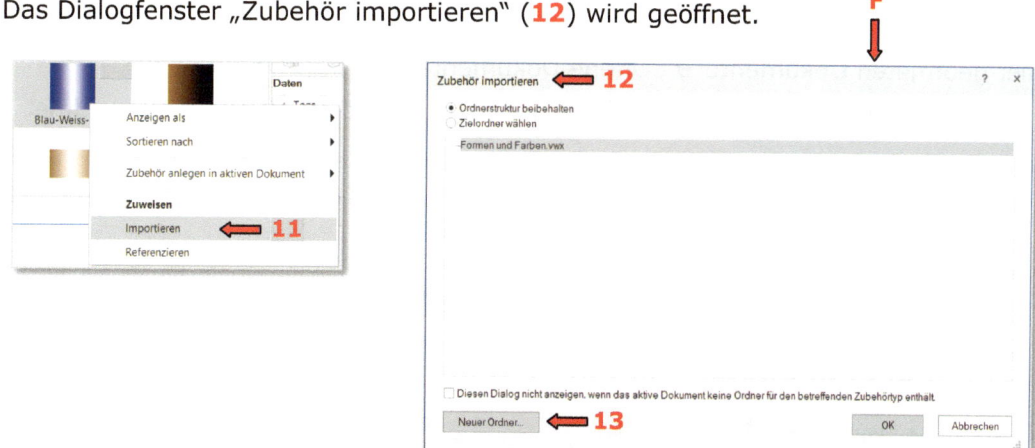

177

3. Formen und Farben

- Erstellen Sie einen neuen Zubehör-Ordner, indem Sie auf die Schaltfläche „Neuer Ordner..." (**13**) klicken.
- Es erscheint ein neues Dialogfenster „Name" (**14**), in dem Sie dem neuen Ordner einen Namen geben können, z.B. „Farbverläufe" (**15**).
- Bestätigen Sie mit OK (**16**).

Der neue Ordner „Farbverläufe" wird erstellt und in dem Dialogfenster „Zubehör importieren" (**17**) angezeigt → (**18**).

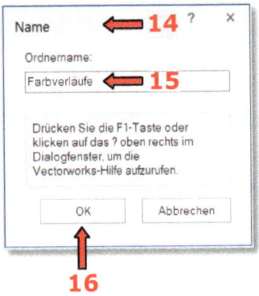
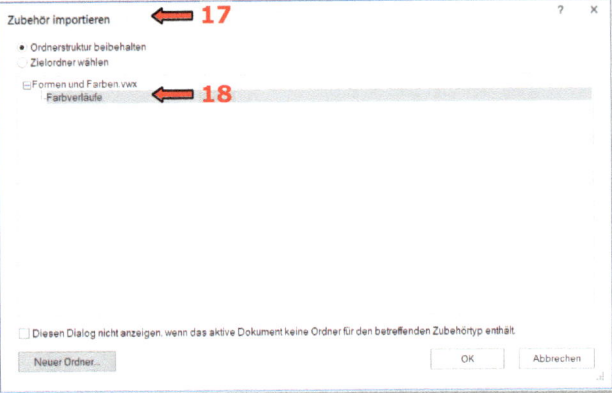

- In dem Dialogfenster „Zubehör importieren" (**17**) aktivieren Sie die Option „Zielordner wählen" (**19**) und markieren Sie den Ordner „Farbverläufe" (**20**).

- Bestätigen Sie die Eingaben in dem Dialogfenster mit OK.

Im Navigationsbereich des Zubehör-Managers werden alle Ihre gerade geöffneten Dokumente (**21**) angezeigt. An dieser Stelle haben Sie Zugriff auf alle Symbole aller geöffneten Dokumente → „Offene Dokumente" (**21**).

- Mit einem Klick auf die Datei „Formen und Farben.vwx" (**22**) wird diese geöffnet.

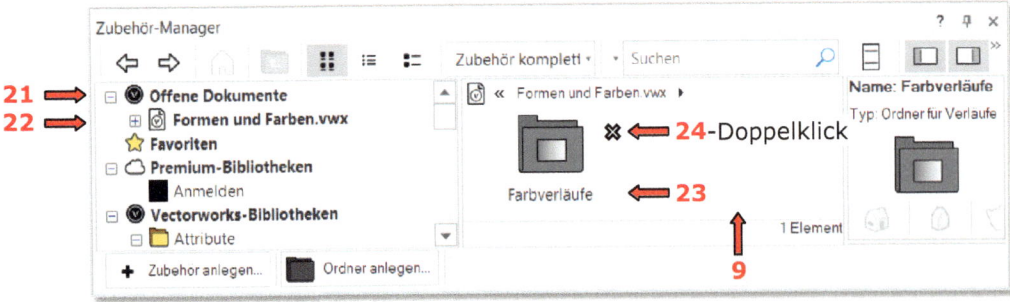

Auf der rechten Seite, in der Zubehörliste (**9**), wird der neue Ordner „Farbverläufe" angezeigt (**23**).

- Mit einem Doppelklick (**24**) öffnen Sie diesen Ordner.

In diesem befindet sich der importierte Farbverlauf Blau-Weiß-Blau (**25**).

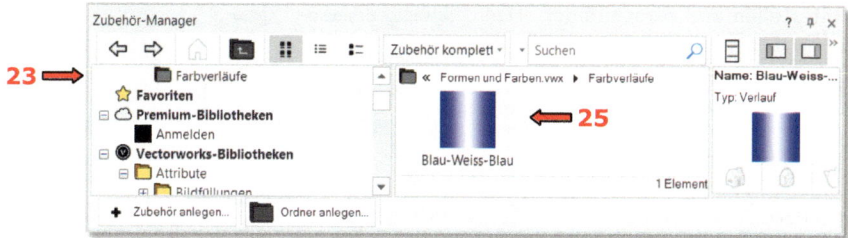

Der Farbverlauf Blau-Weiß-Blau soll zuerst umbenannt und erst dann bearbeitet werden.

- Klicken Sie mit der rechten Maustaste (RMT) auf das Symbol → Zubehör Blau-Weiß-Blau (**26**) und wählen Sie aus dem nun erscheinenden Kontextmenü den Befehl *Umbenennen...* (**27**) aus:

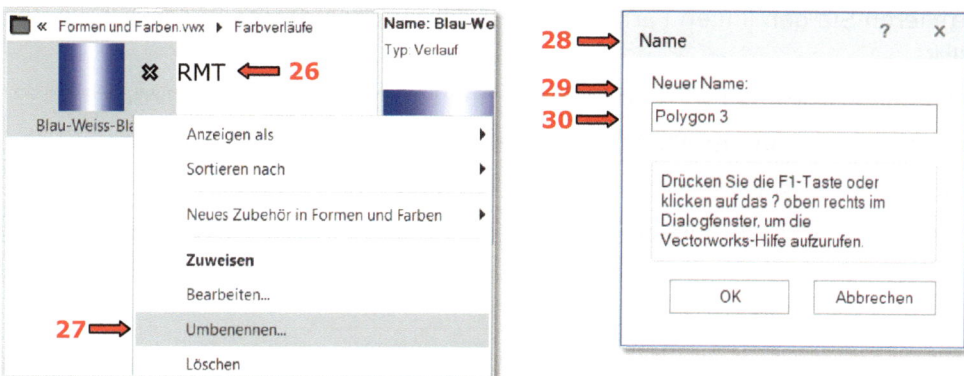

- Das Dialogfenster „Name" (**28**) erscheint.
- Tragen Sie in das Eingabefeld „Neuer Name:" (**29**) den Namen, z.B. **Polygon 3** (**30**), ein.
- Bestätigen Sie mit OK.

3. Formen und Farben

1. Farbverlauf bearbeiten

- Klicken Sie mit der RMT auf das Symbol → Zubehör **Polygon 3** (**31**).
- Aus dem nun erscheinenden Kontextmenü wählen Sie den Befehl *Bearbeiten...* (**32**) aus:

 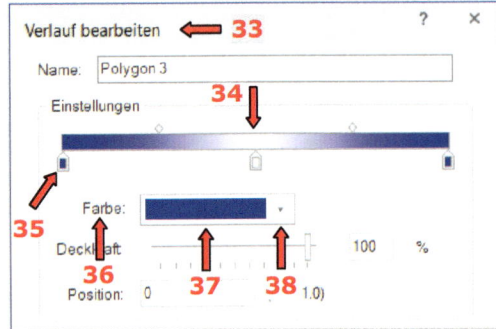

Das Dialogfenster „Verlauf bearbeiten" (**33**) wird geöffnet. Hier können Sie mehrere Veränderungen vornehmen, z.B. einen anderen Blauton beim linken Farbregler (**35**) auswählen.

- Aktivieren Sie den linken Farbregler (**35**), unter der Vorschau (**34**) mit einem Klick.

Die aktuelle Farbe (**37**) wird im Einblendmenü „Farbe" (**36**) angezeigt.

- Mit einem Klick auf den Pfeil (**38**) öffnet sich das Einblendmenü „Farbe" (**39**).
- Öffnen Sie die Registerkarte „Benutzerdefiniert" (**40**):
- Wählen Sie den Farbraum „RGB" (**41**), indem Sie daraufklicken.

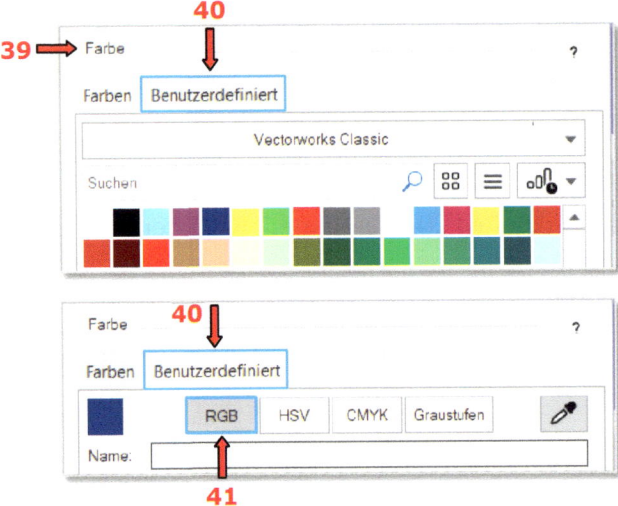

- Bestimmen Sie im nun erscheinenden Dialogfenster „Farbe" (**42**) die Farbe aus der Mischung der drei Grundfarben Rot, Grün und Blau:
  Rot: 89; Grün: 89; Blau: 160 (**43**).

Die Farbe wurde geändert (**44**).

3. Formen und Farben

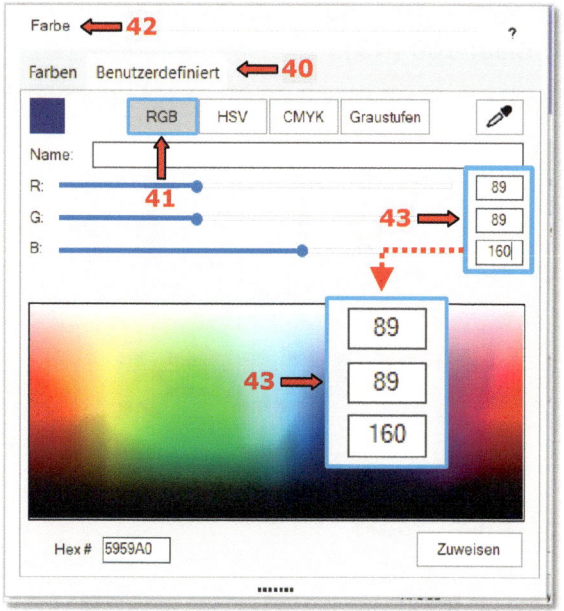
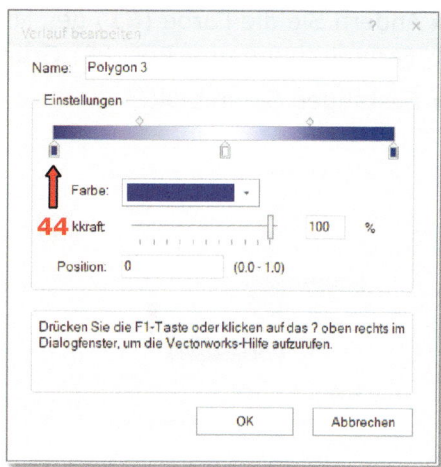

- Wiederholen Sie dies beim rechten Farbregler (**45**).

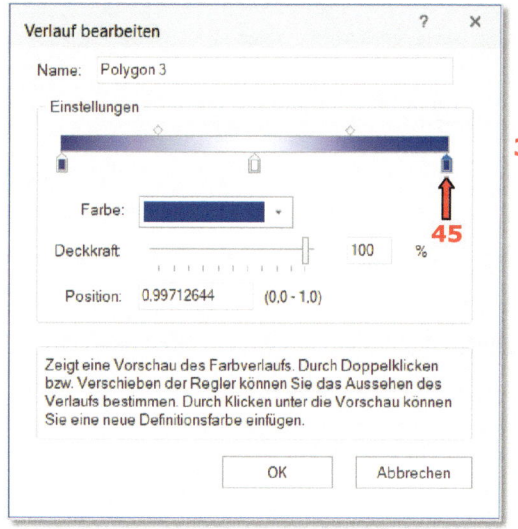
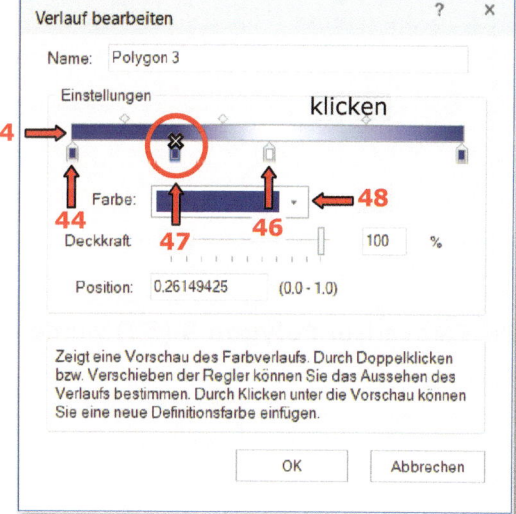

2. Neue Farbe, neuen Farbregler hinzufügen

- Klicken Sie unter der Vorschau (**34**) in die Mitte zwischen dem linken blauen (**44**) und dem mittleren weißen (**46**) Farbregler.

Dadurch wird ein weiterer neuer Farbregler erzeugt (**47**).

- Im Einblendmenü „Farbe" (**48**) ändern Sie dessen Farbe in Weiß (**49**).
- Wiederholen Sie dies zwischen dem mittleren weißen (**46**) und dem rechten blauen Farbregler (**45**) → es wird ein weiterer neuer Farbregler erzeugt (**50**).

3. Formen und Farben

- Ändern Sie die Farbe (**51**) des Mittleren Farbreglers (**46**) in die folgende Farbmischung um: Rot: 89; Grün: 89; Blau: 160 (**43**).
- Bestätigen Sie mit OK.

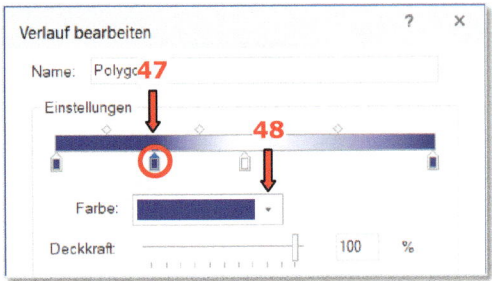
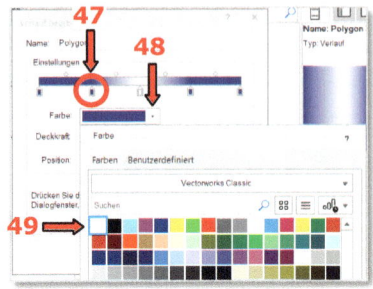
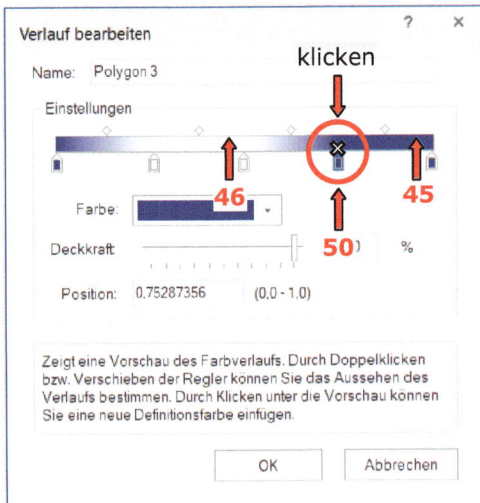
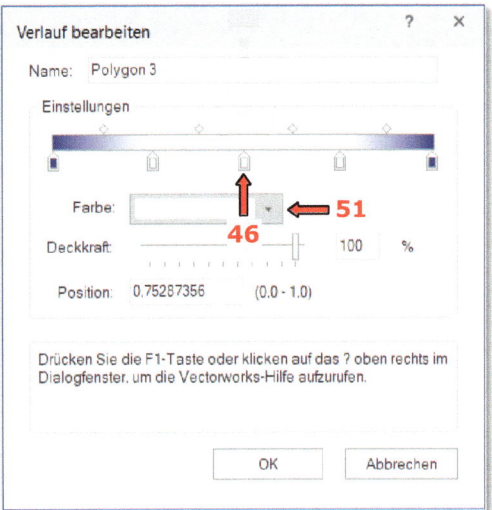

Der Farbverlauf **Polygon 3** (**52**) wurde erstellt.

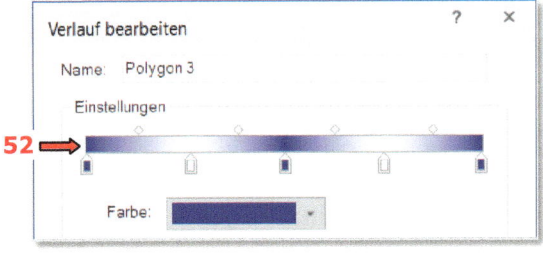

HINWEIS: Einen Farbregel können Sie entfernen, indem Sie ihn anklicken und von dem Vorschaubereich (Farbreglerbereich) wegziehen.

3. Farbverlauf zuweisen

Der Farbverlauf soll *Polygon 3* mit der Drücken-Ziehen-Loslassen-Methode zugewiesen werden.

- Klicken Sie auf das Symbol → den Farbverlauf **Polygon 3** (**53**) in dem Zubehör-Manager und ziehen Sie den Mauszeiger (**54**), gedrückt, bis zu *Polygon 3* (**55**).
- Wenn der Mauszeiger bei *Polygon 3* ankommt, wird er rot markiert (**56**).
- Lassen Sie den Mauszeiger los.

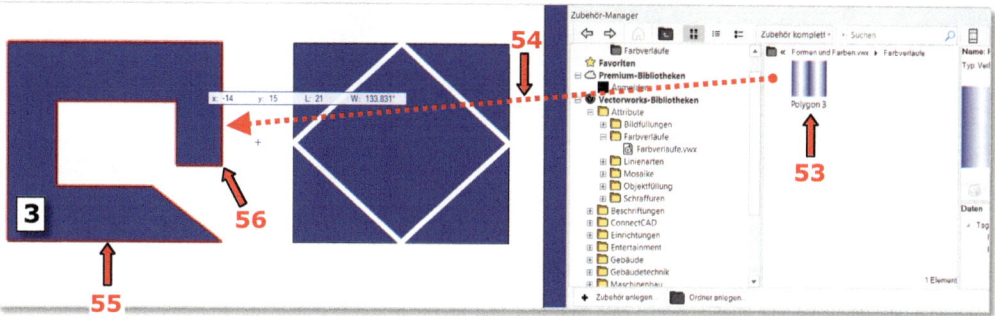

Farbverlauf weiterbearbeiten

Der Farbverlauf kann weiterbearbeitet werden, indem das Werkzeug *Füllung und Textur bearbeiten* verwendet wird.

- Wählen Sie das Werkzeug *Füllung und Textur bearbeiten* (**57**) in der Favoriten-Palette aus.

- Klicken Sie auf *Polygon 3* (**58**).
- Es erscheint eine Referenzlinie (**59**), mit der Sie den ausgewählten Farbverlauf verändern können.

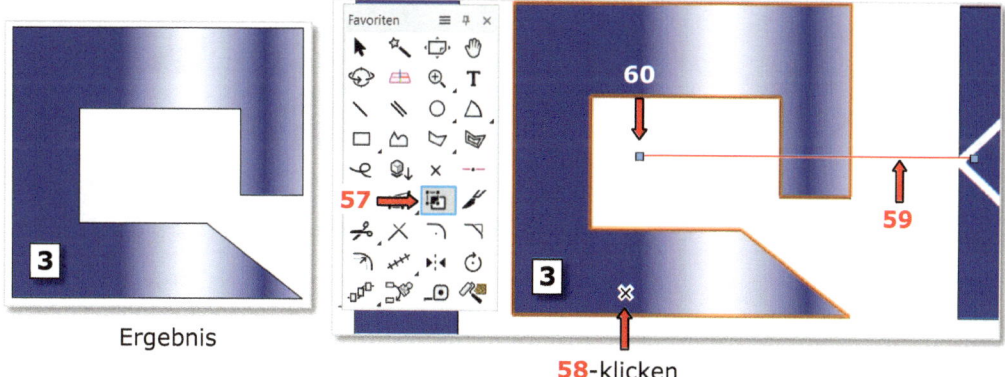

Die Referenzlinie kann verschoben, rotiert oder an den Modifikationspunkten skaliert und gezogen werden.

3. Formen und Farben

- Packen Sie die Referenzlinie am linken Modifikationspunkt (**60**) und verschieben Sie diese (**61**) mit der gedrückten LMT auf die Mitte der linken Innenseite von *Polygon 3* (**62**).

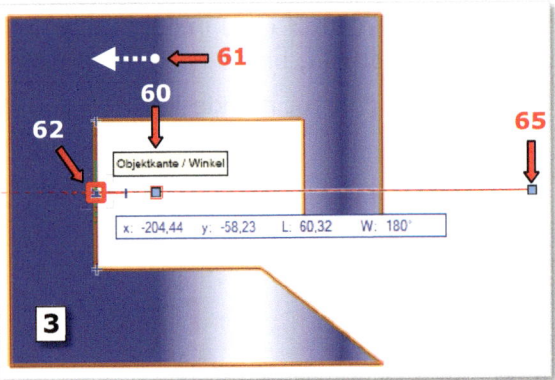

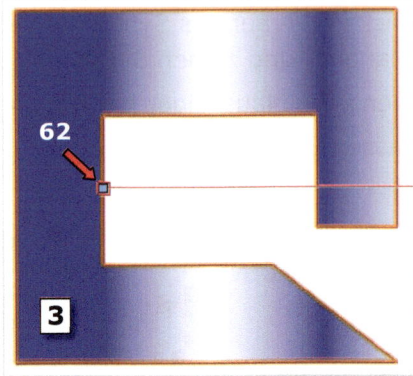

Ergebnis

Mit dem Ziehen an den Modifikationspunkten der Referenzlinie können Sie den Farbverlauf skalieren oder nur auf einen Teil des Objektes begrenzen (→ wenn die Option „Wiederholen" in der Attribute-Palette nicht eingeschaltet ist).

- Verkleinern Sie die Referenzlinie (**63**), indem Sie:
- Den linken Modifikationspunkt der Referenzlinie (**62**) auf die Mitte der linken Außenseite von *Polygon 3* (**64**) ziehen.
- Den rechten Modifikationspunkt (**65**) bis auf die senkrechte Mittelachse von *Polygon 3* (**66**) ziehen (**67**).
- Oder verkleinern Sie die Referenzlinie, indem Sie den rechten Modifikationspunkt (**64**) bis zu Punkt **A** ziehen → siehe Abbildung (**68**).

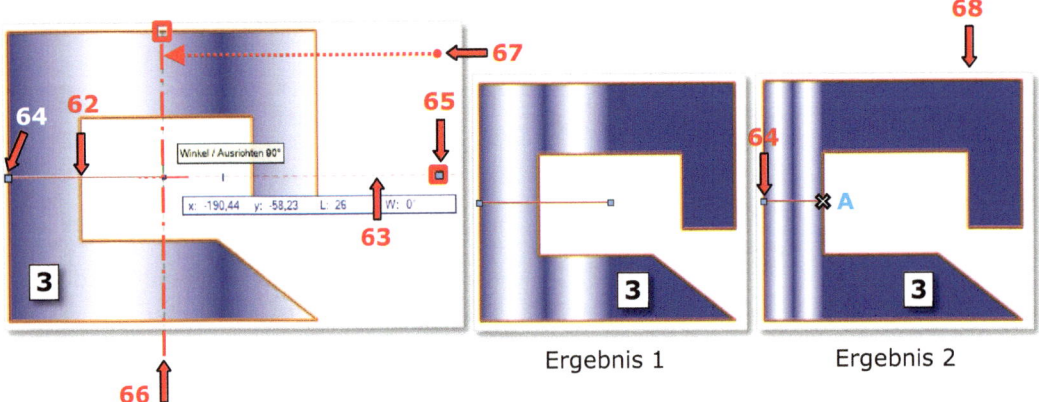

3. Formen und Farben

3.8.2 Individuelle Linienart anlegen
diese wird *Polylinie 1* zugewiesen

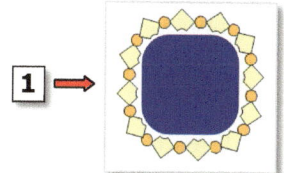

Linienarten anlegen und bearbeiten

Linienarten sind zweidimensionale Geometrien, die sich entlang eines Pfads von einem Mittelpunkt aus in beide Richtungen wiederholen. Bei den geometrischen Elementen kann es sich um einfache Strichlinien handeln oder um komplexe 2D-Formen mit Füllungen. Die Linienfarbe und -dicke einer Linienart sind nicht Teil der Zubehördefinition. Wurde eine Linienart einem Objekt zugewiesen, können Sie über die Attributpalette Farbe und Dicke der Linien des Objekts festlegen. Komplexe Linienarten lassen sich einem aktivierten Objekt auch lokal zuweisen. Dies ermöglicht mehr Flexibilität, so dass mehrere Objekte z. B. dieselbe Linienart, jedoch mit unterschiedlichen Farben verwenden können. [...]
[...] Gehen Sie folgendermaßen vor:
1. Führen Sie einen der folgenden Schritte aus:
    - Um eine neue Linienartendefinition zu erzeugen, klicken Sie im Zubehör-Manager auf **Zubehör anlegen** und wählen im Dialogfenster "Zubehör" **Linienart**. Sie können auch im Zubehör-Manager als **Zubehörtyp** "Linienarten" wählen und dann auf **Neue Linienart** klicken.
    - Um eine neue Linienartendefinition auf Grundlage einer bestehenden Linienart anzulegen, klicken Sie im Zubehör-Manager mit der rechten Maustaste auf das Zubehör und wählen im Kontextmenü **Duplizieren**. Geben Sie der neuen Linienartendefinition im Dialogfenster "Name" einen Namen. Klicken Sie im Zubehör-Manager mit der rechten Maustaste auf das neue Zubehör und wählen Sie im Kontextmenü **Bearbeiten**. [...] (siehe Vectorworks-Hilfe [1])

Erstellen Sie eine komplexe Linienart, die aus zwei unterschiedlichen 2D Objekten besteht, wie in Abbildung **1** dargestellt.

Zeichnen Sie die folgenden zwei Objekte:

1. Ein Quadrat mit den Maßen 6 x 6 mm, um 45° gedreht und an der unteren Ecke kreisförmig ausgeschnitten, mit einem Radius von 3 mm (**2**)
    → es entsteht eine Polylinie.
2. Einen Kreis mit einem Radius von 2 mm (**3**).

WICHTIG: Alle Maße sind in Millimetern (mm) angegeben.

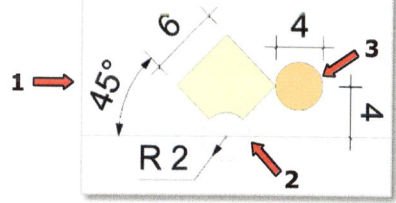

Mit dem Befehl *Linienart anlegen* können Sie neue Linienarten im Zubehör-Manager erstellen. Dabei wird ein Bearbeitungsmodus geöffnet, in dem Sie die Geometrie zeichnen können, die die Linie bilden soll.

Im Bearbeitungsmodus kann das Zeichnen erschwert sein, da neben dem gezeichneten Objekt gleichzeitig zwei Wiederholungen (**4**, **5**) angezeigt werden. Sie können diese Wiederholungen ein- oder ausschalten (**6**), indem sie das Kontextmenü öffnen (→ klicken Sie mit der RMT auf eine leere Stelle im Bearbeitungsmodus).

Die Geometrie könnte auch zuerst auf dem Plan bzw. der Zeichenfläche gezeichnet und anschließend in den Modus „Linienart bearbeiten" hineinkopiert und positioniert werden.

3. Formen und Farben

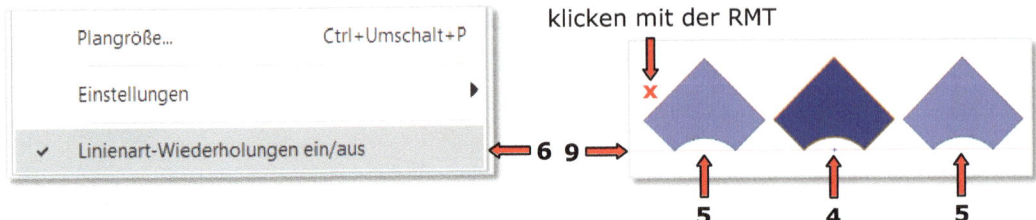

Zeichnen Sie die Elemente der neuen Linienart auf dem Plan bzw. der Zeichenfläche. Die gezeichneten Objekte werden später in den Modus „Linienart bearbeiten" hineinkopiert.

1. Linienmuster zeichnen (Polylinie + Kreis)

- Zeichnen Sie eine Hilfslinie **L** mit einer Länge von 50 mm (**7**) außerhalb des Zeichenblattes (**8**).

Die Objekte werden entlang dieser Linie **L** gezeichnet und so positioniert, wie sie zur **x**-Achse (**9**) im Bearbeitungsmodus, ausgerichtet sein sollen.

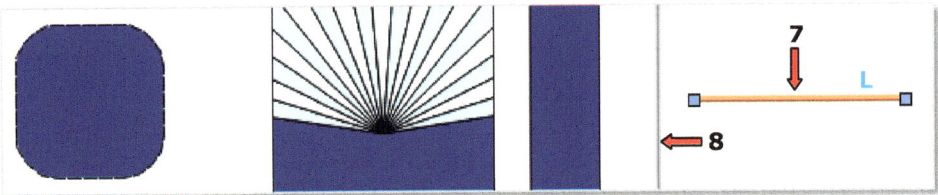

- Zeichnen Sie ein Quadrat mit den Maßen 6 x 6 mm über das Dialogfenster „Objekt anlegen" (**10**). Tragen Sie die folgenden Werte ein:
  - Δx: 6 (**11**)
  - Δy: 6 (**12**)
  - Winkel: 45° (**13**)
  - In der schematischen Darstellung fixieren Sie die untere Ecke (**14**).
  - Aktivieren Sie die Option „Nächster Klick".
- Positionieren Sie das Quadrat auf der Mitte von Linie **L** (**15**).

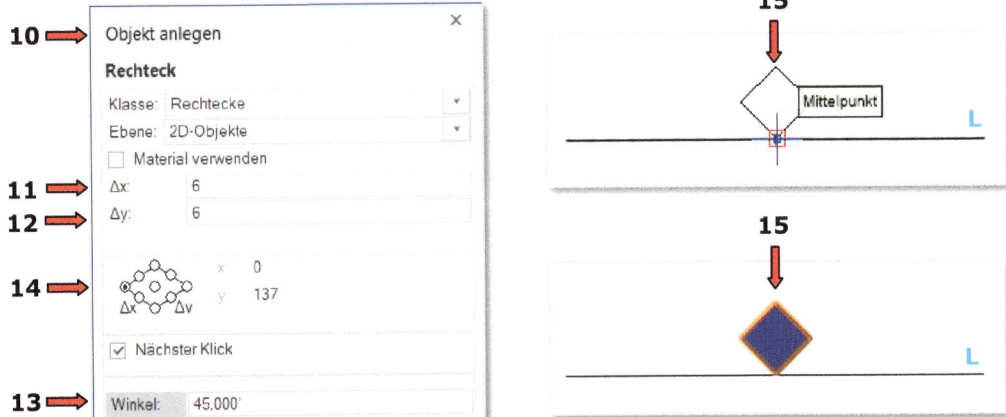

3. Formen und Farben

- Zeichnen Sie einen Hilfspunkt 1 (**17**) an die untere Ecke des Quadrats.

Diesen Punkt werden Sie später benötigen, um die gezeichneten Objekte auf der x-Achse im Bearbeitungsmodus „Linienart" zu positionieren.

Eine kreisförmige Fläche (ein Kreissegment) mit einem Radius von 2 mm soll aus dem Quadrat ausgeschnitten werden.
Das Zentrum des Kreises soll die untere Ecke des Quadrats (**1**) sein.

- Aktivieren Sie das Quadrat (**18**).
- Wählen Sie aus der Favoriten-Palette das Werkzeug *Schneiden* aus, in der Methodenzeile aktivieren Sie die erste Methode - *Schnittfläche löschen* und die sechste Methode – *Kreis*.
- Klicken Sie auf den Punkt 1 (**19**) und ziehen Sie den Kreis leicht zur Seite.
- In die nun erscheinende Objektmaßanzeige tragen Sie für L: 2 ein (**20**).
- Bestätigen Sie zweimal mit der Eingabetaste.

Die Fläche wurde ausgeschnitten (**21**) und aus dem Rechteck wurde eine Polylinie (**22**).

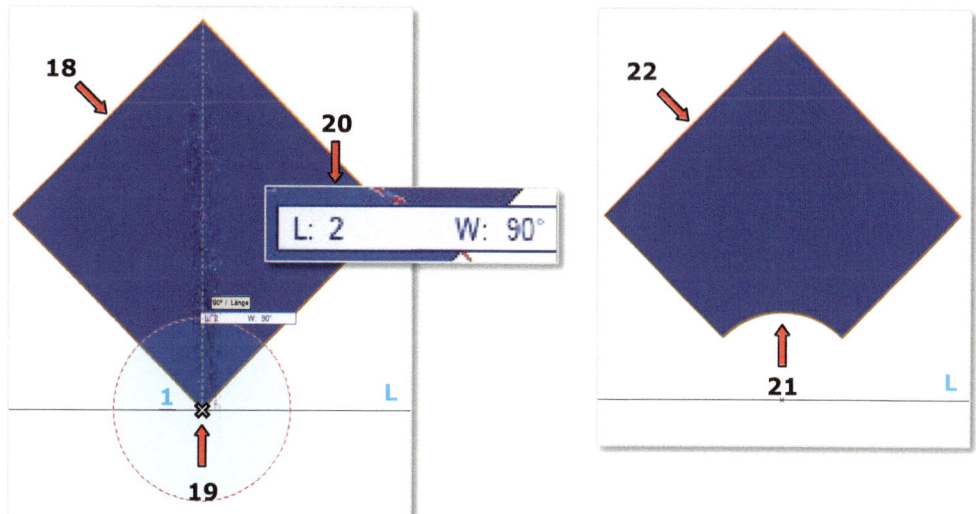

Zeichnen Sie einen Kreis mit dem Radius 2 mm direkt neben die Polylinie:
- Wählen Sie das Werkzeug *Kreis* und die zweite Methode - *Definiert durch Durchmesser* aus.

3. Formen und Farben

- Klicken Sie (**23**) auf die rechte Ecke der Polylinie (**2**) und ziehen Sie den Kreis waagerecht nach rechts (**24**).
- In die nun erscheinende Objektmaßanzeige tragen Sie L: 4 ein (**25**).
- Bestätigen Sie zweimal mit der Eingabetaste.

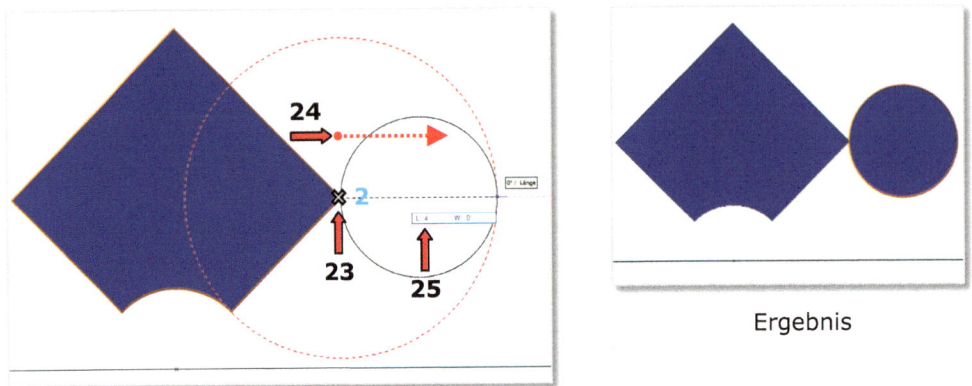

Ergebnis

- Ändern sie in der Attribute-Palette die Farben der zwei gezeichneten Objekte wie folgt:
  - Polylinie → Solid-Farbe: Classic 067, Deckkraft: 65% (**26**)
  - Kreis → Solid-Farbe: Classic 166, Deckkraft: 50% (**27**).

Ergebnis

188

3. Formen und Farben

2. Ordner für Linienarten

Ein „Ordner für Linienarten" soll erstellt werden.
Die drei eben gezeichneten Objekte (Polylinie + Kreis + Punkt) sollen in den Bearbeitungsmodus „Linienart" hineinkopiert werden.

Ein neuer Ordner namens „Linienarten" wird in dem Zubehör-Manager angelegt:

- Öffnen Sie den Zubehör-Manager, den finden Sie in der Menüzeile:
  Fenster – Paletten – Zubehör-Manager.
- Kontrollieren Sie, ob Ihr Dokument „Formen und Farben.vwx" (**29**) im Zubehör-Manager (**28**) aktiv ist (es soll fett markiert sein).
- Klicken Sie mit der LMT auf die Schaltfläche „Ordner anlegen..." (**30**):

Das Dialogfenster „Ordner anlegen" (**31**) wird geöffnet.

- Öffnen Sie die Aufklappliste „Ordnertyp" (**32**) mit einem Klick auf den Pfeil (**33**).
- Wählen Sie den Ordnertyp „Ordner für Linienarten" (**34**) aus:
- Geben Sie dem Ordner den Namen „Linienarten" (**35**).
- Bestätigen Sie mit OK.

Sie haben einen Ordner namens „Linienarten" (**36**) in dem Zubehör-Manager angelegt. In diesem Ordner können nur Zubehörtyp „Linienarten" abgelegt werden.

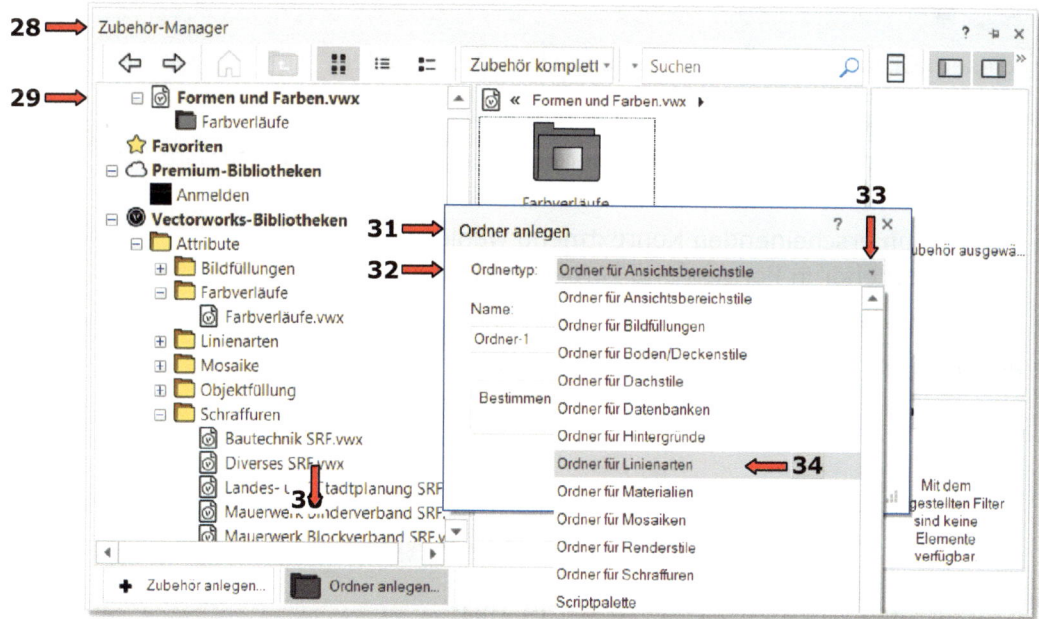

3. Formen und Farben

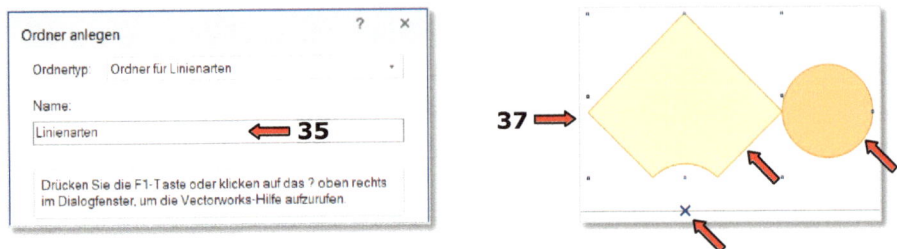

- Verlassen Sie kurz den Zubehör-Manager und kopieren Sie die drei zuvor gezeichneten Objekte in die Zwischenablage, indem Sie:
- Diese drei Objekte (Polylinie, Kreis und Punkt) aktivieren (**37**).
- In der Menüzeile unter dem Menü *Bearbeiten* den Befehl *Kopieren* auswählen.

Die drei Objekte sind nun in der Zwischenablage gespeichert. Öffnen Sie den Zubehör-Manager erneut.

- Mit einem Doppelklick (**38**) öffnen Sie den Ordner „Linienarten" (**36**).

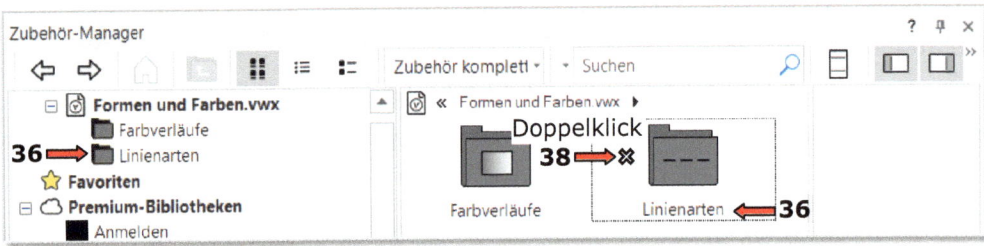

In diesem Ordner werden Sie die neue Linienart erstellen.

Der Ordner „Linienarten" (**36**) wird geöffnet:

- Klicken Sie mit der RMT auf eine leere Stelle (**39**) in der Zubehörliste (**40**) (oder doppelklicken Sie mit der LMT).
- In dem nun erscheinenden Kontextmenü wählen Sie die Aufklappliste „Neues Zubehör in Formen und Farben" (**41**) aus.
- Öffnen Sie die Liste, indem Sie auf den Pfeil rechts klicken (**42**).
- Aus der Liste wählen Sie „Linienart..." (**43**) aus.

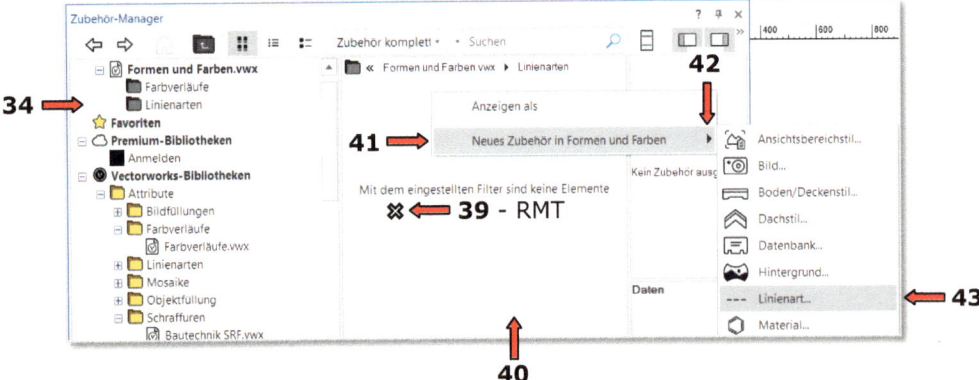

190

3. Formen und Farben

- Es wird ein weiteres Dialogfenster „Linienart anlegen" (**44**) geöffnet:
- Geben Sie der neuen Linienart einen Namen, z.B. „Name:" **Polylinie 1** (**45**).
- Aktivieren Sie die Option „Komplex" (**46**) und „Maßstabsabhängig" (**47**).
- Bestätigen Sie mit OK (**48**).

Der Bearbeitungsmodus „Linienart bearbeiten" (**49**) wurde geöffnet. Dort können komplexe Linienarten gezeichnet oder 2D-Objekte aus der Zwischenablage eingefügt werden.

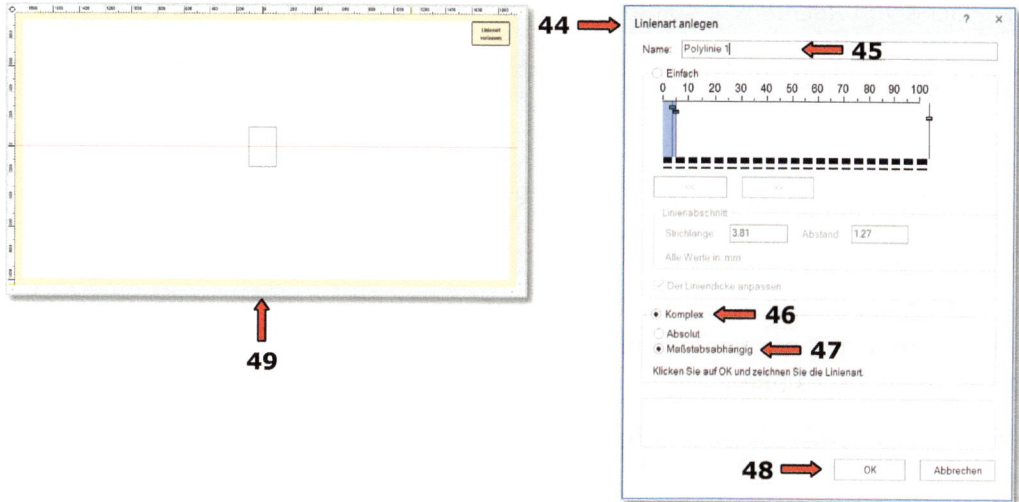

Sie haben die drei zuvor gezeichneten Objekte (Polylinie, Kreis und Punkt) in die Zwischenablage kopiert. Fügen Sie sie im Bearbeitungsmodus ein:

- Gehen Sie in der Menüzeile zu dem folgenden Befehl:
  Bearbeiten (**50**) – *Einfügen* (**51**) – *Einfügen* (**52**).

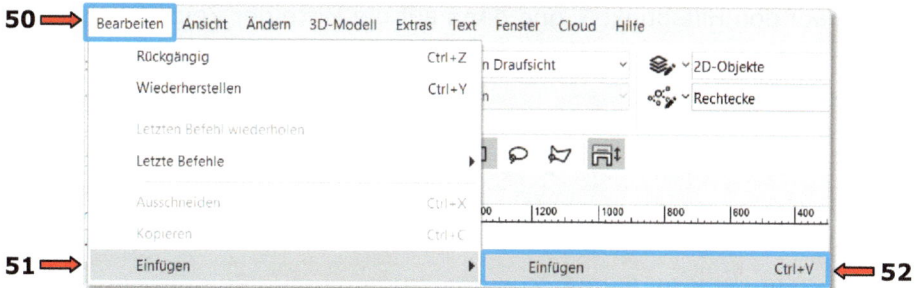

Die drei Objekte (**53**) wurden aus der Zwischenablage in den Bearbeitungsmodus eingefügt. Durch den Hilfspunkt 1 können sie jetzt einfacher positioniert werden.

3. Formen und Farben

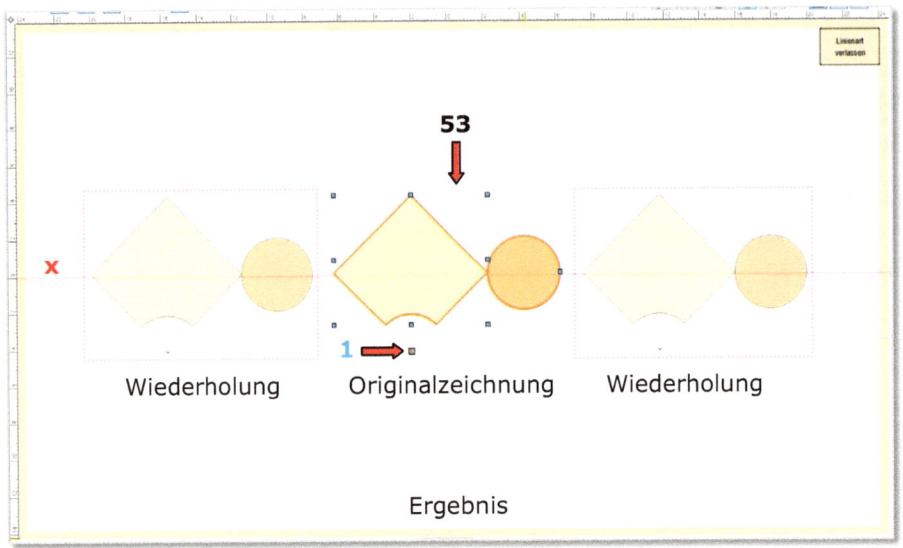

Alle drei Objekte sind noch immer aktiv (**53**).
Sie werden richtig positioniert, indem der Hilfspunkt **1** zur Mitte der Zeichenfläche **M** verschoben wird (die Mitte ist mit einem kleinen „+" markiert → **54**).

- Verschieben (**55**) Sie diese Objekte mit dem Werkzeug *Verschieben* und wählen Sie die erste Methode - *Verschieben* (**56**) aus.

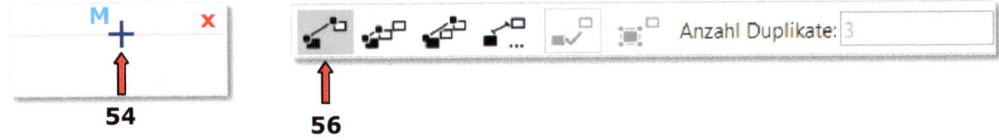

- Klicken sie auf den Hilfspunkt **1** und dann auf die Mitte der Zeichenfläche **M**.

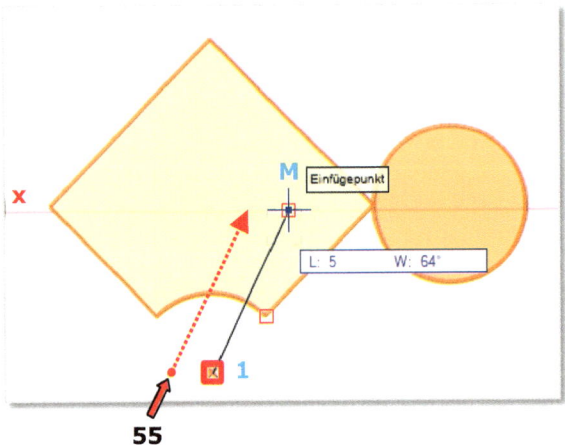

3. Formen und Farben

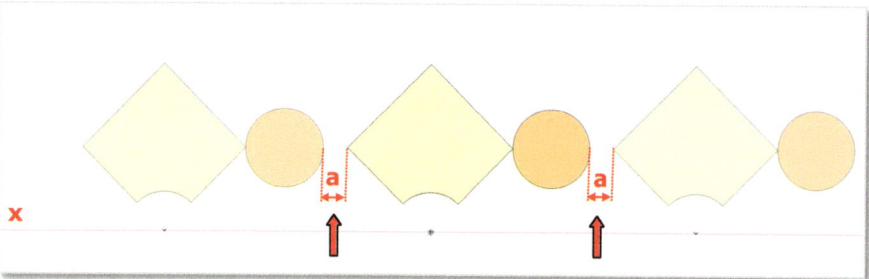

3. Positionieren von Wiederholungselementen

Die Objekte sind korrekt über der **x**-Achse positioniert. Die Originalzeichnung und die Wiederholungenselemente haben einen Abstand **a** zueinander.
Es soll keinen Abstand zwischen den Elementen im Linienmuster geben.

- Aktivieren Sie das rechte Wiederholungselement (**57**).
- Klicken Sie mit der LMT auf Punkt **B** und ziehen Sie den Mauszeiger waagerecht gedrückt haltend bis zu Punkt **A**, um das Wiederholungselement (**57**) zu verschieben (**58**).
- Lassen Sie dann die LMT los.

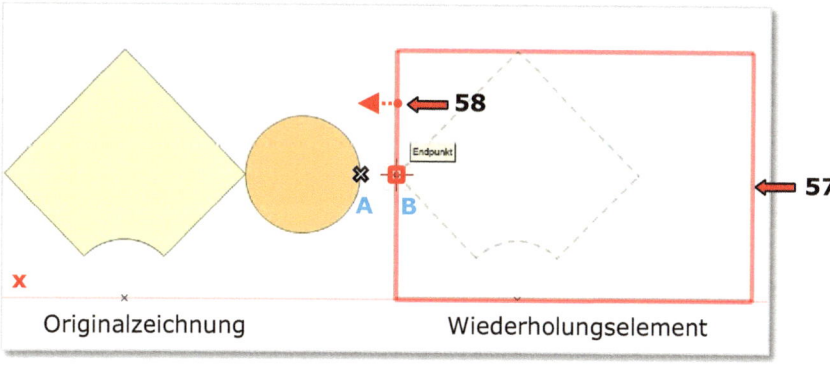

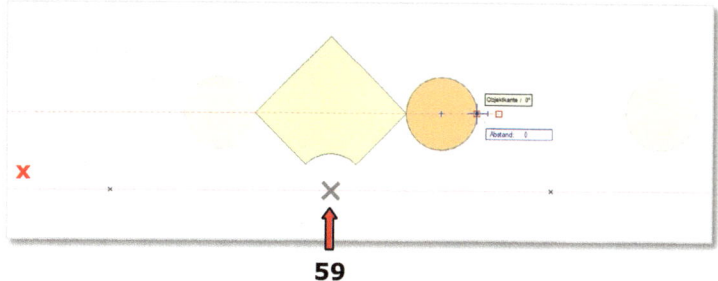

- Löschen Sie den Hilfspunkt (**59**).
- Verlassen Sie den Bearbeitungsmodus mit einem Klick auf die Schaltfläche „Linienart verlassen" (**60**).

3. Formen und Farben

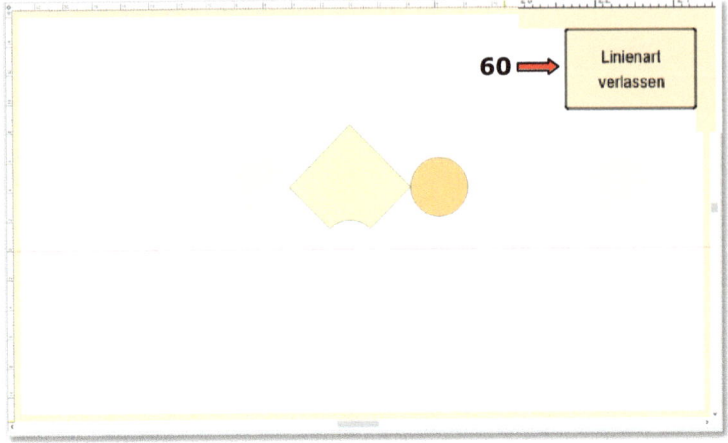

Ergebnis

4. Linienart zuweisen

Die neue Linienart **Polylinie 1** (**62**) wurde im Ordner „Linienarten" (**61**) erstellt.

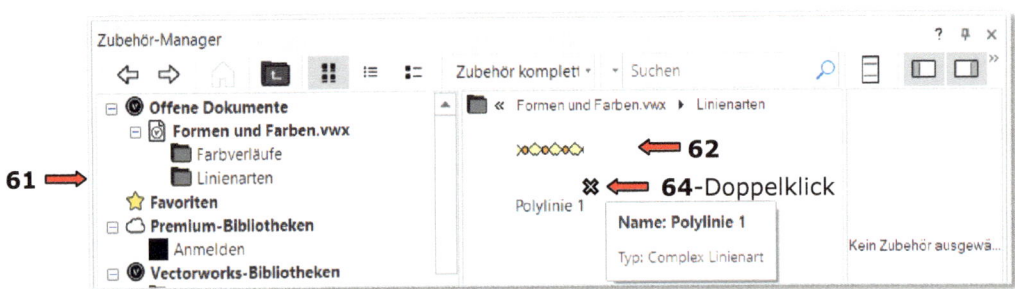

Diese Linenart soll *Polylinie 1* zugewiesen werden.

- Aktivieren Sie das 2D-Objekt, auch *Polylinie 1* genannt (**63**).
- Doppelklicken Sie auf das Symbol → Zubehör **Polylinie 1** (**64**) im Zubehör Manager.

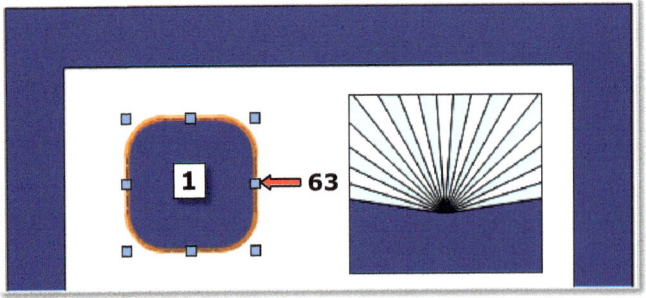

Die Linienart **Polylinie 1** (**62**) wurde dem 2D-Objekt *Polylinie 1* zugewiesen (**63**) → Ergebnis (**65**).

3. Formen und Farben

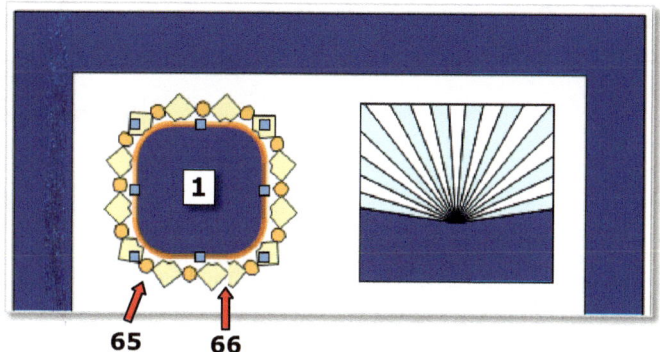

Das Stiftattribut (→ Solid) von *Polylinie 1* wurde durch eine neue komplexe Linienart (→ **Polylinie 1**) ersetzt. Damit man an der Verbindungsstelle des Anfangs- und Endpunktes dieser Kontur keinen Bruch sieht (**66**), soll die Größe des 2D-Objekts *Polylinie 1* (**67**) korrigiert werden.
Sie können auch im Zubehör-Manager die Größe der Elemente im Linienmuster von **Polylinie 1** an die Größe des 2D-Objekts *Polylinie 1* anpassen.

• Verkleinern Sie das 2D-Objekt *Polylinie 1* in der Informationen-Objekt-Palette auf:
  - Δx: ~ 33,5 mm (**68**)
  - Δy: ~ 33,5 mm (**69**).

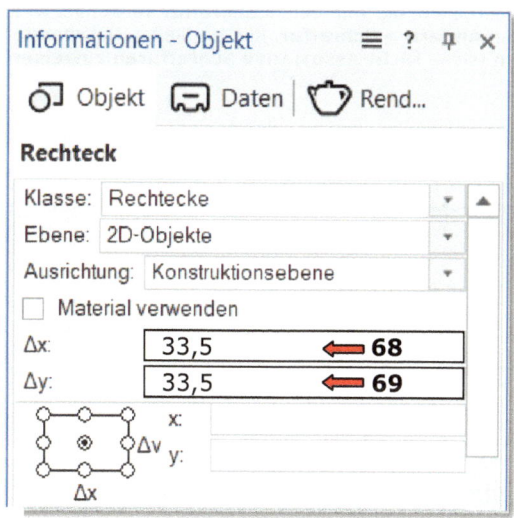
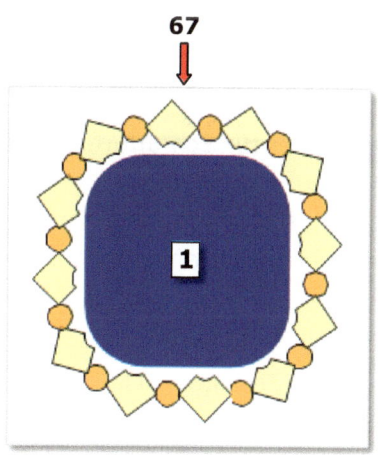

Ergebnis

3.8.3 Individuelle Schraffur erstellen

diese wird *Polygon 5* zugewiesen

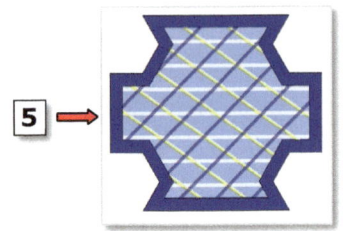

Schraffuren anlegen und bearbeiten
Sowohl assoziative als auch nicht-assoziative Schraffuren müssen angelegt werden. Eine Schraffurdefinition ist eine Wiederholung der Elemente in einer Reihe von Linien in alle Richtungen vom Anfangspunkt aus. Geben Sie an, wo die Schraffurlinie beginnt (**Startpunkt**), wo sie aufhört (**Teilung**), wo lang sie sein soll (**Länge**) und wie weit die Linie von einer benachbarten Linie entfernt ist (**Versatz**); das Muster wird in alle Richtungen wiederholt.
Eine Schraffur kann aus mehreren Schichten oder Musterdefinitionen bestehen. Jede Schicht wird individuell bearbeitet, um die gesamte Schraffur zu erzeugen.
HINWEIS: Wenn Sie eine Schraffur mit feinen Abständen erstellen und als PDF exportieren, kann sie beim Export automatisch vereinfacht werden, damit sie nicht als ununterscheidbares Muster erscheint.
Änderungen an einer Schraffurdefinition wirken sich auf alle assoziativen Instanzen der Schraffur in der Zeichnung aus. Nicht-assoziative Schraffuren sind nicht betroffen.
Schraffuren werden folgendermaßen angelegt oder bearbeitet:
Führen Sie einen der folgenden Schritte aus:
- Um eine neue Schraffurdefinition zu erzeugen, klicken Sie im Zubehör-Manager auf **Zubehör anlegen** und wählen im Dialogfenster "Zubehör" **Schraffur**. Sie können auch im Zubehör-Manager
   als **Zubehörtyp** "Schraffuren" wählen und dann auf **Neue Schraffur** klicken.
- Um eine neue Schraffurdefinition auf Grundlage einer bestehenden Schraffur anzulegen, klicken Sie im Zubehör-Manager mit der rechten Maustaste auf das Zubehör und wählen im Kontextmenü **Duplizieren**. Geben Sie der neuen Schraffurdefinition im Dialogfenster "Name" einen Namen. Klicken Sie im Zubehör-Manager mit der rechten Maustaste auf das neue Zubehör und wählen Sie im Kontextmenü **Bearbeiten**.
- Zeichnen Sie die gewünschte Schraffur mit Linien und Polygonen und wandeln Sie diese Objekte mit dem Befehl **In Schraffur umwandeln** in eine Schraffur um (siehe **Objekte in Schraffur umwandeln**).
- Um eine bestehende Schraffurdefinition zu bearbeiten, klicken Sie im Zubehör-Manager mit der rechten Maustaste auf das Zubehör und wählen im Kontextmenü **Bearbeiten**.
- Um eine bestehende nicht-assoziative Schraffur zu bearbeiten, die vom Befehl **Schraffur** verwendet wird, aktivieren Sie das Objekt in der Zeichnung und wählen **Ändern > Schraffur**. Klicken Sie im Dialogfenster "Schraffur" für die gewählte Schraffur auf **Bearbeiten** (siehe **Nicht-assoziative Schraffuren zuweisen**).
  [...] (siehe Vectorworks-Hilfe [1])

1. Ordner für Schraffuren

Ein „Ordner für Schraffuren" soll im Zubehör-Manager angelegt werden, in welchem die neue Schraffur erstellt wird.

- Öffnen Sie den Zubehör-Manager (**1**) in der Menüzeile:
  Fenster – Paletten – Zubehör-Manager.

- Kontrollieren Sie, ob Ihr Dokument „Formen und Farben.vwx" (**2**) im Zubehör-Manager (**1**) aktiv ist.

- Klicken Sie mit der LMT auf die Schaltfläche „Ordner anlegen..." (**3**):

Das Dialogfenster „Ordner anlegen" (**4**) wird geöffnet.

- Aus der Aufklappliste „Ordnertyp:" (**5**) wählen Sie den Ordnertyp „Ordner für Schraffuren" aus:

- Geben Sie dem Ordner den Namen „Schraffuren" (**6**).

- Bestätigen Sie mit OK.

3. Formen und Farben

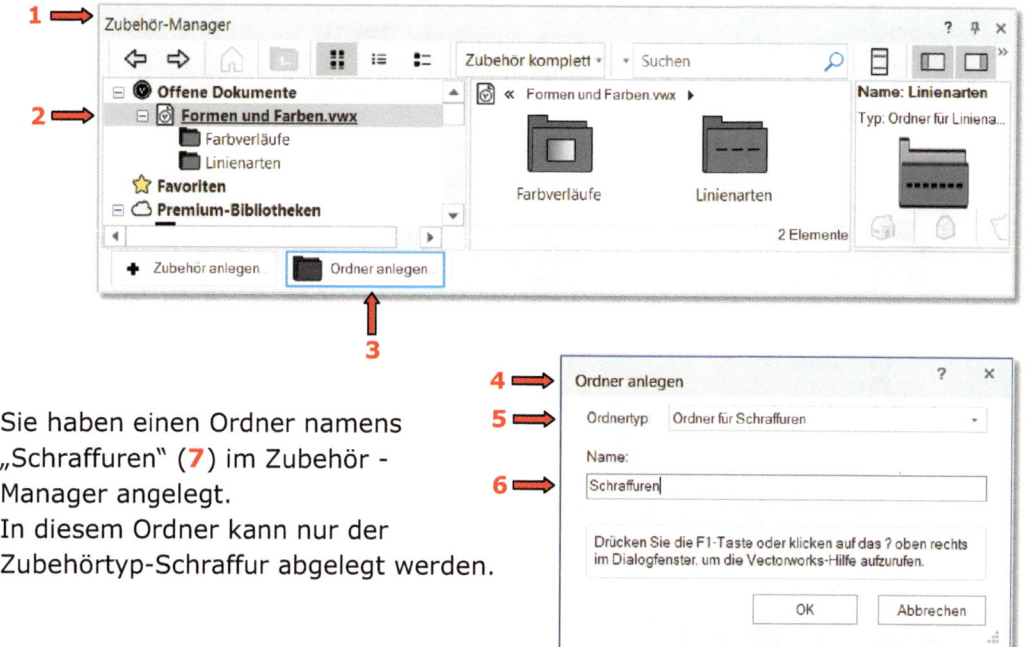

Sie haben einen Ordner namens „Schraffuren" (**7**) im Zubehör-Manager angelegt.
In diesem Ordner kann nur der Zubehörtyp-Schraffur abgelegt werden.

- Öffnen Sie den Ordner „Schraffuren" (**7**) mit einem Doppelklick (**8**).
- Klicken Sie auf die Schaltfläche „Zubehör anlegen" (**9**), damit die Auswahlliste „Zubehör" (**10**) geöffnet wird:
- Wählen Sie den Zubehörtyp „Schraffuren" (**11**) aus.
- Bestätigen Sie mit OK.

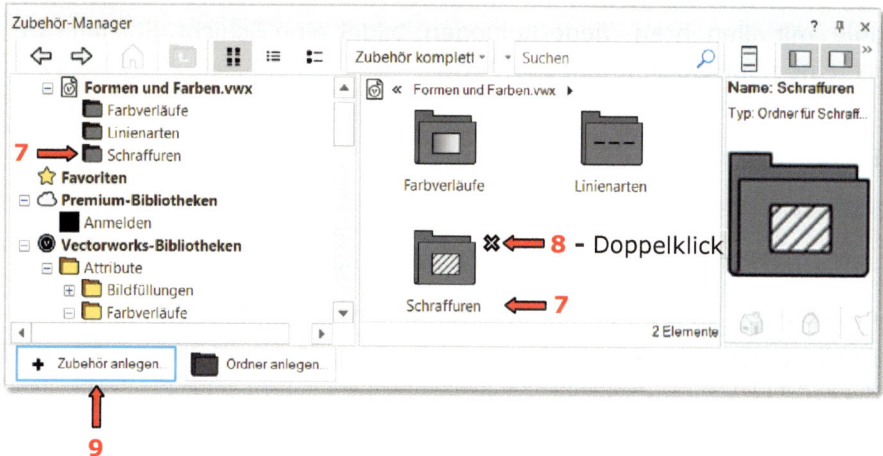

3. Formen und Farben

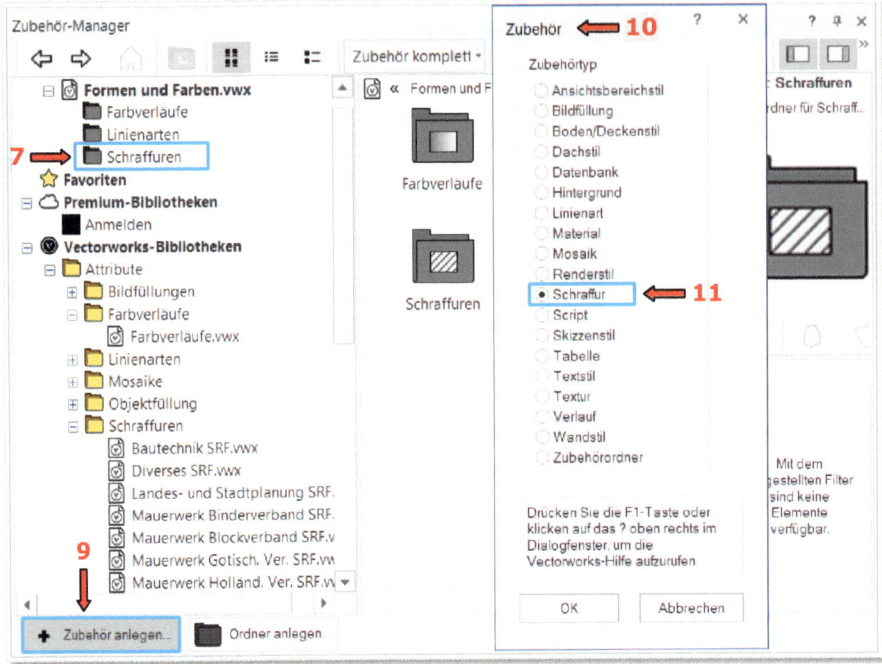

Das Dialogfenster „Schraffur bearbeiten" wird geöffnet (**12**). In diesem Dialogfenster können eigene Schraffuren definiert werden.

• Geben Sie der neuen Schraffur einen Namen, z.B. „Name:" **Polygon 5** (**13**).

In Vectorworks wird eine Schraffur aus einer wiederholenden Linie gebildet. Die Stiftfarbe, Stiftdicke, Länge und der Winkel zur x-Achse können festgelegt werden. Diese Linie, mit allen ihren Wiederholungen, bildet eine Schicht. Für jede weitere Linie wird eine neue Schicht hinzugefügt.

2. Schichten

Schicht-1 (**14**)

„Schicht:" Schicht-1 (**14**) ist automatisch verfügbar.

Bestimmen Sie die Stiftfarbe:

• Klicken Sie im Gruppenfeld „Stiftattribute" (**15**) auf den Pfeil im Aufklappmenü „Stiftfarbe" (**16**):
• In dem nun geöffneten Dialogfenster „Farbe" (**17**) wechseln Sie zur Registerkarte "Benutzerdefiniert" (**18**).
• Markieren Sie den Farbraum „RGB" (**19**).

Die Farbdefinitionswerte für diesen Farbraum (=RGB) werden angezeigt. Geben Sie die angegebenen Werte der benutzerdefinierten Farben unter Verwendung der Farbraumdefinition ein:

3. Formen und Farben

- Erstellen Sie im Farbraum „RGB" eine Farbe aus der Mischung der drei Grundfarben Rot, Grün und Blau: Rot: 89; Grün: 89; Blau: 160 (**20**).
- Bestätigen Sie mit OK.

Bestimmen Sie die Liniendicke:

- Wählen Sie im Gruppenfeld „Stiftattribute" (**15**) aus dem Aufklappmenü „Dicke festlegen…" (**21**) die Stiftdicke 2,00 (**22**) aus.

Alle anderen Angaben im Dialogfenster bleiben unverändert.

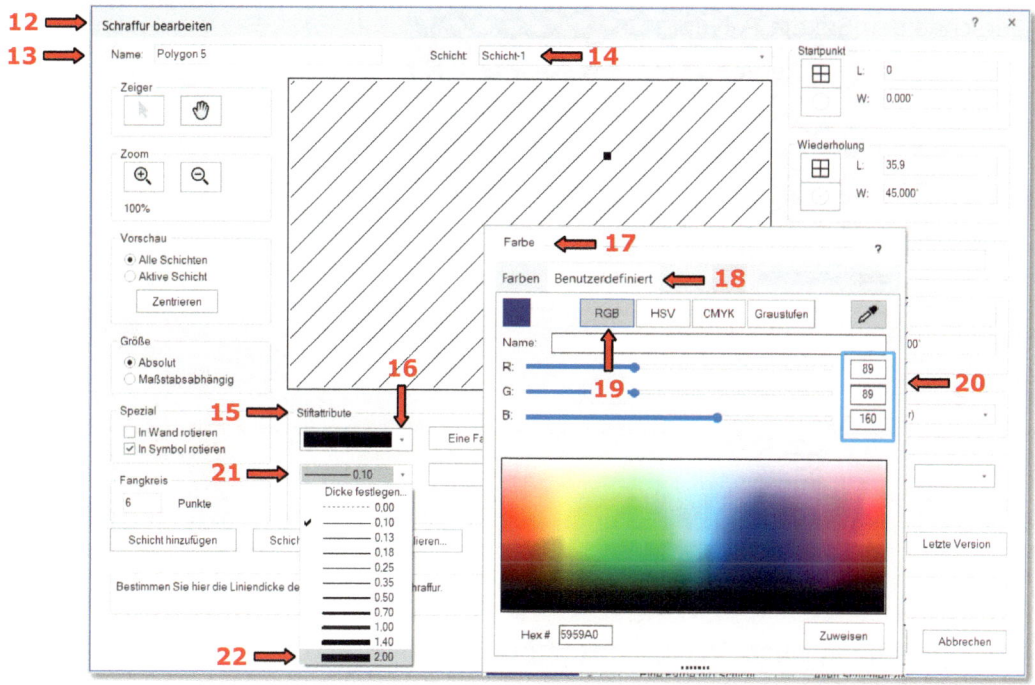

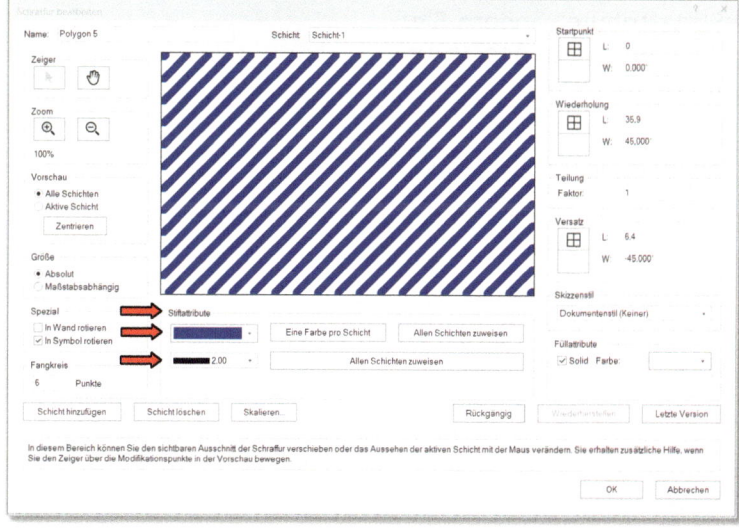

Schicht-1

199

3. Formen und Farben

Schicht-2 (**24**)

- Gehen Sie unten links zur Schaltfläche „Schicht hinzufügen" (**23**)
    → Schicht-2 (**24**).

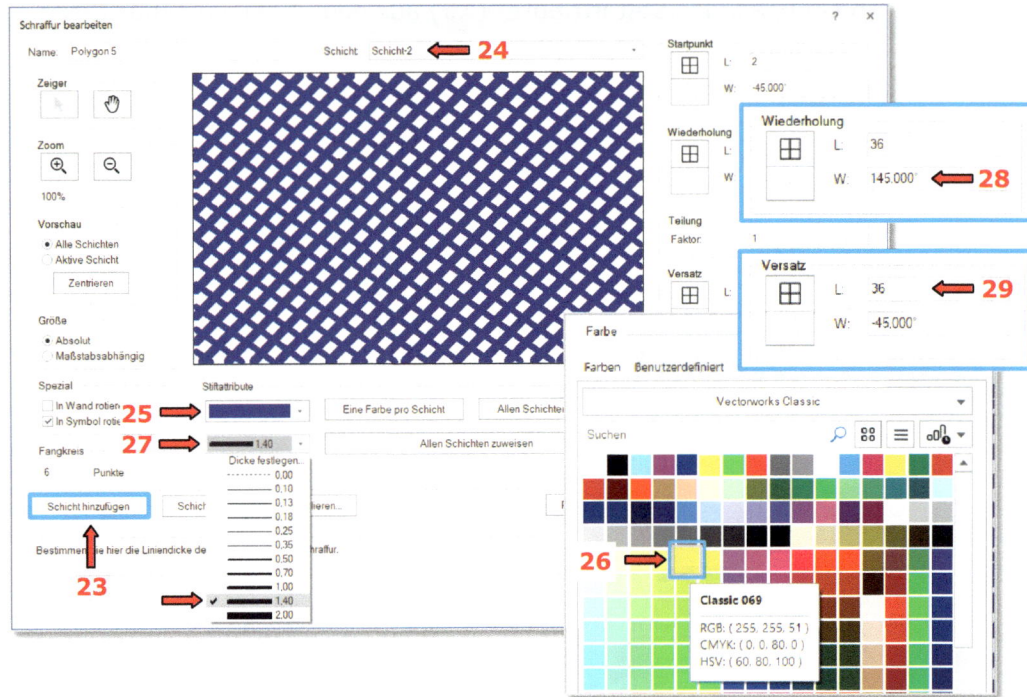

Schicht-1 wird mit einem Versatz des Startpunkts dupliziert.

Stiftattribute ändern:
- Im Gruppenfeld „Stiftattribute" ändern Sie:
   - die Stiftfarbe (**25**) in Classic 069 (**26**)
   - die Liniendicke in 1,40 (**27**).

Wiederholung ändern:
- Im Gruppenfeld „Wiederholung" ändern Sie:
   - den Winkel der Linie auf W: 145 (**28**).

Versatz ändern:
- Im Gruppenfeld „Versatz" ändern Sie den Abstand zwischen dem Anfangspunkt der Linie und Anfangspunkt ihrer Wiederholung auf L: 36 (**29**).

3. Formen und Farben

Schicht-1 + Schicht-2

Schicht-3 (**31**)

• Gehen Sie erneut zur Schaltfläche „Schicht hinzufügen" (**30**) → Schicht-3 (**31**)

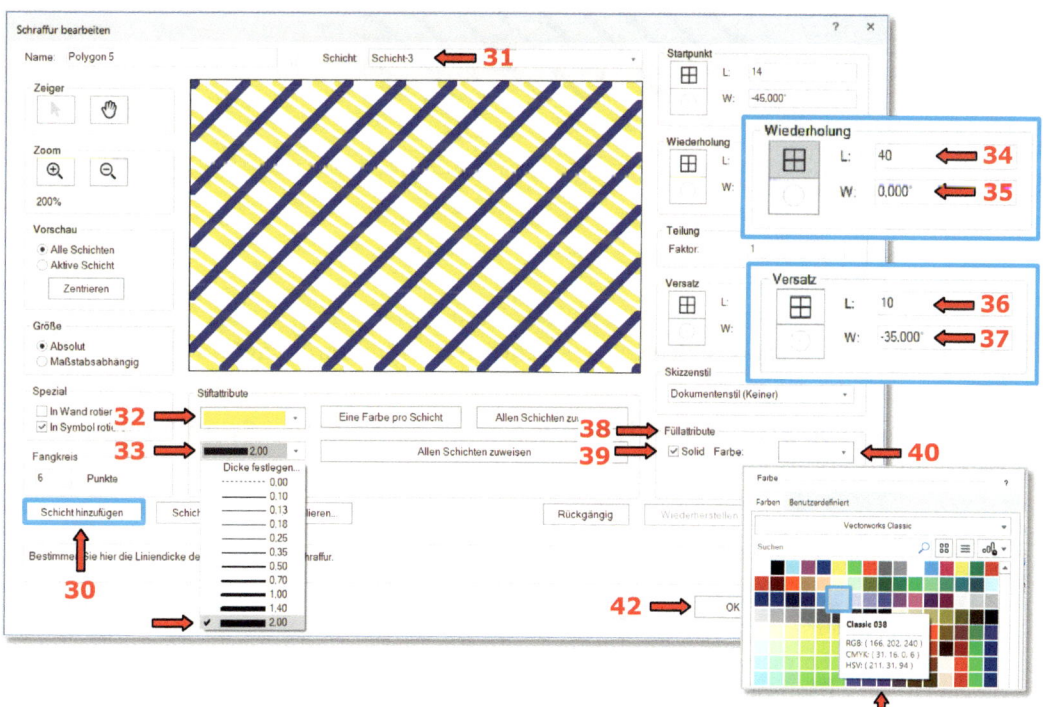

Schicht-2 wird mit einem Versatz des Startpunktes dupliziert.

Stiftattribute ändern:
  • Im Gruppenfeld „Stiftattribute" ändern Sie:
    - die Stiftfarbe (**32**) in Weiß
    - die Liniendicke (**33**) in 2,00.

201

Eingaben in den Gruppenfeldern ändern:
- „Wiederholungen":
    - L: 40 (**34**)
    - W: 0 (**35**)
- „Versatz":
    - L: 10 (**36**)
    - W: -35 (**37**)
- Im Dialogfenster „Schraffur bearbeiten", unten rechts im Gruppenfeld „Füllattribute" (**38**), schalten Sie die Option „Solid" (**39**) ein.

Jetzt können Sie die Hintergrundfarbe der Schraffur (**40**) festlegen:
- Wählen sie die Farbe Classic 038 (**41**) aus.
- Bestätigen Sie mit OK (**42**).

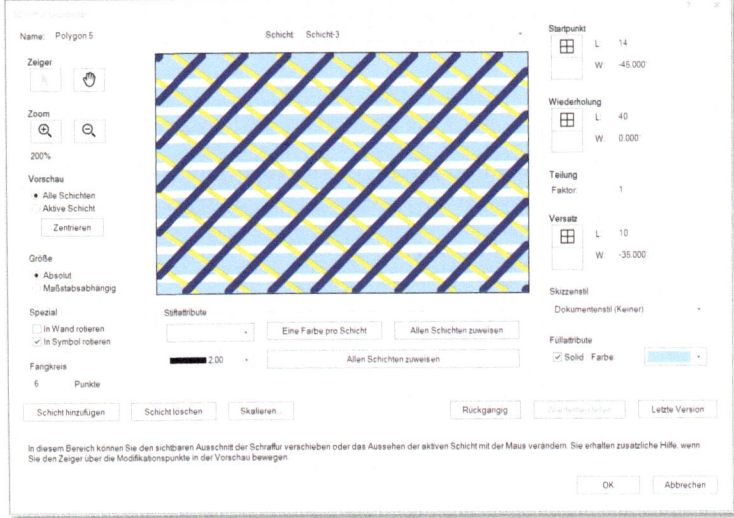

Schicht-1 + Schicht-2 + Schicht-3 + Hintergrundfarbe

Es wurde eine neue Schraffur **Polygon 5** (**43**) in dem Ordner „Schraffuren" (**44**) erstellt.

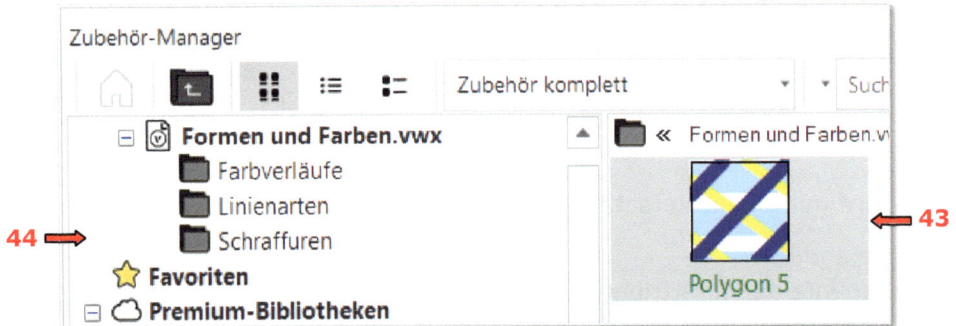

3. Schraffur zuweisen

- Weisen Sie diese Schraffur der eingezeichneten Parallele von *Polygon 5* zu:
- Aktivieren Sie die eingezeichnete Parallele von *Polygon 5* (**45**).
- Klicken Sie mit der RMT auf das Schraffur-Symbol **Polygon 5** (**46**) und wählen Sie im nun erscheinenden Kontextmenü den Befehl *Zuweisen* (**47**) aus.

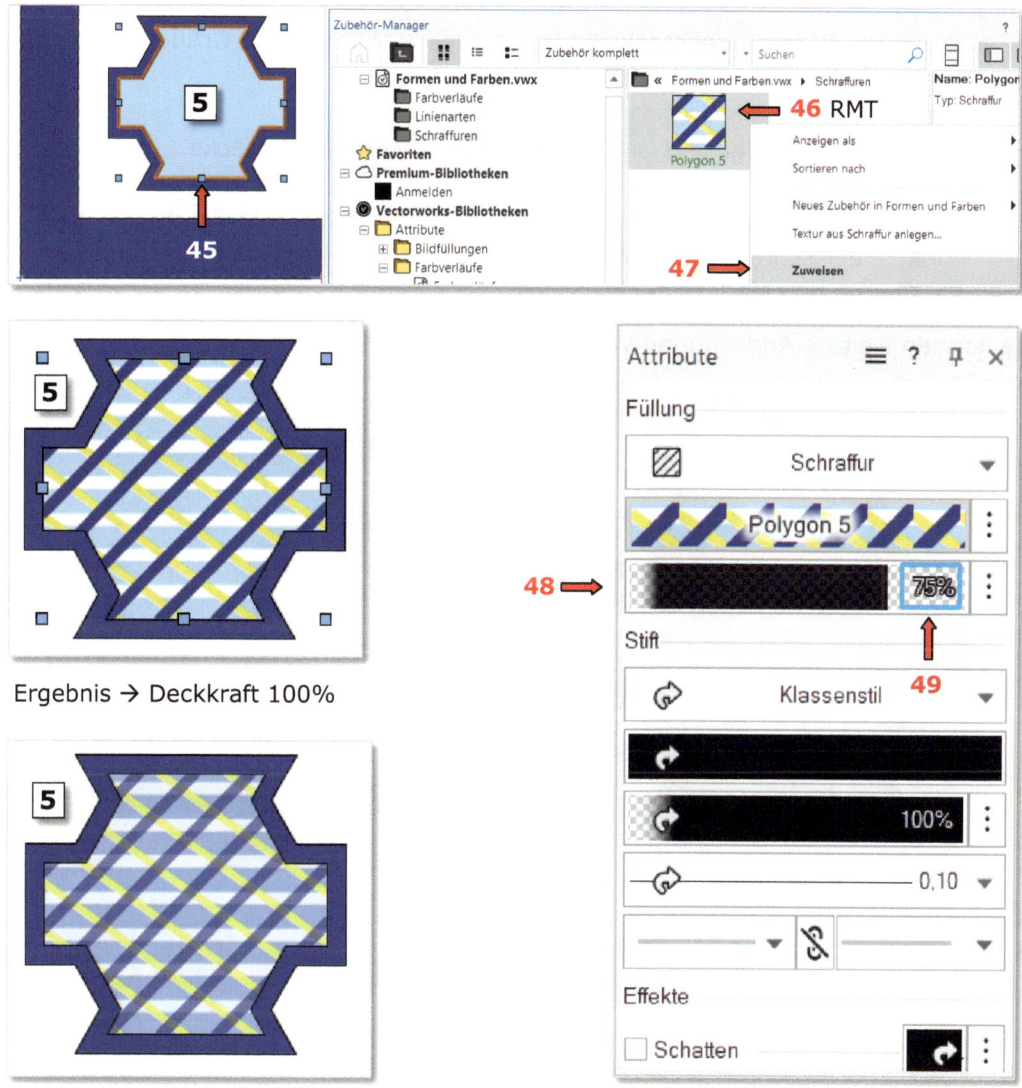

Ergebnis → Deckkraft 100%

Ergebnis → Deckkraft 75%

Deckkraft einstellen

- Stellen Sie in der Attribute-Palette die Deckkraft auf 75% ein, indem Sie:
  - auf die Prozentzahl (**49**) im Deckkraft-Feld (**48**) klicken und 75 eingeben. Alternativ können Sie auf das Deckkraft-Feld (**48**) klicken und den Zeiger bewegen, bis der gewünschte Prozentsatz von 75% angezeigt wird.

3. Formen und Farben

4. Schraffur bearbeiten

Die Schraffur kann mit dem Werkzeug *Füllung und Textur bearbeiten* verschoben, skaliert oder rotiert werden.

- Aktivieren Sie in der Favoriten-Palette das Werkzeug *Füllung und Textur bearbeiten* .
- Klicken Sie auf die schraffierte Polylinie (**50**).

Es erscheint ein Referenzrechteck (**51**), mit dessen Hilfe Sie die Größe, Position und den Winkel der Schraffur bearbeiten können:

z.B. verschieben:
- Drücken Sie mit der LMT auf die linke obere Modifikationsecke **1** des Referenzrechtecks.
- Halten Sie den Mauszeiger gedrückt und verschieben (**52**) Sie ihn bis zu Punkt **2** der schraffierten Polylinie.
- Lassen Sie den Mauszeiger dann los.

Sie können weitere Änderungen vornehmen und auch weitere Schraffuren erzeugen.

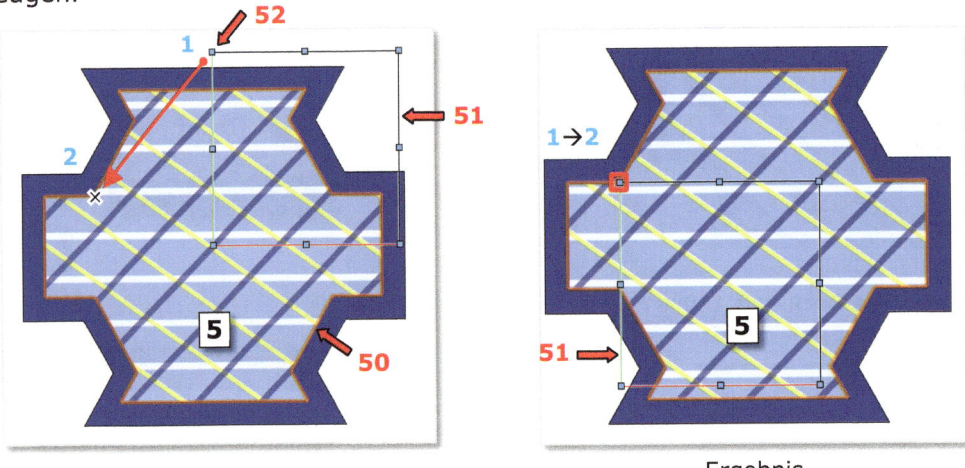

Ergebnis

3.8.4 Individuelles Mosaik erstellen
dieses wird *Polylinie 4* zugewiesen

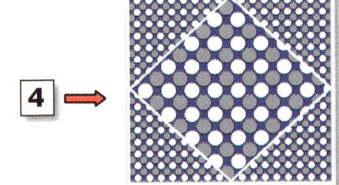

Mosaike anlegen und bearbeiten

Mosaike ist eine Gruppe zweidimensionaler Geometrien, die sich von einem Mittelpunkt aus in alle Richtungen wiederholen. Die geometrischen Elemente können eine Farbe oder eine Füllung aufweisen (jedoch keine Mosaikfüllung) und das Mosaik kann außerdem eine Hintergrundfarbe haben.
Änderungen an einer Mosaikdefinition wirken sich auf alle Instanzen dieses Mosaik in der Zeichnung uas.
Mosaike werden folgendermaßen angelegt oder bearbeitet:
1. Führen Sie einen der folgenden Schritte aus:
   - Um eine neue Mosaikdefinition zu erzeugen, klicken Sie im Zubehör-Manager auf **Zubehör anlegen** und wählen im Dialogfenster "Zubehör" **Mosaik**. Sie können auch im Zubehör-Manager als **Zubehörtyp** "Mosaike" wählen und dann auf **Mosaik anlegen** klicken.

3. Formen und Farben

- Um eine neue Mosaikdefinition auf Grundlage eines bestehenden Mosaiks anzulegen, klicken Sie im Zubehör-Manager mit der rechten Maustaste auf das Zubehör und wählen Sie im Kontextmenü **Duplizieren**. Geben Sie der neuen Mosaikdefinition im Dialogfenster "Name" einen Namen. Klicken Sie im Zubehör-Manager mit der rechten Maustaste auf das neue Zubehör und wählen Sie im Kontextmenü **Bearbeiten**. [...]

[...] Das Dialogfenster „Einstellungen Mosaik" öffnet sich.
1. Nehmen Sie die gewünschten Einstellungen vor und benennen Sie das Mosaik. Sobald Sie das Dialogfenster schließen, wechselt Vectorworks in den Bearbeitenmodus.
2. Zeichnen Sie die Mosaik-Geometrie mit den gewünschten Farben und Füllungen. Während des Zeichnens werden acht teilweise transparente Wiederholungen des gezeichneten Objekts um das Objekt angezeigt, um zu verdeutlichen, wie das Mosaik aussehen wird. Sie können mehrere Objekte zum Muster hinzufügen.
3. Um das Mosaikmuster und die Abstände anzupassen, klicken Sie auf eine der Wiederholungen zu verschieben diese. Klicken Sie nochmals, um die neue Position festzulegen. Wollen Sie die Mosaik-Wiederholungen beim Bearbeiten ausblenden, klicken Sie mit der rechten Maustaste auf eine leere Stelle im Bearbeitenfenster und schalten Sie im Kontextmenü **Mosaik-Wiederholungen an/aus** aus. [...] (siehe Vectorworks-Hilfe [1])

Dieses Mosaik soll aus zwei Kreisen bestehen, die in Abbildung **1** angezeigt werden.

Zeichnen Sie zwei Kreise **1** und **2** mit einem Radius von 1 mm:

Attribute – Füllung – Solid →
Kreis **1** – Farbe: Classic 010
Kreis **2** – Farbe: Weiß

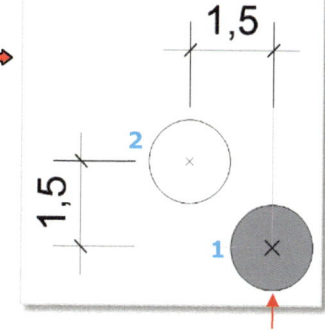

WICHTIG: Alle Maße sollen in mm angegeben werden.

Das Mosaikmuster wird im Bearbeitungsmodus „Mosaik" gezeichnet.

0 → (0,0)

1. Ordner für Mosaike

- Öffnen Sie den Zubehör-Manager (**2**).
- Kontrollieren Sie, ob die Datei „Formen und Farben.vwx" (**3**) aktiv ist.
- Wählen Sie im Aufklappmenü Zubehör-Art (**4**) den Zubehörtyp „Mosaike" (**5**) aus.

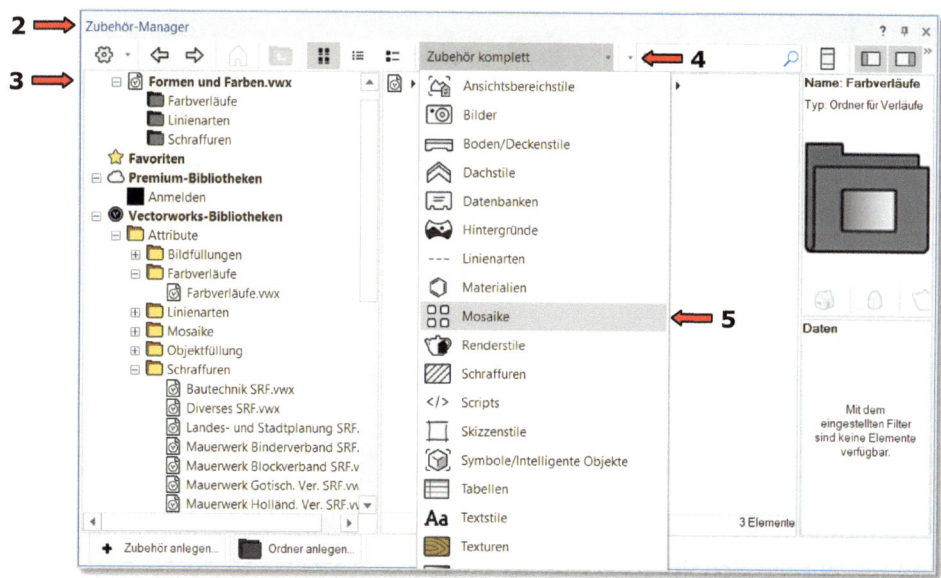

3. Formen und Farben

- Klicken Sie mit der LMT auf die Schaltfläche „Ordner anlegen..." (**6**).

Dadurch öffnet sich das Dialogfenster „Ordner für Mosaiken anlegen" (**7**).

- Geben Sie dem Ordner den Namen „Mosaike" (**8**).
- Bestätigen Sie mit OK (**9**).

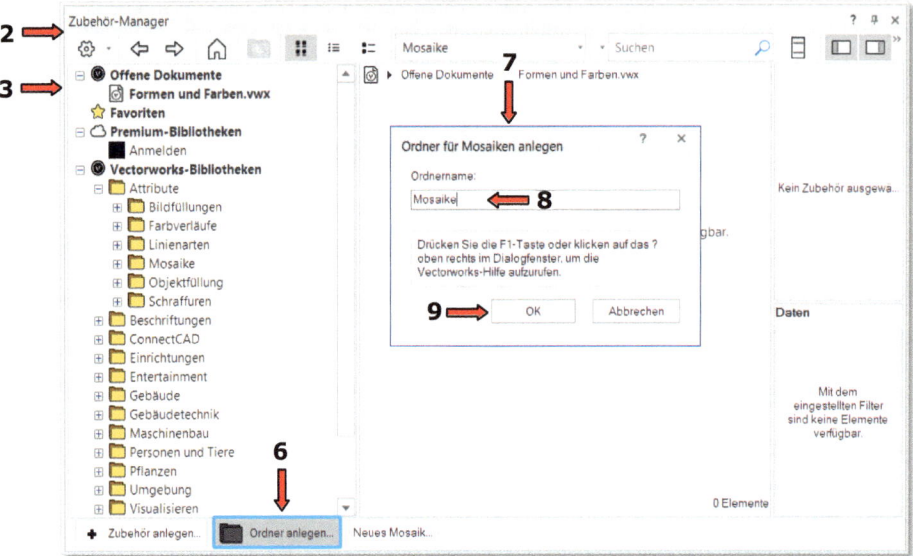

Es wurde ein Ordner namens „Mosaike" (**10**) im Zubehör-Manager angelegt. Dieser wird als einziger im Zubehör-Manager angezeigt, das Aufklappmenü „Zubehör-Art" (**4**) dient als Filter, nur die ausgewählte Zubehör-Art wird angezeigt → wie z.B. hier: Mosaike (**4**).

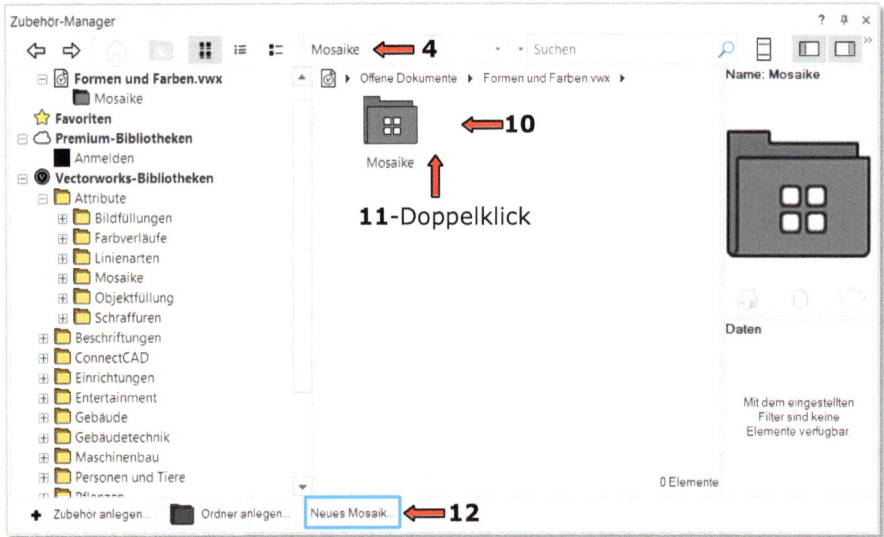

- Öffnen Sie diesen Ordner mit einem Doppelklick (**11**).
- Klicken Sie auf die Schaltfläche „Neues Mosaik ..." (**12**).

3. Formen und Farben

Das Dialogfenster „Einstellungen Mosaik" (**13**) wird geöffnet:
- Geben Sie dem neuen Mosaik einen Namen, z.B. „Name:" **Polylinie 4** (**14**).

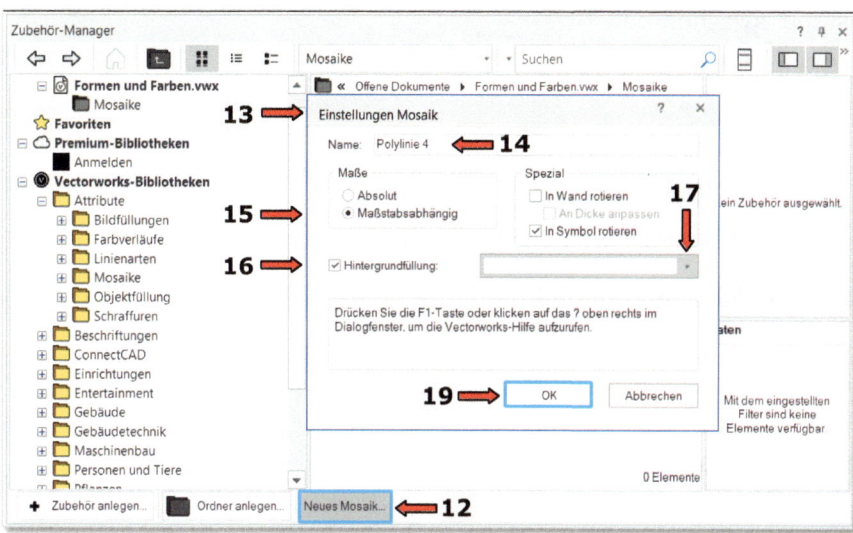

- Im Gruppenfeld „Maße" aktivieren Sie die Option „Maßstabsabhängig" (**15**).
- Aktivieren Sie die Option „Hintergrundfüllung:" (**16**):
- Klicken Sie auf den Pfeil rechts (**17**).
- Erstellen Sie eine Farbe aus der Mischung der drei Grundfarben Rot, Grün und Blau:
  Rot: 89; Grün: 89; Blau: 160 (**18**).
- Bestätigen Sie mit OK (**19**).

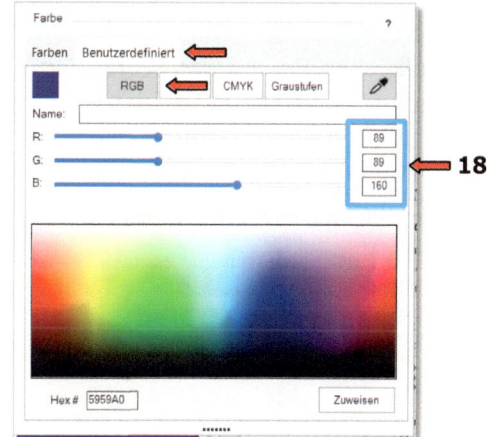

Vectorworks wechselt in den Modus „Mosaik bearbeiten" (**20**). Dort wird das Mosaik aus zwei Kreisen gezeichnet (beide mit einem Radius von 1 mm), wie in Abbildung **21** dargestellt.

Der graue Kreis liegt mit seinem Zentrum auf dem Mittelpunkt **0** (0,0) des Bearbeitungsmodus.

Alle Maße sind in mm angegeben.

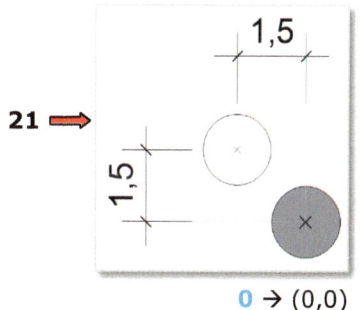

0 → (0,0)

3. Formen und Farben

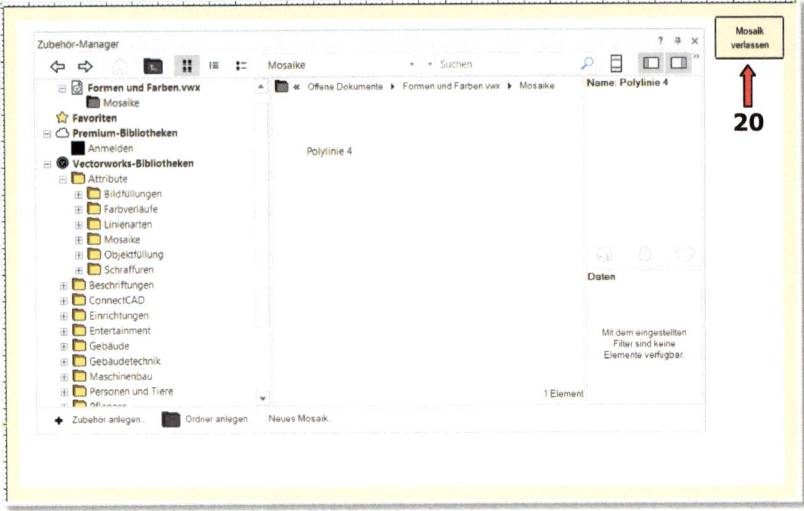

2. Mosaikmuster zeichnen

Erster Kreis **1**

- Zeichnen Sie einen Kreis über das Dialogfenster „Objekt anlegen - Kreis" (**22**):
- Doppelklicken Sie auf das Werkzeug *Kreis*:
    - Radius: 1 mm (**23**)
    - Aktivieren Sie die Option „Nächster Klick" (**24**).
    - Bestätigen Sie mit OK.
- Klicken Sie auf den Mittelpunkt **0** (0,0) des Bearbeitungsmodus (**25**).

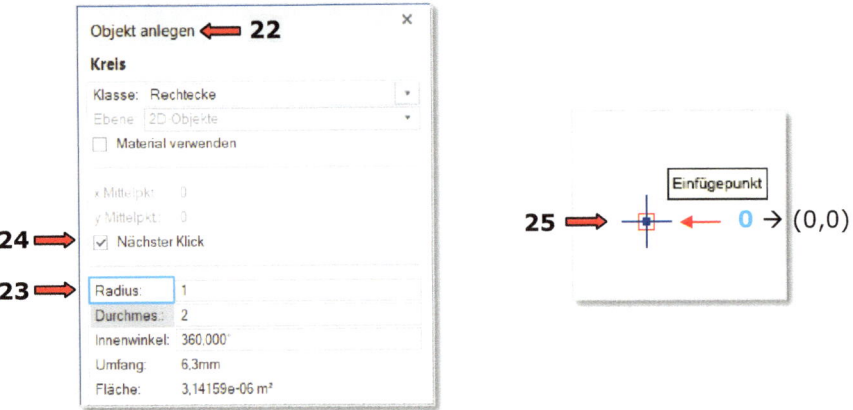

Der erste Kreis und seine 8 Wiederholungen wurden gezeichnet (**26**).
Die Wiederholungen sollen ausgeschaltet werden.

- Klicken Sie mit der RMT auf eine leere Stelle im Bearbeitungsmodus (**27**):
- Wählen Sie aus dem nun erscheinenden Kontextmenü den Befehl *Mosaik-Wiederholungen ein/aus* (**28**) aus.

3. Formen und Farben

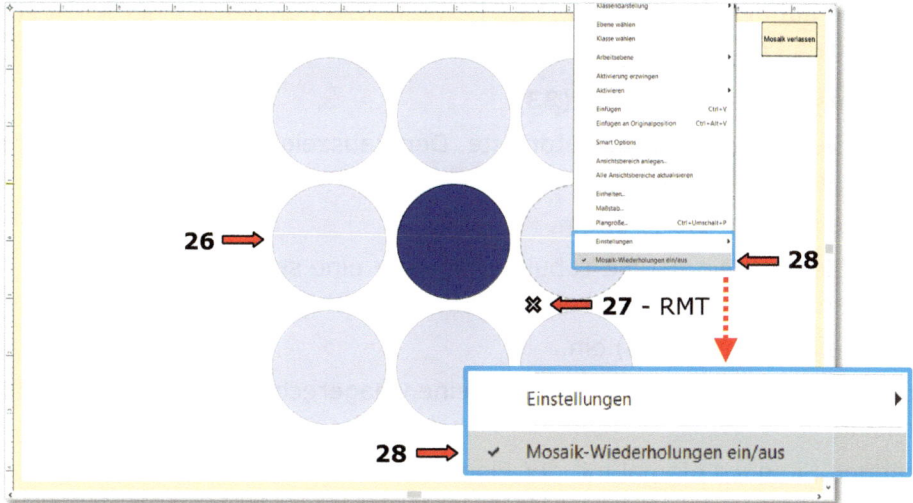

Zweiter Kreis **2**

- Kopieren Sie den ersten Kreis mit dem Werkzeug *Verschieben* .
- Wählen Sie die zweite Methode - *Duplikate verschieben* (**29**) und die fünfte Methode - *Original erhalten* (**30**) aus.
- Die „Anzahl Duplikate:" soll 1 (**31**) betragen.

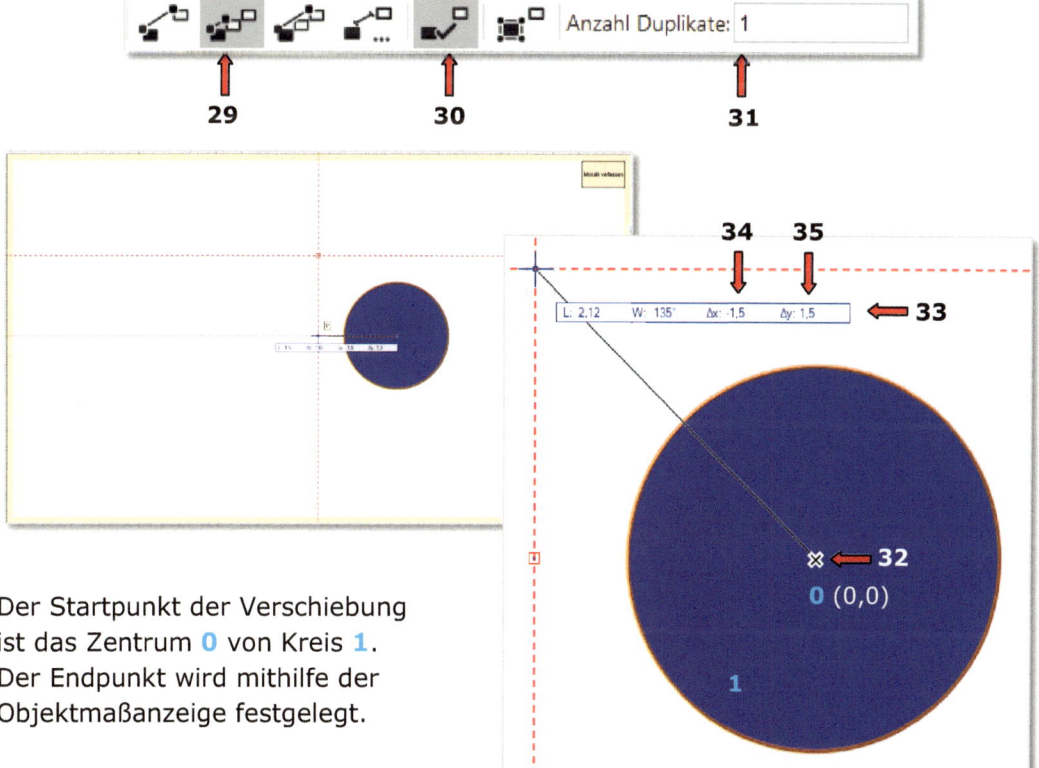

Der Startpunkt der Verschiebung ist das Zentrum **0** von Kreis **1**. Der Endpunkt wird mithilfe der Objektmaßanzeige festgelegt.

209

3. Formen und Farben

- Klicken Sie auf den Punkt **0** (**32**) und bewegen Sie den Mauszeiger leicht zur Seite, ohne zu drücken.

Die Objektmaßanzeige erscheint (**33**).

- Drücken Sie drei Mal die Tabulatortaste. Der Mauszeiger springt in das dritte Eingabefeld:
- Tragen Sie für Δx: -1,5 (**34**) ein.
- Drücken Sie noch einmal die Tabulatortaste → eine senkrechte, rot gestrichelte Hilfslinie erscheint:
- Tragen Sie für Δy: 1,5 (**35**) ein.
- Bestätigen Sie mit der Eingabetaste → eine waagerechte, rot gestrichelte Hilfslinie erscheint.
- Bestätigen Sie noch einmal mit der Eingabetaste.

Der zweite Kreis (**2**) wurde als Duplikat des ersten Kreises (**1**) erstellt.

- Ändern Sie ihre Füllfarbe in der Attribute-Palette:
  - Kreis **1** in Classic 010 (**36**)
  - Kreis **2** in Weiß (**37**).

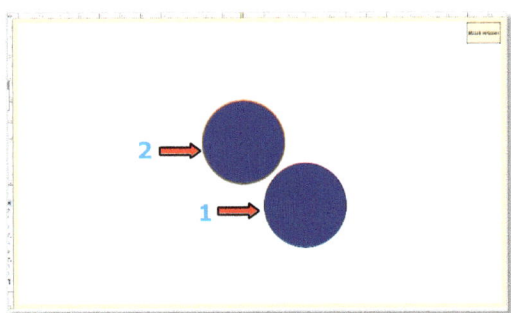

- Schalten Sie wieder die Wiederholungen ein (**28**).

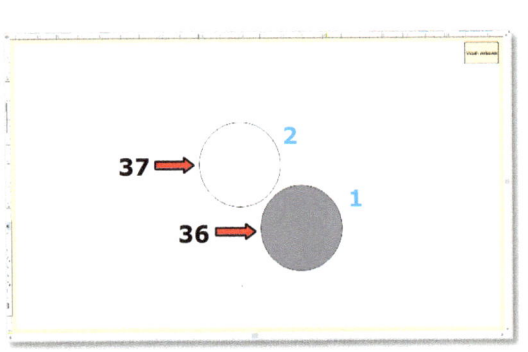
Originalzeichnung

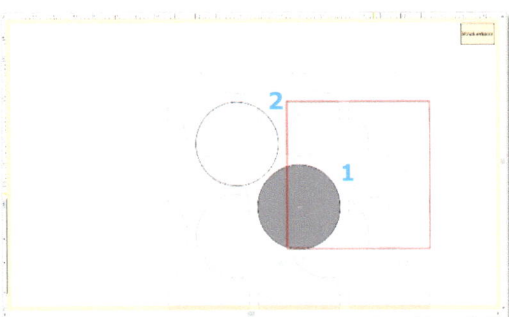
Originalzeichnung + Wiederholungselemente

3. Positionieren von Wiederholungselementen

Wiederholungselemente des Kreises **2**

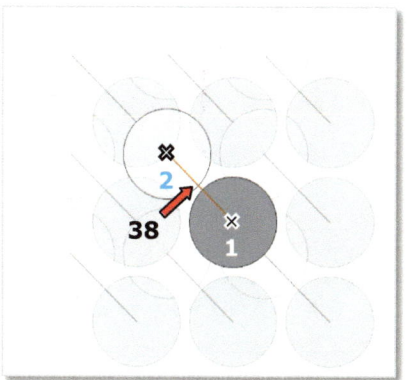
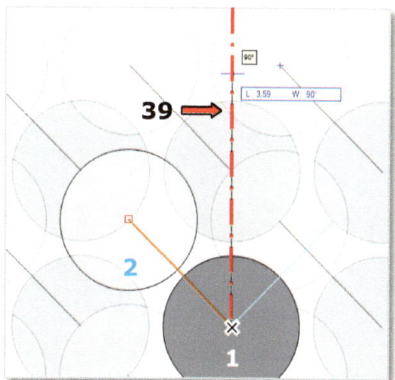

- Zeichnen Sie eine Hilfslinie (**38**) von der Mitte von Kreis **1** bis zur Mitte von Kreis **2**.
- Spiegeln Sie diese Hilfslinie mit dem Werkzeug *Spiegeln* und der ersten Methode - *Original*.

Die Spiegelachse (**39**) verläuft senkrecht durch das Zentrum von Kreis **1**.

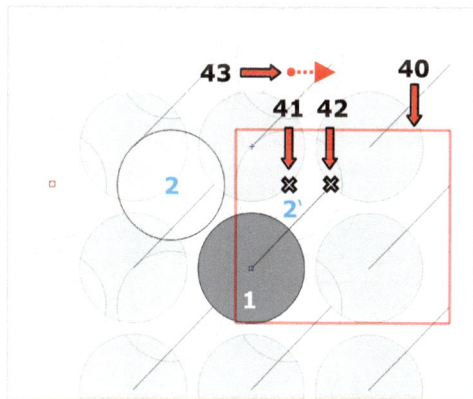
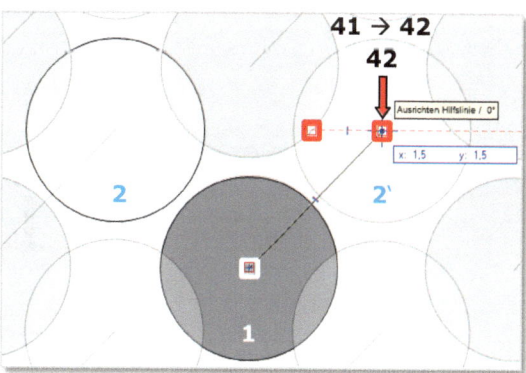

- Bewegen Sie den Mauszeiger über die rechte Wiederholungsgruppe → diese wird mit einem roten Rechteck markiert (**40**).
- Klicken Sie in dieser Wiederholungsgruppe mit der LMT auf das Zentrum (**41**) des Wiederholungskreises **2'**.
- Verschieben (**43**) Sie den Wiederholungskreis mit gedrückter LMT auf das obere Ende der gespiegelten Hilfslinie (**42**).

3. Formen und Farben

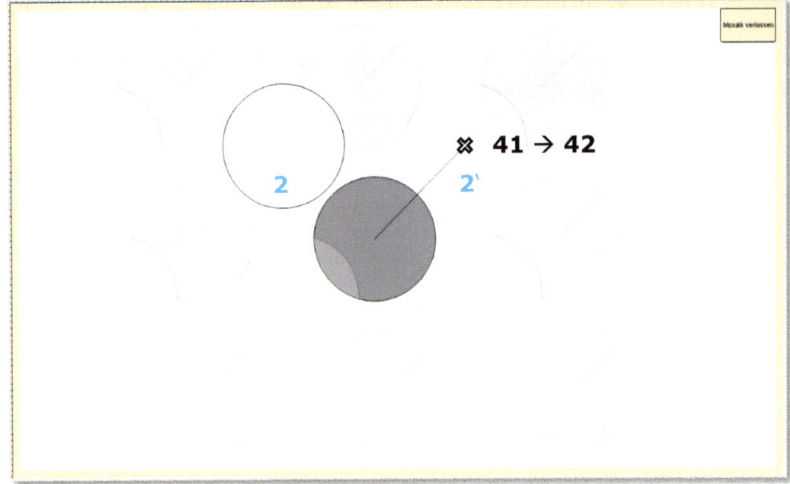

Ergebnis

Wiederholungselemente des Kreises 1

- Spiegeln Sie die Hilfslinie erneut mit dem Werkzeug *Spiegeln* und der ersten Methode - *Original*.

Die Spiegelachse (**44**) verläuft waagerecht durch das Zentrum (**45**) von Kreis 2.

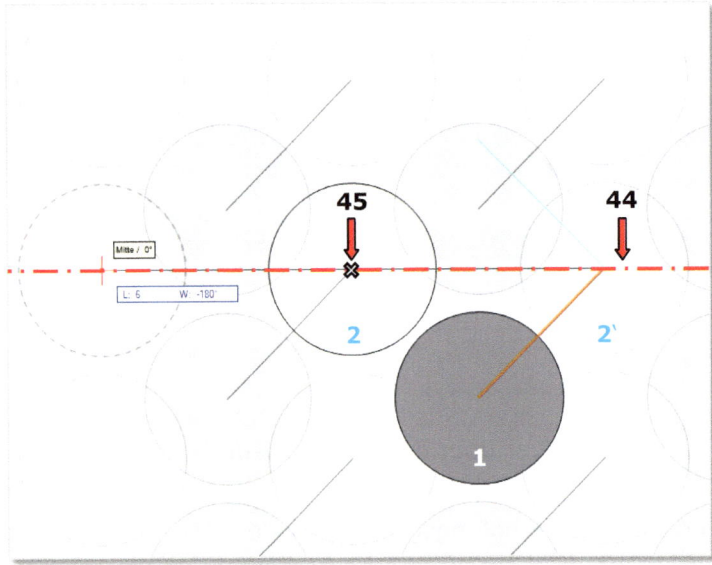

3. Formen und Farben

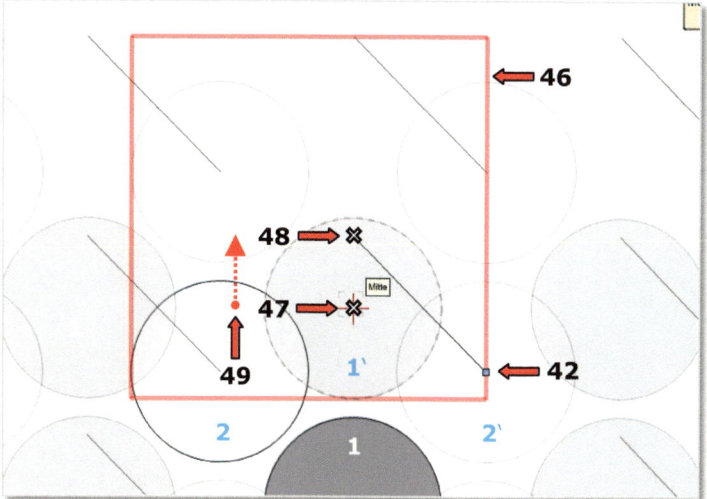

- Bewegen Sie den Mauszeiger über die obere Wiederholungsgruppe → diese wird mit einem roten Rechteck markiert (**46**).
- Klicken Sie in dieser Wiederholungsgruppe mit der LMT auf das Zentrum (**47**) des Wiederholungskreises **1'**.
- Verschieben (**49**) Sie den Wiederholungskreis mit gedrückter LMT auf das obere Ende der gespiegelten Hilfslinie (**48**).

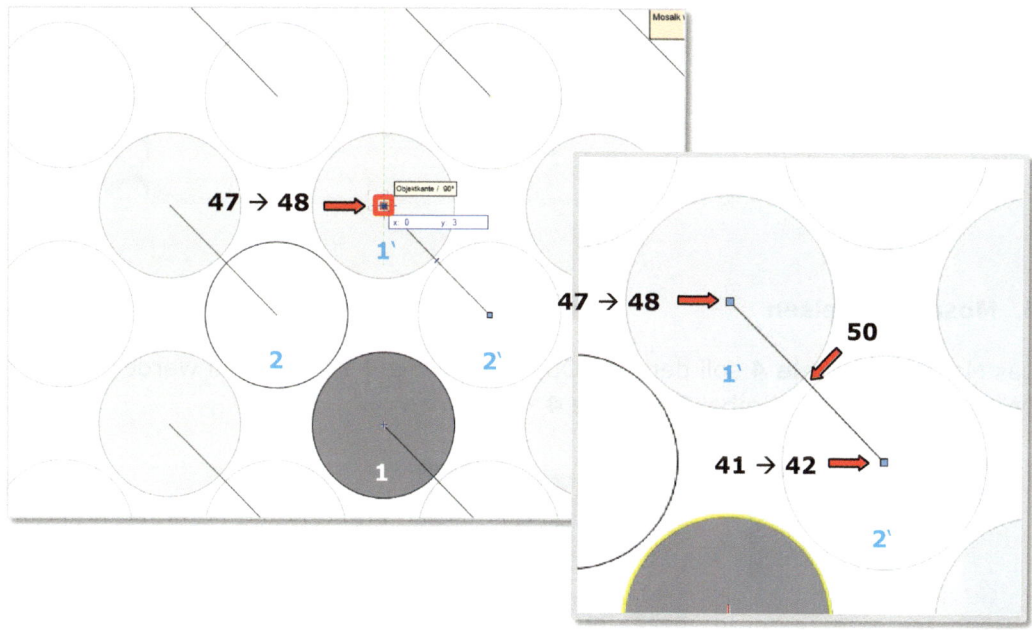

- Löschen Sie die Hilfslinie (**50**).
- Verlassen sie den Bearbeitungsmodus mit einem Klick auf die Schaltfläche „Mosaik verlassen" (**51**).

3. Formen und Farben

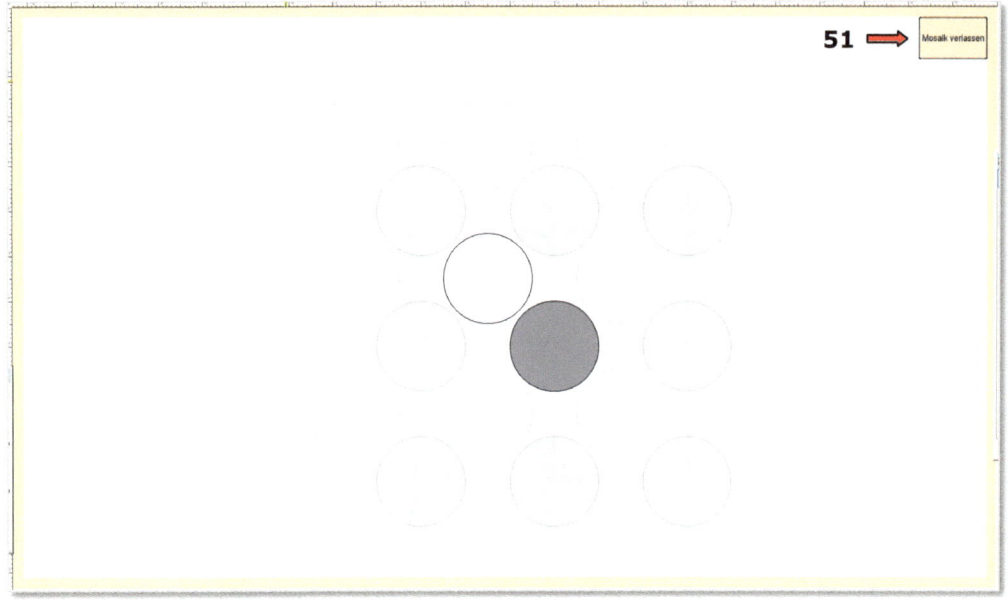

Ergebnis

Das neue Mosaik **Polylinie 4** (**52**) wurde im Ordner „Mosaike" (**55**) angelegt (im Zubehör-Manager – **53**, in der Datei „Formen und Farben.vwx" - **54**).

4. Mosaik zuweisen

Das Mosaik **Polylinie 4** soll dem 2D-Objekt *Polylinie 4* zugewiesen werden (durch Doppelklick auf das Symbol **Polylinie 4** - **57**).

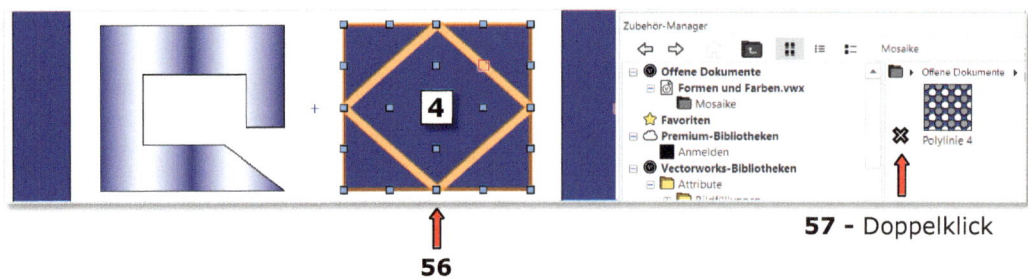

Das 2D-Objekt *Polylinie 4* besteht aus fünf Polylinien.
Allen fünf soll die Füllung → Mosaik **Polylinie 4** (**52**) zugewiesen werden.

3. Formen und Farben

- Aktivieren Sie alle Elemente von Polylinie **4** (**56**).
- Doppelklicken Sie (**57**) auf das Symbol → Mosaik **Polylinie 4**.

Das Mosaik **Polylinie 4** wurde allen fünf Elementen von Polylinie **4** zugewiesen (**58**).

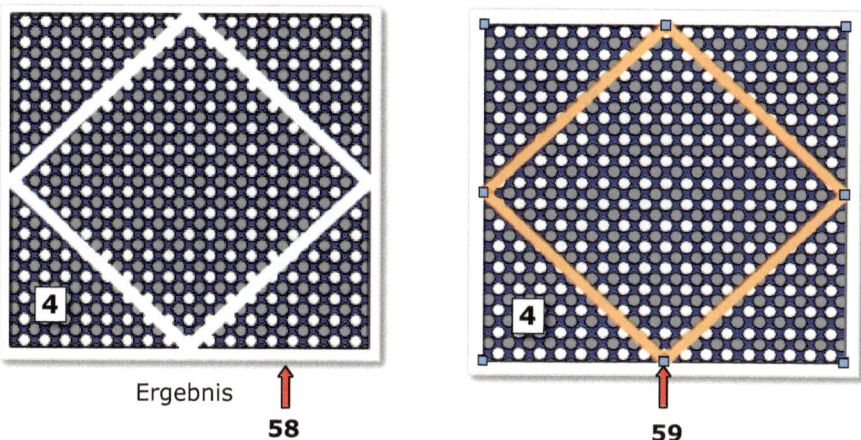

Ergebnis
58

59

5. Mosaik bearbeiten

Mit dem Werkzeug *Füllung und Textur bearbeiten* aus der Favoriten-Palette kann das Mosaik geändert werden (verschoben, skaliert oder rotiert).

Das Mosaik im mittleren Element der Raute (**59**) soll bearbeitet werden.

- Aktivieren Sie das Werkzeug *Füllung und Textur bearbeiten*.
- Klicken Sie auf das mittlere Element → die Raute von *Polylinie* **4** (**59**).

Es erscheint ein Referenzrechteck (**60**), mit dessen Hilfe Sie die Größe, Position und den Winkel des Mosaiks bearbeiten können:

- Ziehen Sie den rechten oberen Modifikationspunkt (= Umformenzeiger) (**61**) nach oben rechts.
- In die nun erscheinende Objektmaßanzeige tragen Sie folgendes ein:
    - Δx: 7 (**62**)
    - Δy: 7 (**63**),
  (wie in Abbildung **64** dargestellt).
- Verschieben (**65**) Sie das Referenzrechteck (**60**):
- Bewegen Sie den Mauszeiger über den linken unteren Modifikationspunkt **1** des Referenzrechtecks, bis ein schwarzes Kreuz erscheint.
- Klicken Sie dann mit der LMT auf diesen Modifikationspunkt **1** (siehe Abbildung **66**).
- Halten Sie den Mauszeiger gedrückt und ziehen Sie ihn bis zur unteren Ecke **2** der aktiven Polylinie (siehe Abbildung **67**).
- Lassen Sie den Mauszeiger los.

3. Formen und Farben

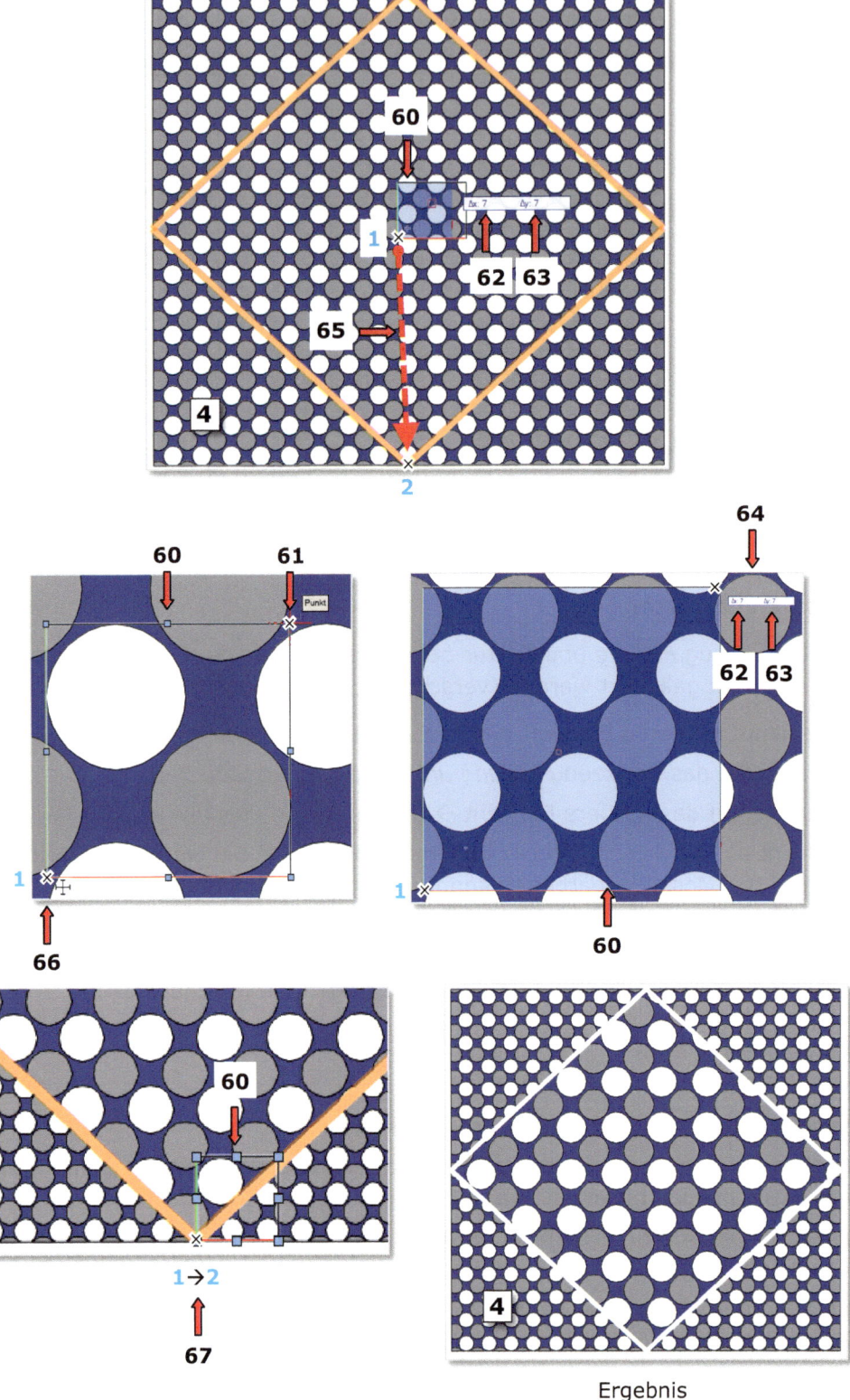

Ergebnis

3.9 Gesamtergebnis

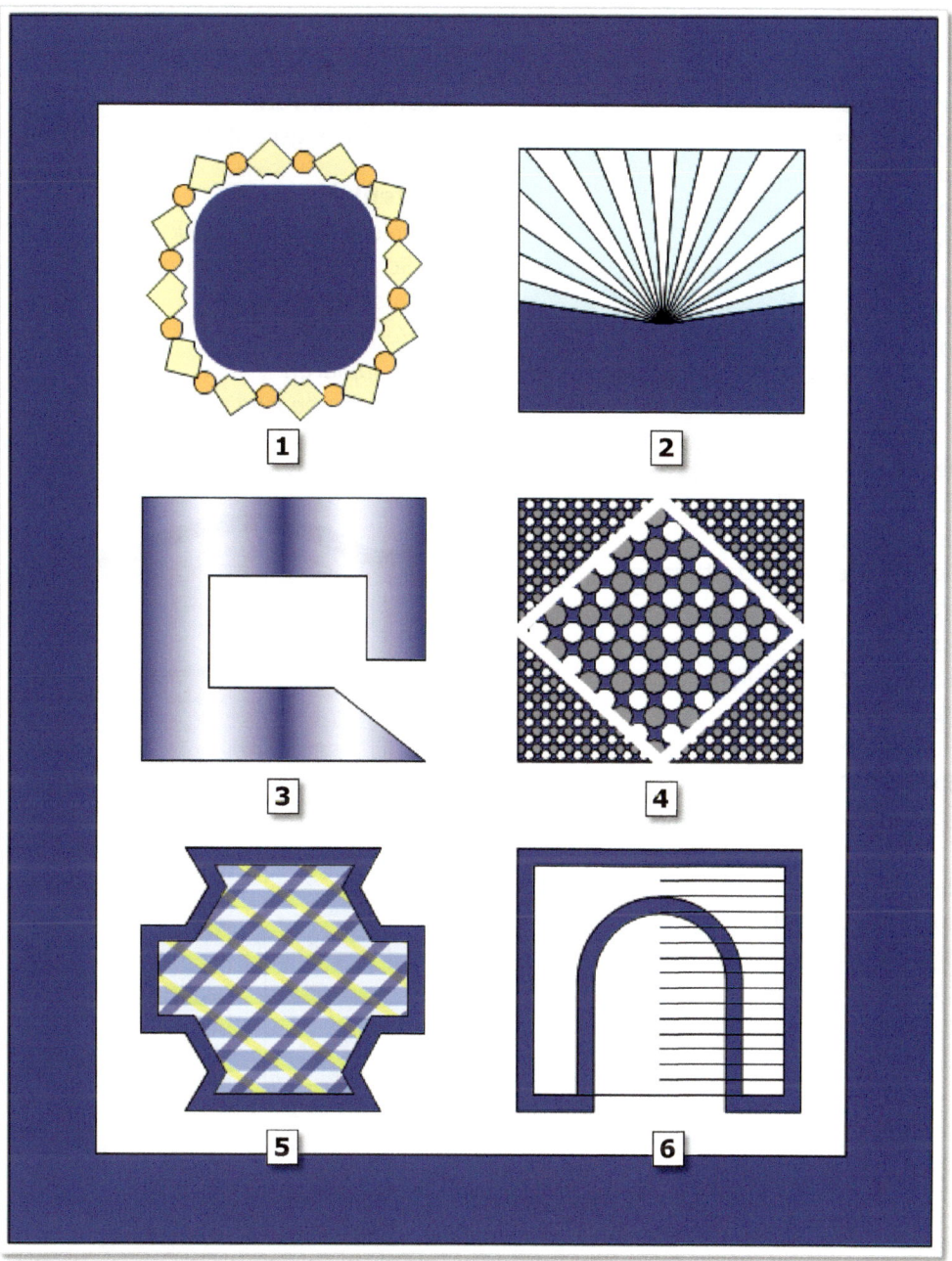

4. Vitrine

INHALT:

Werkzeuge
- *Doppellinie*
- *Spiegeln*
- *Versetzen*
- *Kreisbogen*
- *Parallele*
- *Umformen*
- *Polygon*, Methode –
  Aus umschließenden Objekten

- Neues Dokument anlegen
- Maßstab einstellen
- Einheiten einstellen
- Eigenen Bemaßungsstandard erstellen
- Neue Ebene erstellen
- Neue Klasse erstellen
- Klassen bearbeiten
- Klassestilen zuweisen
- Navigationspalette
- Eigenen Bemaßungsstandard erstellen
- Navigationspalette – Kopfzeile „STATUS"
- Layoutebenen
- Ansichtsbereiche
- Plankopf

Zeichenhilfen
- Zeigerfang-Funktionen

Befehle
- *Fläche zusammenfügen*
- *Schnittfläche löschen*
- *Ausrichten*
- *Verbinden*
- *Gruppieren*
- *Gruppe bearbeiten*

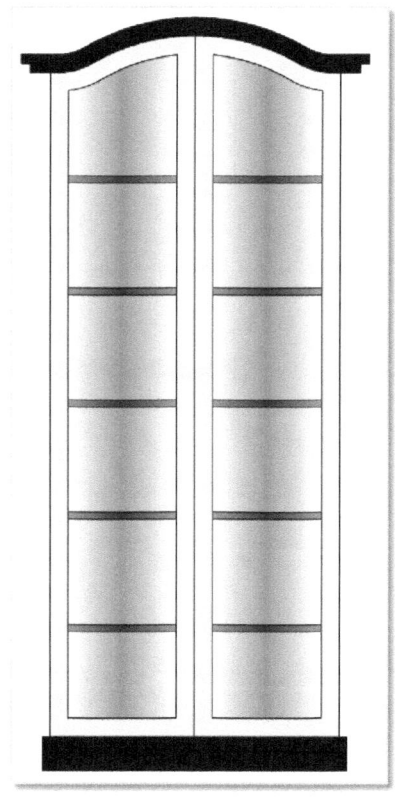

Aufgabe:

Zeichnen Sie eine Vitrine:
- Sie soll 1900 mm hoch und 800 mm breit sein.
- Die konstruktiven Elemente der Vitrine, die Seiten und der Oberboden der Vitrine, sind 24 mm dick.
- Die Innenelemente der Vitrine (die fünf Mittelböden) sind 19 mm dick.
- Der Türflügelrahmen soll 50 mm breit sein.
- Die restlichen Maße (in mm) entnehmen Sie Abbildung **1** unten.
- Die Vitrine hat zwei geschwungene Abdeckplatten.
- Erstellen Sie einen eigenen Bemaßungsstandard und bemaßen Sie die Vitrine.
- Bereiten Sie den Plan für den Druck vor.
- Zeichnen Sie dekorative Gegenstände.
- Beginnen Sie mit dem Zeichnen der ersten Objekte unter Verwendung der Attribute (**3**), die unten in der Attribute-Palette (**2**) dargestellt sind.
- Die endgültigen Attribute werden Sie den Objekten später über die Klassen zuweisen.

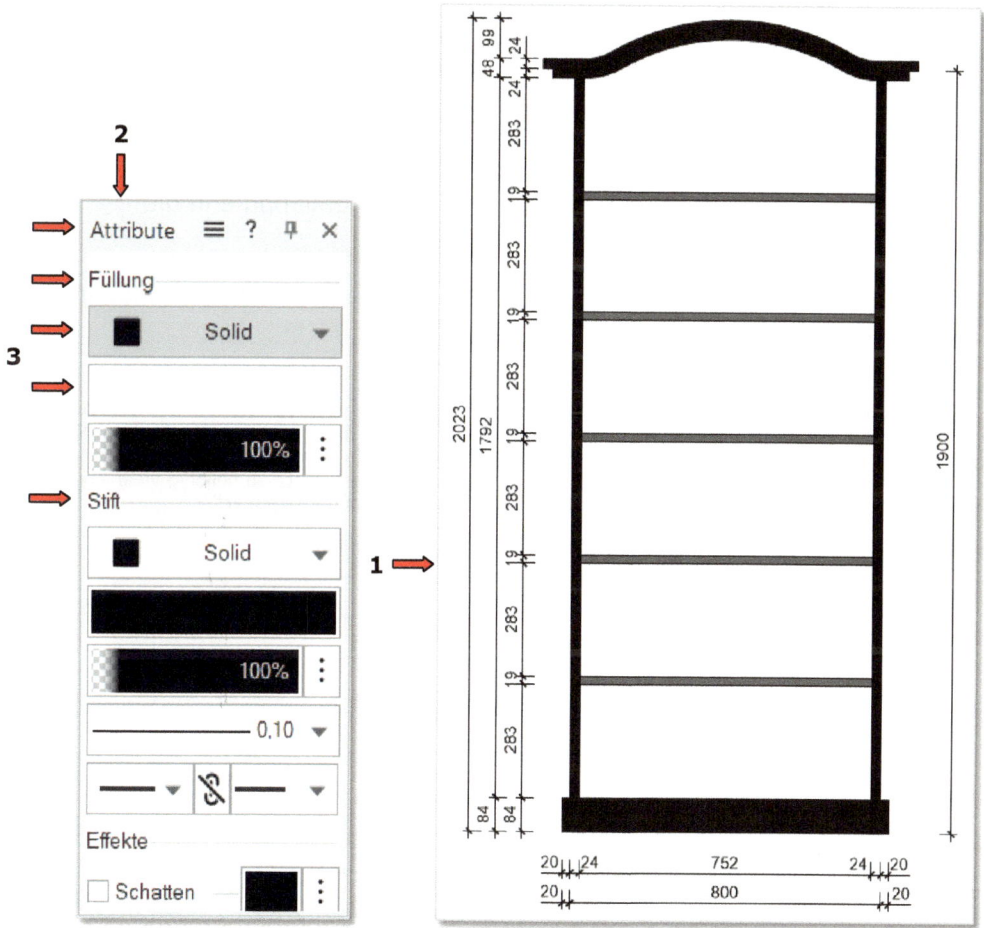

4. Vitrine

4.1 Neues Dokument anlegen

Anleitung:

Versichern Sie sich, dass das automatische Sichern aktiviert ist (siehe Seite 9 f.).

Neues Dokument anlegen

Als Vorlage wählen Sie die Option „1_Leeres Dokument.sta" aus:

- Gehen Sie zu dem Befehl in der Menüzeile:
  Datei – Neu... – Kopie von Vorgabe öffnen – 1_Leeres Dokument.sta.

Maßstab auf 1:10 **einstellen**:

- Gehen Sie zu dem Befehl in der Menüzeile: *Datei – Dokument Einstellungen – Maßstab...*
- Im nun erscheinenden Dialogfenster „Maßstab" wählen Sie den Maßstab 1:10 aus.

Einheit auf mm **einstellen**:

- Gehen Sie zu dem Befehl in der Menüzeile: *Datei – Dokument Einstellungen – Einheiten...*
- Im nun erscheinenden Dialogfenster „Einheiten" öffnen Sie die Registerkarte „Bemaßungen:".
- Im Gruppenfeld „Längen – Einheit" wählen Sie im Aufklappmenü die gewünschte Einheit aus: „Einheiten:" Millimeter.

1. Eigenen Bemaßungsstandard erstellen

Bemaßungsstandards

Alle Eigenschaften einer Bemaßung wie Pfeilart, Abstand des Bemaßungstextes von der Maßlinie oder Länge der Bemaßungshilfslinien sind als ein Bemaßungsstandard abgespeichert. Ein Bemaßungsstandard ist also die Beschreibung, wie eine Maßlinie aussehen soll. In Vectorworks können Sie zwischen neun vordefinierten Standards wählen, die nicht verändert werden können. Sie können aber zusätzlich beliebig viele eigene Standards definieren. Vectorworks enthält folgende vordefinierte Bemaßungsstandards:

Abkürzung	Bemaßungsstandard
Arch	Architektur Standard
ASME	American Society of Mechanical Engineers
BSI	British Standards Institutions
DIN	Deutsches Institut für Normung
ISO	International Organization for Standardization
SIA II	Schweizerischer Ingenieur- und Architekten-Verein (feste Maßhilfslinienlänge)
SIA	Schweizerischer Ingenieur- und Architekten-Verein
Nebeneinander	DIN (Maßzahlen in zwei Einheiten)
Übereinander	DIN (Maßzahlen in zwei Einheiten)

4. Vitrine

[...] **Eigene Bemaßungsstandards verwenden**
Eigene Bemaßungsstandards können in der aktuellen Datei erzeugt oder aus einer anderen Datei importiert werden. Sie haben drei Möglichkeiten, das Dialogfenster "Bemaßungsstandards" zu öffnen:
• Wählen Sie **Datei > Dokument Einstellungen > Dokument**. Klicken Sie im Reiter "Bemaßung" auf **Eigene Standards**.
• Aktivieren Sie ein Bemaßungswerkzeug und wählen Sie in der Methodenzeile unter **Standard** "Eigene Standards".
• Aktivieren Sie eine bestehende Bemaßung und wählen Sie in der Infopalette unter **Standard** "Eigene Standards".
Im Dialogfenster „Bemaßungsstandards" können Sie neue Bemaßungsstandards definieren, bestehende umbenennen, bearbeiten, löschen etc.
[...] (siehe Vectorworks-Hilfe [1])

Die ausführliche Beschreibung des Befehls/des Werkzeuges finden Sie in Vectorworks Onlinehilfe: Menü *Hilfe – Vectorworks-Hilfe* (siehe Seite 36 ff.).

Erstellen Sie einen eigenen Bemaßungsstandard:

• Gehen Sie zu dem Befehl in der Menüzeile:
  Datei – Dokument Einstellungen (**1**) *– Dokument...* (**2**).

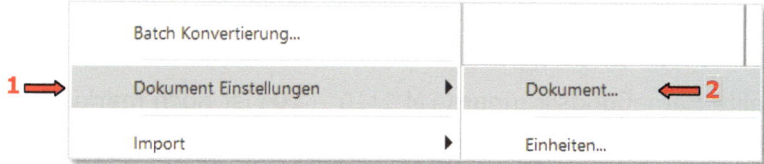

• Im nun erscheinenden Dialogfenster „Einstellungen Dokument" (**3**) öffnen Sie die Registerkarte „Bemaßung" (**4**).
• Wählen Sie bei der Option „Bemaßung ablegen in Klasse:" die Klasse „Bemaßung" (**5**) aus.

Damit wird jede neue Bemaßung automatisch der Klasse „Bemaßung" zugewiesen.

• Wählen Sie im Gruppenfeld „Bemaßungsstandard" (**6**) zuerst einen vordefinierten Bemaßungsstandard als Vorlage, z.B. „Arch US" (**7**), aus.
• Klicken Sie dann auf die Schaltfläche „Eigene Standards..." (**8**).
• Klicken Sie auf die Schaltfläche „Neu..." (**9**).
• Benennen Sie diesen Standard: „M 1:10" (**10**).
• Bestätigen Sie mit OK.

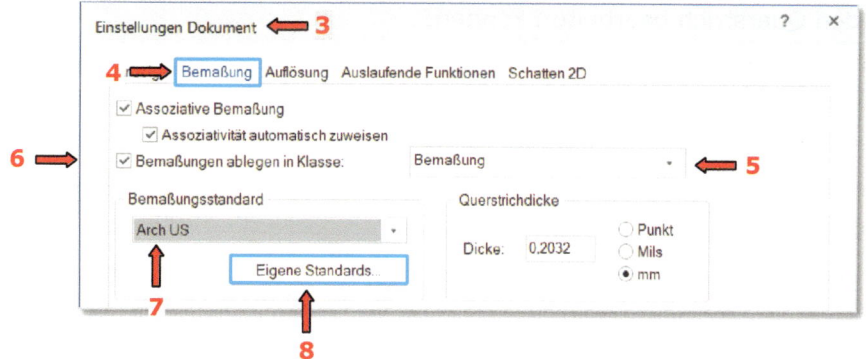

221

4. Vitrine

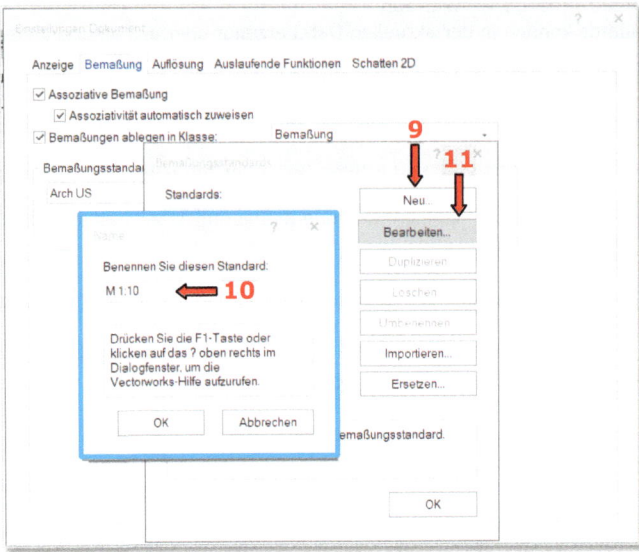

Der gerade erstellte Bemaßungsstandard „M 1:10" (**10**) ist noch markiert:
- Klicken Sie auf die Schaltfläche „Bearbeiten..." (**11**).
- Im Dialogfenster „Einstellungen Bemaßungsstandard" (**12**) nehmen Sie folgende Einstellungen vor:
  - Markieren Sie die Option „Feste Hilfslinienlänge" (**13**).
  - Ändern Sie den unteren Teil der Hilfslinie (**14**) auf 3,00.
  - Wählen Sie den Textstil: „Arial 12" (**15**) aus.
  - Ändern Sie die restlichen Zahlen, wie in Abbildung (**16**) gezeigt.
- Wählen Sie die folgenden Optionen für die Linienendstrichart aus:
  - Öffnen Sie das Aufklappmenü „Linear" (**17**).
  - Markieren Sie den Querstrich (**18**).

Die Bemaßungskette wird jetzt mit dem Endzeichen - Querstrich erstellt.

- Ändern Sie die Länge des Querstriches, indem Sie noch einmal auf das Aufklappmenü (**17**) klicken.

Dadurch öffnet sich erneut das Einblendmenü mit den Linienendzeichenarten (**19**), in dem Sie den Querstrich bearbeiten können:
- Wählen Sie den Eintrag „Liste bearbeiten" (**20**) aus.

4. Vitrine

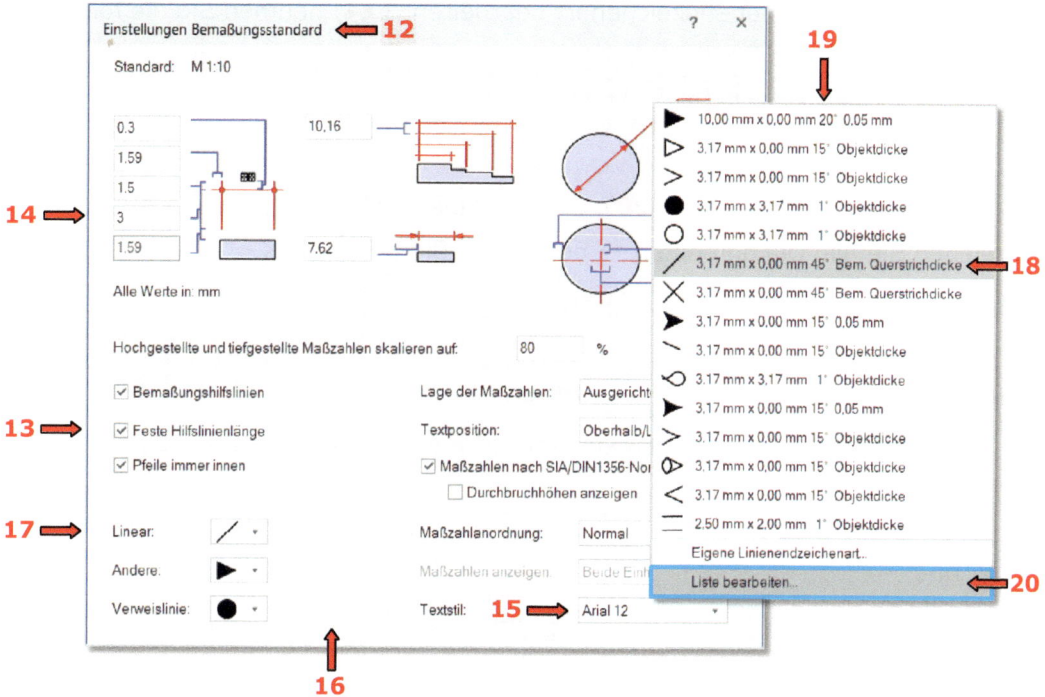

Im erscheinenden Dialogfenster „Linienendzeichenarten" (21) wird die Liste „Aktuelle Linienendzeichenarten" angezeigt.

- Wählen Sie das Endzeichen für die Bemaßungskette - Querstrich (22) aus und klicken Sie auf die Schaltfläche „Bearbeiten..." (23).

Es öffnet sich das Dialogfenster „Linienendzeichenart bearbeiten" (24).

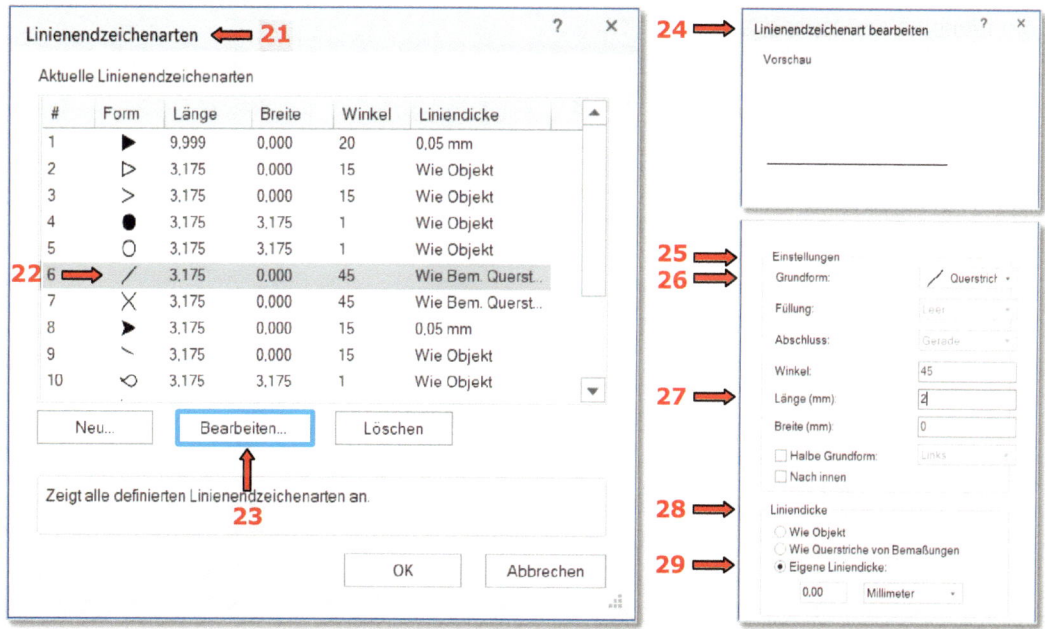

223

4. Vitrine

- Im Dialogfenster „Linienendzeichenart bearbeiten" (**24**) nehmen Sie die folgenden Einstellungen vor:
- Im Gruppenfeld „Einstellungen" (**25**):
  „Grundform:" Querstrich (**26**), wenn nicht schon vorhanden
  „Länge:" 2 mm (**27**).
- Im Gruppenfeld „Liniendicke" (**28**): „Eigene Liniendicke:" 0,40 mm (**29**).
- Schließen Sie alle Dialogfenster → bestätigen Sie alle mit OK.

Sie haben einen eigenen Bemaßungsstandard „M 1:10" erstellt.

Neue Ebene und neue Klassen erstellen

Eine neue Ebene (**1**) mit dem Namen „Vitrine" und vier neue Klassen (**2**) sollen erstellt werden.

Ebene (**1**):
1. Vitrine

Klassen (**2**):
1. „Konstruktive Elemente"
2. „Innen Elemente"
3. Eine Klassengruppe „Tür" mit zwei Unterklassen:

HINWEIS: Unterklassen erstellen Sie, indem Sie „-" (Minuszeichen), ohne Leerzeichen, hinter den Klassennamen eintragen.

3.1 „Flügelrahmen" → Schreibweise „Tür-Flügelrahmen"
3.2 „Glas" → Schreibweise „Tür-Glas" (**3**)
4. „Dekorative Gegenstände"

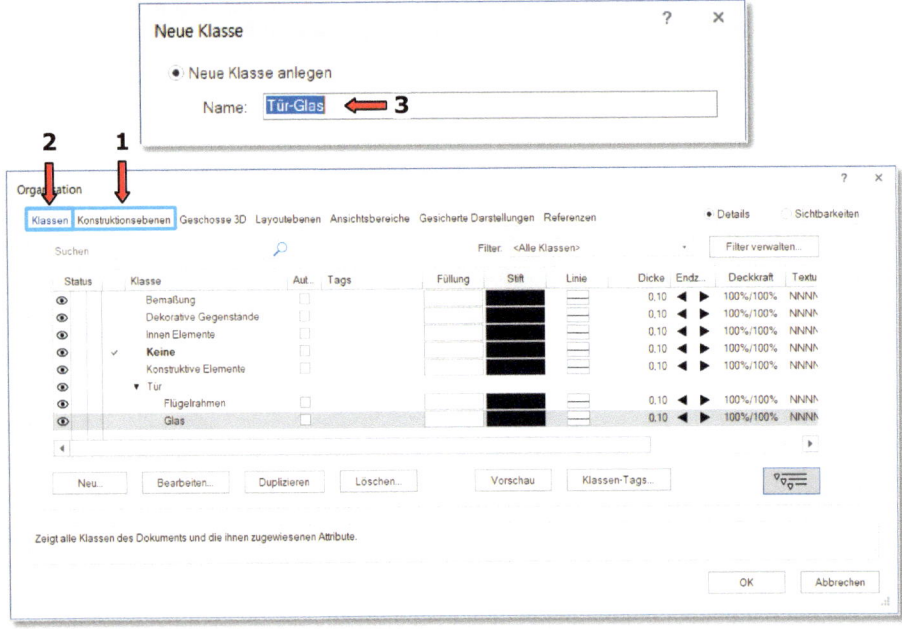

2. Bearbeiten von Klassen

- Wählen Sie bei jeder Klasse im Dialogfenster „Klasse bearbeiten" (**4**)
    - die Registerkarte „Attribute" (**5**) und dann
    - die Option „Automatisch zuweisen" (**7**) im Gruppenfeld „Attribute" (**6**) aus.

[...] „Der Befehl überträgt nicht nur die **Attribute** von einem Objekt auf eine Klasse, sondern [...] neu gezeichnete Objekte werden **automatisch** mit diesen Attributen angelegt, wenn die entsprechende Klasse aktiv ist" [...] (siehe Vectorworks-Hilfe [1])

- Bestimmen Sie die Klassenattribute für jede Klasse, wie unten angegeben:

1. „Konstruktive Elemente": Nehmen Sie für die „Füllung:" (**8**)
    Solid -Farbe: Classic 057.
2. „Innen Elemente": Nehmen Sie für die „Füllung:" (**8**)
    Solid - Farbe: Classic 053.
3. „Tür":
3.1. „Flügelrahmen", die „Füllung:" (**8**)
    Solid - Farbe: Classic 046
3.2. „Glas", die „Füllung:" (**8**)
    Verlauf (**9**) - Weiß-Schwarz-Weiß (**10**) und setzen Sie die „Deckkraft:" (**11**) auf 35% (**12**)
4. „Dekorative Gegenstände": Bei dieser Klasse schalten Sie die Option „Automatisch zuweisen" nicht ein, die Objekte werden unterschiedliche Attribute erhalten.

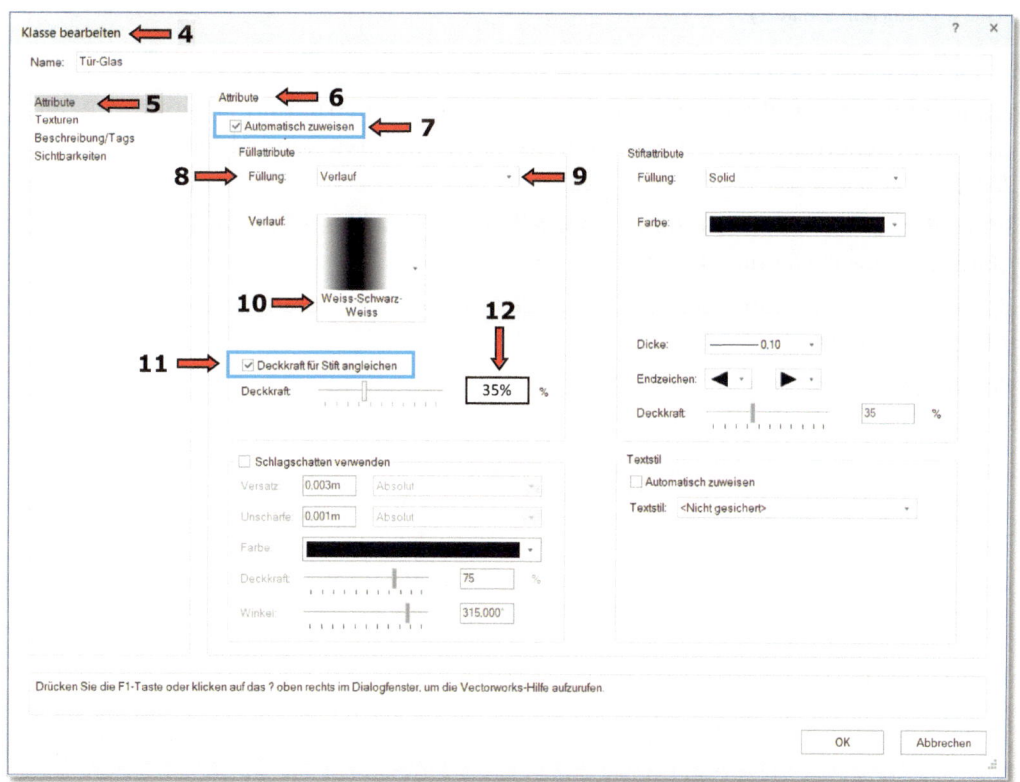

4.2 Vitrine – Korpus

(siehe auch Suhner, 2010, S 177-188)²

1. Linke Seite der Vitrine

Zeichnen Sie zuerst alles auf der Ebene „Vitrine" und in der Klasse „Keine" (diese beiden müssen aktiv sein).

WICHTIG: Im Zeigerfang-Set (**1**) müssen die Fangmodi *An Objekt ausrichten* und *An Winkel ausrichten* eingeschaltet sein.

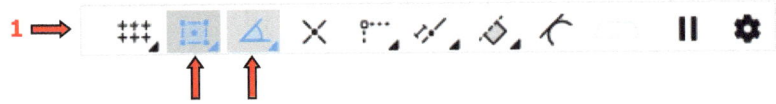

Doppellinie

Doppellinie zeichnen

Werkzeug	Arbeitsumgebung: Werkzeuggruppe	Tastenkürzel
Doppellinie	Basic und Spotlight: Favoriten Architektur und Landschaft: Konstruktion	Umschalttaste + 2

Mit dem Werkzeug **Doppellinie** werden parallele Linien gezeichnet. Sie können den Abstand zwischen den Doppellinien bestimmen und Schichten zwischen den Doppellinien anlegen.
[...] (siehe Vectorworks-Hilfe ¹)

Zeichnen Sie die linke Seite der Vitrine mit dem Werkzeug *Doppellinie* :

- Wählen Sie das Werkzeug *Doppellinie* in der Konstruktion-/Favoriten-Palette aus und klicken Sie dann in der Methodenzeile auf das Symbol *Einstellungen Doppellinie* (**2**) .
- Im Dialogfenster „Einstellungen Doppellinien" (**3**) wählen Sie im Gruppenfeld „Einstellungen" (**5**) die Option „Polygone" (**6**) aus.
- Bestimmen Sie den Abstand zwischen den beiden parallelen Linien: Abstand: 24 mm (**4**).
- Bestätigen Sie mit OK.

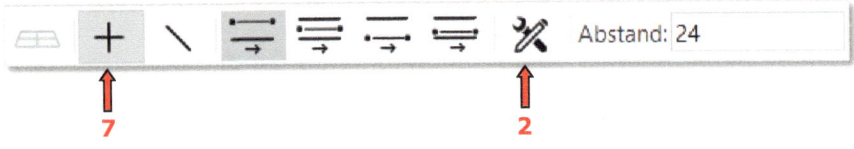

4. Vitrine

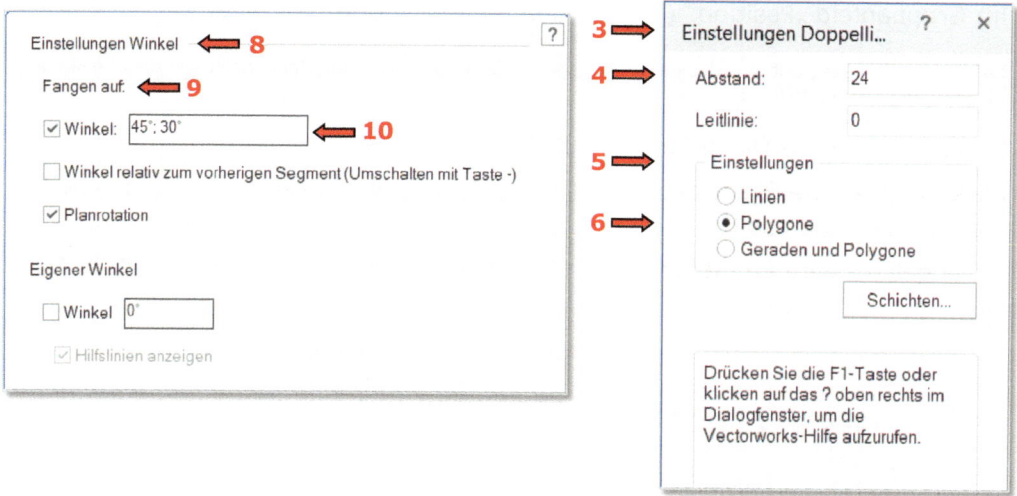

- Mit der ersten Methode (**7**) in der Methodenzeile, bestimmen Sie in welchem Winkel Sie zeichnen wollen.

Dieser hängt von den Einstellungen im Dialogfenster „Einstellungen Winkel" (**8**) im Zeigerfang-Set (**1**) ab.
Diese Winkel können im Gruppenfeld „Fangen auf:" (**9**) und im Eingabefeld „Winkel:" (**10**) bestimmt werden:
In diesem Beispiel ist das Zeichnen in 0°, 30°, 45° Schritten möglich.

Sie können eine Doppellinie auf drei Arten zeichnen (auch wie eine normale Linie):

I   Eine Doppellinie durch zwei Punkte bestimmen (mit zwei LMT-Klicks).

II Eine Doppellinie, mit der LMT auf einer gewünschten Stelle (einem Startpunkt) beginnen und dann in die nun erscheinende Objektmaßanzeige (**11**) die Länge (**12**) und den Winkel (**13**) der Doppellinie zur x-Achse eintragen (springen Sie von einer Eingabe zu der anderen durch das Drücken der Tabulatortaste).

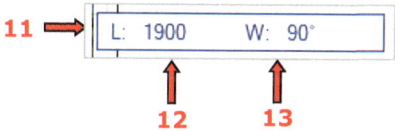

III Eine Doppellinie über das Dialogfenster anlegen:

- Doppelklicken Sie auf das Werkzeug *Doppellinie* in der Konstruktion-Palette.
- Das Dialogfenster „Doppellinie" (**14**) wird geöffnet:
- Im Gruppenfeld „Größe" (**15**) wählen Sie die Option „Kartesisch" (**16**) aus:
  Δx: 0;
  Δy: 1900 mm (**17**).

Eine Länge kann über **kartesische Koordinaten** (Δx-, Δy-Länge) oder mit **polaren Koordinaten** (Streckenlänge und Winkel) eingegeben werden.

4. Vitrine

- Im Gruppenfeld „Position" (**18**) wählen Sie die Option „Nächster Klick" (**19**) aus.

[...] Aktivieren Sie diese Option, wird der Anfangspunkt der Doppellinien mit dem „Nächsten Klick" festgelegt.
[...] (siehe Vectorworks-Hilfe [1])

- Bestätigen Sie das Dialogfenster mit OK.
- Klicken Sie an die Stelle auf dem Plan (**20**), an welcher der Startpunkt **1** der Doppellinie liegen soll.

Die Doppellinie wird an dieser Stelle (**20**) platziert (durch die eingeschaltete Option „Nächster Klick" – **19**).

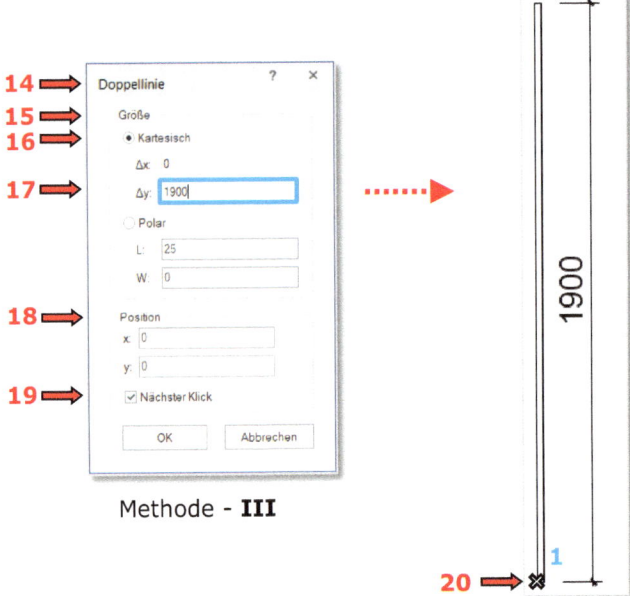

Methode - **III**

2. Oberboden (Abdeckplatte)

Zeichnen Sie den Oberboden mit dem Werkzeug *Doppellinie*:

- Bestimmen Sie den Abstand: 24 mm (**2**).

Jetzt ist es wichtig, dass die Leitlinie richtig liegt, d.h., dass der Oberboden nach oben bündig (**3**) zur oberen Seite der Vitrine ausgerichtet ist:

- Wählen Sie in der zweiten Methodengruppe die erste Methode – *Linker Rand* (**1**) aus.

Mit der Tastaturtaste – Buchstabe **I** können Sie die Position der Leitlinie während des Zeichnens wechseln → (siehe Seite 29).

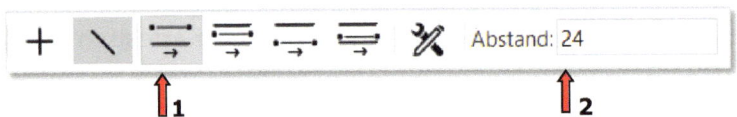

- Klicken Sie auf die rechte obere Ecke (**4**) der eben gezeichneten linken Seite der Vitrine (dies ist der Anfangspunkt der Doppellinie).

4. Vitrine

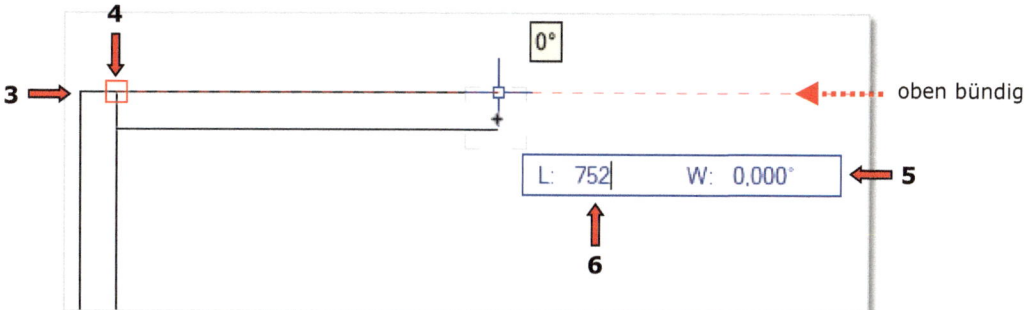

- Fahren Sie mit der Maus, ohne zu klicken, nach rechts. Die Objektmaßanzeige (**5**) öffnet sich.
- Tragen Sie in die nun erscheinende Objektmaßanzeige den Wert für die Länge L: 752 mm (**6**) ein.
- Bestätigen Sie zweimal.

Die erste Bestätigung ist für die eingetragene Länge (752 mm) und die zweite Bestätigung für den Winkel (0,00°).

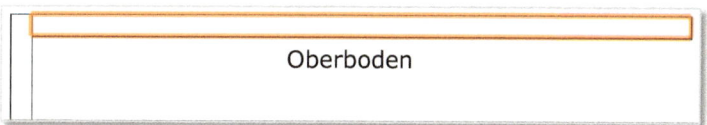

3. Rechte Seite der Vitrine

Spiegeln

- Aktivieren Sie die linke Seite der Vitrine.
- Wählen Sie das Werkzeug *Spiegeln* in der Konstruktion-/Favoriten-Palette und in der Methodenzeile die zweite Methode - *Duplikat* aus.

Sie werden jetzt aufgefordert, die Spiegelachse zu zeichnen:

- Klicken Sie zuerst auf den Mittelpunkt des Oberbodens (der Abdeckplatte) (**1**).
- Fahren Sie dann bei gedrückter Umschalttaste senkrecht nach unten (oder nach oben) (**2**).
- Klicken Sie irgendwo auf die neu erschienene grün gestrichelte Mittelachse (**3**), dadurch wird die Spiegelachse definiert.

Die rechte Seite der Vitrine ist fertig (**4**).

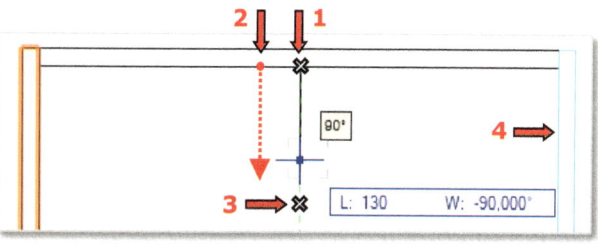

4. Vitrine

4. Unterboden

• Spiegeln Sie den Oberboden mit der zweiten Methode - *Duplikat* .
Die Spiegelachse (**1**) sollte durch die Mitten (**2**) beider Seiten verlaufen.

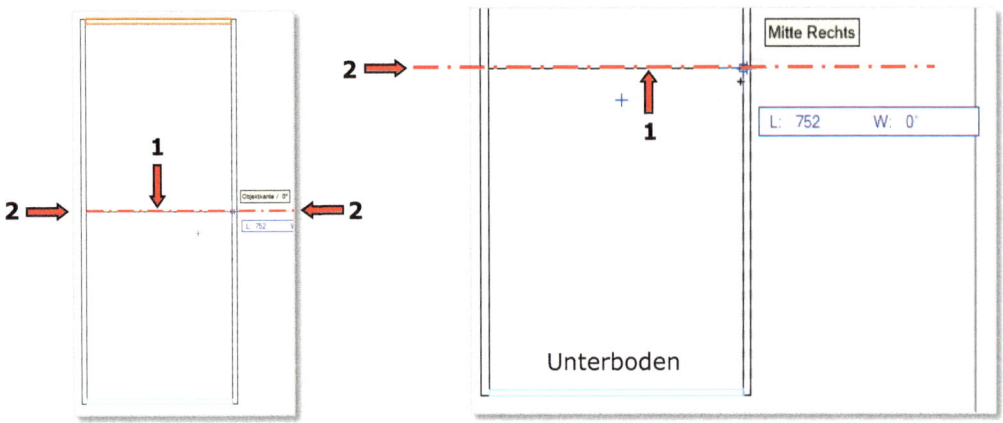

Unterboden über die Infopalette umformen

• Aktivieren Sie den Unterboden (die Bodenplatte).
• Fixieren Sie ihn in der schematischen Darstellung in der Information-Objekt-Palette unten mittig (**3**).
• Addieren Sie in der Informationen-Objekt-Palette:
    - zum Δx-Wert (Länge des Rechtecks) 88 mm dazu (**4**) (= Δx: 840 mm),
    - zum Δy-Wert (Breite des Rechtecks) 60 mm dazu (**5**) (= Δy: 84 mm).

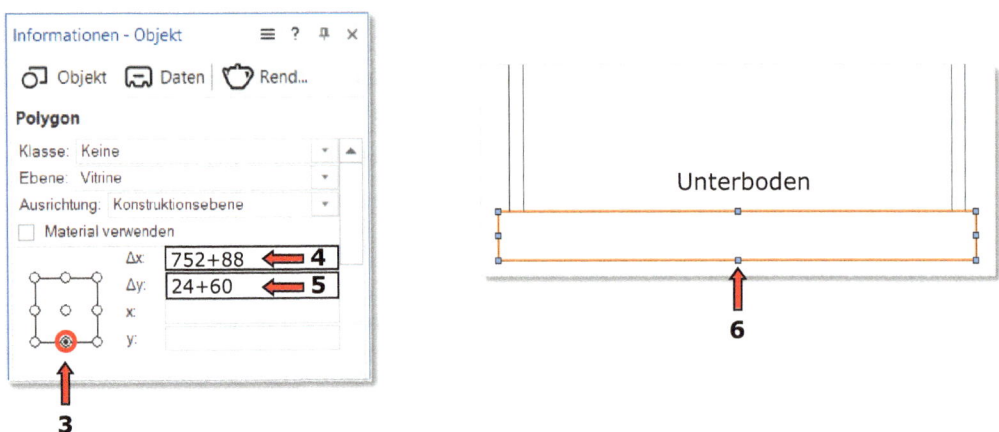

• Markieren Sie den Unterboden (**6**) und die beiden Seiten der Vitrine (**7**).
• Die Seiten sollen im Hintergrund angeordnet sein → (**8**).
Falls nicht, markieren Sie diese und gehen Sie zum Befehl in der Menüzeile:
Ändern – Anordnen – In den Hintergrund.

4. Vitrine

- Gehen Sie anschließend zum Befehl in der Menüzeile: *Ändern – Schnittfläche löschen*.

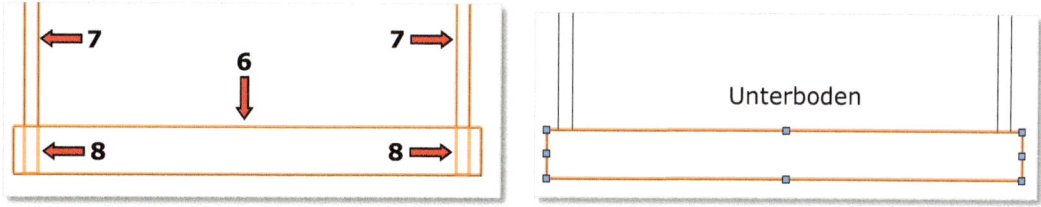

5. Mittelböden

Die Vitrine soll fünf Mittelböden mit einer Dicke von 19 mm bekommen.

- Verwenden Sie wieder das Werkzeug *Doppellinie*.
- In der Methodenzeile geben Sie für den Abstand zwischen den Linien Abstand: 19 mm ein.
- Zeichnen Sie den ersten Mittelboden **1**, egal auf welche Höhe, zwischen die linke und die rechte Seite der Vitrine (**1**) ein.

Versetzen

- Den nächsten Mittelboden **2** und die weiteren drei (**3**,**4**,**5**) versetzen Sie mit dem Werkzeug *Versetzen* (**2**) aus der Favoriten-Palette und der zweiten Methode - *Duplikat versetzen* (**3**).
- In der Methodenzeile wählen Sie die dritte Methode - *Einstellungen Versetzen* (**4**) aus.

Es öffnet sich das Dialogfenster „Versetzen" (**5**):
 - Wählen Sie die Option „Versetzen an gewählten Punkt" (**6**) aus.
 - Wählen Sie den linken oberen Punkt (**7**) aus.
 - Bestätigen Sie mit OK.

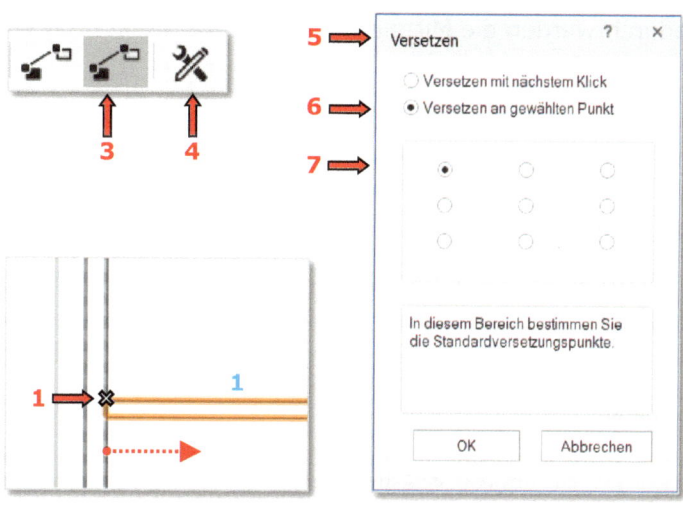

4. Vitrine

- Klicken Sie mit der LMT auf die rechte Kante der linken Seite der Vitrine (**8**), an der Stelle, wo der Intelligente Zeiger den Text „Objektkante" (**9**) einblendet.

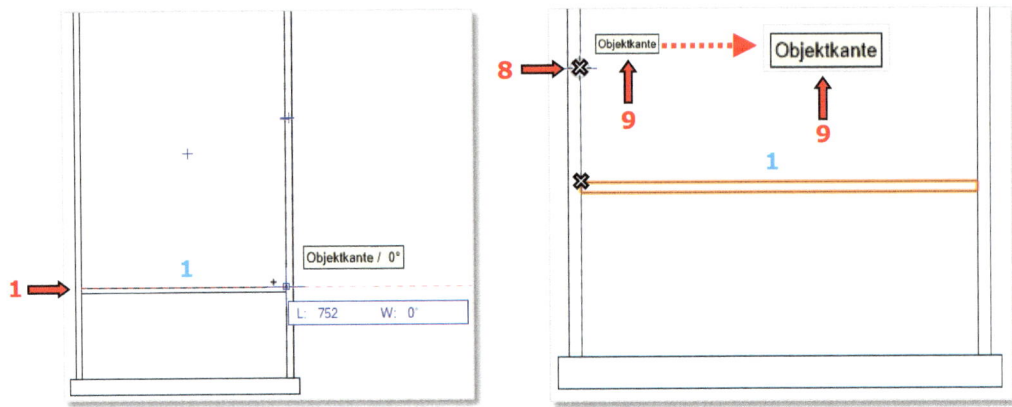

Der Mittelboden **1** wurde als eine Kopie an diese Stelle (→ Mittelboden **2**) versetzt. Achten Sie darauf, dass der Zeigerfang-Modus *An Objekt ausrichten* aktiv ist.

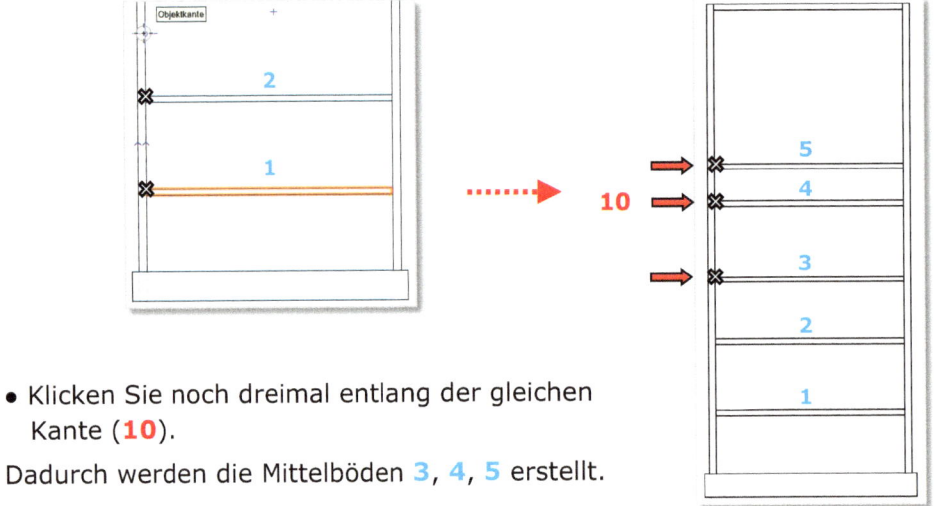

- Klicken Sie noch dreimal entlang der gleichen Kante (**10**).

Dadurch werden die Mittelböden **3**, **4**, **5** erstellt.

Nun sind alle fünf Mittelböden gezeichnet. Sie müssen nur noch gleichmäßig zwischen dem Oberboden und dem Unterboden verteilt werden.

Ausrichten

Zuerst müssen alle Böden (Ober-, Unter- und Mittelböden) aktiviert werden. Der Oberboden und der Unterboden sind Außenelemente, zwischen denen die Innenelemente (die Mittelböden) gleichmäßig verteilt werden.

Aktivieren
„**Alt**-Taste" + Aktivieren
„Halten Sie die Alttaste gedrückt, während Sie den Aktivierrahmen aufspannen, werden alle Objekte aktiviert, die sich ganz oder teilweise im Aktivierrahmen befinden". […] (siehe Vectorworks-Hilfe [1])

4. Vitrine

- Aktivieren Sie alle Böden mit dem Werkzeug *Aktivieren* indem Sie:
  gleichzeitig die **LMT** und die **Alt-Taste** drücken und senkrecht (und mittig) einen Aktivierrahmen über alle Böden aufspannen (**11**).

Nun werden alle Mittelböden, der Oberboden und der Unterboden aktiviert (**12**).

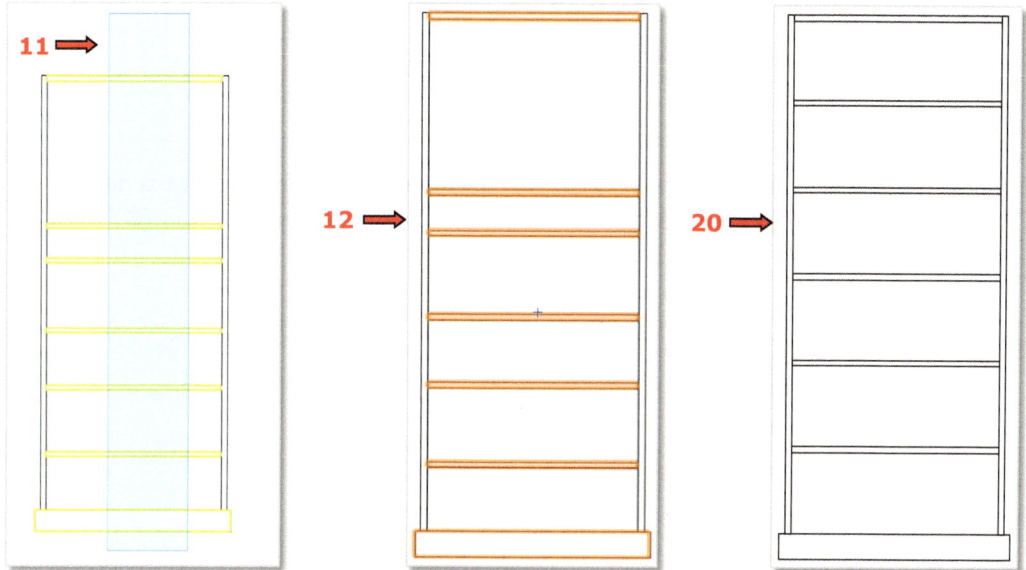

Verteilen Sie jetzt alle Mittelböden gleichmäßig zwischen dem Oberboden und dem Unterboden:

- Gehen Sie zu dem Befehl in der Menüzeile:
  Ändern (**13**) – *Ausrichten* (**14**) – *2D Ausrichten…* (**15**).
- Im Dialogfenster „2D Ausrichten und verteilen" (**16**), im Bereich oben rechts (**17** → zuständig für senkrechte Ausrichtung), aktivieren Sie die Optionen „Verteilen" (**18**) und „Abstand" (**19**).

Die Objekte werden mit dem gleichen Abstand zwischen den äußeren Elementen verteilt.

- Bestätigen Sie mit OK.

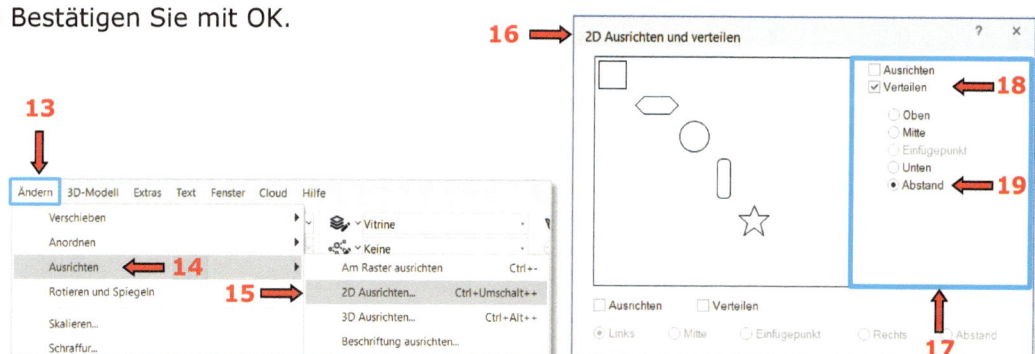

Alle Mittelböden werden gleichmäßig zwischen dem Unterboden und dem Oberboden verteilt (**20**).

233

6. Oberboden bearbeiten

Die gerade Form des Oberbodens soll in eine Bogenform umgewandelt werden.

- Im Zeigerfang-Set müssen die Fangmodi *An Objekt ausrichten*, *An Winkel ausrichten* und *An Schnittpunkt ausrichten* eingeschaltet sein.

- Aktivieren Sie den Oberboden (**1**).
- Fixieren Sie ihn in der Informationen-Objekt–Palette in der schematischen Darstellung mittig (**2**) und addieren Sie 160 mm zum Δx-Wert dazu (**3**) (= Δx: 912 mm).

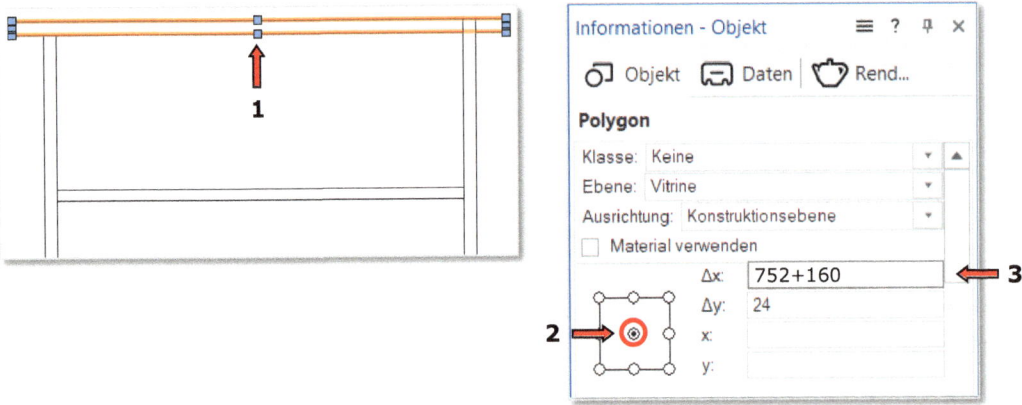

- Aktivieren Sie den eben geänderten Oberboden (**1**) (er muss im Vordergrund angeordnet sein) und die beiden Seiten der Vitrine (**4**).

  Schneiden Sie die gemeinsame Schnittfläche aus:

- Gehen Sie in der Menüzeile zu: *Ändern – Schnittfläche löschen*.

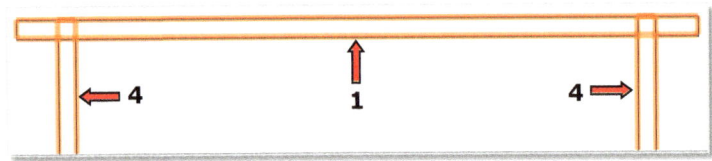

Kreisbogen

[...] Kreisbogen definiert durch Tangente und Punkt
Gehen Sie folgendermaßen vor:
1. Aktivieren Sie das Werkzeug **Kreisbogen** und die Methode **Definiert durch Tangente und Punkt**.
2. Klicken Sie, um den Anfangspunkt des Kreisbogens zu setzen.
3. Klicken Sie, um die Linie zu definieren, zu der der Kreisbogen tangential verlaufen soll. Verschieben Sie den Zeiger, bis eine Vorschau der gewünschten Ausrichtung und Größe des Kreisbogens anzeigt.
4. Klicken Sie, um den Endpunkt des Kreisbogens zu setzen. [...] (siehe Vectorworks-Hilfe [1])

Der Oberboden soll mit dem Werkzeug *Kreisbogen* umgeformt werden.
Um die Punkte des Kreisbogens zu bestimmen, benötigen Sie zwei Hilfslinien.

- Zeichnen Sie die erste Hilfslinie (**5**) mit dem Werkzeug *Linie* von der Mitte der oberen Seite des Oberbodens senkrecht nach oben, mit einer Länge von 75 mm.

- Zeichnen Sie die zweite Hilfslinie (**6**), indem Sie das obere Ende **1** der ersten Hilfslinie mit der rechten oberen Ecke **2** der linken Seite der Vitrine verbinden.

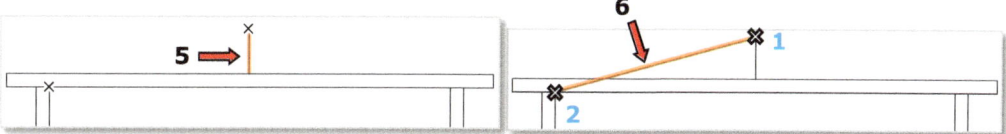

- Zeichnen Sie jetzt einen Kreisbogen **K1** mit dem Werkzeug *Kreisbogen* aus der Favoriten-Palette.

- Wählen Sie die dritte Methode – *Definiert durch Tangente und Punkt* aus:

- Mit dem ersten Klick **3** bestimmen Sie den ersten Punkt des Kreisbogens und den ersten Punkt der Tangente (= das obere Ende der senkrechten Hilfslinie → **1**).

- Mit dem zweiten Klick **4** bestimmen Sie den zweiten Punkt der Tangente (fahren Sie waagerecht nach links und klicken Sie auf eine Stelle auf der rot gestrichelten Linie).

- Mit dem dritten Klick **5** bestimmen Sie den zweiten Punkt des Kreisbogens (= der Schnittpunkt der zweiten Hilfslinie (**6**) und der oberen Seite des Oberbodens).

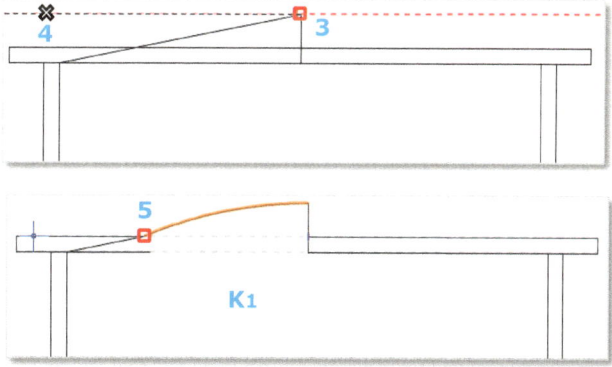

4. Vitrine

- Zeichnen Sie den zweiten Kreisbogen K2 auch mit der dritten Methode – *Definiert durch Tangente und Punkt* :

- Der erste Punkt 6 (→ Klick) liegt auf der rechten oberen Ecke der linken Seite der Vitrine.

- Der zweite Punkt 7 (→ Klick) bestimmt die Richtung (waagerecht) der Tangente (→ fahren Sie mit dem Mauszeiger waagerecht nach rechts und klicken Sie auf die untere Seite des Oberbodens 7).

- Der dritte, letzte Klick 5 bestimmt den zweiten Punkt des Kreisbogens (klicken Sie auf das linke Ende des zuerst gezeichneten Kreisbogens K1 - 7).

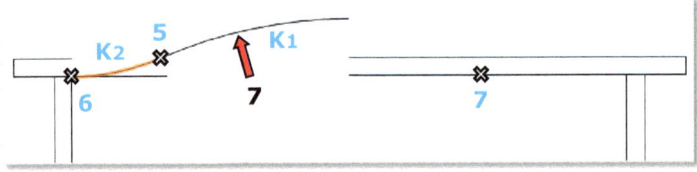

Verbinden

- Aktivieren Sie beide Kreisbögen (**7**+**8**) und verbinden Sie diese mit dem Befehl in der Menüzeile: *Ändern – Verbinden* → Ergebnis (**9**).

Verbinden
Objekte und Flächen verbinden
Wählen Sie den Befehl **Verbinden** (Menü **Ändern**), werden die aktivierten Objekte in ein einziges zusammenhängendes Objekt umgewandelt. Mit 2D-Objekten entstehen bei diesem Vorgang Polygone bei geraden 2D-Objekten, Polylinien bei runden 2D-Objekten. Bei 3D-Objekten entstehen immer NURBS-Kurven, nur bei Subdivision-Objekten entsteht ein neues Subdivision-Objekt. Verbunden werden Objekte, die einen Anfangs- und Endpunkt haben, also die 2D-Objekte Linien, Kreisbogen, Polygone und Polylinien und im 3D-Bereich 3D-Polygone und NURBS-Kurven. Objekte, die eine geschlossene Fläche darstellen, und Körper werden ignoriert. [...]
(siehe Vectorworks-Hilfe [1])

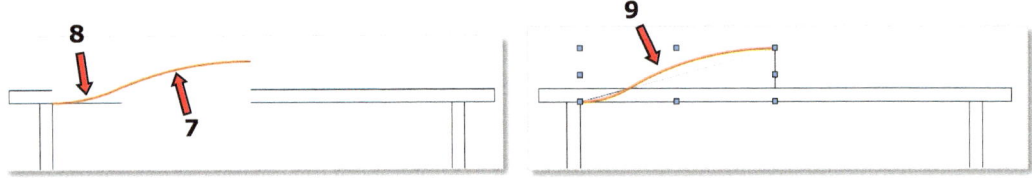

- In der Attribute-Palette ändern Sie die Füllung der gezeichneten Polylinie in „Leer" (**10**).

4. Vitrine

- Löschen Sie beide Hilfslinien (**11**+**12**).

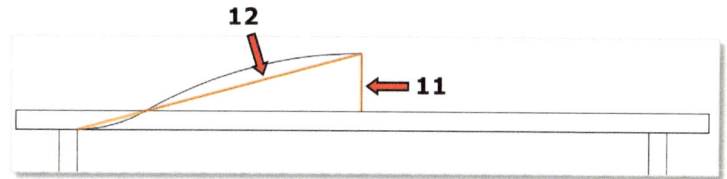

Parallele

- Aktivieren Sie die eben konstruierte Polylinie (**9**) und erstellen Sie aus ihr zwei Parallelen mit dem Werkzeug *Parallele* aus der Favoriten-Palette, mit einem Abstand von 24 mm:
- Wählen Sie die erste Methode - *Mit bestimmten Abstand* (**13**) und die dritte Methode - *Originalobjekt behalten* (**14**) aus.
- Geben Sie für den Abstand: 24 mm (**15**) ein.
- Klicken Sie zweimal nach oben, um die Parallelen dort zu erstellen (**16**).

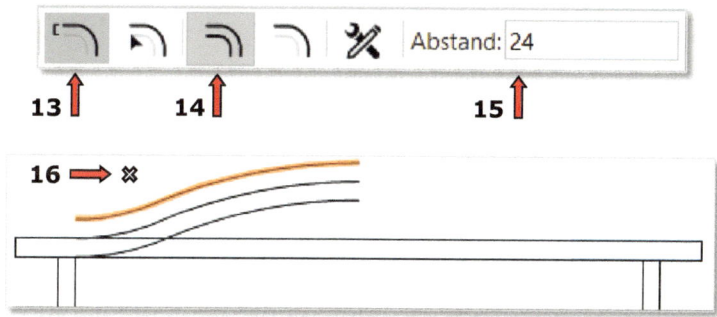

- Schließen Sie die Seiten zwischen der Polylinien einzeln mit dem Werkzeug *Linie* ab (**17**, **18**, **19**, **20**).

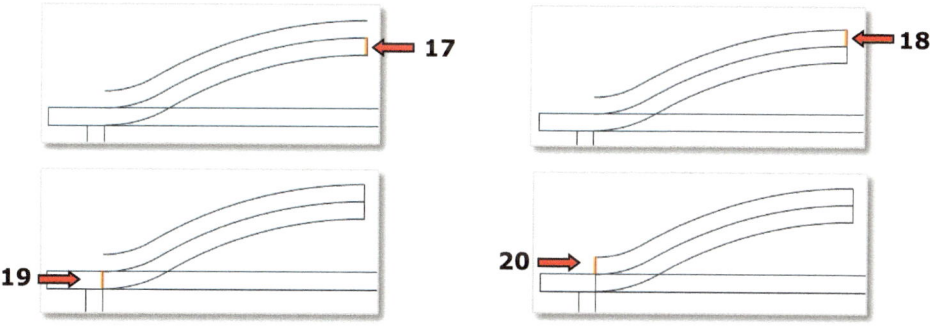

- Kopieren Sie die mittlere Polylinie (**21**) und legen Sie diese an der Seite ab (**22**).

237

4. Vitrine

Diese Polylinie werden Sie später brauchen, um den zweiten geschwungenen Oberboden als geschlossene Polylinie zu zeichnen.

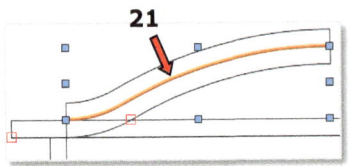
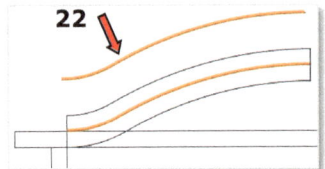

- Aktivieren Sie die unteren zwei Polylinien und die zwei unteren seitlichen Linien (**23**).
- Verbinden Sie diese vier aktivierten Objekte zu einer geschlossenen Polylinie (**24**) mit dem Befehl in der Menüzeile: *Ändern - Verbinden*.

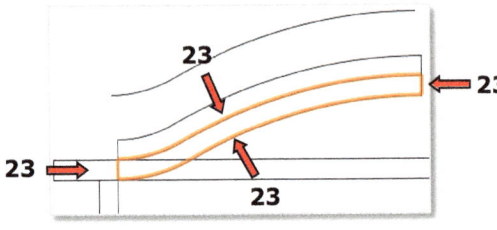
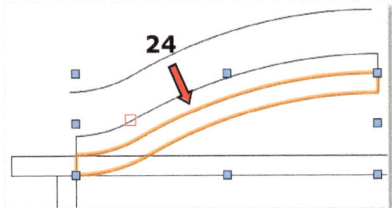

- Verschieben Sie die kopierte mittlere Polylinie (**22**) zurück auf ihre ursprüngliche Stelle.

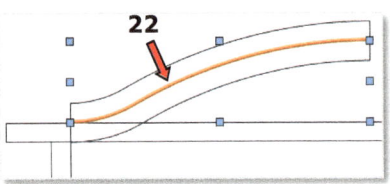

- Aktivieren Sie diese Polylinie (**22**), die oberste Polylinie und die zwei seitlichen oberen kurzen Linien (**25**).
- Verbinden Sie diese vier aktivierten Objekte zu einer geschlossenen Polylinie (**26**) mit dem Befehl in der Menüzeile: *Ändern - Verbinden*.

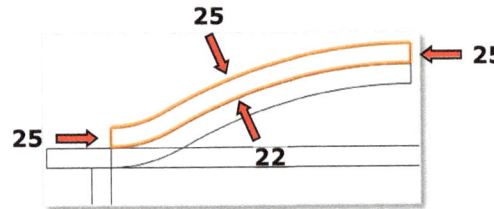
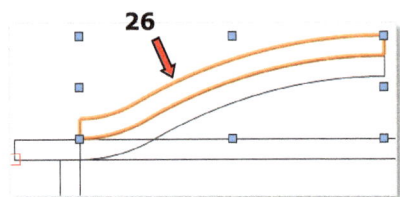

4. Vitrine

Umformen

Umformen [...]
[...] Mit dem Werkzeug **Umformen** können bestehende Objekte umgeformt werden, indem deren Scheitelpunkte verschoben, gelöscht, geändert oder hinzugefügt werden. Sie können die Länge von Objekten (inklusive Bemaßungen) ändern, einzelne Objekte umformen oder mehrere Objekte gleichzeitig umformen. [...] (siehe Vectorworks-Hilfe [1])

- Verkleinern Sie den zuerst gezeichneten geraden Oberboden (**27**) mit dem Werkzeug *Umformen* aus der Konstruktion-/Favoriten-Palette:
- Aktivieren Sie den geraden Oberboden (**27**) und wählen Sie entweder das Werkzeug *Umformen* in der Favoriten-Palette aus oder klicken Sie zweimal auf den geraden Oberboden (**27**):
- Wählen Sie die zweite Methode - *Kante parallel verschieben* aus.
- Drücken Sie auf den unteren rechten Modifikationspunkt **8** des Oberbodens.
- Ziehen Sie den Mauszeiger mit der gedrückten LMT nach links (**28**) bis zur rechten Kante **9** der linken Seite der Vitrine.

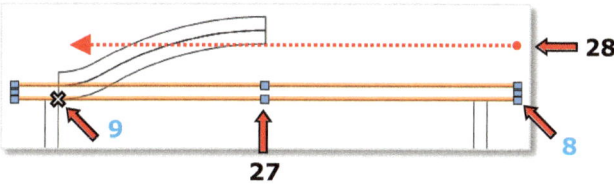

- Kopieren Sie dieses Rechteck nach oben (um 24 mm) (**29**).
- Vergrößern Sie es in der Informationen-Objekt–Palette:
- Fixieren Sie eine der rechten Ecken des Rechtecks (**30**) in der schematischen Darstellung.
- Fügen Sie in der Informationen-Objekt-Palette 24 mm zum Δx-Wert (**31**) (= die Länge des Rechtecks) hinzu (= Δx: 104 mm).

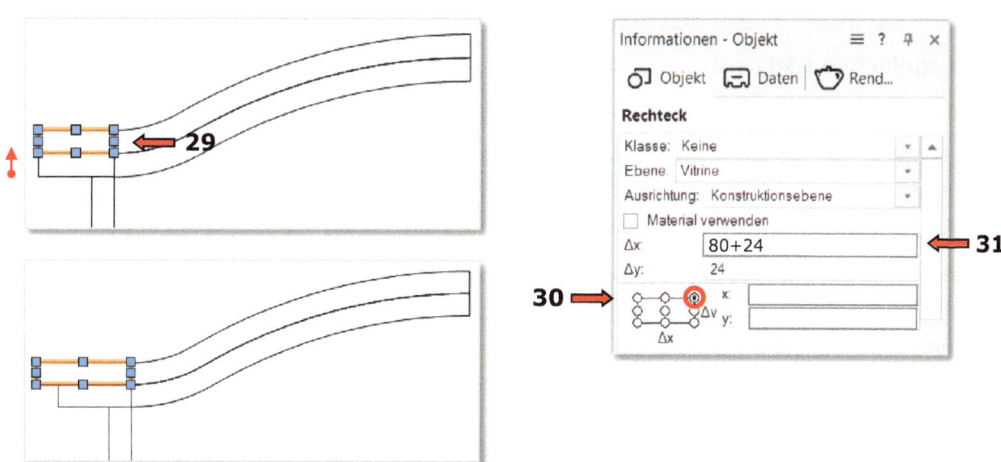

4. Vitrine

Flächen zusammenfügen

Fügen Sie die Flächen des oberen Rechtecks (**32**) und der oberen Polylinie (**33**) zusammen:

- Aktivieren Sie das Rechteck (**32**) und die benachbarte Polylinie (**33**).
- Gehen Sie in der Menüzeile zum Befehl: *Ändern – Flächen zusammenfügen*.

Die zwei Flächen verschmelzen zu einer einzigen Fläche/Polylinie (**34**).

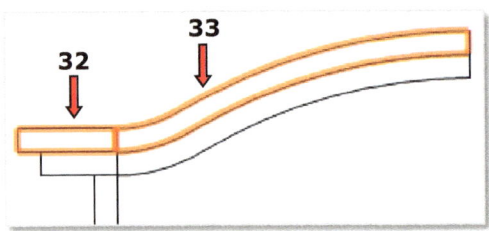 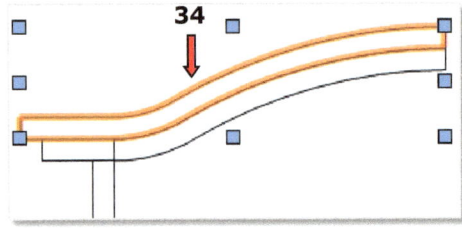

- Wiederholen Sie diesen Vorgang für das untere Rechteck (**35**) und die untere Polylinie (**36**).

Die beiden unteren Flächen verschmelzen ebenfalls zu einer einzigen Fläche/Polylinie (**37**).

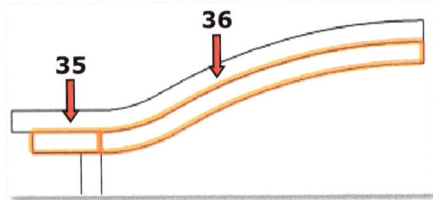 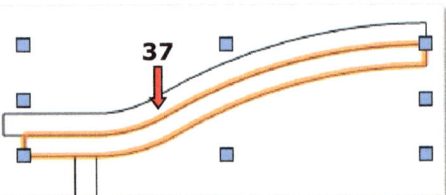

- Aktivieren Sie beide Polylinien (**34+37**) und spiegeln Sie diese mit dem Werkzeug *Spiegeln* :
- Wählen Sie in der Methodenzeile die zweite Methode - *Duplikat* aus.

Die Spiegelachse (**38**) soll mittig zwischen den beiden Seiten der Vitrine verlaufen:

- Klicken Sie zuerst auf die rechte obere Ecke **10** einer der Polylinien (z.B. **34**).
- Ziehen Sie eine Leitlinie senkrecht nach unten und klicken Sie auf einen Punkt der neuerschienenen blau gestrichelten Achse **11** → dadurch wird die Spiegelachse definiert (**38**).

Am Anfang der Übung haben Sie den Fangmodus *An Winkel ausrichten* eingeschaltet, d.h. sobald sich der Mauszeiger einem Winkel von 90° gegenüber der x-Achse nähert, erscheint eine gestrichelte Leitlinie. Der Mauszeiger rastet ein, es ist nur noch eine senkrechte Bewegung möglich.
Falls Sie diesen Fangmodus nicht eingeschaltet haben, können Sie während des Zeichnens die **Umschalttaste** **gedrückt halten**. Eine Leitlinie im vorher eingegebenen Winkeln erscheint.

Die rechte Seite des neuen Oberbodens ist fertig (**39**).

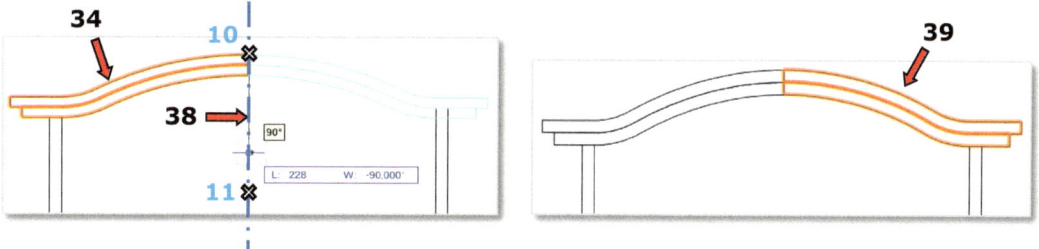

Fügen Sie die Flächen der beiden oberen Polylinien (Polylinie - **40** und ihr gespiegeltes Abbild - **41**) zusammen:

- Aktivieren Sie beide Polylinien (**40+41**).
- Gehen Sie in der Menüzeile zu dem Befehl: *Ändern – Flächen zusammenfügen*.

Die zwei oberen Polylinien vereinen sich zu einer einzigen Polylinie (**42**).

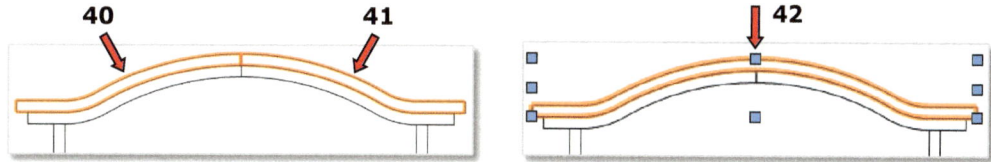

- Wiederholen Sie diesen Vorgang mit den zwei unteren Polylinien (**43+44**).

Diese beiden unteren Polylinien vereinen sich ebenfalls zu einer einzigen Polylinie (**45**).

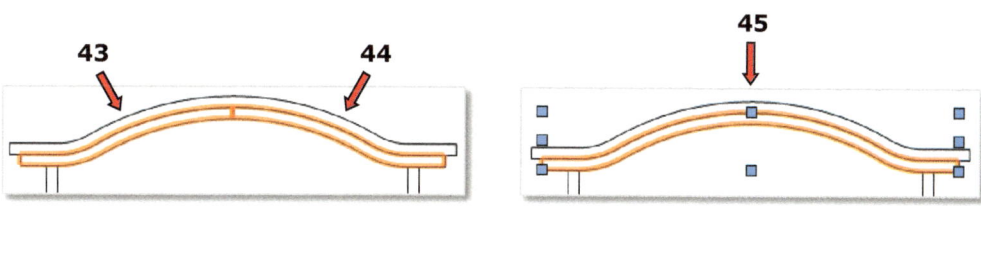

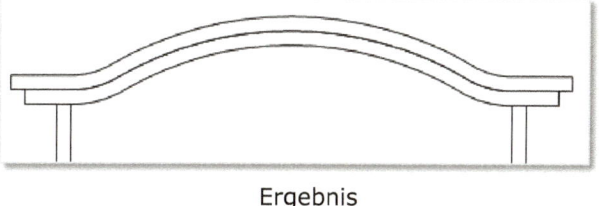

Ergebnis

4. Vitrine

4.3 Vitrine – Türen

Die Türen werden zwischen dem Unterboden und dem Oberboden eingesetzt.

4.3.1 Linke Tür

- Zeichnen Sie zunächst eine senkrechte Hilfslinie bzw. Symmetrieachse (**1**) zwischen den mittleren Punkten des Ober- und Unterbodens.
- Zeichnen Sie den ersten Teil der Tür mit dem Werkzeug *Rechteck* ▢ (**2**) und mit der ersten Methode - *Definiert durch Diagonale* ◩ . Beginnen Sie von der linken oberen Ecke der linken Seite der Vitrine **1** bis zu dem Mittelpunkt der oberen Seite des Unterbodens **2**.

Polygon, Methode - Aus umschließenden Objekten

2D-Polygone zeichnen
[...] **Aus umschließenden Objekten**

Aus umschließenden Objekten	Erzeugt ein Polygon aus bestehender Geometrie durch Klicken innerhalb der Begrenzung eines Objekts.

[...] Polygon aus einer inneren Begrenzung erzeugen [...]
[...] Polygone aus äußerer Begrenzung erzeugen [...]
[...] HINWEIS: Sie können auch mit **Ändern > Fläche anlegen** aus von Objektkanten umschlossenen Flächen Polygone anlegen [...] (siehe Vectorworks-Hilfe [1])

Der zweite Teil der Tür ist die Polylinie unter dem geschwungenen Oberboden (**4**).

- Wählen Sie das Werkzeug *Polygon* in der Favoriten-Palette und die zweite Methode - *Aus umschließenden Objekten* aus:
- Klicken Sie mit dem Fülleimer-Symbol ⚱ in die Fläche (**3**).

Es wird eine Polylinie erzeugt (**4**).

- Aktivieren Sie die zuerst gezeichnete Hilfslinie (**1**) mit dem Werkzeug *Aktivieren* und mit der Methode - *Auswahl durch Rechteck* (**5**).
- Löschen Sie sie.
- Fügen Sie die Flächen des Rechtecks (**2**) und der Polylinie (**4**) zusammen:
- Aktivieren Sie das Rechteck (**2**) und die Polylinie (**4**).
- Gehen Sie in der Menüzeile zum Befehl: *Ändern – Flächen zusammenfügen*.

Sie haben eine neue Polylinie erstellt → die Türfläche (**6**).

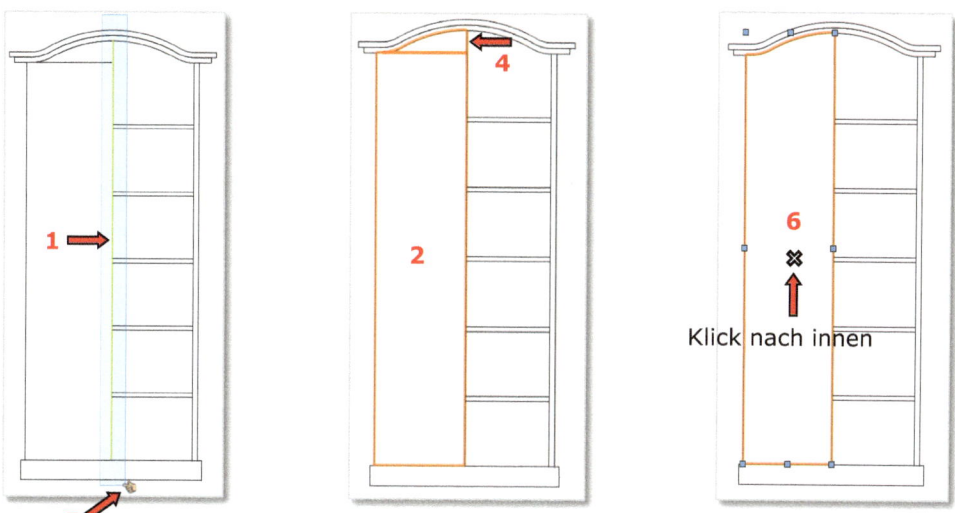

Die Polylinie (**6**) bleibt aktiv.

- Zeichnen Sie zu dieser Linie eine Parallele (nach innen) mit dem Werkzeug *Parallele* aus der Favoriten-Palette:
- Aktivieren Sie die erste Methode - *Mit bestimmten Abstand* (**7**) und die dritte Methode - *Originalobjekt behalten* (**8**).
- Der Abstand soll 50 mm (**9**) betragen.

- Klicken Sie innerhalb der Fläche der Polylinie (**6**) (auf dieser Seite soll die Parallele erzeugt werden).

Die parallele Polylinie wird gezeichnet → die Glasfläche der Tür (**10**).

- Aktivieren Sie die beiden Polylinien:
  - die äußere Polylinie (**6**) /die Türfläche
  - die innere Polylinie (**10**) /die Glasfläche.

4. Vitrine

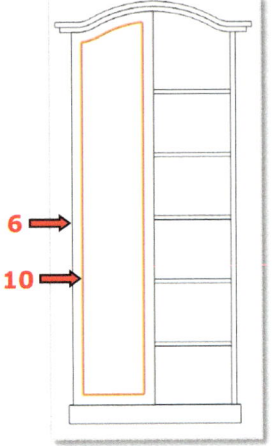

- Gehen Sie in der Menüzeile zu dem Befehl: *Ändern – Schnittfläche löschen*.

Die Glasfläche (**10**) hat die Türfläche (**6**) ausgeschnitten und einen Türflügelrahmen erzeugt. Die Glasfläche ist erhalten geblieben.

4.3.2 Rechte Tür

- Aktivieren Sie beide Polylinien (Flügelrahmen und Glasfläche) (**11**).
- Spiegeln Sie beide mit dem Werkzeug *Spiegeln* und der zweiten Methode – *Duplikat* auf die rechte Seite der Vitrine.

Die Spiegelachse (**12**) soll senkrecht durch die Mitte der Vitrine verlaufen.

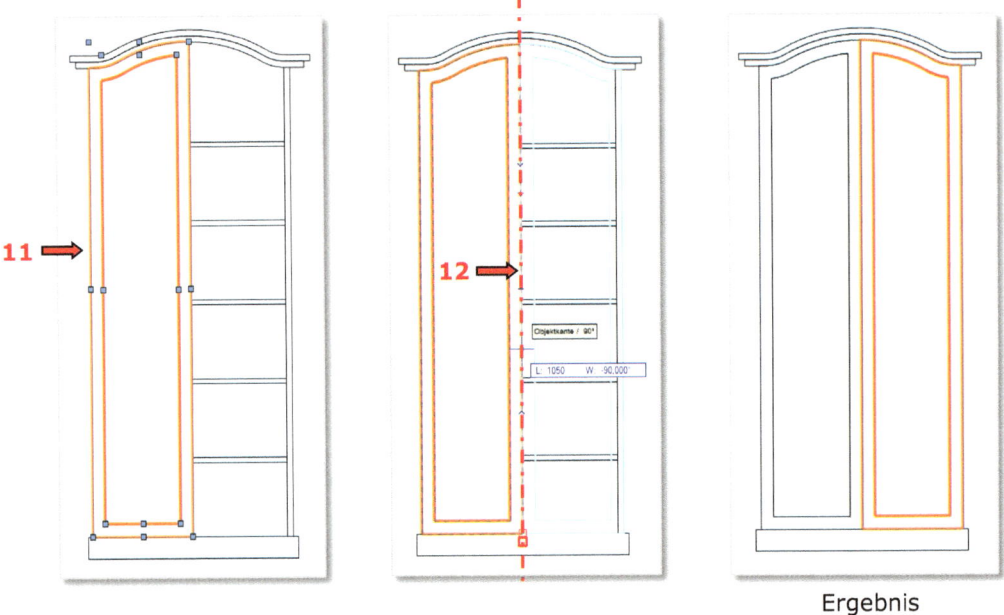

Ergebnis

4.4 Klassenstile zuweisen

Klassenstile zuweisen
Für jedes Objekt sind zwei Attributkategorien verfügbar: Objektattribute und Klassenattribute. Objektattribute werden einem Objekt direkt über die Attributpalette, Infopalette oder den Zubehör-Manager zugewiesen (abhängig von der Attributart). Klassenattribute, sogenannte „Klassenstile", werden von den Einstellungen der Klasse des Objekts bestimmt.
Mit Klassenstilen können Sie ein ganzes Set von Attributen, z. B. eine Liniendicke, eine Stiftfarbe und eine Füllung unter einer Klasse abspeichern. So können Sie z. B. eine Klasse „Haustechnik-Heizung" anlegen, die jedes Objekt, das sich darin befindet, automatisch mit einer roten Füllung ausstattet. Klassenstile werden in der Attributpalette mit einem gebogenen Pfeil angezeigt. [...]

[...] Für Schichten und Objekte, die das Zubehör „Material" verwenden (nur Design Suite), gibt es eine zusätzliche Vorgehensweise für das Zuweisen von Füll- und Texturattributen. Bei Schichten bzw. Objekten, die ein Material verwenden, werden die Füll- und Texturattribute automatisch vom Material bestimmt. Diese Einstellungen überschreiben den Klassenstil. Füllattribute können in den Materialeinstellungen nicht geändert werden, aber die Textureinstellung lässt sich bearbeiten (siehe **Materialien**).
Die Einstellungen des Klassenstils können im Dialogfenster „Klasse bearbeiten" (**Extras > Organisation > Klassen > Bearbeiten**, siehe **Klassen bearbeiten**) vorgenommen werden.
Klassenstile beim Anlegen von Objekten definieren
Verschiedene Attribute, die ein Objekt verwendet, wenn es erzeugt wird, werden durch die
Option **Automatisch zuweisen** im Dialogfenster „Klasse bearbeiten" gesteuert:
Graphische 2D-Attribute
Text in Textobjekten, Bemaßungen, Beschriftungen und anderen Ergänzungsobjekten
Texturen in Wänden, Dächern und anderen 3D-Objekten
Die Objekte, die Sie zeichnen, während diese Option für die aktive Klasse aktiv ist, oder die neu in dieser Klasse abgelegt werden, werden sofort mit dem Klassenstil ausgestattet. [...] (siehe Vectorworks-Hilfe [1])

Sie haben bereits alle Klassen erstellt, in jeder Klasse bestimmte Attribute festgelegt und die automatische Zuweisung eingeschaltet.
Bis jetzt haben Sie nur in der Klasse „Keine" gezeichnet, d.h. alle gezeichneten Objekte liegen in der Klasse „Keine".
In dieser Übung werden Sie die gezeichneten Objekte den entsprechenden Klassen zuweisen. Bevor die aktiven Objekte einer neuen Klasse zugewiesen werden, werden Sie gefragt, ob diese Objekte die vorgegebene Klassenattribute der jeweiligen Klasse übernehmen sollen.

4.4.1 Klasse der Tür wechseln

Infopalette
[...] „**Klasse**" – Dieses Einblendmenü zeigt an, in welcher Klasse das Objekt abgelegt ist, dessen Maße im Augenblick in der Infopalette angezeigt werden. Wollen Sie dieses Objekt einer anderen Klasse zuweisen, wählen Sie in diesem Einblendmenü einfach die gewünschte aus [...] (siehe Vectorworks-Hilfe [1])

- Aktivieren Sie die Flügelrahmen beider Türen (**1**) und ändern Sie in der Informationen-Objekt-Palette (**2**) deren Klasse von „Keine" (**3**) in „Tür-Flügelrahmen" (**4**) um.

Sie werden gefragt, ob allen aktivierten Objekten die Attribute der Klasse zugewiesen werden sollen.

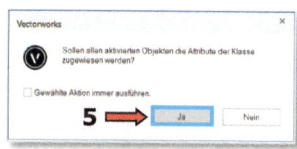

- Antworten Sie mit „Ja" (**5**).

Die Flügelrahmen der beiden Türen haben die Attribute der Klasse „Tür-Flügelrahmen" erhalten (Füllung: Solid-Farbe: Classic 046) → Ergebnis (**6**).

4. Vitrine

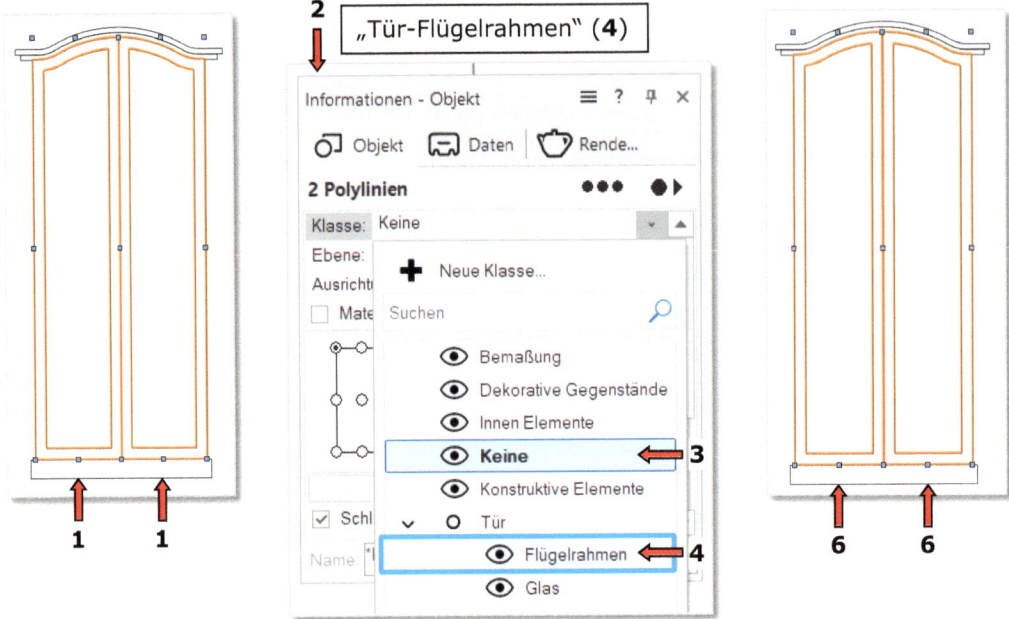

- Aktivieren Sie die Glas - Flächen der beiden Türen (**7**).
- Ändern Sie in der Informationen-Objekt-Palette die Klasse „Keine" (**3**) in „Klasse:" Tür-Glas (**8**) um.

Die Glasflächen der beiden Türen haben die Attribute der Klasse „Tür-Glas" erhalten (Füllung: Verlauf: Weiß-Schwarz-Weiß und die „Deckkraft:" 35%) (**9**).

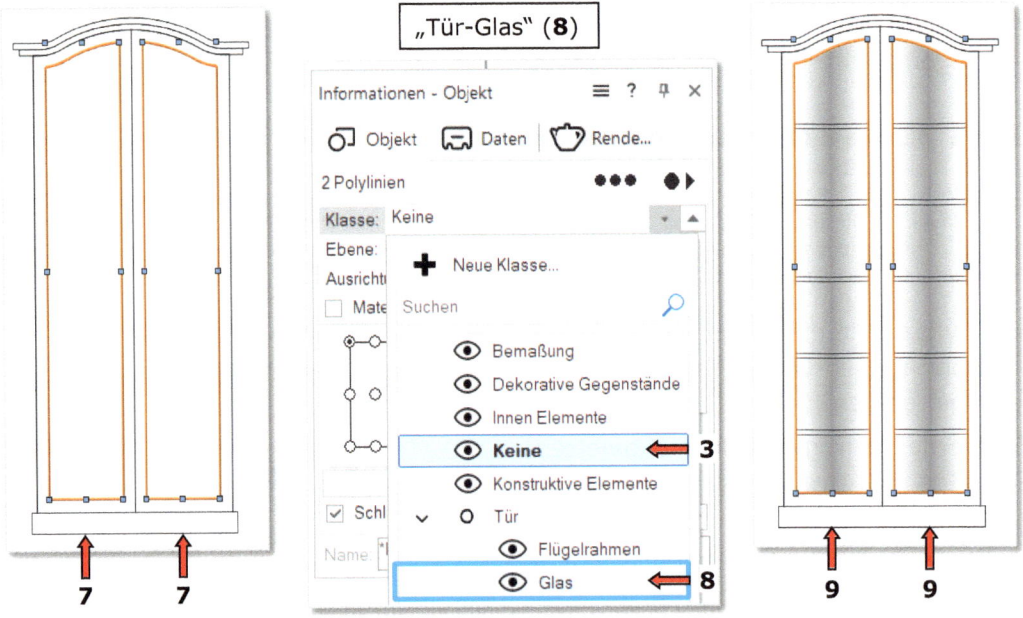

4.4.2 Klassendarstellung

Ebenen- und Klassendarstellung wählen
Die Befehle **Klassendarstellung** und **Ebenendarstellung** (Menü **Ansicht**) steuern, wie alle nicht aktiven Klassen oder Ebenen in einer Zeichnung angezeigt werden. So kann z. B. festgelegt werden, dass nur die aktive Klasse angezeigt wird und alle Objekte in anderen Klassen ausgeblendet werden. Machen Sie eine andere Klasse zur aktiven Klasse, werden die Objekte in der neuen aktiven Klasse angezeigt und alle anderen Objekte werden ausgeblendet. Dies erleichtert das Anzeigen, Ausrichten an und Bearbeiten von Objekten in der aktuellen Klasse oder auf der aktuellen Konstruktionsebene. [...]

Grau und ausrichten 	Zeigt die aktive Klasse/Ebene normal und alle anderen Klassen/Ebenen grau (außer denen, die auf unsichtbar gestellt sind). Es kann an Objekten in normal oder grau angezeigten Klassen/Ebenen ausgerichtet werden. Nur Objekte in der aktiven Klasse/Ebene können bearbeitet werden.

[...] (siehe Vectorworks-Hilfe [1])

Um sicherzustellen, dass die beiden Türen bei der Arbeit nicht weiter stören, müssen Sie die „Tür-" Klassen so einstellen, dass sie „nicht aktiviert und nicht bearbeitet" werden können.
In der Navigation-Palette (**1**) bestimmen Sie die Klassendarstellung:

- In der Registerkarte „Navigation-Klassen" wählen Sie im Aufklappmenü „Darstellung:" (**2**) die Option „Grau und ausrichten" (**3**) aus.

Damit erreichen Sie, dass nur die Objekte der aktiven Klasse „Keine" (**4**) normal angezeigt und bearbeitet werden können (die aktive Klasse ist mit einem Häkchen markiert und fett gedruckt dargestellt).
Objekte aus anderen Klassen werden grau dargestellt und können nicht aktiviert oder bearbeitet werden.

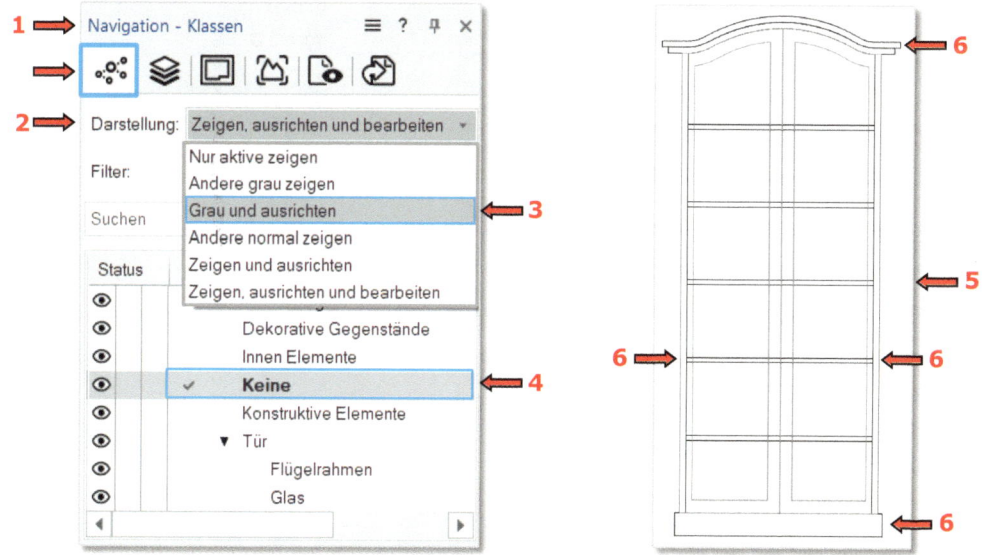

Die Türen, die der Klasse „Tür-" zugewiesen wurden, werden auch grau dargestellt und können nicht bearbeitet werden (**5**).
Die Klasse „Keine" ist <u>aktiv</u>, alle Objekte aus dieser Klasse werden normal angezeigt und können bearbeitet werden (**6**).

4. Vitrine

Attribute der Klasse „Konstruktive Elemente" zuweisen

- Aktivieren Sie den Unterboden, die beiden Seiten der Vitrine und die zwei Oberböden (**7**) – insgesamt fünf Objekte
  → Kontrolle in der Informationen-Objekt-Palette (**8**).
- Ändern Sie in der Informationen-Objekt-Palette die Klasse der Objekte „Keine" (**9**) in Klasse: „Konstruktive Elemente" (**10**) um.

Sie werden gefragt, ob allen aktivierten Objekten die Attribute der Klasse zugewiesen werden sollen.

- Antworten Sie mit „Ja".

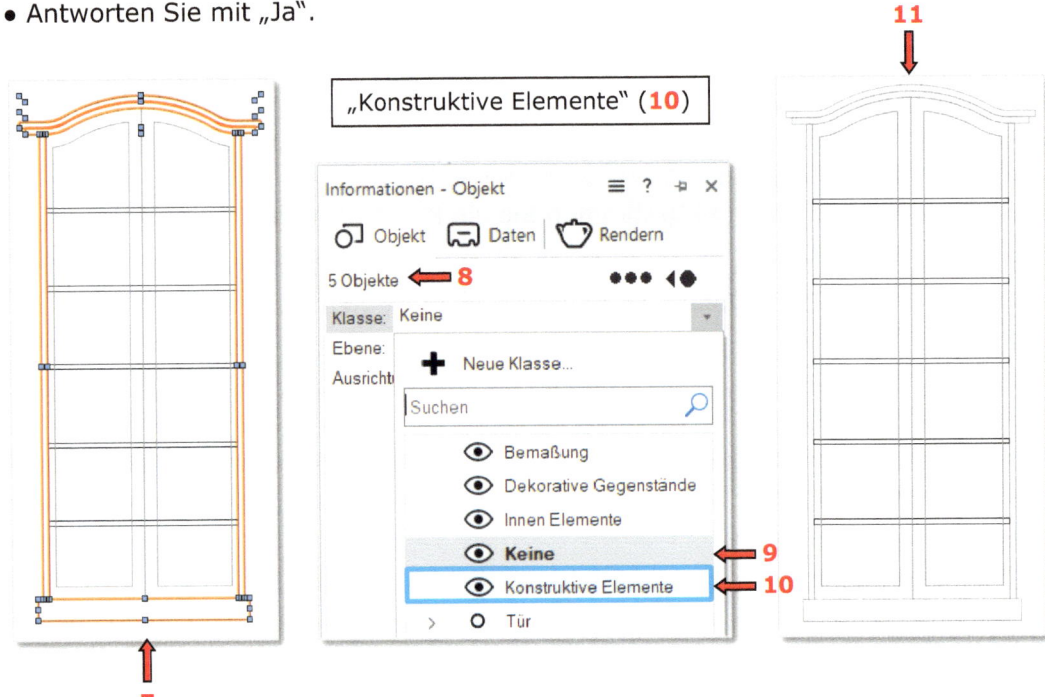

Dem Unterboden, den beiden Seiten der Vitrine und den zwei Oberböden wurden die Attribute der Klasse „Konstruktive Elemente" zugewiesen
(Füllung: Solid-die Farbe: Classic 057).

Diese Objekte, die sich jetzt in der Klasse „Konstruktive Elemente" befinden, werden grau (**11**) dargestellt.
Nur die Objekte aus der Klasse „Keine" (alle Mittelböden) bleiben sichtbar und bearbeitbar (**12**).

4. Vitrine

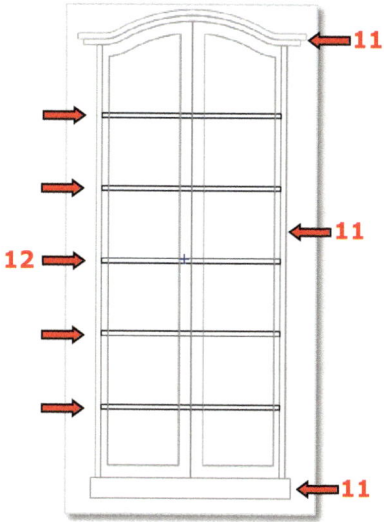

Klasse der Mittelböden wechseln

Weisen Sie alle fünf Mittelböden der Klasse „Keine" der Klasse „Innen Elemente" zu:

- Aktivieren Sie alle Mittelböden (**1**) → fünf Objekte/Polygone (**2**).
- Ändern Sie in der Information-Objekt-Palette, die Klasse der Objekte „Keine" (**3**) in Klasse „Innen Elemente" (**4**) um.

Den Mittelböden wurden die Attribute der Klasse „Innen Elemente" zugewiesen (Füllung: Solid - Farbe: Classic 053).

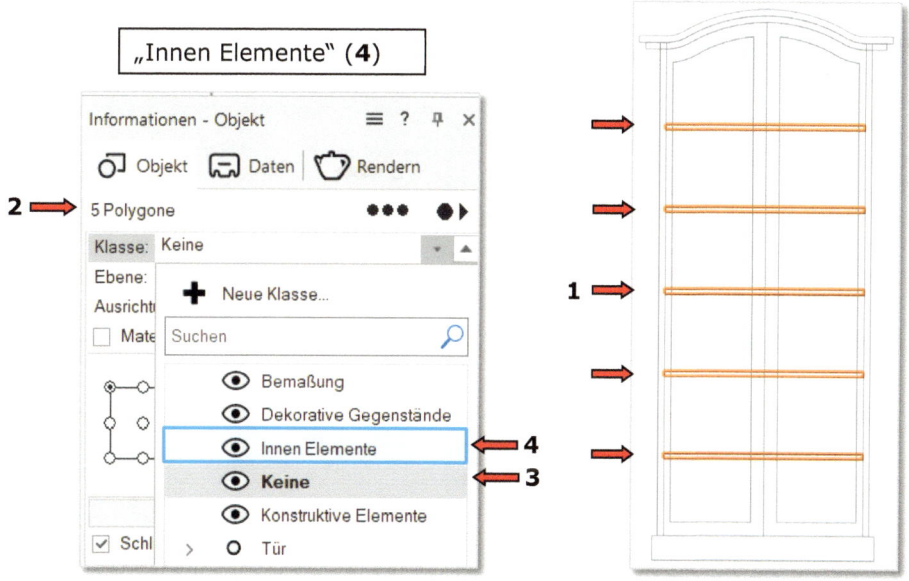

4.4.3 Klasse - Status „Zeigen, ausrichten und bearbeiten"

Die Navigationspalette
Über die Navigationspalette (**Fenster > Paletten > Navigation**) erhalten Sie Zugang zu Klassen, Konstruktionsebenen, Layoutebenen, Ansichtsbereichen, gesicherten Darstellungen und Referenzen, ähnlich wie im Dialogfenster "Organisation". Anders als bei diesem Dialogfenster, ist der Zeichnungsbereich jedoch verfügbar, während die Navigationspalette geöffnet ist.
Gehen Sie folgendermaßen vor:
Wählen Sie **Fenster > Paletten > Navigation**.
Die Navigationspalette öffnet sich. [...]
[...] Klicken Sie in die Sichtbarkeitsspalten (**Status**) einer Klasse oder Konstruktionsebene, um die Sichtbarkeit für Objekte in dieser Klasse bzw. auf dieser Ebene zu ändern. Sollen alle Klassen oder Konstruktionsebenen in der Liste dieselbe Sichtbarkeit aufweisen, müssen Sie mit gedrückter Wahltaste (Mac) bzw. Alt-Taste (Windows) auf eine der Sichtbarkeitsspalten klicken. [...] (siehe Vectorworks-Hilfe [1])

Ebenen- und Klassensichtbarkeiten festlegen
Die aktive Klasse und Konstruktionsebene sind immer sichtbar. Für nicht aktive Klassen und Konstruktionsebenen können Sie festlegen, ob diese sichtbar, unsichtbar oder grau dargestellt werden sollen. Diese Sichtbarkeiten lassen sich individuell für die Zeichnung, gesicherte Darstellungen und Ansichtsbereiche definieren. Die Ebenen- und Klassensichtbarkeiten können über die **Status**-Spalten definiert werden, die an mehreren Stellen im Dialogfenster „Organisation", in der Navigationspalette (Produkte der Vectorworks Design Suite erforderlich) und anderen Dialogfenster verfügbar sind. Die **Status**-Spalten funktionieren überall gleich. Die mit den Spalten festgelegte Sichtbarkeit unterliegt den Einstellungen für Klassen und der Ebenen.
[...] (siehe Vectorworks-Hilfe [1])

Jetzt sind keine Objekte mehr in der Klasse „Keine".
Da die Klasse „Keine" (**3**) noch aktiv ist und in der Navigation-Klassen-Palette bei der Einstellung „Darstellung:" die Option „Grau und ausrichten" ausgewählt wurde, sind alle Elemente der Vitrine grau dargestellt (**5**).

- Um diese Elemente wieder sichtbar anzuzeigen, wählen Sie in der Navigation-Klassen-Palette bei der Einstellung „Darstellung:" (**6**) die Option „Zeigen, ausrichten und bearbeiten" (**7**) aus.

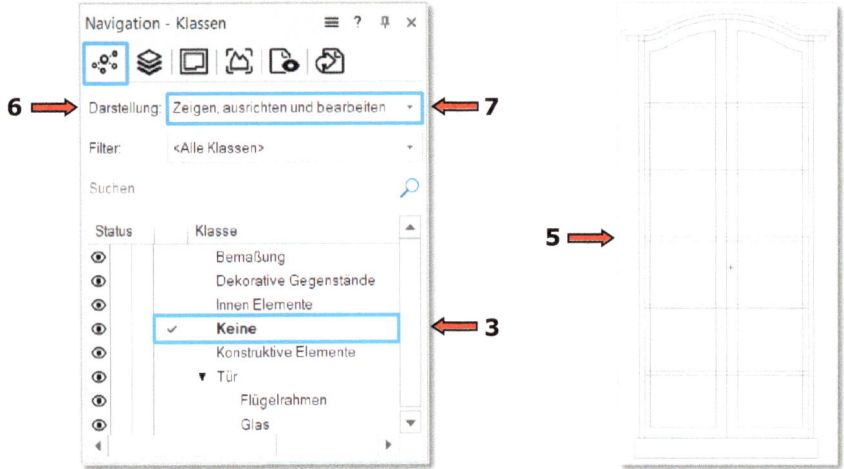

4. Vitrine

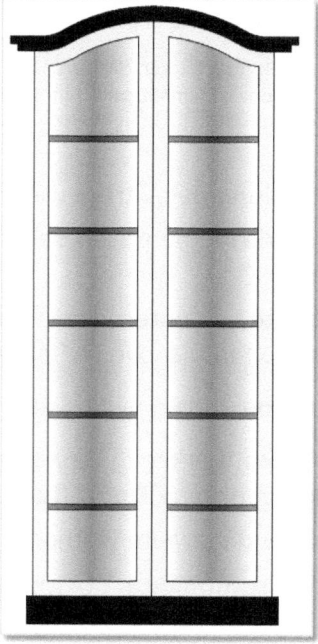

Ergebnis

4.5 Bemaßung

Bemaßungen
In der Werkzeuggruppe „Bemaßung/Beschriftung" finden Sie alle Werkzeuge, mit denen Bemaßungen angelegt werden können und mit denen sich Winkel oder Strecken messen lassen[...].
[...] **Grundregeln**
Alle Bemaßungen werden in der zuletzt aktivierten Liniendicke und mit den zuletzt aktivierten Textattributen gezeichnet. Ist also die Schrift Helvetica in der Größe 10 Punkte aktiviert und wurde die Liniendicke 0,2 mm gewählt, wird der Bemaßungstext in dieser Schrift und Schriftgröße geschrieben und die Bemaßungslinie, die Bemaßungshilfslinien und die Linienendzeichen (außer Schrägstrichen) werden in der Strichstärke 0,2 mm gezeichnet. Alle diese Einstellungen können auch nachträglich durch Aktivieren der entsprechenden Bemaßung und Wählen der gewünschten Befehle verändert werden.
HINWEIS: Eine Ausnahme ist die Liniendicke der als Linienendzeichen verwendeten Schrägstriche. Diese wird unabhängig von der Liniendicke der restlichen Bemaßungsbestandteile unter **Datei > Dokument Einstellungen > Dokument > Bemaßung**.
Sämtliche Bestandteile einer Bemaßung – also die Bemaßungslinie, die Bemaßungshilfslinien sowie die Maßzahl werden automatisch in der Klasse „Bemaßung" abgelegt. Sie können Bemaßungen jedoch auch in der gerade aktiven Klasse ablegen. Dazu müssen Sie unter **Datei > Dokument Einstellungen > Dokument > Bemaßung** die entsprechende Option ausschalten. [...] (siehe Vectorworks-Hilfe [1])

Horizontale und vertikale Bemaßung

Werkzeug	Arbeitsumgebung: Werkzeuggruppe	Tastenkürzel
Bemaßung horizontal und vertikal	Basic, Landschaft und Spotlight: Bemaßung/Beschriftung	B
┝━┥	Architektur: Favoriten, Bemaßung/Beschriftung	

Mit dem Werkzeug **Bemaßung horizontal und vertikal** können Sie eine Bemaßung anlegen, die den horizontalen oder den vertikalen Abstand zwischen zwei Punkten anzeigt. Je nachdem, welche Methode Sie wählen, wird eine einzelne horizontale oder vertikale Bemaßung oder eine Ketten-, Referenzachsen-, Koten- oder Objektbemaßung erstellt [...] (siehe Vectorworks-Hilfe [1])
[...] **Kettenbemaßung**
Mit dieser Methode können Sie mehrere Bemaßungen anlegen, die den horizontalen oder den vertikalen Abstand zwischen beliebig vielen Punkten anzeigen.
Gehen Sie folgendermaßen vor:
1. Wählen Sie unter **Standard** den gewünschten Bemaßungsstandard.
2. Ziehen Sie eine Linie zwischen den ersten beiden zu bemaßenden Punkten.

4. Vitrine

3. Lassen Sie die Maustaste los und verschieben Sie den Zeiger, bis die Maßlinie den gewünschten Abstand aufweist (die Bemaßung wird dabei schon gestrichelt angezeigt) und klicken Sie einmal. Der Zeiger wird zu einem Fadenkreuz.
4. Verschieben Sie ihn bis zum nächsten Punkt und klicken Sie dort.
5. Fahren Sie so fort, bis alle gewünschten Punkte bemaßt sind. Auf den letzten Punkt müssen Sie doppelklicken, und die Bemaßung wird angezeigt. [...] (siehe Vectorworks-Hilfe [1])

Bemaßen Sie jetzt die Inneneinteilung der Vitrine wie unten beschrieben:

- Da Sie die Inneneinteilung der Vitrine bemaßen sollen, müssen die beiden Türen der Vitrine ausgeblendet sein:

- In der Navigation-Klassen-Palette (**1**) unter „Status" (→ Sichtbarkeitsspalten) (**2**) klicken Sie bei der Tür-Klasse (**3**) in die zweite Spalte „Unsichtbar" (**4**).

Die Türen werden ausgeblendet und stören nicht weiter bei der Bemaßung.

Die Bemaßungen legen Sie mit dem Werkzeug *Bemaßung horizontal und vertikal* (**6**) aus der Tools-Palette/Werkzeuggruppe **Bemaßung/Beschriftung** (**5**) an:

- In der Methodenzeile wählen Sie die zweite Methode - *Kettenbemaßung* (**7**) aus.

- Im Aufklappmenü für Bemaßung „Standard:" (**8**) wählen Sie den Bemaßungsstil „M 1:10" (**9**) aus, den Sie am Anfang der Übung „Vitrine" erstellt haben (siehe Seite 220 ff.).

Die Bemaßung wird der Klasse „Bemaßung" automatisch zugewiesen
(durch die aktivierte Option „Bemaßung der Klasse „Bemaßung" zuweisen" in:
Datei – Dokument Einstellungen – Dokument – Bemaßung).

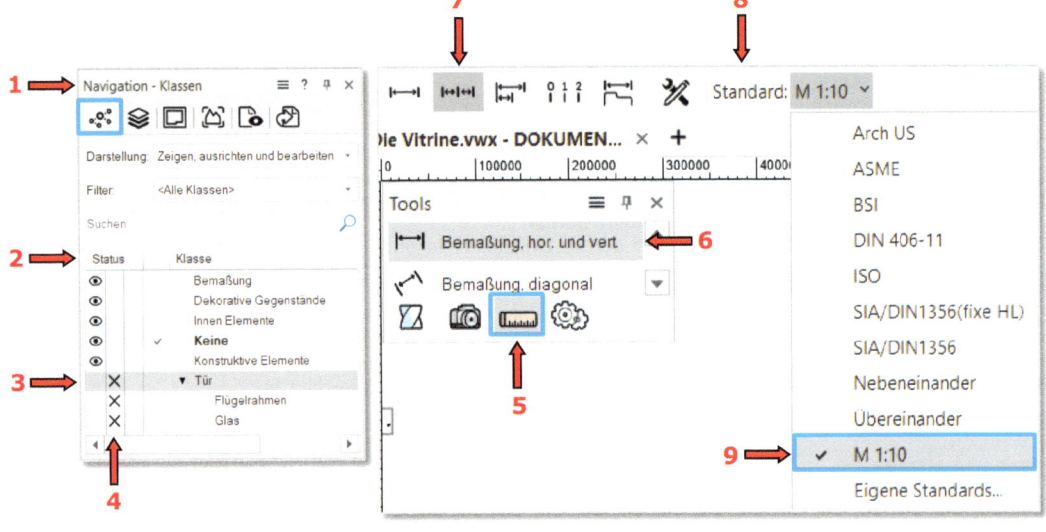

4. Vitrine

- Ziehen Sie eine Linie zwischen den ersten beiden zu bemaßenden Punkten **1** und **2**.
- Lassen Sie die Maustaste los.

Der Zeiger wird zu einem Fadenkreuzzeiger.

- Bewegen Sie den Mauszeiger, bis die Maßkette den gewünschten Abstand zum bemaßten Objekt aufweist →
klicken Sie an dieser Stelle **3**
(= Position der Maßkette).

- Fahren Sie so mit dem Bemaßen fort, bis alle gewünschten Punkte (**10**) bemaßt sind.

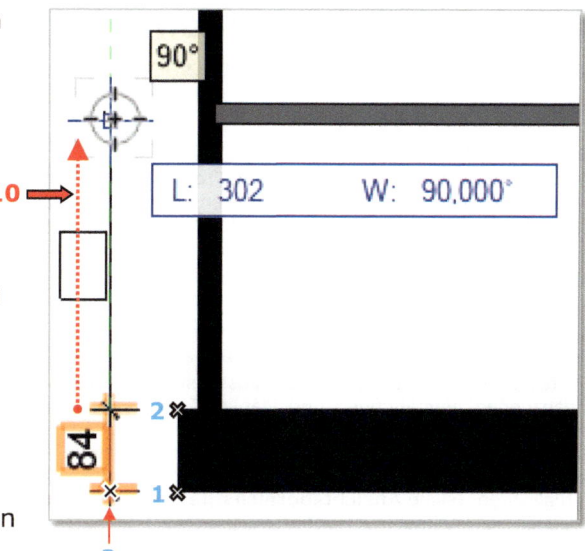

- Auf den letzten Punkt müssen Sie doppelklicken, um das Bemaßen abzuschließen.

Die Bemaßung wird angezeigt (**11**).

- Vervollständigen Sie die Bemaßung (**12**).

11

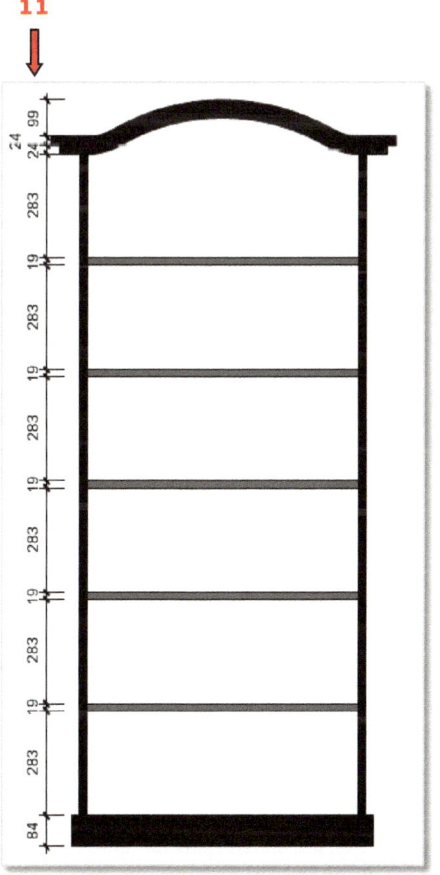

12

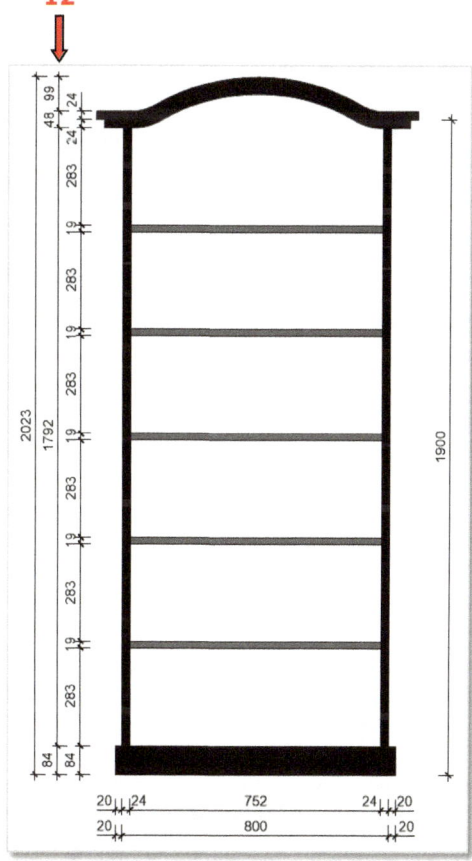

4.6 Projektpräsentation
Layoutebenen und Ansichtsbereiche

Layoutebene
Verwenden Sie Layoutebenen, um eine Präsentationsversion der endgültigen Zeichnung zu erstellen; diese kann Ansichtsbereiche, Planköpfe, Notizen und andere Ergänzungen enthalten. Layoutebenen sind immer im Maßstab 1:1, haben die Ebenendarstellung „Nur aktive zeigen" und werden in der Ansicht "2D-Plan Draufsicht" angezeigt.

Projektpräsentation
Ansichtsbereiche
Konzept: Ansichtsbereich-Typen
Ansichtsbereiche können Ansichten der gesamten Zeichnung oder eines Ausschnitts anzeigen, mit spezifischen Einstellungen für Ebenen- und Klassensichtbarkeiten, Projektion und Darstellungsart (inklusive Details, Ergänzungen, Bemaßungen und Plankopf). Sie können andere Teile des aktiven Dokuments oder Teile von anderen Dokumenten zeigen. Änderungen in der Zeichnung werden automatisch auf den Ansichtsbereich übertragen. Sie können mit Vectorworks mitgelieferte oder eigene Stile für Ansichtsbereich verwenden, um allen Ansichtsbereichen in der Zeichnung mit demselben Stil schnell dieselben Einstellungen zuzuweisen oder diese zu aktualisieren (siehe **Ansichtsbereichstile**). Ansichtsbereichstile sind über den Zubehör-Manager oder das Zubehör-Auswahlmenü verfügbar. [...]

[...] **Ansichtsbereiche auf Layoutebenen**
Diese Ansichtsbereiche dienen in erster Linie dazu, attraktive Präsentationen für Kunden oder Wettbewerbe zu erstellen. Mit ihrer Hilfe lässt sich ein Modell auf einer Konstruktionsebene gleichzeitig als Ganzes und in Details aus verschiedenen Blickwinkeln, in unterschiedlichen Maßstäben, Darstellungsarten oder Perspektiven anzeigen. Informationen zu Layoutebenen finden Sie unter **Layoutebenen**. [...] (siehe Vectorworks-Hilfe [1])

Ansichtsbereiche auf Layoutebenen anlegen
Ansichtsbereich auf Layoutebene mit ganzer Zeichnung [...]
1. Wählen Sie **Ansicht > Ansichtsbereich anlegen**.
   Das Dialogfenster "Ansichtsbereich anlegen" öffnet sich. Die Einstellungen für den Ansichtsbereich sind anfänglich dieselben wie die der gerade aktiven Konstruktionsebene, aber sie können hier geändert werden. Wählen Sie dazu entweder einen Ansichtsbereichstil, bei den Einstellungen vom Stil definiert werden, oder ändern Sie die Werte manuell. Nach dem Anlegen des Ansichtsbereichs stehen Ihnen noch weitere Einstellungen zur Verfügung (siehe **Eigenschaften von Ansichtsbereichen**).
   Für Produkte der Vectorworks Design Suite steht im Dialogfenster „Ansichtsbereich anlegen" steht zusätzliche Funktionalität für das Anlegen von Ansichtsbereichen auf Konstruktionsebenen zur Verfügung (siehe **Ansichtsbereiche auf Konstruktionsebenen anlegen**).
2. Nehmen Sie die gewünschten Einstellungen vor.
3. Existiert noch keine Layoutebene im Dokument oder haben Sie unter **Ebene** "Neue Layoutebene gewählt", öffnet sich das Dialogfenster „Neue Layoutebene", damit sie eine anlegen können (siehe **Ebenen anlegen**). Der Ansichtsbereich wird auf der gewählten Layoutebene angelegt und die Layoutebene wird aktiv.
4. Sie können auch optional einen Stil aus einem Objekt ohne Stil anlegen (siehe **Ansichtsbereichstile anlegen und bearbeiten**).

Konzept: Planköpfe
Planköpfe dienen in Vectorworks sowohl als grafische Elemente als auch zur Protokollführung. Mit dem Werkzeug **Plankopf** wird nicht nur das Layout des Zeichnungsrands und des Plankopfs gestaltet, sondern es dient auch dazu wichtige Daten über das Projekt, einzelne Layoutebenen, das Projektteam und (mit Produkten der Design Suite) den Revisions- und Ausgabeverlauf festzuhalten und zu aktualisieren. [...]
(siehe Vectorworks-Hilfe [1])

Planköpfe anlegen

Werkzeug	Werkzeuggruppe
Plankopf	Bemaßung/Beschriftung

Mit dem Werkzeug **Plankopf** werden sowohl das Layout des Planrahmens und des Plankopfs gestaltet als auch die für den Plankopf, die Planrevision, Ausgaben usw. benötigten Daten verwaltet (siehe **Konzept: Planköpfe**). In den Vectorworks-Bibliotheken finden Sie einige Vorgaben für Plankopf-Stile. Sie können aber auch selbst individuelle Planköpfe mit Hilfe der Plankopf-Einstellungen und der veränderbaren Plankopf-Layoutgruppe (siehe **Plankopf bearbeiten**) erzeugen. Diese eigenen Planköpfe lassen sich auch als Stile sichern und in anderen Dateien verwenden.
Mit einem Plankopf-Stil können Sie feste Werte für bestimmte Einstellungen für alle Instanzen definieren, die den Stil verwenden, aber weiterhin die anderen Einstellungen für jede Instanz des Plankopfs bearbeiten (siehe **Konzept: Stile für Intelligente Objekte**). Haben Sie einen Plankopf-Stil erzeugt, können Sie diesen im Zubehör-Auswahlmenü in der Methodenzeile oder im Dialogfenster „Einstellungen Plankopf" oder im Dialogfenster „Einstellungen Planrahmen" wählen. [...] (siehe Vectorworks-Hilfe [1])

4. Vitrine

4.6.1 Layoutebene, Ansichtsbereich anlegen

In Vectorworks dienen **Layoutebenen** der Präsentation von Plänen.
Um das Abbild des kompletten Modells oder dessen Ausschnitte auf die Layoutebene zu übertragen, müssen Sie in Vectorworks einen oder mehrere **Ansichtsbereiche** erzeugen.

„[...] In einem Ansichtsbereich kann entweder die gesamte Zeichnung oder nur ein Ausschnitt davon angezeigt werden [...]" (siehe Vectorworks-Hilfe [1])

- Wählen Sie den Befehl in der Menüzeile aus:
  Ansicht (**1**) - *Ansichtsbereich anlegen...* (**2**).

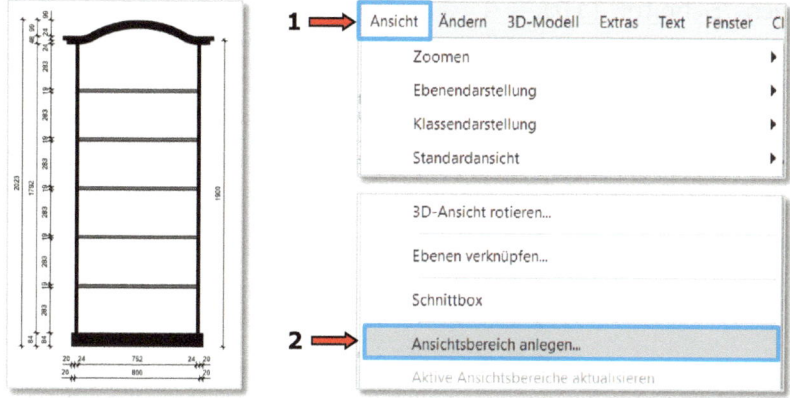

- Im zu öffnenden Dialogfenster „Ansichtsbereich anlegen" (**3**) klicken Sie auf das Einblendmenü „Ebene:" (**4**) und wählen die Option „Neue Layoutebene..." (**5**) aus.
- Im nun erscheinenden Dialogfenster „Neue Layoutebene" (**6**) markieren Sie die Option „Neue Layoutebene anlegen" (**7**) und benennen Sie den Layoutplan im Eingabefeld „Layoutname:" mit „Vitrine" (**8**).
- Bestätigen Sie mit OK.

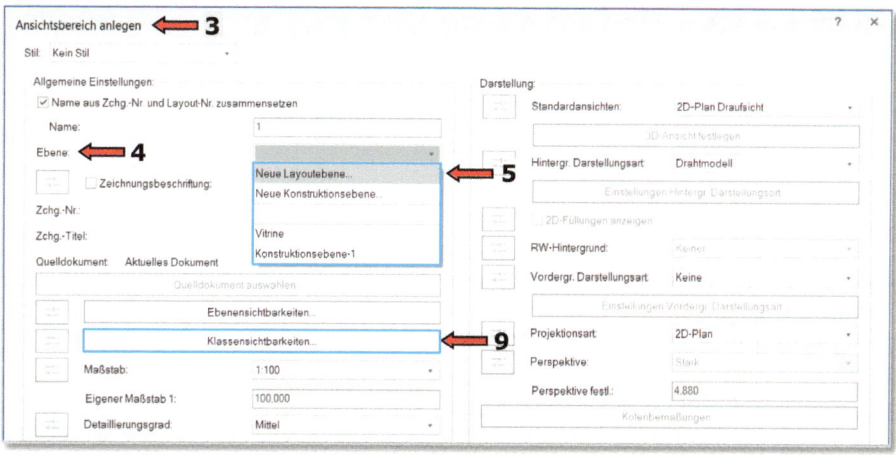

4. Vitrine

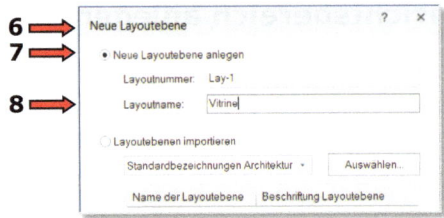

Das Dialogfenster „Neue Layoutebene" (**6**) wird geschlossen und Sie können die restlichen Eingaben im Dialogfenster „Ansichtsbereich anlegen" (**3**) eintragen:

- Klicken Sie auf die Schaltfläche „Klassensichtbarkeiten" (**9**).

Es öffnet sich das Dialogfenster „Klassensichtbarkeiten des Ansichtsbereichs/Schnitts" (**10**).
Hier können Sie die Klassen „Bemaßung" und „Keine" ausblenden
(in der Klasse „Keine" befinden sich keine Objekte mehr):

- Klicken sie bei den Klassen „Bemaßung" (**13**) und „Keine" (**14**) in den Statusspalten unter dem „Status" (**11**) in die zweite Spalte „Unsichtbar" (**12**).
- Bestätigen Sie mit OK.

Diese Klassen werden in diesem Ansichtsbereich nicht angezeigt.

- Bestätigen Sie das Dialogfenster „Ansichtsbereich anlegen" (**3**) mit OK.

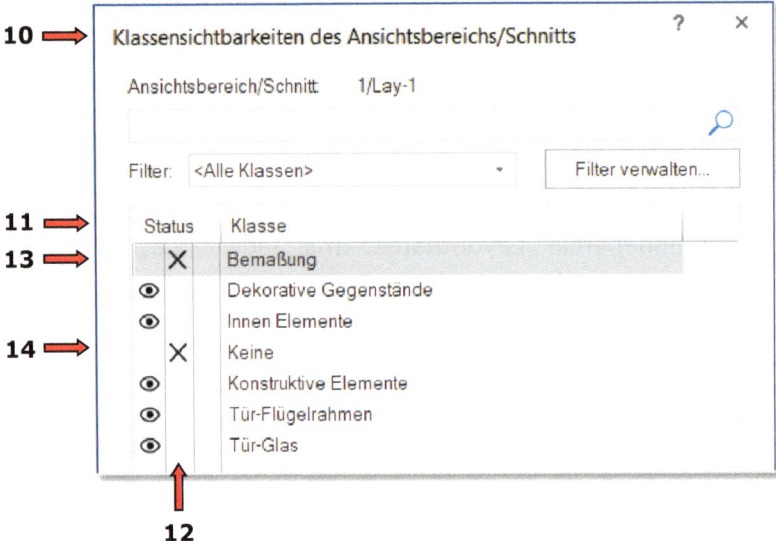

- Bestätigen Sie das Dialogfenster „Ansichtsbereich anlegen" (**3**) mit OK.

Sobald Sie das Dialogfenster schließen, wird der Ansichtsbereich auf der gewählten Layoutebene „Vitrine" (**15**) angelegt und Vectorworks wechselt von der Konstruktionsebene zur Layoutebene (**16**).

4. Vitrine

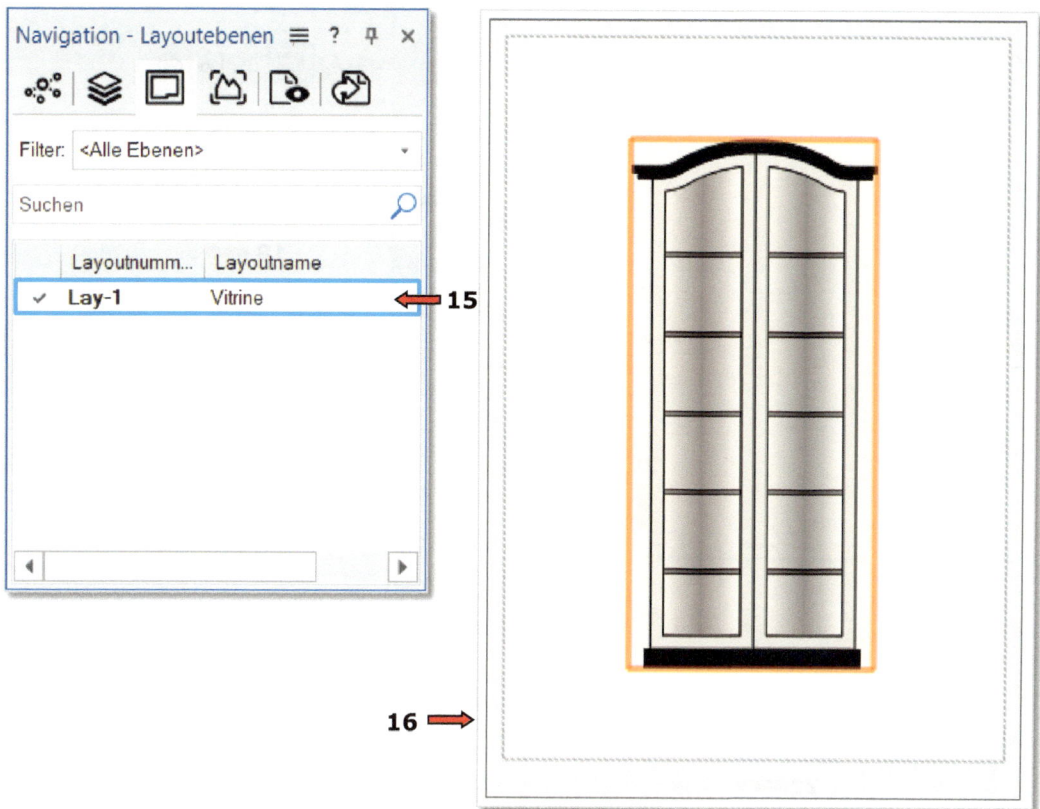

1. **Plangröße ändern**

- Ändern Sie die Plangröße in der Layoutebene auf **A3** Querformat:
- Klicken Sie mit der RMT in der Navigations-Palette in der Liste auf „Lay-1" (**17**).
- Wählen Sie im nun erscheinenden Kontextmenü den Befehl *Bearbeiten...* (**18**) aus:
- Das Dialogfenster „Layoutebene bearbeiten" (**19**) wird geöffnet.
- Klicken Sie auf die Schaltfläche „Plangröße..." (**20**).

Das Dialogfenster „Plangröße" (**21**) wird geöffnet, in dem Sie das Druckformat für die gerade aktive Layoutebene auswählen können.

- Klicken Sie auf die Schaltfläche „Drucker und Seite einrichten..." (**22**):

Das Dialogfenster „Seite einrichten" wird geöffnet (**23**).

- Im Gruppenfeld „Papierformat" (**24**) klicken Sie auf das Einblendmenü „Papierformat:" (**25**) und wählen das Format „A3" (**26**) aus.
- Im Gruppenfeld „Ausrichtung" (**27**) wählen Sie „Querformat" (**28**) aus.
- Bestätigen Sie dreimal mit OK.

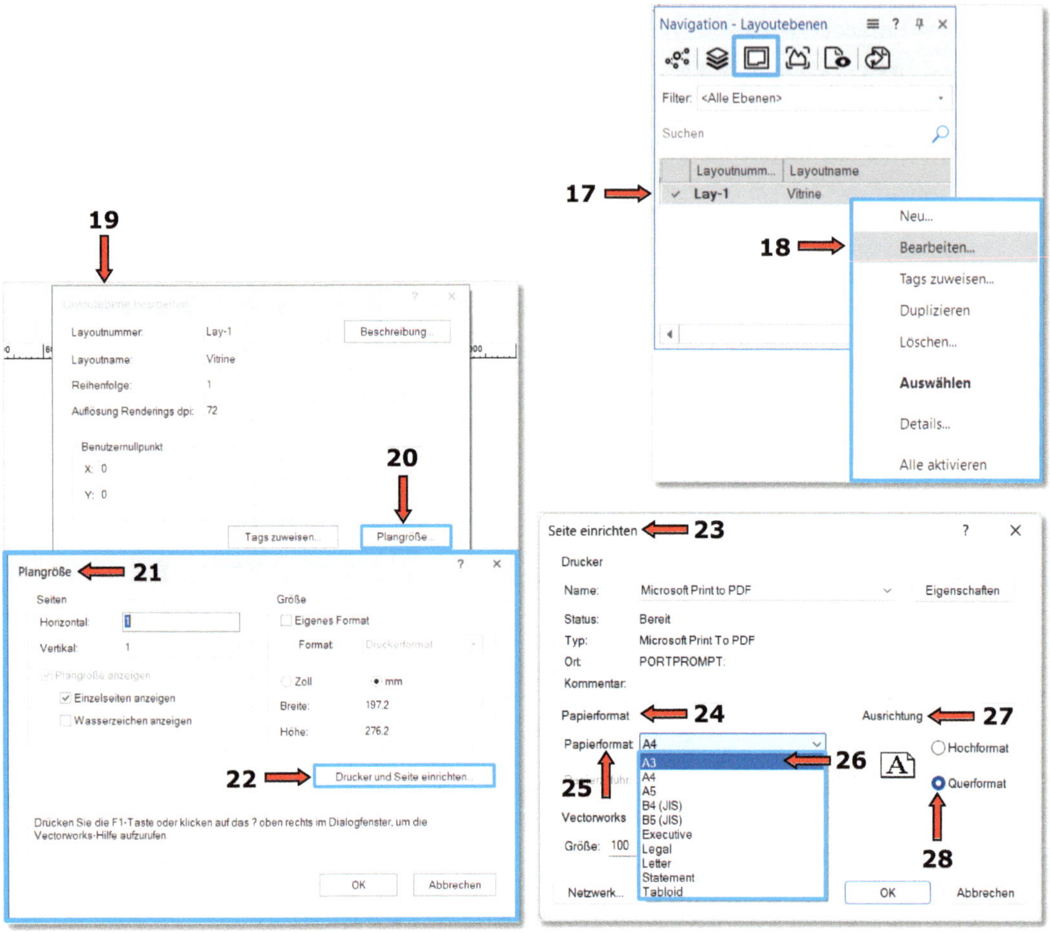
Navigation - Layoutebenen
Filter: <Alle Ebenen>
Suchen
Layoutnumm...
Layoutname
Lay-1
Vitrine
17
18
Neu...
Bearbeiten...
Tags zuweisen...
Duplizieren
Löschen...
Auswählen
Details...
Alle aktivieren
19
Layoutnummer: Lay-1
Beschreibung...
Layoutname: Vitrine
Reihenfolge: 1
Auflösung Renderings dpi: 72
Benutzernullpunkt
X: 0
Y: 0
20
Tags zuweisen...
Plangröße...
Plangröße
21
Seiten
Horizontal: 1
Vertikal: 1
Einzelseiten anzeigen
Wasserzeichen anzeigen
Größe
Eigenes Format
Format
Zoll
mm
Breite: 197.2
Höhe: 276.2
22
Drucker und Seite einrichten...
Drücken Sie die F1-Taste oder klicken auf das ? oben rechts im Dialogfenster, um die Vectorworks-Hilfe aufzurufen
OK
Abbrechen
Seite einrichten
23
Drucker
Name: Microsoft Print to PDF
Eigenschaften
Status: Bereit
Typ: Microsoft Print To PDF
Ort: PORTPROMPT:
Kommentar:
Papierformat
24
Ausrichtung
27
Papierformat: A4
A3
A4
A5
B4 (JIS)
B5 (JIS)
Executive
Legal
Letter
Statement
Tabloid
26
Hochformat
Querformat
25
Vectorworks
Größe: 100
28
Netzwerk...
OK
Abbrechen

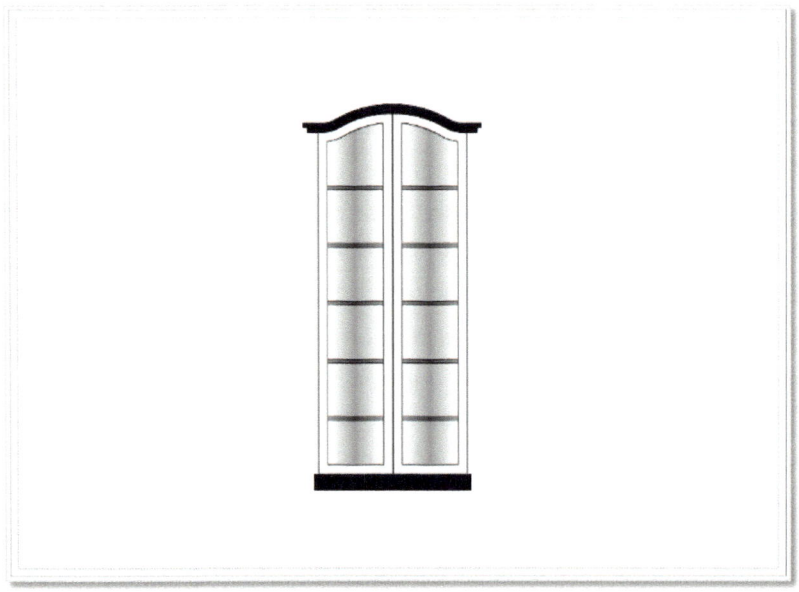

Ergebnis

4.6.2 Ansichtsbereich bearbeiten

Anmerkung:

Falls Sie auf der Konstruktionsebene außerhalb des Zeichenblattes Objekte gezeichnet haben (**29**), werden diese ebenfalls in diesem Ansichtsbereich angezeigt.

Um nur die Vitrine im Ansichtsbereich darzustellen, müssen Sie auf der **Konstruktionsebene** ein Rechteck um die Vitrine zeichnen und aktivieren. Dieses Rechteck sollte mit dem Attribut „Füllung:" Leer gezeichnet werden (**30**).

Dieses Rechteck wird wie ein Fenster fungieren, das die Sicht auf die Zeichenfläche begrenzt und nur den im Rechteck sichtbaren Ausschnitt des Modells auf den Arbeitsbereich überträgt.

Gehen Sie anschließend zum Befehl *Ansichtsbereich anlegen* (**2**). Sie werden gefragt, ob das aktive Objekt als Begrenzung benutzt werden soll.

• Antworten Sie mit „Ja" (**31**).

Vectorworks erstellt dann einen Ansichtsbereich, in dem nur die Objekte sichtbar sind, die innerhalb des aktiven Rechtecks liegen (hier Vitrine).

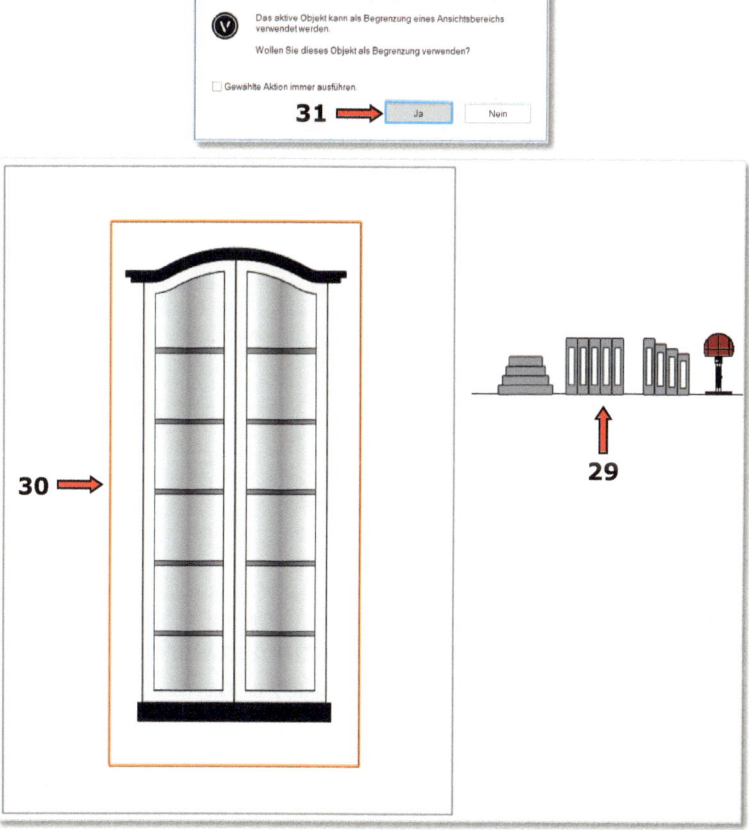

4. Vitrine

Erstellen Sie ein weiteres **Ansichtsbereich** (diesmal die Vitrine mit der Bemaßung) in der gleichen Layoutebene.

- Verschieben Sie das gezeichnete Ansichtsfenster mit der Drücken-Ziehen-Loslassen-Methode (Drag and Drop) nach links (**32**).
- Kopieren Sie nun das Ansichtsfenster (mit der gedrückten LMT und der Strg-Taste) (**33**) nach rechts.

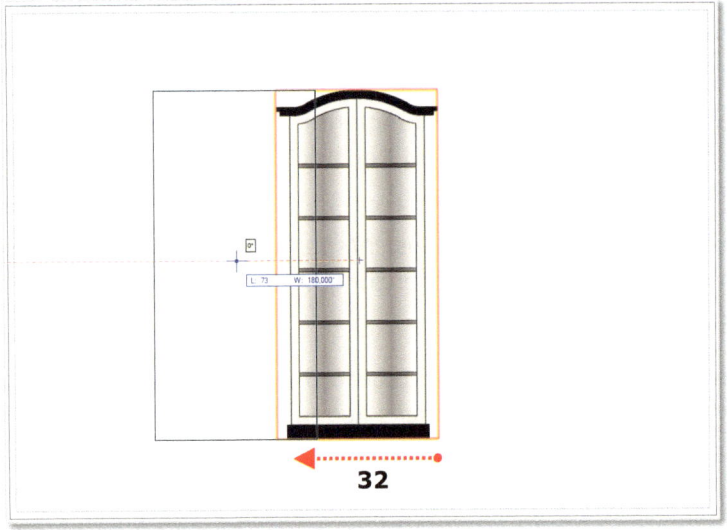

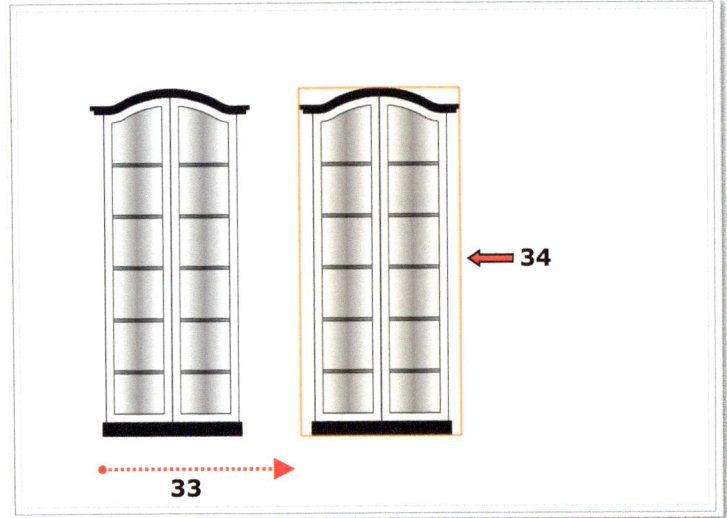

Alle Änderungen, die später am Modell vorgenommen werden, werden automatisch auf die Ansichtsbereiche übertragen, in denen sie sichtbar sind.

Ausnahme: Bei neu gerenderten Zeichnungen müssen Sie auf die Schaltfläche „Aktualisieren" in der Infopalette klicken (diese Schaltfläche wird durch einen roten Rahmen markiert), um den Ansichtsbereich zu aktualisieren.

4. Vitrine

Stellen Sie sicher, dass das rechte Ansichtsfenster (**34**) aktiv bleibt.

- Bearbeiten Sie es (→ die Vitrine mit der Bemaßung) in der Informationen-Objekt-Palette:
- Klicken Sie auf die Schaltfläche „Klassensichtbarkeiten" (**35**).

Das Dialogfenster „Klassensichtbarkeiten des Ansichtsbereichs/Schnitts" (**36**) öffnet sich.

- In den Status-Spalten ändern Sie die Sichtbarkeit:
    - der Klasse „Bemaßung" (**37**) auf „Sichtbar" und
    - der Klasse „Tür-Flügelrahmen" (**38**) und „Tür-Glas" (**39**) auf „Unsichtbar".
- Bestätigen Sie mit OK (**40**).

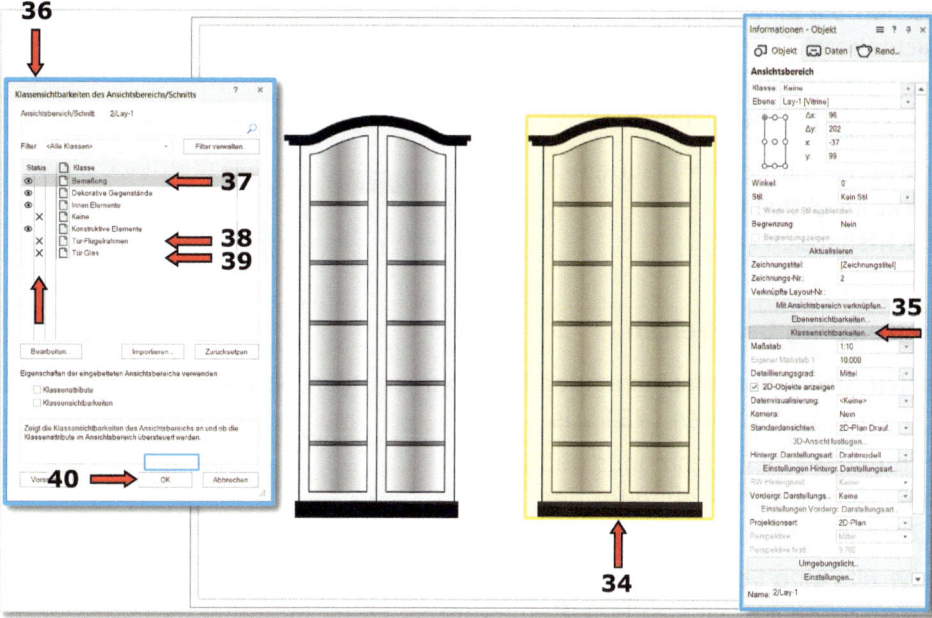

- Verschieben Sie beide Ansichtsbereiche an die gewünschte Position.

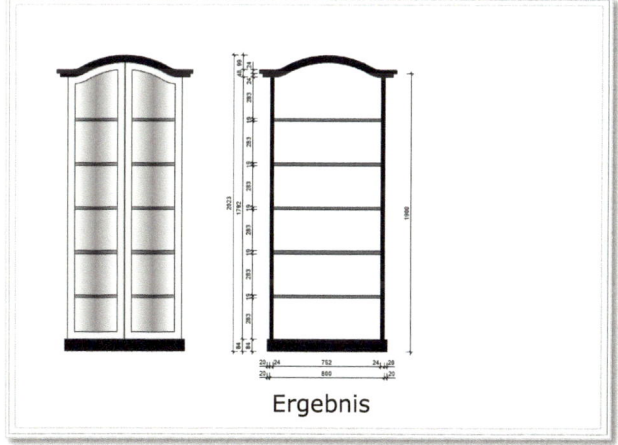

Ergebnis

4. Vitrine

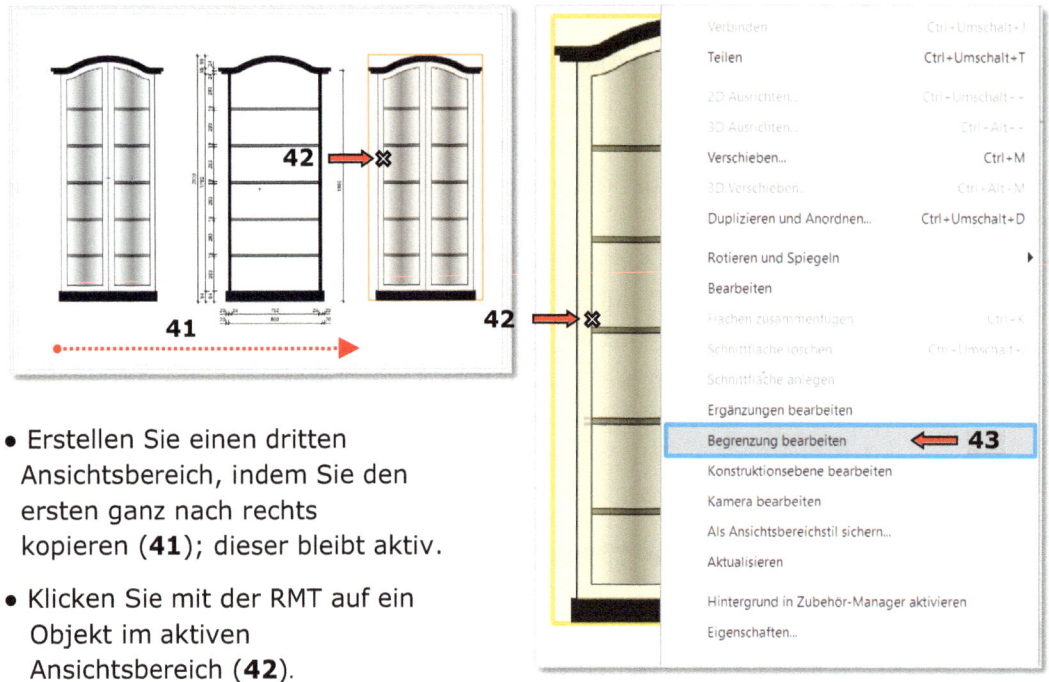

- Erstellen Sie einen dritten Ansichtsbereich, indem Sie den ersten ganz nach rechts kopieren (**41**); dieser bleibt aktiv.
- Klicken Sie mit der RMT auf ein Objekt im aktiven Ansichtsbereich (**42**).

1. Begrenzung bearbeiten

- Wählen Sie im nun erscheinenden Kontextmenü den Befehl *Begrenzung bearbeiten* (**43**) aus.

Es wird ein Bearbeitungsmodus geöffnet, in dem Sie eine Begrenzung für den aktiven Ansichtsbereich festlegen können.

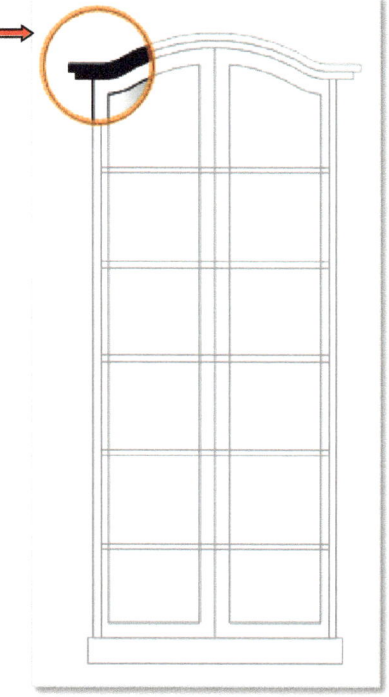

Falls bereits eine Begrenzung in diesem Ansichtsbereich erstellt wurde, z.B. in Form eines Rechtecks, löschen Sie diese.

- Zeichnen sie eine neue Begrenzung in Form eines Kreises um die linke obere Ecke der Vitrine (**44**).

Dieser Kreis wird als neue Begrenzung für diesen Ansichtsbereich verwendet.

- Verlassen Sie den Ansichtsbereich mit einem Klick auf die Markierung/den Text oben rechts „Ansichtsbereich Begrenzung verlassen" (**45**).
- In der Informationen-Objekt-Palette aktivieren Sie Die Option „Begrenzung anzeigen".
- In der Informationen-Objekt-Palette ändern Sie den Maßstab auf 1:5 (**46**).

4. Vitrine

2. Ergänzungen bearbeiten

Die Zeichnungsbeschriftungen soll dem Ansichtsbereich hinzugefügt werden.

- Erstellen Sie eine neue Klasse mit dem Namen „Text" (**47**). Diese Klasse soll aktiv sein.

Alle Klassen, außer der Klasse „Bemaßung", sollen sichtbar (**48**) sein.

Dialogfenster-Ausschnitt

3. Text

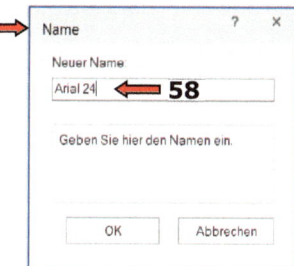

Formatieren Sie einen neuen Textstil mit der passenden Schriftgröße:

- Gehen Sie in der Menüzeile zu dem Befehl:
  Text (**49**) – *Textformatierung...* (**50**):

- Das Dialogfenster „Textformatierung" (**51**) wird geöffnet.
  - Im Listenfeld „Schriftart" (**52**) wählen sie „Arial" (**53**) aus.
  - Tragen Sie in das Eingabefeld „Schriftgröße" (**54**) die Größe 24 (**55**) ein.
  - Sichern Sie den Textstil mit einem Klick auf die Schaltfläche „Textstil sichern..." (**56**).
  - Im erscheinenden Dialogfenster „Name" (**57**) tragen Sie für den neuen Textstil den Namen „Arial 24" ein → „Neuer Name:" Arial 24 (**58**).

4. Vitrine

Der Text „Detail 1:5" soll in den kleinen Ansichtsbereich geschrieben werden:
- Klicken Sie mit der RMT auf ein Objekt im aktiven Ansichtsbereich (**59**).
- Wählen Sie im erscheinenden Kontextmenü den Befehl *Ergänzungen bearbeiten* (**60**) aus.

Es wird ein Bearbeitungsmodus geöffnet, in welchem Sie den Text mit dem gerade erzeugten Textstil „Arial 24" schreiben können.

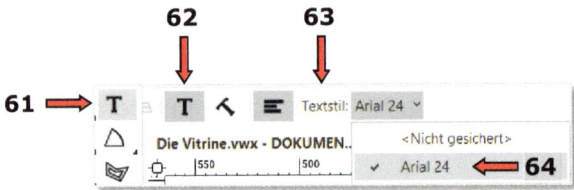

Text schreiben

- Wählen Sie das Werkzeug *Text* (**61**) und die erste Methode - *Horizontal* (**62**) aus.
- Aus dem Aufklappmenü „Textstil:" (**63**) wählen Sie den Textstil „Arial 24" (**64**) aus.
- Klicken Sie mit dem Mauszeiger (er wird zu einem Textfeldzeiger) an die Stelle, wo Sie mit dem Text beginnen wollen.
- Schreiben Sie den Text „Detail 1:5" (**65**) auf.
- Beenden Sie das Schreiben mit der Esc-Taste.

Sie können weitere Ergänzungen vornehmen, z.B. neue 2D-Objekte zeichnen, zusätzliche Textnotizen oder, wie hier Zeichnungsbeschriftungen hinzufügen.

[...] „Diese Elemente werden dann Bestandteil des Ansichtsbereiches und mit diesem kopiert, verschoben, und gelöscht" [...] (siehe Vectorworks-Hilfe [1])

Die hinzugefügten Ergänzungen im Ansichtsbereich werden nicht in der Konstruktionsebene angezeigt.

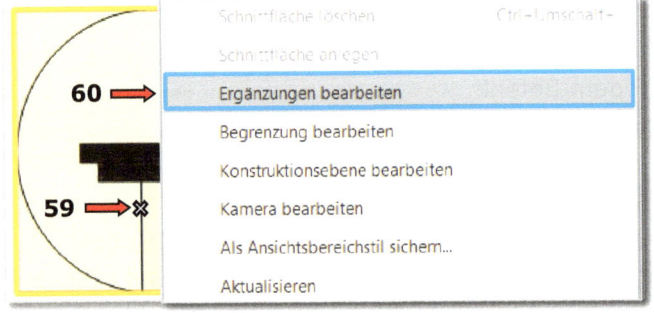
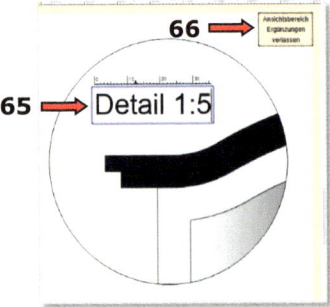

Verlassen Sie den Bearbeitungsmodus mit einem Klick auf die Schaltfläche oben rechts „Ansichtsbereich Ergänzungen verlassen" (**66**).

4. Vitrine

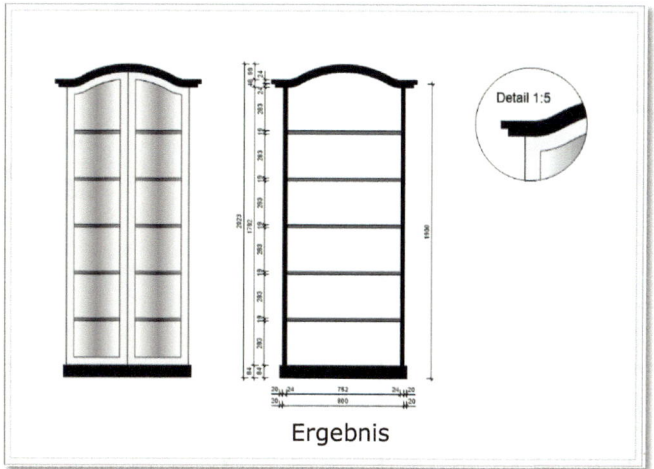

Ergebnis

4.7 Plankopf einfügen

- Aktivieren Sie das Werkzeug *Plankopf* (**2**) in der Werkzeuggruppe (Tools) **Bemaßung/Beschriftung** (**1**).
- Wählen Sie in der Methodenzeile die erste Methode - *Einfügen mit einem Klick* (**3**) aus.

[...] „Mit dieser Methode fügen Sie einen Plankopf mit nur einem Klick, ohne Rotation, in die Zeichnung ein"
[...] (siehe Vectorworks-Hilfe [1])

- Im Zubehör-Auswahlmenü „Objekt-Vorgabe:" (**4**) wählen Sie aus dem Ordner **Vectorworks-Bibliotheken** den Plankopf aus:
  Objekt-Vorgaben – Plankopf - Plankopf.vwx (**5**) - **Plankopf 1** (**6**).
- Klicken Sie auf den Plan und der Plankopf wird eingesetzt (**7**).

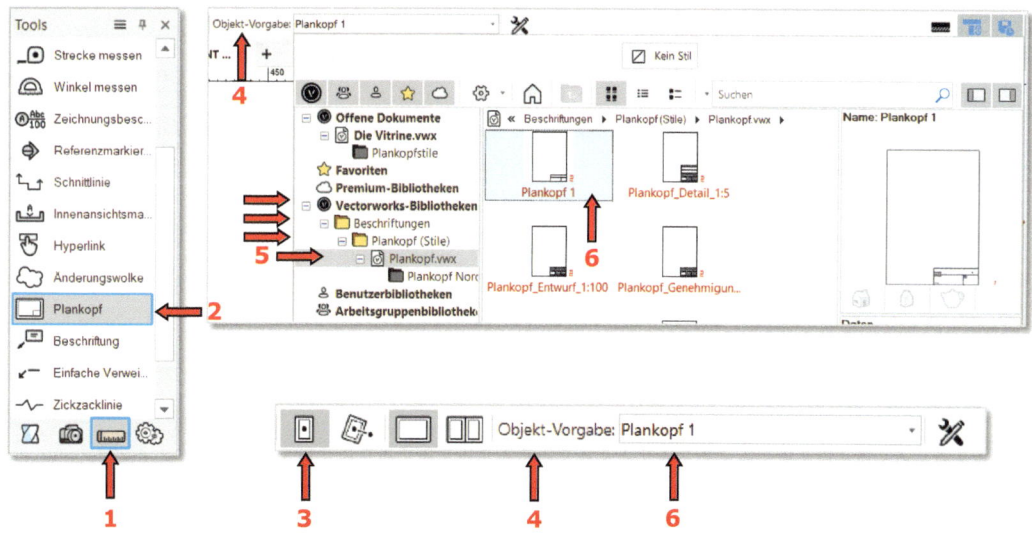

265

4. Vitrine

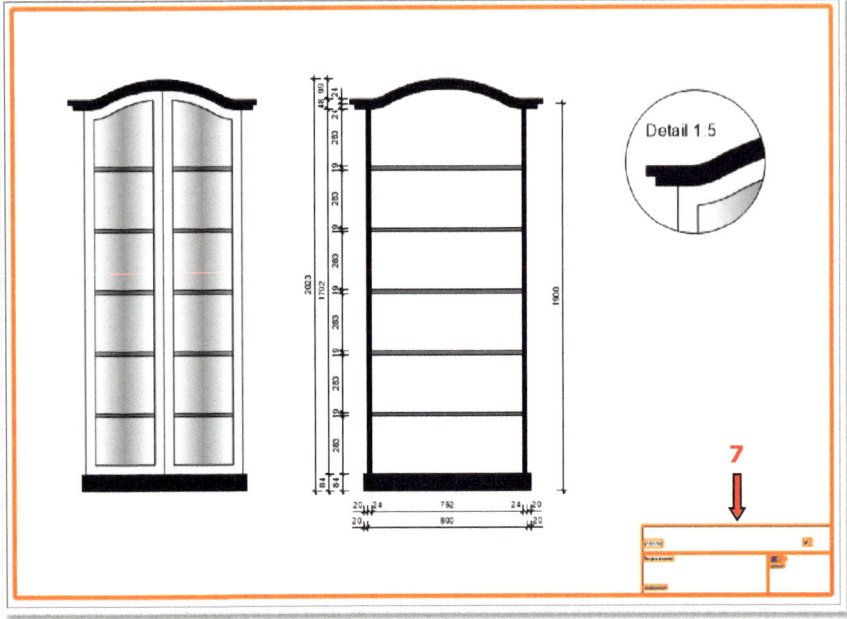

Plankopf bearbeiten

- Klicken Sie in der Informationen-Objekt-Palette auf „Einstellungen…" (**8**) und nehmen Sie im Dialogfenster „Einstellungen Plankopf" (**9**) die gewünschten Einstellungen für den Plankopf vor.

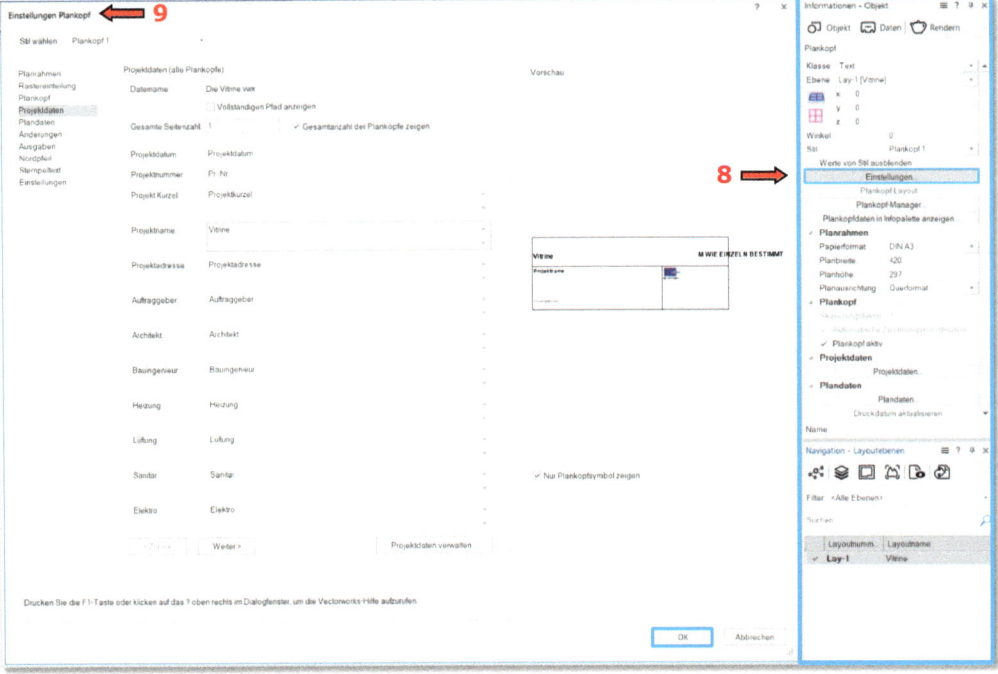

5. Dekorative Gegenstände

INHALT:

Werkzeuge
- *Verrunden*
- *Verschieben*
- *Rotieren*
- *Schneiden*
- *Parallele*
- *Kreisbogen*
- *Spiegeln*

Befehle
- *Symbol anlegen*
- *Duplizieren und Anordnen*
- *Ausrichten*
- *Schnittfläche löschen*

- Symbol skalieren
- Symbol bearbeiten
- Symbol ersetzen
- Import DXF/DWG/DWF
- Attribute-Bildfüllung
- Temporärer Nullpunkt

5. Dekorative Gegenstände

Aufgabe:

Zeichnen Sie sieben dekorative Gegenstände, wie unten in der Abbildung (**1**) angezeigt und verteilen Sie sie in der Vitrine (**2**).

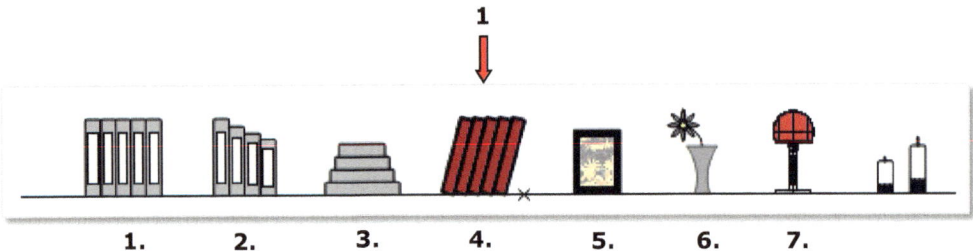

1. Büchergruppe
2. Abgestufte Büchergruppe
3. Bücherstapel
4. Geneigte Büchergruppe
5. Fotorahmen mit Bild
6. Blumenvase
7. Tischlampe, die als 2D-Symbol in das Dokument importiert wird

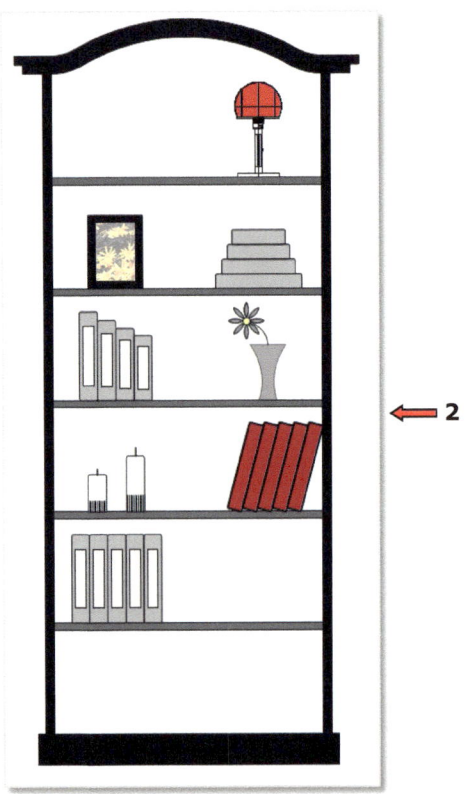

5. Dekorative Gegenstände

Diese 2D-Objekte werden auf der Konstruktionsebene „Vitrine" und in der Klasse „Dekorative Gegenstände" gezeichnet.

- Schalten Sie die Konstruktionsebene „Vitrine" und die Klasse „Dekorative Gegenstände" (**3**) ein.

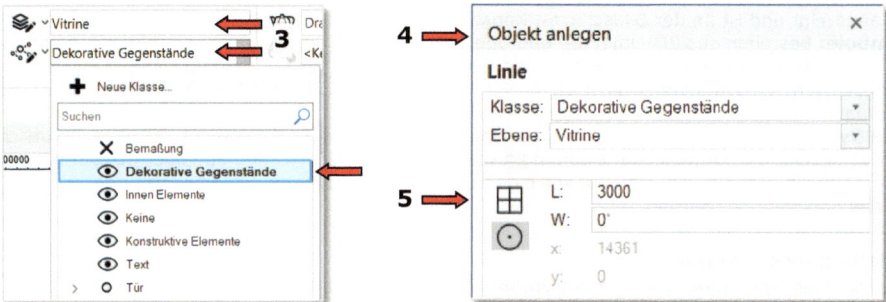

- Zeichnen Sie außerhalb des Zeichenblattes eine 3 m lange (**5**) Linie (**6**) mit dem Werkzeug *Linie*, z.B. über das Dialogfenster „Objekt anlegen" (**4**).

Auf dieser Linie werden die dekorativen Objekte zuerst aufgestellt/ausgerichtet. Erst wenn alle Objekte gezeichnet wurden, werden sie in der Vitrine verteilt.

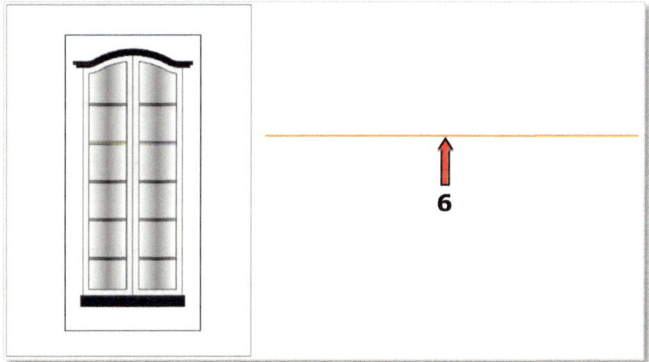

5.1 Bücher

5.1.1 Büchergruppe

Symbole

Konzept: Vectorworks-Symbole
Was sind Symbole?
Symbole sichern Objekte für die Wiederverwendung. Die Objekte sind in eine Symboldefinition eingebunden. Symboldefinitionen sind Zubehör, das über den Zubehör-Manager und das Zubehör-Auswahlmenü gewählt werden kann. Wird eine Symboldefinition in die Zeichnung eingesetzt, wird eine Symbolinstanz erzeugt (siehe auch **Konzept: Objektinstanzen, -definitionen und -stile**). Im Lieferumfang von Vectorworks finden Sie tausende von Symbolen. Sie können auch ihre eigenen Symbole erzeugen und den Inhalt von Dateien mit anderem Dateiformat als Symboldefinitionen importieren. […]

5. Dekorative Gegenstände

[...] Ein großer Vorteil eines Symbols ist, dass es in einer Zeichnung eigentlich nur einmal vorkommt – nämlich in der Bibliothek als Symboldefinition –, egal wie oft es in die Zeichnung als Symbolinstanz eingesetzt worden ist. Natürlich braucht der Verweis auf ein Symbol sehr viel weniger Speicherplatz als die geometrischen Daten des Symbols selbst. Haben Sie also 5000 Symbolinstanzen in eine Zeichnung eingesetzt, dann benötigt die Zeichnung nur unwesentlich mehr Speicherplatz, als wenn Sie das Symbol nur einmal eingesetzt hätten. Zudem verändern sich automatisch alle 5000 Symbolinstanzen, wenn Sie eine Änderung am Symbol vornehmen. [...]
[...] Eine Symboldefinition kann aus einem oder mehreren Objekten erzeugt werden.
Grundsätzlich kann zwischen drei Symbolarten unterschieden werden:

- **2D-Symbole:** Bestehen nur aus 2D-Objekten (z. B. Text, Rechteck, Bild). Die Symbolinstanz wird in jeder Ansicht angezeigt und ist an der Bildschirm-, Konstruktions- oder Arbeitsebene ausgerichtet.
- **3D-Symbole:** Bestehen aus 2D-Objekten und/oder 3D-Objekten, die auf der Konstruktionsebene erzeugt werden (z. B. Kugeln, Extrusionskörper oder ein Rechteck, das an der Konstruktionsebene ausgerichtet ist). Die Symbolinstanz wird in jeder Ansicht angezeigt. In der Ansicht „2D-Plan Draufsicht" erscheinen 3D-Symbole flach.
- **Hybride Symbole:** Bestehen aus 3D-Objekten sowie 2D-Objekten für die Ansicht "2D-Plan Draufsicht". Nach dem Einfügen zeigt die Symbolinstanz abhängig von der Ansicht, die richtige 2D- oder 3D-Darstellung an. Beispiele dafür sind Intelligente Objekte wie eine Tür, eine Wand oder ein Scheinwerfer oder ein von Ihnen selbst erzeugtes hybrides Symbol.

[...] (siehe Vectorworks-Hilfe [1])

Symboldefinitionen anlegen
Symboldefinitionen werden mit **Ändern > Symbol anlegen** aus Objekten in der Zeichnung erzeugt. [...]
1. Aktivieren Sie die Objekte und wählen Sie **Ändern > Symbol anlegen**.
Das Dialogfenster „Symbol anlegen" öffnet sich.
2. Haben Sie **Nächster Klick** aktiviert, legen Sie mit einem Klick den Einfügepunkt fest.
3. Wählen Sie im Dialogfenster „Symbol ablegen", in welchen Bibliotheksordner das Symbol gelegt werden soll. Die neue Symboldefinition wird zur aktiven Datei hinzugefügt und im Zubehör-Manager angezeigt. [...]
(siehe Vectorworks-Hilfe [1])

Aufgabe:

Zeichnen Sie den Umriss eines Buchrückens.
Er soll die Maße 50 x 240 mm haben.
Legen Sie ihn als Symbol an und kopieren Sie ihn dann 4-mal.

Das Symbol wird im Zubehör-Manager abgelegt. Dort können Sie es duplizieren und dann bearbeiten.

Alle Symbole in der Zeichnung, die den gleichen Namen haben, sind miteinander verbunden. Jede Änderung an einem Symbol wird automatisch auf alle gleichen Symbolinstanzen übertragen.

Hier wird ein sehr einfaches 2D-Objekt als Symbol angelegt, um zu zeigen, welche Möglichkeiten Symbole mit sich bringen. Objekte, die oft und in unterschiedlichen Varianten gebraucht werden, sollten als Symbole angelegt werden.

Anleitung:

- Stellen Sie die Attribute ein:
    Füllung – Solid – Classic 050
    Stiftfarbe – Schwarz
    Liniendicke - 0,10.

- Erstellen Sie ein Rechteck mit den Maßen 50 x 240 mm (**1**) über das Dialogfenster (durch einen Doppelklick auf das Werkzeug *Rechteck*) und platzieren Sie es auf die Linie (**6**).

5. Dekorative Gegenstände

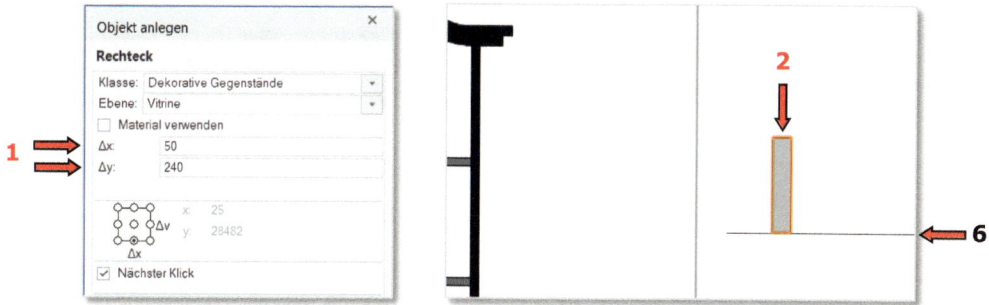

Vergrößern Sie den Zeichnungsausschnitt mit dem gezeichneten Rechteck (**2**) (→ scrollen Sie mit dem Mausrad nach oben).

- Runden Sie alle Ecken des Rechtecks mit dem Werkzeug *Verrunden* (**3**), mit der dritten Methode - *Teilstücke löschen* (**4**) und einem Radius von 5 mm (**5**) ab.
  → Mit einem Doppelklick auf das Rechteck werden alle Ecken (**6**) gleichzeitig verrundet.

Das abgerundete Rechteck ist jetzt eine Polylinie (siehe in der Informationen-Objekt-Palette).

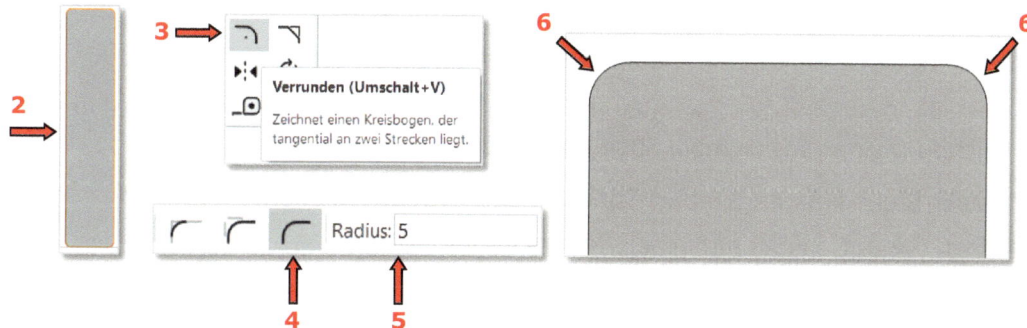

1. Symbol anlegen (die Polylinie soll zu einem Symbol werden)

- Aktivieren Sie die Polylinie und gehen Sie in der Menüzeile zu dem Befehl: *Ändern* (**7**) – *Symbol anlegen* (**8**).

Es erscheint das Dialogfenster „Symbol anlegen" (**9**):

- Geben Sie dem Symbol den Namen **Buch-S** (**10**).
- Im Gruppenfeld „Einfügepunkt" (**11**) wählen Sie die Option „Nächster Klick" (**12**) aus.
- Schließen Sie das Dialogfenster mit OK.

5. Dekorative Gegenstände

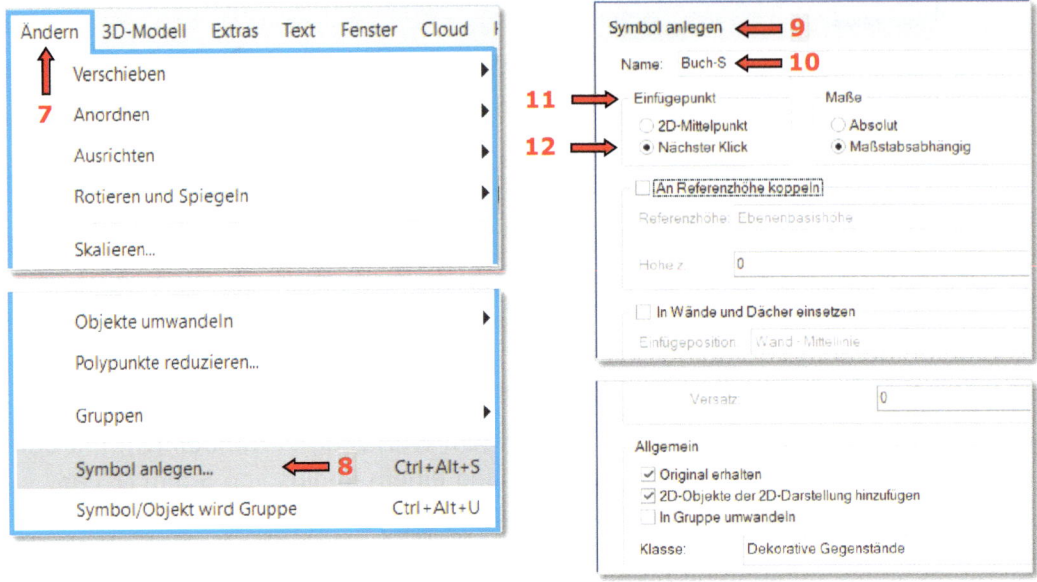

- Klicken Sie mit der LMT auf die Mitte der unteren Seite der Polylinie (**13**)
  → „Nächster Klick".

Dadurch haben Sie den Einfügepunkt des Symbols definiert → (**13**).

Es wird das Dialogfenster „Symbol ablegen" (**14**) geöffnet. Dort werden Sie gefragt, in welchen Ordner das Symbol abgelegt werden soll.

An dieser Stelle können Sie auch einen neuen Ordner erstellen:

- Klicken Sie auf die Schaltfläche „Neuer Ordner..." (**15**):

Es wird ein weiteres Dialogfenster „Ordner für Symbole anlegen" (**16**) geöffnet:

- Benennen Sie den Ordner „Dekoration" (**17**) und bestätigen Sie mit OK.

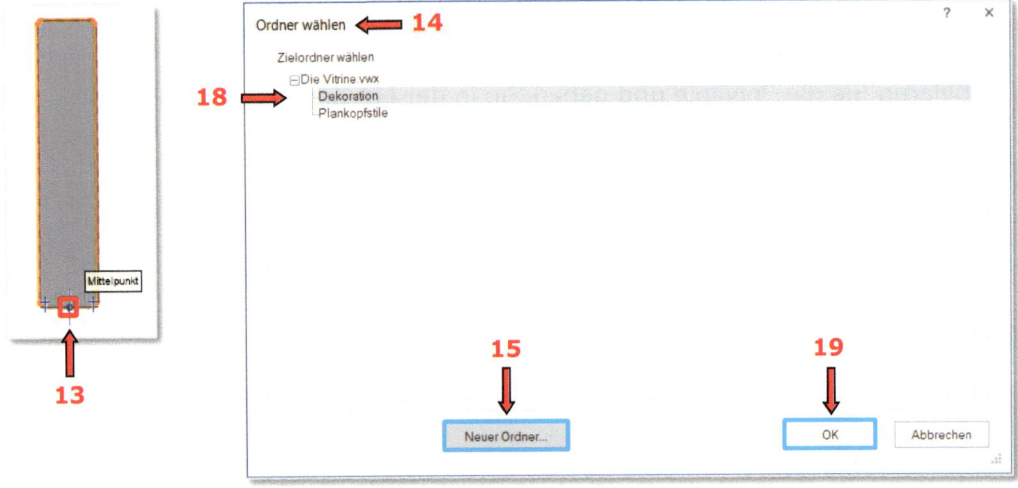

5. Dekorative Gegenstände

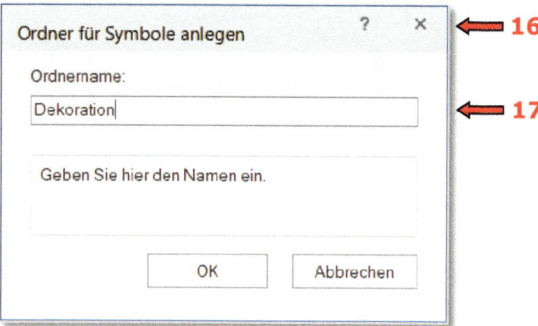

Der Ordner wird im Zubehör-Manager erstellt und blau markiert (**18**). In ihm können nur Symbole abgelegt werden.

Vectorworks hat für jeden Zubehörtyp einen eigenen Ordnertyp vorbereitet, d.h. Schraffuren können nur in den „Ordner für Schraffuren anlegen" und Symbole können nur in den „Ordner für Symbole anlegen" abgelegt werden.

- Bestätigen Sie erneut mit OK (**19**).

Wenn Sie den Zubehör-Manager öffnen, sollte der Ordner „Dekoration" dort bereits angelegt sein.

- Gehen Sie in der Menüzeile zu: *Fenster* (**20**) – *Paletten* (**21**) und klicken Sie auf den Eintrag „Zubehör-Manager" (**22**).

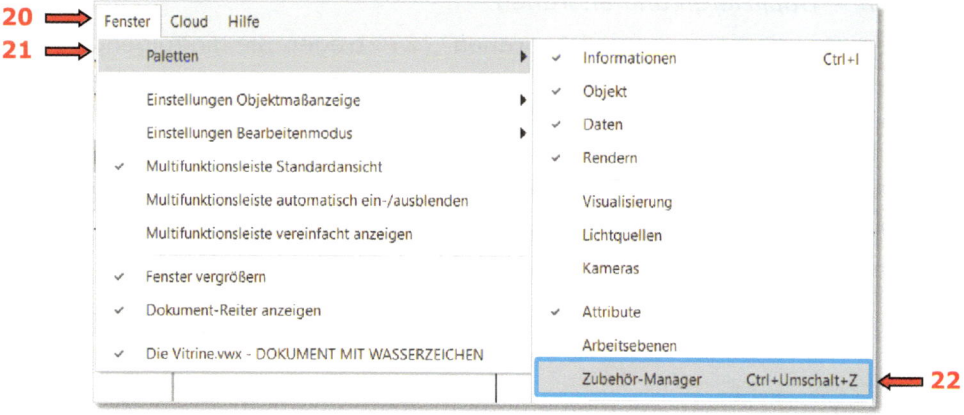

Der Zubehör-Manager wird geöffnet. Das Dokument „Vitrine.vwx" (**24**) im Navigationsbereich „Offene Dokumente" (**23**) ist fett gedruckt.
Das bedeutet, dass Sie gerade in diesem Dokument arbeiten.
Auf der rechten Seite, in der Zubehörliste, in welcher alle Symbole aus dem markierten Dokument angezeigt werden, wird auch der neue Ordner „Dekoration" (**25**) angezeigt.

5. Dekorative Gegenstände

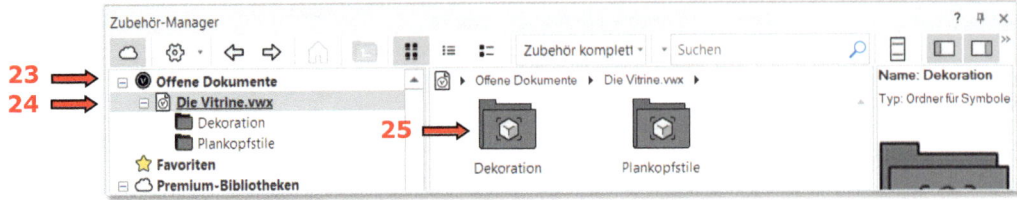

- Doppelklicken Sie auf den Ordner (**25**), um ihn zu öffnen. In ihm ist das 2D-Symbol **Buch-S** (**26**) angelegt.

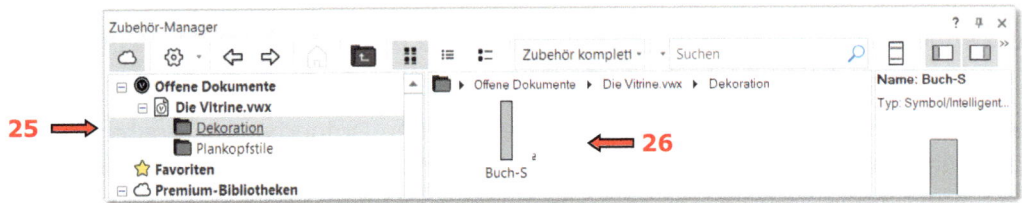

Sie können dieses Symbol verteilen, duplizieren und bearbeiten. Falls Sie später das Symbol ändern, werden alle seine Symbolinstanzen ebenfalls geändert.

- Duplizieren Sie dieses Symbol linear in x-Richtung 4-mal mit einem Abstand von 50 mm (entspricht der Breite des Buches):
- Gehen Sie zu dem Befehl in der Menüzeile:
  Bearbeiten — Duplizieren und anordnen
- Im Dialogfenster „Duplizieren und Anordnen" (**27**) tragen Sie die folgenden Werte ein:
  - „Anordnung:" Linear (**28**)
  - „Anzahl Duplikate:" 4 (**29**)
  - „Position des ersten Duplikates festlegen:" (**30**) → Option „Polar" - *r:* 50 (**31**)
  - „Original Objekt:" Original erhalten
- Bestätigen Sie mit OK.

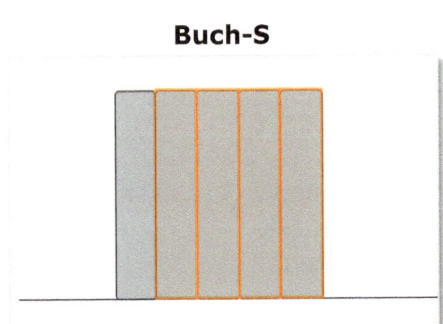

Ergebnis

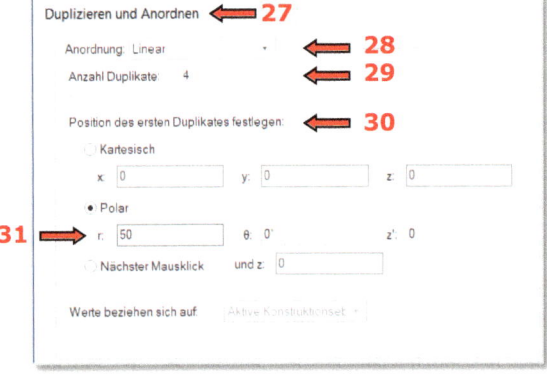

Um die weiteren Buchrücken zu zeichnen, können Sie das eben erzeugte 2D-Symbol **Buch-S** als Grundlage verwenden.

- Aktivieren Sie das erste 2D-Symbol **Buch-S** aus der Büchergruppe auf der Position → Pos. **S** (**1**) und verteilen Sie es 3-mal (**2**) mit dem Werkzeug *Verschieben* entlang der Linie.
- In der Methodenzeile wählen Sie die zweite - *Duplikate verschieben* (**3**) und die fünfte Methode - *Original erhalten* (**4**) aus.
- Tragen Sie in das Eingabefeld „Anzahl Duplikate:" (**5**) den Wert 3 (**6**) ein.
- Der Abstand zwischen den Duplikaten soll ungefähr 600 mm (**2**) betragen.

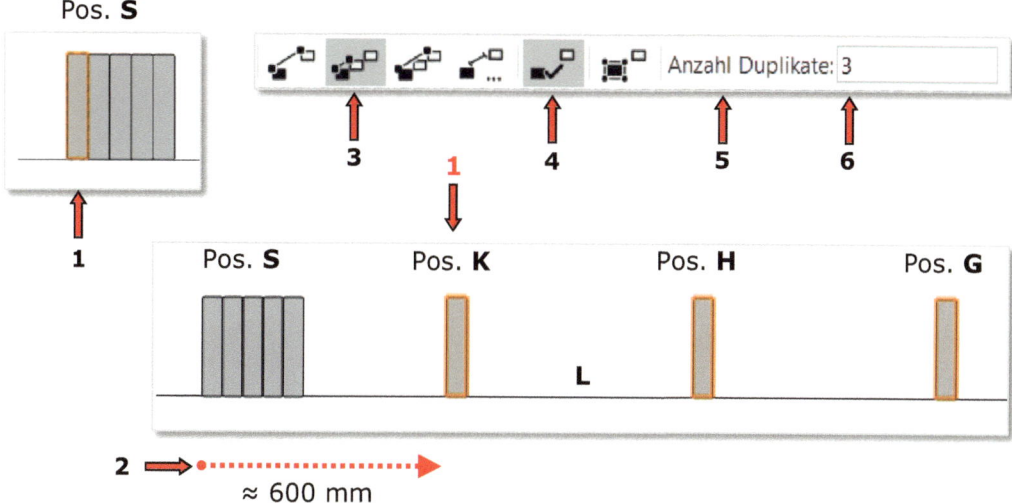

5.1.2 Abgestufte Büchergruppe

Aufgabe:

In dieser Übung werden Sie das Symbol **Buch-S**, das sich auf der Pos. **K** befindet, 3-mal duplizieren und gleichzeitig in der y-Richtung skalieren.

Anleitung:

- Aktivieren Sie das Symbol **Buch-S** auf der Pos. **K** (**1**) und gehen Sie zu dem Befehl: *Bearbeiten — Duplizieren und anordnen:*
- Im nun erscheinenden Dialogfenster „Duplizieren und Anordnen" (**2**) tragen Sie die folgenden Werte ein:
  - „Anordnung:" Linear (**3**)
  - „Anzahl Duplikate:" 3 (**4**)
  - „Position des ersten Duplikates festlegen:" (**5**)
  - Option „Polar" - *r:* 50 (**6**).
  - Schalten Sie die Option „Duplikate Skalieren" (**7**) ein und tragen Sie den y-Skalierungsfaktor ein: „y-Faktor:" 0,9 (**8**)
  - „Original Objekt:" Original erhalten (**9**)
  - Bestätigen Sie mit OK.

5. Dekorative Gegenstände

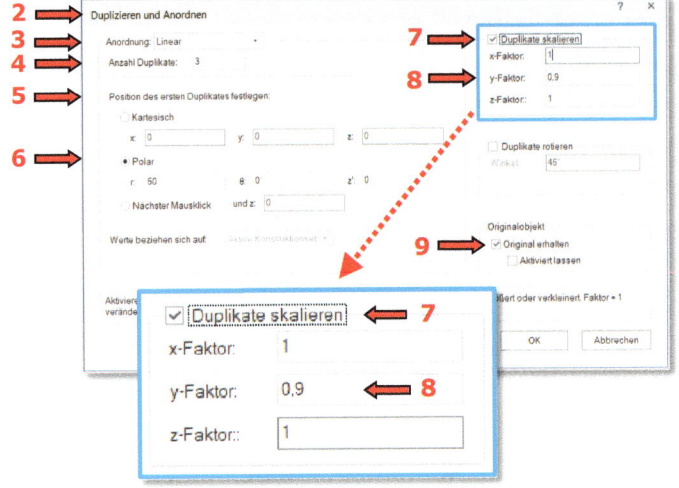

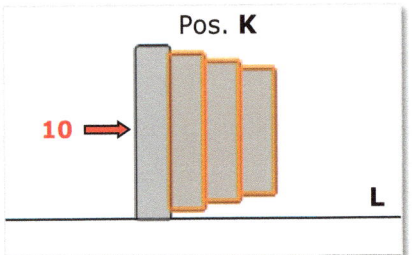
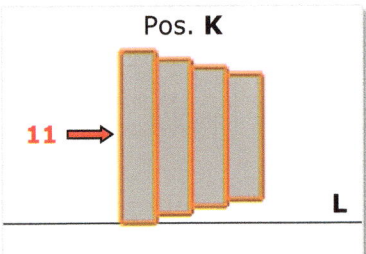

Das Symbol **Buch-S** (auf der Pos. **K**) wurde eben dupliziert und in y-Richtung skaliert (**10**).

- Um alle vier Symbole nach unten auf der Linie **L** auszurichten, markieren Sie diese (**11**) und gehen Sie in der Menüzeile zu:
  Ändern – Ausrichten – 2D Ausrichten…
- Im Dialogfenster „2D Ausrichten und verteilen" (**12**) wählen Sie im Bereich oben rechts (**13**) folgende Optionen aus:
  - „Ausrichten" *(***14***)*
  - „Unten" (**15**).
- Bestätigen Sie mit OK.

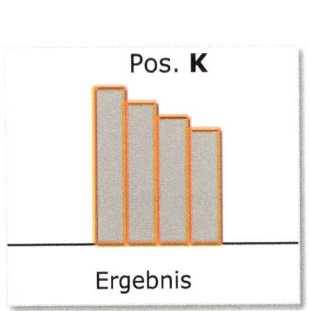
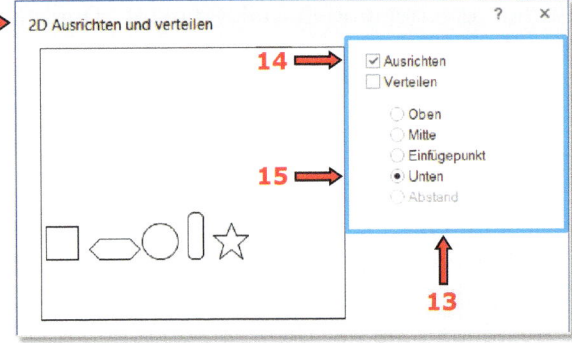

276

5.1.3 Bücherstapel

Aufgabe:

Das Symbol **Buch-S**, das sich auf der Position **H** (Pos. **H**) befindet, soll horizontal auf der Linie **L** liegen.
In dieser Übung wird ein neues Symbol durch Duplizieren und Bearbeiten des Symbols **Buch-S** erzeugt.

Anleitung:

Öffnen Sie wieder den Zubehör-Manager und finden Sie das Symbol **Buch-S**.

- Um schneller ein Symbol aus der Zeichnung im Zubehör-Manager zu finden, klicken Sie mit der RMT auf das Symbol (**1**).
- Wählen Sie aus dem nun geöffneten Kontextmenü (**2**) den Befehl *Symbol in Zubehör-Manager aktivieren* (**3**) aus.

Der Zubehör-Manager wird geöffnet. Vectorworks findet das Symbol und markiert es grau (**4**).

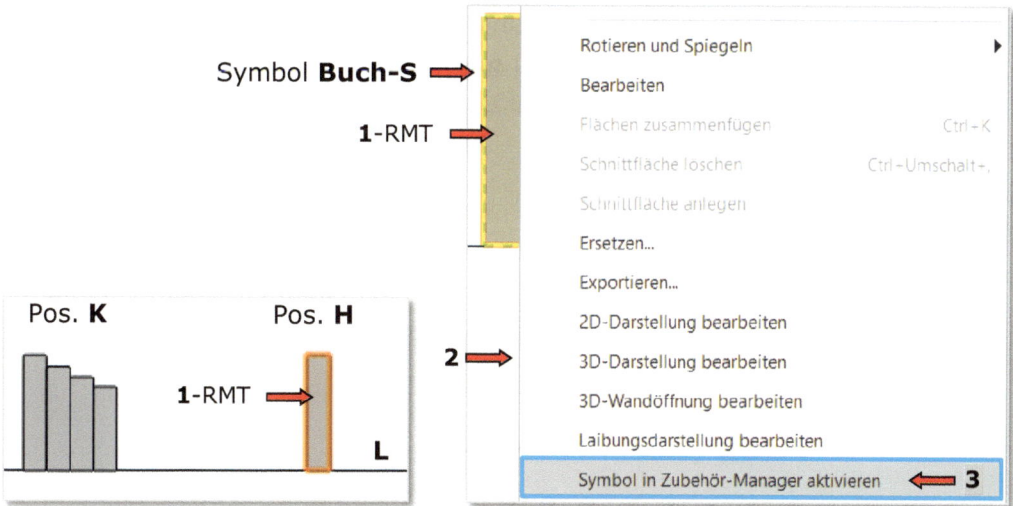

- Klicken sie mit der RMT auf das Symbol **Buch-S** (**4**) und wählen Sie aus dem nun geöffneten Kontextmenü den Befehl *Duplizieren...* (**5**) aus.

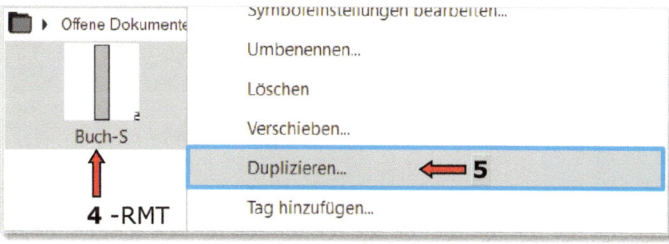

5. Dekorative Gegenstände

Es erscheint das Dialogfenster „Name" (**6**):

- Tragen Sie in das Textfeld „Neuer Name:" den Namen **Buch-H** (**7**) ein.
- Bestätigen Sie mit OK.

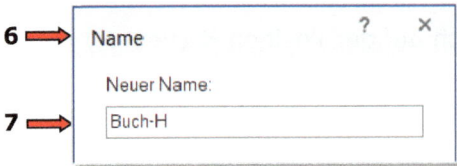

Es wird eine Kopie des Symbols **Buch-S** (**8**) erzeugt → das Symbol **Buch-H** (**9**).

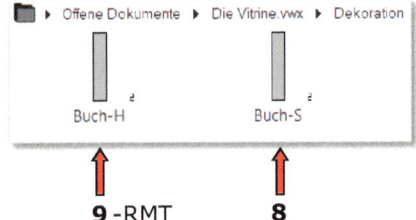

Im nächsten Schritt soll das Symbol **Buch-H** bearbeitet werden. Die Polylinie soll 40 mm breit sein und horizontal auf der Linie **L** liegen.

- Klicken Sie mit der RMT auf das Symbol **Buch-H** (**9**) und wählen Sie aus dem nun erscheinenden Kontextmenü den Befehl *Bearbeiten...* (**10**) aus.

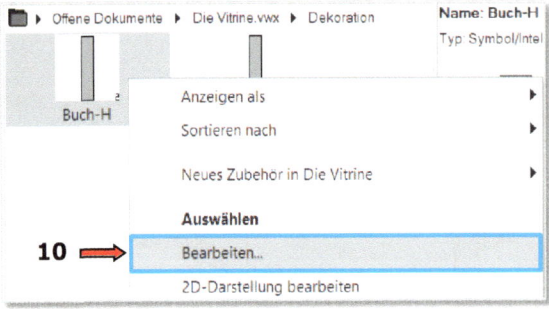

Das Dialogfenster „Symbol bearbeiten" (**11**) wird geöffnet:

- Dort wählen Sie die Option „2D-Darstellung" (**12**) aus.
- Bestätigen Sie mit OK.

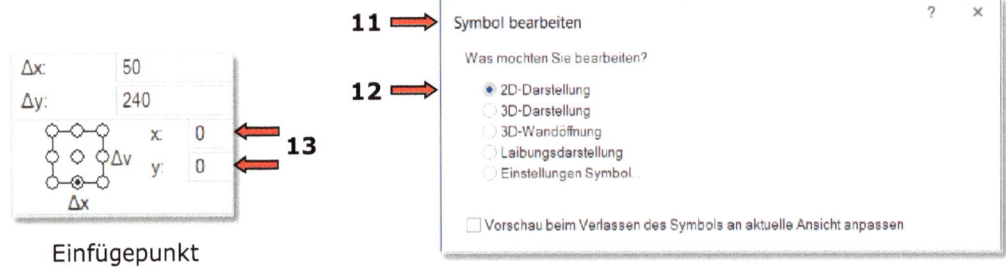

Einfügepunkt

5. Dekorative Gegenstände

Vectorworks wechselt in den Bearbeitungsmodus „Symbol bearbeiten". Der Rahmen der Zeichenfläche wird Orange eingefärbt (**14**). In der Mitte wird das Objekt (→ die Polylinie), das Sie bearbeiten wollen, angezeigt (**15**).

In der Mitte der Zeichenfläche (= Koordinate 0,0,0) (**13**) befindet sich der Einfügepunkt von dem Symbol.

Um den Einfügepunkt eines Symbols zu ändern, müssen Sie das Objekt, das sich im Symbol befindet, innerhalb des Bearbeitungsmodus so verschieben, dass der neue Einfügepunkt in der Mitte der Zeichenfläche (= Koordinate 0,0,0) liegt.

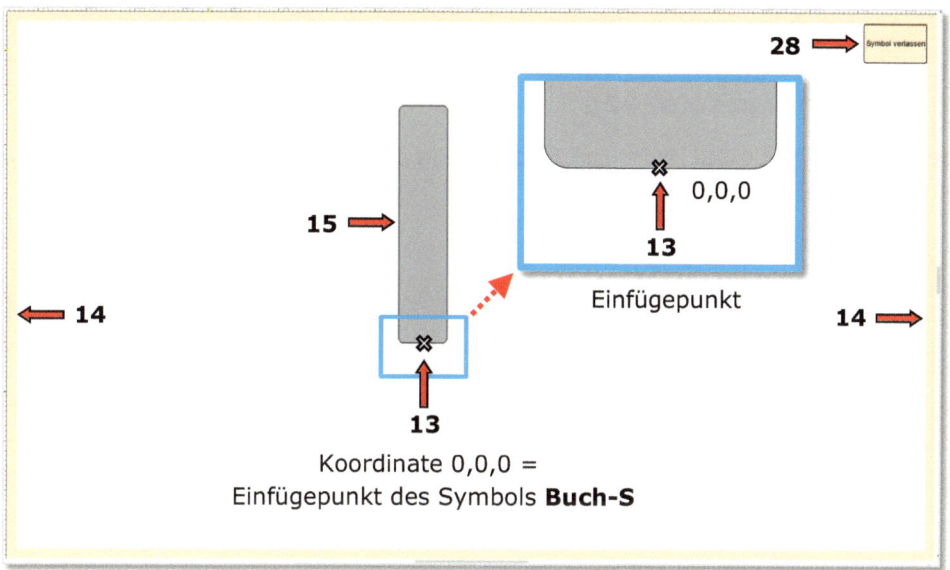

- Aktivieren Sie im Bearbeitungsmodus die Polylinie (**15**) und ändern Sie in der Informationen-Objekt-Palette den Δx-Wert zu 40 mm (**16**).

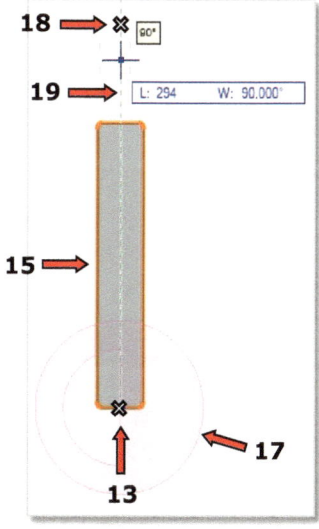
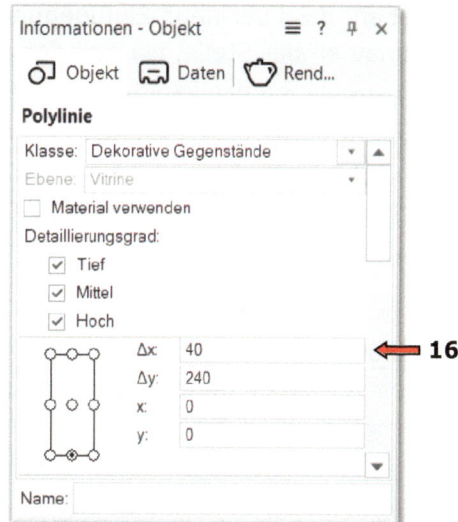

5. Dekorative Gegenstände

Rotieren - die Polylinie soll (-90°) um den Einfügepunkt rotiert werden.

- Aus der Favoriten-Palette wählen Sie das Werkzeug *Rotieren* und die erste Methode - *Original* aus. Der Mauszeiger verwandelt sich in einen rosafarbenen Winkelmesser (**17**):
- Mit dem ersten Klick definieren Sie das Rotationszentrum (**13**) (= Einfügepunkt).
- Mit dem zweiten Klick (**18**) definieren Sie den Winkel der Rotationsachse (**19**).

Ein blauer Umriss der Polylinie (**20**) wird angezeigt. Er dreht sich zusammen mit dem Mauszeiger.

- Drehen Sie den Mauszeiger, bis er an der blau gestrichelten waagerechten Hilfslinie (**21**) einrastet.
- Klicken Sie ein drittes Mal (**22**).

Mit dem dritten Klick (**22**) wird die Endposition der Rotationsachse definiert und die Polylinie wird rotiert (**23**).

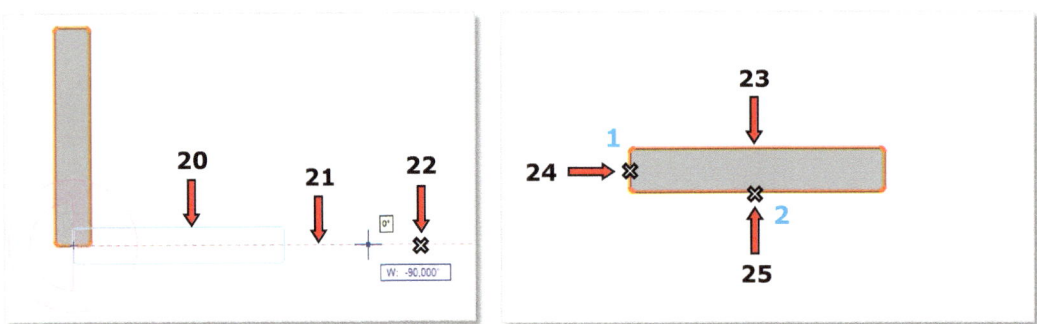

Die Polylinie liegt jetzt richtig, der Einfügepunkt (**24**) jedoch nicht. Er soll sich in der Mitte der unteren Seite der Polylinie (**25**) befinden.

Um die Position des Einfügepunktes zu ändern, müssen Sie das Objekt so verschieben, dass der neue Einfügepunkt 2 (**25**) in der Mitte der Zeichenfläche liegt (**24**), genau an der Stelle, wo sich der aktuelle Einfügepunkt 1 befindet.

- Aktivieren Sie die Polylinie und verschieben (**26**) Sie diese von Punkt 2 zu Punkt 1, z.B. mit der Drücken-Ziehen-Loslassen-Methode.

Das Symbol hat jetzt den richtigen Einfügepunkt (**27**), der Punkt 2 liegt in der Mitte der Zeichenfläche (auf der Koordinate 0,0,0).

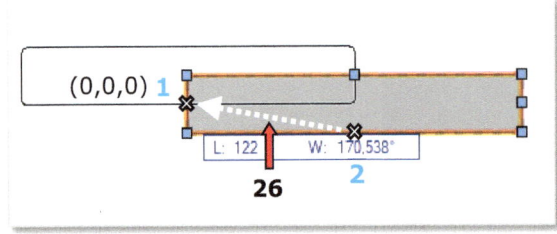 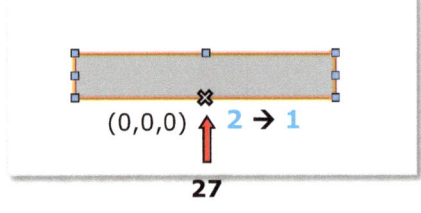

- Verlassen Sie den Bearbeitungsmodus, indem Sie oben rechts auf die Schaltfläche „Symbol verlassen" (**28**) klicken.

Damit wurde das neue Symbol **Buch-H** (**29**) erstellt und im Zubehör-Manager angelegt.

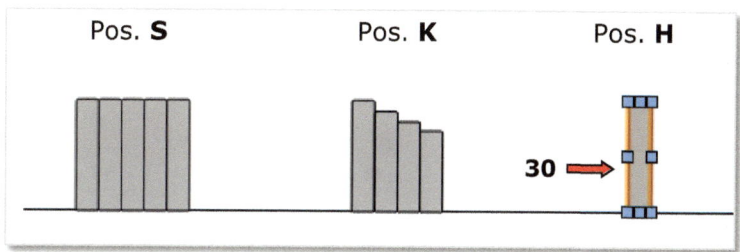

1. Symbol ersetzen

- Aktivieren Sie das Symbol **Buch-S**, das sich auf der Pos. **H** befindet (**30**).

In der Informationen-Palette können Sie den Namen des aktiven Symbols ablesen → **Buch-S** (**31**). Dieses Symbol soll durch das Symbol **Buch-H** ersetzt werden.

- Klicken Sie in der Informationen-Objekt-Palette auf die Schaltfläche „Ersetzen…" (**32**).
- Es öffnet sich das Dialogfenster „Symbol ersetzen" (**33**):

Im Einblendmenü „Symbole:" (**34**):

- Klicken Sie auf den Pfeil (**35**) und wählen Sie im geöffneten Zubehör-Manager (**36**) das Symbol **Buch-H** (**37**) aus.
- Klicken Sie auf die Schaltfläche „Auswählen".

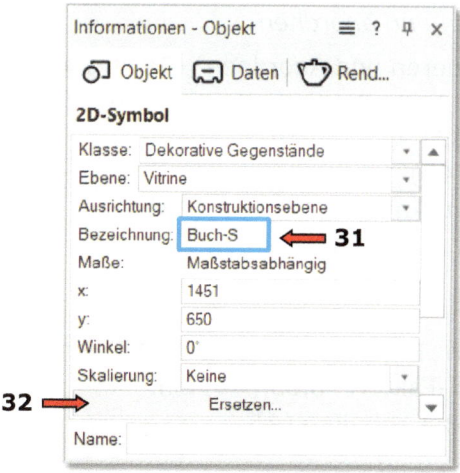

5. Dekorative Gegenstände

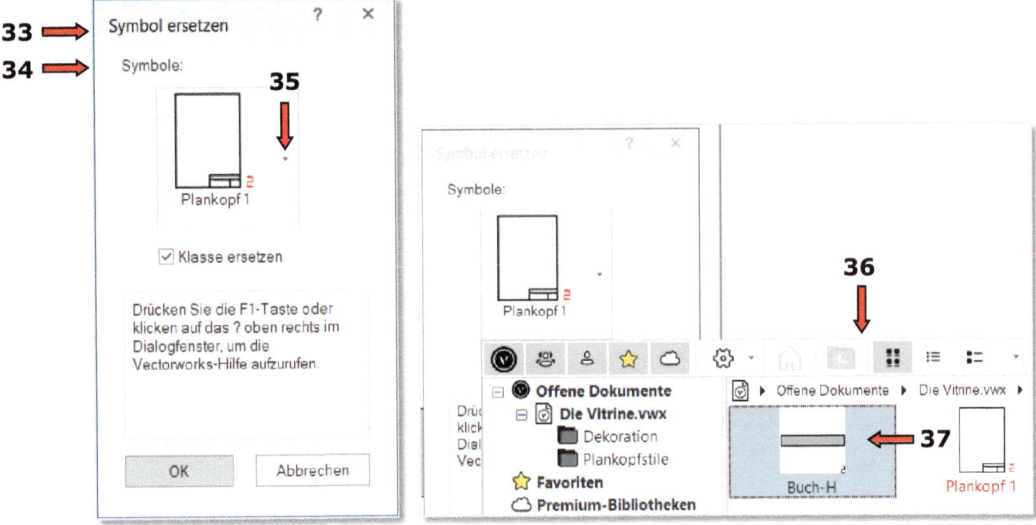

- Bestätigen Sie die Eingabe im Dialogfenster „Symbol ersetzen" mit OK.

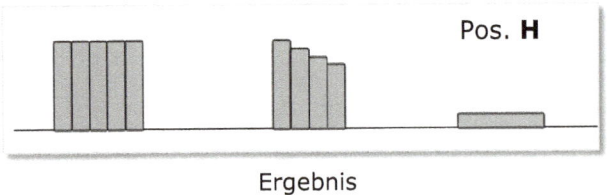

Ergebnis

Symbol duplizieren und skalieren

Das Symbol **Buch-H** soll gestapelt und gleichzeitig skaliert werden (in x-Richtung mit dem Skalierungsfaktor 0,85).

- Gehen Sie zu dem Befehl in der Menüzeile:
  Bearbeiten — Duplizieren und anordnen.
- Im Dialogfenster „Duplizieren und Anordnen" (**38**) tragen Sie die folgenden Werte ein:
  - „Anordnung:" Linear (**39**)
  - „Anzahl Duplikate:" 3 (**40**)
  - „Position des ersten Duplikates festlegen:" (**41**):
  - Option „Polar"
    - *r:* 40
    - *θ:* 90° (**42**).
  - Schalten Sie die Option „Duplikate Skalieren" (**43**) ein und tragen Sie für den x-Skalierungsfaktor: „x-Faktor:" 0,85 (**44**) ein.
  - „Original Objekt:" Original erhalten (**45**)
  - Bestätigen Sie mit OK.

5. Dekorative Gegenstände

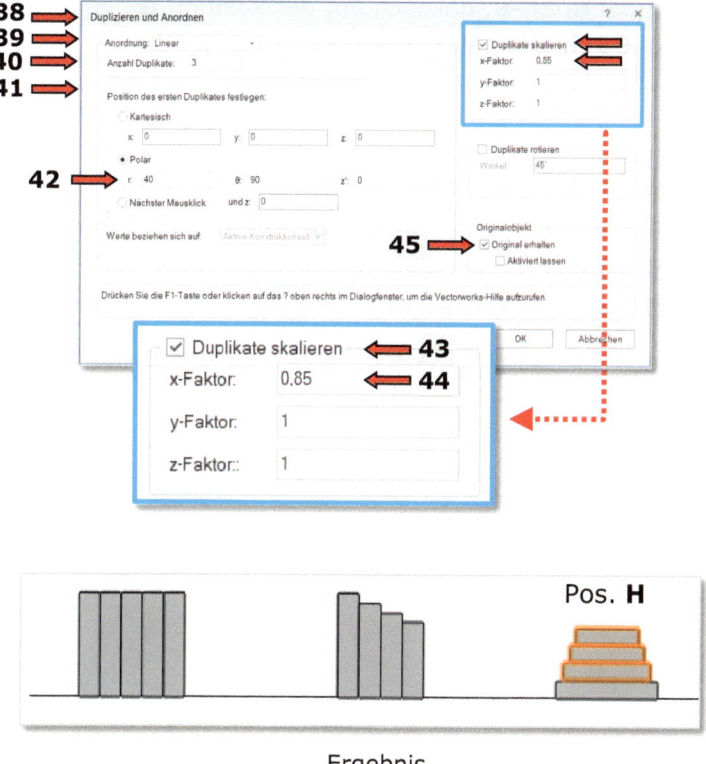

Ergebnis

Das nächste Symbol, das sich auf der Position **G** befindet, ist nach dem gleichen Prinzip wie das Vorherige entstanden. Sie können versuchen, dieses selbst zu erstellen oder der Anleitung weiter folgen.

5.1.4 Geneigte Büchergruppe

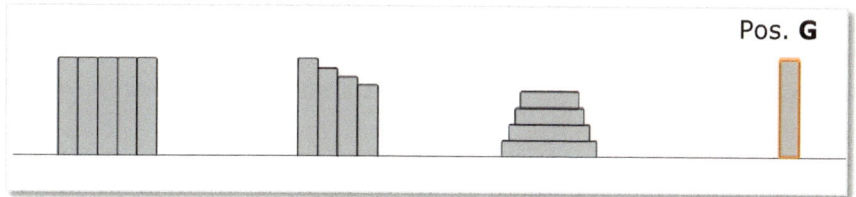

Aufgabe:

Das Symbol **Buch-S**, das sich auf der Position **G** befindet, soll mit einem Winkel von 15° an der Seite der Vitrine angelehnt werden.
Die Polylinie, die als Symbol **Buch-S** angelegt wurde, soll jetzt 40 mm breit sein und mit der Füllung-Solid-Farbe: Classic 142 sowie der Liniendicke: 0,35 gezeichnet werden.
Das Symbol **Buch-S** soll im Zubehör-Manager dupliziert, bearbeitet und dann als Symbol **Buch-G** gespeichert werden.

5. Dekorative Gegenstände

Danach soll das Symbol **Buch-S**, das sich auf der Position **G** befindet, durch das neu erstellte Symbol **Buch-G** ersetzt werden.

Anleitung:

- Finden Sie das Symbol **Buch-S** im Zubehör-Manager, indem Sie:
- Auf das Symbol **Buch-S**, das sich auf der Pos. **G** befindet, mit der RMT klicken.
- Aus dem nun geöffneten Kontextmenü den Befehl
  Symbol in Zubehör-Manager aktivieren auswählen.

Der Zubehör-Manager wird geöffnet. Vectorworks hat das Symbol **Buch-S** gefunden und markiert es grau (**1**).

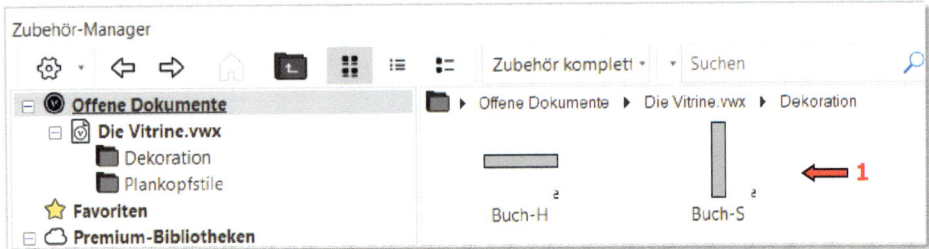

- Klicken sie mit der RMT auf das Symbol **Buch-S** und wählen Sie aus dem Kontextmenü den Befehl *Duplizieren...* aus:
- Es erscheint das Dialogfenster „Name":
- In das Textfeld „Neuer Name:" tragen Sie den Namen **Buch-G** (**2**) ein.
- Bestätigen Sie mit OK.

Es wird eine Kopie des Symbols **Buch-S** erzeugt → Symbol **Buch-G**.

1. Symbol bearbeiten

- Klicken Sie mit der RMT auf das Symbol **Buch-G** (**3**) und wählen Sie aus dem erscheinenden Kontextmenü den Befehl *2D-Darstellung bearbeiten* (**4**) aus.

Vectorworks wechselt in den Bearbeitungsmodus „Symbol bearbeiten" (**5**). Der Rahmen der Zeichenfläche wird orange dargestellt.

5. Dekorative Gegenstände

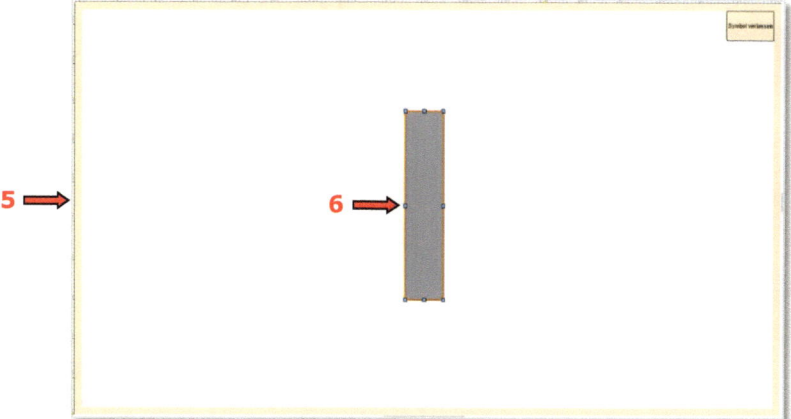

Bei dieser Polylinie sollen die Maße und Attribute geändert werden:

- Aktivieren Sie die Polylinie (**6**) und ändern Sie:
- In der Informationen-Objekt-Palette die Breite auf Δx: 40 mm (**7**).
- In der Attribute-Palette die Füllung auf Solid - Classic 142 (**8**) und die Liniendicke auf 0,35 (**9**).

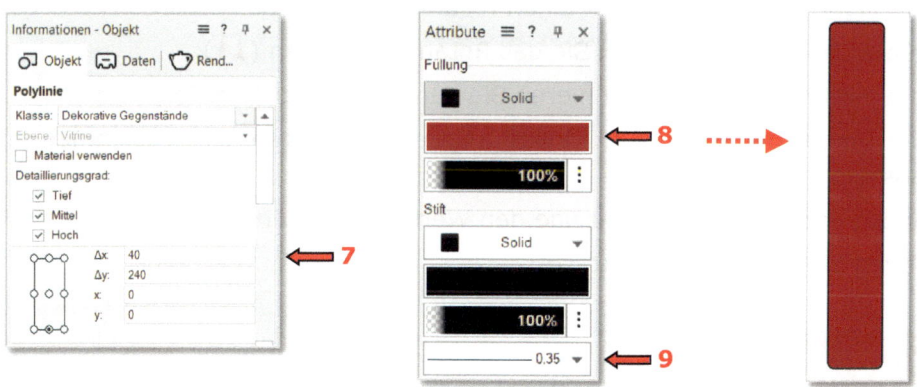

Rotieren

Die Polylinie soll um -15° rotiert und dann verschoben werden, sodass sie mit ihrem Einfügepunkt die Linie **L** tangiert.

Zeichnen Sie zuerst eine Hilfslinie, die Ihnen hilft, den neuen Einfügepunkt schneller zu finden:

- Vergrößern sie den Zeichnungsausschnitt auf die untere rechte Ecke der bearbeiteten Polylinie (**10**) (→ ZOOM).

- Zeichnen Sie eine Hilfslinie (**20**), die vom Zentrum der Abrundung / des Kreisbogenmittelpunktes (**11**) senkrecht nach unten (**12**) verläuft.

5. Dekorative Gegenstände

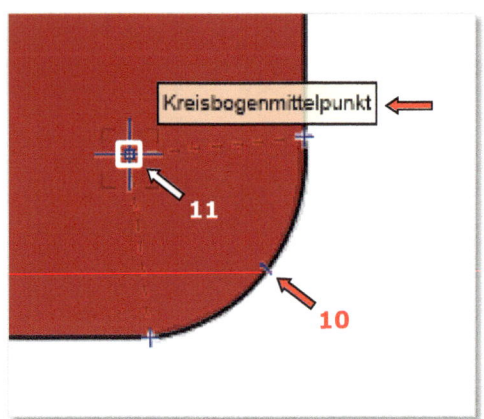
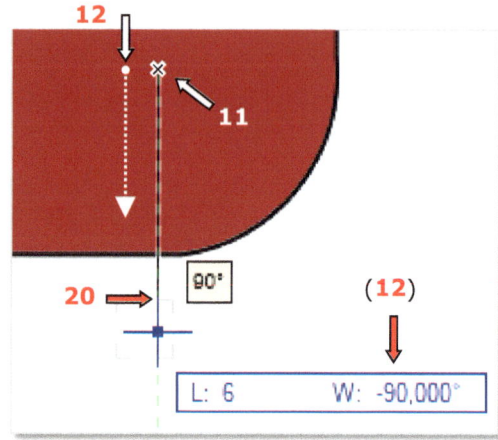

Die Polylinie soll um das Zentrum der Abrundung/des Kreisbogenmittelpunktes (= Rotationszentrum) (**11**) rotiert werden.

- Aktivieren Sie **nur** die Polylinie (nicht die Hilfslinie).
- Wählen Sie in der Favoriten-Palette das Werkzeug *Rotieren* und die erste Methode *-Original* aus.

Der Mauszeiger verwandelt sich in einen rosafarbenen Winkelmesser (**13**).

- Mit dem ersten Klick definieren Sie das Rotationszentrum (**11**).
- Mit dem zweiten Klick (**14**) definieren Sie den Winkel der Rotationsachse.

Ein blauer Umriss der Polylinie (**15**) wird angezeigt und dreht sich zusammen mit dem Mauszeiger.

- Tragen Sie in die Objektmaßanzeige den Wert für den Winkel (-15°) (**16**) ein.
- Bestätigen Sie mit der Eingabetaste.

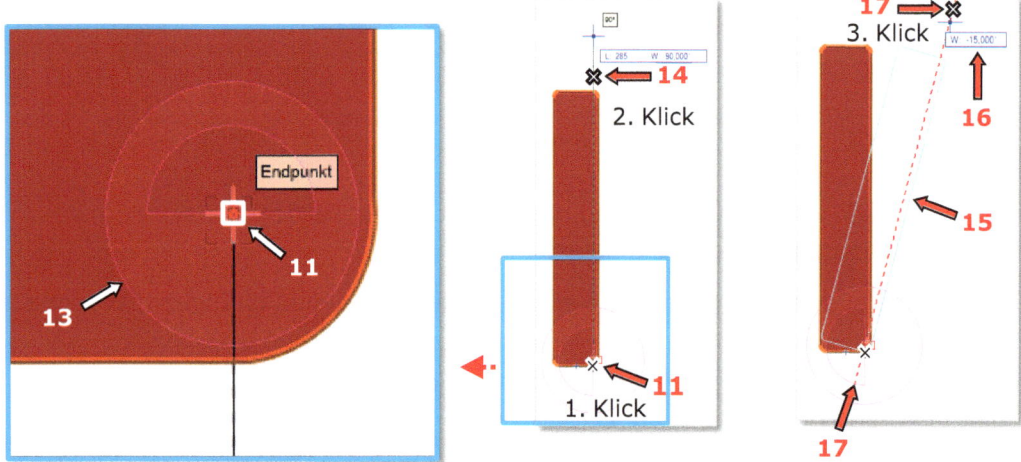

- Klicken Sie mit der LMT auf die nun erscheinende rot gestrichelte Hilfslinie (**17**).

Die Polylinie ist jetzt um 15° zur Seite geneigt (**18**).

5. Dekorative Gegenstände

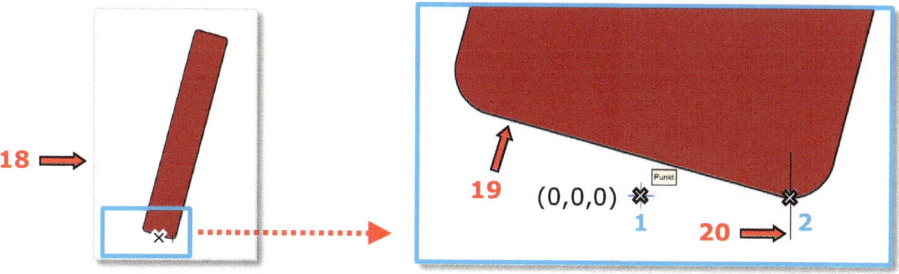

Der Einfügepunkt liegt noch immer an der falschen Stelle (= Punkt **1**). Er soll auf dem Schnittpunkt der Polylinie (**19**) und der kleinen Hilfslinie (**20**) liegen (= Punkt **2**).

Die Position des Einfügepunktes soll geändert werden → die Polylinie soll so verschoben werden, dass sie mit Punkt **2** in der Mitte der Zeichenfläche (= Punkt **1**) liegt:

- Aktivieren Sie die Polylinie (**19**) und verschieben (**21**) Sie sie von Punkt **2** zu Punkt **1** (z.B. mit der Drücken-Ziehen-Loslassen-Methode).

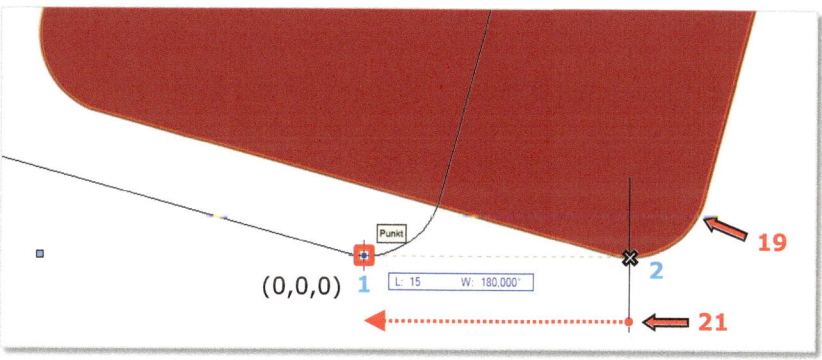

Das Symbol hat jetzt den richtigen Einfügepunkt. Der Punkt **2** liegt in der Mitte der Zeichenfläche (= Koordinate 0,0,0).

- Löschen Sie die Hilfslinie (**20**).
- Verlassen Sie den Bearbeitungsmodus „Symbol bearbeiten", indem Sie oben rechts auf die Schaltfläche „Symbol verlassen" klicken.

Dadurch wurde das neue Symbol **Buch-G** (**22**) erstellt und im Zubehör-Manager angelegt.

5. Dekorative Gegenstände

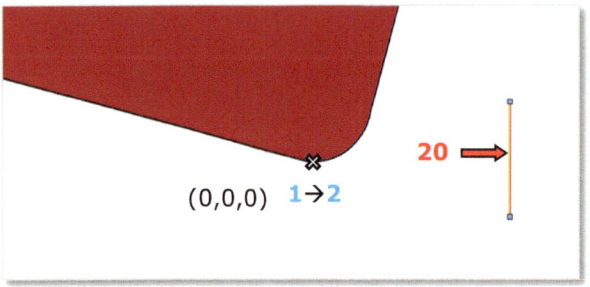
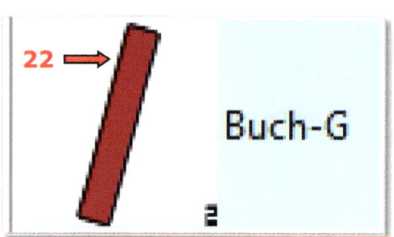

2. Symbol ersetzen

- Aktivieren Sie das Symbol **Buch-S**, das sich auf der Position **G** befindet (**23**).

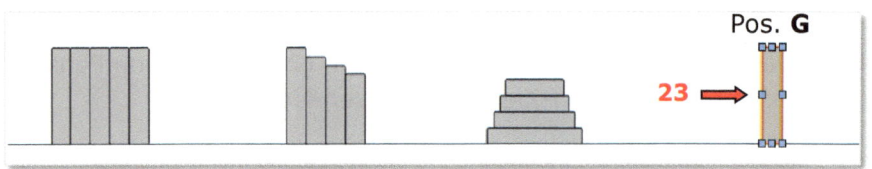

Ersetzen Sie es (**24**) durch das gerade erzeugte Symbol **Buch-G**:

- Klicken Sie in der Informationen-Objekt-Palette auf die Schaltfläche „Ersetzen…" (**25**).

Es wird das Dialogfenster „Symbol ersetzen" (**26**) geöffnet.

Im Einblendmenü „Symbole:" (**27**):

- Klicken Sie auf den Pfeil (**28**) und wählen Sie über den geöffneten Zubehör-Manager (**29**) das Symbol **Buch-G** (**30**) aus.
- Klicken Sie auf die Schaltfläche „Auswählen".

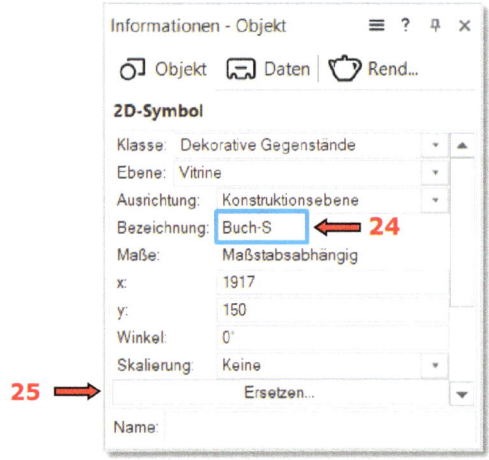

5. Dekorative Gegenstände

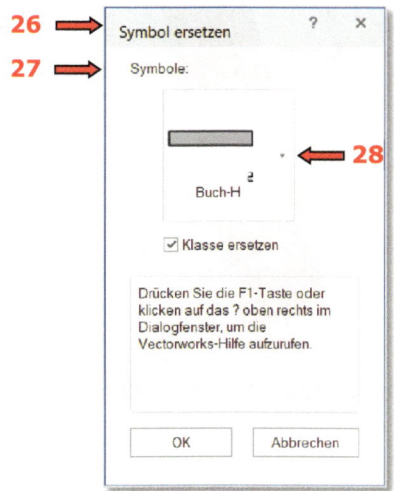
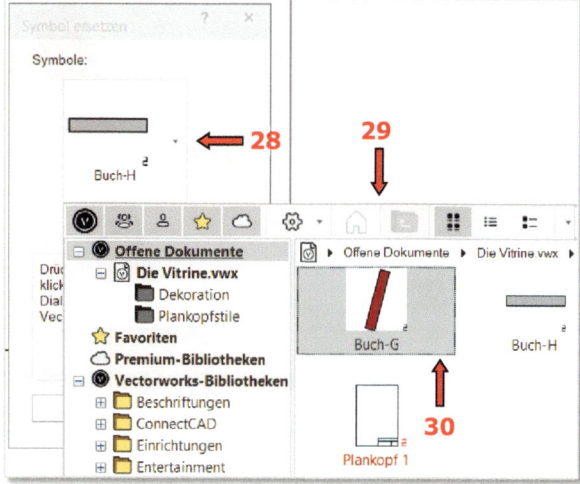

- Bestätigen Sie die Eingabe im Dialogfenster „Symbol ersetzen" mit OK.

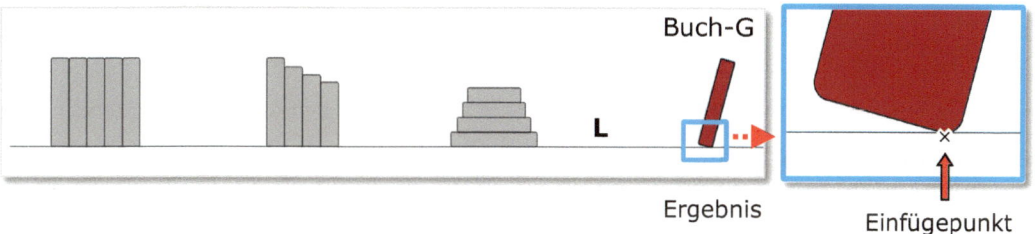

Kopieren

Das Symbol **Buch-G** soll 4-mal nach rechts kopiert werden.

- Zeichnen Sie zuerst eine waagerechte Hilfslinie (**31**) durch die Polylinie, die sich im Symbol **Buch-G** befindet. Ihre Länge entspricht dem Abstand zwischen den Einfügepunkten der Kopien, der bei der Verschiebung benötigen wird.
- Aktivieren Sie das Symbol **Buch-G** (**32**).
- Wählen Sie das Werkzeug *Verschieben* und in der Methodenzeile die zweite Methode - *Duplikate verschieben* (**33**) sowie die fünfte Methode - *Original erhalten* (**34**) aus.
- Tragen Sie in das Eingabefeld „Anzahl Duplikate:" 4 (**35**) ein.

5. Dekorative Gegenstände

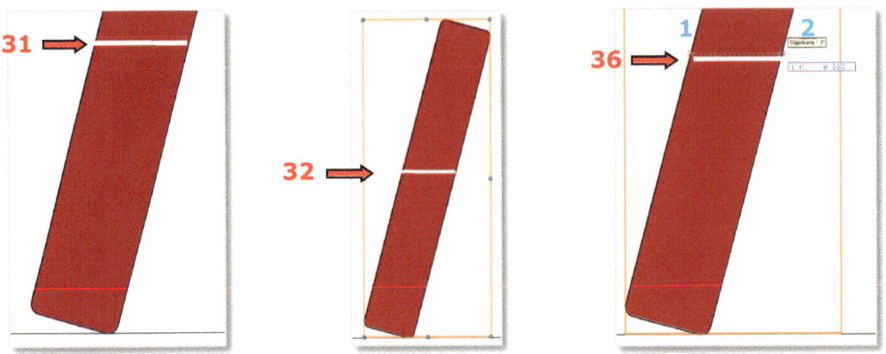

- Klicken Sie mit der LMT auf den Anfangspunkt **1** und Endpunkt **2** der Hilfslinie (**36**).
- Löschen Sie die Hilfslinie (**31**).

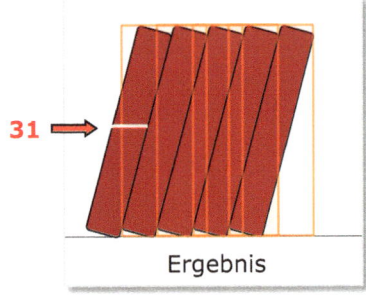

3. Symbol bearbeiten (Symbol **Buch-S**)

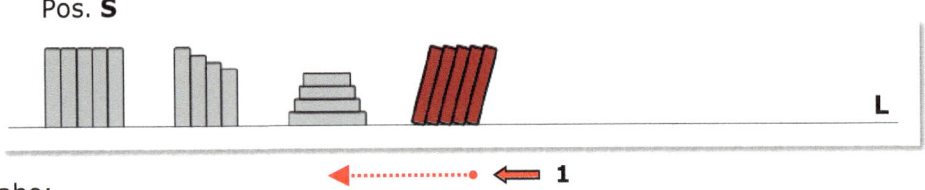

Aufgabe:

Verschieben Sie die gezeichneten dekorativen Objekte auf die linke Seite der Linie zueinander, um Platz für die nächsten Objekte auf der Linie **L** zu schaffen (**1**).

Bearbeiten Sie das Symbol **Buch-S**, indem Sie auf den Buchrücken ein Textfeld in Form eines Rechtecks mit den Maßen 25 x 160 mm, einfügen.

Attribute dieses Rechtecks: Füllung -Solid – Classic 109
          Liniendicke 0,10

Anleitung:

- Öffnen Sie den Zubehör-Manager (**2**) und wählen Sie das Symbol **Buch-S** (**3**) aus.
- Klicken Sie mit der RMT auf das Symbol (**3**) und wählen Sie den Befehl *2D-Darstellung bearbeiten* (**4**) aus.

5. Dekorative Gegenstände

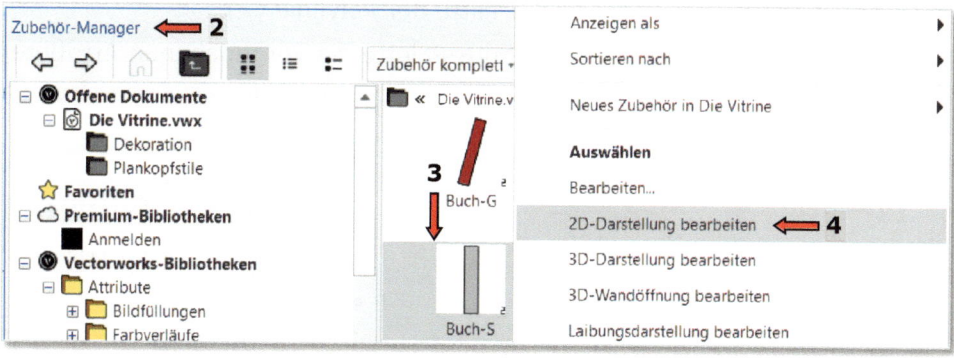

Vectorworks wechselt in den Bearbeitungsmodus „Symbol bearbeiten" (**5**).

In diesem Modus können Sie jegliche Änderungen an dem Objekt vornehmen.

Das Textfeld 25 x 160 mm (in Form eines Rechtecks) soll mittig auf der Polylinie erstellt werden.

- Doppelklicken Sie auf das Werkzeug *Rechteck* in der Favoriten-Palette und tragen Sie die vorgegebenen Maße in das Eingabefeld ein:
  Δx: 25;
  Δy: 160.

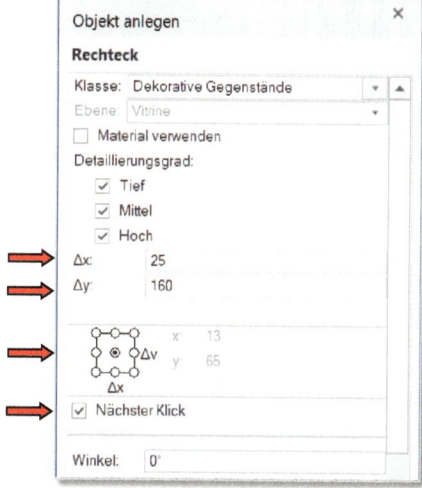

5. Dekorative Gegenstände

- Platzieren Sie das Rechteck (**6**) in der Mitte der Polylinie (**7**).
- Weisen Sie dem Rechteck in der Attribute-Palette die vorgegebenen Attribute zu:
  Füllung -Solid – Classic 109 (**8**)
  Liniendicke: 0,10 (**9**).

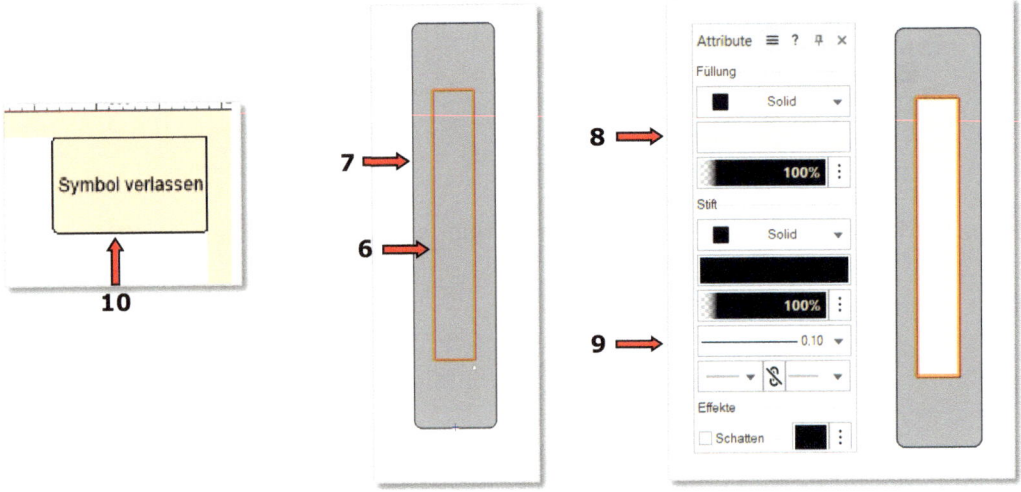

- Verlassen Sie den Bearbeitungsmodus mit einem Klick oben rechts auf die Schaltfläche „Symbol verlassen" (**10**).

Damit wurde das Symbol **Buch-S** geändert.
Diese Änderung wird automatisch auf jede Symbolinstanz in der Zeichnung übertragen (**11**).

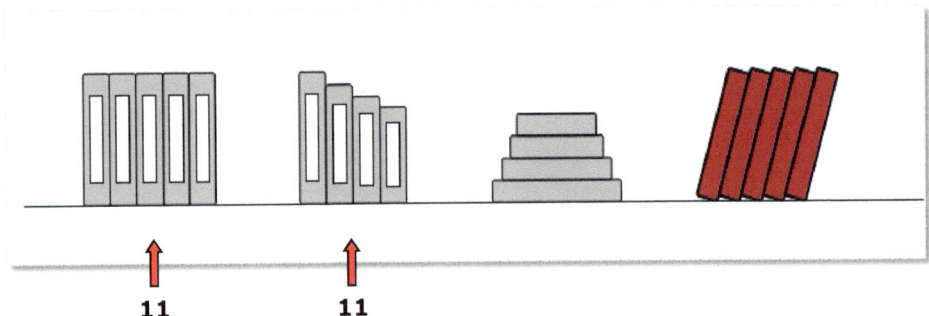

5. Dekorative Gegenstände

5.2 Fotorahmen mit Bild

Aufgabe:

Zeichnen Sie einen schwarzen Bilderrahmen (150 x 200 mm) mit einer Rahmenbreite von 20 mm. Das Bild **Blüten 02 BF** entnehmen Sie den Vectorworks-Bibliotheken.

Aus diesen zwei Elementen (Rahmen und Bild) soll eine Gruppe erstellt werden.

Anleitung:

- Stellen Sie in der Attribute-Palette die Füllung auf Solid-Schwarz ein.
- Zeichnen Sie ein Rechteck über das Dialogfenster „Objekt anlegen" (**1**).
- Tragen Sie die vorgegebenen Maße für Δx und Δy in das Eingabefeld ein:
  - Δx: 150; Δy: 200 (**2**)
  - Fixieren Sie das Rechteck in der schematischen Darstellung unten mittig (**3**).
  - Aktivieren Sie die Option für den Einfügepunkt „Nächster Klick" (**4**).

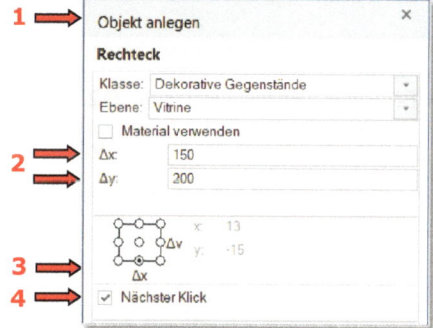

- Platzieren Sie das Rechteck auf die Linie **L** (**5**).

- Erstellen Sie mit dem Werkzeug *Parallele* den Bilderrahmen mit einer Breite von 20 mm. Wählen Sie die erste Methode - *Mit bestimmten Abstand* (**6**) und die dritte Methode -*Originalobjekt behalten* (**7**) aus.

Der Abstand zwischen den zwei Parallelen soll 20 mm betragen (**8**).

5. Dekorative Gegenstände

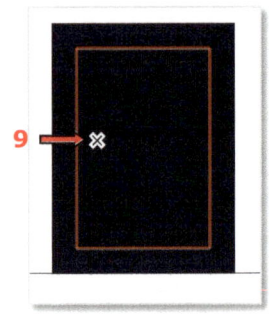

- Klicken Sie in das Rechteck hinein (**9**).

Die Parallele wird innerhalb des Rechtecks erzeugt.

- Aktivieren Sie beide Rechtecke (**10**).

- Schneiden Sie die gemeinsame Fläche mit dem Befehl: *Ändern – Schnittfläche löschen* aus.

Attribute - Bildfüllung

Die gemeinsame Schnittfläche beider Rechtecke wurde gelöscht und das innere Rechteck bleibt aktiv.

Ändern Sie seine Füllung in Füllung „Bild" - **Blüten 02 BF** um:

- Wählen Sie in der Attribute-Palette die Füllung: „Bild" (**11**) aus.

- Klicken Sie auf das nun erscheinende Vorschau-Fenster (**12**) in der Attribute-Palette.

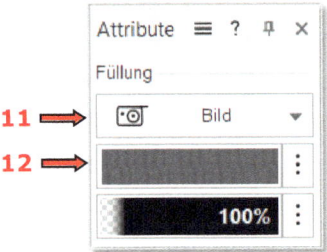

Der Zubehör-Manager wird geöffnet (**13**).

- Wählen Sie im Navigationsbereich:
  Vectorworks-Bibliotheken – Attribute – Bildfüllungen – Vegetation BF.vwx (**14**) aus.

- Auf der rechten Seite des Zubehör-Managers wird der Inhalt der Datei „Vegetation BF.vwx" angezeigt:

- Wählen Sie die Bildfüllung **Blüten 02 BF** (**15**) aus.

5. Dekorative Gegenstände

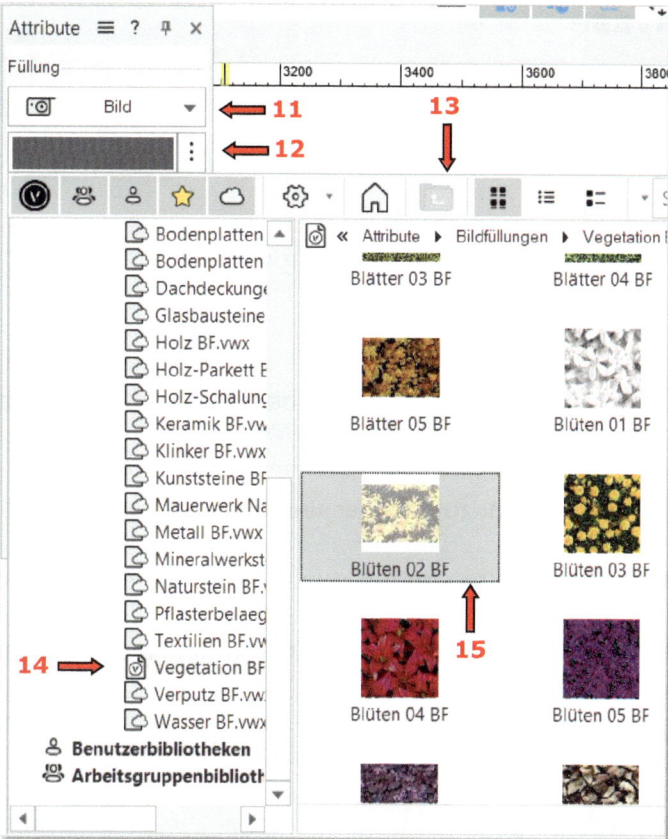

Die Füllung **Blüten 02 BF** wird aus der Online-Bibliothek heruntergeladen (**16**) und dem Rechteck zugewiesen (**17**).

- Aktivieren Sie beide Rechtecke und erstellen Sie eine Gruppe:
  Ändern – Gruppen – Gruppieren.

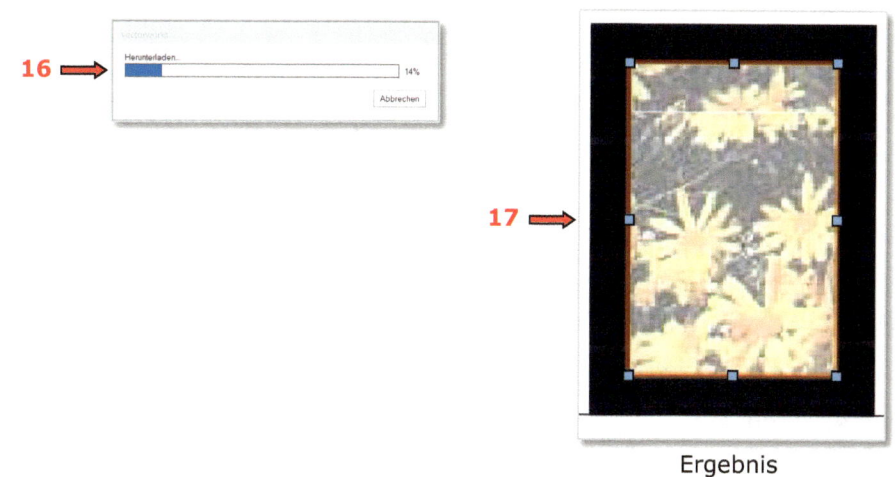

Ergebnis

5. Dekorative Gegenstände

5.3 Blumenvase

Aufgabe:

Zeichnen Sie eine Vase mit einer Blume wie auf Abbildung **1**.

Vase:
Schneiden Sie aus dem Rechteck (100 x 150 mm) zwei Kreissegmente aus (**2**).

Blüte:
Um die Hälfte des Blütenblattes zu zeichnen, benötigen Sie zwei Hilfslinien:
- senkrechte **a**: 40 mm lang,
- waagerechte **b**: 12 mm lang.

Diese Linien stehen orthogonal zueinander und schneiden sich in der Mitte → wie auf Abbildung **4** dargestellt.
Der Umriss der Blütenblatthälfte verläuft durch die Endpunkte **A**, **B** und **C** der Linien **a**, **b** → wie auf Abbildung **3**.
Die Mitte der Blüte wird durch einen gelben Kreis (Radius: 10) dargestellt (**5**).
Der Stiel wird mit einer Polylinie gezeichnet.
Die Vase und die Blütenblätter sollen mit folgenden Attributen gezeichnet werden:
Füllung – Solid - Classic 050
Liniendicke – 0,10

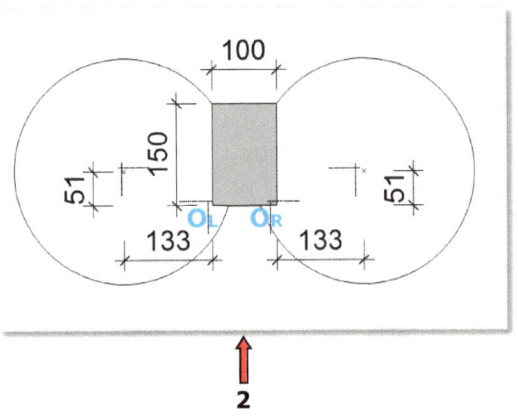

2

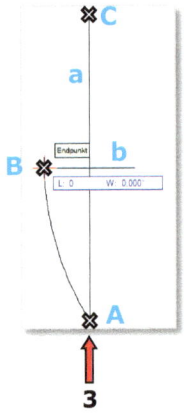

3

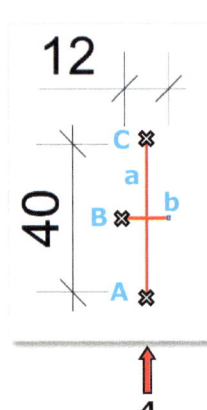

4

Anleitung:

- Bestimmen Sie die Attribute (Füllung – Solid - Classic 050, Liniendicke – 0,10) in der Attribute-Palette.
- Aktivieren Sie im Zeigerfang-Set (**6**) die Fangmodi:

    An Objekt ausrichten
    An Winkel ausrichten

6 ⇒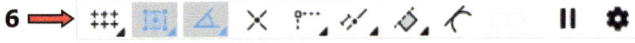

5.3.1 Vase

- Zeichnen Sie ein Rechteck (100 x 150 mm) über das Dialogfenster „Objekt anlegen" und platzieren Sie es auf einer leeren Stelle in der Zeichnung, wo Sie mehr Platz zum Konstruieren haben.

Das Rechteck soll aktiv sein.

Kreissegment ausschneiden

Schneiden Sie zwei Kreissegmente (**2**) aus dem Rechteck aus.

- Wählen Sie das Werkzeug *Schneiden* aus,
  und in der Methodenzeile die erste Methode - *Schnittfläche löschen* (**1**) und die sechste Methode - *Kreis* (**2**).

Das aktive Objekt wird mit einer kreisförmigen Fläche ausgeschnitten. Sie müssen die Position des Mittelpunktes und den Radius dieser Fläche festlegen.

Der Mittelpunkt dieser Fläche soll -133 mm in x-Richtung und 51 mm in y-Richtung von der linken unteren Ecke des Rechtecks O_L entfernt sein
→ wie auf Abbildung **2** dargestellt.

Diese Position können Sie am einfachsten mithilfe des Temporären Nullpunkts (0',0') definieren. Der Temporäre Nullpunkt wird mit der Taste **G** aufgerufen.

- Bewegen Sie den Mauszeiger (**3**) über die linke untere Ecke des Rechtecks O_L
  → wenn der Text „Unten Links" angezeigt wird, drücken Sie die Taste **G**:

Der Intelligente Zeiger zeigt den Text „Temporärer Nullpunkt".

- In die nun erscheinende Objektmaßanzeige (**4**) tragen Sie die vorgegebenen Werte für die Entfernung des gesuchten Mittelpunktes von Punkt O_L ein
  → siehe Abbildung **2**:
    - x: (-133).

Mit der Tabulatortaste springen Sie in das nächste Eingabefeld, gleichzeitig wird die rote senkrechte Hilfslinie (**5**) angezeigt (= die Entfernung in x-Richtung von Punkt O_L).

- Tragen Sie für y: 51 ein.

Bestätigen Sie diesen Eintrag mit der Eingabetaste. Es wird eine zweite, waagerechte, rot gestrichelte Hilfslinie (**6**) angezeigt (= die Entfernung in y-Richtung von Punkt O_L).

5. Dekorative Gegenstände

Der Schnittpunkt **A** dieser zwei gestrichelten Hilfslinien ist der Mittelpunkt des schneidenden Kreises.

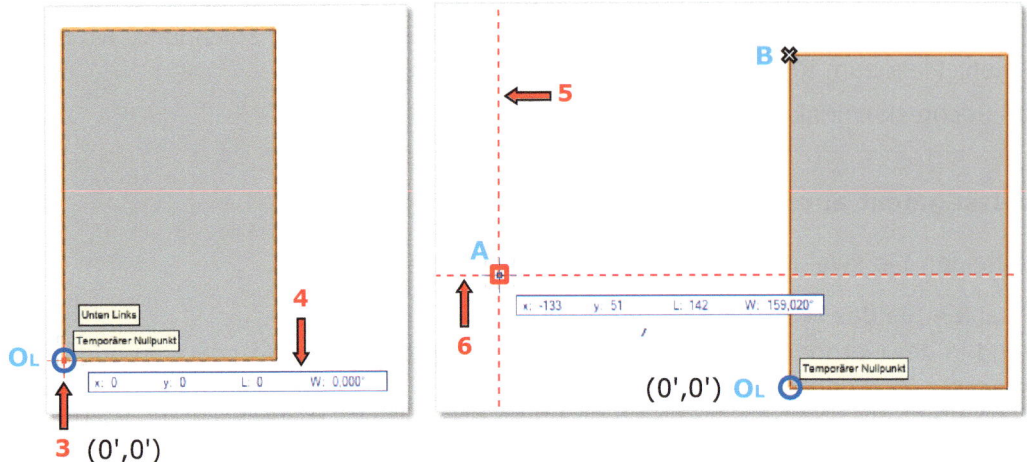

- Klicken Sie auf den Punkt **A** (**7**); es erscheint ein blauer Kreis (**8**).
- Mit einem zweiten Klick (**9**) auf die linke obere Ecke des aktiven Rechtecks (Punkt **B**) haben Sie den Radius des „schneidenden Kreises" festgelegt.

Das Kreissegment wurde aus dem aktiven Rechteck ausgeschnitten und es entstand eine Polylinie (**10**).

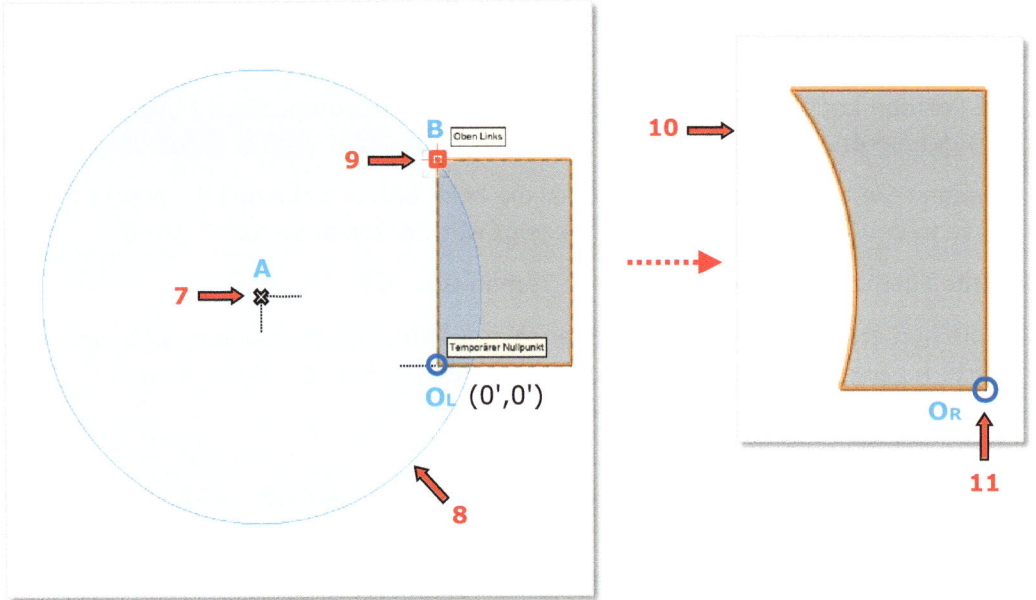

- Wiederholen Sie dies auf der rechten Seite der Polylinie (**11**) ausgehend vom rechten unteren Punkt **O**_R.

In diesem Fall ist der temporäre Nullpunkt auf dem Punkt **O**_R.

- Tragen Sie bei dem x-Wert in der Objektmaßanzeige x: +133 (**12**) ein.

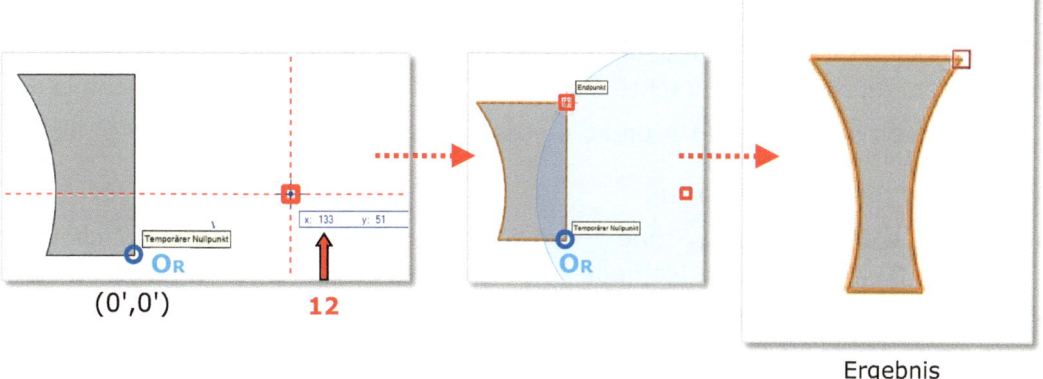

Ergebnis

5.3.2 Blume

Blüte:

- Zeichnen Sie zuerst zwei Hilfslinien **a** und **b**, die zueinander orthogonal sind und sich in einem gemeinsamen Mittelpunkt **M** (siehe Abbildung **1**) schneiden:
  - Die senkrechte Hilfslinie **a** ist 40 mm lang.
  - Die waagerechte Hilfslinie **b** ist 12 mm lang.

Der Umriss der Blütenblatthälfte verläuft durch die Endpunkte **A**, **B** und **C** (**4**).

Anleitung:

- Wählen Sie aus der Favoriten-Palette das Werkzeug *Kreisbogen* (**2**) und die zweite Methode - *Definiert durch drei Punkte* (**3**) aus:
  - klicken Sie hintereinander auf die Punkte **A**, **B** und **C** (**4**).

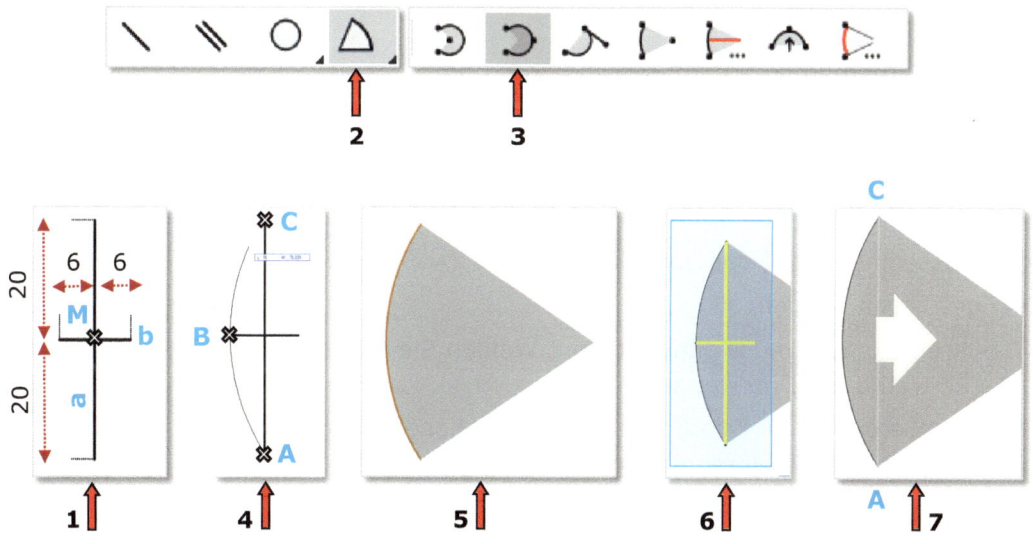

5. Dekorative Gegenstände

Schneiden, Methode - Schnittfläche löschen

Vectorworks hat den Kreisausschnitt gezeichnet (**5**). Um nur das Kreissegment (**13**) zu erhalten, müssen Sie die rechte Seite des Kreisbogens, ab der imaginären Linie $\overline{AC}$ (= Linie zwischen Punkt **A** und **C**), ausschneiden (**7**):

- Aktivieren Sie den Kreisbogen.
- Wählen Sie das Werkzeug *Schneiden* , die erste Methode - *Schnittfläche löschen* (**8**) und die vierte Methode - *Rechteck* (**9**) aus:
- Klicken Sie auf Punkt **C** (**10**) und ziehen Sie den Mauszeiger nach unten rechts; die schneidende Fläche erscheint in Blau (**11**).
- Wenn die blaue schneidende Fläche die ganze rechte Seite des Kreisbogens überdeckt, klicken Sie ein zweites Mal (**12**).

Es bleibt nur das Kreissegment zwischen den Punkten **A** und **C** (**13**) bestehen.

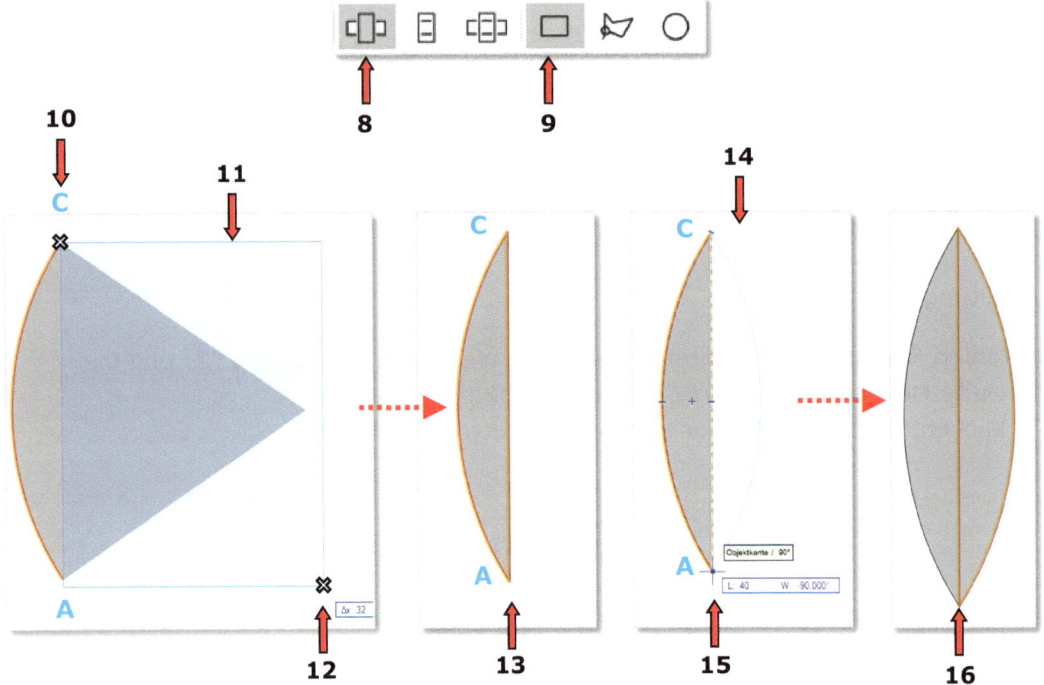

Das Kreissegment (**13**) soll über die Linie $\overline{AC}$ (= Spiegelachse - **15**) nach rechts (**14**) gespiegelt werden:

- Das Kreissegment muss aktiviert sein. Wählen Sie das Werkzeug *Spiegeln* und die zweite Methode - *Duplikat* aus:
- Klicken Sie auf die Punkte **A** und **C**, dadurch haben Sie die Spiegelachse (**15**) definiert und das Kreissegment gleichzeitig gespiegelt (**16**).

5. Dekorative Gegenstände

Beide Kreissegmente sollen zu einer Fläche zusammengefügt werden:
- Aktivieren Sie beide Kreissegmente (**17**).
- Fügen Sie ihre beiden Flächen zusammen mit dem Befehl:
  Ändern – Flächen zusammenfügen (**18**).

Blumenmitte

- Zeichnen Sie einen gelben Kreis (Werkzeug *Kreis*, zweite Methode – *Definiert durch Durchmesser*):

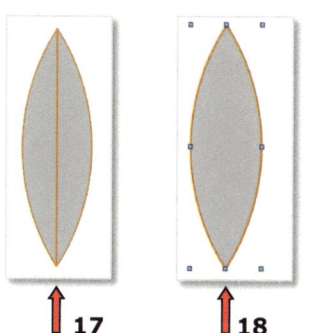
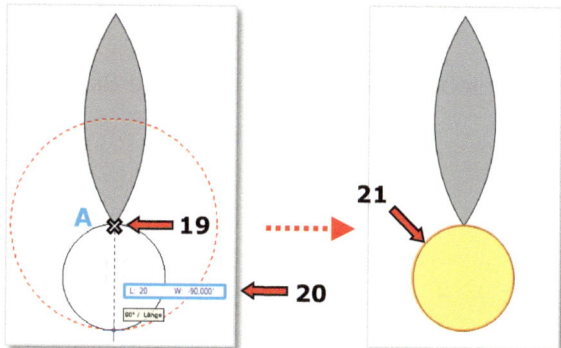

- Klicken Sie auf den Punkt **A** (**19**) und ziehen Sie den Mauszeiger senkrecht nach unten.
- Tragen Sie in das erste Eingabefeld der nun erscheinenden Objektmaßanzeige (**20**) den Wert L: 20 mm ein, der Winkel soll W: (-90°) betragen.
- Bestätigen Sie 2-mal mit der Eingabetaste (**21**).

Duplizieren und anordnen, kreisförmig

Das Blütenblatt soll 7-mal kreisförmig um die Mitte des gelben Kreises dupliziert werden:

- Aktivieren Sie das Blütenblatt (**22**) und gehen Sie zu dem Befehl:
  Bearbeiten — Duplizieren und anordnen:

Das Dialogfenster „Duplizieren und Anordnen" (**23**) erscheint.

- Geben Sie die folgenden Werte ein:
  - „Anordnung:" Kreisförmig
  - „Anzahl Duplikate:" 7
  - „Winkel zwischen den Duplikaten:" 45°
  - „Kreismittelpunkt" → „Nächster Mausklick" (**24**)
  - Schalten Sie die Option „Duplikate rotieren" (**25**) auf „Automatisch" (**26**) ein.
  - „Original Objekt:" Original erhalten.
  - Bestätigen Sie mit OK.
- Klicken Sie nun in die Mitte des gelben Kreises (= die Rotationsmitte) (**24**).

5. Dekorative Gegenstände

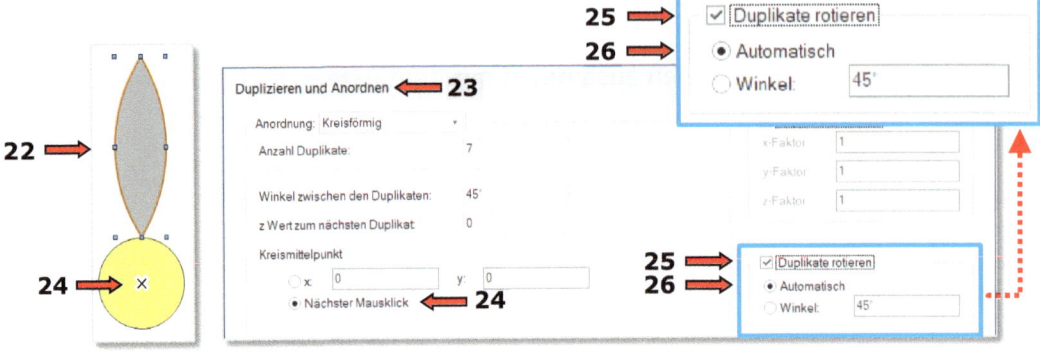

- Verschieben Sie die Vase unter die Blume (ungefähr wie in Abbild **27**).

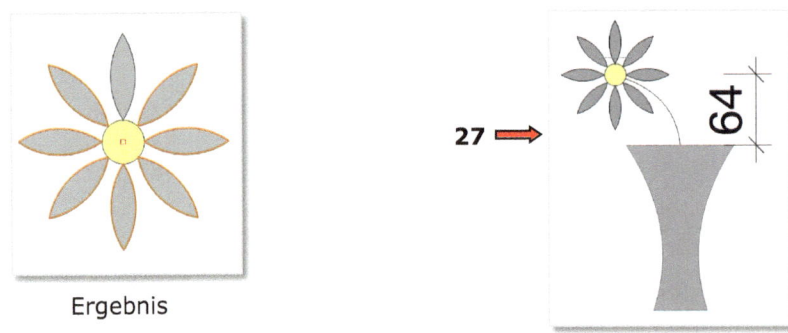

Ergebnis

- Zeichnen Sie einen Stiel mit dem Werkzeug *Polylinie* und der zweiten Methode - *Bézierkurve einfügen* (**28**).

- Klicken Sie auf die drei Punkte (ungefähr auf die Position von Punkt **1**, **2** und **3**, wie in Abbildung **29**)
- Klicken Sie zweimal auf den letzten Punkt **3**, um den Vorgang abzuschließen.
- Ändern Sie in der Attribute-Palette die Füllung: Solid (**30**) auf Leer (**31**).

Ergebnis

- Aktivieren Sie alle gezeichneten Objekte (Vase und Blume) (**32**).
- Erstellen Sie aus diesen Objekten eine Gruppe (**33**):
  Ändern – Gruppe – Gruppieren.

5. Dekorative Gegenstände

- Verschieben Sie die Gruppe mit der Vase auf die Linie **L**, zu den anderen dekorativen Objekten (**33**).

5.4 Tischlampe
die als DWG-Symbol in das Dokument importiert wird

Einzelne DXF/DWG- oder DWF-Dateien importieren
Mit den Befehlen **Import DXF/DWG** bzw. **Import DWF** (**Datei > Import**) werden einzelne DXF-, DWG- oder DWF-Dateien importiert.
Anstatt dieser Befehle können Sie auch **Import DXF/DWG/DWF (Batch)** benutzen. Dieser bietet zusätzliche Möglichkeiten, u. a. das Importieren mehrerer Dateien in einem Schritt oder das Importieren einer DXF-/DWG-Datei als Symbol (siehe **DXF/DWG- oder DWF-Dateien importieren (Batch-Import)**).
1. Legen Sie eine leere Datei an und definieren Sie die Plangröße oder öffnen Sie eine leere Vorgabedatei, die bereits die richtige Plangröße aufweist.
HINWEIS: Importieren Sie nie in ein bestehendes Vectorworks-Dokument. Wenn ein DXF/DWG bzw. DWF in ein bestehendes Dokument integriert werden soll, sollten Sie dieses zuerst in ein leeres Dokument importieren und danach in das bestehende Dokument kopieren.
2. Wählen Sie **Datei > Import > Import DXF/DWG/DWF (Batch)**.
   Das Dialogfenster „Einstellungen DXF/DWG oder DWF-Batch-Import" öffnet sich. Nehmen Sie dort die gewünschten Grundeinstellungen für den Import vor und klicken Sie auf **OK**.
HINWEIS: Statt **Import DXF/DWG** zu wählen, können Sie auch einfach die DXF-Datei per Drag and Drop auf das Fenster der Vectorworks-Datei ziehen, in die sie importiert werden soll.
3. Bestimmen Sie im Dialogfenster „Einstellungen DXF/DWG-Import" die gewünschte Einheit und die Referenzen. Wollen Sie erweiterte Einstellungen vornehmen, wie z. B. für die Zuordnung der importierten Layers, klicken Sie auf **Erweiterte Einstellungen**. Nehmen Sie die gewünschten Einstellungen vor. Klicken Sie auf **OK**, um den Import abzuschließen. [...]
[...] 7. Überprüfen Sie nach dem Import die Einheiten. Entscheidend beim Import von DXF/DWG- bzw. DWF-Dateien ist die korrekt eingestellte Maßeinheit. Deshalb sollten Sie immer nach dem Import eine bekannte Strecke messen. Stimmt die Größe nicht, wiederholen Sie die Schritte 1-3 und korrigieren die Einheit um den Wert, den das Element zu groß oder zu klein ist. Ist etwa eine Strecke, die 10 cm lang sein sollte, nur 10 mm lang, muss die Maßeinheit um den Faktor 10 erhöht werden (also z. B. cm statt mm). Die Zeichnung sollte nur im Notfall skaliert werden!
8. Falls weitere Einstellungen nötig sind (z. B. Linienfarben umwandeln oder Bemaßung in Gruppen umwandeln), sollten Sie nochmals bei Schritt 1 beginnen.
9. Räumen Sie die Datei mit **Extras > Aufräumen** oder **Datei-Info** auf. [...] (siehe Vectorworks-Hilfe [1])

5. Dekorative Gegenstände

Aufgabe:

Importieren Sie das DWG-Symbol „Bauhaus Tischlampe" (**1**) in das Dokument „Vitrine".

Laden Sie das Symbol kostenlos von der Webseite herunter:
https://www.cadblocksfree.com/de/bauhaus-tischlampe.html (**2**)

Bearbeiten Sie das Symbol:
Es soll auf 70% skaliert werden und die Schirmfarbe soll Dunkelrot sein.
Heruntergeladene Dateien werden automatisch im Ordner Downloads gespeichert.

5.4.1 DWG-Datei herunterladen

- Geben sie den Link (**2**) ein, um auf die Webseite zu gelangen.

Sie werden direkt zur Seite mit der Bauhaus Tischlampe weitergeleitet (**1**).

- Klicken Sie auf die Schaltfläche „Gratis download" (**3**).

Das Symbol wird herunterladen und die Datei wird unten in Ihrem Chrome-Fenster angezeigt.

- Bewegen Sie den Mauszeiger über die angezeigte Datei (**4**).

Ein Symbol für die Option „In Ordner anzeigen" (**5**) wird rechts angezeigt.

- Klicken Sie auf dieses Symbol (**5**).

Die heruntergeladene Datei wird im (Windows-) Explorer oder (Mac-) Finder angezeigt (**6**).

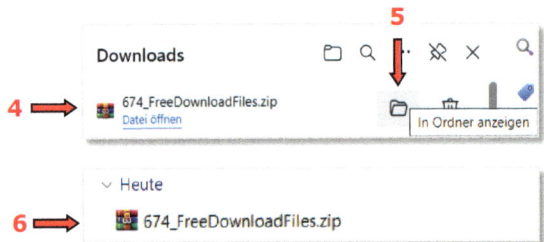

DWG ist das Dateiformat von Autodesk AUTOCAD. Falls die Zeichnung mit einem anderen Programm als Autodesk in DXF- oder DWG-Format gespeichert wurde, kann es zu Abweichungen vom Originalstandard kommen. Solche fehlerhaften Dateien können oft nicht eingelesen werden.

Bei einigen CAD-Programme sind die Einheiten, die in der Zeichnung verwendet wurden, beim Export nicht bekannt. DXF- und DWG-Dateien bis Version 14 speichern beim Export keine Einheitsangabe.

Falls Sie beim ersten Import von DWG-Dateien feststellen, dass die Objekte in den importierten Dateien/Zeichnungen nicht die richtige Größe haben, müssen Sie mehrere Testversuche unternehmen, um das richtige Ergebnis zu erzielen.

WICHTIG: Falls das importierte Objekt nicht die richtige Größe hat, löschen Sie es und importieren Sie es erneut.

Messen Sie das Objekt gleich nach dem Import aus (zur Kontrolle). Falls die Messungen falsche Ergebnisse liefern, importieren Sie die Datei noch einmal.

Wählen Sie im Dialogfenster „Einstellungen DXF/DWG-Import" die Option „Einheit der Importdatei festlegen auf" aus. Wählen Sie aus dem Aufklappmenü die Option „Eigen". Hier können Sie festlegen, wie groß eine Einheit aus der DWG-Datei in Vectorworks dargestellt werden soll.

WICHTIG: Importieren Sie Dateien aus fremden Zeichnungen **niemals** direkt in ihre bestehende Zeichnung.
Erstellen Sie stattdessen eine leere Hilfszeichnung. Stellen Sie bei dieser den Maßstab, Papiergröße und die **Einheit** wie im Originaldokument ein.
Importieren Sie zuerst die Fremddatei in die Hilfszeichnung hinein. Bereinigen Sie das gewünschte Objekt von unnötigen Layern und Objekteigenschaften.
Erst dann kopieren Sie dieses Objekt über die Zwischenablage in ihre bestehende Zeichnung.
Mit dem Befehl **Import DXF/DWG/DWF (Batch)** können Sie mehrere Dateien oder alle Dateien aus einem Ordner gleichzeitig importieren. Mit diesem Befehl kann der gesamte Inhalt einer Zeichnung, die im DWG-/DXF-Format abgespeichert wurde, direkt als Symbol in den Zubehör-Manager des aktiven Vectorworks Dokumentes abgelegt werden (mit der Option „Als Symbole in das aktive Dokument").

- Öffnen Sie ein neues leeres Dokument (**7**), das als Hilfszeichnung beim Import dienen soll.

- Stellen Sie die Einheit auf „Millimeter" (**8**), den Maßstab auf „1:10" (**9**) und die Plangröße auf A4 Hochformat (die gleichen Einstellungen wie im Dokument „Vitrine")

Nach dem ersten Import müssen Sie überprüfen, ob die Tischlampe mit der korrekten Größe (**10**) importiert wurde.

5. Dekorative Gegenstände

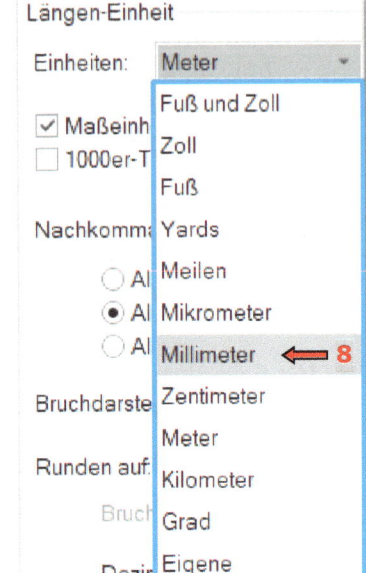

Originalen Maße der Bauhaus Tischlampe (**10**):
- Breite: Ø 18 cm
- Höhe: 36 cm (360 mm)

5.4.2 DWG-Datei importieren

Die heruntergeladene DWG-Datei soll in Ihr Vectorworks-Dokument importiert werden:

- Wählen Sie in der Menüzeile den folgenden Befehl aus:
  Datei (**11**) – *Import* (**12**) – *Import DXF/DWG...* (**13**).

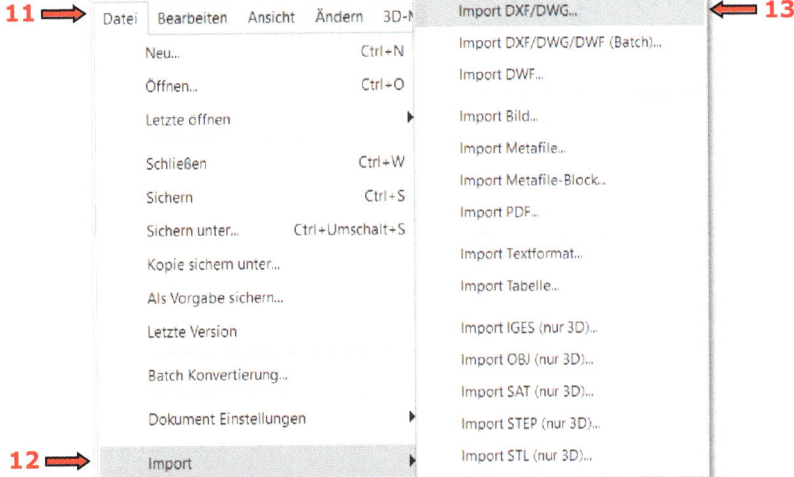

Das Dialogfenster „DXF/DWG-Dateien importieren" wird geöffnet.

Im Ordner „Downloads" finden Sie die heruntergeladene DWG-Datei (**14**).

- Markieren Sie diese.
- Schließen Sie das Dialogfenster mit OK.

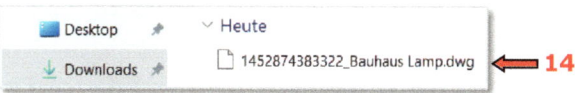

Das Dialogfenster „Einstellungen DXF/DWG-Import" (**15**) wird geöffnet.

Im Gruppenfeld „Modellbereich Einheit" (**16**) wird die Option „Einheit der Importdatei verwenden" (**17**) markiert.

Die importierte Datei hat keine Angaben zur Einheit → „nicht definiert" (**18**).

Vectorworks erkennt, dass die Maße im metrischen Maßsystem angegeben wurden, → „Dezimal" (**19**) und schlägt die Einheit aus dem aktiven Dokument vor → „Annahme = Millimeter" (**20**):

- Übernehmen Sie die „Annahme = Millimeter" (**20**), indem Sie aus dem Aufklappmenü „Bei einheitenloser Importdatei:" (**21**) die Einheit „Millimeter" (**22**) auswählen.
- Klicken Sie auf die Schaltfläche „Erweiterte Einstellungen..." (**23**):

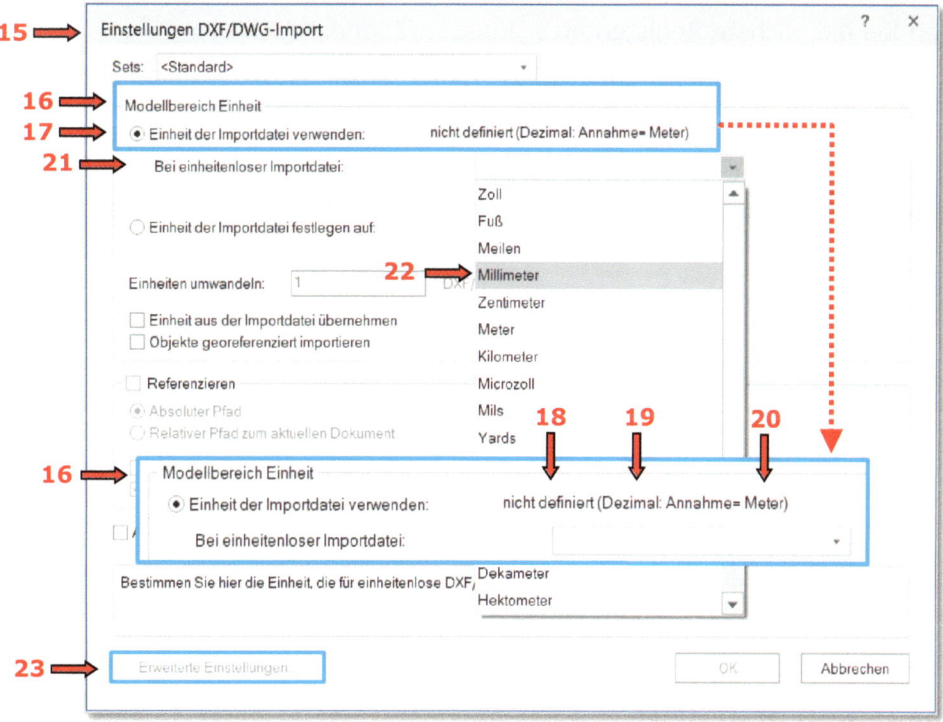

5. Dekorative Gegenstände

Es wird ein weiteres Dialogfenster „Erweiterte Einstellungen DXF/DWG-Import" (**24**) geöffnet.

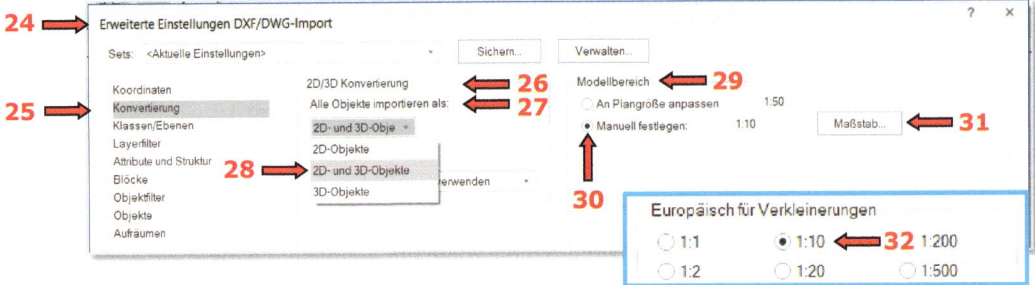

Dort nehmen Sie zusätzliche Einstellungen vor:

- Öffnen Sie die Registerkarte „Konvertierung" (**25**):
- Im Gruppenfeld „2D/3D Konvertierung" (**26**) wählen Sie im Aufklappmenü „Alle Objekte importieren als:" (**27**) die Option „2D- und 3D-Objekte" (**28**) aus (empfohlen).
- Im Gruppenfeld „Modellbereich" (**29**) wählen Sie die Option „Manuell festlegen" (**30**) aus.
- Klicken Sie auf die Schaltfläche „Maßstab..." (**31**).
- Im nun erscheinenden Dialogfenster „Maßstab" wählen Sie den Maßstab „1:10" (**32**) aus.
- Öffnen Sie die nächste Registerkarte „Klassen/Ebenen" (**33**):
- Im Gruppenfeld „Klassen/Ebenen" (**34**) wählen Sie im Auswahldialog „Importiere DXF/DWG-Layer als:" (**35**) die Option „Klasse" (**36**) (empfohlen).

Die Klassen in Vectorworks haben eine ähnliche Struktur wie die Layer in AutoCAD.

- Bestätigen Sie alle Dialogfenster mit OK.

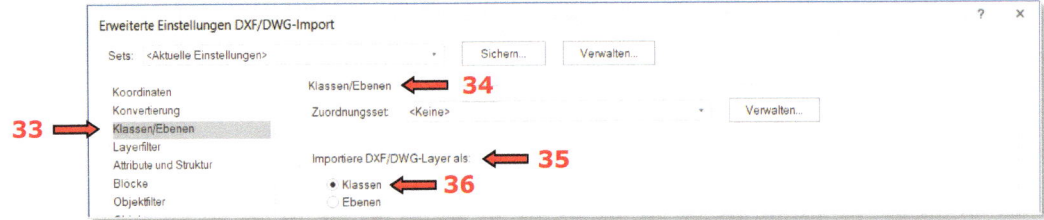

Das Dialogfenster „DXF/DWG oder DWF Import Status" (**37**) wird geöffnet.

- Mit einem Klick auf die Schaltfläche „Details..." (**38**) können Sie in einem Editor-Fenster die Zusammenfassung der Importergebnisse ansehen.
- Bestätigen Sie mit OK.

5. Dekorative Gegenstände

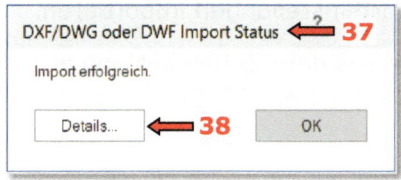

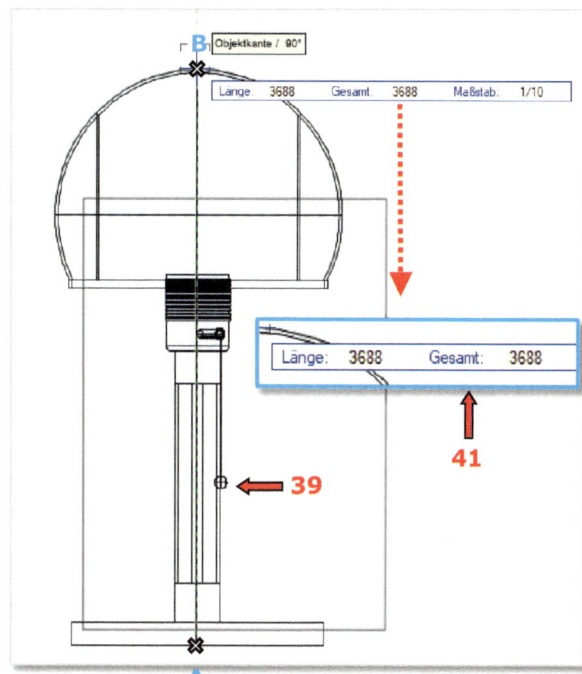

Die Tischlampe wird in das Vectorworks-Dokument importiert (**39**).

- Aktivieren Sie die Tischlampe.

Sie können die Informationen über das importierte Objekt in der Informationen-Objekt-Palette (**40**) ablesen, z.B.

2D-Symbol

„Skalierung:" Keine

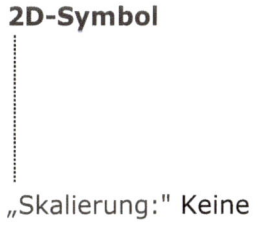

- Messen Sie die Höhe der Tischlampe mit dem Werkzeug *Strecke messen* (**41**) ab (von Punkt **A** bis Punkt **B**).

Sie soll etwa 360 mm hoch sein.

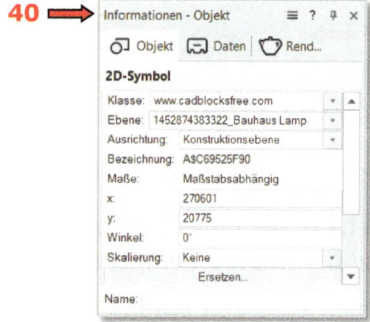

In der Objektmaßanzeige wird die Länge der gemessenen Linie angezeigt (**42**) (= 3688 mm).

Das Objekt aus der importierten Zeichnung ist 10-mal größer als es sein sollte.

309

5. Dekorative Gegenstände

Sie müssen diese DWG-Datei erneut mit neuen Importeinstellungen importieren.

Zuerst soll die fehlerhafte importierte Zeichnung nur aus dem Zubehör-Manager gelöscht werden. Das Objekt aus der importierten Datei ist ein 2D-Symbol und wurde automatisch im Zubehör-Manager angelegt:

- Im Zubehör-Manager klicken Sie mit der RMT auf den Ordner „DXF_DWG" (**43**) und wählen aus dem nun erscheinenden Kontextmenü, den Befehl *Löschen* (**44**) aus.
- Im geöffneten Dialogfenster „Symbole löschen" (**45**) werden Sie gefragt: „Möchten Sie das ausgewählte Zubehör wirklich löschen" (**46**).
- Wählen Sie die Option „Symbole komplett löschen" (**47**) aus.
- Bestätigen Sie mit OK.

Die importierte Datei wurde komplett aus dem Vectorworks-Dokument gelöscht.

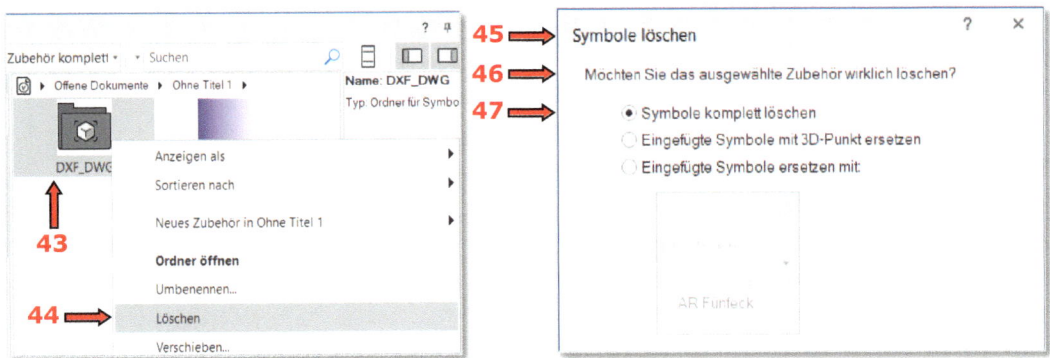

Importieren Sie diese DWG-Datei erneut in Ihr Vectorworks-Dokument:

- Wählen Sie in der Menüzeile den folgenden Befehl aus:
  Datei – Import – Import DXF/DWG…:

Das Dialogfenster „DXF/DWG-Dateien importieren" wird geöffnet. Im Ordner „Downloads" finden Sie die heruntergeladene DWG-Datei (**48**).

- Markieren Sie diese.
- Schließen Sie das Dialogfenster mit OK.

Das Dialogfenster „Einstellungen DXF/DWG-Import" (**49**) wird geöffnet:

- Wählen Sie dieses Mal im Gruppenfeld „Modellbereich Einheit" (**50**) die Option „Einheit der Importdatei festlegen auf:" (**51**) aus.
- Im Aufklappmenü (**52**) wählen Sie die Option „Eigen" (**53**) aus.

5. Dekorative Gegenstände

Das Objekt aus der Importdatei war 10-mal größer als es sein sollte, d.h. eine Einheit „1" aus der DWG-Datei soll im Vectorworks-Dokument 10-mal kleiner dargestellt werden:

• Tragen Sie bei „Einheiten umwandeln:" (**54**) folgende Eingaben ein:

  $\boxed{1}$ DXF/DWG-Einheiten = $\boxed{0,1}$ (**55**).

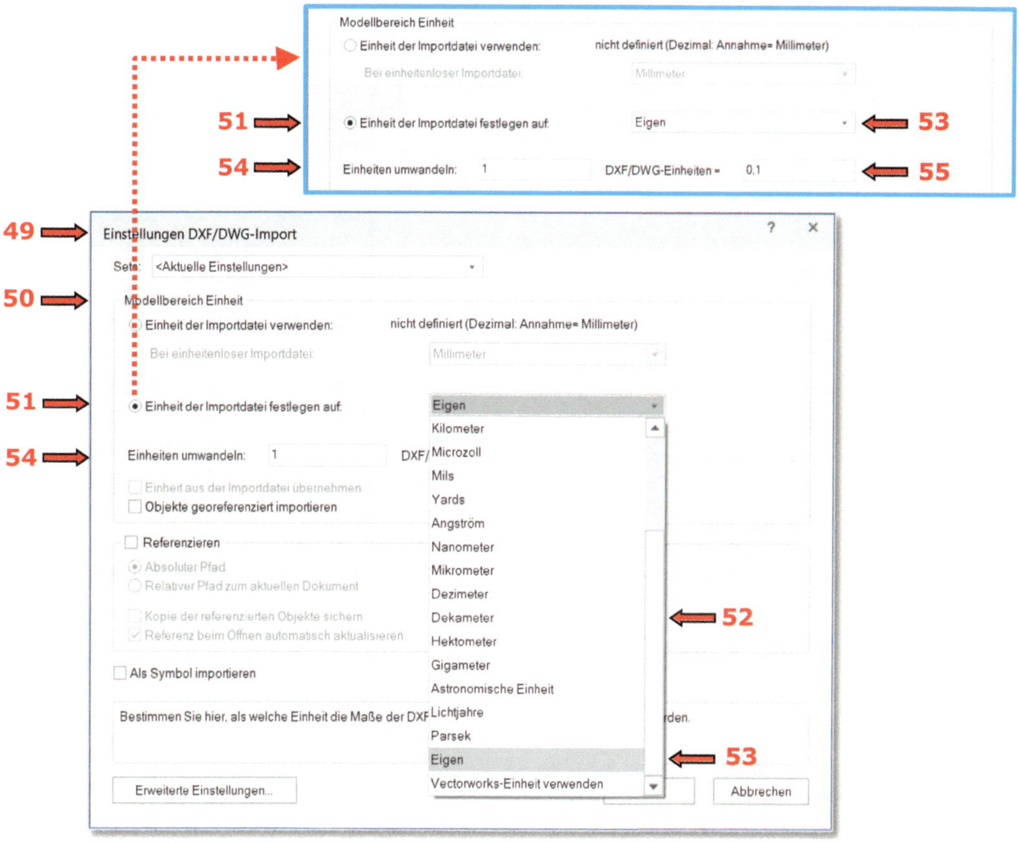

• Nach diesem Eintrag können Sie das Dialogfenster „Einstellungen DXF/DWG-Import" (**49**) mit einem Klick auf OK schließen.

Die erweiterten Importeinstellungen, die Sie beim ersten Import-Versuch festgelegt haben (= zuletzt eingetragene Eigenschaften), werden in Vectorworks gespeichert.

• Bestätigen Sie das nun erscheinende Dialogfenster „DXF/DWG oder DWF Import Status" mit OK (**56**).

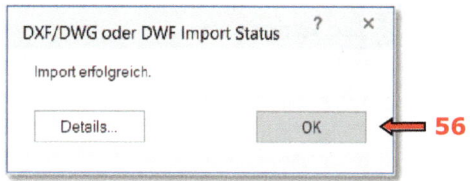

311

5. Dekorative Gegenstände

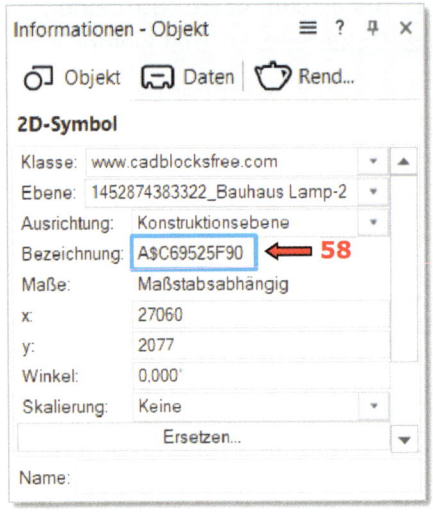
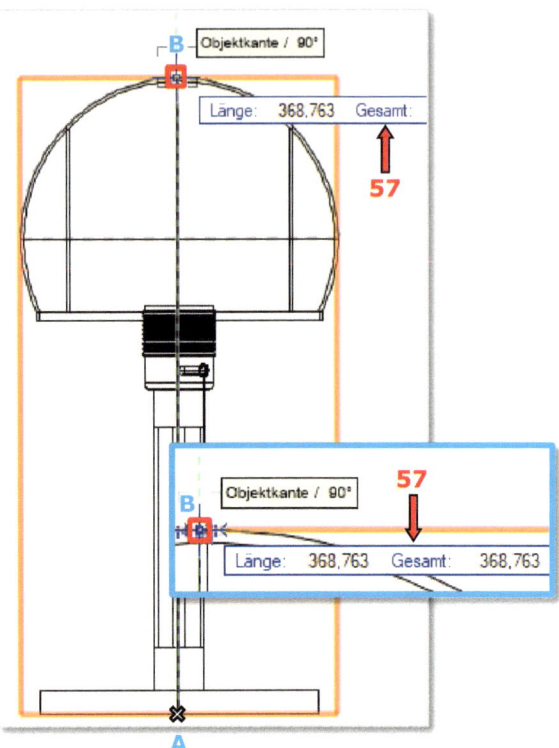

- Messen Sie erneut die Höhe der Tischlampe mit dem Werkzeug *Strecke messen* (von Punkt **A** bis Punkt **B**).

Die gemessene Höhe (≈368 mm) sollte jetzt richtig sein (**57**).

Die DWG-Datei wurde nun korrekt eingelesen. Das 2D-Symbol mit dem Namen „A$C69525F90" (**58**) können Sie jetzt in das Dokument „Vitrine" kopieren.

- Das Dokument „Vitrine" soll geöffnet sein.
- Die Klasse „Dekorative Gegenstände" und die Ebene „Vitrine" sollen beide aktiv sein.
- Öffnen Sie den Zubehör-Manager.

Beide geöffneten Dokumente („Ohne Titel1" und „Die Vitrine") werden im Navigationsbereich angezeigt (**59**).

5. Dekorative Gegenstände

- Öffnen Sie in der temporär erstellten Hilfszeichnung „Ohne Titel1" den Ordner „DXF_DWG" (**60**) mit einem Doppelklick.

Auf der rechten Seite wird der Inhalt des Ordners „DXF_DWG" (**60**) angezeigt:
- das 2D-Symbol „A$C69525F90" (**61**) und
- ein Text (**62**), der zusammen mit dem Symbol importiert wurde.

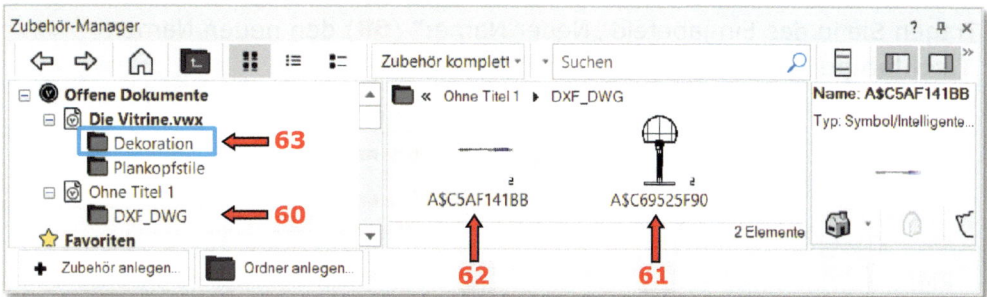

- Verschieben Sie das 2D-Symbol „A$C69525F90" (**61**) mit der Drücken-Ziehen-Loslassen-Methode in den Ordner „Dekoration" (**63**):
- Drücken Sie mit der LMT auf das Symbol „A$C69525F90" (**61**), halten Sie den Mauszeiger gedrückt und bewegen Sie ihn (**64**) über den Ordner „Dekoration" (**63**) in den Navigationsbereich.
- Wenn der Ordner grau markiert ist (**65**), lassen Sie die LMT los.

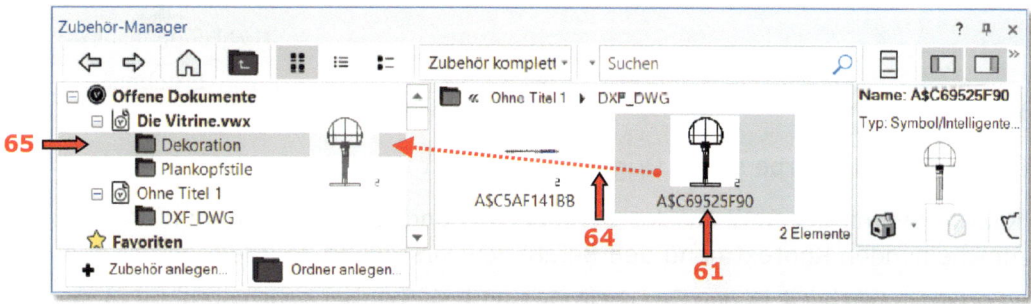

- Öffnen Sie den Ordner „Dekoration" (**65**) im Dokument „Die Vitrine".

Dort befindet sich das kopierte 2D-Symbol „A$C69525F90" (**61**).

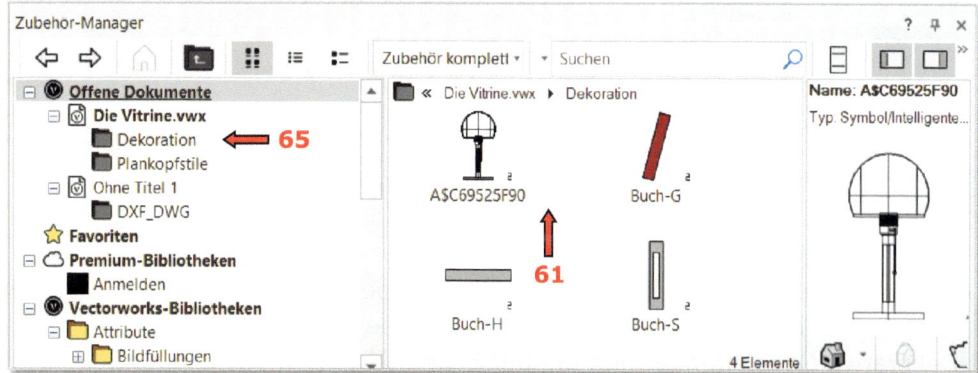

313

5. Dekorative Gegenstände

Symbol umbenennen

Ändern Sie den Namen des Symbols „A$C69525F90" in **Tischlampe „Bauhaus"**.

- Klicken Sie mit der RMT auf das Symbol (**66**) und wählen Sie im geöffneten Kontextmenü den Befehl *Umbenennen...* (**67**) aus:

Das Dialogfenster „Name" (**68**) wird geöffnet.

- Tragen Sie in das Eingabefeld „Neuer Name:" (**69**) den neuen Namen – **Tischlampe „Bauhaus"** (**70**) ein.

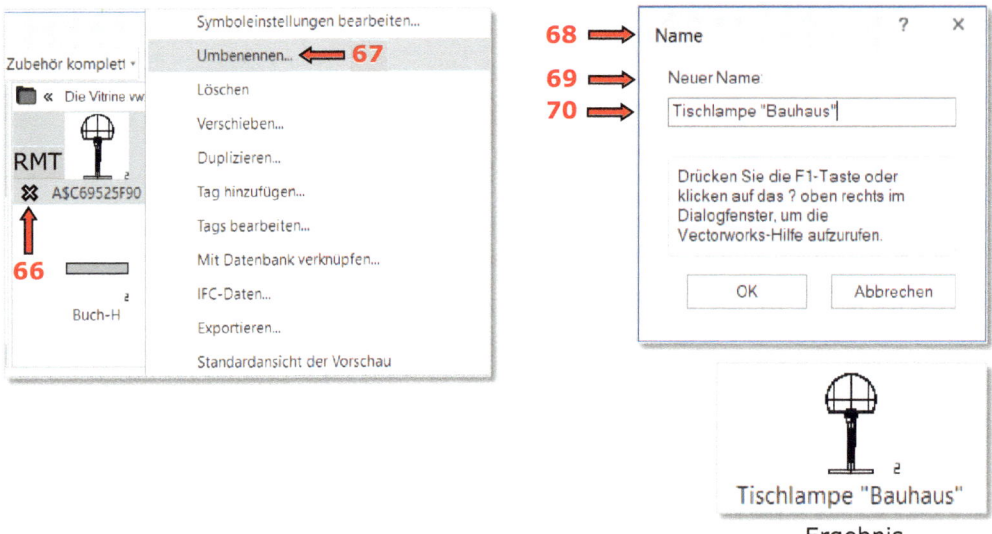

Ergebnis

Symbol bearbeiten

Die Lampenschirmfarbe soll in Dunkelrot geändert werden.

- Klicken Sie mit der RMT auf das Symbol (**66**) und wählen Sie im nun erscheinenden Kontextmenü den Befehl *2D-Darstellung bearbeiten* (**71**) aus:

Vectorworks wechselt in den Bearbeitungsmodus „Symbol bearbeiten" (**72**) → der Rahmen der Zeichenfläche wird orange dargestellt.

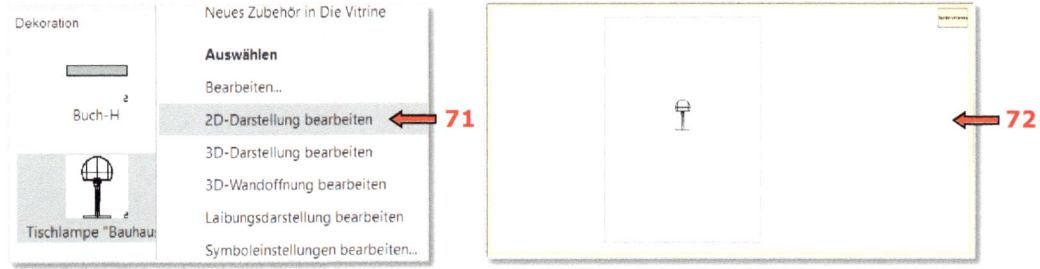

- Aktivieren Sie alle Unterelemente der Tischlampe (**73**) und kontrollieren Sie in der Informationen-Objekt-Palette (**74**), ob diese in der Klasse „Dekorative Gegenstände" und auf der Ebene „Vitrine" liegen.

5. Dekorative Gegenstände

Falls nicht, ändern Sie dies in der Informationen-Objekt-Palette (**74**).

- Klicken Sie auf eine leere Stelle, um alle Unterelemente zu deaktivieren.
- Vergrößern Sie den Zeichnungsausschnitt mit dem Lampenschirm (**75**) (→ ZOOM).
- Aktivieren Sie jetzt nur den Kreisbogen/Lampenschirm und ändern Sie seine Füllung von „Leer" (**76**) auf Solid – Classic 016 (**77**).

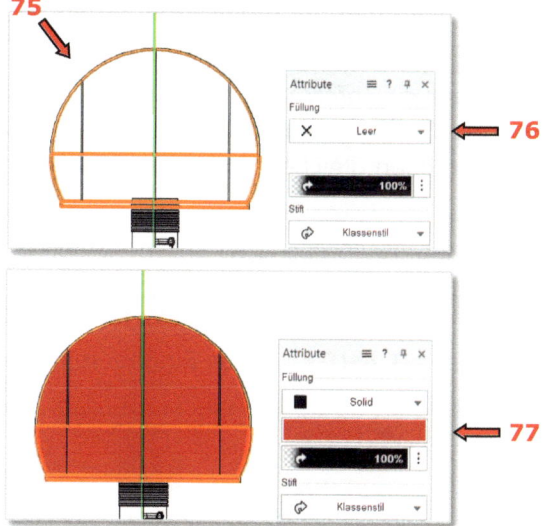

- Fügen Sie das Symbol **Tischlampe 'Bauhaus'**, aus dem Zubehör-Manager mit der Drücken-Ziehen-Loslassen-Methode (**78**) in die Zeichnung ein (auf die Linie **L**).

5. Dekorative Gegenstände

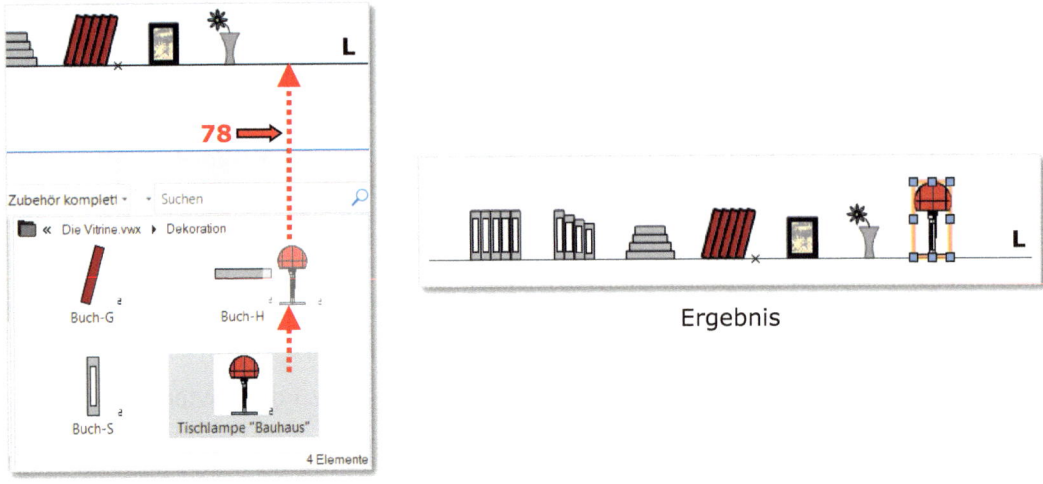

Ergebnis

Symbol skalieren

Die Lampe ist zu groß für die Vitrine. Sie soll auf 70% ihre Originalgröße skaliert werden.

Die Symbole können über die Informationen-Objekt-Palette skaliert werden. Bei skalierten Symbolen wird, neben dem Objekttyp „2D-Symbol", der Text „Skaliert" angezeigt (**80**). Die restlichen gleichen Symbolinstanzen in der Zeichnung werden dabei nicht skaliert.

- Skalieren Sie das Symbol (symmetrisch) auf 70% seiner Größe, indem Sie:
  - die Option „Symmetrisch" (**81**) aus dem Einblendmenü „Skalierung:" (**79**) auswählen und
  - den Skalierungsfaktor „0,7" (**82**) in das Eingabefeld „Faktor:" eintragen.

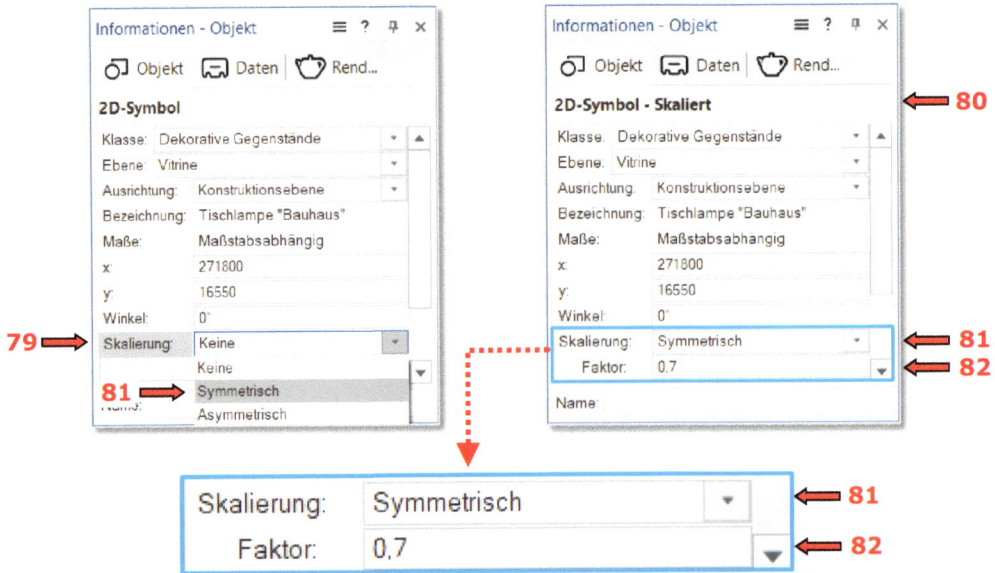

5. Dekorative Gegenstände

Sie können weitere dekorative Objekte zeichnen, z.B. zwei Kerzen.

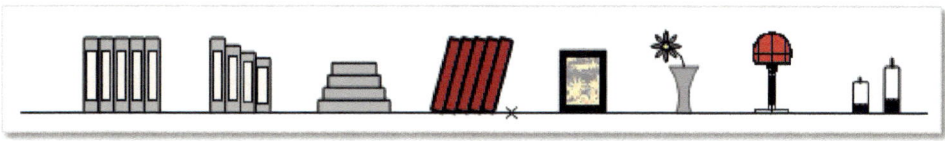

Ergebnis

Das Hilfsdokument „Ohne Titel 1", das Ihnen geholfen hat, die DWG-Datei richtig zu importieren, können Sie jetzt löschen.

5.5 Gezeichnete Objekte verteilen

Aufgabe:

Verteilen Sie die gezeichneten dekorativen Gegenstände im Inneren der Vitrine.

Anleitung:

Bereiten Sie das Dokument für die nächste Aufgabe vor:

- Stellen Sie in der Navigation-Klassen-Palette die Klasse „Bemaßung" und die Klassengruppe „Tür" auf „Unsichtbar" (✖) (**1**) ein.

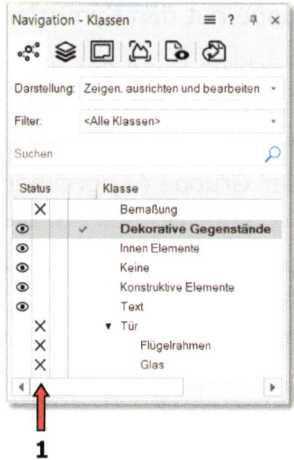

- Schalten Sie im Zeigerfang-Set folgende Fangmodi ein (**2**):
  An Objekt ausrichten
  An Winkel ausrichten
  An Schnittpunkt ausrichten
  An Punkt ausrichten.

317

5. Dekorative Gegenstände

Symbole gruppieren

- Gruppieren Sie gleichartige **Buch**-Symbole auf der Linie **L** (**3**):
  Ändern – Gruppen – Gruppieren.

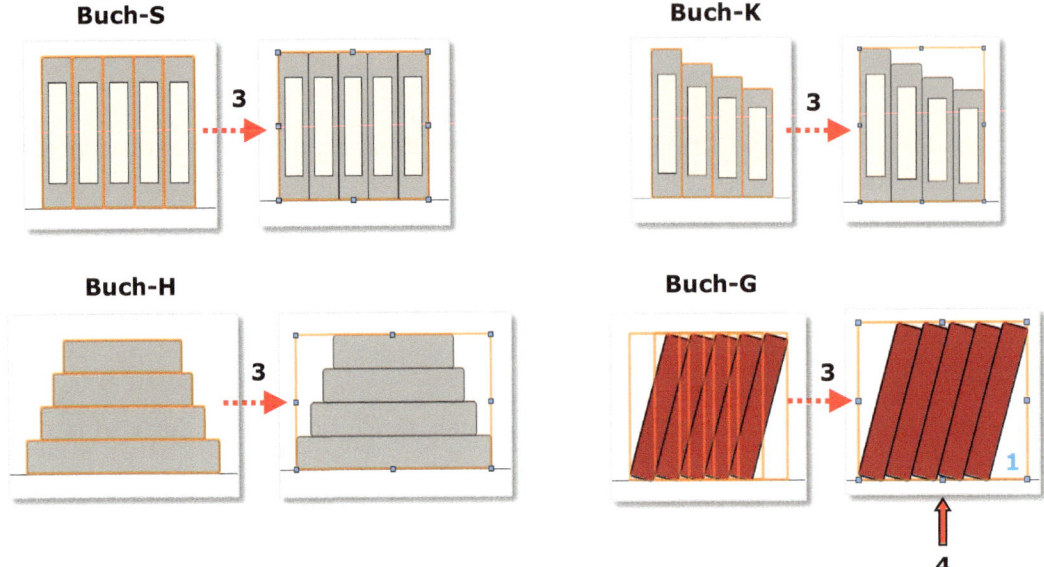

5.5.1 Symbole verschieben

Buch-G

Verschieben Sie zuerst die Gruppe mit den Symbolen **Buch-G**.

Diese Gruppe soll sich an der rechten Seite der Vitrine anlehnen → Sie müssen diese Gruppe mit ihrer rechten unteren Ecke (**1**) auf die rechte Seite eines Mittelbodens (**2**) positionieren.

- Um die rechte untere Ecke der Gruppe (**1**) greifbar zu machen, zeichnen Sie einen Hilfspunkt (**5**) rechts von der Gruppe auf die Linie **L**.
- Aktivieren Sie beide Objekte (**6**) → die Gruppe und den Hilfspunkt, und richten Sie beide nach rechts aus:
  Ändern – Ausrichten – 2D Ausrichten…

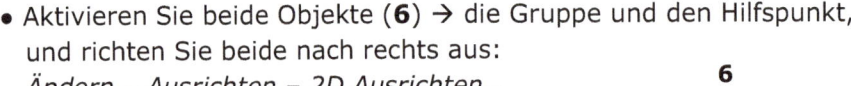

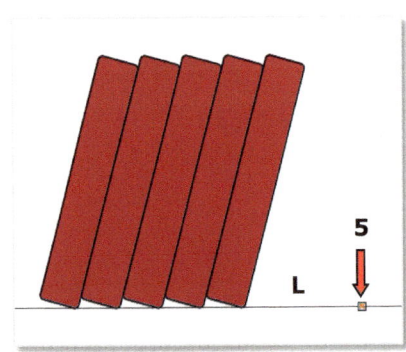
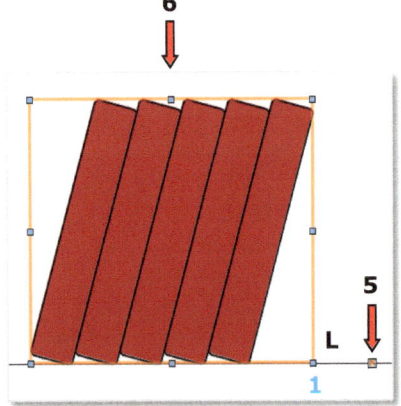

- Wählen Sie im nun erscheinenden Dialogfenster „2D Ausrichten und verteilen" (**7**) unten im Bereich, der für die waagerechte Ausrichtung (**8**) zuständig ist, die folgenden Optionen aus:
  - „Ausrichten" (**9**)
  - „Rechts" (**10**).

Die Gruppe mit den Symbolen **Buch-G** wurde nach rechts zu dem gezeichneten Hilfspunkt (**5**) verschoben. Jetzt können Sie die Gruppe von Punkt **1** bis zu der rechten Ecke eines Mittelbodens kopieren.

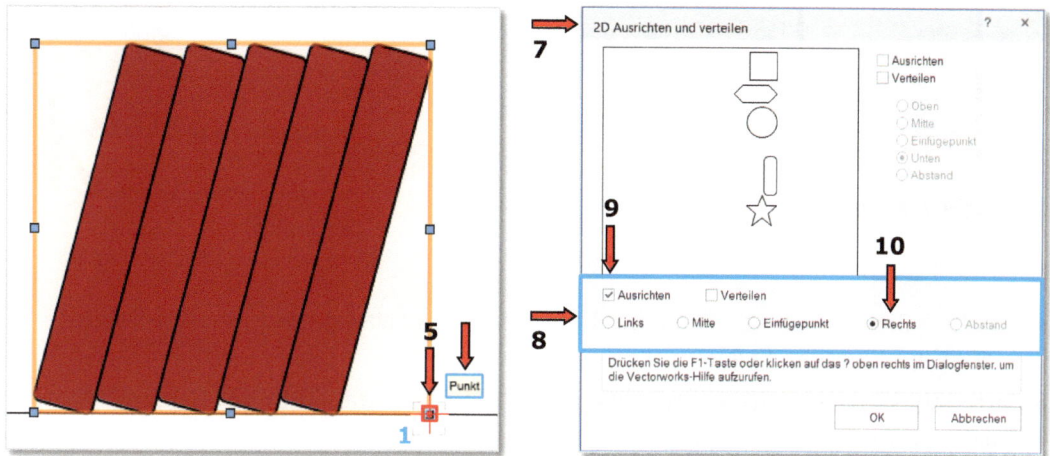

- Aktivieren Sie nur die Gruppe **Buch-G** (**4**).
- Wählen Sie in der Favoriten-Palette das Werkzeug *Verschieben* und die Methoden
  - *Duplikate verschieben* (**11**) und - *Original erhalten* (**12**) aus.
  Tragen Sie in das Eingabefeld „Anzahl Duplikate:" 1 ein.

Der Mauszeiger findet jetzt die untere rechte Ecke der Gruppe (→ **1**) mithilfe des an dieser Stelle platzierten Hilfspunktes (**5**).

- Klicken Sie auf Startpunkt **1** und dann auf Endpunkt **2** der Verschiebung (**13**).

Verteilen Sie die verbleibenden dekorativen Gegenstände auf den Mittelböden in der Vitrine. Damit sie gut durch die Glastür zu sehen sind, positionieren Sie diese an den senkrechten Tür-Mittelachsen (**15**).

5. Dekorative Gegenstände

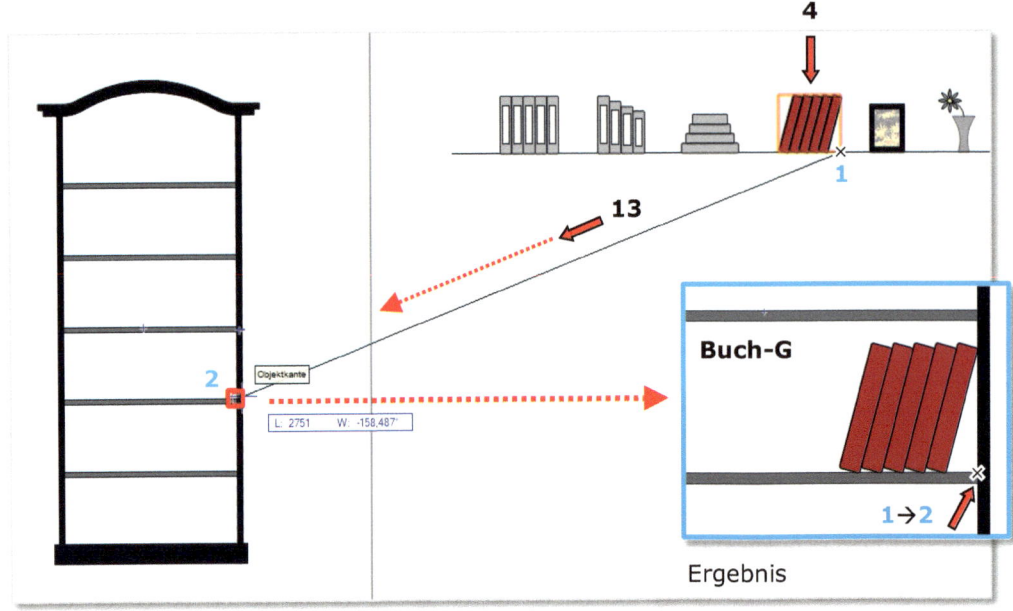

- Schalten Sie die Klasse „Tür-Flügelrahmen" in der Navigation-Klassen-Palette wieder auf sichtbar (**14**).
- Zeichnen Sie zwei senkrechte Hilfslinien (**15**) durch die Mitte der beiden Türflügelrahmen → Tür-Mittelachsen.
- Aktivieren Sie die Gruppe mit den Symbolen **Buch-S** (**16**).
- Wählen Sie in der Favoriten-Palette wieder das Werkzeug *Verschieben* und die Methoden - *Duplikate verschieben* (**11**) und - *Original erhalten* (**12**) aus.

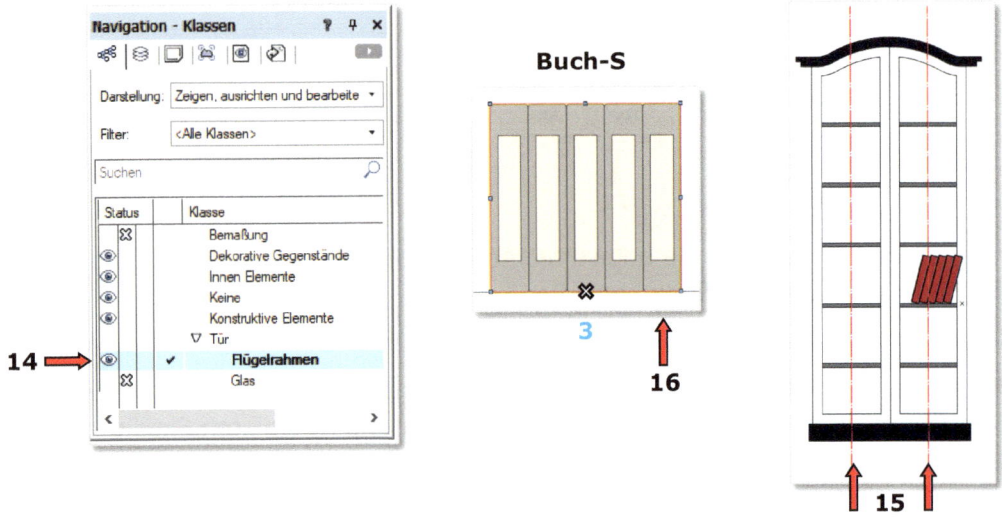

5. Dekorative Gegenstände

Verschieben (**17**) Sie die Gruppe (**16**) von Punkt **3** bis Punkt **4** (= von der Mitte der unteren Seite der Gruppe **3** bis zum Schnittpunkt einer Tür-Mittelachse (**15**) und der oberen Seite eines Mittelbodens **4**):

• Klicken Sie mit der LMT auf Punkt **3** und dann auf Punkt **4**.

• Wiederholen Sie diesen Vorgang für alle verbleibenden 2D dekorativen Objekte.

Verteilen Sie die Objekte nach Wunsch in der Vitrine (z.B. wie in Abbildung **18** dargestellt).

• Löschen Sie die beiden Hilfslinien (Tür-Mittelachsen) (**15**).

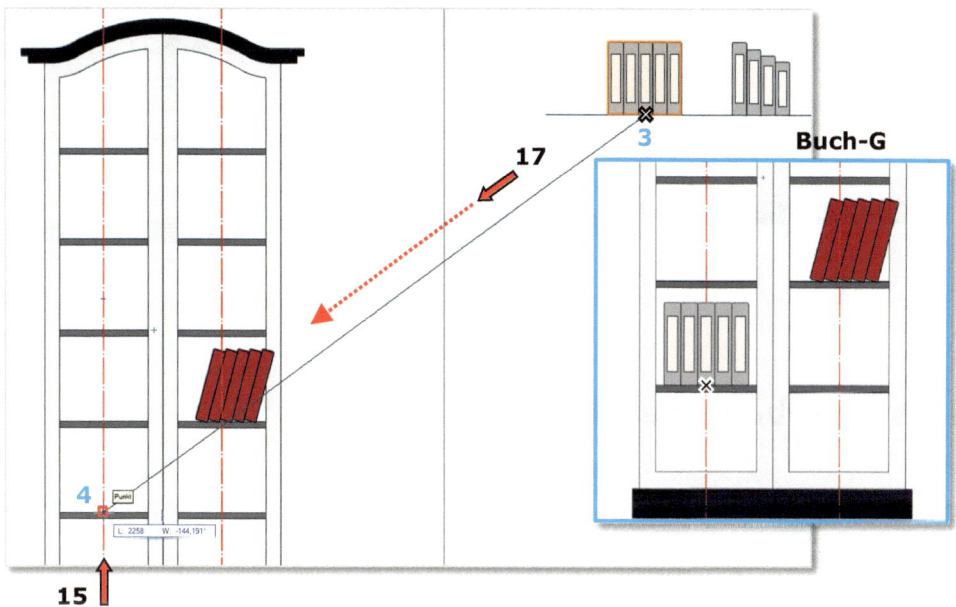

• Stellen Sie die Klasse „Tür-Glas" auf sichtbar ein (**19**).

Die gerade in die Vitrine kopierten Gegenstände sind im Vordergrund (vor der Tür) angeordnet.

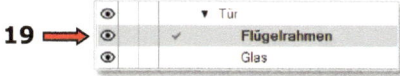

• Aktivieren Sie alle Tür-Elemente (Flügelrahmen und Glasflächen) und ordnen Sie diese im Vordergrund (**20**) an:
  Ändern – Anordnen – In den Vordergrund.

5. Dekorative Gegenstände

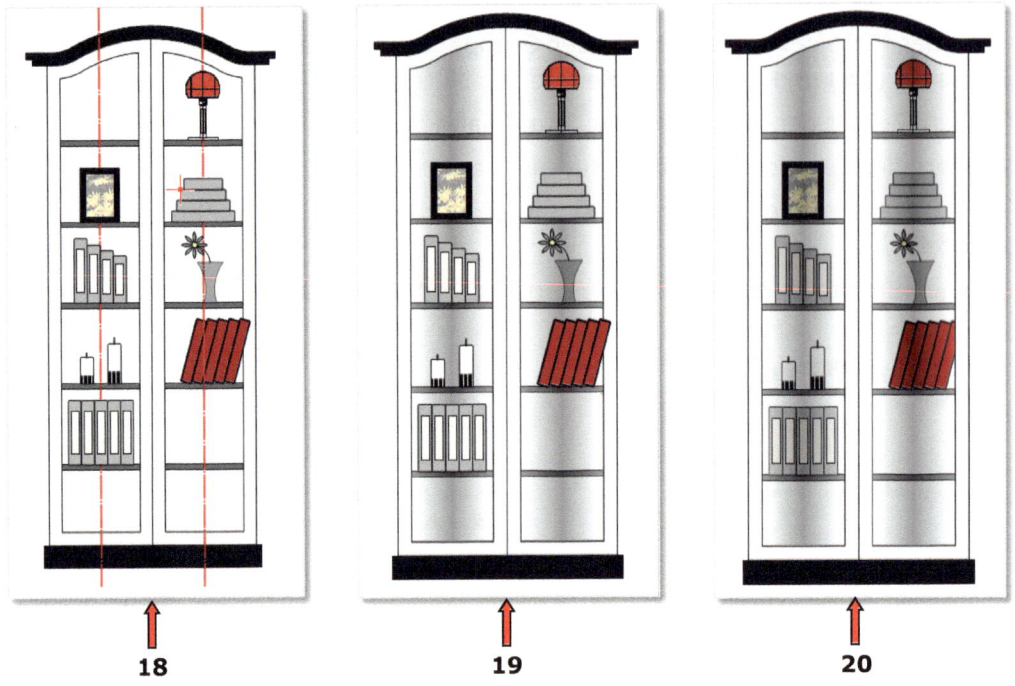

5.6 Layoutebene bearbeiten

- Wechseln Sie in der Navigation-Klassen-Palette zu „Navigation-Layoutebenen" (**21**) und aktivieren Sie die Layoutebene „Vitrine" (**22**).

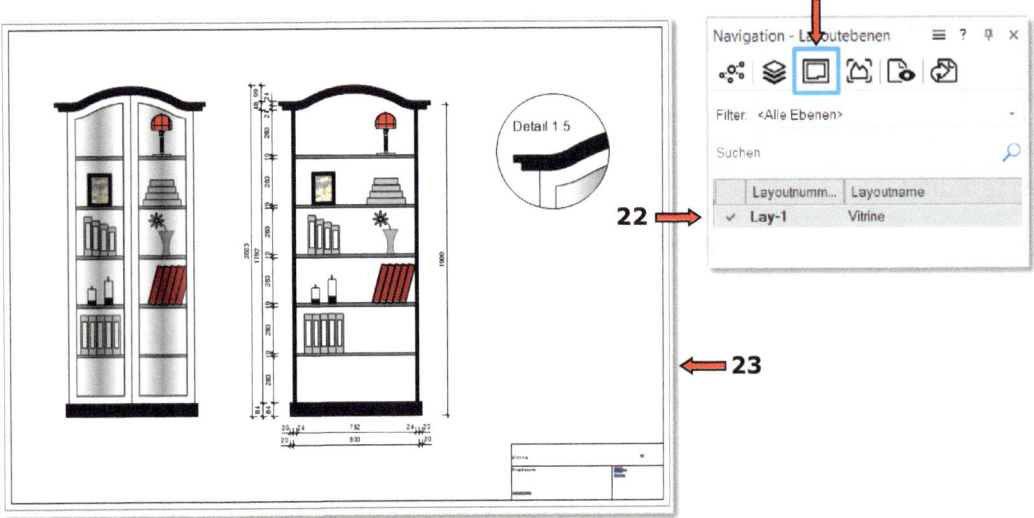

Die Layoutebene „Vitrine" wird geöffnet (**23**). Die dekorativen Gegenstände werden in der Layoutebene angezeigt.

5. Dekorative Gegenstände

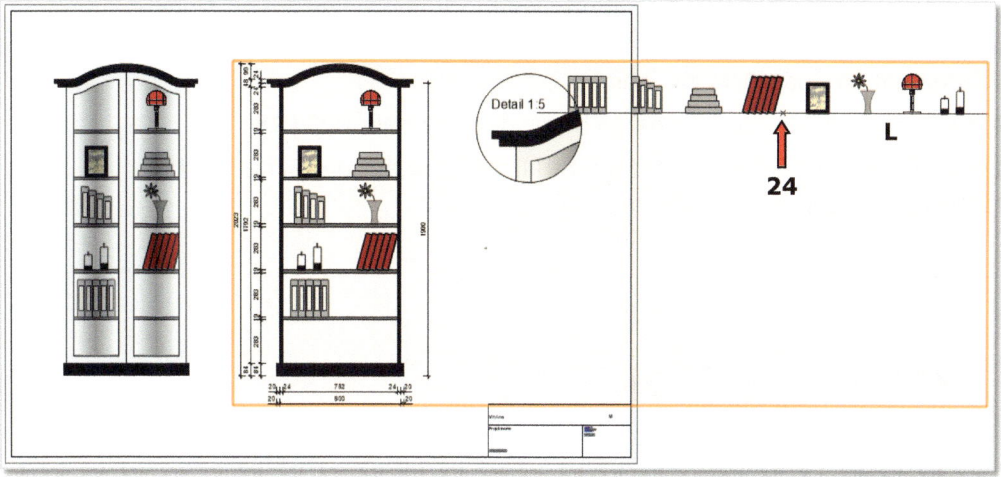

Sie haben die dekorativen Gegenstände außerhalb des Zeichenblattes gezeichnet und auf der Linie **L** platziert. Falls sich diese in einem der Ansichtsbereiche befinden (**24**), müssen Sie den Ansichtsbereich begrenzen:

- Klicken Sie mit der RMT auf diesen Ansichtsbereich (**25**).
- Wählen Sie im erscheinenden Kontextmenü den Befehl *Begrenzung bearbeiten* (**26**) aus.

Der Bearbeitungsmodus „Begrenzung bearbeiten" wird geöffnet.

- Zeichnen Sie ein Rechteck über den Ausschnitt, der im Ansichtsbereich sichtbar sein soll (**27**).

Alles, was sich innerhalb dieses Rechtecks befindet, wird im Ansichtsbereich angezeigt. Elemente außerhalb des Rechtecks werden unsichtbar.

- Schließen Sie den Bearbeitungsmodus mit einem Klick auf die Schaltfläche „Ansichtsbereich Begrenzung verlassen".

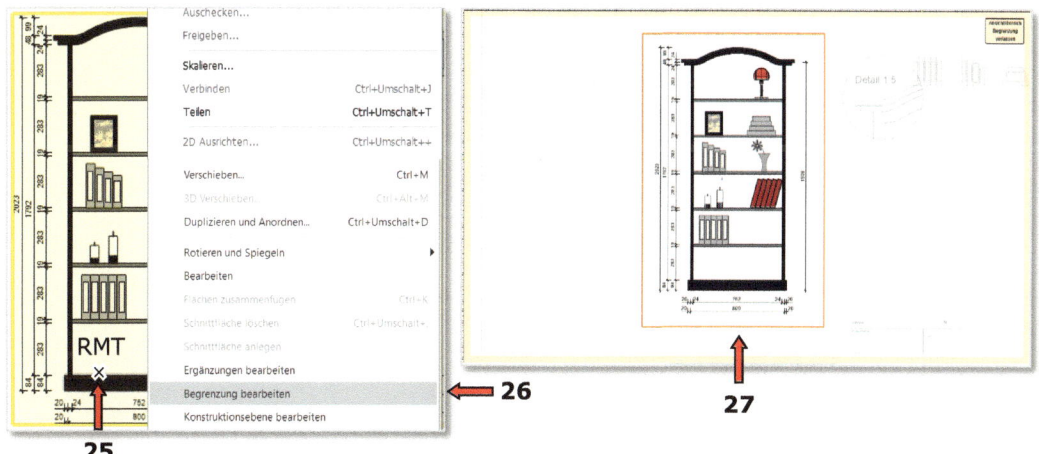

5. Dekorative Gegenstände

Im Ansichtsbereich mit der Bemaßung sollten keine dekorativen Gegenstände angezeigt werden, d.h. die Klasse „Dekorative Gegenstände" sollte aus diesem Ansichtsbereich ausgeblendet sein.

- Aktivieren Sie den Ansichtsbereich mit der „Bemaßung" (**28**).
- In der Informationen-Objekt-Palette klicken Sie auf die Schaltfläche „Klassensichtbarkeit…" (**29**):

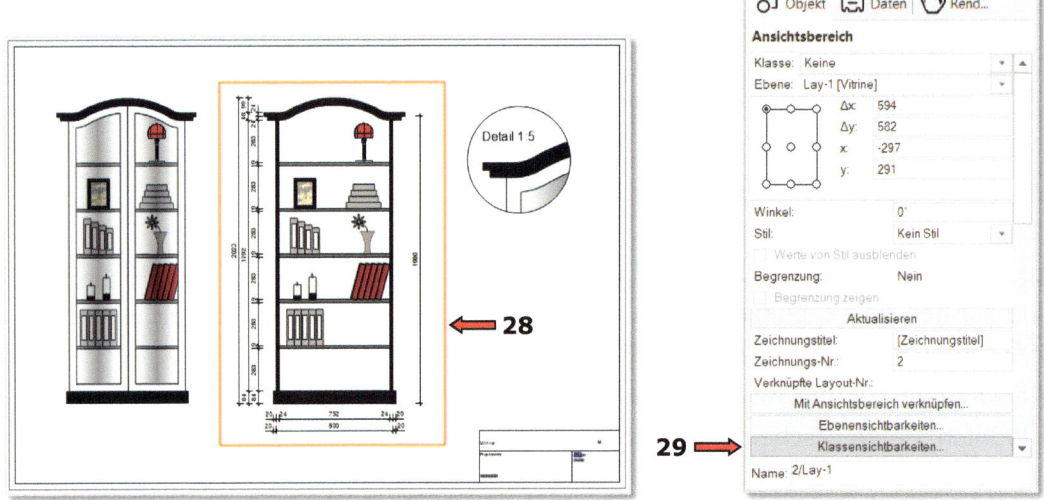

Das Dialogfenster „Klassensichtbarkeiten des Ansichtsbereich" (**30**) wird geöffnet.

- Klicken Sie neben der Klasse „Dekorative Gegenstände" (**31**) in der zweiten „Status"– Spalte, auf „Unsichtbar" (**32**).
- Bestätigen Sie mit OK.

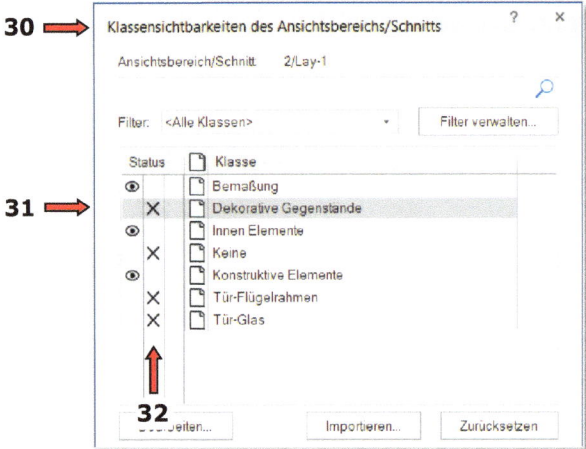

In diesem Ansichtsbereich (**34**) werden keine Objekte aus der Klasse „Dekorative Gegenstände" mehr angezeigt.

5. Dekorative Gegenstände

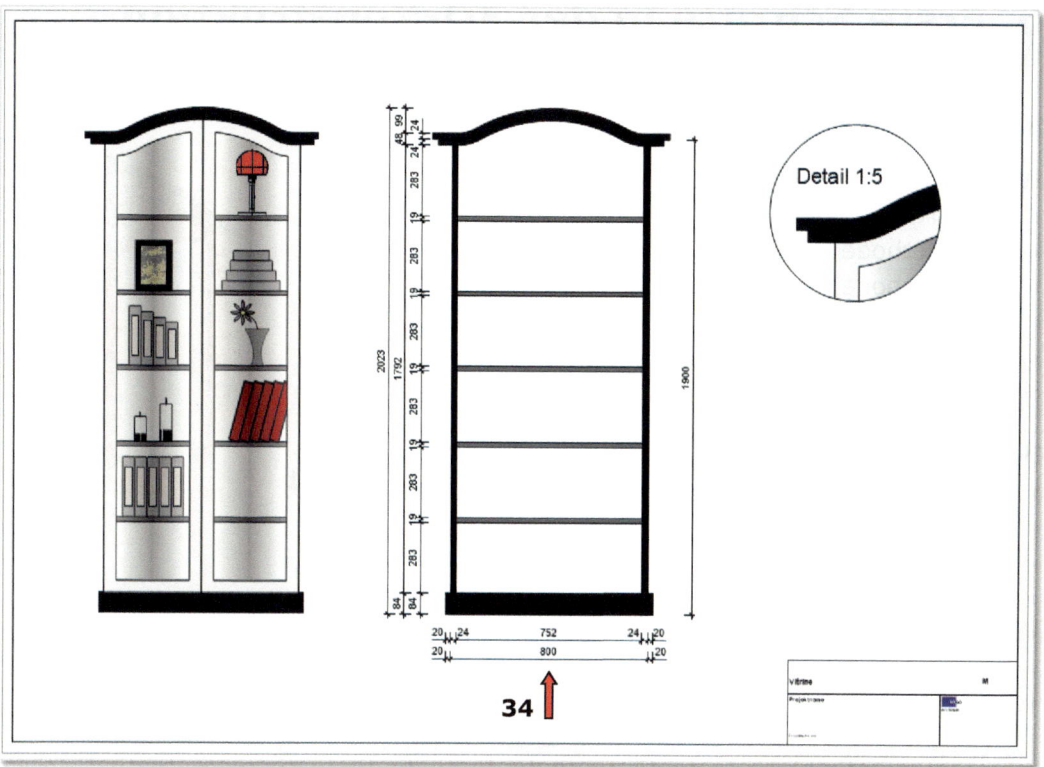

Ergebnis

6. Erste Schritte in der 3D-Konstruktion

INHALT:

Werkzeuge
- *3D-Punkt*
- *Linie*, Methode - *Drücken/Ziehen*
- *Linie*, Methode - *Drücken/Ziehen Zusammenfügen*
- *Flächen abschrägen*
- *Kurvenverbindung*
- *Hilfslinien*

Befehle
- *Verjüngungskörper anlegen*
- *Schichtkörper anlegen*
- *Volumen zusammenfügen*
- *Hohlkörper erzeugen*
- *Rotationskörper anlegen*
- *Extrusionskörper anlegen*
- *NURBS anlegen*

- Auto-Arbeitsebene
- Textur
- Darstellungsart - Volumenmodell
- Darstellungsart – Renderworks

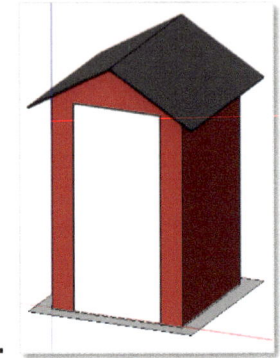

1.

2.

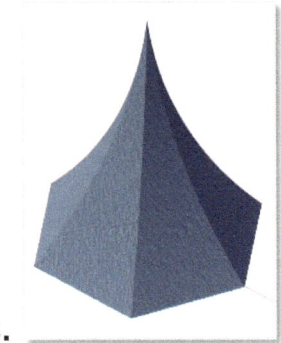

3.

3D-Modellieren
In Vectorworks können Sie mit verschiedenen Techniken in 3D modellieren und damit z. B. architektonische Details, Möbel oder Skulpturen in allen Größen und Formen erzeugen. [...]
Arten der 3D-Modellierung
Vectorworks enthält eine flexible Kombination von Werkzeugen und Befehlen, mit denen 3D-Modelle erzeugt und bearbeitet werden können. Jedes Modell kann auf verschiedenen Wegen erzeugt werden, aber wenn Sie die richtigen Objekte, Werkzeuge und Befehle in der richtigen Reihenfolge verwenden, können Sie effizienter arbeiten und bessere Ergebnisse erhalten. [...]
Konturen modellieren
Objekte wie NURBS-Kurven und 3D-Polygone können im 3D-Raum Grundkörper bilden, indem ihre Scheitelpunkte und Konturen präzise manipuliert werden. Diese Grundkörper lassen sich dann in andere Objekte, wie Flächen und Vollkörper, umwandeln, um komplexere Formen zu erzeugen.
Vollkörper modellieren
Zu den Vollkörpern, die ein Volumen enthalten können, gehören Extrusionskörper (normal, verjüngt, geschichtet und entlang eines Pfads), Rotationskörper, Hohlkörper, Verrundungen, Fasen, solide Grundkörper (Kugeln, Kegel usw.), Vollkörper-Additionen/Subtraktionen und andere. Verschiedene Werkzeuge und Befehle, vor allem in der Werkzeuggruppe **Modellieren** und in den Menüs **Ändern** und **3D-Modell**, können Vollkörper erzeugen und umformen. [...]
Flächen modellieren
Verwenden Sie NURBS-Flächen und die damit verknüpften Werkzeuge und Befehle wie **Kurvenverbindung**, **Extrahieren**, **Projektion** oder die NURBS-Befehle, um nicht-rationale, freie Formen wie z. B. gekrümmte oder fließende Objekte zu erzeugen. Verwenden Sie dann gewichtete Scheitelpunkte, um die Fläche in Form zu „ziehen". [...]
Subdivision-Modellierung
Bei der Subdivision-Modellierung handelt es sich um eine sehr leistungsstarke und flexible Methode Objekte mit einer organischen oder freien Form zu erzeugen. Beginnen Sie mit einem geometrischen Subdivision-Grundkörper und manipulieren Sie dann einen polygonalen Käfig, um die gewünschte Form zu modellieren. [...]
(siehe Vectorworks-Hilfe [1])

6.1 Neues Dokument anlegen

Anleitung:

- Versichern Sie sich, dass das automatische Sichern aktiviert ist.
- Wählen Sie als Vorlage „1_Leeres Dokument.sta".
- Stellen Sie den **Maßstab** auf **1:10**.
- Stellen Sie die **Einheiten** auf **cm** ein:
  - Wählen Sie in der Menüzeile den Befehl: *Datei – Dokument → Einheiten...*
  - Im nun erscheinenden Dialogfenster „Einheiten" öffnen Sie die Registerkarte „Bemaßungen":
  - Wählen Sie im Aufklappmenü im Gruppenfeld „Längen – Einheit" die gewünschte Einheit → „Einheiten:" Zentimeter und „Dezimalstellen für Anzeige:" 0,1 aus.
  - Richten Sie das Blatt (= „Plangröße...") auf „Hochformat" aus, indem Sie mit der RMT auf eine leere Stelle auf dem Blatt klicken:
  - Im nun erscheinenden Kontextmenü wählen Sie den Befehl *Plangröße...* aus.
  - Klicken auf die Schaltfläche „Drucken und Seiten einrichten...".
  - Im neu erscheinenden Dialogfenster „Seite einrichten" wählen Sie für die „Ausrichtung" → „Hochformat" aus.

5. Erste Schritte in der 3D-Konstruktion

- Legen Sie bei „Standard-Projektionsart 3D-Ansicht:" die Option „Orthogonal" fest:
  - Gehen Sie in der Menüzeile zu:
    Extras (**1**) – *Programm Einstellungen* (**2**) – *Programm...* (**3**).
  - Im nun erscheinenden Dialogfenster „Einstellungen Programm" (**4**) öffnen Sie die Registerkarte „3D" (**5**).
  - Im Aufklappmenü „Standard-Projektionsart 3D-Ansicht:" (**6**) wählen Sie die Projektionsart „Orthogonal" (**7**) aus.

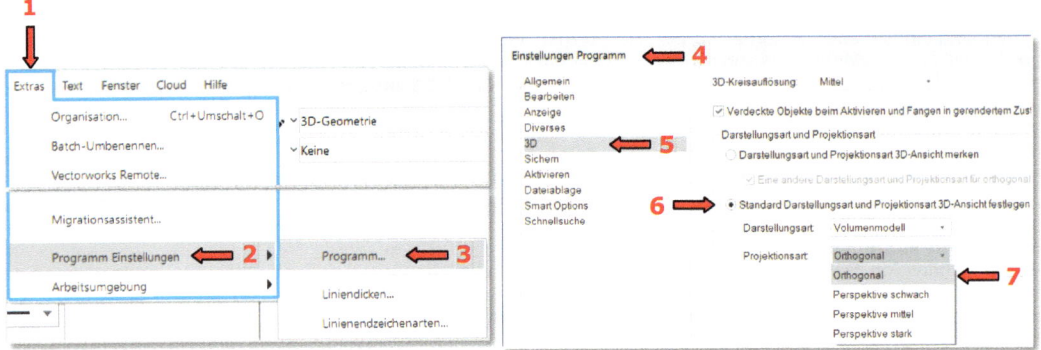

Neue Ebene und drei neue Klassen erstellen

- Klicken Sie mit der RMT auf eine leere Stelle auf dem Plan.
- Im nun erscheinenden Kontextmenü wählen Sie den Befehl *Organisation* aus.
- Klicken Sie in der Registerkarte „Konstruktionsebene" auf die Schaltfläche „Neu..." (→ im Dialogfenster „Organisation").
- Im Dialogfenster „Neue Konstruktionsebene" benennen Sie die neue Ebene: „3D Geometrie".
- Bestätigen Sie mit OK.
- Erstellen Sie drei neue Klassen mit den Namen:
  1. „Gartenhaus"
  2. „Gartentisch"
  3. „Kinderzelt".
- Stellen Sie die Klassendarstellung in der Navigation-Klassen-Palette (**8**) auf „Nur aktive zeigen" (**9**).

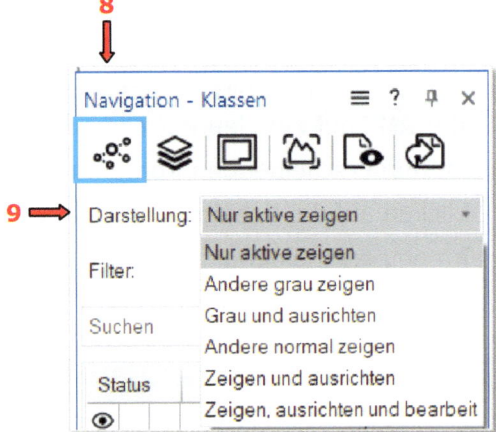

6.2 Gartenhaus

Aufgabe:

Das kleine Gartenhaus soll nach den Skizzen **A**, **B** und **C** gezeichnet werden.
Die tragenden Elemente werden in dieser Übung nicht gezeichnet.
- Die Gesamtgröße (Außenmaße) beträgt 150 x 150 x 220 cm (**1**).
- Die Grundfläche (Außenmaße) beträgt 120 x 120 cm (**2**).
- Die Tür hat die Maße 80 x 180 cm (**3**).
- Die Dachneigung beträgt 30°.
- Die Wandstärke ist 19 mm.
- Die Fußbodenstärke ist 26 mm.
- Die Tür soll mit 14 mm starken Holzbrettern gezeichnet werden.
- Die Dachstärke ist 14 mm.

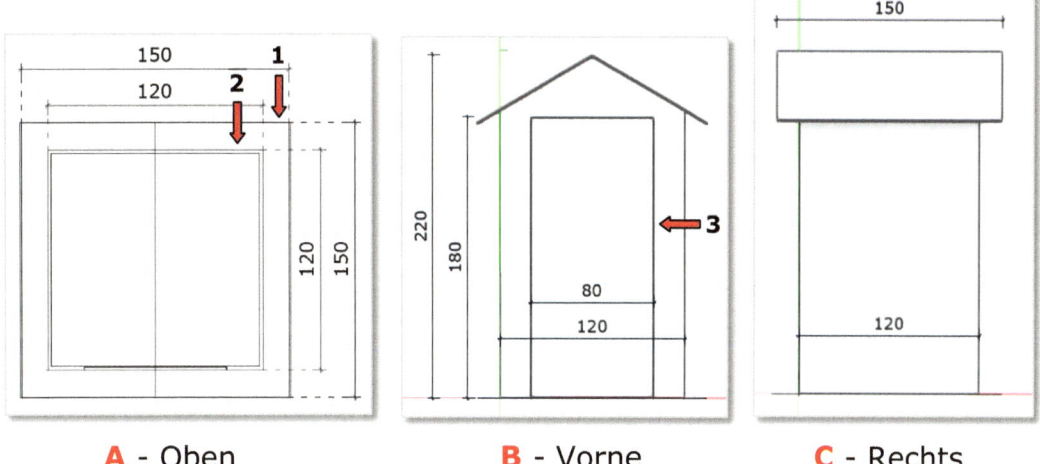

A - Oben **B** - Vorne **C** - Rechts

Anleitung:

- Das Gartenhaus soll auf der Konstruktionsebene „3D Geometrie" und in der Klasse „Gartenhaus" gezeichnet werden.
- Beide müssen aktiv sein.
- Stellen Sie bei „Aktuelle Ansicht" (**1**) „Rechts vorne oben" (**2**) ein.

Tastenkürzel: Um die Ansicht „Rechts vorne oben" zu aktivieren, können Sie auf dem Zahlenblock Ihrer Tastatur die Zahl „3" (**3**) drücken.

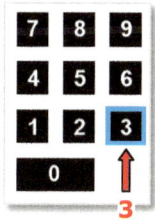

- Schalten Sie die Plangröße in den Schnelleinstellungen aus (**4**).
- Aktivieren Sie im Zeigerfang-Set (**5**) die Fangmodi *An Objekt ausrichten* und *An Winkel ausrichten* (**5**).
- Doppelklicken Sie auf das Symbol für den Fangmodus *An Winkel ausrichten* (**6**).

5. Erste Schritte in der 3D-Konstruktion

Das Dialogfenster „Einstellungen Winkel" (**7**) wird geöffnet.

- Aktivieren Sie im Gruppenfeld „Fangen auf:" (**8**) die Option „Winkel" (**9**).
- Tragen Sie den Wert 30° in das Eingabefeld rechts ein (**10**) (falls er nicht schon eingetragen ist).

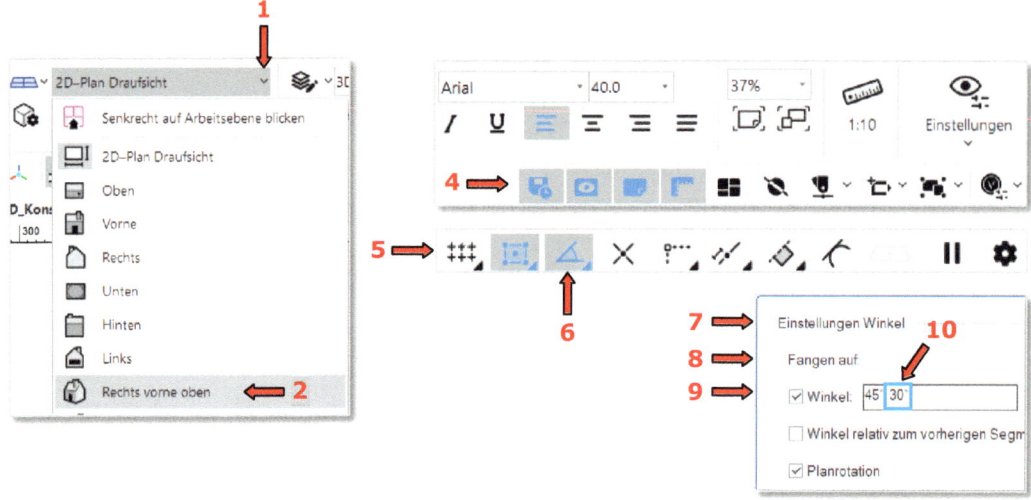

3D-Punkt

Um die Position von Objekten beim Zeichnen im 3D-Raum besser zu kontrollieren, zeichnen Sie einen 3D-Hilfspunkt mit den Koordinaten 0, 0, 0 (= Nullpunkt der Zeichnung):

- Doppelklicken Sie auf das Werkzeug *3D-Punkt* (**2**) in der Werkzeuggruppe (Tools-Palette) **Modellieren** (**1**).
- Im nun erscheinenden Dialogfenster „Objekt anlegen - 3D-Punkt" (**3**) tragen Sie die folgenden Werte (**4**) ein:

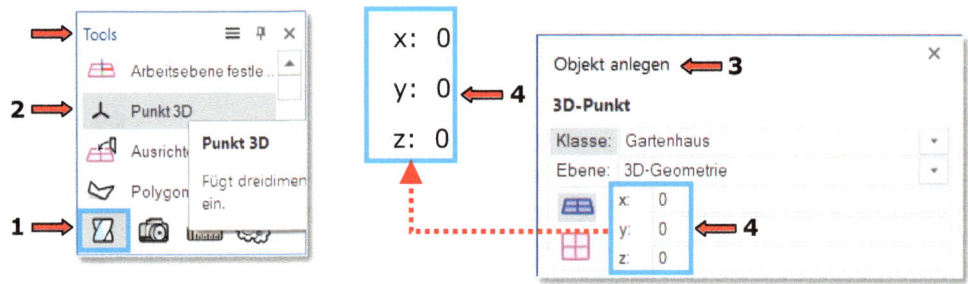

- Bestätigen Sie mit OK.

Der 3D-Punkt wurde gezeichnet (**5**). An diesem Punkt können Sie Objekte im 3D-Raum (3D-Bereich) von Vectorworks ausrichten.

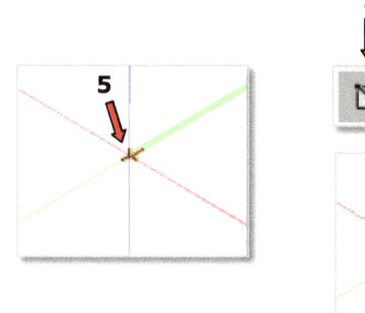 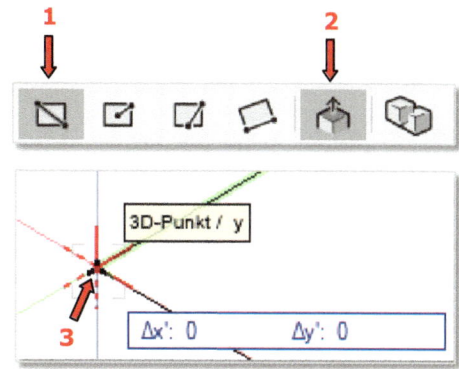

6.2.1 Korpus

1. Außenvolumen

Das Außenmaß beträgt 120 x 120 x 220 cm.

- Zeichnen Sie ein Rechteck mit dem Werkzeug *Rechteck* und der ersten Methode - *Definiert durch Diagonale* (**1**).
- Aktivieren Sie auch die fünfte Methode - *Drücken/Ziehen* (**2**).
- Klicken Sie mit der LMT auf den 3D-Hilfspunkt (**3**).
- Bewegen Sie den Mauszeiger zur Seite und tragen Sie in die nun erscheinende Objektmaßanzeige für Δx: 120 (**4**) ein.
- Drücken Sie die Tabulatortaste (→ eine rot gestrichelte Hilfslinie erscheint - **5**) und tragen Sie in das zweite Eingabefeld für Δy: 120 (**6**) ein.
- Bestätigen Sie die Eingabe mit der Eingabetaste → eine zweite rot gestrichelte Hilfslinie erscheint (**7**).

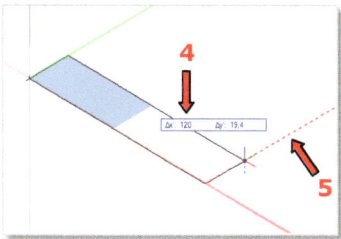 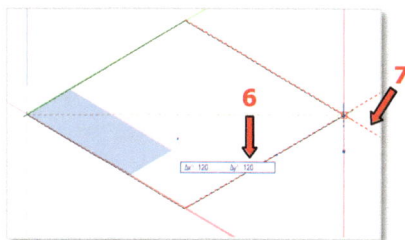

- Drücken Sie noch einmal die Eingabetaste oder klicken Sie mit der LMT auf den Schnittpunkt der rot gestrichelten Hilfslinien (**8**).

5. Erste Schritte in der 3D-Konstruktion

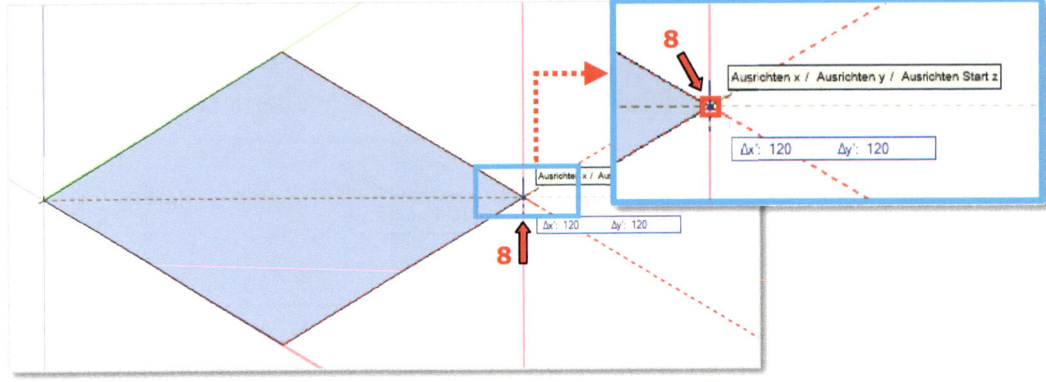

Das Quadrat wurde gezeichnet (**9**).

- Bewegen Sie den Mauszeiger über das gezeichnete Quadrat (**9**) → es wird rot angezeigt – (**10**).

Die Funktion - *Drücken/Ziehen* wird aktiviert (= die fünfte Methode in der Methodenzeile).

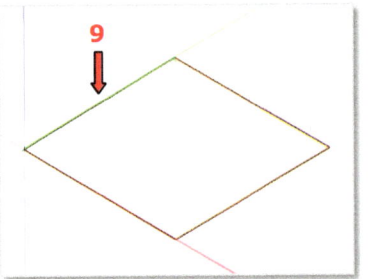
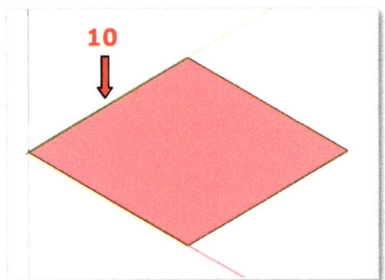

- Klicken Sie in die Fläche des Quadrats (**11**) und ziehen Sie den Mauszeiger senkrecht nach oben (**12**).

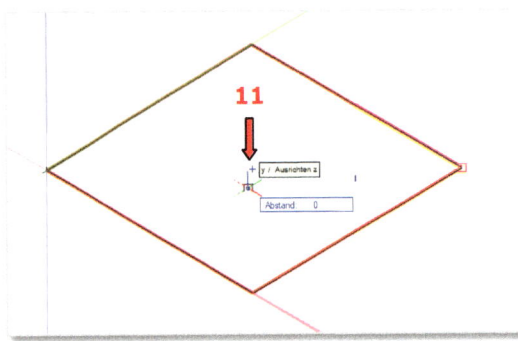
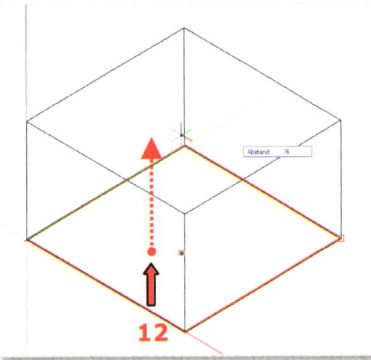

5. Erste Schritte in der 3D-Konstruktion

- Tragen Sie in die Objektmaßanzeige den Abstand: 220 cm (**13**) ein.
- Bestätigen Sie die Eingabe mit der Eingabetaste → Ergebnis (**14**).
- Drücken Sie die Eingabetaste ein zweites Mal.

Quader **1** (120 x 120 x 220 cm) wurde gezeichnet (**15**).

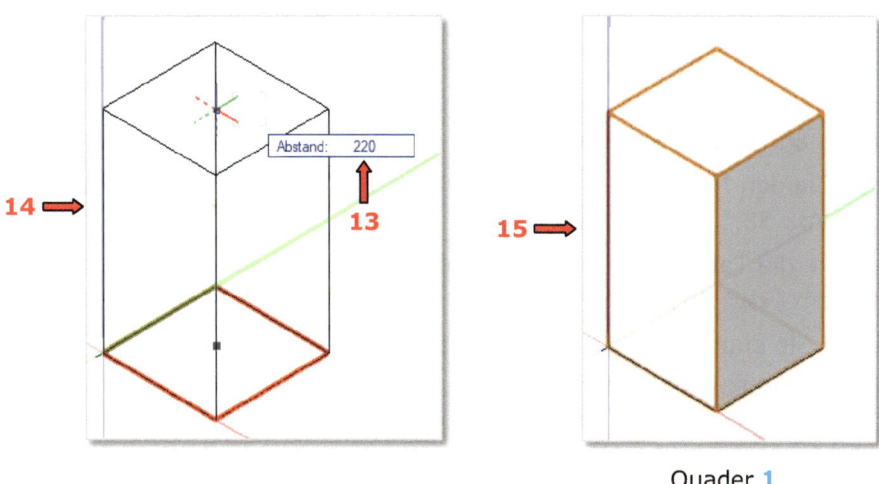

Quader **1**

2. Innenvolumen

Quader **2**, dessen Volumen dem Innenvolumen des Gartenhauses entspricht, soll aus dem eben gezeichneten Quader **1** herausgeschnitten werden.

- Wählen Sie das Werkzeug *Rechteck* und die zweite Methode - *Definiert durch Mittelpunkt* (**16**) aus.
- Aktivieren Sie außerdem die fünfte Methode - *Drücken/Ziehen* (**17**) und die sechste Methode - *Drücken/Ziehen Zusammenfügen* (**18**).

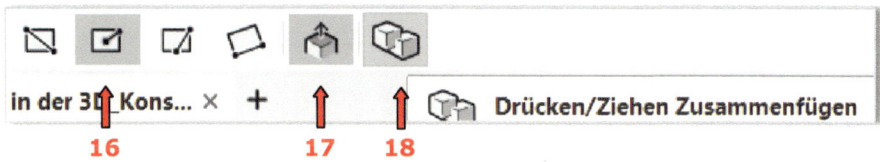

Berechnung der Innenmaße von Quader **2**:
Für die Methode - *Definiert durch Mittelpunkt* (**16**) müssen die **halbe** Länge und die **halbe** Breite bekannt sein.

$$\text{Grundfläche}/2 \ldots\ldots [(120 - 2 \times 1{,}9) \mathbf{/2}]^{\,2} = [116{,}2 \mathbf{/2}]^{\,2} = 58{,}1 \times 58{,}1 \text{ cm}$$
$$\text{Höhe} \ldots\ldots 220 - 2{,}6 = 217{,}4 \text{ cm (Fußbodenstärke = 26 mm)}$$

5. Erste Schritte in der 3D-Konstruktion

- Aktivieren Sie den Modus für automatische Arbeitsebene „Auto-Arbeitsebene" (**19**) im Arbeitsebenenmodus.

- Bewegen Sie den Mauszeiger über die obere Seite von Quader **1** → sie wird rot dargestellt (**20**).
- Klicken Sie auf die Mitte dieser Seite.
- Bewegen Sie den Mauszeiger zur Seite und tragen Sie in die Objektmaßanzeige den Wert Δx: 58,1 cm (**21**) ein.
- Drücken Sie die Tabulatortaste und tragen Sie in das zweite Eingabefeld den Wert Δy: 58,1 cm (**22**) ein.
- Bestätigen Sie einmal mit der Eingabetaste → Ergebnis (**23**).
- Drücken Sie die Eingabetaste ein zweites Mal.

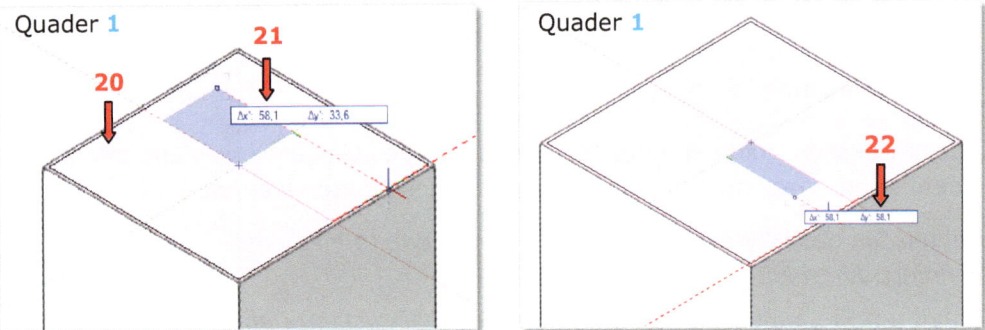

Das Quadrat wurde gezeichnet (**24**).

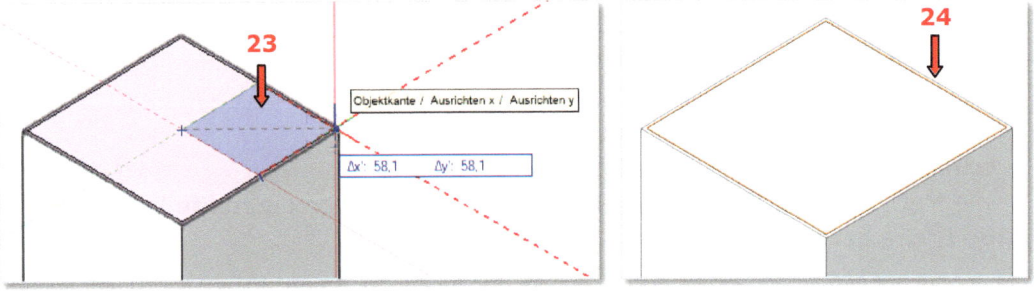

5. Erste Schritte in der 3D-Konstruktion

- Im nächsten Schritt wird der Quader **2** mithilfe der fünften Methode - *Drücken - Ziehen* (**17**) aus dem Quadrat (**24**) erzeugt.
- Mit Hilfe der ausgewählten sechsten Methode - *Drücken/Ziehen Zusammenfügen* (**18**) wird das Volumen von Quaders **2** aus Quader **1** herausgeschnitten (bis zu der Oberkante des Fußbodens).

220 cm (Gartenhaushöhe) − 2,6 cm (Stärke der Fußbodenbretter) = 217,4 cm

- Bewegen Sie den Mauszeiger über das eben gezeichnete Quadrat (**24**) → es wird rot angezeigt (**25**).
- Klicken Sie in die gefärbte Fläche hinein (**26**).

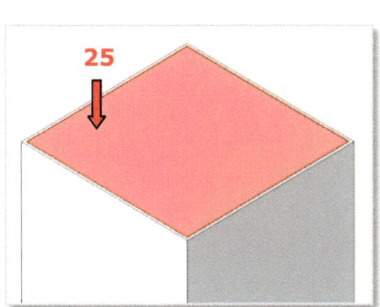
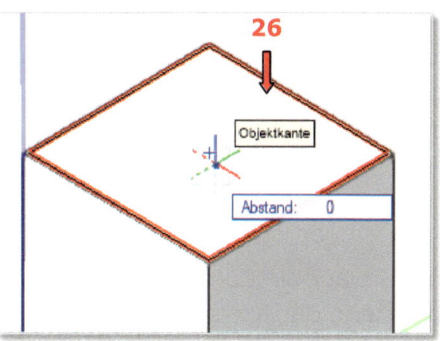

- Bewegen Sie den Mauszeiger nach unten (**27**) und tragen Sie in die Objektmaßanzeige den Abstand: (-217,4 cm) (**28**) ein.
- Bestätigen Sie mit der Eingabetaste.

Die Kontur von Quader **2** wird sichtbar (**29**).

- Drücken Sie die Eingabetaste noch einmal.

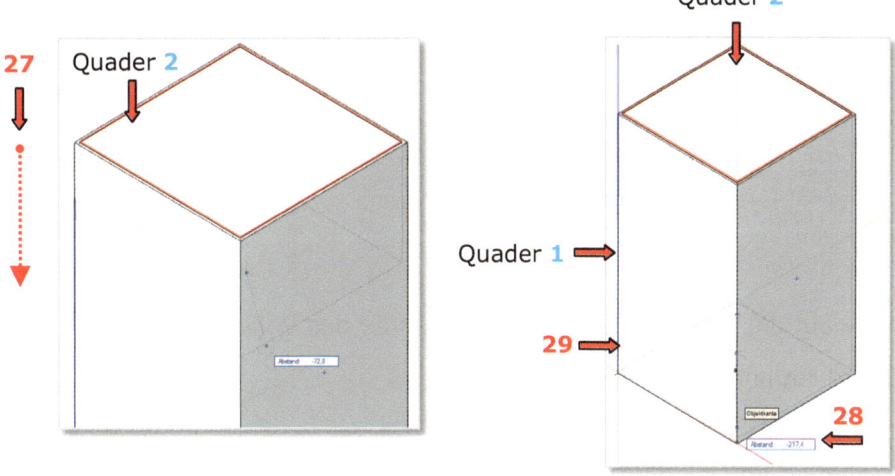

335

5. Erste Schritte in der 3D-Konstruktion

Quader **2** wurde gezeichnet und gleichzeitig aus Quader **1** ausgeschnitten (**30**). In der Informationen-Objekt-Palette können Sie ablesen, dass durch dieses Verfahren eine Vollkörper Subtraktion entstanden ist (**31**).

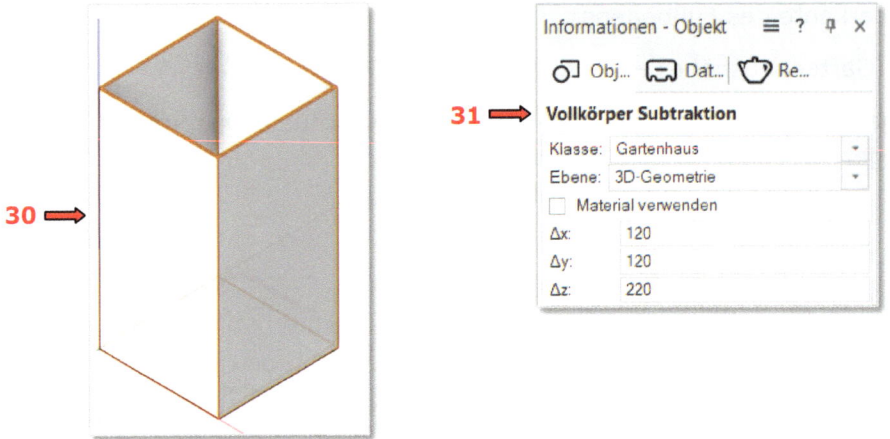

6.2.2 Tür

1. Türöffnung

Die Türöffnung beträgt 80 x 180 cm.
Zeichnen Sie eine Tür-Öffnung auf der Vorderseite des Vollkörpers.

- Wählen Sie das Werkzeug *Rechteck* und die dritte Methode - *Definiert durch Seitenmitte* (**1**) aus.
- Aktivieren Sie auch die fünfte Methode - *Drücken/Ziehen* (**2**) und die sechste Methode - *Drücken/Ziehen Zusammenfügen* (**3**).

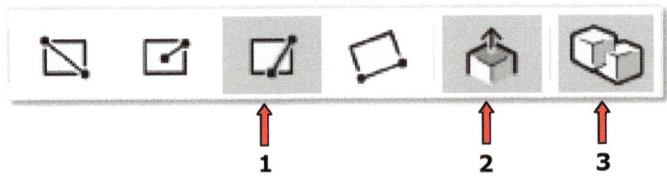

- Klicken Sie auf die Mitte der unteren Vorderkante des Vollkörpers (**4**).

Die Seite wird rot angezeigt (**5**).

5. Erste Schritte in der 3D-Konstruktion

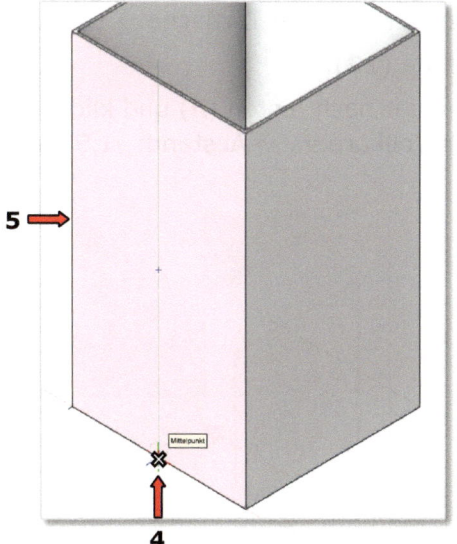

- Der Modus für automatische Arbeitsebene „Auto-Arbeitsebene" muss aktiviert sein (**6**).

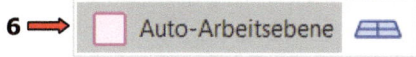

- Bewegen Sie den Mauszeiger nach oben (**7**).
- Geben Sie in der Objektmaßanzeige den Wert für die Hälfte der Breite, Δx: 40 cm (**8**), ein.
- Drücken Sie die Tabulatortaste und geben Sie im nächsten Eingabefeld den Wert für die Höhe der Tür, Δy: 180 cm (**9**), ein.
- Bestätigen Sie mit der Eingabetaste.
- Bestätigen Sie erneut mit der Eingabetaste oder klicken Sie auf den Schnittpunkt der gestrichelten Hilfslinien (**10**).

Der Umriss der Tür ist gezeichnet worden.

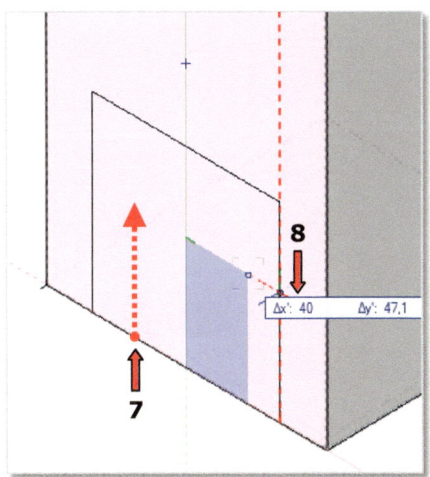
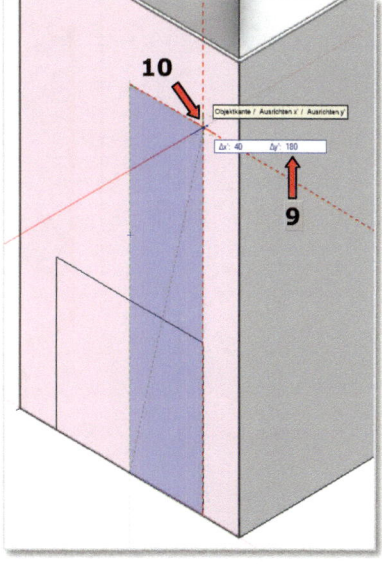

5. Erste Schritte in der 3D-Konstruktion

- Bewegen Sie den Mauszeiger über die Türfläche → sie wird rot dargestellt (**11**).
- Klicken Sie auf diese Fläche (**12**).
- Bewegen Sie den Mauszeiger nach hinten (**h**) und klicken Sie mit der LMT auf die innere obere Ecke **1** des Vollkörpers → Abstand: -1,9 cm (**13**).

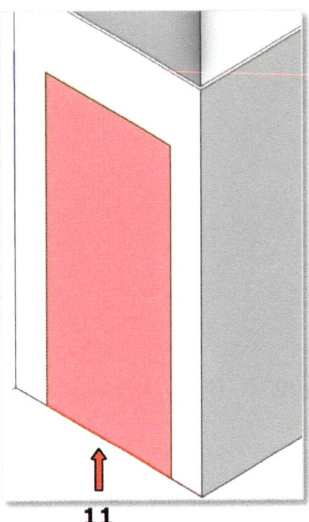 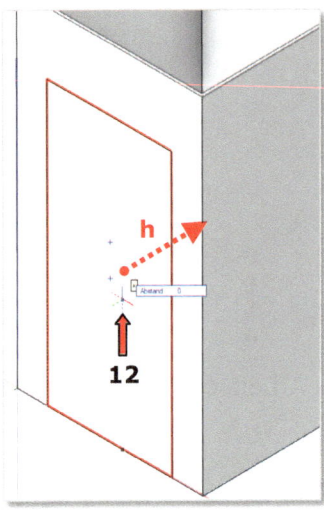 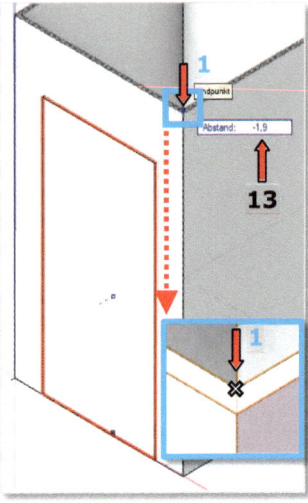

Die Türöffnung wurde gezeichnet und aus der Wand ausgeschnitten (**14**).

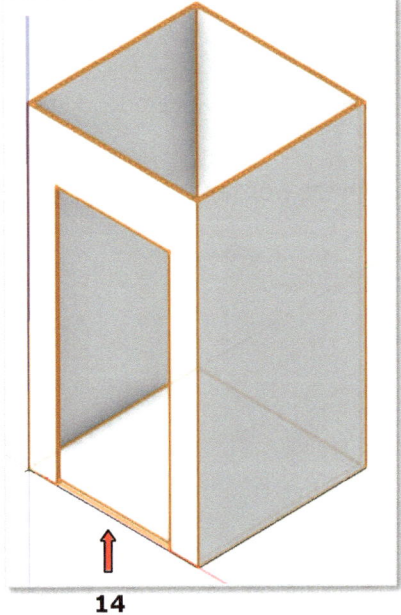

2. Türblatt

In der Öffnung soll eine 14 mm dicke Tür gezeichnet werden.

- Wählen Sie das Werkzeug *Rechteck*, die erste Methode - *Definiert durch Diagonale* und die fünfte Methode - *Drücken/Ziehen* aus.

- Zeichnen Sie ein Rechteck, indem Sie die äußeren diagonal gegenüberliegenden Ecken (**2** und **3**) der Öffnung (**1**) anklicken.

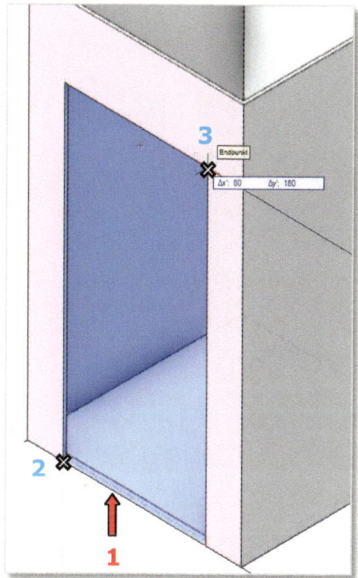

WICHTIG: Der Modus für automatische Arbeitsebene „Auto-Arbeitsebene" muss aktiviert sein (**6**).

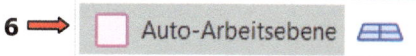

- Bewegen Sie den Mauszeiger über das gezeichnete Rechteck (**2**) → es wird rot angezeigt (**3**).
- Klicken Sie auf diese gefärbte Fläche (**4**).
- Ziehen Sie den Mauszeiger nach hinten (**5**).
- Geben Sie in der Objektmaßanzeige den Abstand (-1,4) (**6**) ein.
- Bestätigen Sie die Eingabe mit der Eingabetaste → Ergebnis (**7**).

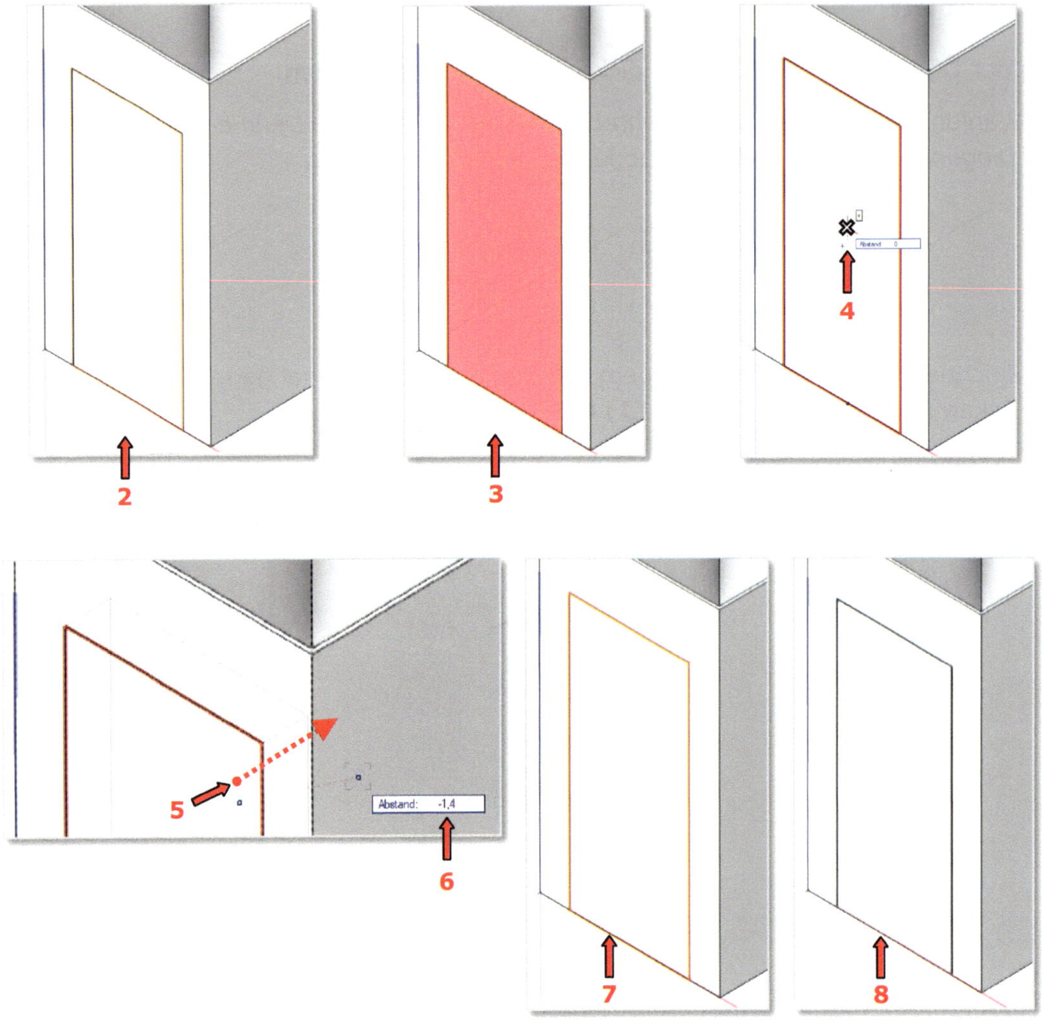

5. Erste Schritte in der 3D-Konstruktion

- Verkleinern Sie die Türgröße in der Informationen-Objekt–Palette um 1 cm in der Breite und Höhe → Δx: 79 cm; Δy: 179 cm → Ergebnis (**8**).

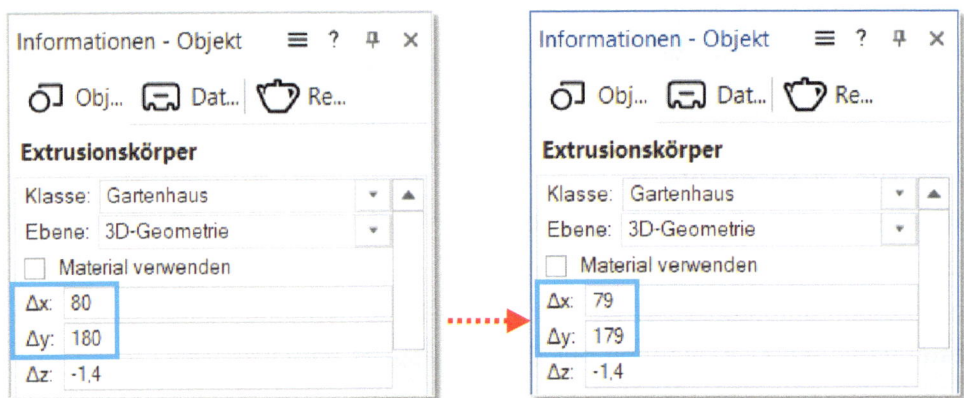

6.2.3 Dach

Die Wände wurden mit der Gesamthöhe des Gartenhauses (220 cm) gezeichnet. Die Dicke des Daches muss von dieser Höhe abgezogen werden.

Zeigerfang-Set

- Aktivieren Sie im Zeigerfang-Set (**1**) die Fangmodi *An Objekt ausrichten*, *An Winkel ausrichten*, *An Schnittpunkt ausrichten*, *An Kante ausrichten*.
- Doppelklicken Sie auf das Symbol für den Fangmodus *An Kante ausrichten* (**2**). Das Dialogfenster „Einstellungen Ausrichtkante" (**3**) wird geöffnet.
- Aktivieren Sie die Option „Parallele zu Ausrichtkante mit Abstand:" (**4**)
- Tragen Sie die Dicke der Dachbretter, 1,4 cm (**5**), in das Eingabefeld rechts ein.

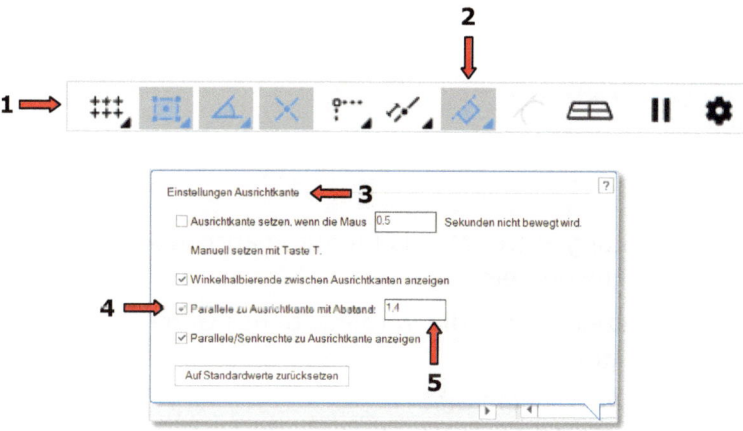

- Für die aktuelle Ansicht wählen Sie „Rechts vorne oben" (**6**).

6.2.4 Abschrägen der Wände

1. Rechte Wand

Hilfslinien

- Wählen Sie das Werkzeug *Hilfslinie* (**1**) in der Favoriten-Palette aus.

Es ist irrelevant, welche Methode (**2**) Sie auswählen.

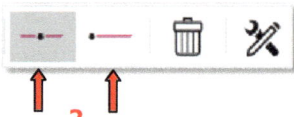

- Aktuelle Objektausrichtung → Der Modus für automatische Arbeitsebene „Auto-Arbeitsebene" muss aktiviert sein.
- Bewegen Sie den Mauszeiger über die Vorderseite des Gartenhauses
  → sie wird rot angezeigt (**3**).
- Zeichnen Sie eine Hilfsline, indem Sie:
  - auf die Mitte der oberen Kante der Vorderseite (**1**) klicken.
    (die Kontur der Hilfslinie - **4** wird angezeigt und hängt an dem Mauszeiger)
  - den Mauszeiger nach unten rechts mit einem Winkel von 30° bewegen
    (kontrollieren Sie den Winkel in der Objektmaßanzeige - **5**).
  - auf die Kontur der Hilfslinie, die jetzt unter einem 30% Winkel steht, klicken (**6**).

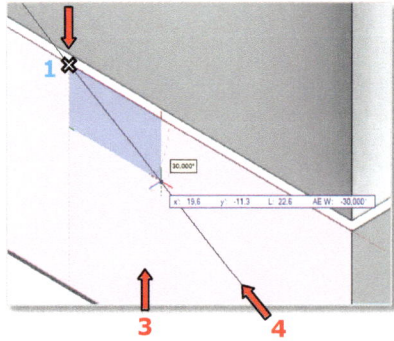

5. Erste Schritte in der 3D-Konstruktion

Die Hilfslinie wird gezeichnet.

Es wird automatisch eine neue Klasse „Hilfskonstruktionen" (**7**) erstellt, in der die gezeichnete Hilfslinie abgelegt ist. Um diese Hilfslinie auf der Zeichenfläche sehen zu können, ändern Sie in der Navigation-Klassen-Palette (**8**) bei der „Darstellung:" (**9**) die Einstellung für nicht aktive Klassen auf „Zeigen und ausrichten" (**10**).

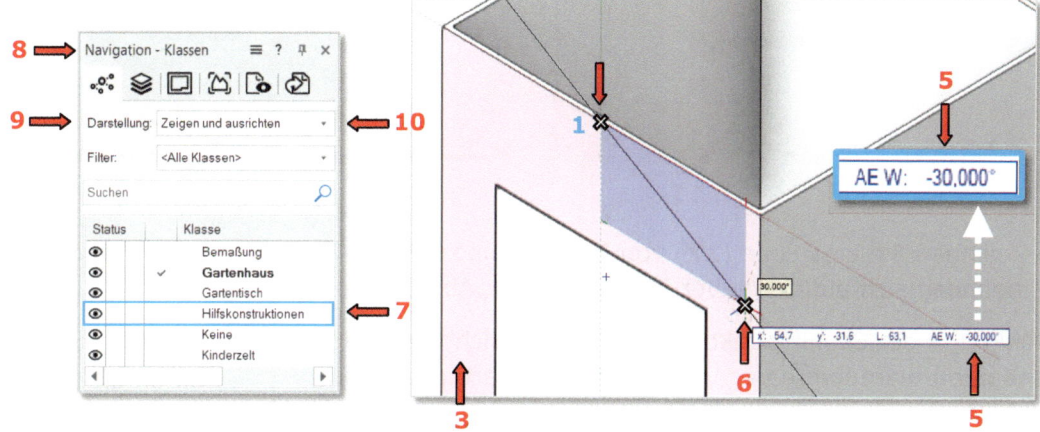

Linie, Methode „Drücken/Ziehen Zusammenfügen"

- Wählen Sie das Werkzeug *Linie* in der Favoriten-Palette aus.
- Aktivieren Sie die erste Methode - *In bestimmten Winkeln* (**11**), die dritte Methode – *Aus Anfangspunkt* (**12**), die fünfte - *Drücken/Ziehen* (**13**) und die sechste Methode - *Drücken/Ziehen Zusammenfügen* (**14**).

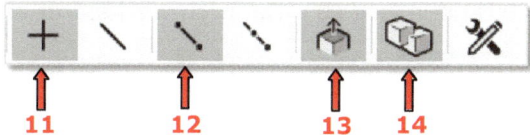

- Vergrößern Sie den Zeichnungsausschnitt → ZOOM.
- Bewegen Sie den Mauszeiger direkt über die Hilfslinie und drücken Sie die Taste-**T**.

Eine „Ausrichtkante" (**15**) wird entlang der Hilfslinie erzeugt. An dieser kann sich nun der intelligente Zeiger, durch den aktiven Fangmodus *An Kante ausrichten*, orientieren.

- Bewegen Sie den Mauszeiger leicht senkrecht nach unten. Wenn er den Abstand von 1,4 cm zur Hilfslinie („Ausrichtkante" - **15**) erreicht hat, blendet der intelligente Zeiger eine weitere rot gestrichelte Ausrichtkante ein
→ „Abstand zu ARK" (**16**).

5. Erste Schritte in der 3D-Konstruktion

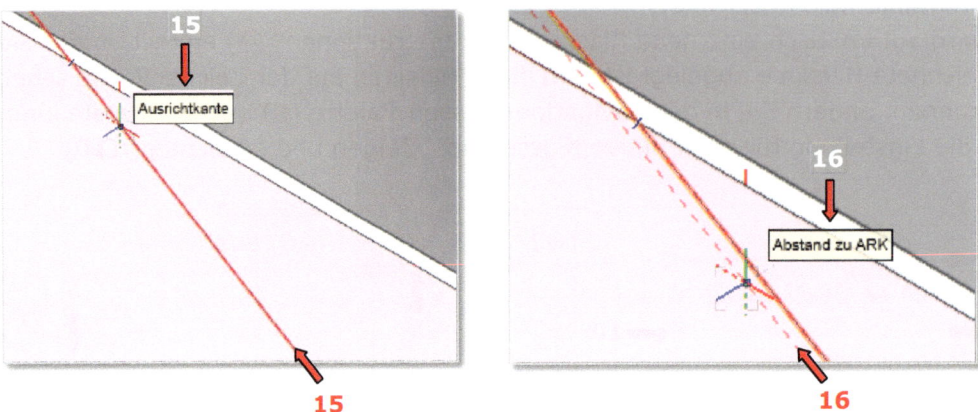

- Zeichnen Sie eine Linie (**17**) von Punkt **1** bis zu Punkt **2**. Diese beiden Punkte befinden sich auf der neuen Ausrichtkante „Abstand zu ARK".

Punkt **1** = der Schnittpunkt der zweiten Ausrichtkante → „Abstand zu ARK" (**16**) und der oberen Kante der Vorderseite des Gartenhauses.

Punkt **2** = der Schnittpunkt der zweiten Ausrichtkante - „Abstand zu ARK" (**16**) und der rechten Kante der Vorderseite des Gartenhauses.

Die Linie wird auf die rot markierte Fläche gezeichnet und teilt sie in zwei Teile auf.

Dank der zwei Methoden in Vectorworks - *Drücken/Ziehen* (**13**) und *Drücken/Ziehen Zusammenfügen* (**14**) - können Sie einen Volumenkörper modifizieren oder abschneiden, indem Sie die Fläche, die durch die Linie geteilt wurde, drücken und ziehen.

- Bewegen Sie den Mauszeiger nach oben zu dem Dreieck, das durch die gezeichnete Linie entstanden ist (**18**). Dadurch wird es rot angezeigt (**19**).

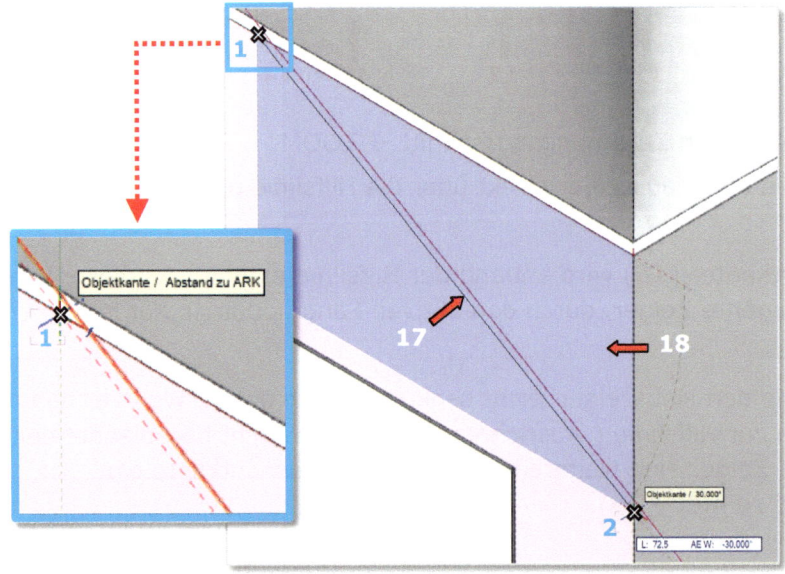

5. Erste Schritte in der 3D-Konstruktion

- Klicken Sie auf diese rot gefärbte Fläche (**20**), lassen Sie die LMT los und ziehen Sie den Mauszeiger nach hinten (**21**).
- Klicken Sie auf eine Ecke der Rückseite (**22**).

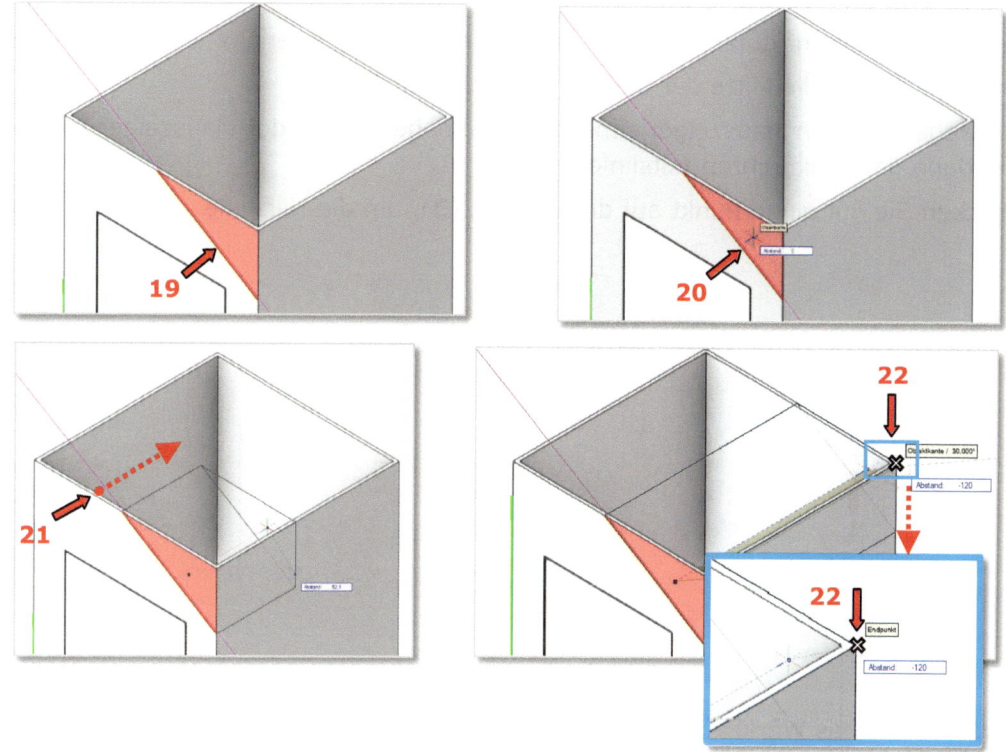

Die erste Schräge für das Dach wurde aus dem Vollkörper ausgeschnitten (**23**).

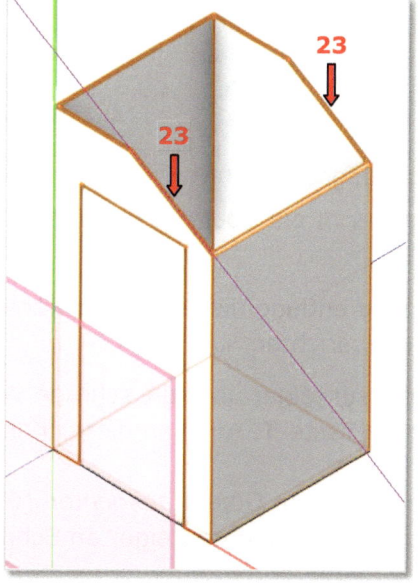

2. Linke Wand

Um die linke Seite einfacher abzuschrägen, zeichnen Sie eine neue Hilfslinie:

- Aktivieren Sie das Werkzeug *Hilfslinie* .

Diese soll senkrecht durch die Mitte der Vorderseite verlaufen.

- Klicken Sie auf die Mitte der oberen Türöffnung (**1**).
- Bewegen Sie den Mauszeiger senkrecht nach oben (**2**) → der Mauszeiger gleitet entlang der senkrechten Hilfslinie.
- Klicken Sie auf einen Punkt auf dieser Linie (**3**), um die Hilfslinie zu zeichnen (**4**).

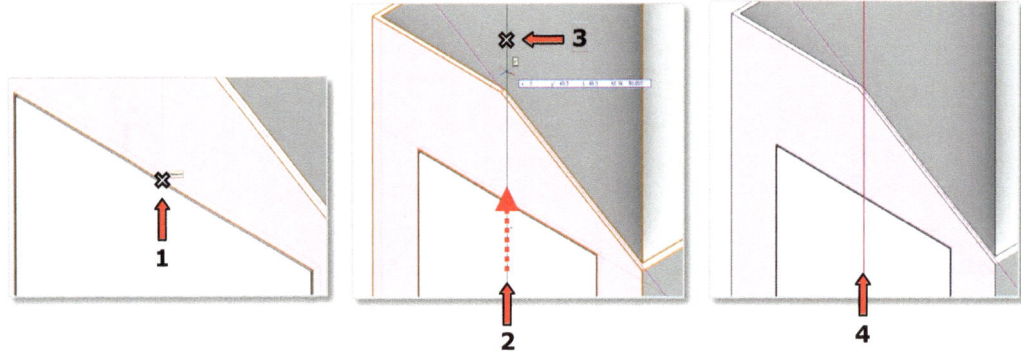

Linie

- Wählen Sie das Werkzeug *Linie* aus.
- Aktivieren Sie die Methoden: die erste - *In bestimmten Winkeln*, die dritte – *Aus Anfangspunkt*, die fünfte - *Drücken/Ziehen* und die sechste - *Drücken/Ziehen Zusammenfügen*.

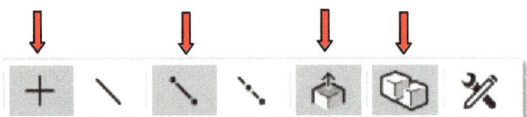

- Vergrößern Sie den Zeichnungsausschnitt → ZOOM.
- Bewegen Sie den Mauszeiger direkt über die senkrechte Hilfslinie (**4**) und drücken Sie die Taste-**T**.

Eine „Ausrichtkante" (**5v**) wird entlang dieser Hilfslinie erzeugt. An dieser kann sich jetzt der Intelligente Zeiger ausrichten.

- Bewegen sie danach den Mauszeiger über die schräge Vorderkante der Wand (**5s**) und drücken Sie erneut die Taste-**T**. Auch an dieser Kante kann sich jetzt der Intelligente Zeiger ausrichten
  → Durch die aktiven Fangmodi *An Objekt ausrichten* (**6**) und *An Kante ausrichten* (**7**) kann sich der Intelligente Zeiger an Schnittpunkt 3 ausrichten.

5. Erste Schritte in der 3D-Konstruktion

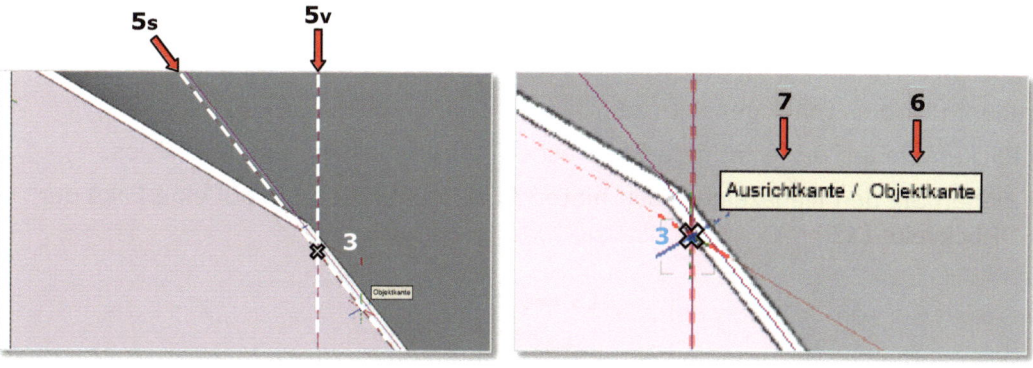

Jetzt soll die Linie gezeichnet werden:

- Klicken Sie auf Punkt **3** (= Schnittpunkt der senkrechten Hilfslinie und der eben gezeichneten Schräge des Daches).
- Bewegen Sie den Mauszeiger unter einem Winkel von -150° nach unten links (kontrollieren Sie den Winkel in der Objektmaßanzeige - **8**).
- Klicken Sie auf den Schnittpunkt der Hilfslinie und der linken Kante der Vorderseite des Gartenhauses (Punkt **4**).

Die Linie wird gezeichnet (**9**) und
teilt die Vorderseite des Gartenhauses
in zwei Teile auf (**10** + **11**).

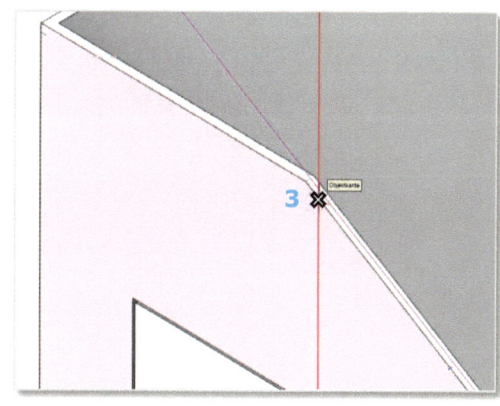
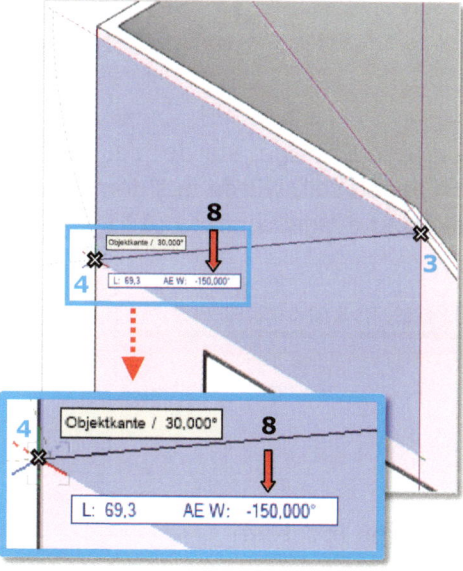

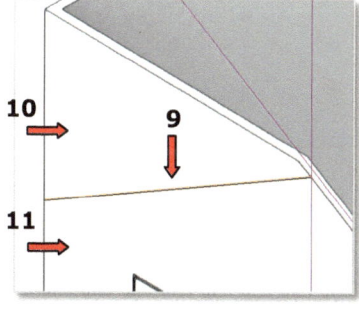
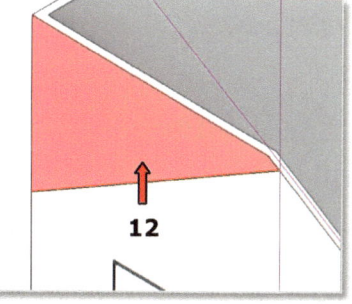
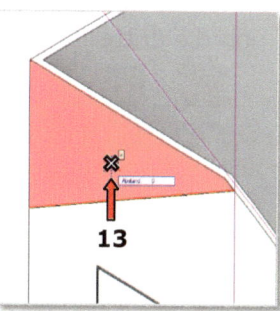

5. Erste Schritte in der 3D-Konstruktion

- Bewegen Sie den Mauszeiger leicht nach oben zu dem Dreieck, das durch die gezeichnete Linie entstanden ist (**10**).

Dadurch wird es rot angezeigt (**12**).

- Klicken Sie auf diese rot gefärbte Fläche (**13**) und lassen Sie die LMT los.
- Ziehen Sie den Mauszeiger nach hinten (**14**) und klicken Sie auf eine Ecke der Rückseite (**15**).

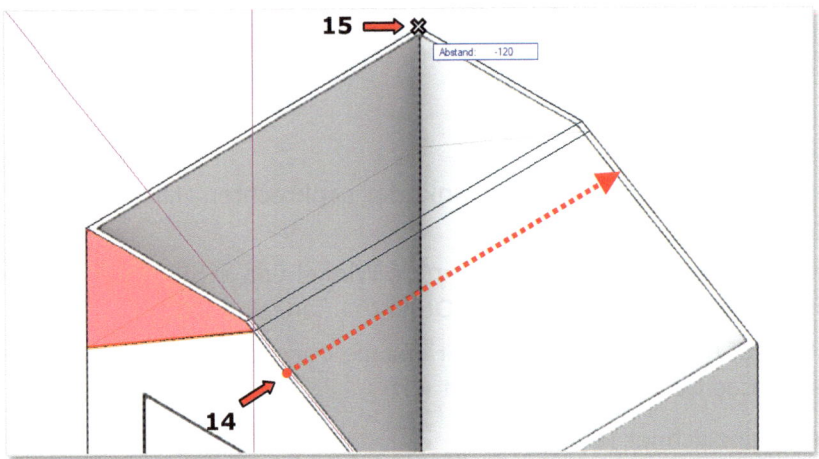

Die zweite Schräge, auf der das Dach liegen soll, wurde aus dem Vollkörper ausgeschnitten (**16**).

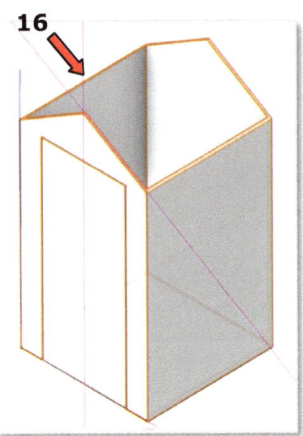

Hilfslinien löschen

- Um viele Hilfslinien gleichzeitig zu löschen, wählen Sie das Werkzeug *Hilfslinien* und die dritte Methode (**17**) aus.

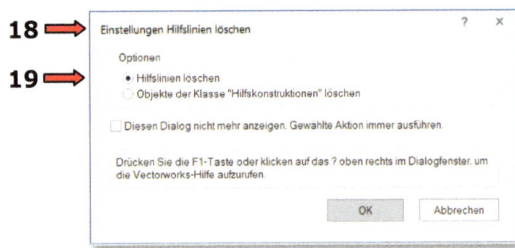

- Im nun erscheinenden Dialogfenster „Einstellungen Hilfslinien löschen" (**18**) aktivieren Sie die gewünschte Option „Hilfslinien löschen" (**19**).
- Bestätigen Sie mit OK.

Ein Dialogfenster mit einer Warnung (**20**) wird geöffnet.

- Drücken Sie die Schaltfläche „Löschen" (**21**).

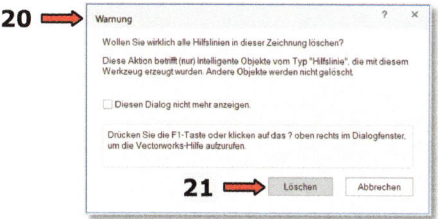

6.2.5 Dachfläche
(14 cm dick)

Eine Fläche soll über die rechte abgeschrägte Wand gezeichnet werden.

- Zeichnen Sie ein Rechteck mit dem Werkzeug *Rechteck* und der ersten Methode - *Definiert durch Diagonale* (**1**).

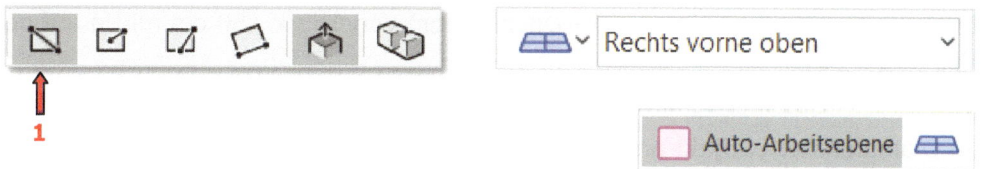

Das Rechteck soll auf den rechten, abgeschrägten Wänden (**2**) gezeichnet werden.

- Bewegen Sie den Mauszeiger über die Schräge der rechten Wand.

Sie wird rosa angezeigt (**2**).

- Klicken Sie zuerst auf die Giebelspitze **1** und dann diagonal auf die gegenüberliegende Außenwandecke **2**.

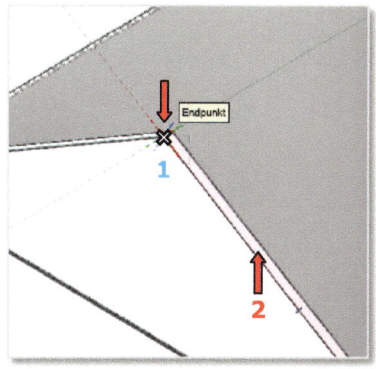
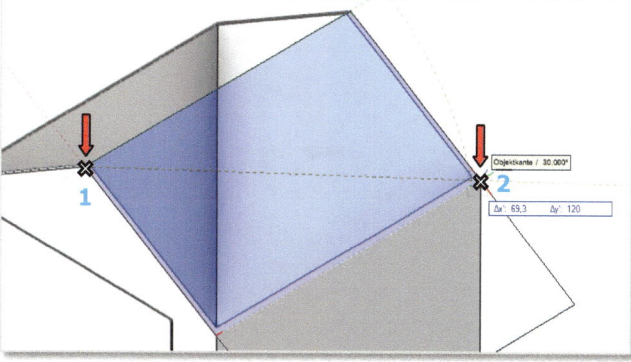

Das Rechteck wurde gezeichnet (**3**).

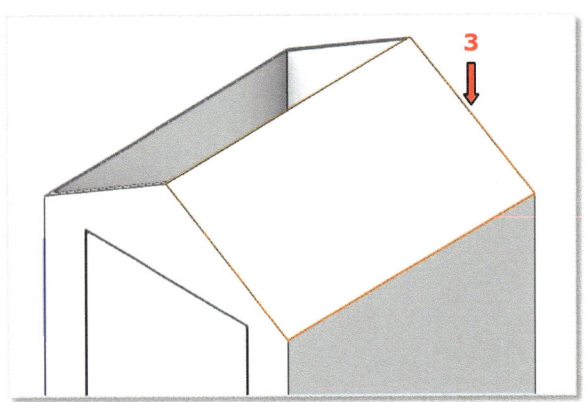
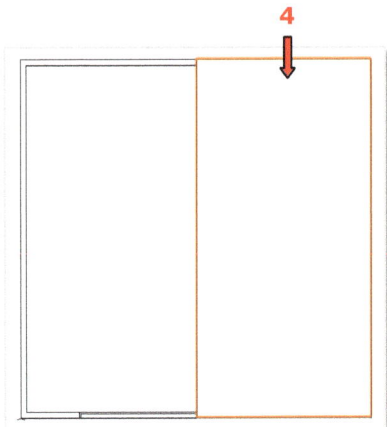

- Wechseln Sie zur Aktuellen Ansicht „2D-Plan Draufsicht" → Ergebnis (**4**).

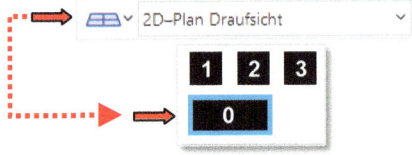

- Zeichnen Sie ein Rechteck (= die Dachkontur) von 150 x 150 cm mittig auf den Vollkörper (**6**).

Dachkontur = Dachfläche + Dachüberstand

- Im Dialogfenster „Objekt anlegen - Rechteck" (**5**):
  - Δx: 150
  - Δy: 150
  - Aktivieren Sie in der schematischen Darstellung die Mitte des Quadrats (**6**).
  - Aktivieren Sie die Option „Nächster Klick".
  - Bestätigen Sie mit OK.

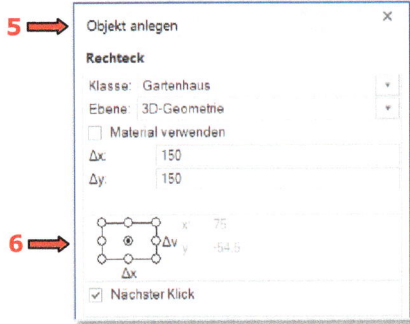

5. Erste Schritte in der 3D-Konstruktion

- Klicken Sie mit der LMT auf die Mitte des Vollkörpers (**7**).

Das Quadrat 150 x 150 cm wird im Vordergrund gezeichnet (**8**).

- Ordnen Sie es in den Hintergrund an, mit dem Befehl in der Menüzeile:
  Ändern – Anordnen - In den Hintergrund → Ergebnis (**9**).

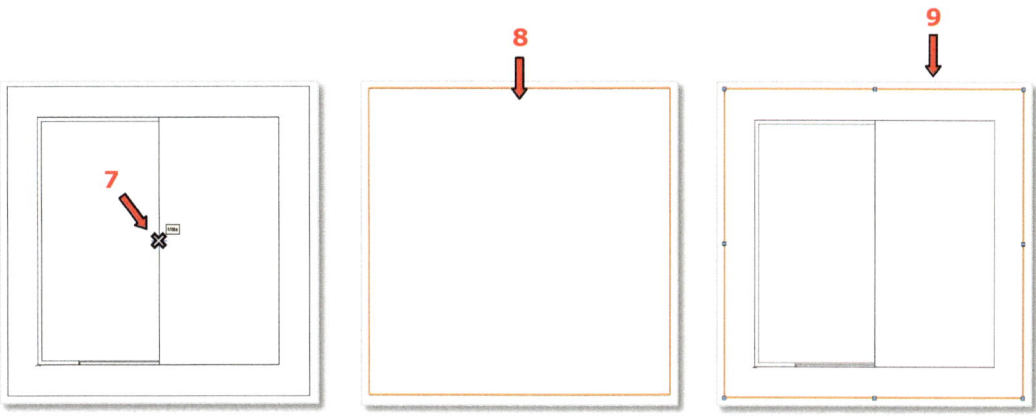

Formen Sie die zuerst gezeichnete schräge Dachfläche (**3**) um, sodass sie an die eben gezeichnete Dachkontur von 150 x 150 cm (**9**) angepasst wird.

- Aktivieren Sie das Werkzeug *Aktivieren* und klicken Sie auf die schräge Dachfläche (**3**) → die Umformpunkte **A**, **B**, **C** usw. werden angezeigt (**10**).

WICHTIG: Die aktuelle Ansicht sollte „2D-Plan Draufsicht" sein.

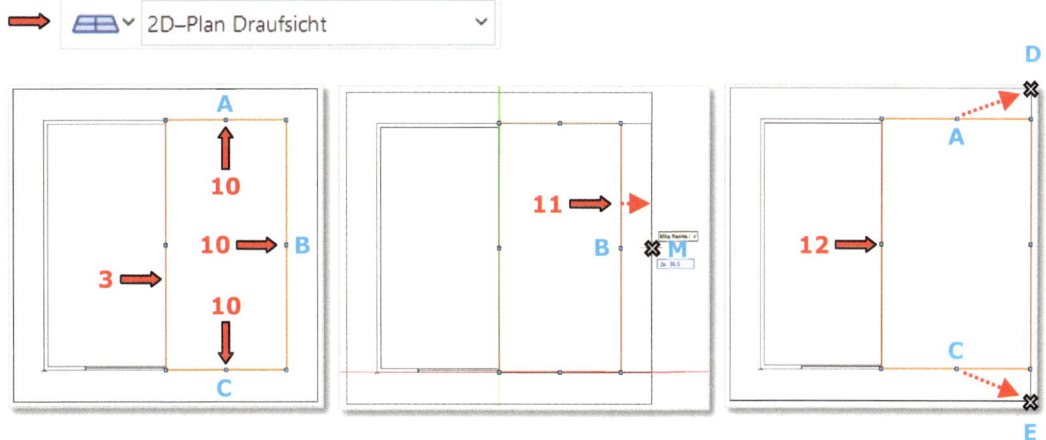

- Klicken Sie zuerst auf den Umformpunkt **B**, lassen Sie die LMT los und ziehen Sie den Mauszeiger waagerecht (**11**) bis zum Mittelpunkt **M** der rechten Seite der eben gezeichneten Dachkontur (**9**) → Ergebnis (**12**).

- Wiederholen Sie dies mit den Umformpunkten **A** und **C**:
  Ziehen Sie die Punkte **A** und **C** nicht bis zum Mittelpunkt, sondern jeweils zu den Ecken **D** und **E**, wo der Intelligente Zeiger die Fangpunkte erkennen kann
  → Ergebnis (**13**).

5. Erste Schritte in der 3D-Konstruktion

- Spiegeln Sie diese Fläche auf die linke Seite mit dem Werkzeug *Spiegeln* und der zweiten Methode - *Duplikat*.

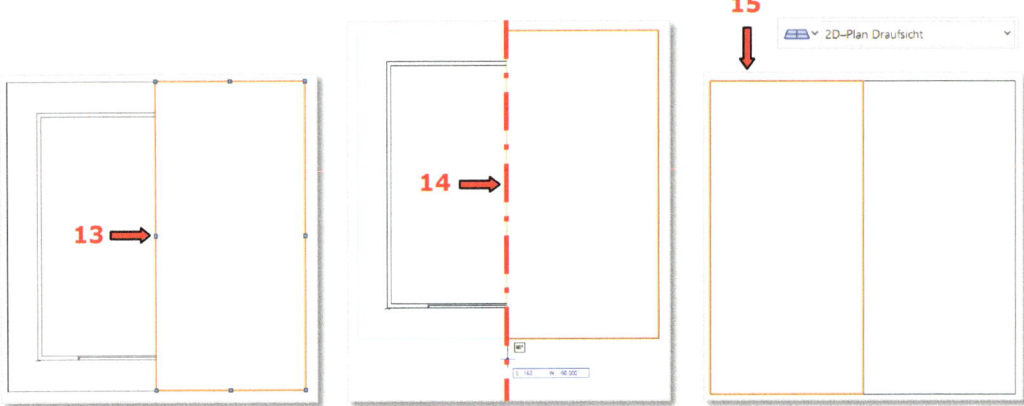

Die Spiegelachse soll senkrecht durch die Mitte des Vollkörpers verlaufen (**14**) → Ergebnis (**15**).

- Wechseln Sie zur Aktuellen Ansicht „Rechts vorne oben" (**16**).

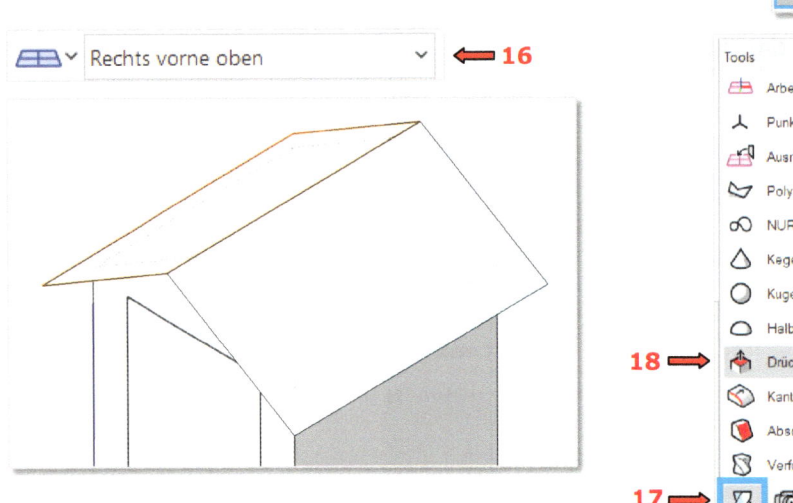

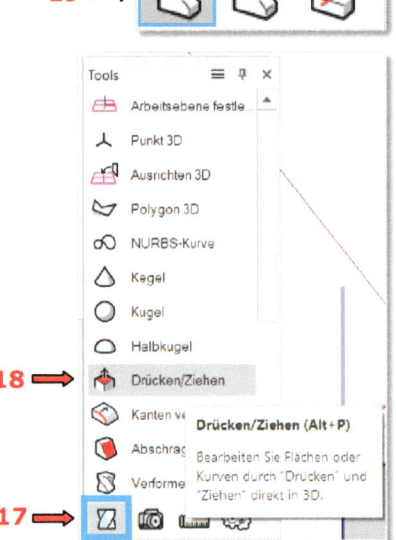

Die Dachfläche soll 1,4 cm dick sein.

- Extrudieren Sie die Dachflächen mit dem Werkzeug *Drücken/Ziehen* (**18**) aus der Werkzeuggruppe (Tools-Palette) **Modellieren** (**17**) und der ersten Methode - *Fläche extrudieren* (**19**).
- Bewegen Sie den Mauszeiger über die rechte Dachfläche.

Sie wird rot angezeigt (**20**).

- Klicken Sie auf diese Fläche (**21**) und ziehen Sie den Mauszeiger nach oben.
- Tragen Sie in die Objektmaßanzeige den Abstand 1,4 cm (**22**) ein.

5. Erste Schritte in der 3D-Konstruktion

- Bestätigen Sie zweimal mit der Eingabetaste → Ergebnis (**23**).

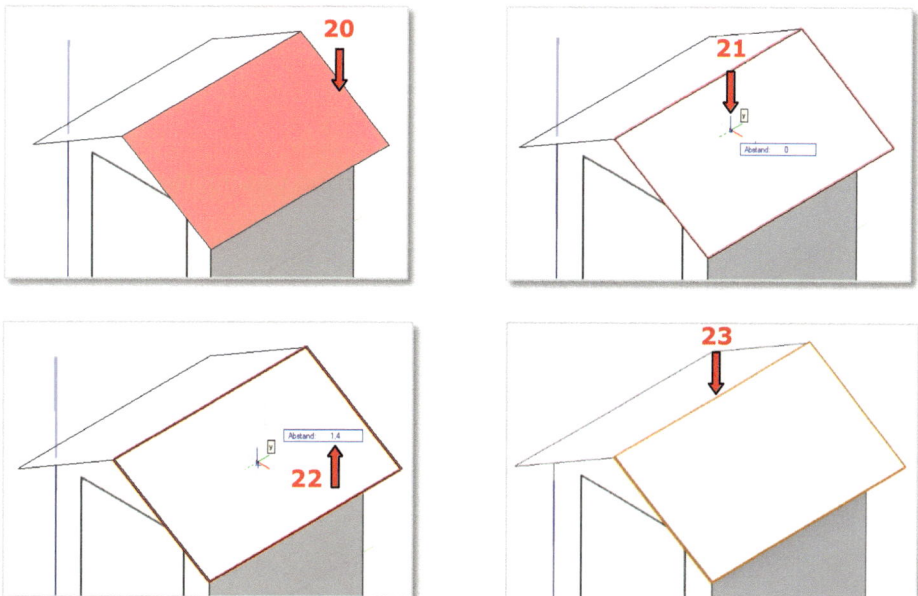

- Drehen Sie die Ansicht, indem Sie die aktuelle Ansicht auf „Links vorne oben" (**24**) ändern.

  Tastenkürzel: Um die Ansicht „Links vorne oben" zu aktivieren, drücken Sie die Zahl „1" auf dem Zahlenblock Ihrer Tastatur.

- Wiederholen Sie dies mit der linken Dachfläche → Ergebnis (**25**).

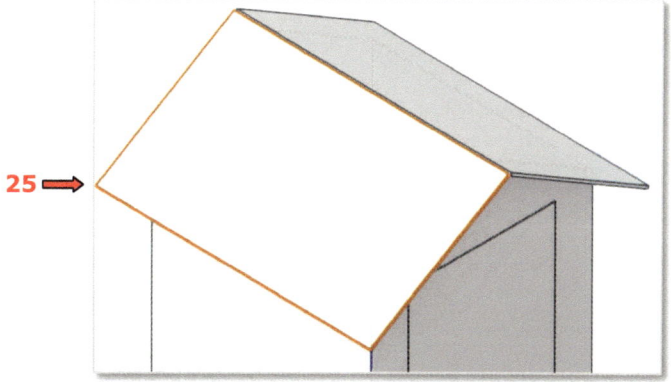

5. Erste Schritte in der 3D-Konstruktion

6.2.6 Flächen abschrägen

First

Der First muss korrigiert werden (**1**).

Die zwei Dachseiten sollen an den Kanten auf Gehrung geschnitten werden.

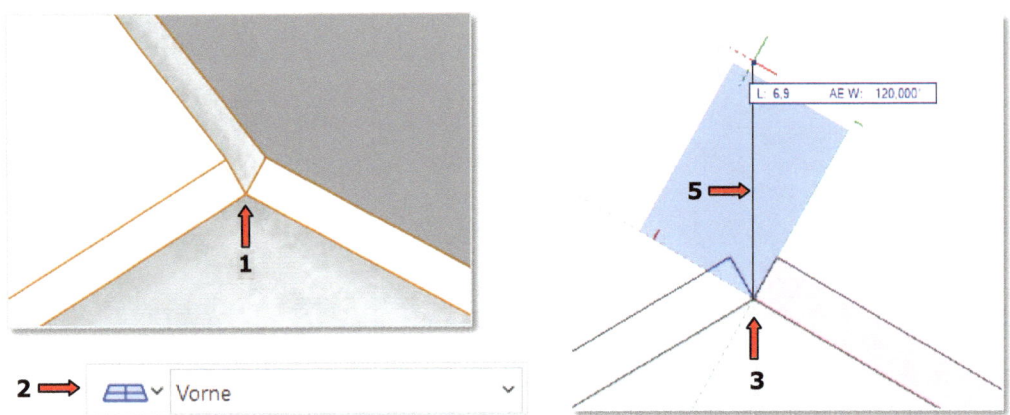

- Wechseln Sie zur Aktuelle Ansicht „Vorne" (**2**).

Tastenkürzel: Um die Ansicht „Vorne" zu aktivieren, drücken Sie die Zahl „2" auf dem Zahlenblock Ihrer Tastatur.

Hilfslinie

- Zeichnen Sie zuerst eine Hilfsline (**5**), vom Schnittpunkt beider Dachflächen (**3**) senkrecht nach oben (siehe Objektmaßanzeige W: 120°).
- Der Modus für automatische Arbeitsebene „Auto-Arbeitsebene" muss aktiviert sein (**4**).

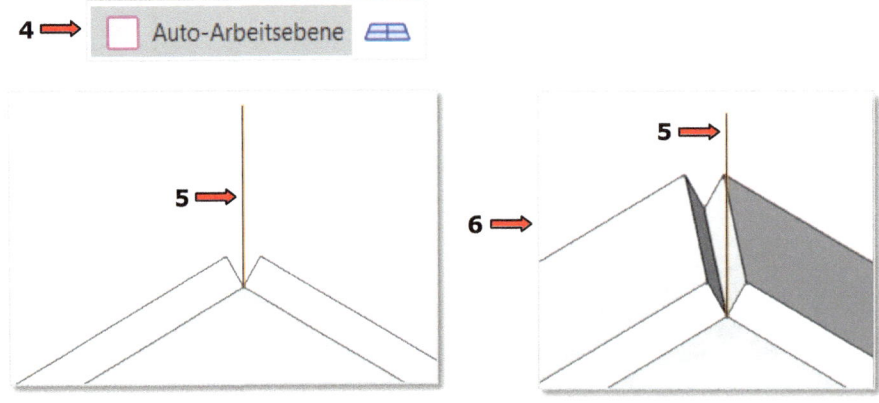

5. Erste Schritte in der 3D-Konstruktion

- Drehen sie die Ansicht, wie in Abbildung (**6**) dargestellt, indem Sie die mittlere Maustaste bei gedrückter Strg-/Ctrl-Taste auf der Zeichenfläche bewegen.

Flächen abschrägen
Mit dem Werkzeug **Abschrägen** (Werkzeuggruppe „Modellieren") können Sie einzelne oder tangentiale Flächen von 3D-Objekten in einem bestimmten Winkel in Bezug auf eine bestimmte Fläche abschrägen.

Methode	Beschreibung
Tangentiale Flächen	Ist diese Methode aktiv, wird die gewählte Fläche zusammen mit allen tangential anschließenden Flächen abgeschrägt. Diese Methode eignet sich besonders für 3D-Objekte mit abgerundeten Seiten.
Fläche	Aktivieren Sie diese Methode, wird nur die gewählte Fläche abgeschrägt.

[...] (siehe Vectorworks-Hilfe [1])

1. Linke Dachseite abschrägen

- Wählen Sie das Werkzeug *Abschrägen* (**8**) in der Werkzeuggruppe (Tools-Palette) **Modellieren** (**7**) und die zweite Methode - *Fläche* (**9**) aus.

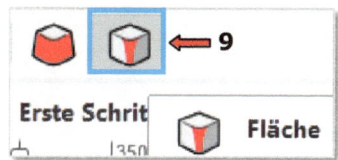

- Klicken Sie zuerst auf die Bezugsfläche (**10**).
- Klicken Sie danach auf die Fläche, die abgeschrägt werden soll (**11**).
- Klicken Sie anschließend auf das obere Ende der Hilfslinie (**12**).
- Löschen Sie die Hilfslinie.

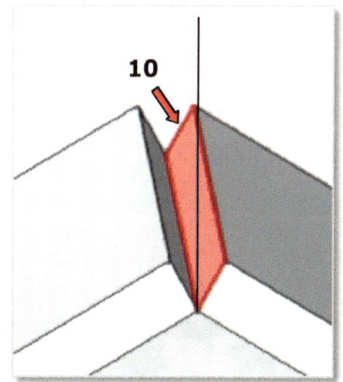
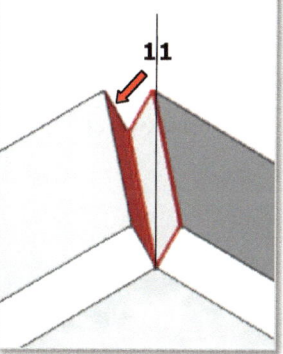
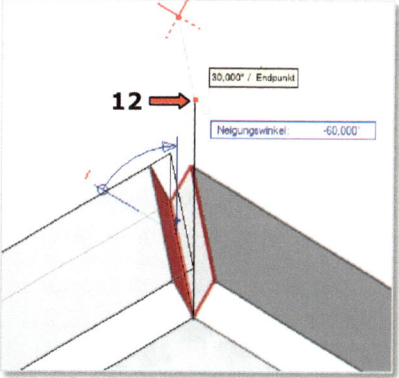

5. Erste Schritte in der 3D-Konstruktion

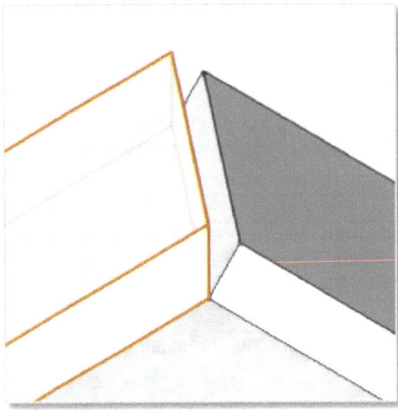

Ergebnis

2. Rechte Dachseite abschrägen

Um die rechte Dachfläche leichter an die linke anzupassen, drehen Sie die Ansicht erneut mit dem Mausrad bei gedrückter Strg-/Ctrl-Taste → Abbildung (**14**).

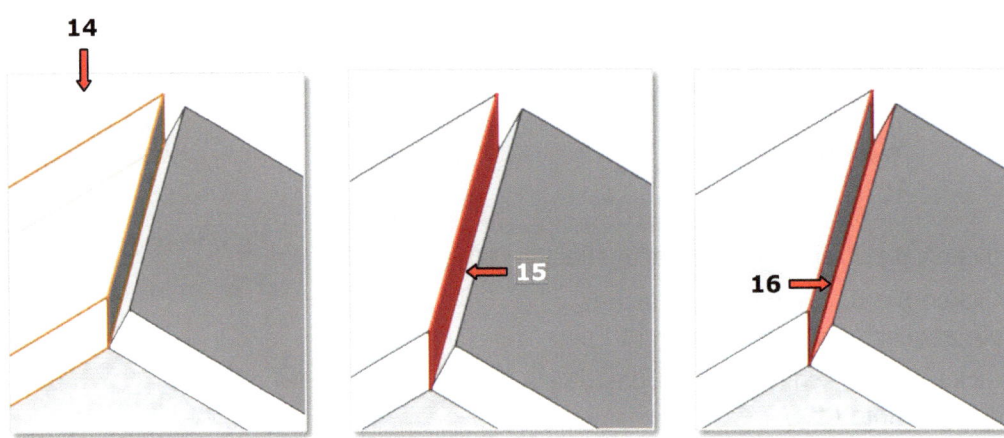

- Wählen Sie erneut das Werkzeug *Abschrägen* in der Tools-Palette **Modellieren** und die zweite Methode - *Fläche* aus.
- Klicken Sie zuerst auf die Bezugsfläche (**15**).
- Klicken Sie danach auf die Fläche, die abgeschrägt werden soll (**16**).
- Klicken Sie anschließend auf die obere Ecke der linken Dachfläche (**17**).

5. Erste Schritte in der 3D-Konstruktion

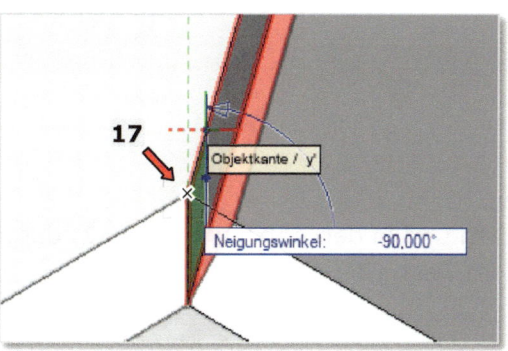 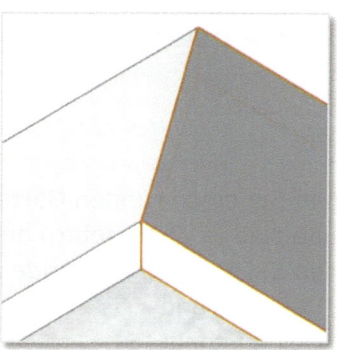

Ergebnis

- Sie können die zwei Dachflächen zusammenfügen, indem Sie beide Dach-Objekte aktivieren und aus der Menüzeile den folgenden Befehl auswählen:
  3D-Modell – Vollkörper anlegen – Volumen zusammenfügen.
- Ändern Sie die Farben in der Attribute-Palette, wie unten vorgeschlagen:
  - Wandfarbe: Solid – Classic 158
  - Türfarbe: Solid - Classic 046
  - Dachflächenfarbe: Solid – Classic 054
  - Bodenflächenfarbe: Solid - Classic 051.

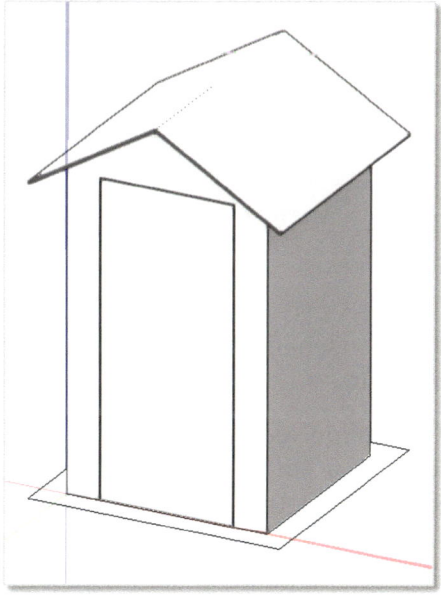 

Ergebnis

6.3 Gartentisch

Aufgabe:

Zeichnen Sie einen runden Gartentisch.
Die Maße sind in Zentimetern angegeben und in den Abbildungen (**1**, **2**) dargestellt.
Zeichnen Sie zwei Gegenstände auf dem Tisch (**3**):
- eine Vase (**4**) und
- eine kleine Schale (**5**).

Gartentisch = Verjüngungskörper (**6**) + Schichtkörper (**7**):
Höhe 76 cm
Tischplatte Ø 90 cm x 5 cm, Verjüngung 10° (**8**)

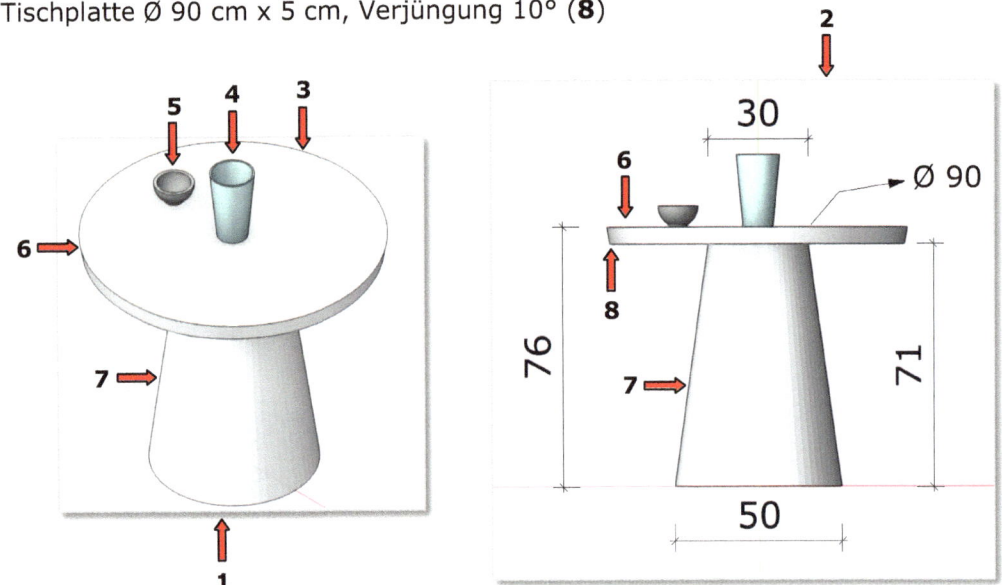

Anleitung:

• Zeichnen Sie den Gartentisch auf der Konstruktionsebene „3D Geometrie" und in der Klasse „Gartentisch". Beide müssen aktiv sein.

Anmerkung: Die Klassendarstellung in der Navigation-Klassen-Palette sollte auf „Nur aktive zeigen" festgelegt sein. Alternativ können Sie die Klassen „Gartenhaus" und „Hilfskonstruktionen" in der Navigation-Klassen-Palette unsichtbar stellen.

6.3.1 Tischplatte, Verjüngungskörper

Verjüngungskörper anlegen
Mit diesem Befehl **Verjüngungskörper anlegen** (Menü **3D-Modell**) können Sie Verjüngungskörper anlegen, indem Sie einem beliebigen zweidimensionalen Objekt, einem 3D-Polygon oder einer NURBS-Kurve eine Tiefe sowie den Seitenflächen einen Neigungswinkel zu einer Senkrechten zur Grundfläche zuweisen. Dadurch entsteht ein Extrusionskörper, der sich nach oben verjüngt.
Dieser Befehl weist einem oder mehreren zweidimensionalen Objekten, 3D-Polygonen oder NURBS-Kurven eine Tiefe und einen Neigungswinkel, also eine dritte Dimension in Richtung der z-Achse des Bildschirms zu. Für die Lage des Verjüngungskörpers ist es entscheidend, in welcher Ansicht die aktive Konstruktionsebene angezeigt wird, während Sie **3D-Modell > Verjüngungskörper anlegen** wählen. Weisen Sie einem Objekt in der Ansicht „Oben" eine Tiefe und einen Neigungswinkel zu, handelt es sich dabei um die Höhe des Verjüngungskörpers. Weisen Sie einem Objekt in der Ansicht „Rechts" eine Tiefe und einen Neigungswinkel zu, handelt es sich um die Breite des Verjüngungskörpers. Im ersten Fall steht der Verjüngungskörper auf der Konstruktionsebene, im zweiten Fall liegt er auf ihr. [...] (siehe Vectorworks-Hilfe [1])

- Zeichnen Sie einen Kreis mit dem Durchmesser 90 cm mittig auf dem Plan (**1**) in der Ansicht „2D-Plan Draufsicht".

Tastenkürzel: Um die Ansicht „2D-Plan Draufsicht" zu aktivieren, drücken Sie die Zahl „0" auf dem Zahlenblock Ihrer Tastatur.

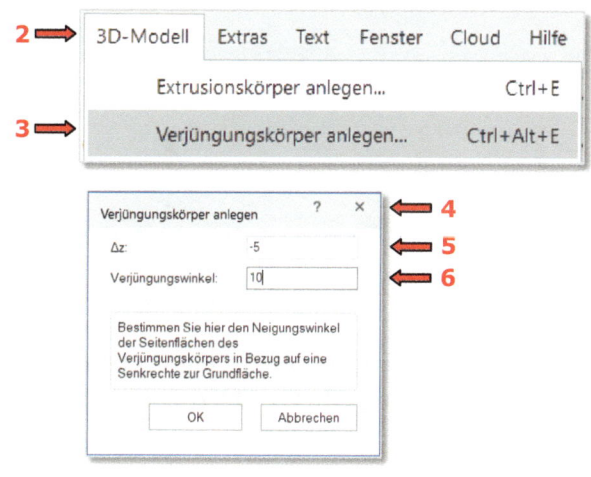
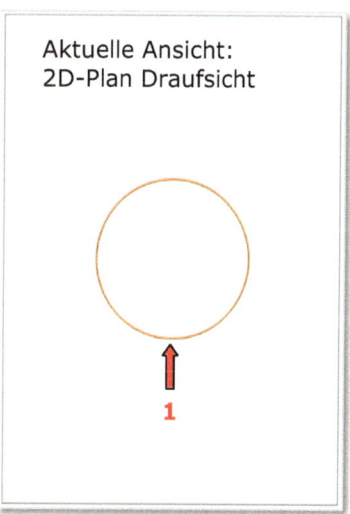

- Wählen Sie den Befehl *Verjüngungskörper anlegen...* in der Menüzeile aus: *3D-Modell* (**2**) - *Verjüngungskörper anlegen...* (**3**).

- Bestimmen Sie im nun erscheinenden Dialogfenster „Verjüngungskörper anlegen" (**4**):
  - die Tiefe des Körpers Δz: (-5 cm) (**5**) und
  - den „Verjüngungswinkel:" 10,00° (**6**).
  - Bestätigen Sie mit OK.

Sie können das Ergebnis in der Ansicht „Vorne" (**7**) sehen.

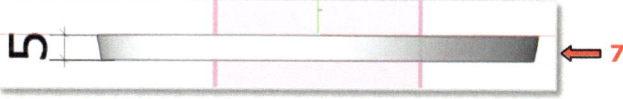

5. Erste Schritte in der 3D-Konstruktion

6.3.2 Tischbein, Schichtkörper

Schichtkörper anlegen

Mit dem Befehl **Schichtkörper anlegen** (Menü **3D-Modell**) werden die aktiven zweidimensionalen Objekte zu einem Körper zusammengefasst. Die zweidimensionalen Grundflächen werden mit einem bestimmten Abstand voneinander in z-Richtung verschoben und die Eckpunkte miteinander verbunden. Die Gesamttiefe des Schichtkörpers entspricht dem im Dialogfenster „Extrusionskörper" eingegebenen Wert. [...]
(siehe Vectorworks-Hilfe [1])

- Zeichnen Sie den ersten Kreis (**1**) mit einem Durchmesser von 50 cm mittig auf die Tischplatte (**3**), in der Ansicht „2D-Plan Draufsicht".
- Zeichnen Sie den zweiten Kreis (**2**) mit einem Durchmesser von 30 cm, mittig auf den ersten Kreis.
- Aktivieren Sie beide Kreise (**4**).

Aktuelle Ansicht: 2D-Plan Draufsicht

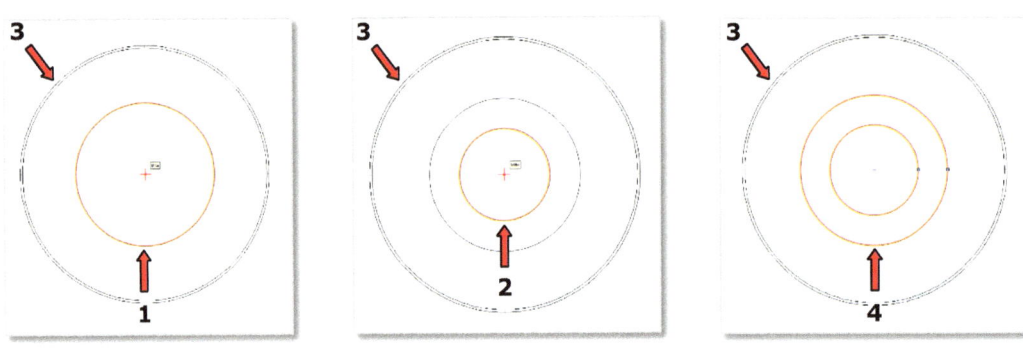

Die Reihenfolge (die Anordnung) der zwei 2D-Objekte ist beim Befehl *Schichtkörper anlegen...* wichtig.

Das 2D-Objekt (**2**), das im Vordergrund angeordnet ist, wird mit einem Abstand (**8**) verschoben und mit dem im Hintergrund angeordneten Objekt (**1**) zu einem Körper verbunden.

- Wählen Sie in der Menüzeile den Befehl *Schichtkörper anlegen...* aus:
  3D-Modell (**5**) - *Schichtkörper anlegen...* (**6**).
- Bestimmen Sie im nun erscheinenden Dialogfenster „Extrusions-/Schichtkörper" (**7**) die Tiefe des Körpers → Δz: 71 cm (**8**).
- Bestätigen Sie mit OK.

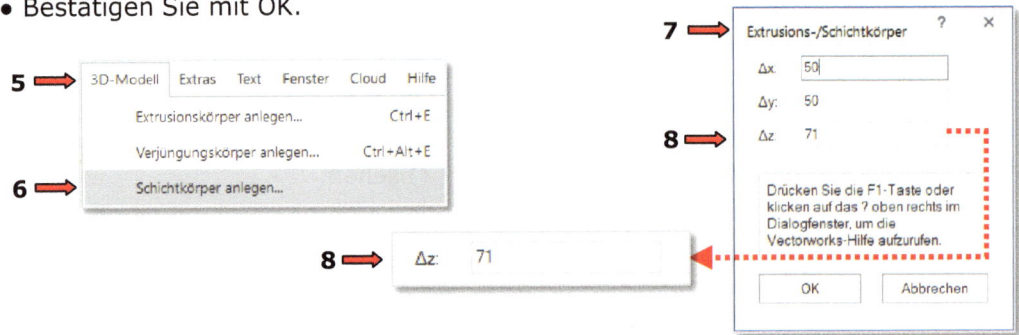

Sie können das Ergebnis in der Ansicht „Vorne" (**9**) sehen.

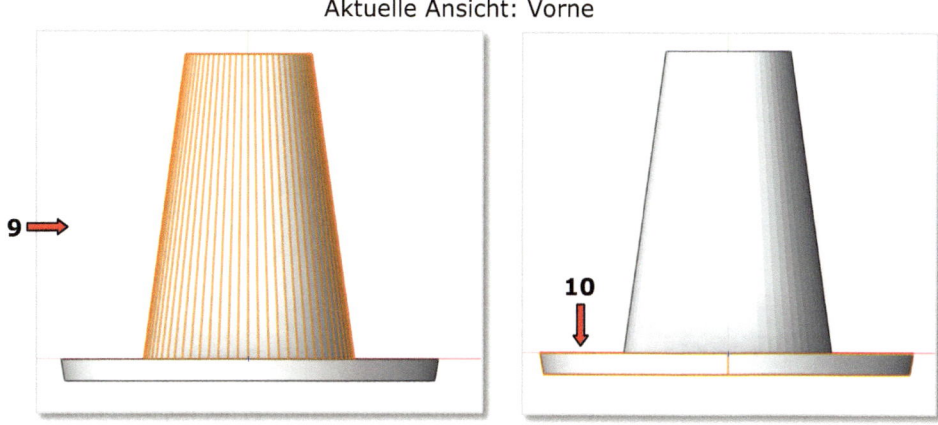

Tischplatte verschieben

- Aktivieren Sie die Tischplatte (**10**).
- Verschieben sie die Tischplatte mit dem Befehl *3D Verschieben...* aus der Menüzeile: *Ändern* (**11**) – *Verschieben* (**12**) – *3D Verschieben...* (**13**).
- Tragen Sie im nun erscheinenden Dialogfenster „3D Verschieben" (**14**) den Wert für die Verschiebung ein → Δz: 76 cm (**15**).

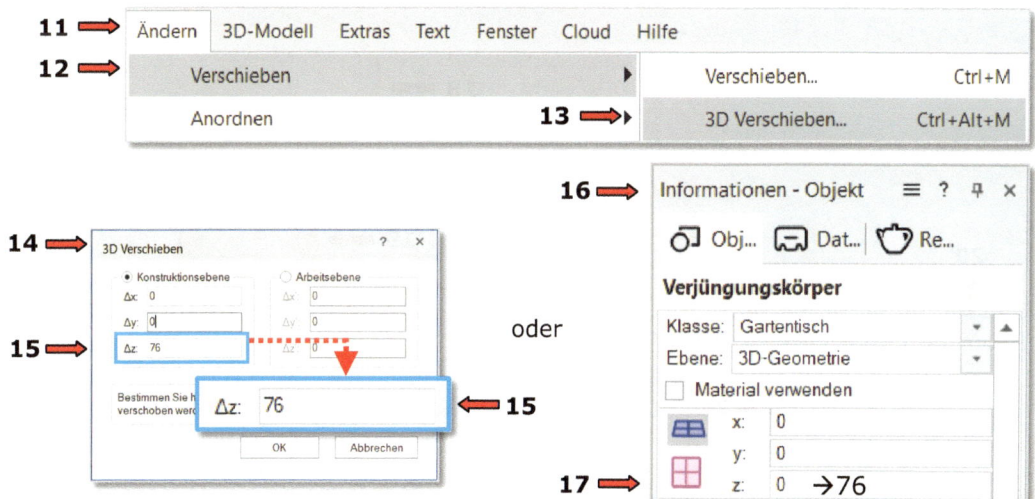

Sie können die Tischplatte noch einfacher mithilfe der Informationen-Objekt-Palette (**16**), nach oben positionieren.

Tragen Sie in das Eingabefeld für die Koordinate z den Wert → z: 76 cm (**17**) ein.

5. Erste Schritte in der 3D-Konstruktion

Aktuelle Ansicht: Vorne   Aktuelle Ansicht: Rechts vorne oben

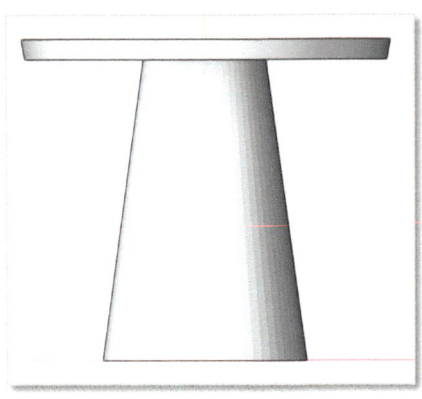

Ergebnis

Volumen zusammenfügen

Das Volumen der zwei Tischteile (Verjüngungskörper + Schichtkörper) soll zu einem Volumen zusammengefügt werden → Vollkörper Addition:

- Aktivieren Sie den Verjüngungskörper (**18**) und den Schichtkörper (**19**).
- Gehen Sie in der Menüzeile zu folgendem Befehl:
  3D-Modell (**20**) – *Vollkörper anlegen* (**21**) – *Volumen zusammenfügen* (**22**).

Die zwei 3D-Körper (**23**) wurden zu einem Vollkörper zusammengefügt → Vollkörper Addition (**24**).

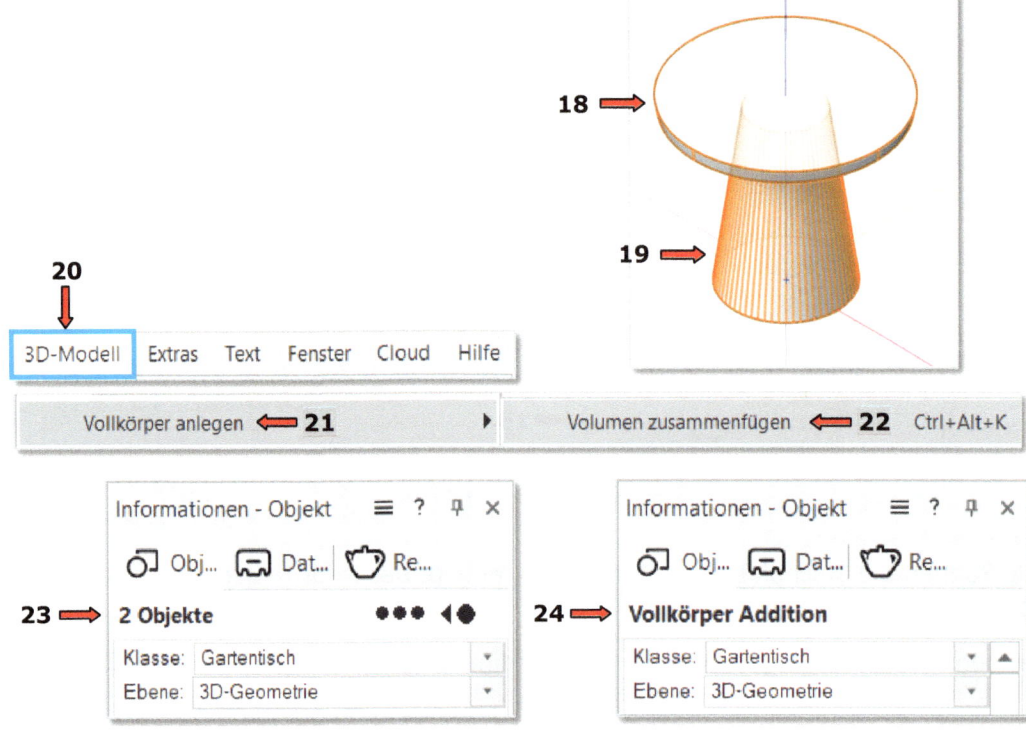

6.3.3 Vase

Aufgabe:

Vase (**1**) → aus einem Schichtkörper (**2**) soll ein Hohlkörper (**3**) erstellt werden.
- Durchmesser unten – Ø 9 cm
- Durchmesser oben – Ø 13 cm
- Höhe – 21 cm
- Dicke – 0,5 cm
- Füllung → Solid-Farbe:
- Farbmischung aus
  Rot:203; Grün: 237; Blau: 239

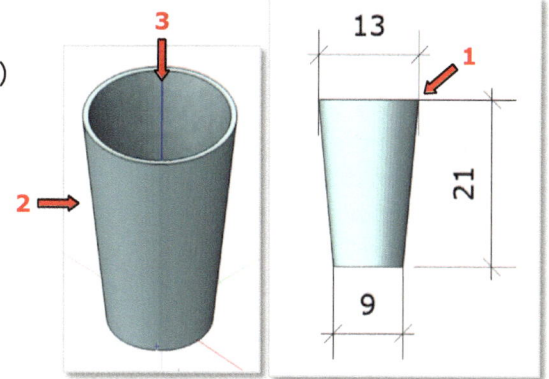

Anleitung:

Erster Kreis

- Öffnen Sie das Dialogfenster „Objekt anlegen" (**4**) mit einem Doppelklick auf das Werkzeug *Kreis*.

- Im nun erscheinenden Dialogfenster „Objekt anlegen - Kreis" (**4**) tragen sie den Wert für den Radius ein:
  - Radius: 4,50 cm (**5**)
  - Der Einfügepunkt auf dem Plan soll mit der Option „Nächster Klick" (**6**) festgelegt werden.
  - Bestätigen Sie mit OK.

Der Kreis ist nun an Ihrem Mauszeiger „angehängt".

WICHTIG: Der Modus für automatische Arbeitsebene „Auto-Arbeitsebene" (**7**) muss aktiviert sein.

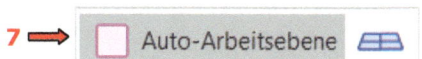

Automatische Arbeitsebene
Die automatische Arbeitsebene ist eine temporäre Arbeitsebene, die nicht explizit festgelegt werden muss. Um das Zeichnen in 3D zu unterstützen, wird die automatische Arbeitsebene auf geeigneten Objektoberflächen angezeigt, wenn der Zeiger mit bestimmten Werkzeugen über Objekte in der Zeichnung bewegt wird. Objekte, die auf der automatischen Arbeitsebene erstellt werden, werden planar zur automatischen Arbeitsebene und nicht auf der Konstruktionsebene gezeichnet.
[...] (siehe Vectorworks Hilfe [1])

- Bewegen sie den Mauszeiger über die obere Seite der Tischplatte, bis diese andersfarbig angezeigt wird (**8**).

- Platzieren Sie den Kreis mit der Option „Nächster Klick" in der Mitte der Tischplatte (**9**).

WICHTIG: Vor dem Klicken muss die obere Seite der Tischplatte andersfarbig anzeiget werden (**8**).

5. Erste Schritte in der 3D-Konstruktion

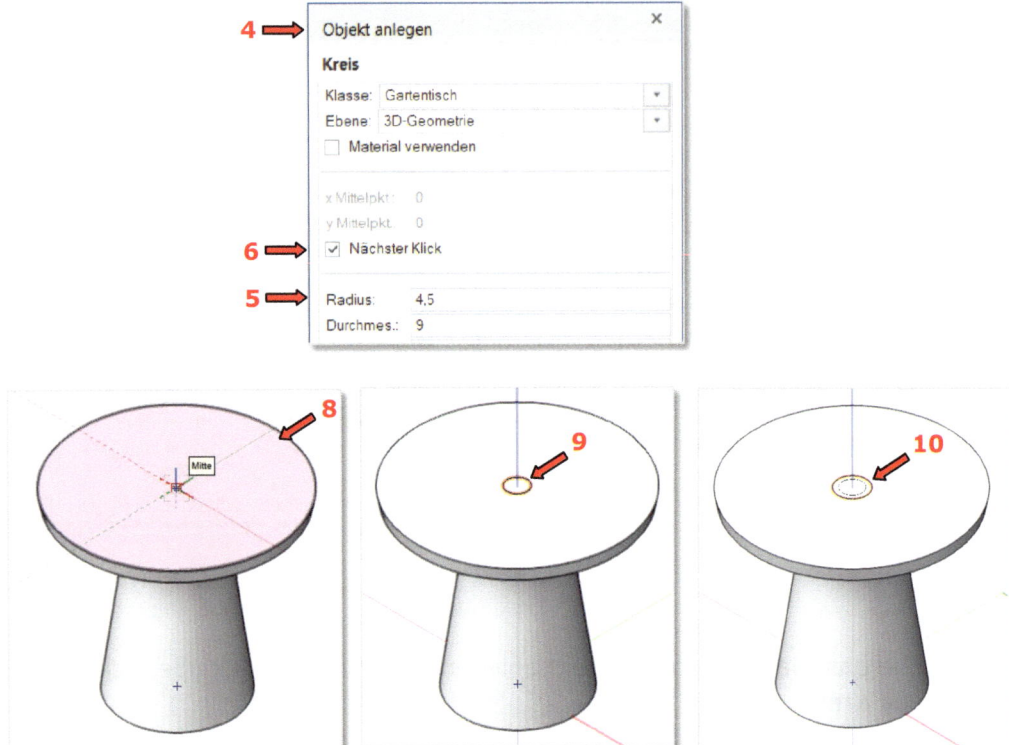

Zweiter Kreis

- Öffnen Sie das Dialogfenster „Objekt anlegen" durch einen Doppelklick auf das Werkzeug *Kreis*.
- Im nun erscheinenden Dialogfenster „Objekt anlegen - Kreis" tragen sie den Wert für den Radius ein → Radius: 6,50 cm.
- Der Einfügepunkt auf dem Plan soll mit der Option „Nächster Klick" festgelegt werden.
- Platzieren Sie den zweiten Kreis mittig zum ersten Kreis (**10**).

WICHTIG: Der Modus für automatische Arbeitsebene „Auto-Arbeitsebene" (**7**) muss aktiviert sein.

1. Schichtkörper

- Aktivieren Sie beide Kreise (**11**).
- Wählen Sie den Befehl *Schichtkörper anlegen...* aus der Menüzeile: *3D-Modell - Schichtkörper anlegen...*
- Im nun erscheinenden Dialogfenster „Extrusions-/Schichtkörper..." (**12**) bestimmen Sie die Tiefe des Körpers → Δz: 21 cm (**13**).

5. Erste Schritte in der 3D-Konstruktion

Achten Sie auf die Anordnung der Kreise auf dem Plan:

Kreis Ø 4,50 cm → befindet sich im Hintergrund.
Kreis Ø 6,50 cm → befindet sich im Vordergrund.

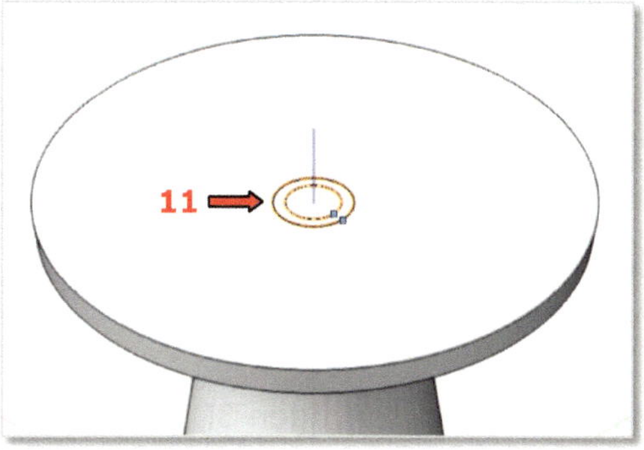

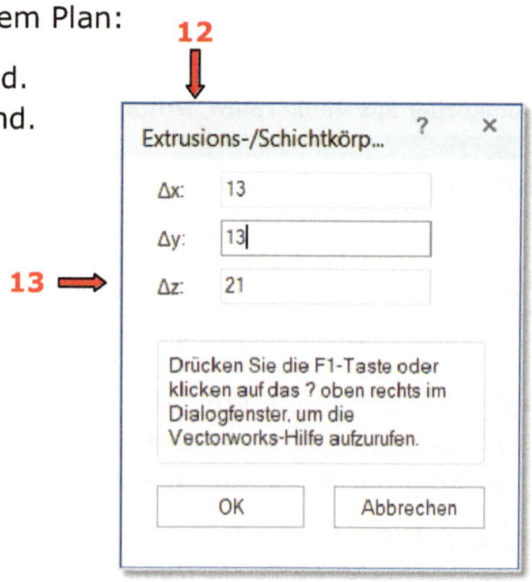

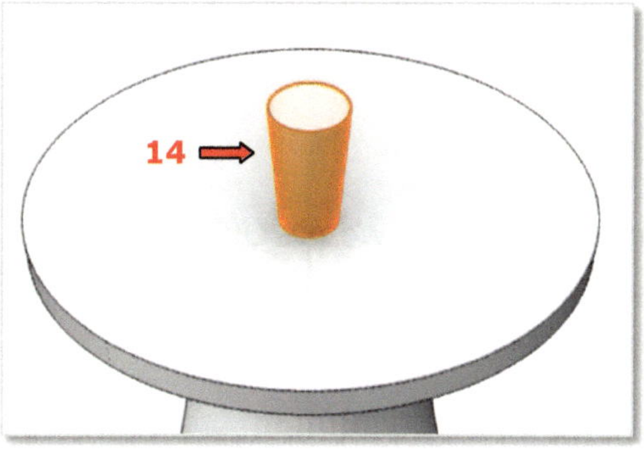

Ergebnis

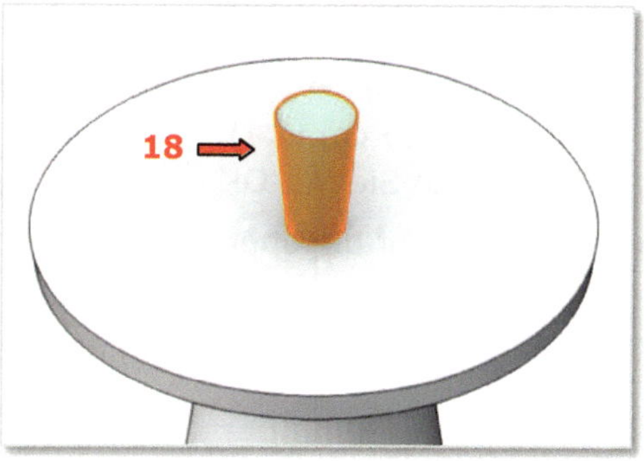

Solid-Farbe ändern

Die Vase → der Schichtkörper (**14**) muss aktiviert sein.

- Klicken Sie in der Attribute-Palette auf das Vorschau-Fenster **Füllfarbe** (**15**):
- Erstellen Sie in der Registerkarte „Benutzerdefiniert" (**16**) eine Farbe durch eine Mischung der drei Grundfarben Rot, Grün und Blau:
  Rot: 203; Grün: 237; Blau: 239 (**17**).
- Bestätigen Sie mit OK → Ergebnis (**18**).

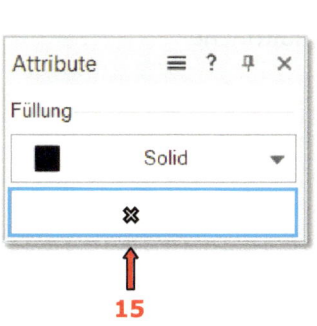
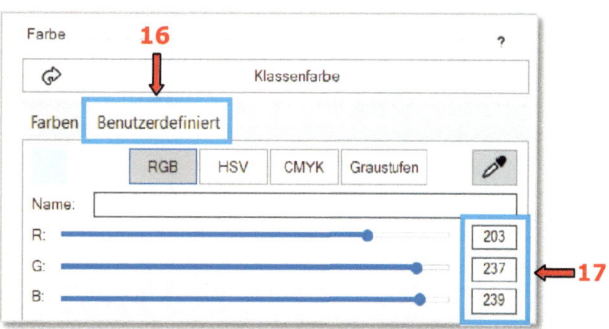

365

2. Hohlkörper

Hohlkörper aus Vollkörpern, NURBS-Flächen und planaren Objekten erzeugen

Werkzeug	Werkzeuggruppe
Hohlkörper 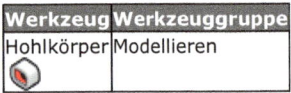	Modellieren

Das Werkzeug **Hohlkörper** wandelt einen bestehenden Körper in einen Hohlkörper um bzw. verleiht NURBS-Flächen und planaren 2D-Objekten eine Dicke. Bei einem Hohlkörper handelt es sich um ein 3D-Objekt, das hohl ist, eine bestimmte Wanddicke und eine Öffnung aufweist. Ein „Hohlkörper" ist ein eigener Objekttyp, dessen Wandstärke über die Infopalette verändert werden kann. [...] (siehe Vectorworks-Hilfe [1])

- Aktivieren Sie die Werkzeuggruppe **Modellieren** (**19**), wählen sie das Werkzeug *Hohlkörper* (**20**) aus und klicken Sie auf die zweite Methode – *Hohlkörper Werkzeug Einstellungen* (**21**):

- Bestimmen Sie im nun erscheinenden Dialogfenster „Einstellungen 3D-Hohlkörper" (**22**) die Richtung der Ausdehnung und die Dicke der Wand des Hohlkörpers:
  - „Ausdehnung" → „Nach innen" (**23**)
  - „Dicke:" 0,5 cm (**24**).
  - Bestätigen Sie mit OK (**25**).

- Klicken Sie auf die obere Fläche des Schichtkörpers (**26**), wo die Öffnung erstellt werden soll.

Diese Fläche sollte andersfarbig angezeigt werden.

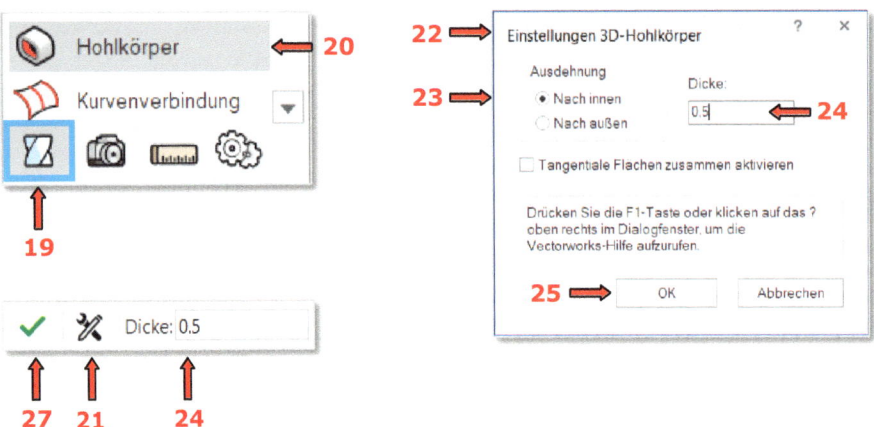

- Bestätigen Sie die Eingaben mit einem Klick auf die Schaltfläche „Schließt den Vorgang ab" (**27**) → das grüne Häkchen.

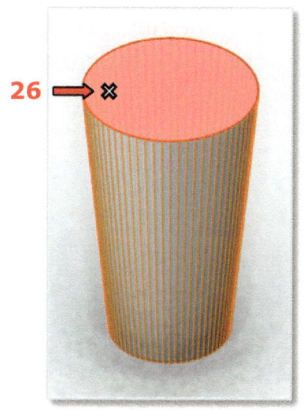

Ergebnis

6.3.4 Schale

Aufgabe:

Erstellen Sie eine Schale als Rotationskörper → siehe Abbildung (**1**) mit den folgenden Maßen:

- Durchmesser oben – Ø 12 cm
- Höhe – 6 cm
- Dicke – 1 cm (**2**).

Füllung → Solid-Farbe: Classic 050

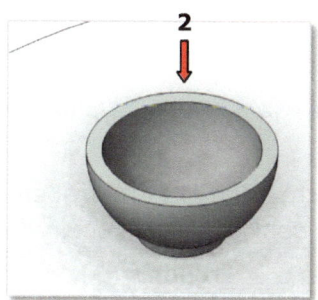
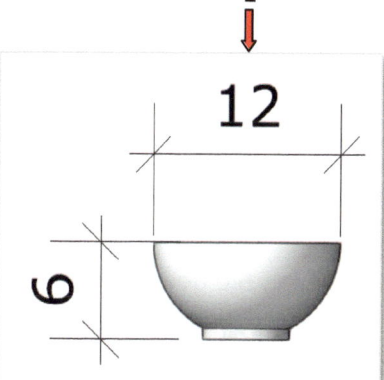

Anleitung:

Zeichnen Sie ein 2D-Objekt, das später **als Grundfläche für den Rotationskörper** dienen wird.

Alternativ können Sie auch ein eigenes 2D-Objekt erstellen, z.B. mit dem Werkzeug *Polylinie*.

- Aktivieren Sie die Ansicht „Vorne". →
- Erstellen Sie ein Quadrat mit den Massen 6 x 6 cm (**4**), das als Hilfskonstruktion dienen wird (über das Dialogfenster „Objekt anlegen" – **3**)
  → siehe Abbildung (**5**).
- Positionieren Sie das Quadrat mit einem minimalen Abstand (**6**) zur Tischplatte, sodass es einfacher wird die Fangpunkte des Quadrats zu erreichen.

Das Verschieben eines aktiven Objekts können Sie in kleinen Schritten ausführen, indem Sie auf die Pfeiltasten auf der Tastatur drücken und gleichzeitig die Umschalttaste gedrückt halten.

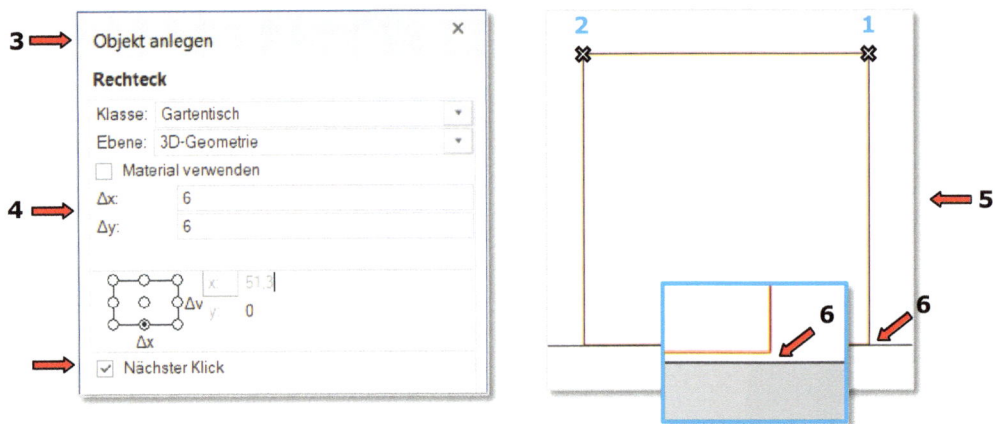

Ein Kreisbogen mit einem Radius von 6 cm und einem Innenwinkel von 62,0° soll gezeichnet werden.

- Zeichnen Sie einen Kreisbogen mit dem Werkzeug *Kreisbogen* △ und der ersten Methode - *Definiert durch Mittelpunkt und Radius* ⊃ :
- Setzen Sie den Mittelpunkt des Kreisbogens, indem Sie auf die obere rechte Ecke des Quadrats klicken → Punkt **1**.
- Definieren Sie den Radius, indem Sie auf die obere linke Ecke des Quadrats klicken → Punkt **2**.
- Bewegen Sie den Mauszeiger nach unten (**7**) und tragen Sie in die erschienene Objektmaßanzeige den Wert für den „Innenwinkel ein:" → 62° (**8**).
- Bestätigen sie mit der Eingabetaste → Ergebnis (**9**).

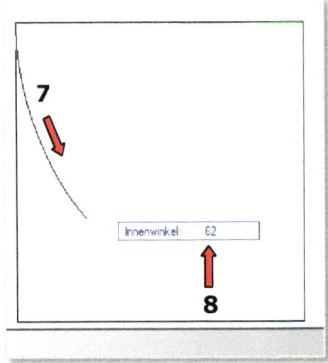
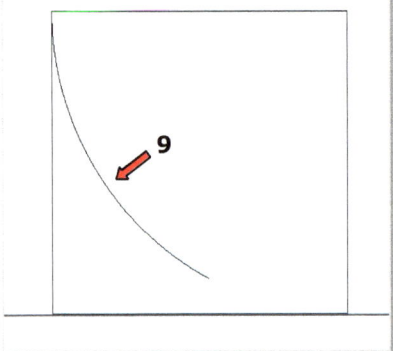

Unterer Teil der Schale

Kreisbogen

- Zeichnen Sie eine Linie (**10**), indem Sie das Werkzeug *Linie* und die erste Methode - *In bestimmten Winkel* aktivieren:
- Klicken Sie auf die Punkte **3** und **4** (→ auf das Ende des Kreisbogens (**9**) und dann senkrecht nach unten, W: -90,00° → (**11**), bis zur unteren Seite des Rechtecks).

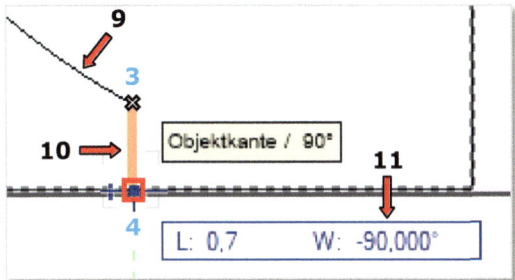

Ein Kreisbogen (ein Viertelkreis) mit einem Radius von 5 cm (Innenwinkel 90,0°) soll gezeichnet werden (= Innenwand der Schale).

- Zeichnen Sie einen Viertelkreis mit dem Werkzeug *Kreisbogen* und der ersten Methode - *Definiert durch Mittelpunkt und Radius*:
- Setzen Sie den Mittelpunkt des Kreisbogens, indem sie auf die obere rechte Ecke des Quadrats klicken, → Punkt **1**.
- Bewegen Sie den Mauszeiger waagerecht nach links (**12**) und tragen Sie in die Objektmaßanzeige den Wert für den Radius ein → L: 5 (**13**).
- Bestätigen sie die Eingabe für den Radius mit der Eingabetaste.
- Drücken sie die Eingabetaste ein zweites Mal → dadurch wird der Winkel 180° definiert (**14**).

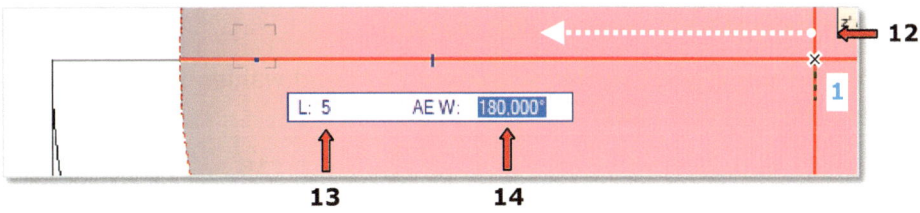

5. Erste Schritte in der 3D-Konstruktion

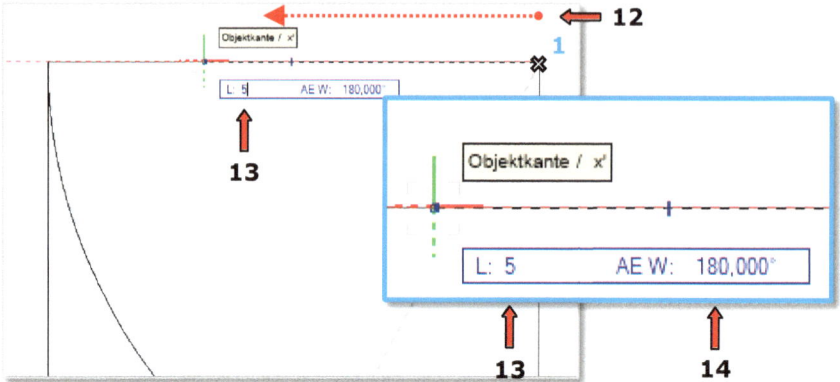

- Bewegen Sie den Mauszeiger nach unten (**15**) und klicken Sie anschließend auf die untere rechte Ecke des Quadrats → Punkt **5**.

Der Viertelkreis wurde nun gezeichnet (**16**).

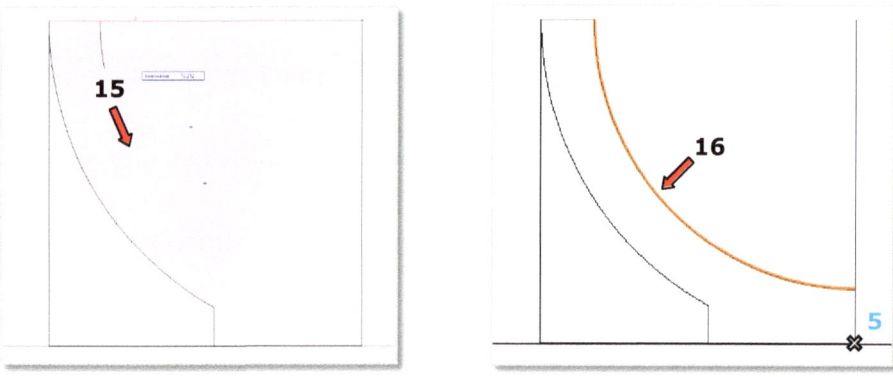

Wegschneiden

Schließlich wird das gewünschte 2D-Rotationsprofil erzeugt, indem die linke und rechte Seite des Quadrats wegschnitten werden.

- Aktivieren Sie das Werkzeug *Wegschneiden* (**17**) und wählen Sie die erste Methode - *Alle Objekte (***18***)*:

- Bewegen Sie den Mauszeiger über das Quadrat, bis es rot angezeigt wird (**19**).
- Klicken Sie auf die linke Seite des Quadrats (**20**).

Die linke und die untere Kante des Quadrats werden weggeschnitten → (**21**).

5. Erste Schritte in der 3D-Konstruktion

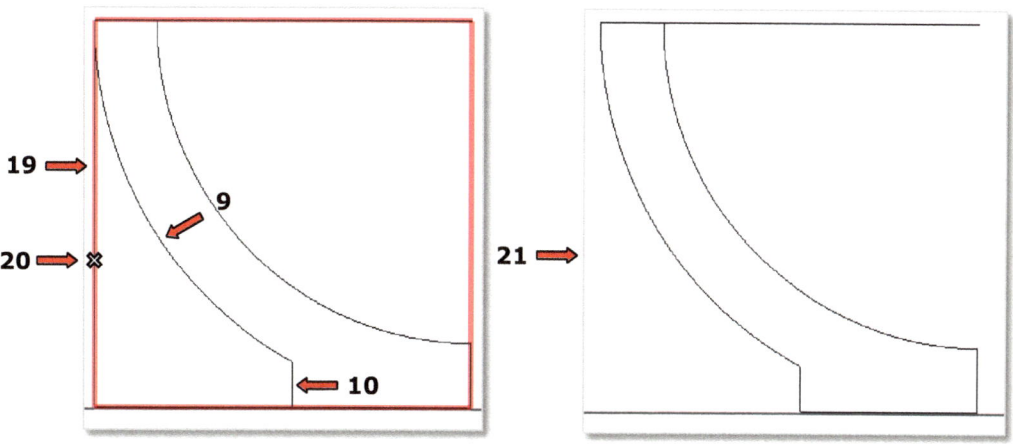

- Wiederholen Sie den Vorgang, indem Sie auf die rechte Seite des Quadrats (**22**) klicken.
- Aktivieren Sie alle verbleibenden 2D-Objekte (**23**) und verbinden Sie diese über den Befehl *Verbinden* in der Menüzeile zu einer Polylinie (**25**):
Ändern- Verbinden (**24**).

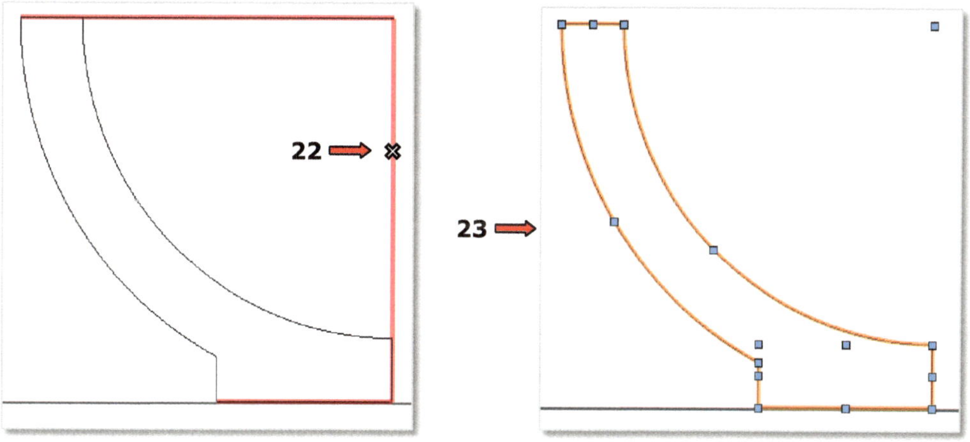

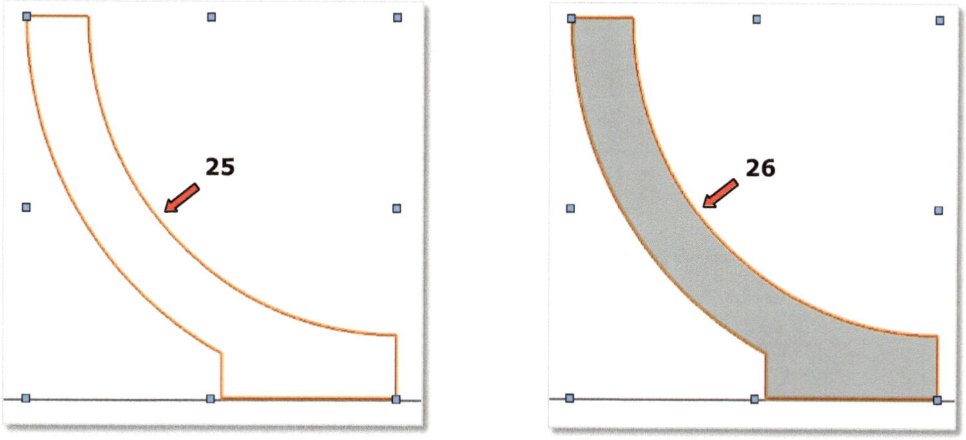

5. Erste Schritte in der 3D-Konstruktion

Die Solid-Farbe soll geändert werden.

- Ändern Sie die Farbfüllung der Polylinie in der Attribute-Palette auf „Classic 050" um (**26**).

1. Rotationskörper

Rotationskörper anlegen
Mit dem Befehl **Rotationskörper anlegen** (Menü **3D-Modell**) werden die aktivierten zweidimensionalen Objekte durch eine Rotation um eine Achse in einen Rotationskörper verwandelt. Dabei können Maße wie der Rotationswinkel (360°), der Segmentwinkel (23°), die Steigung (0) usw. frei bestimmt werden.
Lage der Rotationsachse
Die Lage der Rotationsachse ist abhängig davon, in welcher Ansicht die aktivierte Konstruktionsebene angezeigt wird, wenn Sie **Rotationskörper anlegen** wählen. Wird die aktivierte Konstruktionsebene in der Ansicht „Vorne" angezeigt, dient eine Senkrechte zur aktiven Konstruktionsebene als Rotationsachse. Wird die aktivierte Konstruktionsebene in der Ansicht „2D-Plan Draufsicht" oder „Oben" angezeigt, liegt die Rotationsachse parallel zur y-Achse der Konstruktionsebene. [...] (siehe Vectorworks-Hilfe [1])

- Zeichnen Sie einen Punkt × (**27**) unten rechts auf die gerade gezeichnete Polylinie, um das Rotationszentrum zu definieren.

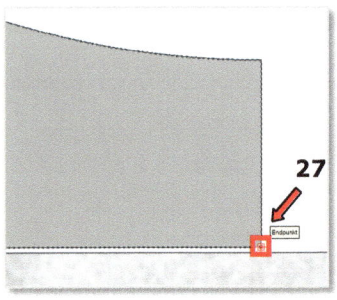
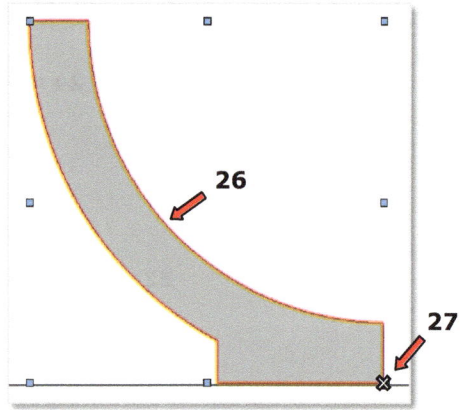

- Aktivieren Sie die Polylinie (**26**) und den Punkt (**27**).

- Wählen Sie den Befehl *Rotationskörper anlegen...* in der Menüzeile: *3D-Modell - Rotationskörper anlegen...* (**28**) aus.

- Bestätigen Sie die Eingaben im nun erscheinenden Dialogfenster „Rotationskörper" (**29**) mit OK (**30**).

Aktuelle Ansicht: Vorne
Aktuelle Darstellungsart: Volumenmodell

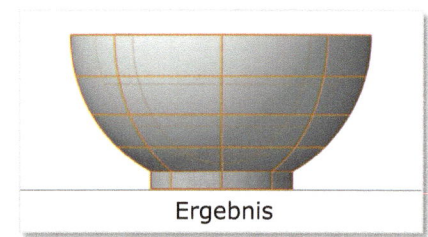

Ergebnis

Aktuelle Ansicht: Rechts vorne oben
Aktuelle Darstellungsart: Volumenmodell

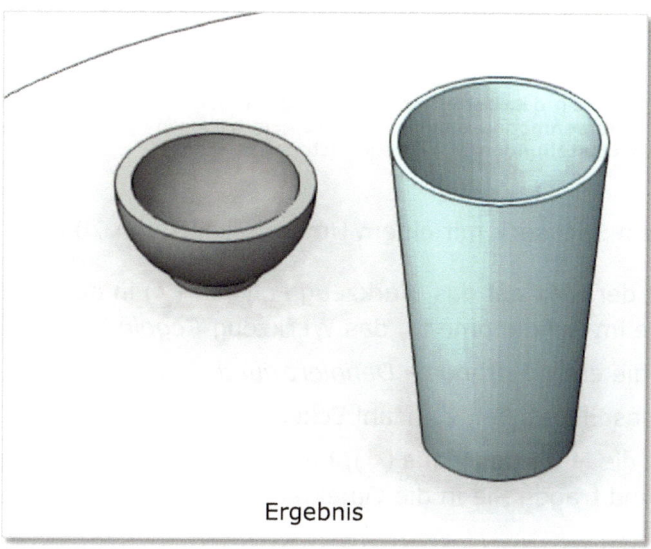

Ergebnis

6.4 Kinderzelt

Aufgabe:

Zeichnen Sie ein Kinderzelt (Abbildung **1**).
Seine Bodenfläche soll die Form eines
regelmäßigen Sechsecks haben.
Der Umkreisradius des Sechsecks beträgt 70 cm.
Die Höhe des Kinderzeltes beträgt 160 cm.

Anleitung:

Das Kinderzelt soll auf der Konstruktionsebene
„3D Geometrie" und in der Klasse „Kinderzelt"
gezeichnet werden.

- Aktivieren Sie beide.

Anmerkung: Die Klassendarstellung in der Navigation-Klassen-Palette wurde in
„Nur aktive zeigen" festgelegt. Alternativ können Sie die Klassen „Gartenhaus" und
„Gartentisch" in der Navigation-Klassen-Palette auf unsichtbar stellen.

- Nutzen Sie die Ansicht „2D-Plan Draufsicht", um den Zeltboden zu zeichnen.

5. Erste Schritte in der 3D-Konstruktion

- Wählen Sie in der Multifunktionsleiste in der Gruppe „Visualisierung" die Darstellungsart - **Volumenmodell** aus.

Darstellungsarten
Volumenmodell - Erzeugt ein detailliertes Rendering in guter Qualität mit Farben, Schatten und Texturen. Über **Einstellungen Volumenmodell** können Sie die Einstellungen für die Darstellungsart vornehmen (siehe **Volumenmodell-Einstellungen**). [...] (siehe Vectorworks Hilfe [1])

1. **Zeltboden**, ein Sechseck mit einem Umkreisradius von 70 cm

- Klicken Sie mit der RMT auf das Werkzeug *Polygon* (**2**) in der Favoriten-Palette und wählen Sie im Aufklappmenü, das Werkzeug *Regelmäßiges Vieleck* (**3**) aus:
- Aktivieren Sie die erste Methode - *Definiert durch Umkreis* (**4**).
- Tragen Sie in das Eingabefeld „Anzahl Ecken:" 6 ein (**5**).
- Klicken Sie auf die Mitte des Plans (**6**), bewegen Sie den Mauszeiger waagerecht zur Seite (**7**) und tragen Sie in die Objektanzeige den Wert für den Umkreisradius ein L: 70 cm (**8**).
- Bestätigen Sie zweimal mit der Eingabetaste → Ergebnis (**9**).

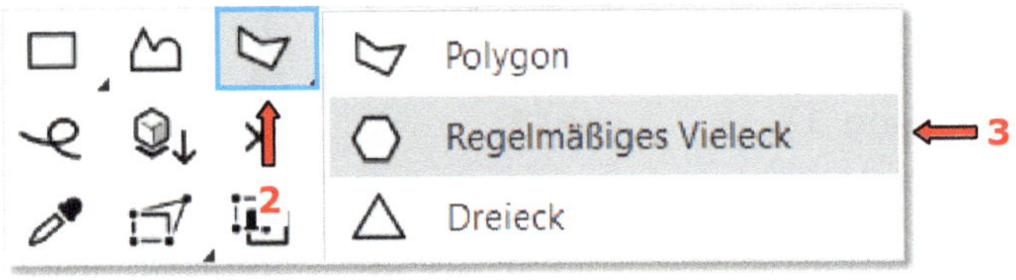

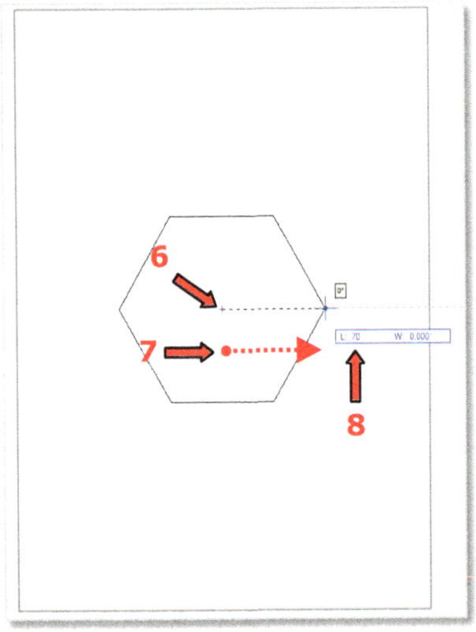

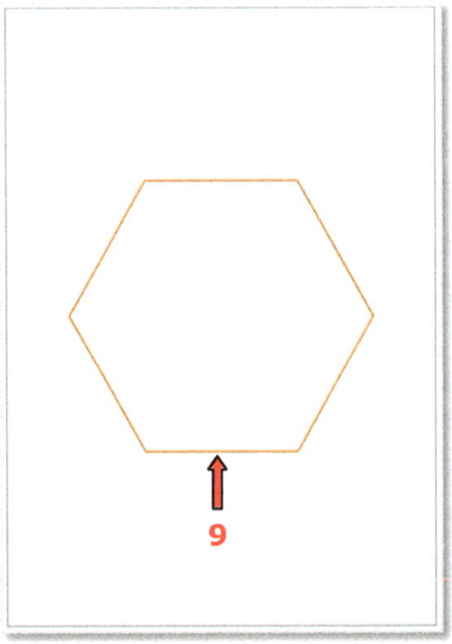

2. Schnittform des Zeltes

Objekte extrudieren
Extrusionskörper anlegen
Mit **Extrusionskörper anlegen** (Menü **3D-Modell**) wird das aktivierte zweidimensionale Objekt in einen sogenannten „Extrusionskörper" verwandelt, indem der zweidimensionalen Grundfläche eine Tiefe zugewiesen wird. Dabei wird eine Kopie der zweidimensionalen Grundflächen senkrecht zum Bildschirm in den Raum geschoben und die Eckpunkte werden miteinander verbunden.
Extrusionskörper anlegen weist einem oder mehreren zweidimensionalen Objekten eine Tiefe, also eine dritte Dimension in Richtung der z-Achse des Bildschirms zu. Für die Lage des Extrusionskörpers ist es entscheidend, in welcher Ansicht die aktive Konstruktionsebene angezeigt wird, während Sie **Extrusionskörper anlegen** wählen. Weisen Sie einem zweidimensionalen Objekt in der Ansicht „Oben" eine Tiefe zu, handelt es sich dabei um die Höhe des Extrusionskörpers. Weisen Sie einem Objekt in der Ansicht „Rechts" eine Tiefe zu, handelt es sich um die Breite des Extrusionskörpers. Im ersten Fall steht der Extrusionskörper auf der Konstruktionsebene, im zweiten Fall liegt er auf ihr. [...] (siehe Vectorworks-Hilfe [1])

Extrusionskörper

Zuerst soll eine Hilfsfläche gezeichnet werden, auf der es einfacher ist, die Schnittform zu zeichnen. Diese Fläche soll senkrecht zum Zeltboden stehen.

- Zeichnen Sie eine Linie waagerecht von der Mitte des Sechecks zur rechten Ecke (**10**).

- Geben Sie der Linie eine Höhe, indem Sie den Befehl *Extrusionskörper anlegen...* auswählen:
  in der Menüzeile: *3D-Modell* (**11**) – *Extrusionskörper anlegen...* (**12**).

- Tragen Sie im nun erscheinenden Dialogfenster „Extrusions-/Schichtkörper" (**13**) den Wert für die Höhe/Tiefe Δz: 160 cm ein (**14**) (entspricht der Zelthöhe).

- Bestätigen Sie mit OK.

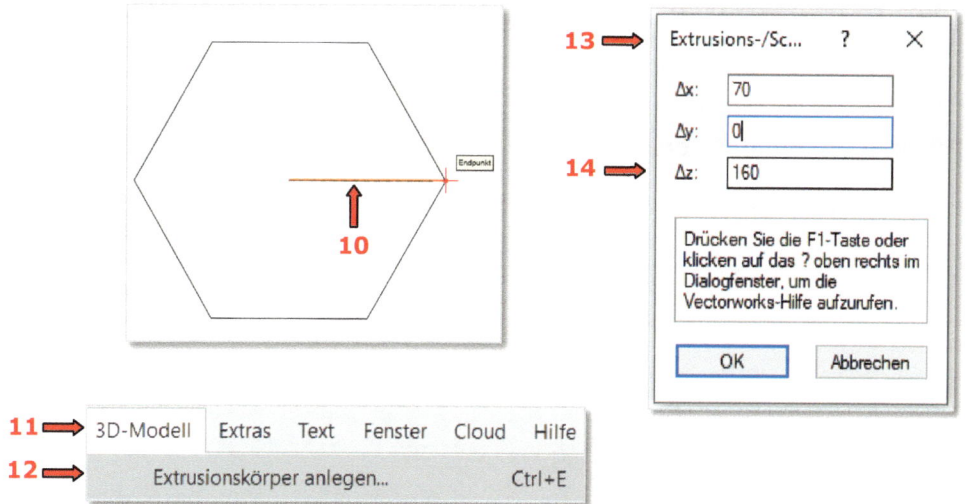

- Wechseln Sie zur Ansicht „Rechts vorne oben" (**15**).
- Schalten Sie in den Schnelleinstellungen auf der rechten Seite der Multifunktionsleiste die Option „Plangröße anzeigen" (**16**) aus.

5. Erste Schritte in der 3D-Konstruktion

16

- Wechseln Sie anschließend zur Ansicht „Vorne" (**17**).

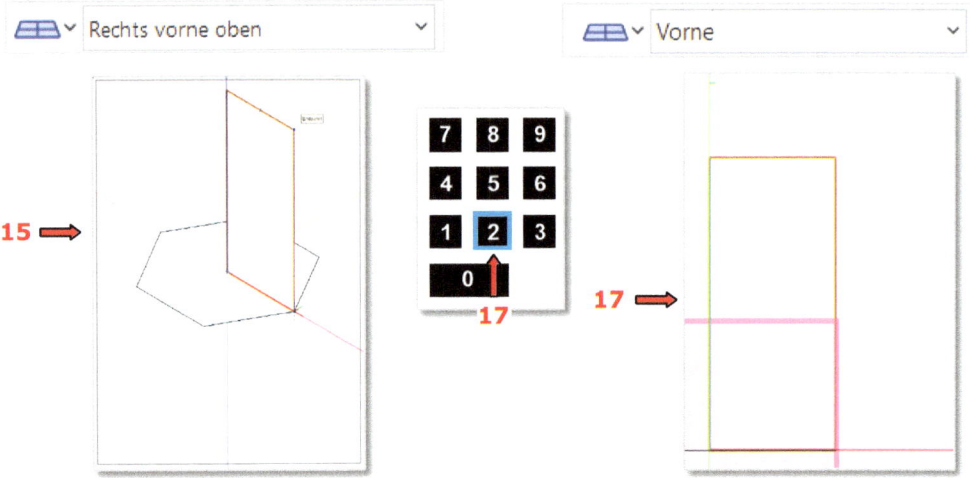

- Zeichnen Sie eine Polylinie auf der Hilfsfläche zwischen der oberen linken Ecke O_L und der unteren rechten Ecke U_R der Hilfsfläche, wie in Abbildung (**19**) oder alternativ in Abbildung (**18**) dargestellt.

Die Polylinie sollte den Querschnitt einer der Seiten des Zeltes darstellen.

6.4.1 NURBS-Kurve

NURBS-Kurve

Werkzeug	Werkzeuggruppe
NURBS-Kurve	Modellieren

NURBS (Non-Uniform Rational B-Splines) werden dazu verwendet, um Kurven im 3D-Raum zu erzeugen. Sie können auch dazu verwendet werden, Objekte für Pfadkörper zu definieren.

NURBS-Kurven lassen sich mit dem Werkzeug **NURBS-Kurve** anlegen. Bestimmen Sie den Grad der NURBS-Kurve, bevor Sie eine Methode auswählen. in 3D-Ansichten steht Ihnen das Drücken/**Ziehen**-Methode zur Verfügung, mit der Sie NURBS-Kurven direkt nach dem Anlegen extrudieren können. […]
(siehe Vectorworks-Hilfe [1])

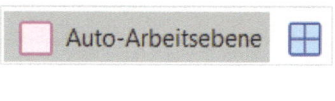
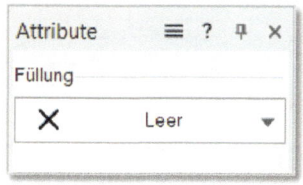

Aktuelle Ansicht: Vorne   Aktuelle Ansicht: Vorne

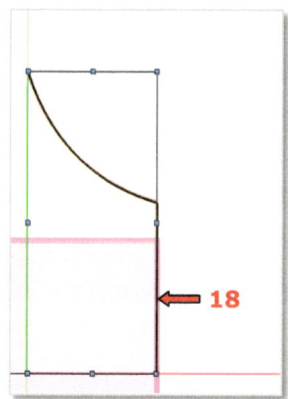
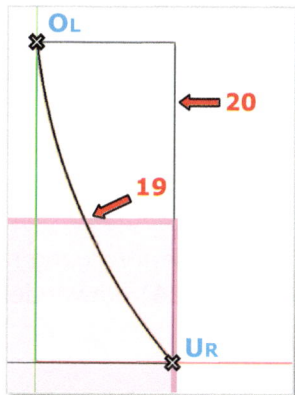

- Aktivieren Sie die Hilfsfläche bzw. den Extrusionskörper (**20**) und löschen Sie diesen → (**21**).

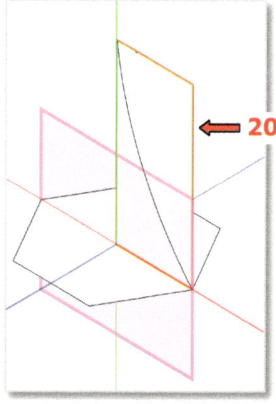
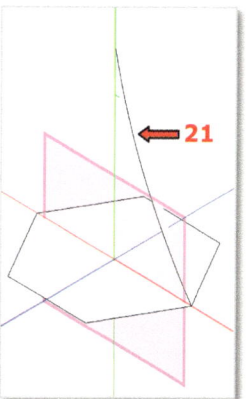

NURBS-Kurve anlegen

Die NURBS-Kurven werden als Pfad und Profil verwendet, um mit dem Werkzeug *Kurvenverbindung* einen Vollkörper zu erstellen.

- Aktivieren Sie die Polylinie (**19**) und wandeln Sie diese in eine NURBS-Kurve (**23**) um → mit dem Befehl in der Menüzeile *NURBS anlegen*:
  3D-Modell – NURBS anlegen (**22**).

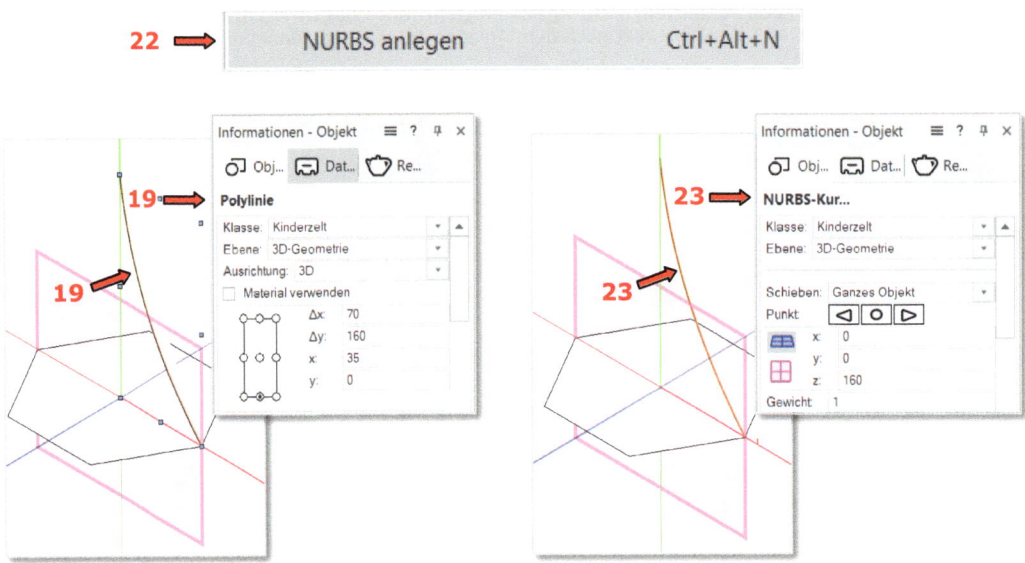

- Wiederholen Sie diesen Vorgang mit dem Sechseck (**9**), indem Sie es ebenfalls in eine NURBS-Kurve (**24**) umwandeln → mit dem Befehl *NURBS anlegen*.

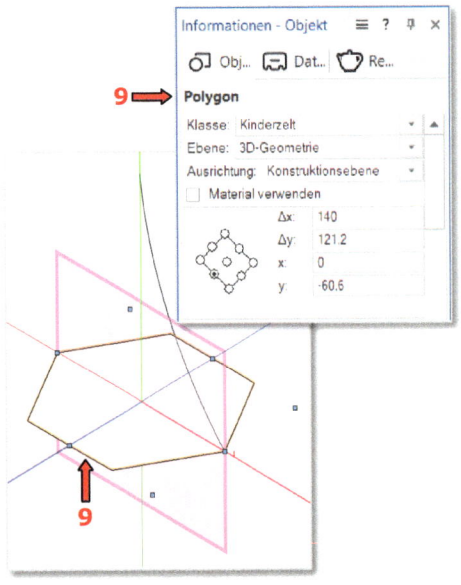
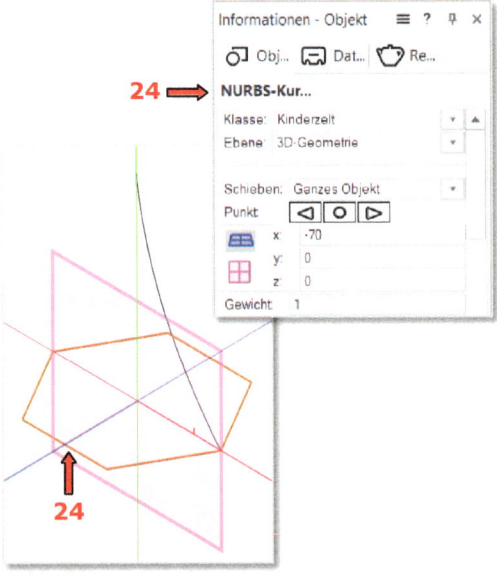

6.4.2 Kurvenverbindung anlegen

Kurvenverbindung anlegen

Werkzeug	Werkzeuggruppe
Kurvenverbindung	Modellieren

Mit dem Werkzeug **Kurvenverbindung** (Werkzeuggruppe „Modellieren") können Sie einen Körper oder eine NURBS-Fläche definieren, indem Sie zwei oder mehr NURBS-Kurven zeichnen, die Profile (Querschnitte) oder Pfade repräsentieren, durch die der Körper bzw. die Fläche verlaufen soll, und diese anschließend in der richtigen Reihenfolge miteinander verbinden. Sie können wahlweise mehrere Kurven ohne Pfad (engl. rail), eine oder mehrere Kurven entlang eines Pfads oder eine Kurve entlang von zwei Pfaden miteinander verbinden.

Methode	Beschreibung
Schließt den Vorgang ab	Diese Methode wird angeklickt, wenn mit der Maus alle Verbindungen zwischen den Profilen und Pfaden definiert wurden. Sie ruft dann das Dialogfenster „Einstellungen 3D-Kurvenverbindung" auf, mit dem genauer bestimmt werden kann, wie die Profile durch Flächen verbunden werden. Anstatt auf dieses Häkchen zu klicken, kann auch die Eingabetaste („Enter") gedrückt werden.
Ohne Pfad	Aktivieren Sie diese Methode, können Sie zwei oder mehr NURBS-Kurven miteinander verbinden, so dass daraus ein Körper oder eine NURBS-Fläche entsteht
Ein Pfad	Mit dieser Methode können Sie aus NURBS-Kurven eine NURBS-Fläche oder einen Körper erzeugen, indem Sie ein oder mehr Profile entlang eines Pfads duplizieren.
Zwei Pfade	Mit dieser Methode können Sie aus NURBS-Kurven eine NURBS-Fläche oder einen Körper erzeugen, indem Sie ein Profil entlang von zwei Pfaden duplizieren.

[...] (siehe Vectorworks-Hilfe [1])

Zelt, Vollkörper

- Aktivieren Sie das Werkzeug *Kurvenverbindung* (**26**) aus der Tools-Palette **Modellieren** (**25**) und wählen Sie die Methode - *Ein Pfad* (**27**) aus.

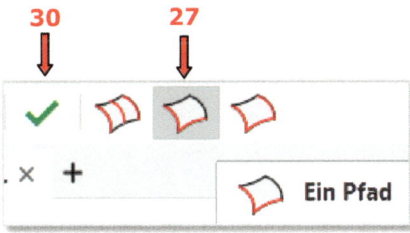

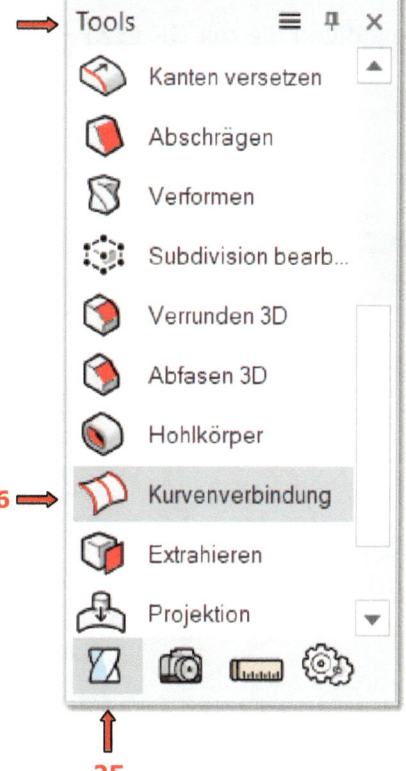

- Klicken Sie zuerst auf den Pfad
  → das „NURBS-Sechseck".

  Der Pfad wird rot angezeigt (**28**).

- Klicken Sie anschließend auf das Profil (den Querschnitt)
  → die „NURBS-Polylinie".

  Das Profil wird ebenfalls rot angezeigt (**29**).

5. Erste Schritte in der 3D-Konstruktion

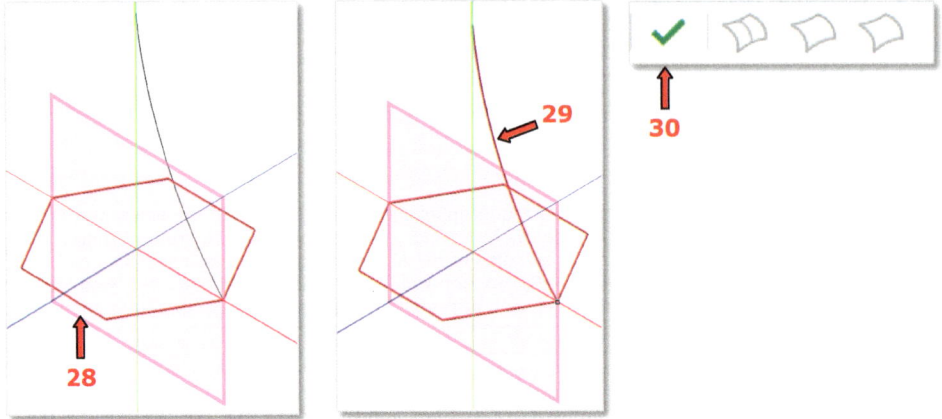

- Klicken Sie auf das grüne Häkchen „Schließt den Vorgang ab" (**30**) in der Methodenzeile.

Daraufhin erscheint das Dialogfenster „Einstellungen 3D-Kurvenverbindung" (**31**):

- Aktivieren Sie die Option „Vollkörper erzeugen" (**32**).

Dadurch wird ein „Einfacher Vollkörper" (**33**) erzeugt. Ist diese Option deaktiviert, erstellt Vectorworks eine Gruppe von sechs NURBS-Flächen (**34**).

- Mit einem Klick auf die Schaltfläche „Vorschau" (**35**) können Sie das Ergebnis anzeigen lassen (**36**).
- Bestätigen Sie mit OK (**37**) → Ergebnis (**38**).

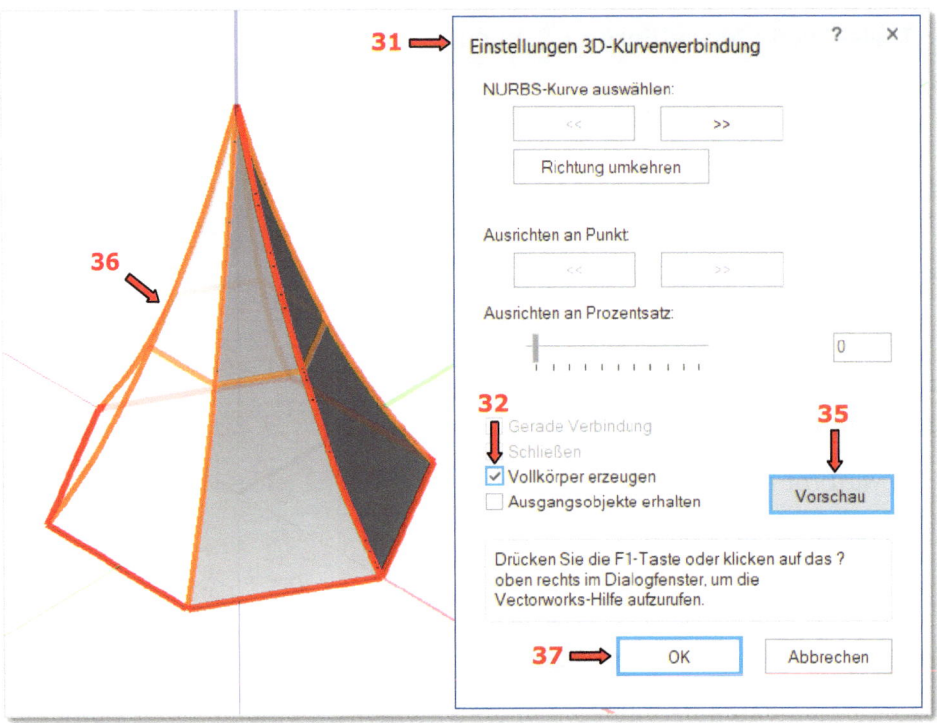

5. Erste Schritte in der 3D-Konstruktion

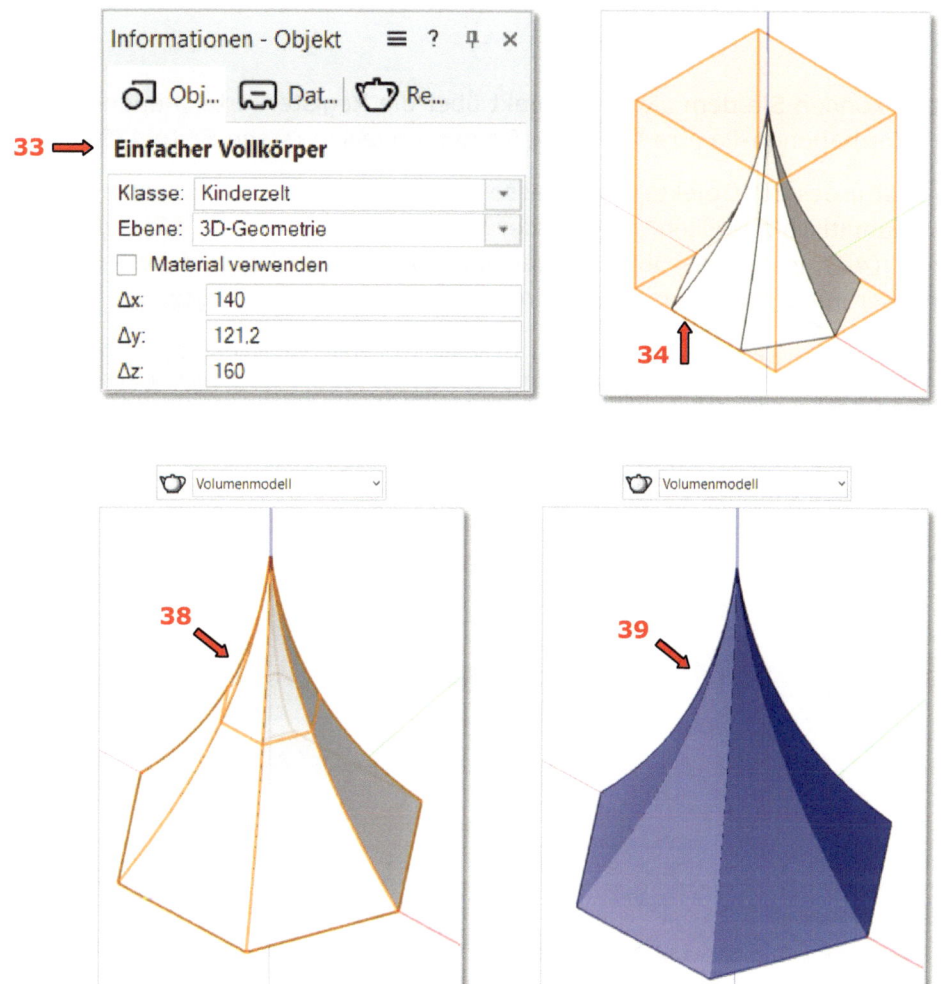

- Wählen Sie in der Multifunktionsleiste in der Gruppe „Visualisierung" die Darstellungsart – **Volumenmodell**.
- Ändern Sie die Farbfüllung in der Attribute-Palette zu einer beliebigen Farbe.

In diesem Beispiel wurde eine Farbe gewählt, die aus einer Mischung der drei Grundfarben besteht: Rot: 125; Grün: 125; Blau: 255 (**39**).

6.4.3 Textur

• Alternativ können Sie dem aktiven Objekt über die Registerkarte „Rendern" (**41**) in der Informationen-Palette (**40**) eine Textur zuweisen (siehe Seite 439).

Falls die Textur des 3D-Objekts über Klasse zugewiesen wurde, d.h. wenn die Option „Automatisch zuweisen" (**44**) in der Registerkarte „Textur" (**43**) der Klasse „Kinderzelt" (**42**), in der das Objekt gezeichnet ist, aktiviert ist, wird im Texturbrowser in der mittleren Spalte ein gebogener Pfeil (**45**) angezeigt.

[...] Wird die Textur über die Klasse definiert, wird ein gebogener Pfeil in der mittleren Spalte des Texturbrowers angezeigt. Die Miniaturvorschau der Klassentextur wird angezeigt und das Textur-Auswahlmenü und das Menü **Textur** werden grau angezeigt. [...] (siehe Vectorworks Hilfe ¹)

Andernfalls, falls dem 3D-Objekt bisher keine Textur zugewiesen wurde, wird ein durchgestrichenes Quadrat (**46**) angezeigt.

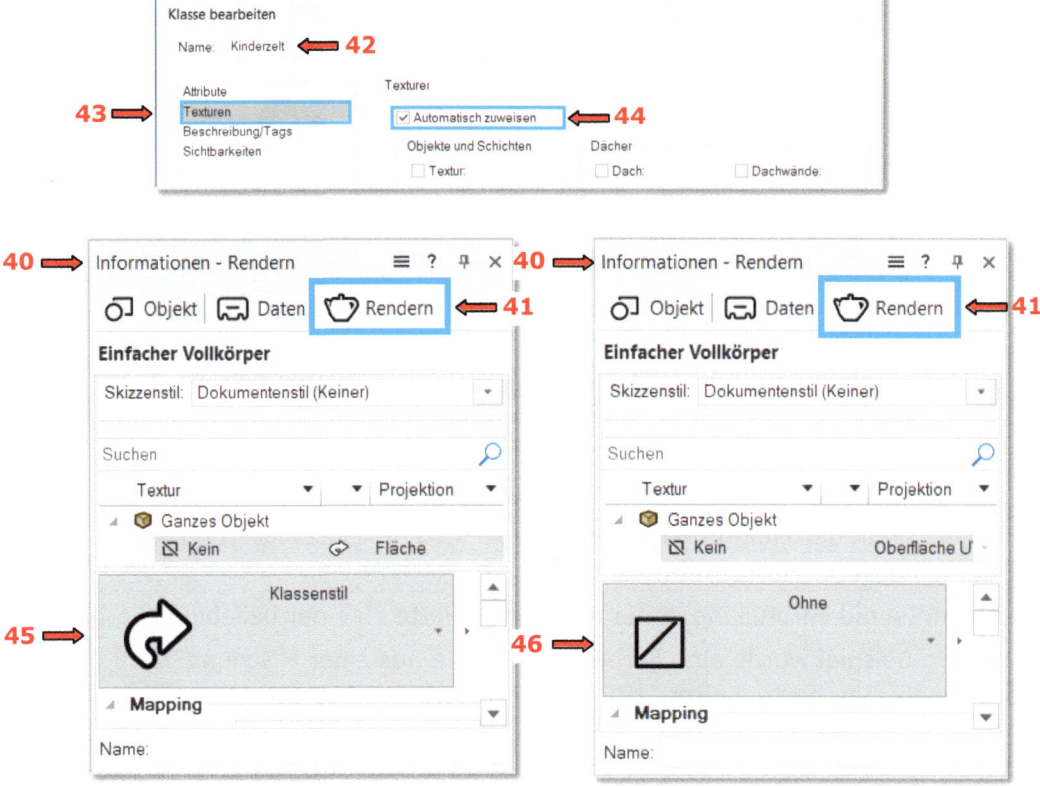

• Klicken Sie in dem Vorschaufenster im Texturbrowser auf den gebogenen Pfeil (**45**) oder auf das durchgestrichene Quadrat (**46**).
Der Zubehör-Manager wird geöffnet.

5. Erste Schritte in der 3D-Konstruktion

- Wählen Sie aus den **Vectorworks-Bibliotheken** (**47**) den Ordner „Visualisieren" (**48**) und anschließend den Ordner „Renderworks-Texturen" (**49**), um die gewünschte Textur auszuwählen.
  - Zum Beispiel: Textilien RT.vwx (**50**) - **Textilien Leinen 02 RT** (**51**).
- Klicken Sie abschließend unten rechts auf die Schaltfläche „Auswählen" (**52**)
  → Ergebnis (**53**).

Die ausgewählte Textur wird sofort in der Zeichnung angezeigt und das aktivierte Objekt wird neu gerendert.

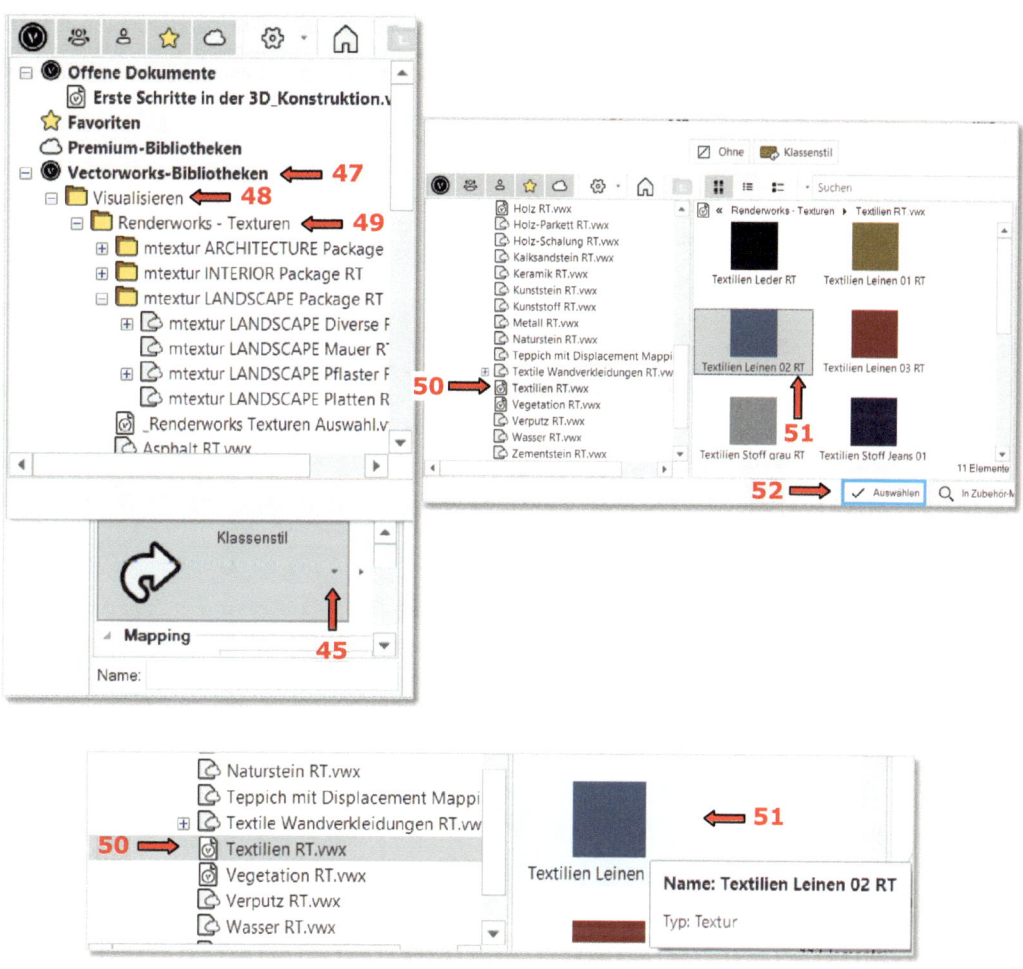

383

6.4.4 Darstellungsart – Renderworks

Durch die Anwendung von Texturen und die Verwendung der Darstellungsart **Renderworks** können Sie fotorealistische Bilder erzeugen.

- Wählen Sie in der Multifunktionsleiste (**54**) in der Gruppe „Visualisierung" (**55**) die „Aktuelle Darstellungsart" (**56**) und stellen Sie diese auf **Renderworks** (**57**) um → Ergebnis (**58**).

Darstellungsarten
[...] **Renderworks** - Mit der Darstellungsart „Renderworks" erreichen Sie die beste Darstellungsqualität. Die Objekte werden mit den zugewiesenen Texturen sowie Transparenzen, Anti-Aliasing und NURBS-Flächen dargestellt. Diese Darstellungsart beansprucht viel mehr Rechenzeit als die Darstellungsart „Renderworks schnell". [...] (siehe Vectorworks Hilfe [1])

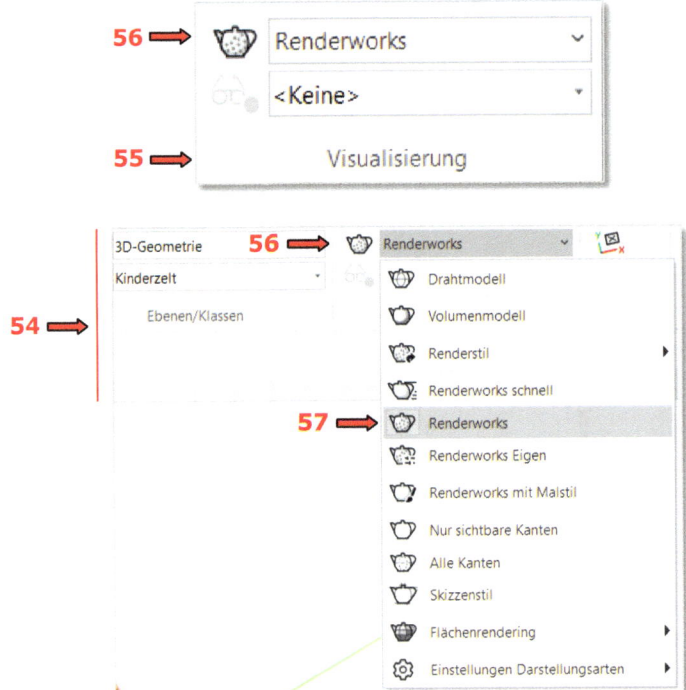

5. Erste Schritte in der 3D-Konstruktion

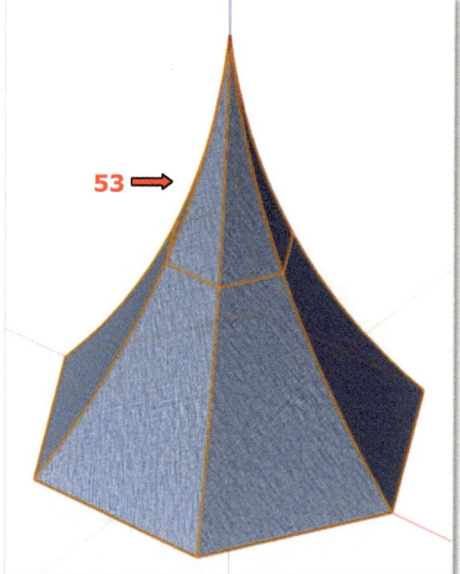

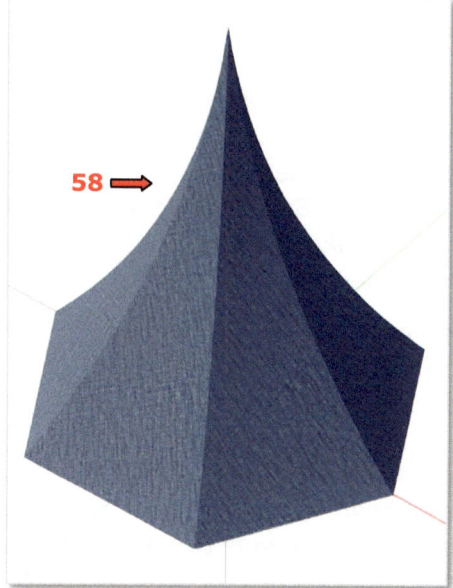

Zeltformen können Sie auch mit dem Befehl *Profil an Pfad rotieren* erstellen. Diesen finden Sie in der Menüzeile unter: *3D-Modell – Profil an Pfad rotieren*.

Profil an Pfad rotieren
Mit dem Befehl **Profil an Pfad rotieren** (Menü **3D-Modell**) können Sie ein 3D-Profil entlang eines 3D-Pfads um eine Rotationsachse rotieren und so eine NURBS-Fläche bzw. eine Gruppe von NURBS-Flächen erzeugen.
Zeichnen Sie drei NURBS-Kurven, die das gewünschte Profil, die Rotationsachse und den Pfad darstellen. Dabei gelten folgende Bedingungen:
- Die Rotationsachse muss eine lineare NURBS-Kurve sein.
- Das Profil muss eine planare NURBS-Kurve sein.
- Achse und Profil müssen die gleiche Ausrichtung aufweisen. […] (siehe Vectorworks-Hilfe [1])

7. Turm

INHALT:

Werkzeuge
- *Rotieren*
- *Extrahieren*
- *Arbeitsebene festlegen*
- *Doppelpolygon*
- *Verschieben*, Methode - In Bezug auf Bezugspunkt verschieben
- *Ähnliches aktivieren*
- *Wegschneiden*

Befehle
- *Schnittfläche löschen*
- *Volumen zusammenfügen*
- *Schnittvolumen löschen*
- *Extrusionskörper anlegen*
- *Verbinden*
- *Aufeinanderliegende Objekte aktivieren*
- *Vollkörper bearbeiten*
- *Unterobjekte bearbeiten*
- *Mehrere Ansichtsfenster verwenden*
- *Pfadkörper anlegen…*
- *NURBS-Kurve anlegen*
- *Schnittbox*

- Ebene bearbeiten
- Auto-Arbeitsebene
- Temporärer Nullpunkt
- Senkrecht auf Arbeitsebene Blicken
- Klasse bearbeiten
- Renderworks-Texturen
- 3D-Achsen anzeigen
- Projektionsart „Auf jede Fläche einzeln"
- Darstellungsart - Volumenmodell
- Darstellungsart – Renderworks Eigen

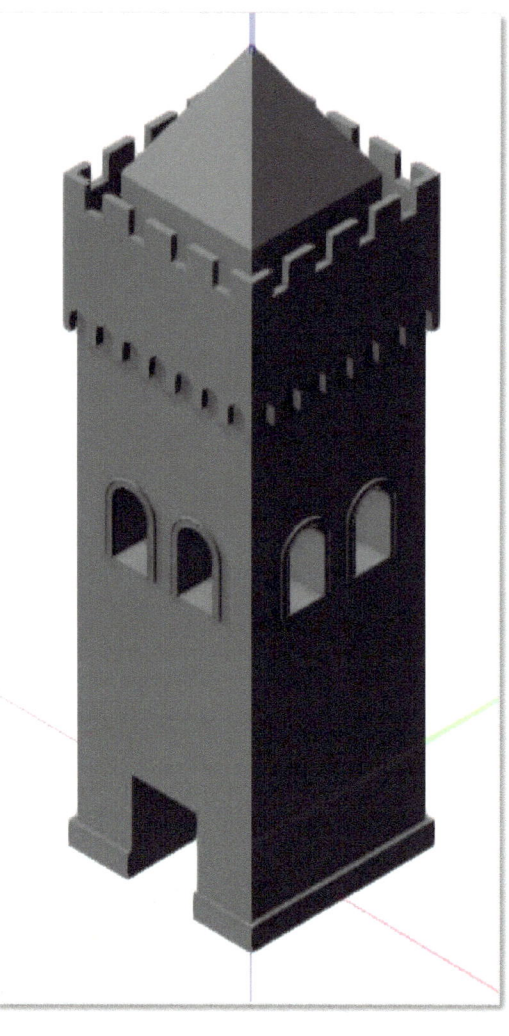

7. Turm

Stellen Sie sicher, dass das automatische Sichern aktiviert ist.

Aufgabe:

Erstellen Sie ein 3D-Modell in Form eines Turms.
Die Maße sind in Metern angegeben und in den Abbildungen (**1**, **2**, **3**, **4**) dargestellt.
In dieser Übung zeichnen Sie auf mehreren Konstruktionsebenen, die sich auf verschiedenen Höhen befinden.
Weisen Sie dem 3D-Modell folgende Texturen zu:
- Turmspitze: Ziegelstein
- Turmkranz: Beton
- Turmschaft: Kalksandstein.

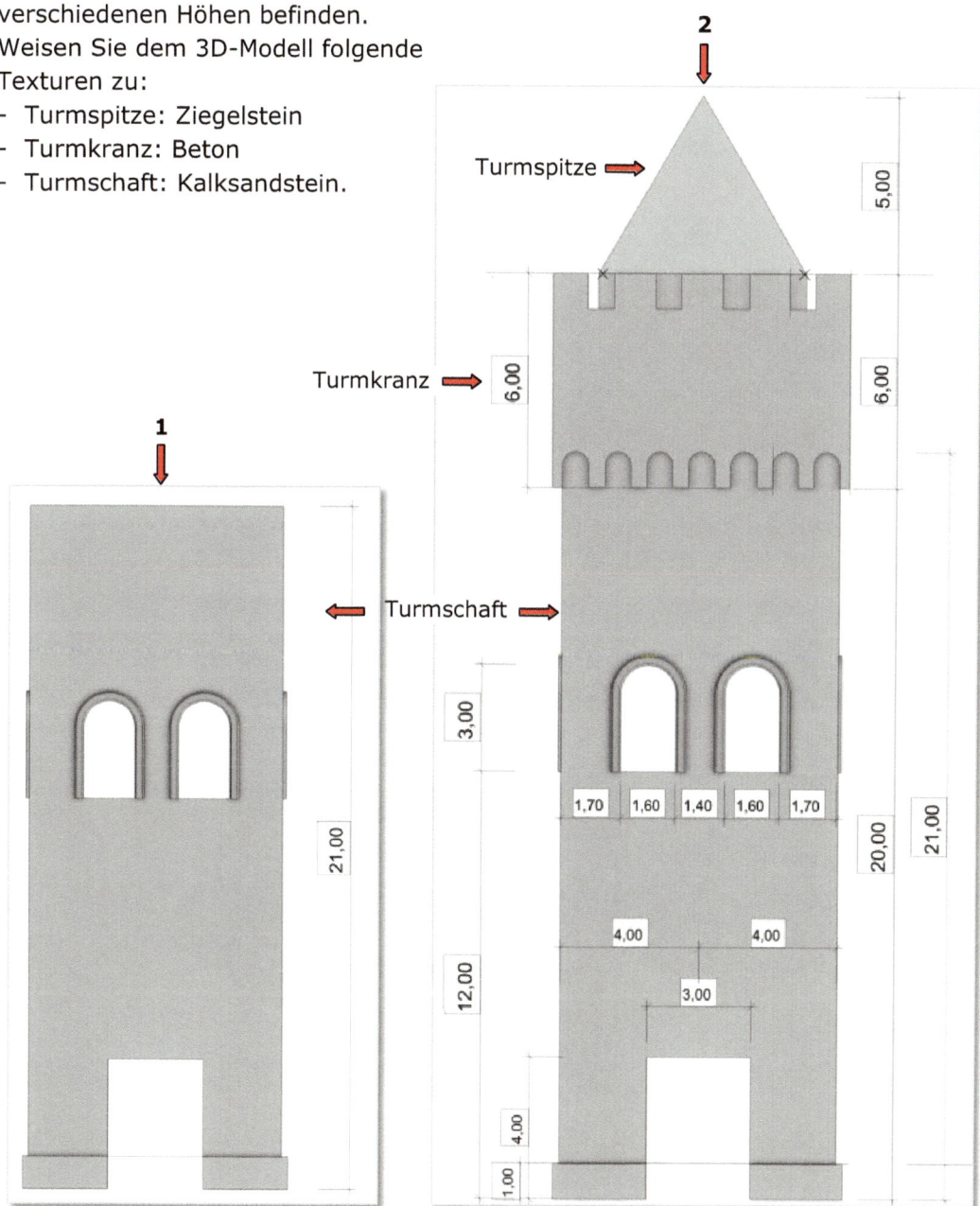

3
1,00
80
1,20
80
1,20
80
80
1,20
80
1,20
80
1,00
6,00
6,00
8,60
6,00
8,60
6,00
1,00
30
80
50
80
50
80
50
80
1,00
30
80
50
80
50
80

4
4,00
4,00
3,00
4,00
1,00
8,00
8,40
8,00
8,40

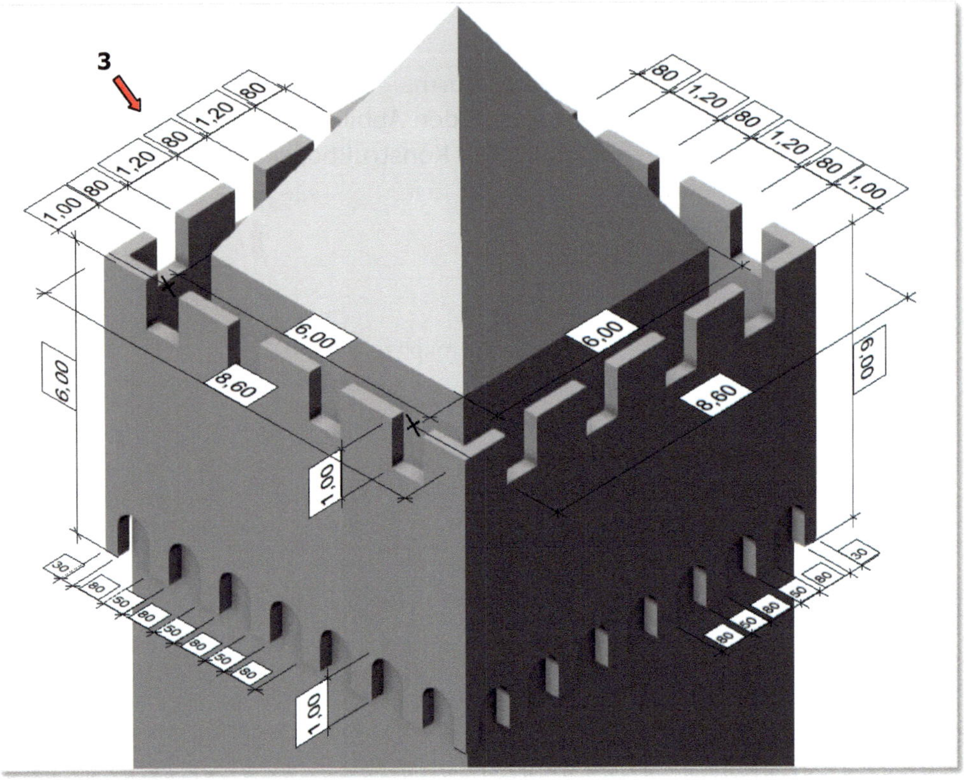

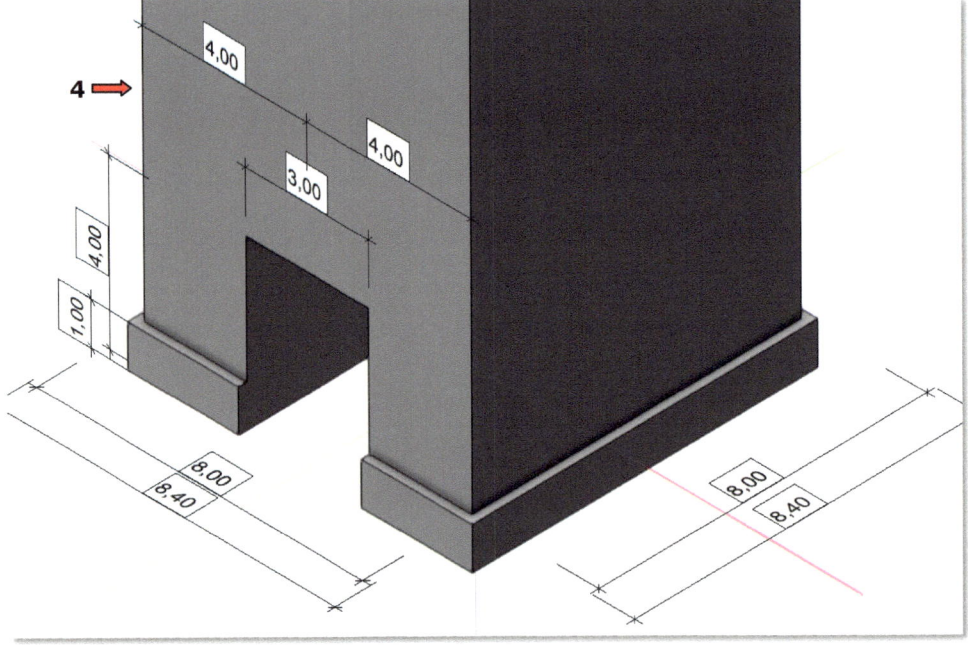

7. Turm

7.1 Neues Dokument anlegen

I Erstellen Sie ein **neues Dokument**:
- Wählen Sie als Vorlage „1_Leeres Dokument.sta".

II Stellen Sie den **Maßstab** auf **1:100**.

III Stellen Sie die **Einheiten** auf **Meter** ein:

- Gehen Sie in der Menüzeile zu: *Datei – Dokument Einstellungen – Einheiten...*
- Im nun erscheinenden Dialogfenster „Einheiten" öffnen Sie die Registerkarte „Bemaßungen":
- Im Gruppenfeld „Längen – Einheit" wählen Sie im Aufklappmenü die gewünschte Einheit aus → „Einheiten:" Meter und „Dezimalstellen für Anzeige:" 0,01.

IV Richten Sie das Blatt („Plangröße...") auf „Hochformat" aus:

- Klicken Sie mit der RMT auf eine leere Stelle auf dem Blatt.
- Wählen Sie im erscheinenden Kontextmenü den Befehl *Plangröße...* (**1**) aus.
- Klicken Sie auf die Schaltfläche „Drucken und Seiten einrichten..." (**2**).
- Im neu erscheinenden Dialogfenster „Seite einrichten" (**3**) wählen Sie unter „Ausrichtung" (**4**) → „Hochformat" (**5**) aus.

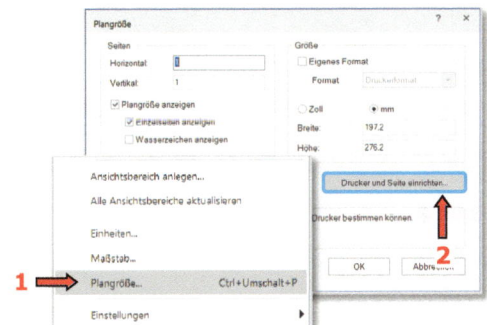
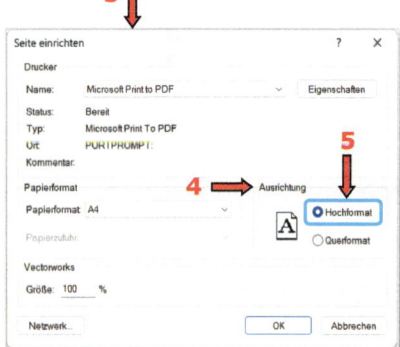

Drei neue Konstruktionsebenen und eine neue Klasse erstellen

Erstellen Sie drei neue Konstruktionsebenen mit den folgenden Namen:

1. „Konstruktionsebene 0,00 m":

- Klicken Sie mit der RMT auf eine leere Stelle auf dem Plan.
- Im erscheinenden Kontextmenü wählen Sie den Befehl *Organisation...* aus.
- Im Dialogfenster „Organisation" (**1**) wechseln Sie zur Registerkarte „Konstruktionsebene" (**2**) und klicken Sie auf die Schaltfläche „Neu..." (**3**).
- Im Dialogfenster „Neue Konstruktionsebene" benennen Sie die neue Ebene „Konstruktionsebene 0,00 m".
- Bestätigen Sie mit OK.

7. Turm

Ebene bearbeiten

- Markieren Sie im Dialogfenster „Organisation", die soeben erstellte „Konstruktionsebene 0,00 m" (**4**), sie wird grau hinterlegt.
- Klicken Sie auf die Schaltfläche „Bearbeiten…" (**5**).
- Im Dialogfenster „Konstruktionsebene bearbeiten" (**6**) tragen Sie die gewünschte Ebenenbasishöhe ein:
- Stellen Sie die „Ebenenbasishöhe (z):" (**7**) auf 0,00 m ein.
- Bestätigen Sie mit OK.

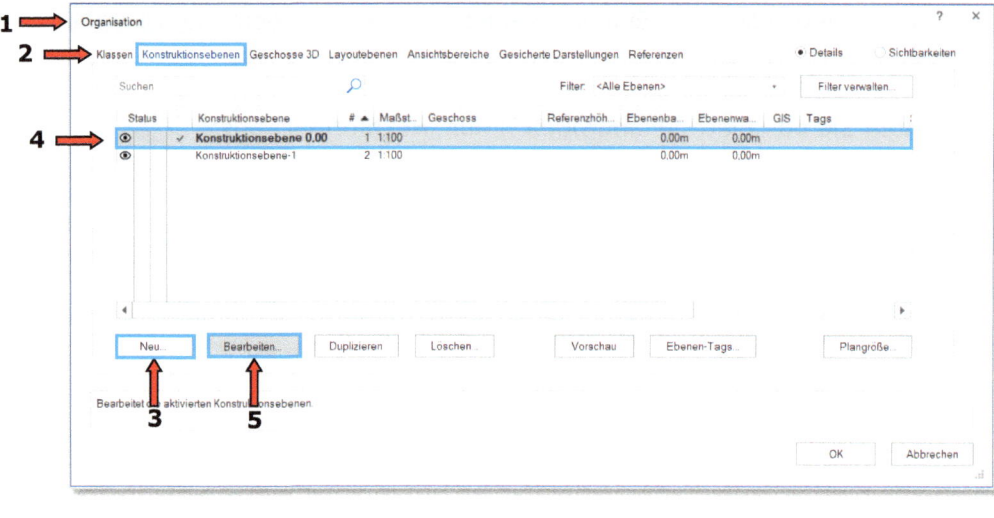

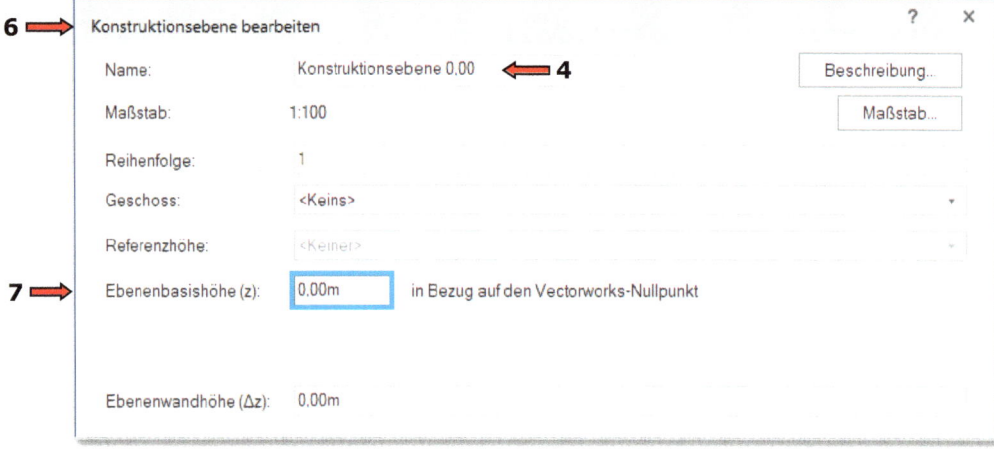

7. Turm

Erstellen Sie zwei weitere Ebenen und bearbeiten Sie diese:

2. „Konstruktionsebene 20,00 m"

- Klicken Sie auf die Schaltfläche „Bearbeiten":
- Stellen Sie die „Ebenenbasishöhe (z):" auf 20,00 m ein.
- Bestätigen Sie mit OK.

3. „Konstruktionsebene 21,00 m"

- Klicken Sie auf die Schaltfläche „Bearbeiten...":
- Legen Sie die „Ebenenbasishöhe (z):" auf 21,00 m fest.
- Bestätigen Sie mit OK.

Erstellen Sie eine neue Klasse mit dem Namen „2D Geometrie".

- Bearbeiten Sie die Klasse „2D Geometrie" (**1**), indem Sie in der Registerkarte „Attribute" (**2**) die Option „Automatisch zuweisen" (**3**) aktivieren.
- Klicken Sie auf das Vorschau-Fenster „Auswahl Füllung" (**4**), das Feld, in dem die aktive Farbe angezeigt wird.
- In dem nun geöffneten Dialogfenster „Farbe" (**5**) wechseln Sie zur Registerkarte "Benutzerdefiniert" (**6**).
- Erstellen Sie im Farbraum „RGB" (**7**) eine Farbe aus der Mischung der drei Grundfarben Rot, Grün und Blau: Rot: 160; Grün: 160; Blau: 160 (**8**).
- Bestätigen Sie mit OK.

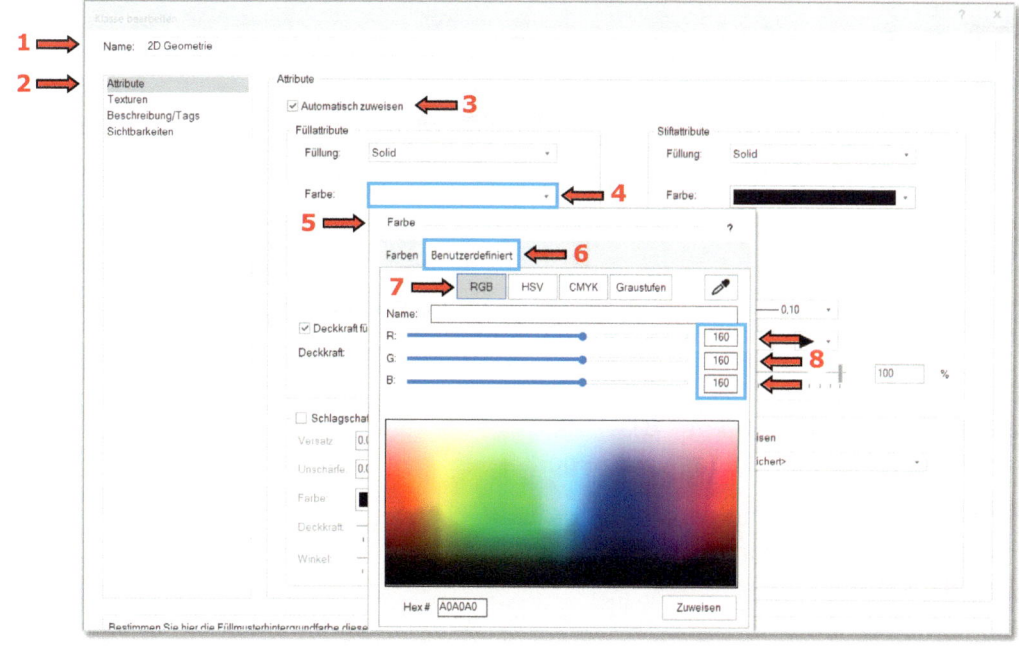

7.2 Turmschaft und Sockel des Turms

Die quadratische Basis des Turms wird auf der Konstruktionsebene „Konstruktionsebene 0,00 m" (**1**) und in der Klasse „2D Geometrie" (**2**) gezeichnet. Beide müssen dabei aktiv sein.

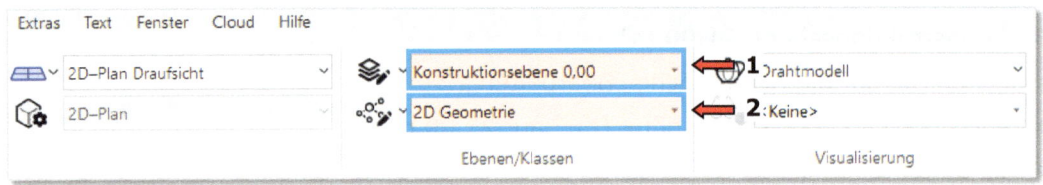

Ein Quadrat soll mittig auf dem Zeichenblatt/Plan gezeichnet werden.

- Doppelklicken Sie auf das Werkzeug *Rechteck* in der Favoriten-Palette:
- Im erscheinenden Dialogfenster „Objekt anlegen - Rechteck" (**3**) tragen Sie die Maße (**4**) und den Einfügepunkt (**5**) des Rechtecks ein.
- Bestimmen Sie den Einfügepunkt auf dem Plan (**6**).
- Bestätigen Sie mit OK (**7**).

Maße (**4**):   Δx = 8,00 m; Δy = 8,00 m
Einfügepunkt (**5**) des Rechtecks: Mitte
Einfügepunkt auf dem Plan (**6**): „Nächster Klick"

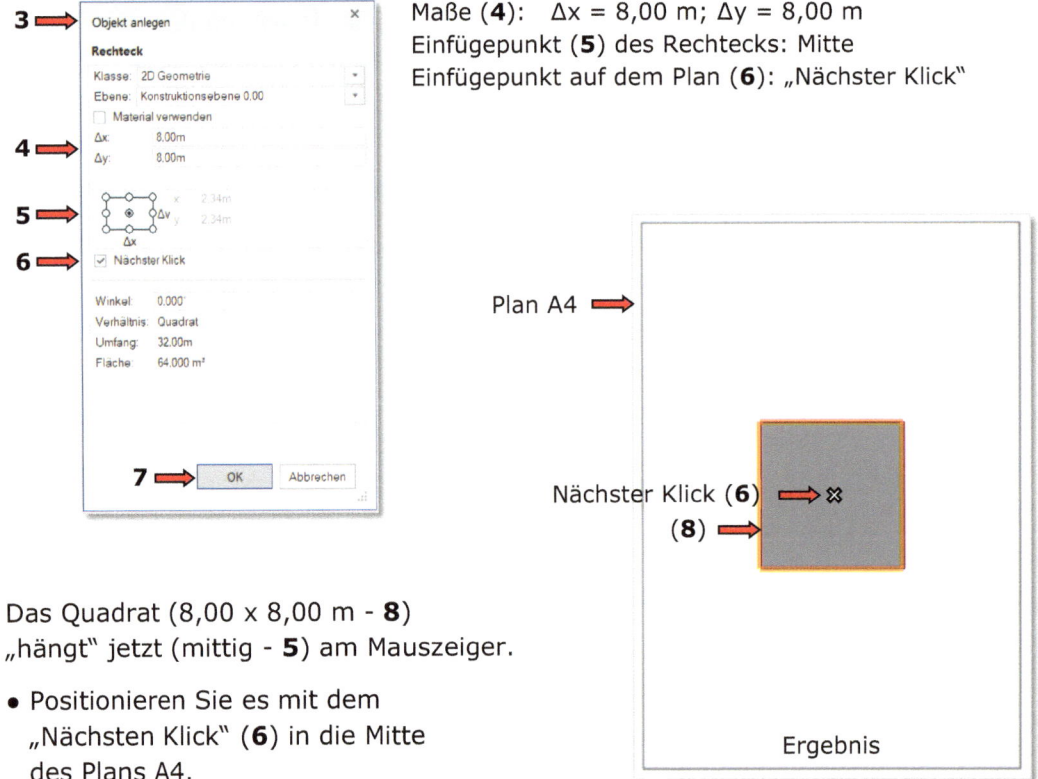

Das Quadrat (8,00 x 8,00 m - **8**) „hängt" jetzt (mittig - **5**) am Mauszeiger.

- Positionieren Sie es mit dem „Nächsten Klick" (**6**) in die Mitte des Plans A4.

Parallele

Zu dem Quadrat 8,00 x 8,00 m soll eine Parallele gezeichnet werden.

- Aktivieren Sie das Quadrat (8,00 x 8,00 m).
- In der Favoriten-/Konstruktion-Palette klicken Sie auf das Werkzeug *Parallele* .
- In der Methodenzeile, wählen sie die erste Methode - *Mit bestimmten Abstand* (**1**) und die dritte Methode - *Originalobjekt beibehalten* (**2**) aus.
- Geben Sie für den Abstand: 0,20 m ein (**3**).

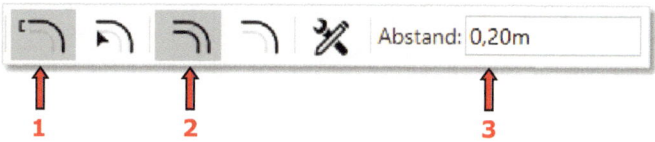

- Klicken Sie nach außen auf die Seite, an der die Parallele gezeichnet werden soll.

Es wird ein neues Quadrat erstellt, das auf allen Seiten um 0,40 m größer ist als das Originalquadrat. Dieses Quadrat bleibt aktiv und verdeckt das zuerst gezeichnete Quadrat.

- Ordnen Sie es in den Hintergrund an:
  Ändern - Anordnen – In den Hintergrund → (**4**).
- Aktivieren Sie beide Quadrate und schneiden Sie die Schnittfläche aus:
  Ändern – Schnittfläche löschen.

Die Fläche von 8,00 x 8,00 m wurde aus dem größeren Quadrat herausgeschnitten. Das kleinere Quadrat mit den Maßen 8,00 x 8,00 m bleibt dabei intakt und aktiviert.

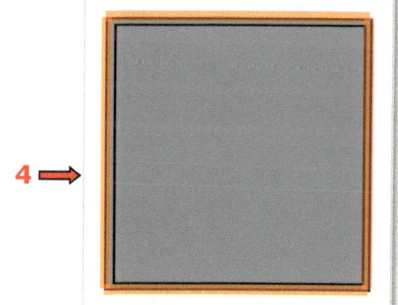

Vollkörper Addition

Turmschaft, Quader

- Das Quadrat 8,00 x 8,00 m muss aktiviert sein.
- Gehen Sie in der Menüzeile: *3D–Modell – Extrusionskörper anlegen…*
- Im nun erscheinenden Dialogfenster „Extrusions-/Schichtkörper" tragen Sie bei Δz: 21,00 m (**1**) ein → der Turmschaft.

Turmsockel, Extrusionskörper

- Aktivieren Sie die Polylinie (**2**) und und erstellen Sie daraus ebenfalls einen Extrusionskörper mit Δz: 1,00 m (**3**) → der Turmsockel.

7. Turm

Der Turmschaft   **Der Turmsockel**

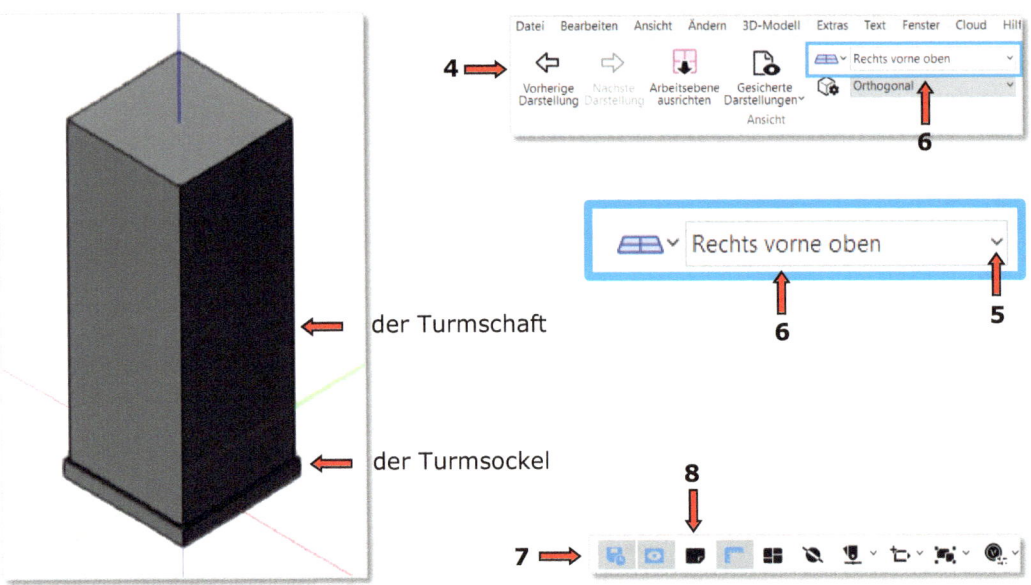

- Gehen Sie in der Multifunktionsleiste (**4**) zur aktuellen Ansicht: (**5**):
  Rechts vorne oben (**6**).
- Bei den Schnelleinstellungen (**7**) blenden Sie die Plangröße aus (**8**).

Diese zwei Extrusionskörper sollen zu einem Vollkörper zusammengefügt werden.

- Markieren Sie die zwei zuletzt gezeichneten dreidimensionalen Objekte
  (Turmschaft + Turmsockel) auf der „Konstruktionsebene 0,00 m".

Die „Konstruktionsebene 0,00 m" muss weiterhin aktiv sein und die beiden 3D-Körper müssen sich auf dieser Konstruktionsebene befinden.

- Gehen Sie in der Menüzeile zu:
  3D-Modell – Vollkörper anlegen – Volumen zusammenfügen.

Diese zwei dreidimensionalen Objekte wurden mithilfe des Befehls *Volumen zusammenfügen* zu einer „Vollkörper Addition" zusammengefügt.

7.2.1 Eingangstor

Um das Eingangstor zu zeichnen, gehen Sie folgendermaßen vor:

- In der Multifunktionsleiste soll aktuelle Ansicht „Rechts vorne oben" aktiv sein.
- Aktivieren Sie das Werkzeug *Rechteck* (**1**) mit einem Doppelklick:
- Im nun erscheinenden Dialogfenster „Objekt anlegen" (**2**) tragen Sie folgende Werte ein:
  - Δx: 3,00 m; Δy: 4,00 m (**3**).
  - Der Einfügepunkt des Rechtecks soll die Mitte der unteren Seite des Rechtecks (**4**) sein.
  - Der Einfügepunkt auf dem Plan soll mit der Option „Nächster Klick" (**5**) festgelegt werden.
  - Bestätigen Sie mit OK.

Das Rechteck mit den eingegebenen Maßen, „hängt" nun am Mauszeiger.

- Platzieren Sie das Rechteck mit dem „Nächsten Klick" in die Mitte der unteren Seite des Sockels (**8**).

WICHTIG: Bevor Sie das Rechteck einfügen, müssen Sie den Arbeitsebenenmodus „Auto-Arbeitsebene" (**6**) aktivieren.

Stellen Sie sicher, dass die vordere Sockelseite in einer anderen Farbe angezeigt wird (**7**), bevor Sie klicken, um das Rechteck auf dieser Seite des Turms zu platzieren.

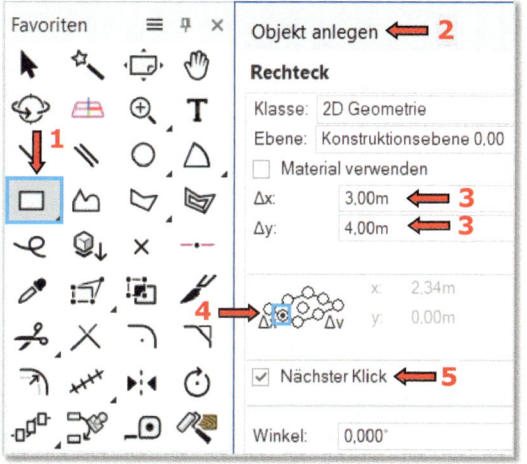
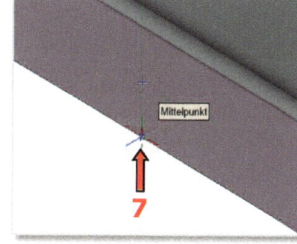

7. Turm

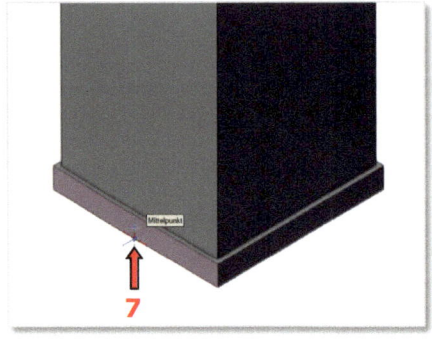
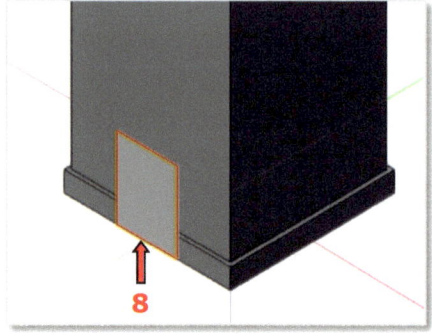

Das Rechteck 3,00 x 4,00 m bleibt aktiv (**9**).

• Gehen Sie in der Menüzeile zu: *3D–Modell – Extrusionskörper anlegen*...

•Im nun erscheinenden Dialogfenster „Extrusions-/Schichtkörper" geben Sie bei Δz: - 8,40 m ein → Ergebnis (**10**).

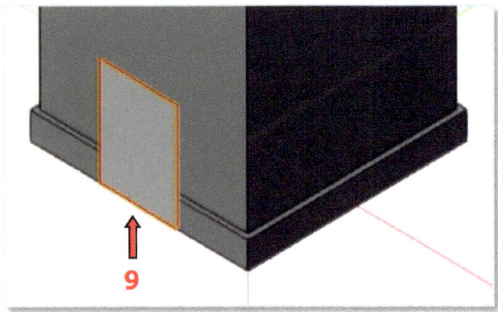
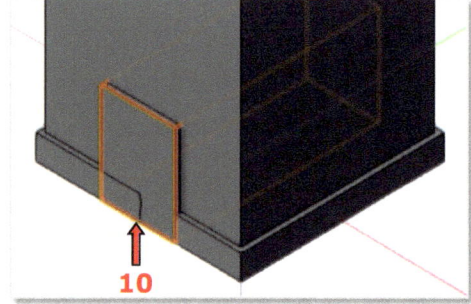

Schnittvolumen löschen

• Markieren Sie den gerade gezeichneten Quader (**10**) und den Turmschaft (**11**):

• Gehen Sie in die Menüzeile zu:
 3D-Modell (**12**) *– Vollkörper anlegen* (**13**) *– Schnittvolumen löschen...* (**14**).

WICHTIG: Beide Körper müssen sich auf der gleichen Ebene befinden. Diese Ebene muss aktiv sein, damit die beide Körper zu einem Volumen zusammengefügt werden können oder ein Volumen vom anderen abgezogen werden kann.

7. Turm

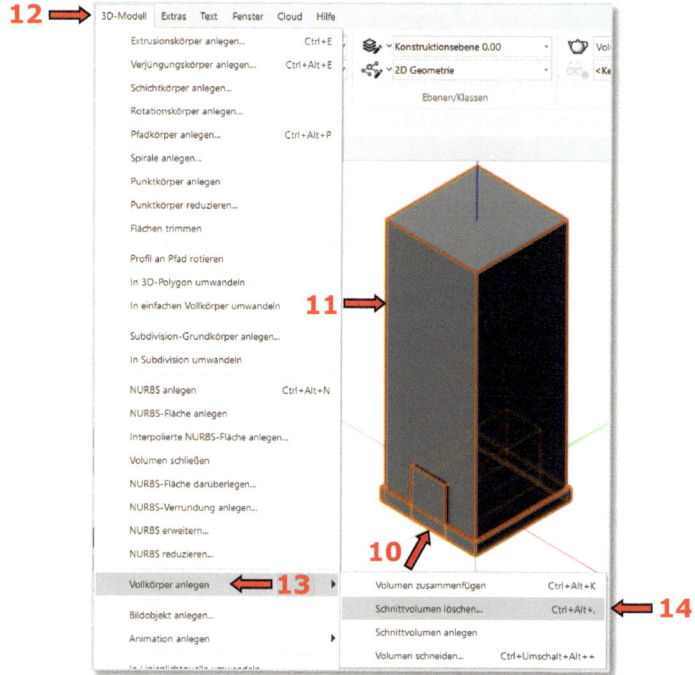

Der Turmschaft muss rot angezeigt werden (**16**).

- Betätigen Sie die Pfeile (**15**) so lange, bis der Turmschaft rot angezeigt wird, damit das Volumen des gezeichneten Quaders (**10**) von ihm abgezogen werden kann.
- Bestätigen Sie anschließend mit OK.

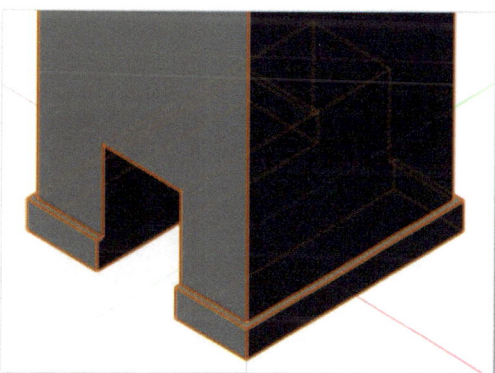

Ergebnis

397

7.2.2 Fenster

Um die **Fenster** zu zeichnen, gehen Sie folgendermaßen vor:

- Stellen Sie sicher, dass in der Multifunktionsleiste die Ansicht: „Rechts vorne oben" aktiv ist.

Das Rechteck bzw. die Basisfläche des Fensterlochs soll mithilfe der Zeichenhilfe Temporärer Nullpunkt (Taste **G**) auf den Turmschaft gesetzt werden.

- Aktivieren Sie das Werkzeug *Rechteck* mit einem Doppelklick:
- Im erscheinenden Dialogfenster geben Sie die folgenden Werte ein:
    - Δx: 1,60 m
    - Δy: 3,00 m,
    - Einfügepunkt des Rechtecks: Mitte der unteren Seite des Rechtecks,
    - Einfügepunkt auf dem Plan: „Nächster Klick".
    - Bestätigen Sie mit OK.
- Überprüfen Sie, ob der Arbeitsebenenmodus „Auto-Arbeitsebene" (**1**) aktiviert ist.

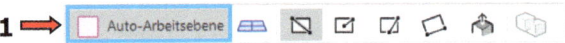

- Bewegen Sie den Mauszeiger über den Turmsockel, sodass die vordere Sockelseite andersfarbig dargestellt wird (**2**).
- Bewegen Sie den Mauszeiger weiter, ohne zu klicken, zur linken unteren Ecke des Turmsockels → „Endpunkt" (**3**) und drücken Sie die Taste **G**:
- In die nun erscheinende Objektmaßanzeige tragen Sie mit der Tabulatortaste folgende Werte ein:
    - x`: 2,70 m (**4**)
    - y`: 12,00 m (**5**).

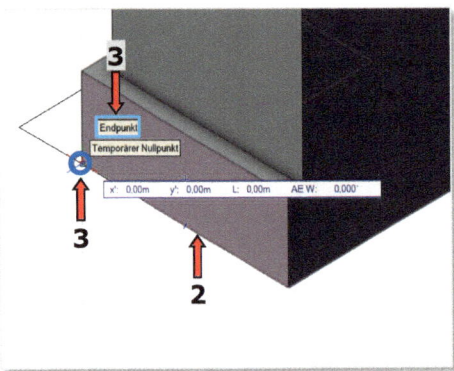 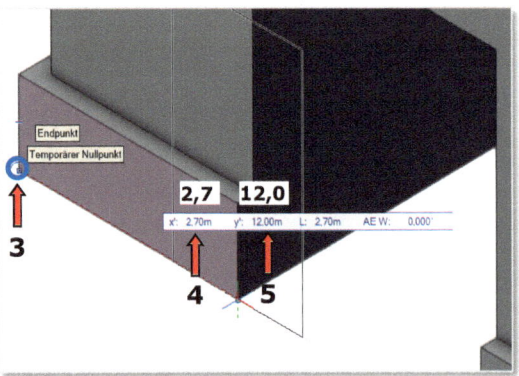

- Bestätigen Sie zweimal mit der Eingabetaste.

Zwei blau gestrichelte Hilfslinien (**6**) erscheinen.

- Klicken Sie mit der LMT auf den Schnittpunkt (**7**) dieser beiden Hilfslinien.

Das Rechteck wurde platziert (**8**).

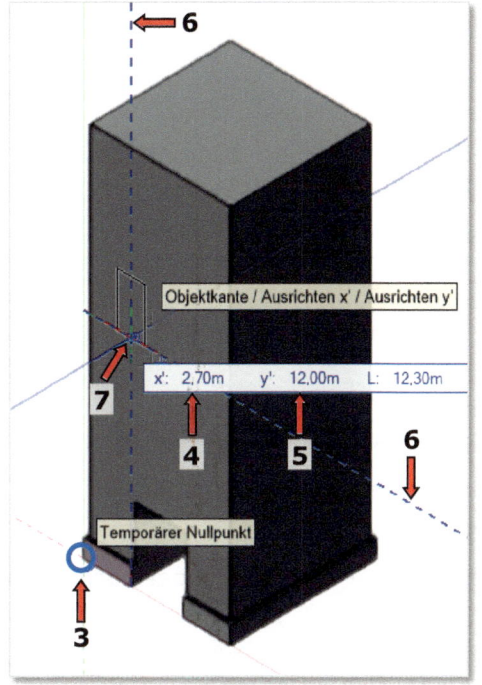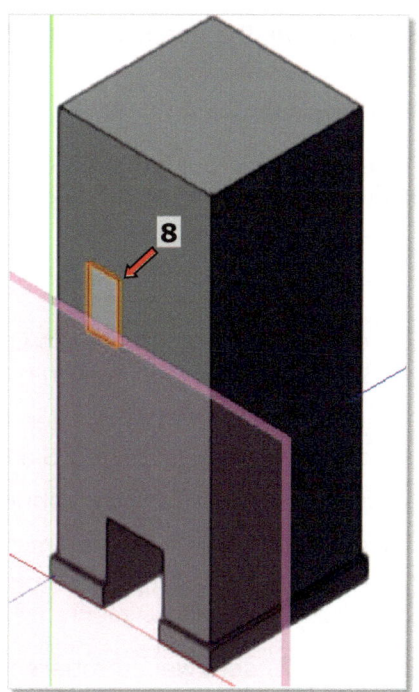

- Spiegeln Sie dieses Rechteck (als - *Duplikat*) über die senkrechte Spiegelachse (**9**).
- Wechseln Sie dafür in der Multifunktionsleiste die aktuelle Ansicht zu „Vorne" (**10**).

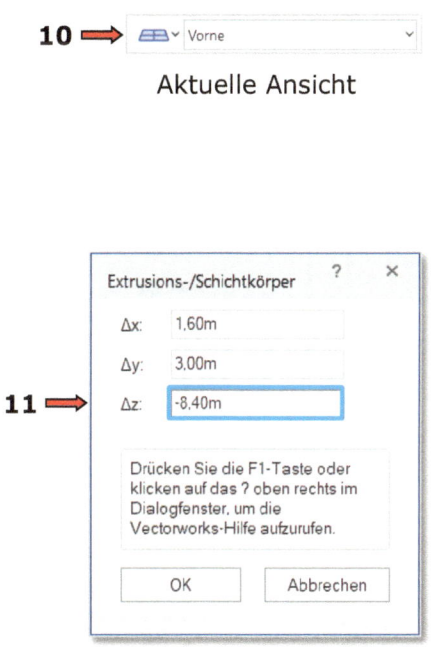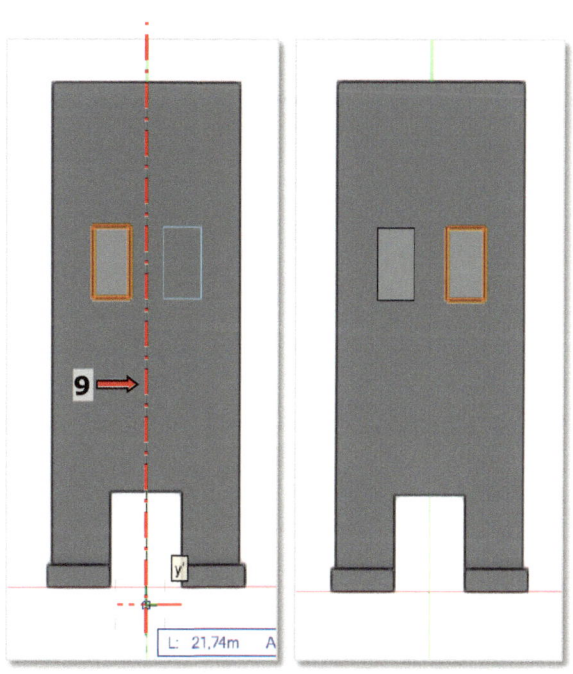

7. Turm

Erstellen Sie aus den beiden eben gezeichneten Rechtecken (einzeln) zwei Extrusionskörper mit Δz: -8,40 m (**11**):

- Gehen Sie in der Menüzeile zu: *3D–Modell – Extrusionskörper anlegen…*

Rotieren

- Aktivieren Sie die beiden eben erstellten Extrusionskörper (**12**) und wechseln Sie im Aufklappmenü „Aktuelle Ansicht" zu „2D-Plan Draufsicht" (**13**).

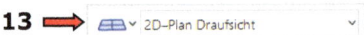

- Rotieren Sie die zwei markierten Objekte (Extrusionskörper) mithilfe der zweiten Methode – *Duplikat* um 90°:
- Mit dem ersten Klick (**14**) auf den Mittelpunkt 1 (zwischen beiden Extrusionskörpern) definieren Sie das Rotationszentrum.
- Bewegen Sie den Mauszeiger, ohne zu klicken, senkrecht nach oben.

Eine gestrichelte blaue Hilfslinie erscheint (**15**).

- Klicken Sie auf diese Hilfslinie (**16**) und ziehen Sie den Mauszeiger nach unten rechts.

Die Kopien (**17**) der zwei zu rotierenden Objekte erscheinen in blauer Farbe und „hängen" am Mauszeiger.

- Klicken Sie, wenn die blaue Hilfslinie eine waagerechte Position einnimmt (**18**).

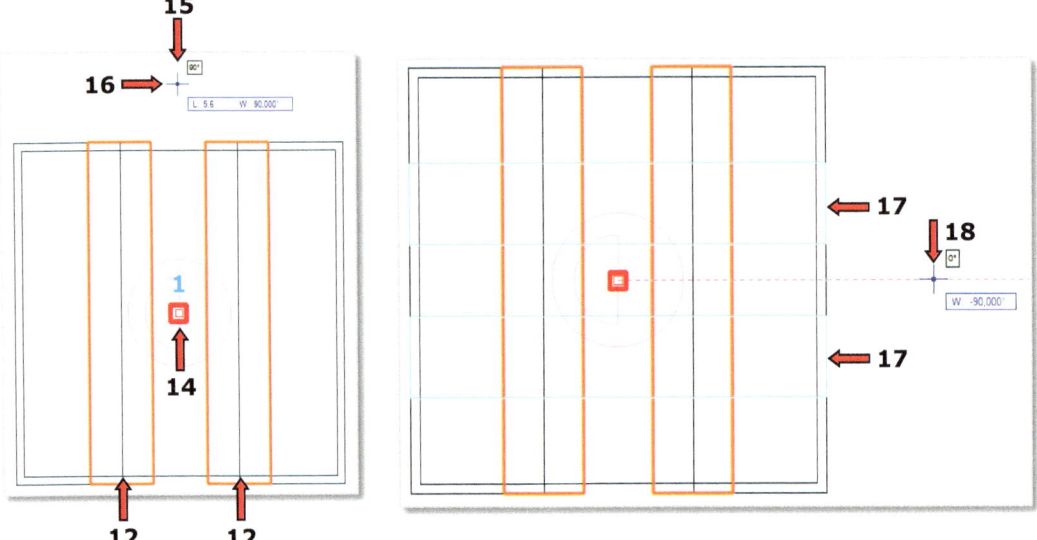

7. Turm

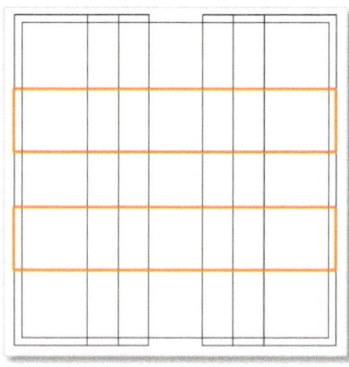
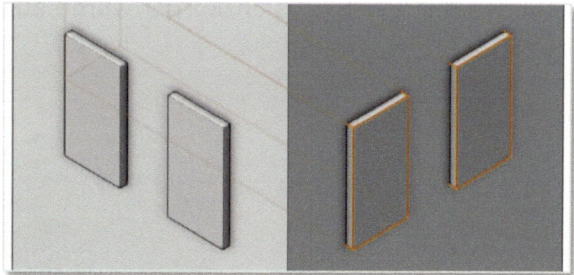

Ergebnis

Schnittvolumen löschen

Alle vier gezeichneten Extrusionskörper (**19**) sollen aus dem Volumen des Turmschafts (**20**) ausgeschnitten werden, wodurch Fensterlöcher entstehen.

- Aktivieren Sie:
    1. alle vier Extrusionskörper (**19**)
        → Verwenden Sie das Werkzeug *Ähnliches aktivieren* und schalten Sie in den Einstellungen „Objekttyp" und „Größe" ein.
    2. den Turmschaft (**20**) (bei gedrückter Umschalttaste ⇧).
- Gehen Sie in der Menüzeile zu dem folgenden Befehl:
    3D-Modell – Vollkörper anlegen – Schnittvolumen löschen...
- Im Dialogfenster „Objekt auswählen" (**21**) betätigen Sie die Pfeile (**22**), bis der Turmschaft rot angezeigt wird (**23**).
- Bestätigen Sie mit OK.

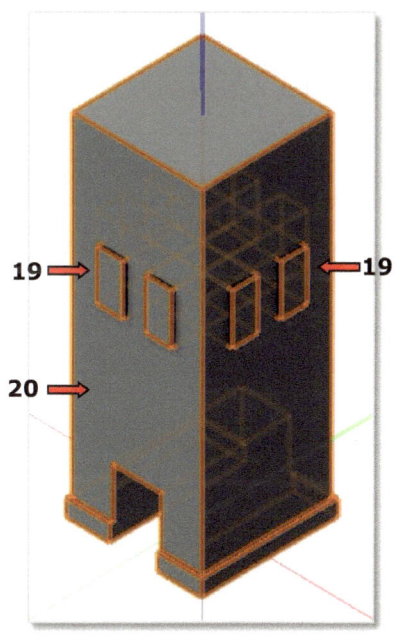
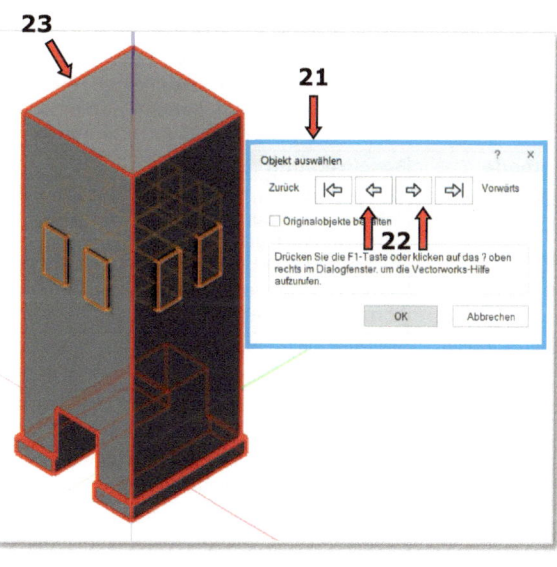

7. Turm

Das Volumen der vier Extrusionskörper wurde aus dem Turmschaft ausgeschnitten (**24**).

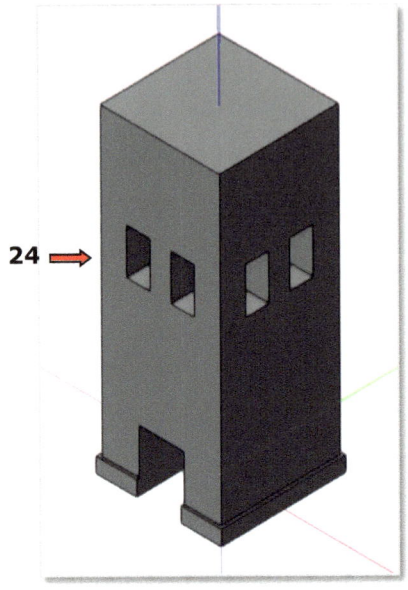

Ergebnis

7.3 Oberer Teil des Turmschaftes

Geometrie extrahieren

Werkzeug	Werkzeuggruppe
Extrahieren	Modellieren

Mit dem Werkzeug **Extrahieren** können Sie von einer oder mehreren beliebigen 3D-Kanten, 3D-Kurven oder 3D-Flächen ein Duplikat in Form von Punktobjekten, einer NURBS-Kurve, von Iso-Kurven oder einer NURBS-Fläche anlegen. Dabei kann es sich um Kanten, Kurven oder Flächen von 3D-Polygonen oder Körpern handeln. Üblicherweise werden solche Extraktionen zur weiteren Bearbeitung angelegt.

Methode	Beschreibung
Schließt den Vorgang ab ✓	Klicken Sie hier, wenn Sie mit der Maus die Kante, Kurve oder Fläche definiert haben, die extrahiert werden sollen. Das Element wird dann deckungsgleich mit der ursprünglichen Kante/Kurve/Fläche gezeichnet. Anstatt auf das Häkchen zu klicken, kann auch die Eingabetaste („Enter") gedrückt werden.
3D-Punkte	Aktivieren Sie diese Methode, können Sie Punktobjekte aus Kanten von 3D-Polygonen und Körpern extrahieren.
NURBS-Kurve	Mit Hilfe dieser Methode wird aus einer oder mehreren beliebigen 3D-Kanten ein NURBS-Duplikat in Form einer NURBS-Kurve angelegt.
Iso-Kurven	Mit dieser Methode können Sie Iso-Kurven aus 3D-Flächen extrahieren. Iso-Kurven sind zwei NURBS-Kurven, die senkrecht aufeinander liegen.
Fläche	Aktivieren Sie diese Methode, können Sie aus einer oder mehreren beliebigen Flächen ein NURBS-Duplikat anlegen.
Einstellungen	Mit dieser Methode öffnen Sie das Dialogfenster „Einstellungen Extrahieren".

[...] (siehe Vectorworks-Hilfe [1])

7. Turm

Die quadratische Basis (**14**) auf der oberen Seite des Turmschaftes wird auf der Ebene „Konstruktionsebene 21,00 m" und in der Klasse „2D Geometrie" gezeichnet (beide müssen aktiv sein).

• Aktivieren Sie die Ebene „Konstruktionsebene 21,00 m".

Alles, was jetzt gezeichnet wird, wird auf der Höhe 21,00 m erstellt.

Extrahieren

Erstellen Sie eine neue quadratische Fläche mit den Maßen 6,00 x 6,00 m mithilfe des Werkzeugs *Extrahieren* (**1**) und der Methode - *Fläche* (**3**)
(mittig auf der oberen Seite des Turmschaftes).

• Aktivieren Sie das Werkzeug *Extrahieren* (**1**) in der Tools-Palette **Modellieren** (**2**).

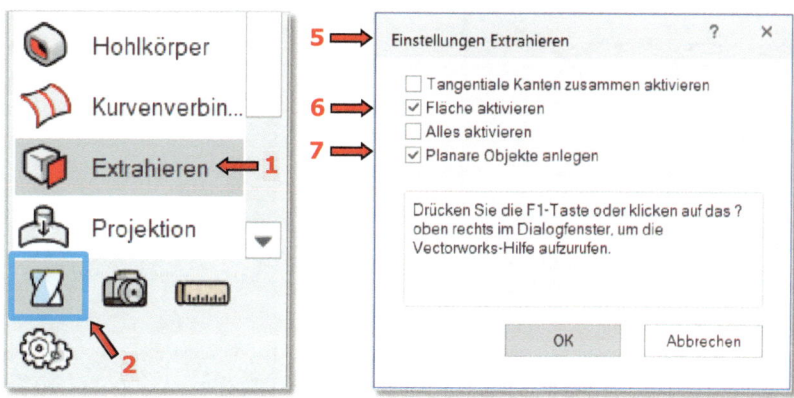

• In der Methodenzeile wählen Sie die fünfte Methode - *Fläche* (**3**) und die sechste Methode - *Einstellungen Extrahieren* (**4**) aus.
• Wählen Sie im nun erscheinenden Dialogfenster „Einstellungen Extrahieren" (**5**) die folgenden Optionen aus:
  - „Fläche aktivieren" (**6**)
  - „Planare Objekte anlegen" (**7**) → um ein Polygon - **10** und keine Nurbs-Kurve zu erhalten.
  - Bestätigen Sie mit OK.
• Klicken Sie auf die obere Fläche des Turmschafts (**8**).
• Schließen Sie den Vorgang mit einem Klick auf ✓ ab (**9**).

Es wurde ein Polygon (**10**) mit den Maßen 8,00 x 8,00 m (**11**) gezeichnet.

7. Turm

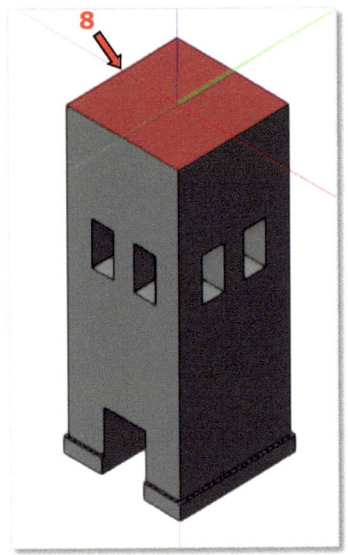

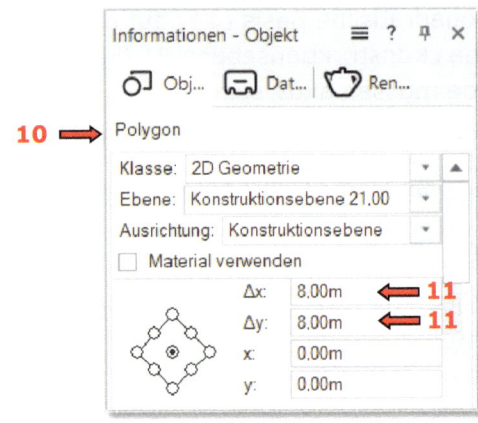

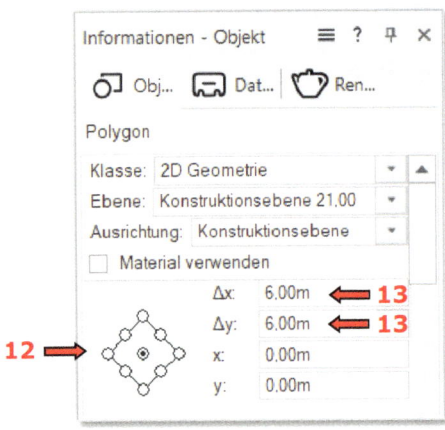

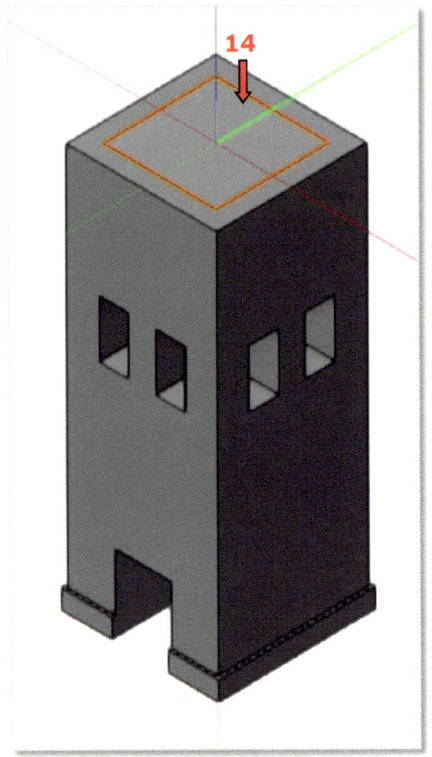

Ergebnis

- Formen Sie das Polygon mit Hilfe der Informationen-Objekt–Palette um:
  - Fixieren Sie den mittleren Punkt in der schematischen Darstellung (**12**).
  - Ändern Sie die Δx- und Δy-Werte auf:
    Δx: 6,00 m
    Δy: 6,00 m (**13**).

Erstellen Sie aus dem eben gezeichneten Quadrat (**14**) einen Extrusionskörper (**15**) mit Δz: 5,00 m (**16**):

- Gehen Sie in der Menüzeile zu: *3D–Modell – Extrusionskörper anlegen…*

7. Turm

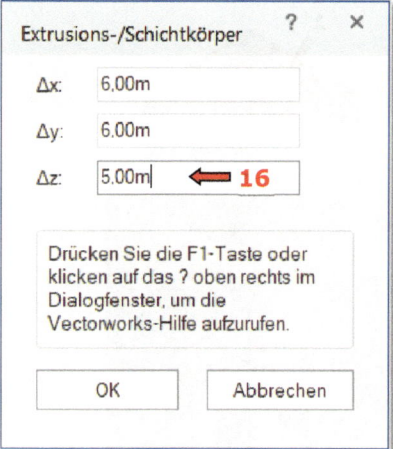
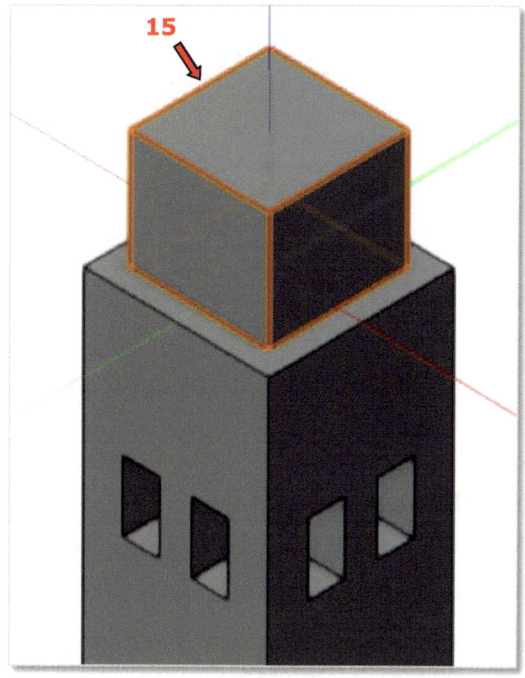

Ergebnis

7.4 Turmspitze

- Zeichnen Sie weiterhin auf der Ebene „Konstruktionsebene 21,00 m" und in der Klasse „2D Geometrie" (beide müssen aktiv sein).

Die obere Fläche des eben gezeichneten Quaders (6,00 x 6,00 x 5,00 m) soll extrahiert werden → sie wird als Basis für den Schichtkörper (die Turmspitze) dienen.

- Aktivieren Sie das Werkzeug *Extrahieren* in der Tools-Palette **Modellieren** .
- In der Methodenzeile wählen Sie die fünfte Methode - *Fläche* und die sechste Methode - *Einstellungen Extrahieren* aus:
- Wählen Sie im nun erscheinenden Dialogfenster „Einstellungen Extrahieren" die folgenden Optionen aus:
  - „Fläche aktivieren"
  - „Planare Objekte anlegen".
- Klicken Sie auf die obere Fläche des Quaders (**1**).
- Schließen Sie den Vorgang ab, indem Sie auf den grünen Hacken klicken.

Es wurde ein Polygon (**2**) mit den Maßen 6,00 x 6,00 m gezeichnet.

405

7. Turm

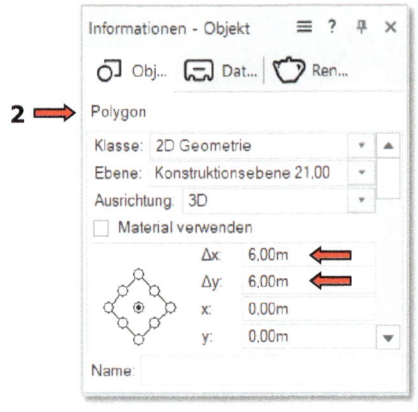
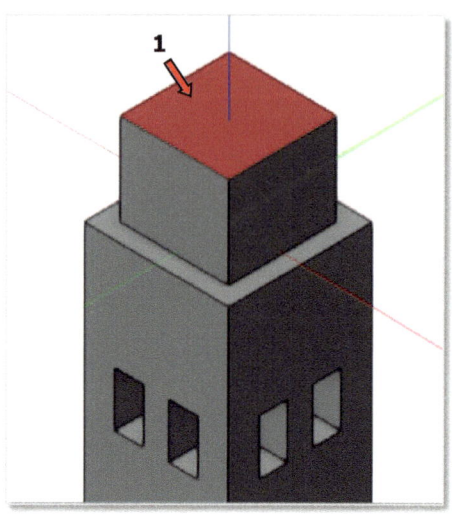

Schichtkörper anlegen

Die Turmspitze zeichnen Sie mit dem Befehl *Schichtkörper anlegen ...* in der Menüzeile unter *3D–Modell – Schichtkörper anlegen...*

Um den Befehl *Schichtkörper anlegen* auszuführen, benötigen Sie zwei zweidimensionale Objekte:
1. Das eben extrahierte Quadrat 6,00 x 6,00 m (**1**) und
2. Einen 2D-Punkt (**3**), der als Spitze des Turms dienen soll.

2D-Punkt

- In der Multifunktionsleiste sollte die aktuelle Ansicht auf „Rechts vorne oben" eingestellt sein.
- Aktivieren Sie das Werkzeug *Punkt* ✕ in der Favoriten-Palette:
- Bevor Sie den Punkt einfügen, überprüfen Sie, ob der Arbeitsebenenmodus „Auto-Arbeitsebene" (**1**) aktiviert ist.
- Zeichnen Sie einen Punkt (**3**) mittig auf das extrahierte Quadrat (**1**).

Der Punkt bleibt aktiv.

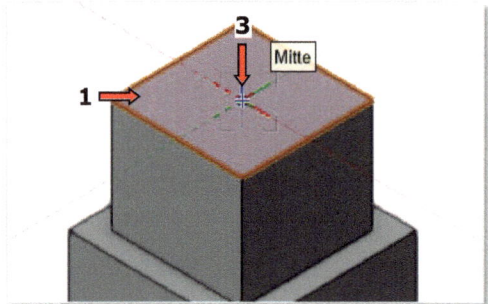

Der Schichtkörper soll die Höhe Δz: 5,00 m haben.

- Aktivieren Sie zusätzlich zum Punkt auch das extrahierte Quadrat (**4**).

Verwenden Sie dazu das Werkzeug *Aktivieren,* während Sie die Umschalttaste ⇧ gedrückt halten.
Der Punkt muss oben auf dem Quadrat liegen.
Falls dies nicht der Fall ist, markieren Sie den Punkt und bringen Sie ihn mit dem Befehl aus der Menüzeile in den Vordergrund:
Ändern – Anordnen – In den Vordergrund.

- Gehen Sie in die Menüzeile: *3D-Modell – Schichtkörper anlegen*…:
- Im nun erscheinenden Dialogfenster „Extrusions-/Schichtkörper anlegen" (**5**) tragen Sie für den Δz-Wert: 5,00 m (**6**) ein.

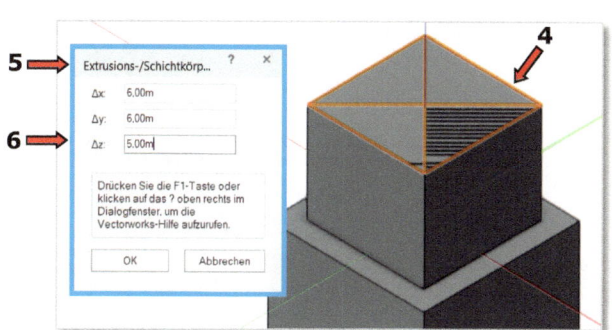
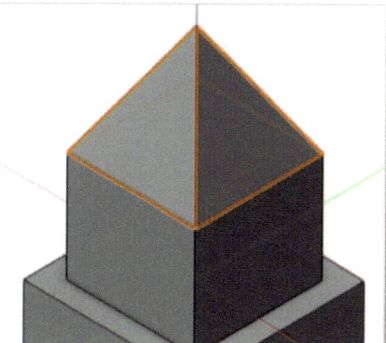

Ergebnis

7.5 Turmkranz

Der Turmkranz wird auf der Ebene „Konstruktionsebene 20,00 m" und in der Klasse „2D Geometrie" gezeichnet. Beide müssen aktiv sein.

- Aktivieren Sie in der Navigation-Palette die „Konstruktionsebene 20,00 m" (**1**) und die Klasse „2D Geometrie" (**2**).
- Die Aktuelle Ansicht sollte „2D-Plan Draufsicht" (**3**) sein.

Doppelpolygon

- Aktivieren Sie in der Favoriten-Palette das Werkzeug *Doppelpolygon* (**4**)
- Wählen Sie in der Methodenzeile die dritte Methode - *Rechte Kante* (**5**) aus und geben Sie für den Abstand: 0,30 m ein (**6**).
- Klicken Sie auf die fünfte Methode - *Einstellungen Doppelpolygon* (**7**).
- In dem nun geöffneten Dialogfenster „Einstellungen…" (**8**) wählen Sie die Option „Polygone" (**9**) aus.

7. Turm

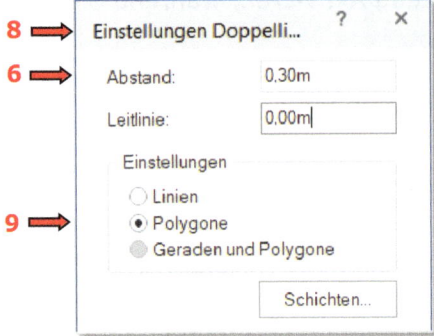

- Zeichnen Sie das Doppelpolygon um die oberste Fläche des Turmschaftes (**10**) herum.

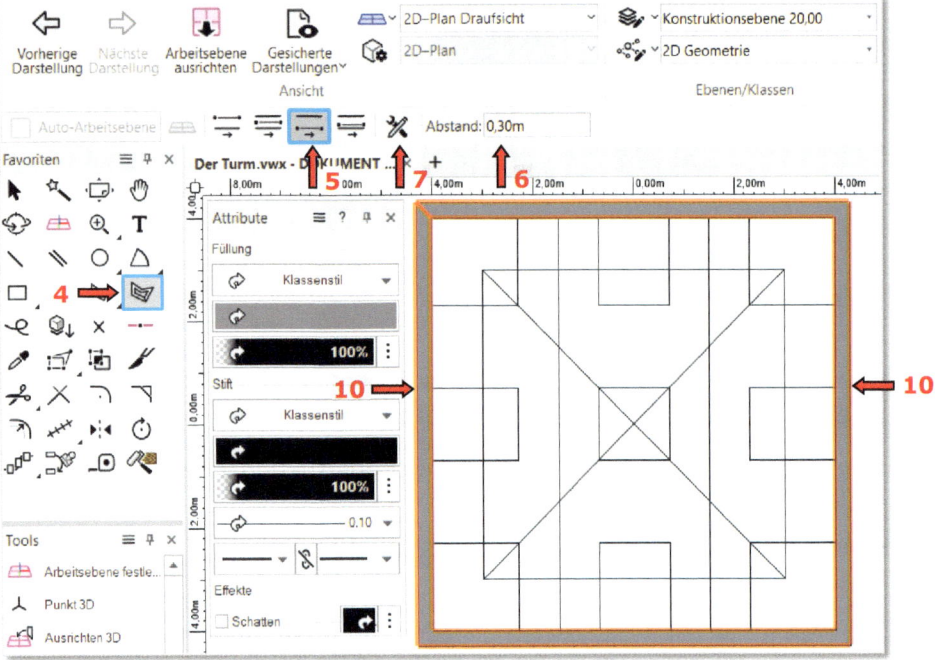

- Aus dem eben gezeichneten (und aktiv gebliebenen) Doppelpolygon erstellen Sie einen Extrusionskörper (**12**) mit Δz: 6,00 m (**11**).
- Gehen Sie dazu in der Menüzeile auf: *3D–Modell – Extrusionskörper anlegen…*

7. Turm

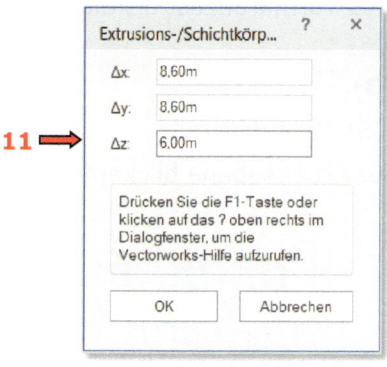
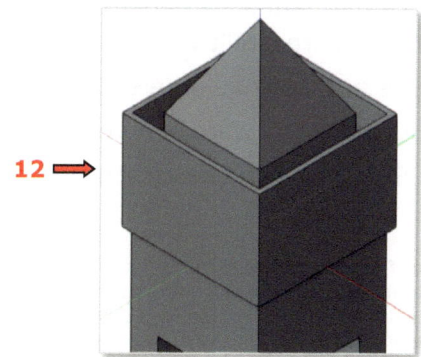

7.5.1 Zahnschnittfries
oben auf dem Turmkranz

Arbeitsebene

Arbeitsebene
Beim Modellieren in 3D ist die Arbeitsebene die 3D-Ebene, auf der die Geometrie platziert wird. Sie kann auf der Konstruktionsebene oder in jeder anderen gewünschten Ausrichtung liegen. Sie können die Arbeitsebene verschieben, drehen, an verschiedenen Objekten oder Flächen ausrichten und ihre Position zur späteren Verwendung speichern.

Arbeitsebene positionieren

Werkzeug	Arbeitsumgebung: Werkzeuggruppe	Tastenkürzel
Arbeitsebene festlegen	Basic und Spotlight: Favoriten, Modellieren Architektur und Landschaft: Konstruktion, Modellieren	Alt-Taste + A (Windows) Wahltaste + A (Mac)

Mit dem Werkzeug **Arbeitsebene festlegen** können Sie Position und Winkel der Arbeitsebene an jeder Position im dreidimensionalen Raum festlegen.
HINWEIS: Doppelklicken Sie auf das Werkzeug **Arbeitsebene festlegen**, wird die Konstruktionsebene zur aktuellen Arbeitsebene. Doppelklicken Sie auf ein planares Objekt, um die Arbeitsebene, auf der es erzeugt wurde, wieder aufzurufen.

Methode	Beschreibung
Definiert durch drei Punkte	Definiert die Arbeitsebene durch drei Punkte oder anhand der Fläche eines gerenderten Objekts.
Definiert durch Fläche	Richtet die Arbeitsebene an einer planaren Fläche aus. Bei NURBS-Kurven wird die Arbeitsfläche senkrecht zur Tangente des Punkts auf der Kurve ausgerichtet.

[...] (siehe Vectorworks-Hilfe [1])

- Zeichnen Sie weiterhin auf der Konstruktionsebene „Konstruktionsebene 20,00 m" und in der Klasse „2D Geometrie".
- Ändern Sie in der Multifunktionsleiste die aktuelle Ansicht auf „Rechts vorne oben".

Um auf einer Seite des Turmkranzes zeichnen zu können, muss eine Arbeitsebene/Zeichenfläche auf dieser Seit festgelegt werden:

- Wählen Sie in der Favoriten-Palette das Werkzeug *Arbeitsebene festlegen* (**1**) und die zweite Methode - *Definiert durch Fläche* (**2**) aus.

7. Turm

- Fahren Sie mit dem Mauszeiger über die Seite des Turmkranzes, bis diese andersfarbig dargestellt wird.
- Klicken Sie auf die linke untere Ecke der Seite (**3**).

Eine Arbeitsebene (**4**) wurde an der gewünschten Stelle angelegt.

- Wählen Sie unter Aktuelle Ansicht „Senkrecht auf Arbeitsebene blicken" (**5**).

Senkrecht auf Arbeitsebene blicken
Ändert die Ansicht so, dass sie senkrecht zur Arbeitsebene liegt, ähnlich wie in der Ansicht "Oben", so dass Sie gerade auf die Arbeitsebene blicken. [...] (siehe Vectorworks-Hilfe [1])

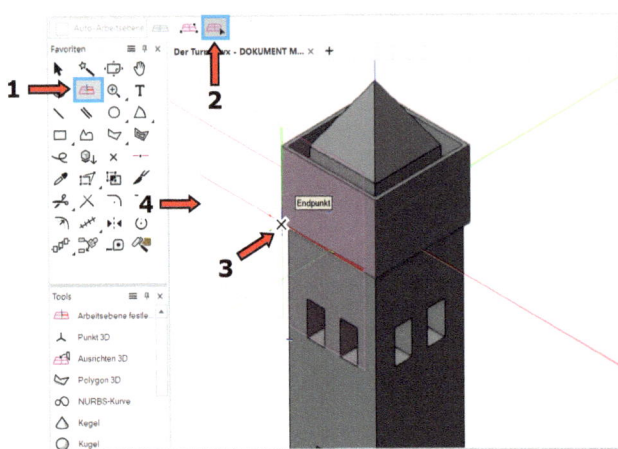
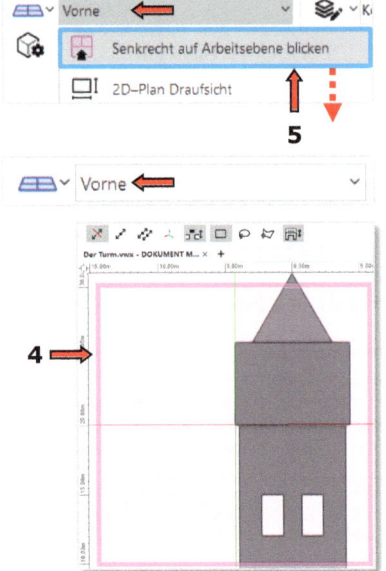

Erster Zahnschnitt, Rechteck

- Doppelklicken Sie auf das Werkzeug *Rechteck* in der Favoriten-Palette und geben Sie folgende Werte ein:
  - Δx: 0,75 m
  - Δy: 1,00 m
  - Einfügepunkt: unten links
  - Einfügepunkt auf dem Plan: „Nächster Klick".

Temporärer Nullpunkt

- Platzieren Sie das Rechteck (**6**) in x-Richtung 0,3 m von der linken unteren Ecke des Turmkranzes (**3**) entfernt:

Verwenden Sie die Zeichenhilfe Temporärer Nullpunkt (**7**):

- Drücken Sie die Taste **G:**
- Drücken Sie die **Tabulatortaste**.
- Tragen Sie in der Objektmaßanzeige folgende Werte ein:
  x': 0,30 m (**8**) und
  y': 0,00 m (**9**).
- Bestätigen Sie mit der Eingabetaste.

7. Turm

- Klicken Sie auf den Schnittpunkt der eingeblendeten gestrichelten Hilfslinien.

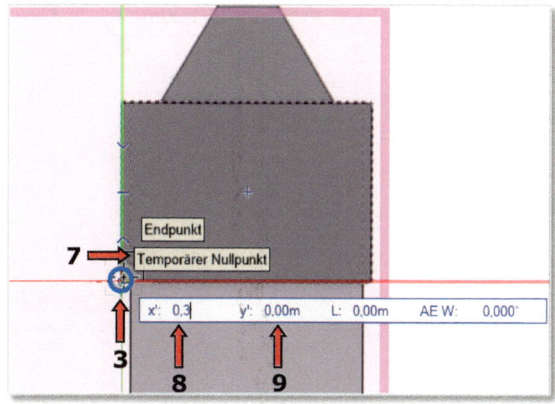 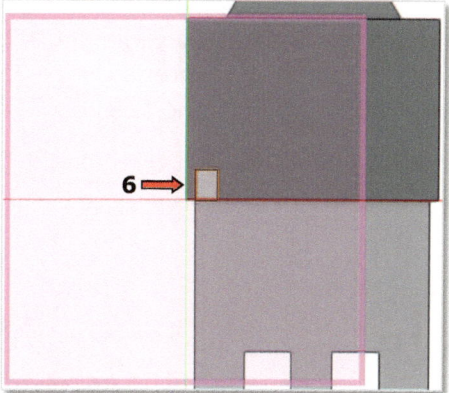

- Spiegeln Sie dieses Rechteck als -*Duplikat* an die obere Kante des Turmkranzes (wie unten gezeigt).

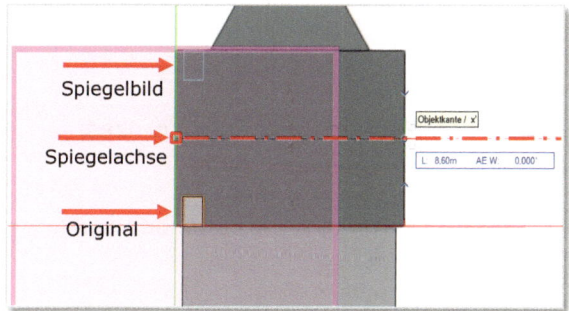 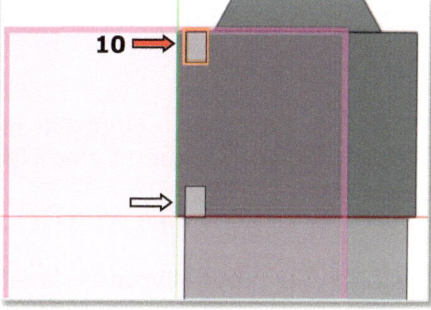

Senkrecht auf Arbeitsebene blicken   Ergebnis

In Bezug auf Bezugspunkt verschieben

- Verschieben Sie das obere Rechteck (**10**) auf die richtige Position (1,00 m von Punkt **1** entfernt) mit dem Werkzeug *Verschieben* (**11**) aus der Favoriten-Palette und der vierten Methode - *In Bezug auf Bezugspunkt verschieben* (**12**):
- Klicken Sie zuerst auf den Bezugspunkt **1** (**13**)
  (= obere linke Ecke des Turmkranzes).
- Klicken Sie danach auf den Punkt **2** (**14**) des aktiven Objekts, der verschoben werden soll (= obere linke Ecke des aktiven Rechtecks).
- Im erscheinenden Dialogfenster „Abstand" (**15**) aktivieren Sie die Option „Bezugspunkt" (**16**) und tragen im Eingabefeld „Abstand:" den Wert 1,00 m (**17**) ein → Ergebnis (**18**).

7. Turm

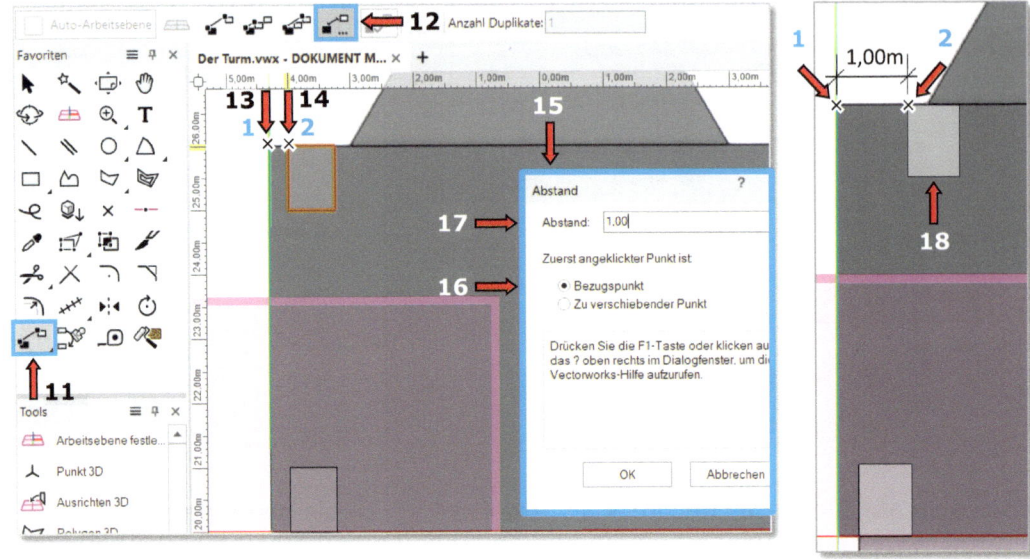

Ergebnis

Duplizieren an Pfad

Hilfslinie erstellen

Das Rechteck lässt sich einfacher entlang der oberen Kante des Turmkranzes verteilen, indem Sie zuerst eine Linie zeichnen, die als Hilfslinie dient.

WICHTIG: Zeichnen Sie weiterhin auf der zuvor festgelegten Arbeitsebene (**4**).

- Wählen Sie in der Favoriten-Palette das Werkzeug *Linie* aus.
- Zeichnen Sie eine Linie von der oberen linken Ecke des Turmkranzes (**3**) bis zur Mitte der oberen Seite des Rechtecks (**4**).
- Spiegeln Sie diese Linie (**1**) mit der zweiten Methode - *Duplikat* auf die rechte Seite des Turmkranzes (**2**) über die Spiegelachse (**3**), die senkrecht durch die Mittelachse des Turmkranzes (**3**) verläuft.

Das Rechteck soll entlang der oberen Kante des Turmkranzes verteilt werden. Dafür wird das Werkzeug *Duplizieren an Pfad* verwendet.

- Aktivieren Sie das Rechteck.

7. Turm

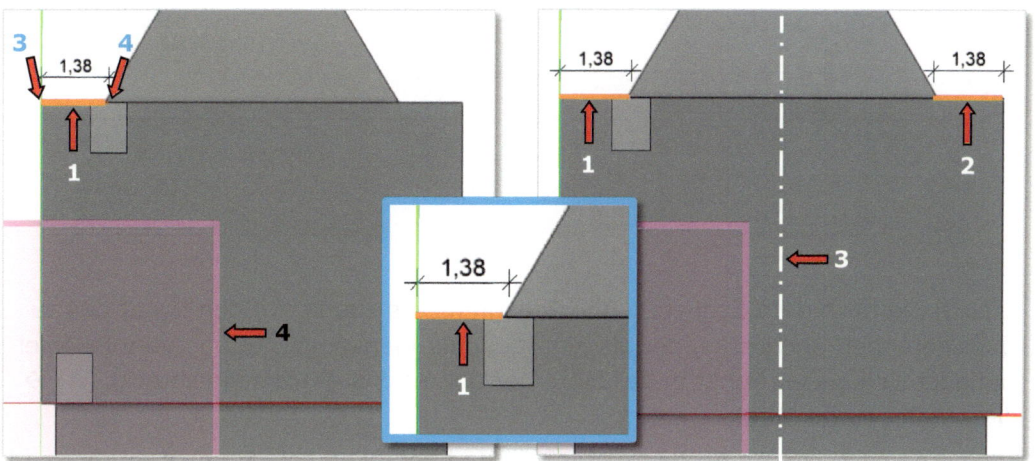

- Aktivieren Sie das Werkzeug *Duplizieren an Pfad* (**4**) in der Favoriten-Palette.
- Wählen Sie in der Methodenzeile die zweite Methode - *An neuen Pfad* (**5**) und die dritte Methode - *Einstellungen Duplizieren an Pfad* (**6**) aus.
- Im nun geöffneten Dialogfenster „Duplizieren an Pfad" (**7**) tragen Sie folgende Werte ein:
  - „Einfügepunkt" - „Nächster Klick" (**8**)
  - „Erstes Duplikat" – Abstand: 0,00m (**9**)
  - „Folgende Duplikate" – Anzahl: 4 (**10**)
  - „Allgemein" – „Letztes Duplikat erzeugen" (**11**).
  - Bestätigen Sie mit OK (**12**).

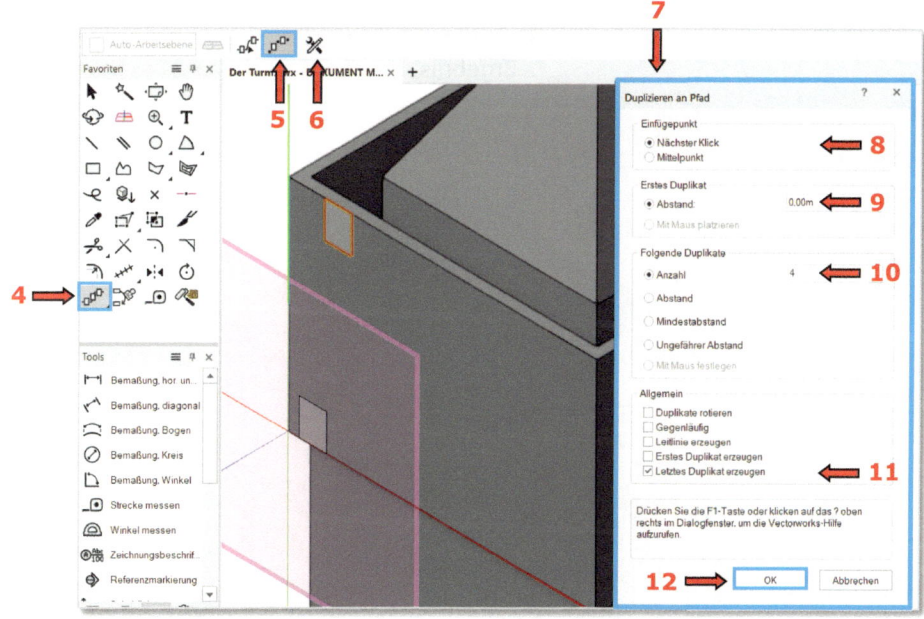

7. Turm

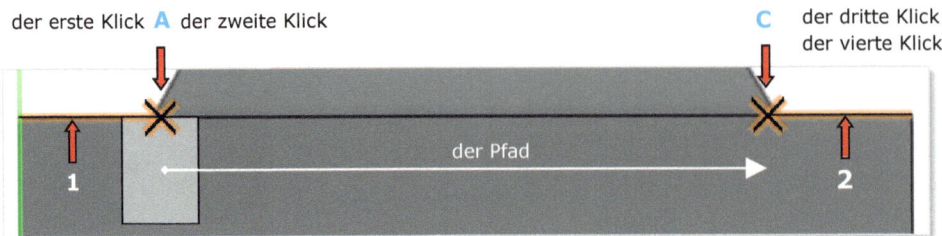

- Klicken Sie nach dem Schließen des Dialogfensters zuerst auf den Punkt des zu duplizierenden Rechtecks, der als Einfügepunkt dienen soll. In unserem Beispiel befindet sich dieser Punkt in der Mitte der oberen Seite dieses Rechtecks (**A**) → dies ist der **erste Klick**.
- Klicken Sie nun auf die Stelle, an der der Pfad beginnen soll. In unserem Beispiel ist dies ebenfalls die Mitte der oberen Seite des Rechtecks (**A**) → dies ist der **zweite Klick**.
- Ziehen Sie eine Linie bis zum Endpunkt des Pfades. In unserem Beispiel ist dies der linke Endpunkt (**C**) der gespiegelten (rechten) Hilfslinie (**2**).
- Doppelklicken Sie auf diesen Punkt (**C**) → dies sind der **dritte** und der **vierte Klick**, wobei der vierte Klick das Ende des Pfades definiert.

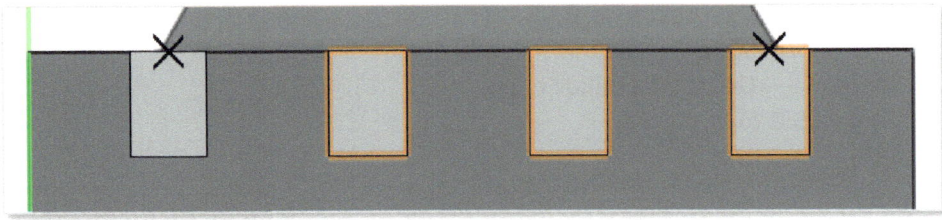

Ergebnis

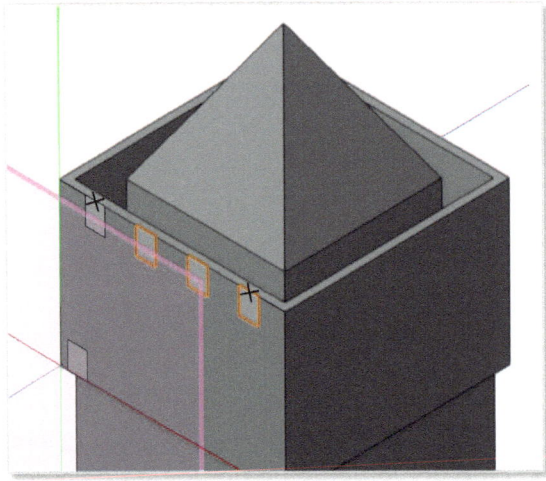

Ergebnis

Extrusionskörper

- Wechseln Sie die aktuelle Ansicht zu „Rechts vorne oben".
- Aktivieren Sie das erste Rechteck (**1**).

Geben Sie ihm die Tiefe von -8,60 m (**3**):

- Gehen Sie in der Menüzeile zum Befehl: *3D-Modell - Extrusionskörper anlegen...*
  → Dialogfenster „Extrusions-/Schichtkörper" (**2**).
- Wiederholen Sie diesen Vorgang einzeln für jedes Rechteck, das sich an der oberen Kante des Turmkranzes (**4**) befindet.

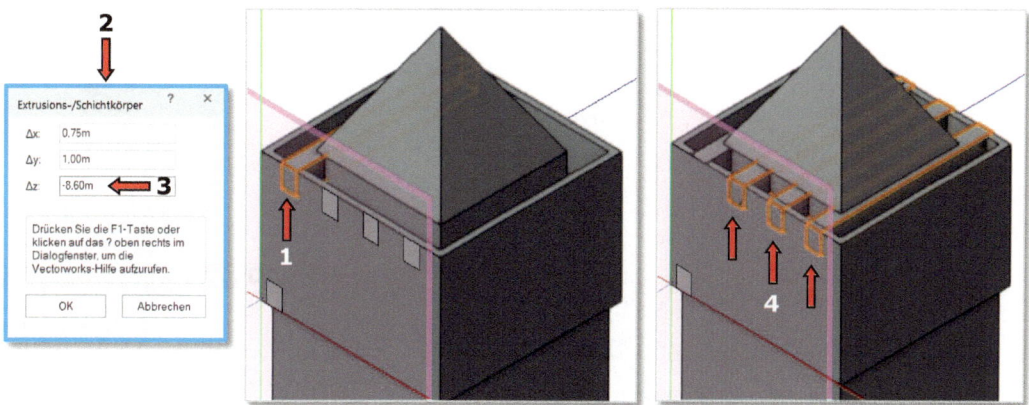

Rotieren

Die vier gezeichneten Extrusionskörper sollen gedreht und gleichzeitig dupliziert werden.

- Wechseln Sie die aktuelle Ansicht zu „2D-Plan Draufsicht".
- Markieren Sie alle vier 3D-Objekte/Extrusionskörper (**5**) und rotieren Sie diese um 90° (**6**) mit dem Werkzeug *Rotieren* aus der Favoriten-Palette und duplizieren Sie diese, indem Sie die zweite Methode – *Duplikat* verwenden:
  - Klick **1** → Rotationszentrum
  - Klick **2** → Startpunkt der Rotation
  - Klick **3** → Endpunkt der Rotation.

7. Turm

Ähnliches aktivieren

- Aktivieren Sie alle acht eben gezeichneten Extrusionskörper (**7**) mit dem Werkzeug *Ähnliches aktivieren* (**8**):
- In den Einstellungen (**9**) schalten Sie die Einstellungen „Objekttyp" und „Größe" (**10**) ein:
- Klicken Sie auf einen der Extrusionskörper (**11**).

Mit diesem Klick werden alle Extrusionskörper aktiviert (**12**).

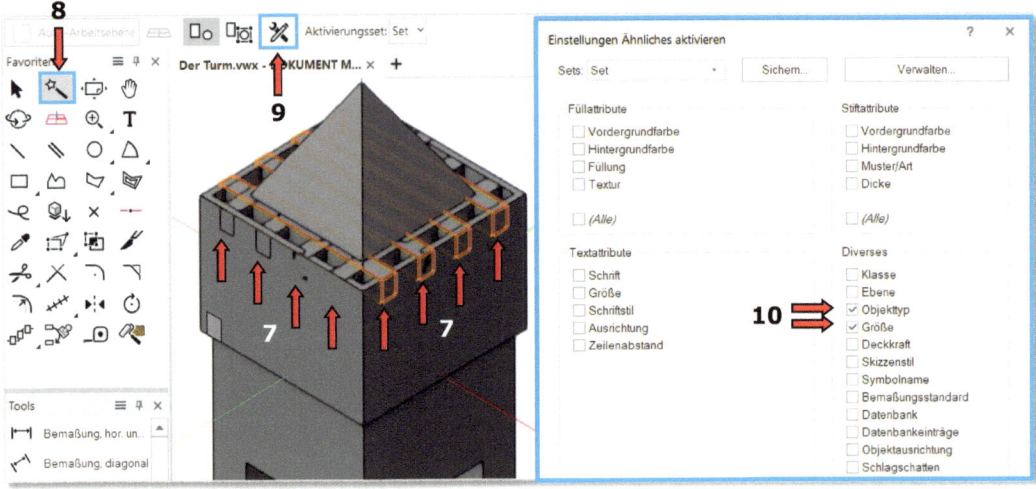

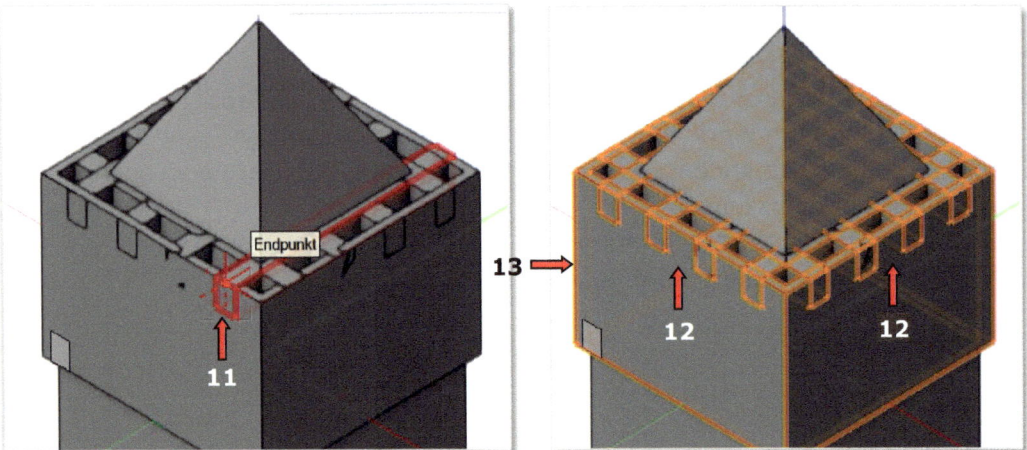

- Aktivieren Sie neben den acht aktiven Extrusionskörper zusätzlich den Turmkranz (**13**), indem sie das Werkzeug *Aktivieren* verwenden und dabei die Umschalttaste gedrückt halten.

Schnittvolumen löschen

Das Volumen aller acht Extrusionskörper (**12**) soll von dem Volumen des Turmkranzes (**13**) ausgeschnitten werden.

- Gehen Sie in der Menüzeile zum Befehl:
  3D-Modell – Vollkörper anlegen – Schnittvolumen löschen…
- Im Dialogfenster „Objekt auswählen" (**14**) betätigen Sie die Pfeile (**15**), bis der Turmkranz rot angezeigt wird (**16**).
- Bestätigen Sie mit OK.

Der Zahnschnittfries auf der oberen Seite des Turmkranzes wurde erstellt (**17**).

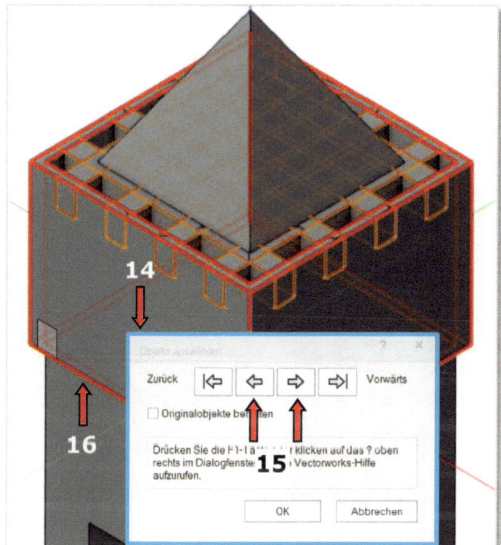

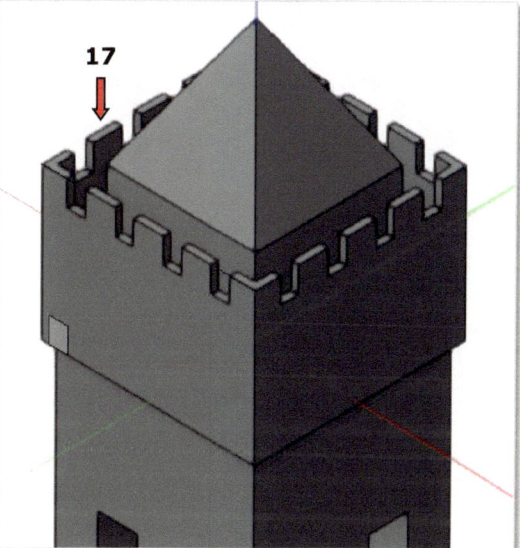

Ergebnis

7.5.2 Zahnschnittfries, unten am Turmkranz

Der „Zahnschnittfries unten" unterscheidet sich von dem „Zahnschnittfries oben". Seine Segmente sind abgerundet.

- Zeichnen Sie weiterhin auf der Ebene „Konstruktionsebene 20,00 m" und in der Klasse „2D Geometrie".
- Ändern Sie in der Multifunktionsleiste die aktuelle Ansicht zu „Rechts vorne oben".

In den nächsten Schritten werden Sie innerhalb des unteren Rechtecks (**1**) einen Kreis mit der Methode - *Definiert durch drei Tangenten* zeichnen. Um die Seiten des Rechtecks als Tangenten für den Kreis zu verwenden, zerlegen Sie das Rechteck (**1**) in seine Einzelteile → mit dem Befehl *Teilen*:

7. Turm

- Aktivieren Sie das untere Rechteck (**1**).
- Gehen Sie in der Menüzeile zu dem Befehl: *Ändern - Teilen*.

Das Rechteck wird in vier Linien aufgeteilt (**2**).

Kreis

- Wählen Sie in der Favoriten-Palette das Werkzeug *Kreis* (**3**) und die vierte Methode - *Definiert durch drei Tangenten* (**4**) aus.
- Klicken Sie auf drei Linien des geteilten Rechteckes (**1**, **2**, **3**) und bestätigen Sie die Position des Kreises mit dem vierten Klick (**4**).

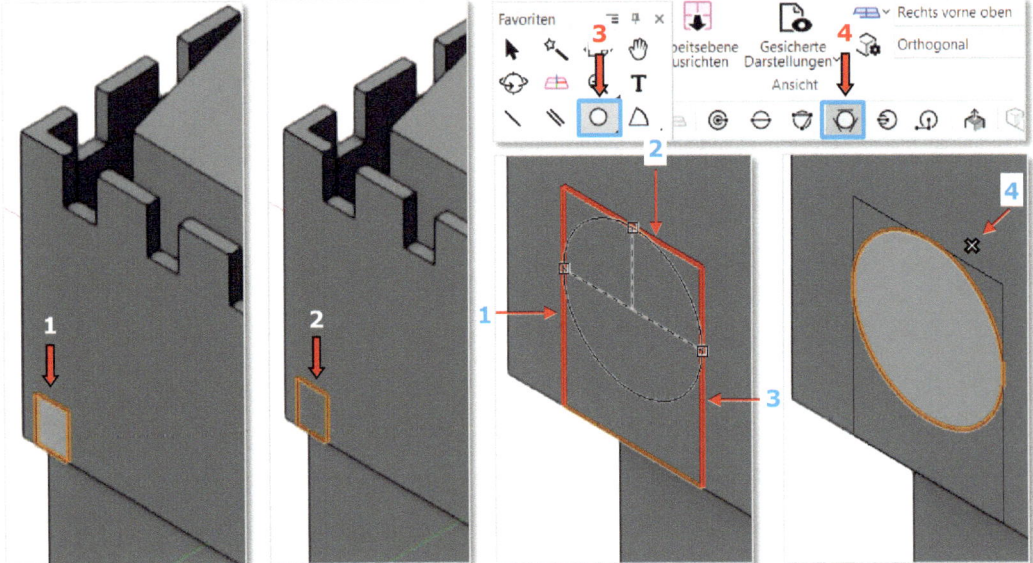

Wegschneiden

- Verwenden sie das Werkzeug *Wegschneiden* (**5**) und die ersten Methode - *Alle Objekte* (**6**), um die oberen Enden der Linien (**5**, **6**, **7**, **8**) und die untere Hälfte des Kreises (**9**) zu entfernen.
    → Klicken sie dazu auf die entsprechenden Linien- und Kreisteile, die weggeschnitten werden sollen.

7. Turm

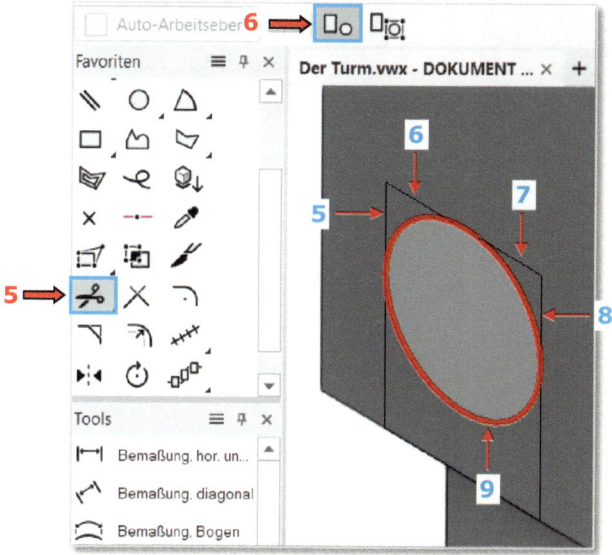

Verbinden

- Aktivieren Sie alle verbleibenden Linien und den Halbkreis (**7**) (siehe Seite 420) und verbinden Sie diese mit dem Befehl *Verbinden* → Menüzeile: *Ändern – Verbinden* (**8**).

HINWEIS: Es kann vorkommen, dass Sie bestimmte Linien nicht auswählen können, weil sich diese auf dem Turmkranz/Vollkörper-Substruktion befinden und der Turmkranz immer priorisiert ausgewählt wird. In diesem Fall befolgen Sie die Anweisungen auf dieser Seite:

- Bewegen Sie den Zeiger über das zu aktivierende Objekt (**9**).

Vectorworks erkennt, wenn zwei Objekte übereinander liegen. In diesem Fall wird ein Sternchen (*) neben dem Zeiger angezeigt (**10**).

- Klicken Sie an dieser Stelle mit der rechten Maustaste (RMT) und wählen Sie im erscheinenden Kontextmenü den Befehl:
  Aufeinanderliegende Objekte aktivieren... (**11**).

Es erscheint ein Dialogfenster (**12**) mit dem Hinweis, dass Sie stattdessen die Taste „." gedrückt halten und an die Stelle klicken können, an der sich mehrere Objekte überlagern.

- Bestätigen Sie dies mit OK.
- Ein Dialogfenster „Auswählen" (**13**) wird geöffnet, in dem alle übereinanderliegenden Objekte (**14**) aufgelistet sind.
- Wählen Sie das gewünschte Objekt → in diesem Fall die Linie (**15**) aus.

7. Turm

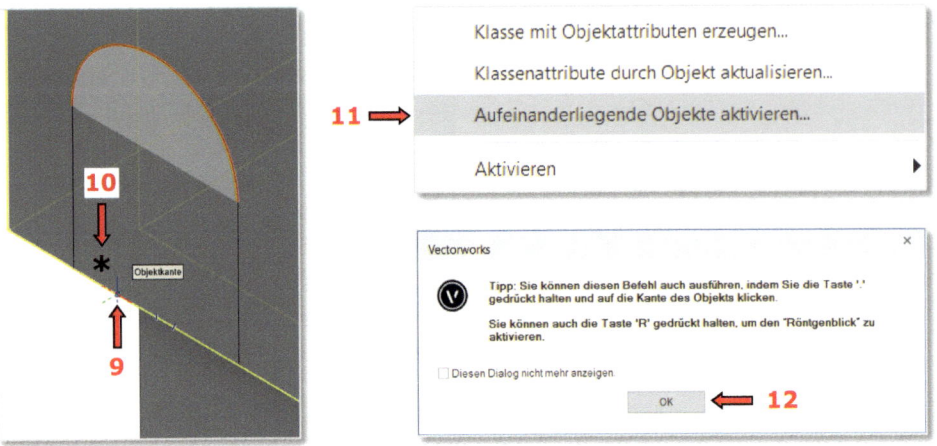

- Aktivieren Sie nun die zwei verbleibenden Linien und den Halbkreis (**7**) und verbinden Sie diese mit dem Befehl *Verbinden* → Menüzeile: *Ändern – Verbinden* (**8**).

Es entsteht eine Polylinie (**16**).

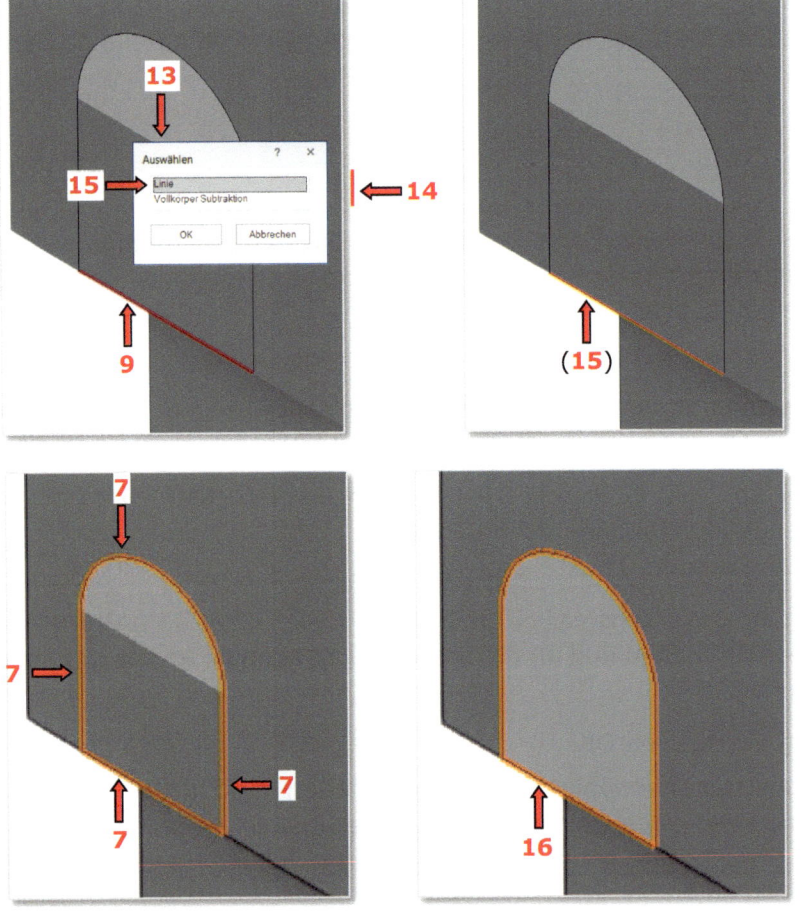

7. Turm

Extrusionskörper

Geben Sie der zuvor gezeichneten Polylinie (**16**) die Tiefe (-8,60) m:

- Gehen Sie in der Menüzeile zu: *3D–Modell – Extrusionskörper anlegen...*
- Im nun erscheinenden Dialogfenster „Extrusions-/Schichtkörper" geben Sie unter Δz: (-8,60 m) (**17**) ein.

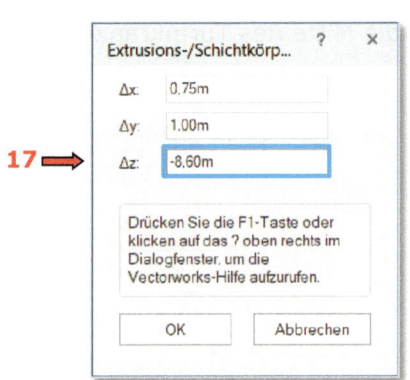
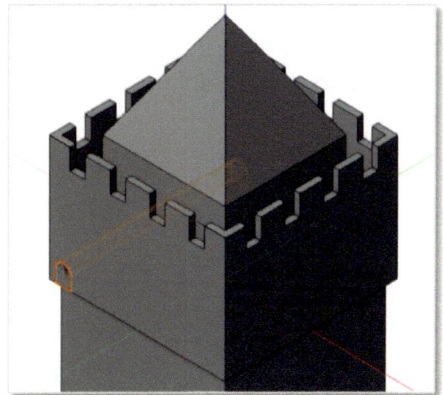

Um den Extrusionskörper einfacher auf dieser Seite des Turmkranzes zu verteilen, zeichnen Sie zunächst eine Linie, die als Hilfe dient (**20**).

- Stellen Sie in der Multifunktionsleiste die aktuelle Ansicht auf „Rechts vorne oben" ein.

Legen Sie eine Arbeitsebene/Zeichenfläche auf dieser Seite des Turmkranzes fest.

- Wählen Sie in der Favoriten - Palette das Werkzeug *Arbeitsebene festlegen* und die zweite Methode - *Definiert durch Fläche* aus:
- Fahren Sie mit dem Mauszeiger über die Seite des Turmkranzes, sodass sie andersfarbig dargestellt wird.
- Klicken Sie auf die linke untere Ecke dieser Seite (**18**).
- Stellen Sie die Aktuelle Ansicht auf „Senkrecht auf Arbeitsebene blicken" (**19**).

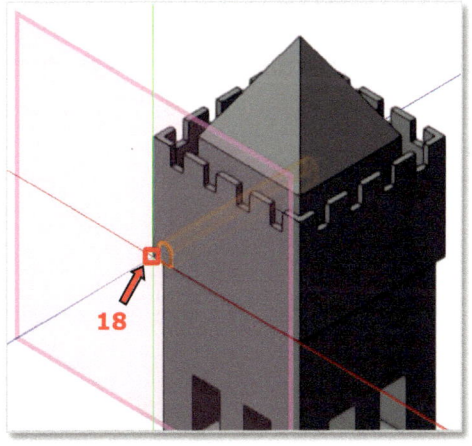
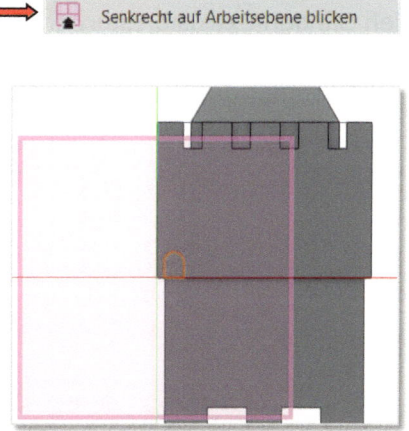

7. Turm

Duplikate verteilen mit dem Werkzeug *Verschieben*

Die Hilfslinie

- Zeichnen Sie eine Linie (Hilfslinie) von Punkt **1** (= die linke untere Ecke des Turmkranzes) bis Punkt **2** (= die linke untere Ecke des Extrusionskörpers).
- Spiegeln Sie diese Hilfslinie (**20**) mit der ersten Methode - *Original* (= ohne eine Kopie zu erstellen) → Ergebnis (**21**).
- Ziehen Sie dazu eine Leitlinie senkrecht durch die Mitte des Turmkranzes, die als Spiegelachse dienen soll (**22**).

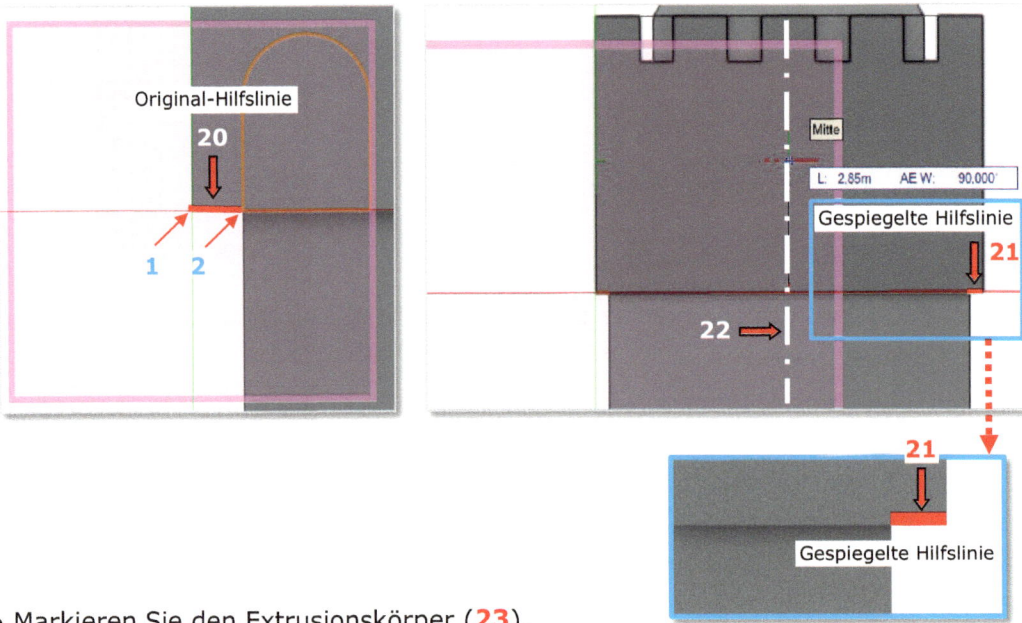

- Markieren Sie den Extrusionskörper (**23**).
- Verteilen Sie den Extrusionskörper mit dem Werkzeug *Verschieben* (**24**), mit der dritten Methode - *Duplikate verteilen* (**25**), der fünften Methode - *Original erhalten* (**26**) und der sechsten Methode - *Original aktiviert lassen* (**27**) - Anzahl Duplikate: 6 (**28**).

Verteilen Sie den Extrusionskörper sechsmal entlang der unteren Kante des Turmkranzes von Punkt **3** (rechte untere Ecke des Extrusionskörpers) bis zu Punkt **4** (linkes Ende der gespiegelten Linie).

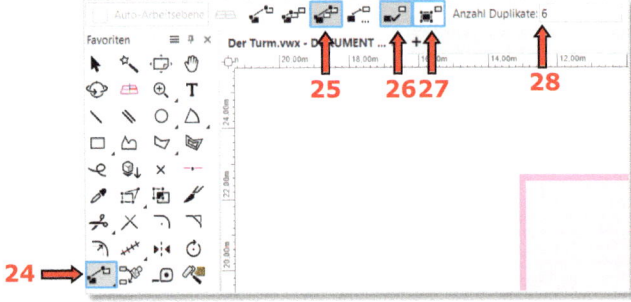

7. Turm

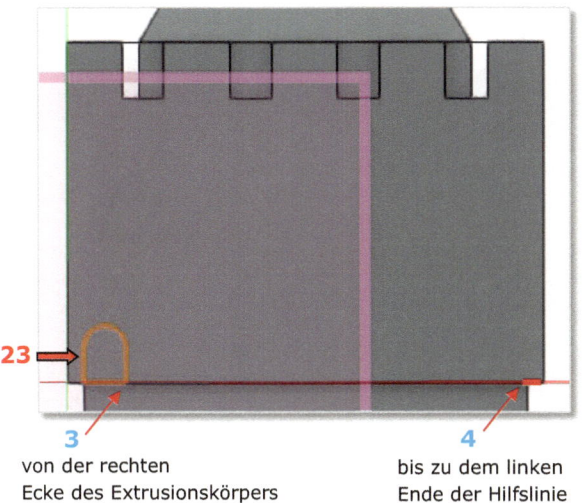
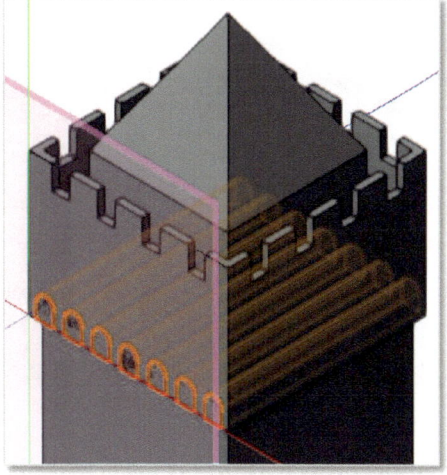

3 von der rechten Ecke des Extrusionskörpers	**4** bis zu dem linken Ende der Hilfslinie

Ergebnis

Rotieren

- Wechseln Sie zur aktuellen Ansicht „2D-Plan Draufsicht".
- Rotieren Sie die zuvor gezeichneten sieben Extrusionskörper (**29**) um 90° (**30**) und duplizieren Sie diese mit dem Werkzeug *Rotieren* und der Methode - *Duplikat* → Ergebnis (**31**).

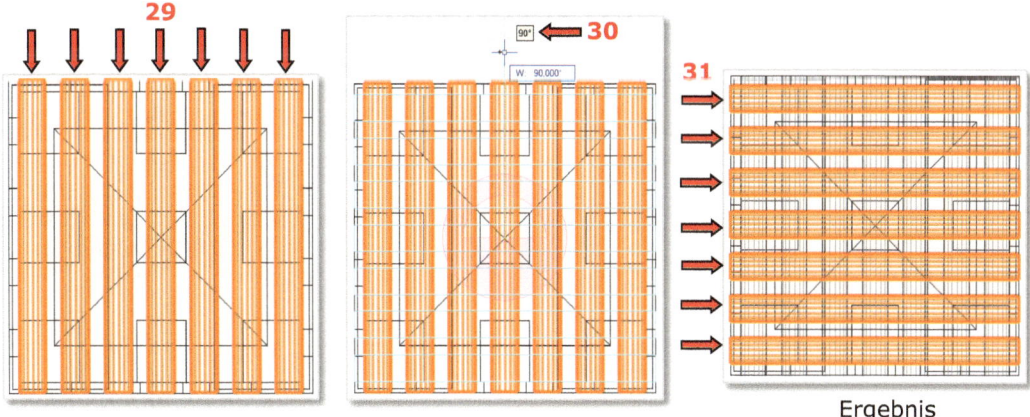

Ergebnis

Ähnliches aktivieren

- Wechseln Sie zur aktuellen Ansicht zu „Rechts vorne oben".
- Aktivieren Sie alle 14 Extrusionskörper (**32**) mit dem Werkzeug *Ähnliches aktivieren* (stellen Sie in den Einstellungen sicher, dass die Optionen „Objekttyp" und „Größe" aktiviert sind).
- Mit dem Werkzeug *Aktivieren* und der gleichzeitig gedrückten Umschalttaste aktivieren Sie zusätzlich den Turmkranz (**33**).

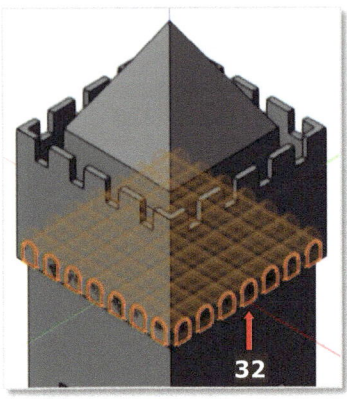 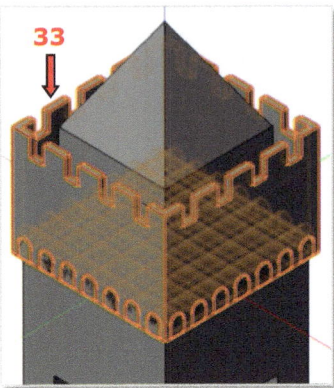 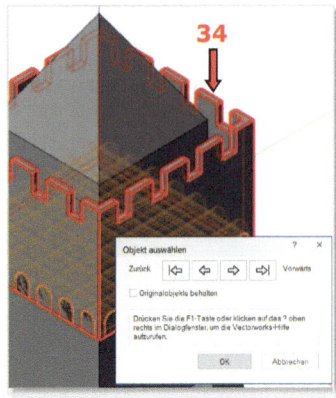

Schnittvolumen löschen

Das Volumen aller 14 Extrusionskörper (**32**) soll vom Volumen des Turmkranzes (**33**) ausgeschnitten werden.

- Gehen Sie in der Menüzeile zum Befehl:
  3D-Modell – Vollkörper anlegen – Schnittvolumen löschen...
- Im Dialogfenster „Objekt auswählen" klicken Sie so lange auf die Pfeile, bis der Turmkranz rot angezeigt wird (**34**).
- Bestätigen Sie mit OK → Ergebnis (**35**).
- Wechseln Sie auf die Ebene „Konstruktionsebene 0,00 m" und bleiben Sie in der Klasse „2D Geometrie".
- In der Multifunktionsleiste wählen Sie bei „Aktuelle Darstellungsart" die Option
  - **Volumenmodell** aus.

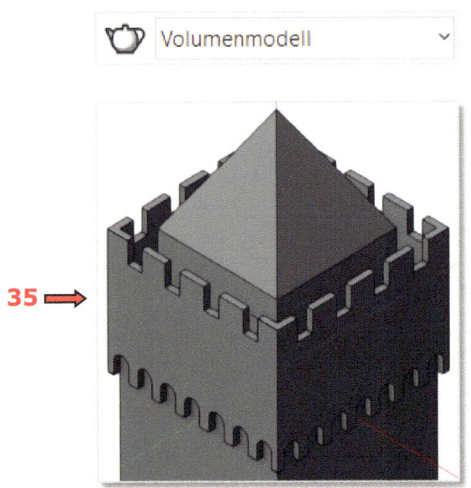

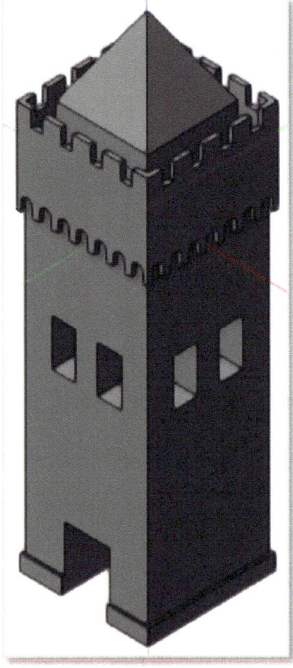

Ergebnis

7.6 Umformen der Fenster, Vollkörper bearbeiten

Bearbeitungshistorie von Vollkörpern bearbeiten
Viele Arten von Vollkörpern verfügen über eine eingebettete Bearbeitungshistorie der Änderungen, die an ihrer Form durchgeführt wurden. Die vorhergegangenen Bearbeitungsschritte können über den **Bearbeitenmodus** aufgerufen und geändert werden. [...]
[...] Um einen gültigen Vollkörper zu bearbeiten, können Sie entweder direkt ein spezifisches Unterobjekt wählen, das dazu beigetragen hat, dem Objekt seine Form zu verleihen, wie z. B. eine Fase oder eine Extrusion, oder Sie können in einem Bearbeitungsgang in der gesamten Bearbeitungshistorie des Objekts zwischen den zahlreichen Unterobjekten, mit denen das Objekt erzeugt wurde, hin- und herwechseln und diese bearbeiten.
[...] (siehe Vectorworks-Hilfe 2020)

Unterobjekt eines Vollkörpers bearbeiten
Um ein individuelles Unterobjekt eines Vollkörpers zu bearbeiten, gehen Sie folgendermaßen vor:
1. Klicken Sie mit der rechten Maustaste auf den Vollkörper und wählen Sie im Kontextmenü **Unterobjekte bearbeiten**.
HINWEIS: Sie können stattdessen auch auf den Vollkörper doppelklicken und im Dialogfenster „Vollkörper bearbeiten" **Unterobjekte bearbeiten** aktivieren.
  Bewegen Sie den Zeiger über das aktivierte Objekt, werden dessen Flächen markiert und ein Hilfetext weist darauf hin, welches Unterobjekt des Vollkörpers bearbeitet wird, wenn Sie die eingefärbte Fläche wählen. [...]
2. Führen Sie einen der folgenden Schritte aus:
• Klicken Sie auf eine markierte Fläche, um den Bearbeitenmodus aufzurufen und dort das gewählte Unterobjekt zu aktivieren.
• Klicken Sie mit der rechten Maustaste auf eine markierte Fläche, um ein Kontextmenü mit zusätzlichen Auswahlmöglichkeiten zu öffnen.
3. Klicken Sie mit der rechten Maustaste auf eine Fläche, wird ein Unterobjekt-spezifisches Kontextmenü angezeigt. Wählen Sie den gewünschten Befehl. [...]
4. Klicken Sie dann auf **[Objekt] verlassen**, bis Sie den Bearbeitenmodus verlassen haben, oder wählen Sie **Ändern > Gruppen > Alle Gruppen verlassen**, um zum Objekt in seiner endgültigen Form zurückzukehren. [...] (siehe Vectorworks-Hilfe 2020)

Vollkörper bearbeiten

Eines der eckigen Fenster soll in ein Rundbogenfenster umgewandelt werden.

Das Fenster ist ein Unterobjekt des Vollkörpers/Turmschafts. Um es bearbeiten zu können, müssen Sie in den Bearbeitungsmodus „Vollkörper bearbeiten" wechseln.

• Aktivieren Sie den Turmschaft (**1**).

I • Gehen Sie in der Menüzeile zum folgenden Befehl:
Ändern – Gruppen (**2**) *– Vollkörper bearbeiten* (**3**).

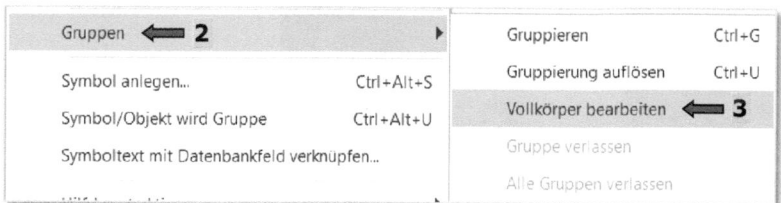

Alternativ:

II • Doppelklicken Sie auf den Turmschaft.
• Im Dialogfenster „Vollkörper bearbeiten" (**4**) wählen Sie entweder die Option „Vollkörper bearbeiten" (**5**) oder die Option „Unterobjekte bearbeiten" (**6**).

7. Turm

III • Klicken Sie mit der RMT auf den Turmschaft.

• Wählen Sie im Kontextmenü entweder den Befehl *Vollkörper bearbeiten* (**7**) oder *Unterobjekte bearbeiten* (**8**) aus.

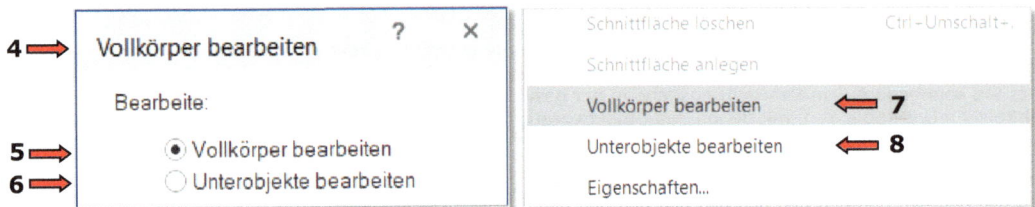

Es werden die dreidimensionalen Unterobjekte angezeigt, aus denen der Vollkörper/Turmschaft erzeugt wurde, z.B. vier Quader (**9**), die durch den Befehl *Schnittvolumen löschen* aus dem Turm ausgeschnitten wurden → um das Fensterloch zu erstellen.

Der Bearbeitungsmodus „Vollkörper Subtraktion…" (**10**) ist aktiviert.

• Doppelklicken Sie auf einen der Quader (**11**), um zu seiner 2D-Grundform (einem Rechteck) zurückzukehren (**12**).

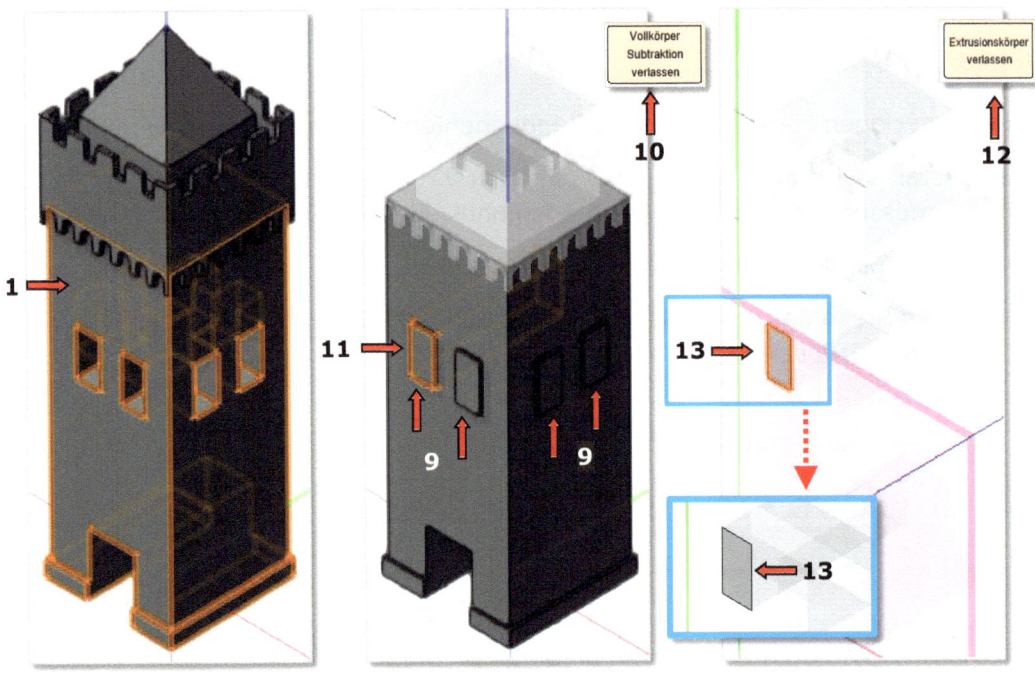

Sie befinden sich jetzt im Bearbeitungsmodus „Extrusionskörper …" (**12**). Bearbeiten Sie das Rechteck so, dass die obere Seite in einen Halbkreis umgewandelt wird (**13**).

7. Turm

Kreis, definiert durch drei Tangenten

- In der Favoriten-Palette wählen Sie das Werkzeug *Kreis* und die vierte Methode - *Definiert durch drei Tangenten* aus.
- Klicken Sie nacheinander auf die drei Seiten des Rechtecks (**1**,**2**,**3**), die als Tangenten für den Kreis (**14**) dienen.
- Mit dem letzten Klick positionieren Sie den Kreis innerhalb des Rechtecks (**4**).

Wegschneiden

- Schneiden Sie die oberen Ecken des Rechtecks (**5**,**6**) und die untere Hälfte des Kreises (**7**) mit dem Werkzeug *Wegschneiden* und der ersten Methode - *Alle Objekte* weg (**15**).

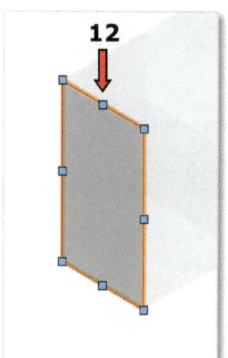 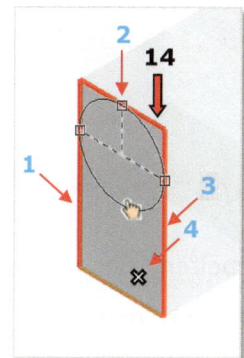 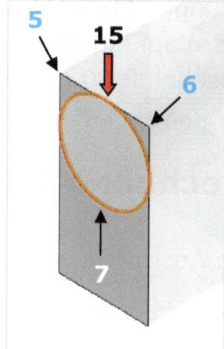 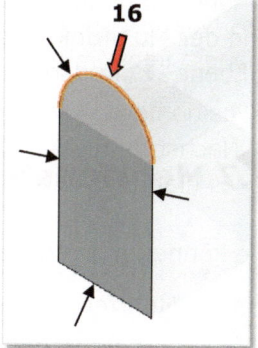

Verbinden

- Aktivieren Sie den Halbkreis und den Rest des Rechtecks (**16**) und verbinden Sie diese Objekte mit dem Befehl *Verbinden*,
  (zu finden in der Menüzeile: *Ändern – Verbinden*).

Es entsteht eine Polylinie (**17**).

- Verlassen Sie den Bearbeitungsmodus „Extrusionskörper" durch einen Klick auf die Schaltfläche „Extrusionskörper verlassen" (**18**).

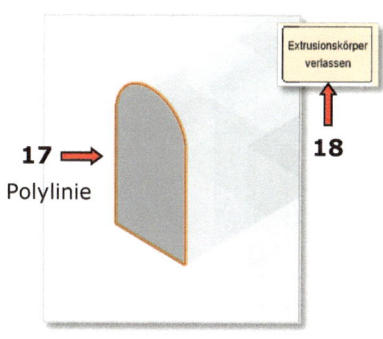 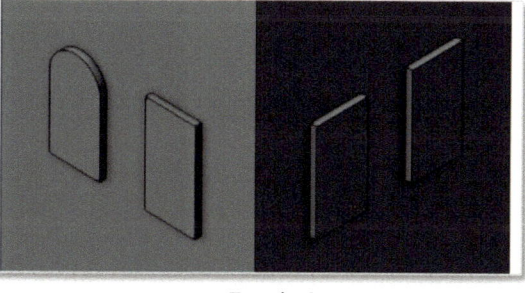

Ergebnis

7. Turm

- Ändern Sie nun die anderen drei Fenster (**19**), wie zuvor gezeigt.

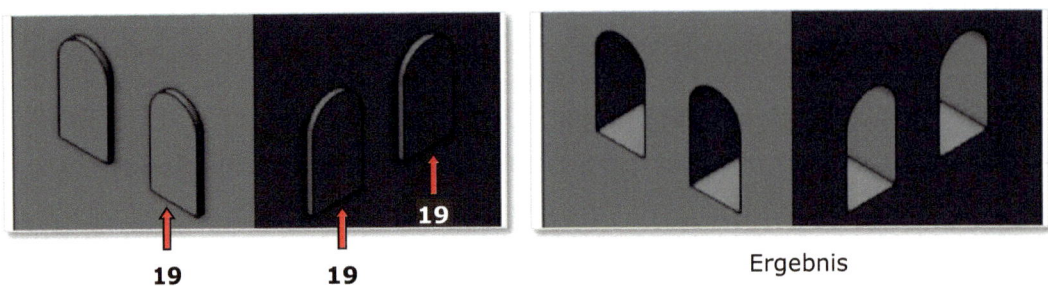

19   19   19

Ergebnis

- Verlassen Sie den Bearbeitungsmodus „Extrusionskörper" durch einen Klick im Aufklappmenü „Einstellungen Ebenen" (**20**) in der Multifunktionsleiste auf die oberste Ebene → „Konstruktionseben 0,00 m" (**21**).

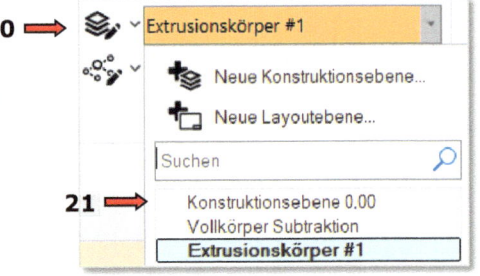

7.7 Mehrfenstertechnik

Sie können mit mehreren Ansichtsfenstern arbeiten (siehe Seite 29f).

Um die Mehrfenstertechnik ein- oder auszuschalten, gehen Sie in der Menüzeile zum folgenden Befehl:
Ansicht – Ansichtsfenster – Mehrere Ansichtsfenster verwenden.

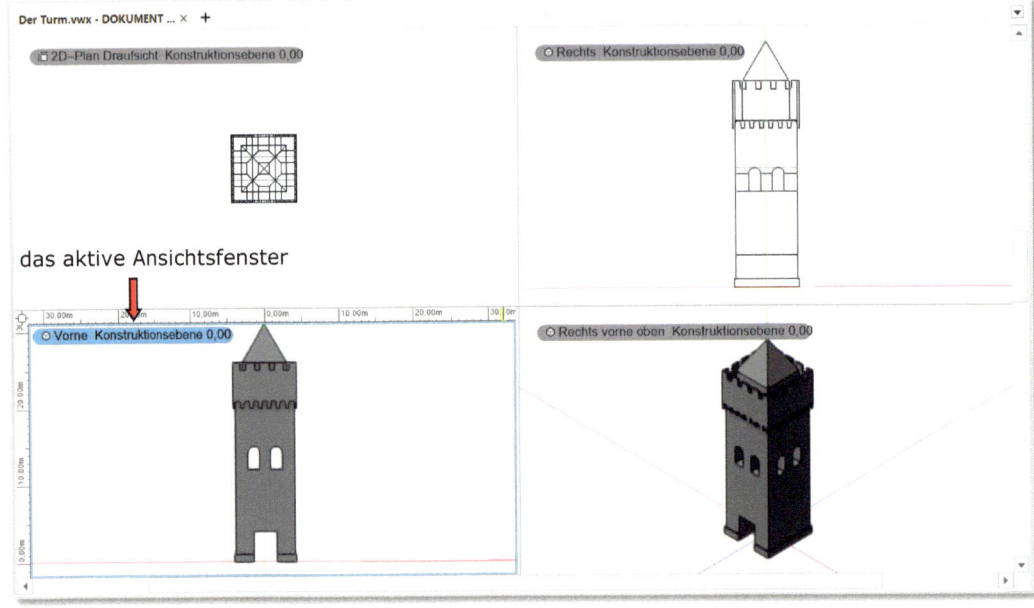

Konzept: Mehrere Ansichtsfenster
In Vectorworks lässt sich das Zeichenfenster aufteilen, um mehrere Ansichten gleichzeitig anzuzeigen. Dabei können Sie zwischen den einzelnen Ansichtsfenstern hin- und herwechseln, um dort zu zeichnen oder Änderungen vorzunehmen. Sie können auch ein Ansichtsfenster in einem eigenen Fenster außerhalb des Programmfensters öffnen und dieses beliebig skalieren und platzieren. Wenn Sie in
mehreren Ansichtsfenstern arbeiten, können Sie nicht nur die Zeichnung gleichzeitig von verschiedenen Standpunkten aus sehen, sondern Sie können auch in einem Ansichtsfenster mit dem Zeichnen beginnen und es dann in einem anderen beenden. [...] (siehe Vectorworks-Hilfe [1])

7.8 Fensterumrandung

Pfadkörper anlegen
Mit dem Befehl **Pfadkörper anlegen** (Menü **3D-Modell**) können Sie Profile entlang eines Pfads extrudieren. Bei den Profilen kann es sich um 2D-Objekte, 3D-Plygone und NURBS-Kurven handeln. Die Profilobjekte müssen planar (flach) sein, dürfen sich nicht selbst überschneiden und können keine Mischung aus 2D- und 3D-Profilen sein. Ist der Pfad keine NURBS-Kurve, wird er während dieser Operation in eine NURBS-Kurve verwandelt. [...]
Gehen Sie folgendermaßen vor:
1. Aktivieren Sie das Objekt, das extrudiert werden soll, sowie das Objekt, das als Pfad dienen soll.
2. Wählen Sie **3D-Modell > Pfadkörper anlegen**.
Das Dialogfenster "Pfadkörper anlegen" öffnet sich. Nehmen Sie die gewünschten Einstellungen vor.
[...] (siehe Vectorworks-Hilfe [1])

Zeichnen Sie weiterhin auf der Ebene „Konstruktionsebene 0,00 m" und in der Klasse „2D Geometrie".

In der Navigation-Konstruktionsebenen-Palette (**1**) ändern Sie im Einblendemenü „Darstellung:" (**2**) die Ebenendarstellung auf „Nur aktive zeigen" (**3**).
Dadurch wird die aktuell aktive Ebene „Konstruktionsebene 0,00 m" (**4**) sichtbar, während alle anderen nicht aktiven Ebenen ausgeblendet werden, → Ergebnis (**5**).

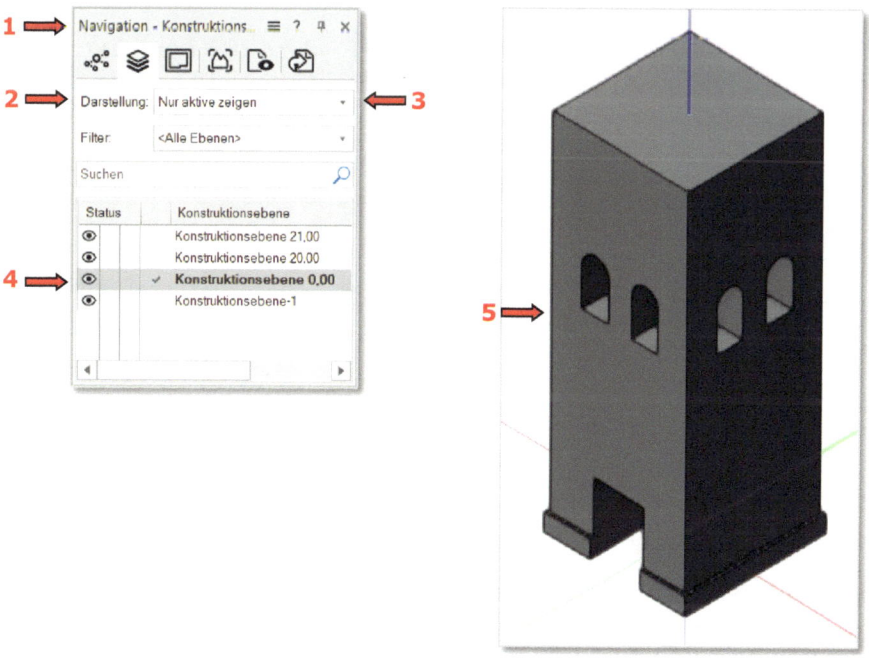

7. Turm

Pfadkörper anlegen

Der Fensterfries wird mit dem Befehl *Pfadkörper anlegen* gezeichnet (in der Menüzeile: *3D Modell – Pfadkörper anlegen...*):

1. Pfad, der entlang der Fensterkante verläuft

Extrahieren

- Zeichnen Sie den Pfad mit dem Werkzeug *Extrahieren* (**2**) aus der Werkzeuggruppe **Modellieren** (**1**).
- Wählen Sie die dritte Methode - *NURBS-Kurve* (**3**) und die sechste Methode – *Extrahieren Werkzeug Einstellungen* (**4**) aus.
- Im Dialogfenster „Einstellungen Extrahieren" (**5**) aktivieren Sie die Optionen „Tangentiale Kanten zusammen aktivieren" (**6**) und „Planare Objekte anlegen" (**7**).
- Bestätigen Sie mit OK.

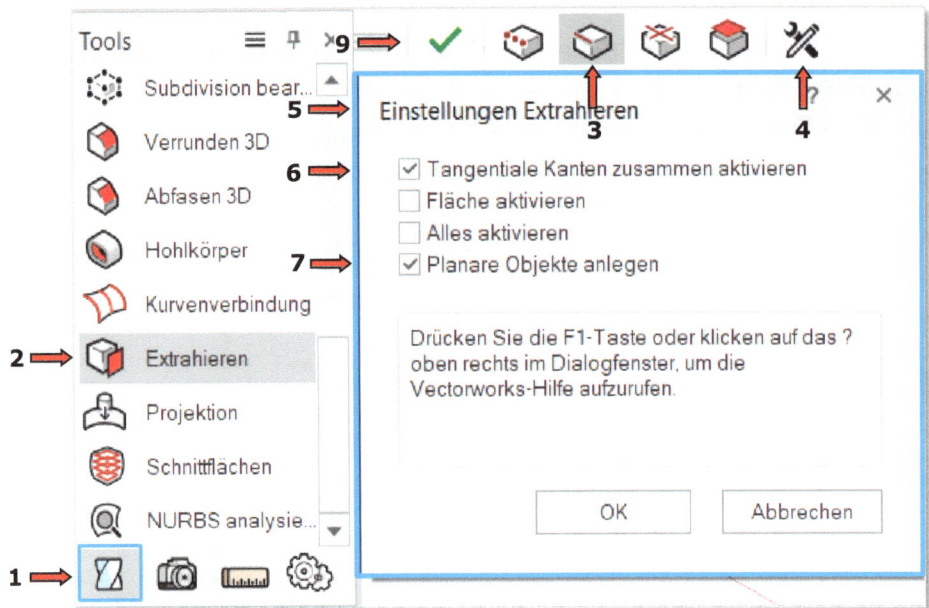

NURBS-Kurve

- Klicken Sie auf die Kante eines Fensters (**8**).
  → Dies ist der Pfad, entlang dem Sie einen Fensterfries zeichnen werden.
- Schließen Sie den Vorgang mit dem grünen Haken ab (**9**).

Eine Gruppe von NURBS-Kurven (**10**) wird erstellt.
Die Gruppe (**10**) bleibt aktiv.

- Lösen Sie die Gruppe mit dem folgenden Befehl in der Menüzeile auf: *Ändern – Gruppen* (**11**) *– Gruppierung auflösen* (**12**).

7. Turm

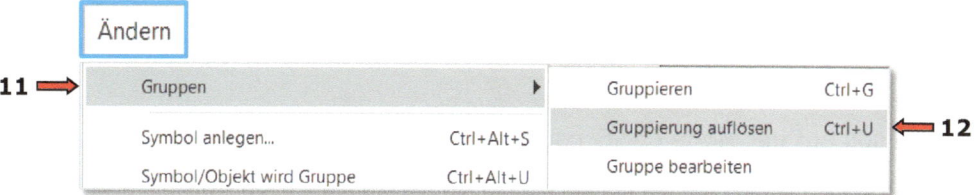

Die drei Objekte (Fensterkanten **1**,**2**,**3**) bleiben aktiv.

- Verbinden Sie diese (**13**) mit dem Befehl in der Menüzeile:
  Ändern – Verbinden.

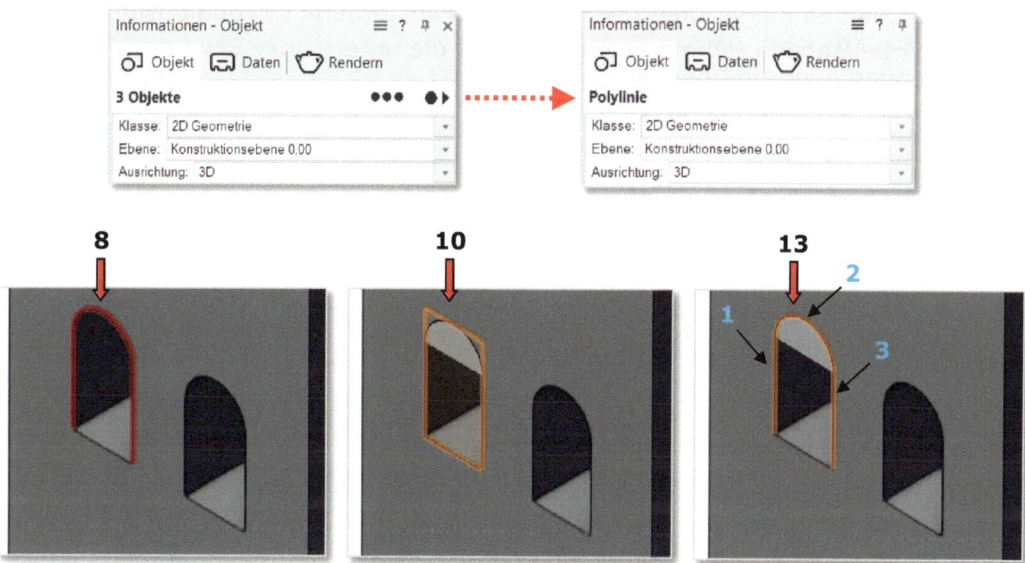

Es ist eine Polylinie (**14**) entstanden.

- Wählen Sie für die gerade erstellte Polylinie (**14**) in der Attribute-Palette unter dem Aufklappmenü „Füllung" den Eintrag „Leer" (**15**) aus.

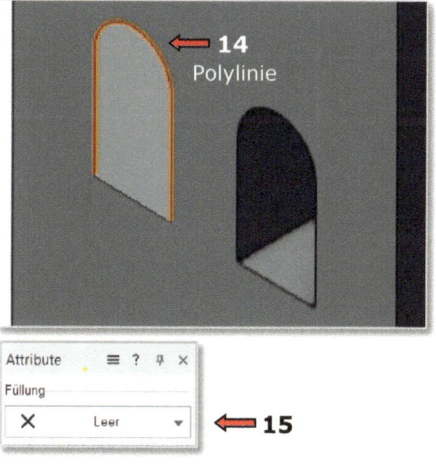
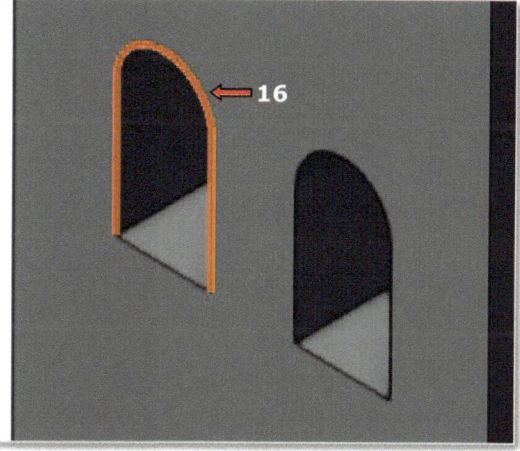

7. Turm

Sie haben den Pfad (**16**) gezeichnet. Es wurde eine NURBS-Kurve angelegt.

2. Profil

Das Profil soll auf der Höhe der Fensterbank gezeichnet werden.

Arbeitsebene

- Legen Sie dafür eine Arbeitsebene auf der Höhe der Fensterbank an:
- Wählen Sie das Werkzeug *Arbeitsebene festlegen* (**1**) und die zweite Methode - *Definiert durch die Fläche* (**2**) aus.
- Bewegen Sie den Zeiger über die Fläche der Fensterbank (**3**) und positionieren Sie die Arbeitsebene (**5**) mit einem Klick auf die untere linke Ecke des Fensters (**4**).

[...] die Arbeitsebene wird auf die Fläche gelegt, die sich gerade unter dem Zeiger befindet, [...]
(siehe Vectorworks-Hilfe [1])

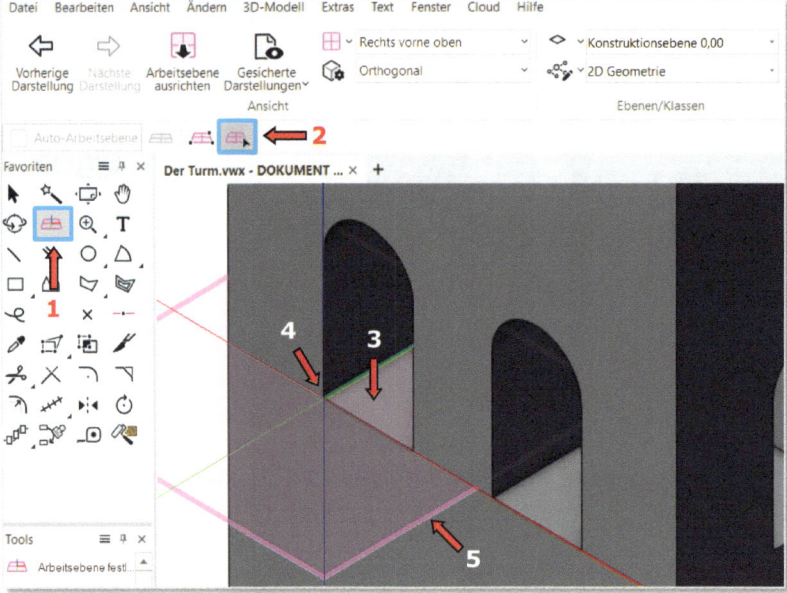

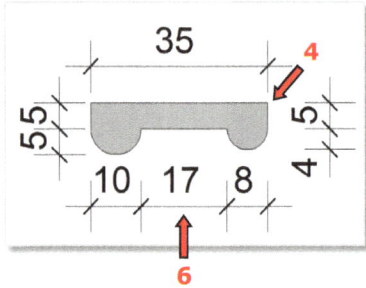

Das Profil wird auf dieser Arbeitsebene gezeichnet. In diesem Fall ist die Arbeitsebene parallel zur Konstruktionsebene (X, Y). Falls Sie die aktuelle Ansicht „Senkrecht auf Arbeitsebene" verwenden, kann es vorkommen, dass das Objekt auf

7. Turm

der Konstruktionsebene (X, Y) gezeichnet wird. Deshalb sollten Sie entweder in der aktuellen Ansicht „Rechts vorne oben" zeichnen oder das Profil auf der „Konstruktionsebene 0,00 m" erstellen und es anschließend an die richtige Position am Fenster verschieben → Ecke (**4**).

- Zeichnen Sie das gewünschte Profil auf der Arbeitsebene, wie in der Abbildung (**6**) gezeigt, mit den Werkzeugen *Polylinie*, *Rechteck*, oder *Kreis*.
- Bearbeiten Sie die Geometrie anschließend mit den 2D-Werkzeugen, z.B. *Schnittfläche löschen*, *Flächen zusammenfügen* usw.

Sie haben das Profil (**6**) gezeichnet.

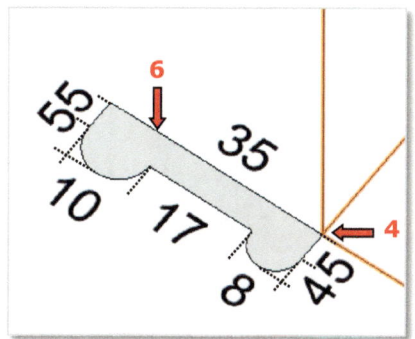
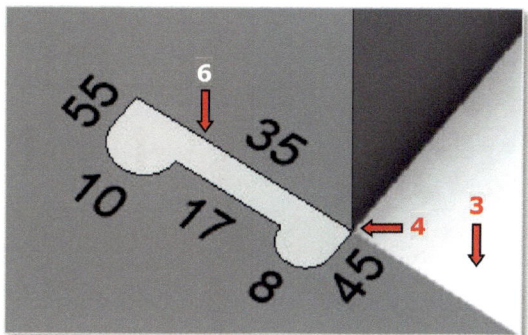

7.8.1 Fensterfries, Pfadkörper

- Aktivieren Sie:
    1. den Pfad (**1**),
       falls diese Polylinie verdeckt ist, können Sie das verdeckte Objekt mithilfe der Taste **R** (Röntgenblick) aktiveren (**2**).
    2. das Profil (**6**).

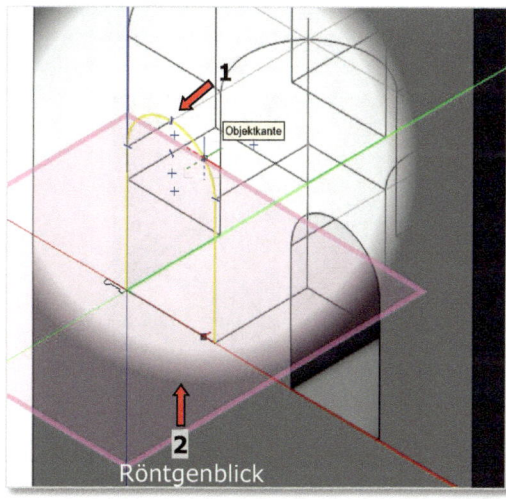
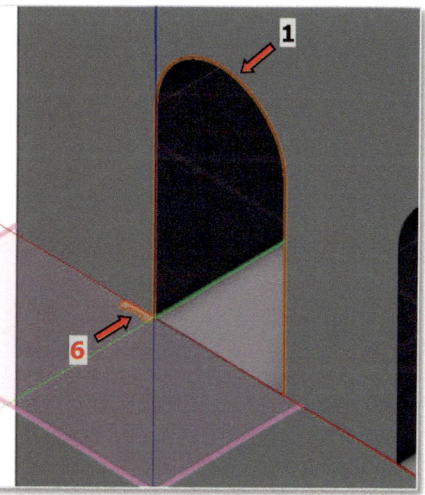

7. Turm

- Wählen Sie den folgenden Befehl in der Menüzeile aus:
  3D-Modell – Pfadkörper anlegen...
- Es erscheint das Dialogfenster „Pfadkörper" (**3**):
- Im Gruppenfeld „Pfad wählen:" (**4**) legen Sie mit den Pfeilen (**5**) fest, welches Objekt als Pfad dienen soll.

Der gewünschte Pfad wird in Rot angezeigt (**6**).

- Aktivieren Sie die Option „Profil fixieren" (**7**).
- Schließen Sie das Dialogfenster mit OK.

Vectorworks dupliziert das Profil entlang des Pfades (**8**).

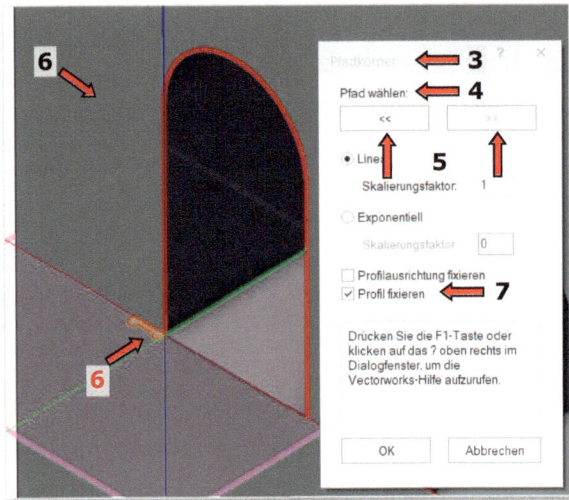
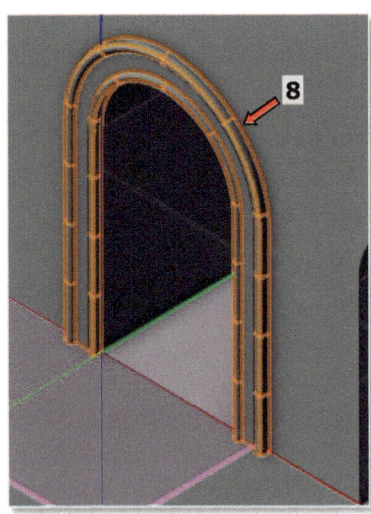

Ergebnis

- Zeichnen Sie den Fensterfries für alle anderen Fenstern, indem Sie den Pfadkörper neu erstellen oder den bestehenden Fensterfries (**9**) kopieren (**10**) von Punkt **A** bis Punkt **B** und gegebenenfalls rotieren bzw. spiegeln.

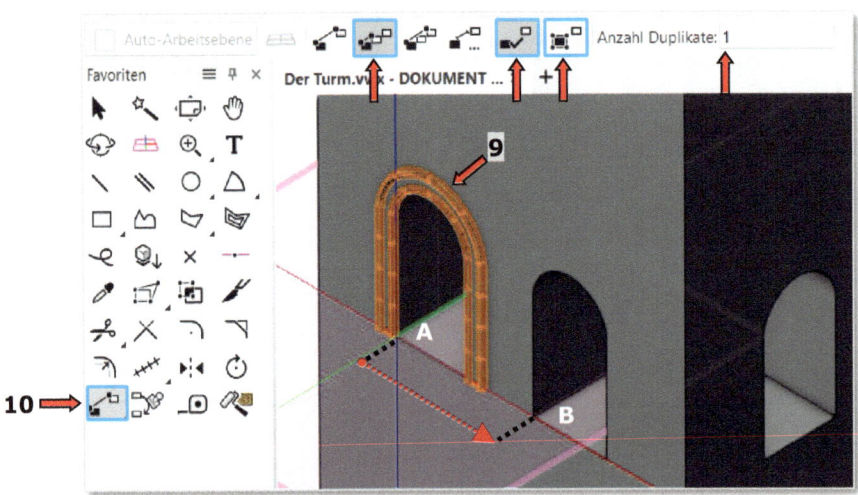

7. Turm

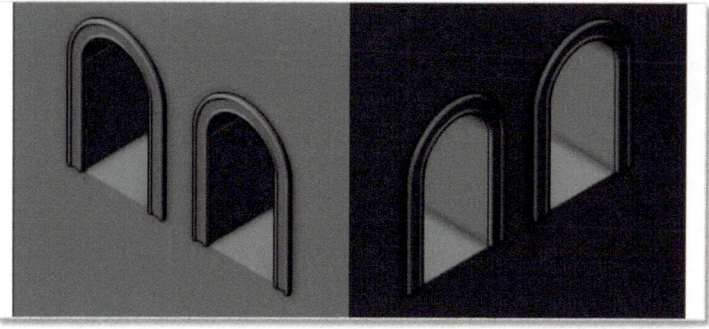

Ergebnis

In der Navigation-Konstruktionsebenen-Palette (**1**) ändern Sie im Einblendemenü „Darstellung" (**2**) die Ebenendarstellung auf „Zeigen, ausrichten und bearbeiten" (**3**). Dadurch werden alle nicht aktiven Ebenen sichtbar und Sie können Objekte auf diesen Ebenen bearbeiten.

[…] **Zeigen, ausrichten und bearbeiten**

Zeigen, ausrichten und bearbeiten	Alle Klassen/Ebenen werden normal angezeigt, außer denen, die unsichtbar oder grau gestellt sind. Es kann an Objekten in normal oder grau angezeigten Klassen/Ebenen ausgerichtet werden. Nur Objekte in normal angezeigten Klassen/Ebenen können bearbeitet werden. (Ein Objekt auf einer anderen Ebene kann nur dann bearbeitet werden, wenn deren Maßstab und Ansicht dieselbe sind wie die der aktiven Ebene.) Fixierte Objekte werden grau markiert.

[…] (siehe Vectorworks-Hilfe [1])

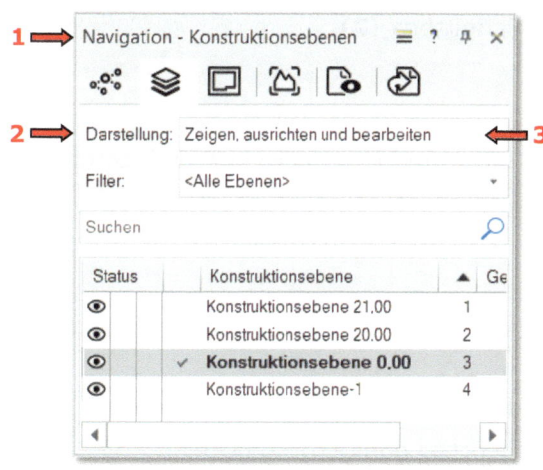

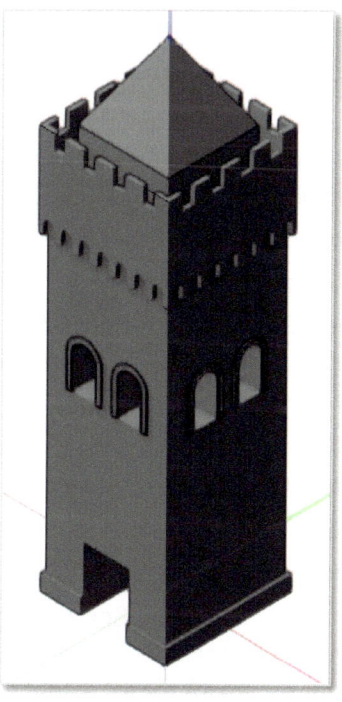

Ergebnis

7. Turm

7.9 Schnittbox

Modell mit der Schnittbox anzeigen

Mit Hilfe des Befehls **Schnittbox** (Menü **Ansicht**) bzw. der Schnelleinstellung **Schnittbox** lassen sich Bereiche innerhalb eines 3D-Modells freistellen. Auf diese Weise können Sie zum Beispiel das ganze Modell bis auf einen bestimmten Raum ausblenden und dann nur noch in diesem einen Raum arbeiten. Es wird dann nur an den sichtbaren Elementen innerhalb der Schnittbox ausgerichtet.
Schnittboxen können in den Darstellungsarten „Drahtmodell", „Volumenmodell" oder den Renderworks-Darstellungsarten angezeigt werden. Aktivieren Sie Objekte in dem Bereich, der angezeigt werden soll, und wählen Sie **Ansicht > Schnittbox**, um einen Würfel zu erstellen, der diese Objekte umschließt. Ist die Schnittbox erzeugt, können Sie mit dem Werkzeug **Aktivieren** deren Flächen drücken oder ziehen, um ihre Größe anzupassen. Der Bearbeitungsrahmen der Schnittbox lässt sich dazu verwenden, diese zu rotieren oder an eine andere Position zu ziehen. [...] (siehe Vectorworks-Hilfe [1])

Mit dem Befehl *Schnittbox* im Menü „Ansicht" können Sie in das Objekt hineinschauen und darin eingeschlossene Elemente sichtbar machen. In diesem Innenraum können Sie zeichnen oder bestehende Objekte weiterbearbeiten.
Die Schnittbox lässt sich im Menü *Ansicht* ein- oder ausschalten (**1**).

Alles, was aktiv ist, wird in der Schnittbox angezeigt.
Stellen sie sicher, dass die aktuelle Darstellungsart entweder **Drahtmodell** oder **Volumenmodell** ist.

- Aktivieren Sie in der Menüzeile: *Ansicht -Schnittbox* (**1**).

Die Kanten eines Quaders/einer Schnittbox werden um die aktiven Objekte angezeigt. Wenn nichts aktiv ist, wird die Schnittbox um alle sichtbaren Objekte erstellt.

- Bewegen Sie den Mauszeiger über die Schnittbox (**2**).

Alle Kanten werden rot angezeigt (**3**).

- Klicken Sie auf diese Kante.

Die Schnittbox kann nun bearbeitet werden, wobei jede Seite in zwei Richtungen verschoben werden kann.

- Bewegen Sie den Mauszeiger über eine Seite der Schnittbox.

Sie wird rot gefärbt (**4**).

- Klicken Sie auf diese Seite (**5**) und ziehen Sie den Mauszeiger bei gedrückter linker Maustaste (LMT) nach rechts.

- Mit einem zweiten Klick definieren Sie die Position der Schnittfläche (**6**).

Die geschnittene Seite wird bei einem Vollkörper dunkelrot angezeigt.
Die Schnittbox kann von mehreren Seiten geöffnet werden.

- Bewegen Sie den Mauszeiger über die obere Seite der Schnittbox.

Auch diese wird rot gefärbt (**7**).

- Klicken Sie auf diese Seite und ziehen Sie den Mauszeiger bei gedrückter LMT, nach unten.

- Mit einem zweiten Klick definieren Sie die Position der oberen Seite der Schnittbox (**8**).

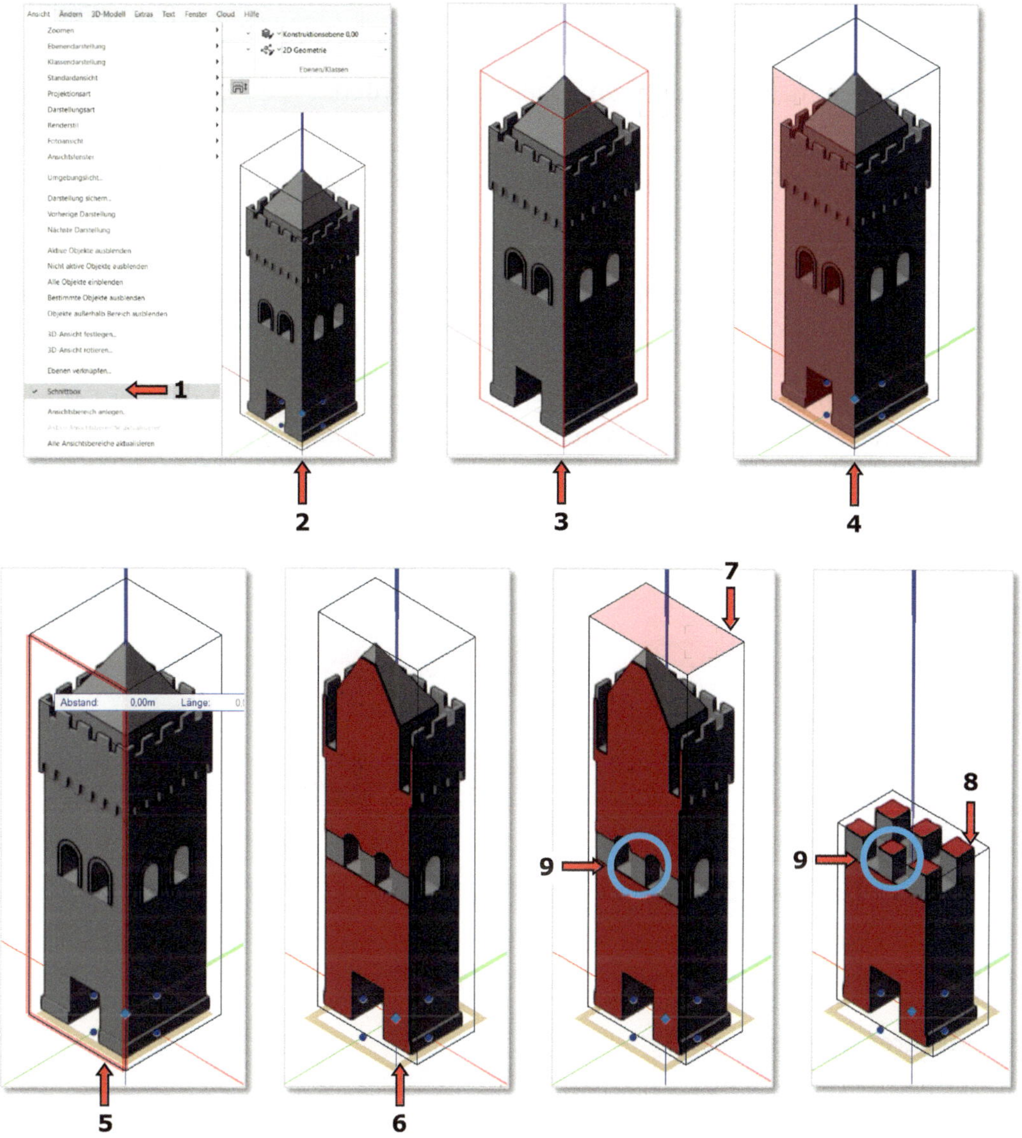

7. Turm

- Schließen Sie die Schnittbox, indem Sie erneut auf den Befehl *Schnittbox* in der Menüzeile klicken: *Ansicht -Schnittbox* (**1**).

Aufgabe: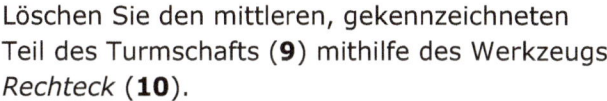

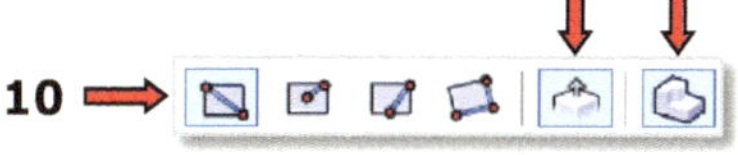

Löschen Sie den mittleren, gekennzeichneten Teil des Turmschafts (**9**) mithilfe des Werkzeugs *Rechteck* (**10**).

In der Schnittbox können sie das Ergebnis kontrollieren.

437

7. Turm

7.10 Texturen zuweisen

Dem Turm sollen mehrere Texturen zugewiesen werden.

Eine Textur kann auf zwei unterschiedliche Arten einem aktiven Objekt **direkt** zugewiesen werden (es können auch mehrere Objekte gleichzeitig aktiv sein):

I über den Zubehör-Manager:

- Aktivieren Sie das gewünschte Objekt und doppelklicken Sie auf das Symbol der gewünschten Textur (**3**) im Zubehör-Manager (**1**) im Ordner „Renderworks Texturen" (**2**).
- Alternativ können Sie das Symbol der gewünschten Textur (**3**) mit der Drücken-Ziehen-Loslassen-Methode aus dem Zubehör-Manager (**1**) auf das Objekt ziehen.

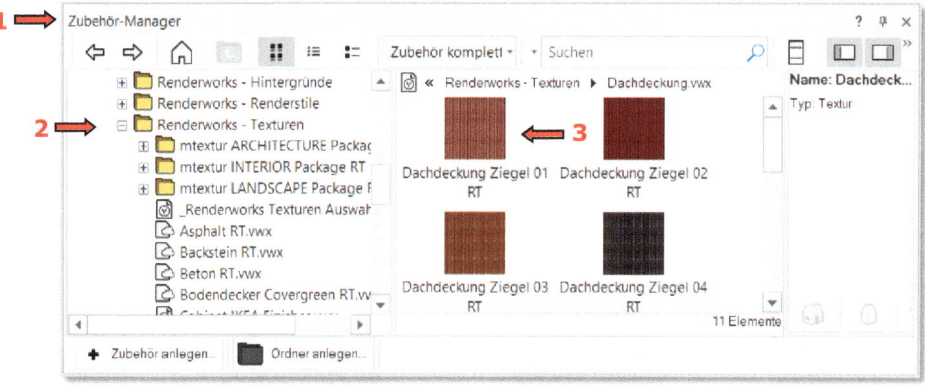

II über die Informationen-Rendern–Palette (**4**):

- Aktivieren Sie das Objekt.
- Im Gruppenfeld „Textur:" (**5**) wählen Sie im Texturbrowser (**6**) eine Fläche oder einen Bestandteil (**7**) aus.
- Klicken Sie auf das Vorschaufenster (**8**) des Zubehör-Auswahlmenüs,
- Im nun geöffneten Zubehör-Manager (**9**) wählen Sie die gewünschte Textur (**10**) aus.

7. Turm

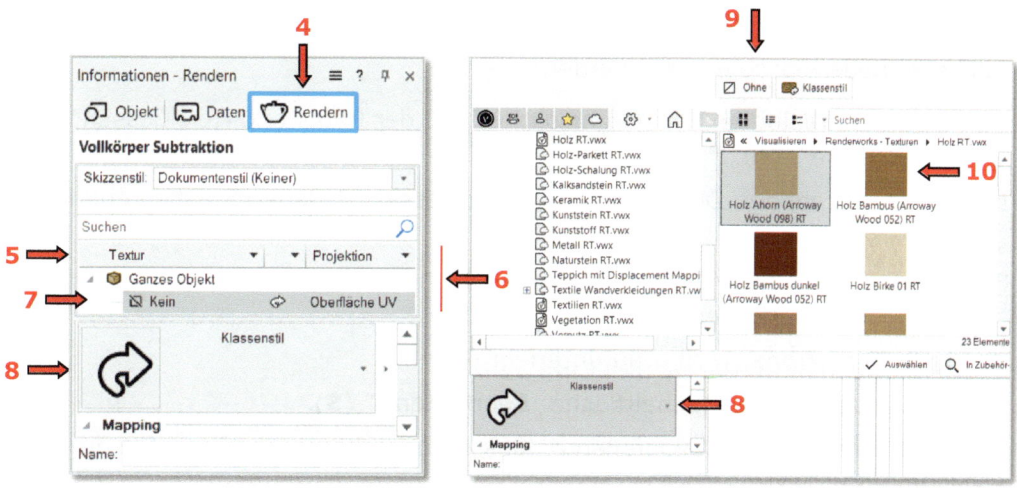

Die Methode, mit der allen Objekten einer Klasse eine Textur zugewiesen wird, vereinfacht und beschleunigt die Arbeit bei großen Projekten:

III über eine Klasse:

Mehreren Objekten wird eine Textur aufgrund ihrer Zugehörigkeit zu einer Klasse zugewiesen:
- Öffnen Sie im Dialogfenster „Klasse bearbeiten" (**11**) die Registerkarte „Texturen" (**12**) (zu finden im Dialogfenster „Organisation", Registerkarte „Klasse").
- Im Gruppenfeld „Texturen" (**13**) aktivieren Sie die Option „Automatisch zuweisen" (**14**).
- Im Gruppenfeld „Objekte und Schichten" (**15**) setzen Sie ein Häkchen im Auswahlkästchen „Textur" (**16**).
- Klicken Sie auf das Aufklappmenü (**17**) und wählen Sie aus dem nun geöffneten Zubehör-Auswahlmenü (**18**) die gewünschte Textur (**19**) aus.

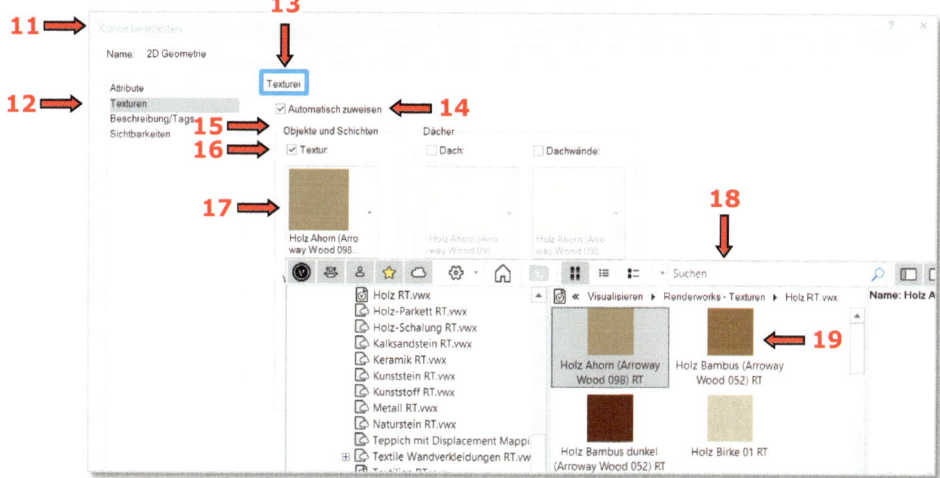

439

7. Turm

Textur über Klasse zuweisen

Es soll eine neue Klasse erstellt werden:

- Klicken Sie im Dialogfenster „Organisation" auf der Registerkarte „Klassen" auf die Schaltfläche „Neu..." (**1**).
- Im nun erscheinenden Dialogfenster „Neue Klasse" (**2**) legen Sie die neue Klasse „Turmkranz" (**3**) an.
- Bearbeiten Sie die neue Klasse „Turmkranz", indem Sie diese im Dialogfenster „Organisation" markieren.

Die Klasse „Turmkranz" wird grau unterlegt (**4**).

- Klicken Sie dann auf die Schaltfläche „Bearbeiten..." (**5**).
- Im nun erscheinenden Dialogfenster „Klasse bearbeiten" (**6**) öffnen Sie die Registerkarte „Texturen" (**7**).

WICHTIG: Um ein Objekt rändern zu können, darf seine Füllung in der Attribute-Palette nicht auf „Leer" eingestellt sein.
Falls nötig, ändern Sie dies in der Registerkarte „Attribute" (**8**).

- Aktivieren Sie im Gruppenfeld „Texturen" (**9**), die Option „Automatisch zuweisen" (**10**).
- Klicken Sie im Gruppenfeld „Objekte und Schichten" (**11**) auf das Auswahlkästchen „Textur" (**12**).

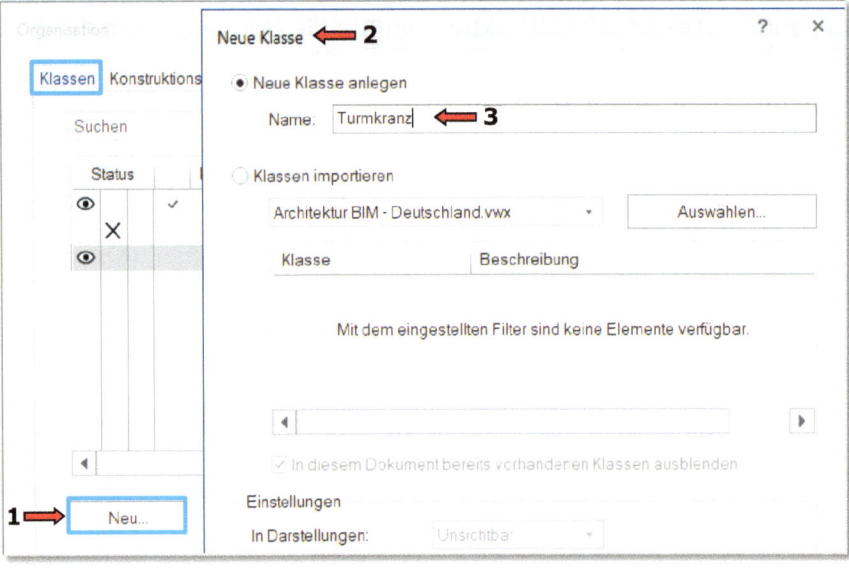

7. Turm

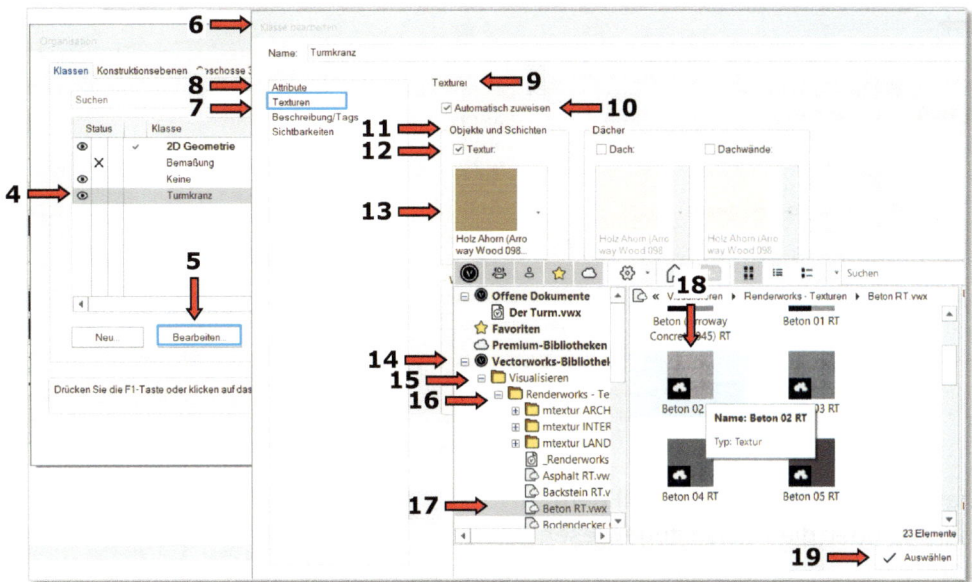

- Klicken Sie auf das Aufklappmenü (**13**).

Das Zubehör-Auswahlmenü wird geöffnet.

- Wählen Sie die gewünschte Textur aus den **Vectorworks-Bibliotheken** (**14**) aus:

- Gehen Sie in den Ordner „Visualisieren" (**15**) und wählen Sie den Unterordner „Renderworks-Texturen" (**16**) aus.

- Öffnen Sie die Datei „Beton RT.vwx" (**17**).

- In der Zubehörliste wählen Sie die Textur **Beton 02 RT** (**18**) aus.

- Klicken Sie unten rechts im Dialogfenster auf die Schaltfläche „Auswählen" (**19**).

Die ausgewählte Textur **Beton 02 RT** wird aus der Vectorworks-Bibliothek in Ihr Dokument „Der Turm.vwx" (**21**) heruntergeladen (**20**) und zu der Klasse „Turmkranz" (**22**) zugewiesen - siehe Zubehör-Manager (**23**).

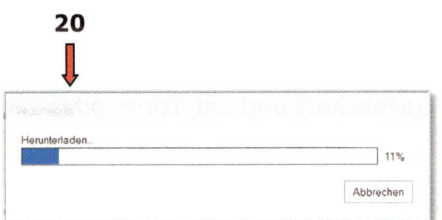
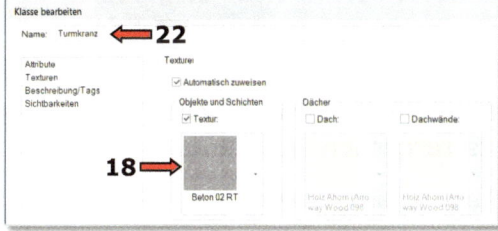

441

7. Turm

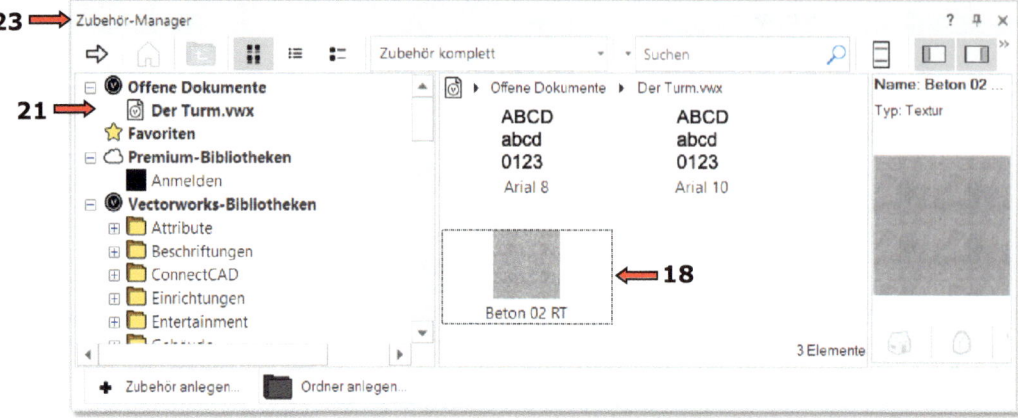

Die heruntergeladene Textur soll dem Turmkranz über die Klasse zugewiesen werden.

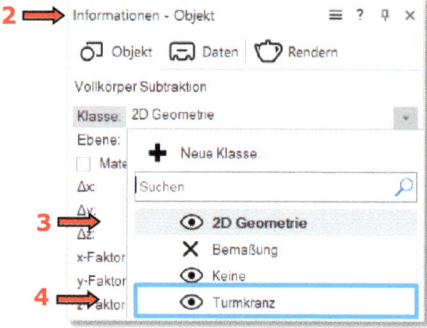

- Aktivieren Sie den Turmkranz (**1**).
- Ändern Sie in der Informationen-Objekt-Palette (**2**) seine Klasse von „2D Geometrie" (**3**) in die Klasse „Turmkranz" (**4**) um → Ergebnis (**5**).

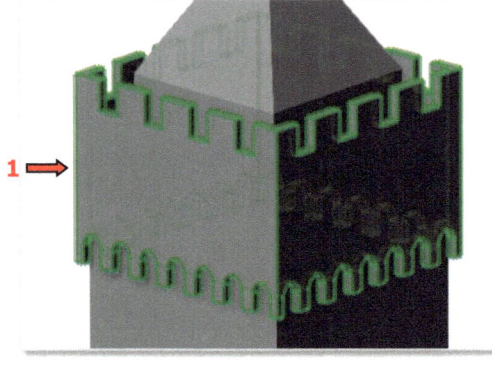
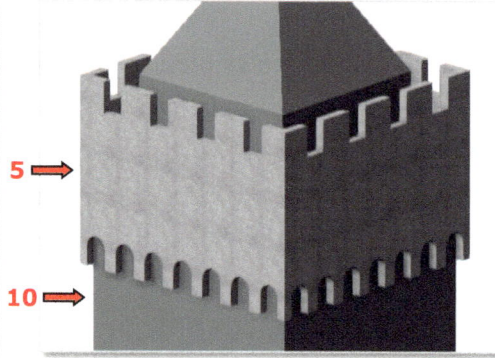

- Weisen Sie nach dem gleichen Prinzip dem Turmschaft und der Turmspitze die entsprechenden Texturen zu:
  - Turmschaft (**6**) →
    Renderworks-Texturen - Kalksandstein RT.vwx - **Kalksandstein 01 RT** (**7**).
  - Turmspitze (**8**) →
    Renderworks-Texturen - Dachdeckung.vwx - **Dachdeckung Ziegel 02 RT** (**9**).

7. Turm

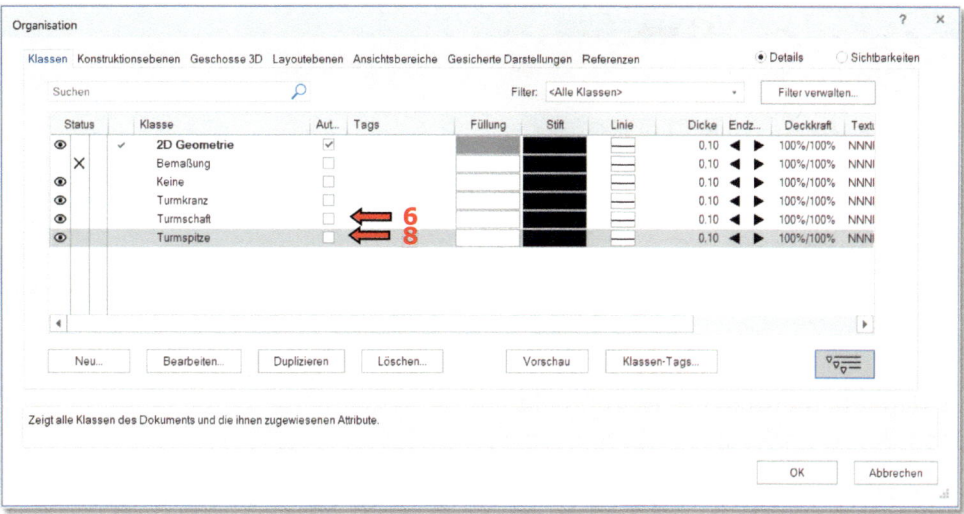

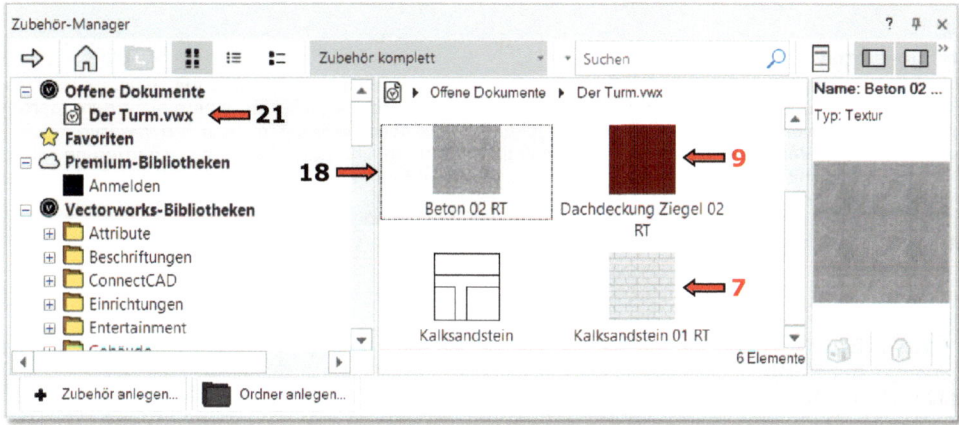

Projektionsart

- Aktivieren Sie den Turmschaft (**10**).

- Öffnen Sie die Registerkarte (den Reiter) „Rendern" (**12**) in der Informationspalette (**11**):

- Wählen Sie im Aufklappmenü „Projektion:" (**13**) die Projektionsart „Auf jede Fläche einzeln" (**14**) aus.

Projektionsarten[...]

Auf jede Fläche einzeln	Die Textur wird senkrecht auf jede Fläche eines polygonalen Objekts einzeln projiziert. Die Zuweisung erfolgt automatisch. Diese Projektionsart eignet sich besonders für Wände mit Nischen oder Vorsprüngen und für Objekte aus importierten 3ds- oder DXF/DWG-Dateien. Verwenden Sie diese Projektionsart nicht für Decals (Werkzeug **Füllung und Textur bearbeiten** wird nicht unterstützt). 

[...] (siehe Vectorworks-Hilfe [1])

7. Turm

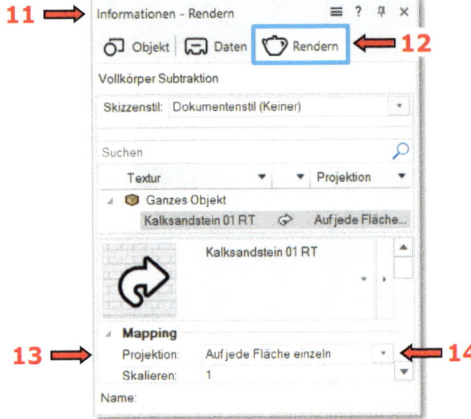

7.11 Darstellungsart – Renderworks Eigen

Darstellungsarten
Die Darstellungsarten übersetzen die Zeichnung auf verschiedene Weise, um ein Bild mit realistischen Details und Effekten zu erzeugen. Die Darstellungsart "Nur sichtbare Kanten" ähnelt z. B. einem nicht gerenderten (Drahtmodell-)Bild, blendet aber die Teile des Objekts aus, die normalerweise nicht sichtbar wären.
Die Darstellungsart "Volumenmodell" blendet ebenfalls Kanten aus und hat Farben und Schattierung. Sie zeigt, wie die Lichtquellen mit den Objektoberflächen interagieren und kann alle zugewiesenen Texturen anzeigen.
[...] (siehe Vectorworks-Hilfe [1])

Drahtmodell
Volumenmodell
Renderstil
Renderworks schnell
Renderworks Eigen
Renderworks mit Malstil
Nur sichtbare Kanten
Alle Kanten
Skizzenstil
Flächenrendering
Einstellungen Renderworks eigen...

- Im Dialogfenster „Einstellungen-Raster" (**2**) des Fangmodus „An Raster ausrichten" (**1**) blenden Sie die 3D-Achsen aus (**3**).

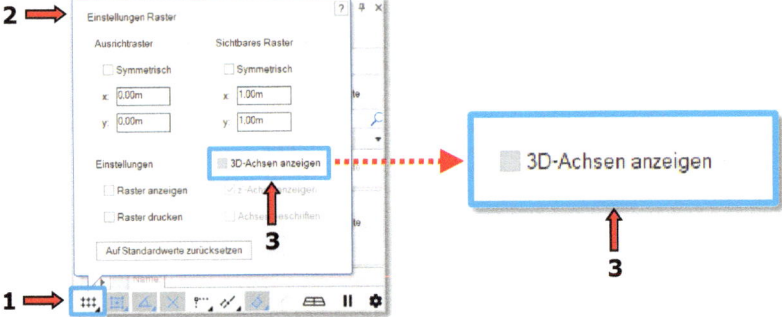

7. Turm

- Rufen Sie in der Multifunktionsleiste (**4**) im Aufklappmenü „Einstellungen für gewählte Darstellungsart" (**5**) die Darstellungsart **Renderworks Eigen** (**6**) auf.

Bei der Darstellungsart **Renderworks Eigen** können Sie Render-Einstellungen wie z. B. die Darstellungsqualität anpassen. Im Gegensatz dazu können die Darstellungsarten **Renderworks schnell** und **Renderworks** nicht zusätzlich verändert werden, da sie feste Voreinstellungen haben.

Einstellungen Renderworks Eigen [...]

Qualität	In diesem Bereich regeln Sie die Qualität verschiedener Renderfaktoren. Höhere Qualität resultiert in besserer Auflösung der gerenderten Bilder, mit besseren Details und weicheren Schatten, benötigt aber mehr Rechenzeit.

[...] (siehe Vectorworks-Hilfe [1])

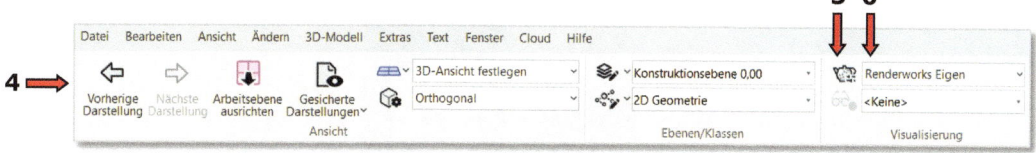

- Passen Sie die Einstellungen der Darstellungsart **Renderworks Eigen** an, indem Sie in der Multifunktionsleiste (**4**) unter Aktuelle Darstellungsart (**5**) den Befehl - Einstellungen Renderworks Eigen... (**7**) wählen.

- Im nun erscheinenden Dialogfenster „Einstellungen Renderworks Eigen" (**8**) stellen Sie die Qualitätsstufe (**10**) im Gruppenfeld „Qualität" (**9**) beispielsweise auf „Alle Sehr Hoch" (**11**) ein, was in der Regel zu einer längeren Renderzeit führt.

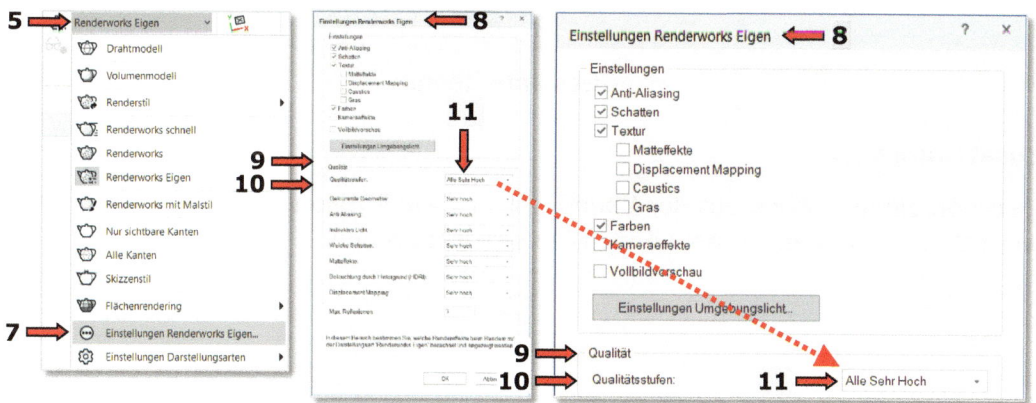

445

7. Turm

Gesamtergebnis

Zusatzaufgabe:

Zeichnen Sie die Vitrine aus der Übung „Vitrine" als 3D-Modell. Die fehlenden Maße, wie z.B. die Tiefe der Vitrine, können Sie selbst festlegen.

Literaturverzeichnis

1. Vectorworks-Hilfe [1]:

    - https://vectorworks-hilfe.computerworks.eu/2024/Vectorworks-Hilfe/Vectorworks-Hilfe/Vectorworks- Hilfe_und_Support.htm

    - Sie erreichen die Vectorworks-Hilfe auch über den Befehl in der Menüzeile: **Hilfe – Vectorworks-Hilfe** (Vectorworks Version 2024), (siehe Seite 36 ff.).

2. Suhner A. (2010) [2]. *Grundlagen Vectorworks, 2D und 3D-Konstruieren für Einsteiger und Fortgeschrittene, Handbuch für Lehrer und Studenten.* (3.Auflage 2010). Basel, Schweiz: Computerworks. (Fachhändler Bernd Fliegauf EDV + CAD)

Stichwortverzeichnis

Numerisch
2D-Darstellung bearbeiten 278, 284f, 314f
2D-Konstruktion 54
2D-Objekte 2f, 67f, 194f
2D-Punkt 406
2D-Plan rotiert 21f
2D-Symbol 259f, 292, 294ff
3D-Achsen anzeigen 445
3D-Konstruktion 325
3D-Kurvenverbindung 379f
3D–Modell 327ff, 357, 359
3D-Modellieren 327
3D-Modifikator 80f
3D-Objekte 12, 23f
3D-Punkt 330f
3D-Verschieben 361

A
Ablösbare Registerkarten 35f
Abstand zu ARK 96, 133
Ähnliches aktivieren (Werkzeug) 47f, 401
Aktivieren (Werkzeug) 98
Aktuelle Ansicht 13
Anordnen - In den Hintergrund 85f, 111
Ansichtsbereich 254ff
Ansichtsbereich bearbeiten 259ff
Ansichtsbereich, Begrenzung bearbeiten 262
Ansichtsbereich, Ergänzung bearbeiten 263
Arbeitsebene festlegen (Werkzeug) 409f, 432
Attribute zuweisen 67ff
Attribute, Bildfüllung 294f
Attribute, Farbverlauf bearbeiten 175ff
Attribute, Linienart anlegen 185ff
Attribute, Linienarten 175f
Attribute, Mosaik 204ff
Attribute, Mosaik zuweisen 214f
Attribute, Schraffur erstellen 196ff
Attribute, Schraffur zuweisen 203f
Attribute, Stiftfarbe 70f
Attribute, Verläufe 175ff
Attribute-Palette 44, 67
Ausrichten (Befehl) 232f
Ausrichtkante 133
Ausrichtpunkt 83
Ausrichtung Arbeitsebene 16f
Ausrichtung Konstruktionsebene 15f
Auto-Arbeitsebene 16f, 363, 395
Automatisches Speichern 9f

B
Bemaßung 251ff
Bemaßungsstandard erstellen 220ff
Bézierkurve 116f
Bézierkurve einfügen 117
Bezugsebene Ansicht 12

D
Darstellungsarten 25f
Deckkraft festlegen 124f,
Dialogfenster „Einstellungen 3D-Kurvenverbindung" 379
Dialogfenster „Einstellungen DXF/DWG-Import" 306ff
Dialogfenster „Einstellungen Programm"-„3D" 328
Dialogfenster „Farbe" 143f
Dialogfenster „Linienart anlegen" 191
Dialogfenster „Objekt anlegen-3D-Punkt" 330f
Dialogfenster „Objekt anlegen-Kreis" 198, 338ff
Dialogfenster „Objekt anlegen-Linie" 63f
Dialogfenster „Objekt anlegen-Rechteck" 108, 117f
Dokument-/Zeichnungsstruktur 4ff
Doppellinie 226ff
Doppelpolygon 407ff
Drücken/Ziehen, Fläche extrudieren (Werkzeug) 352f
Drucker und Seite einrichten 7
Duplikate verschieben 110
Duplikate verteilen 422f
Duplizieren an Pfad 113f, 118f
Duplizieren und anordnen 120, 129f
DWG-Datei herunterladen 304ff
DWG-Datei importieren 306ff

E
Ebene bearbeiten 390f
Ebenen 141ff, 390f
Ebenendarstellung 399, 435
Einfügen (Befehl) 191
Einheiten 5, 54f
Einstellungen übertragen (Werkzeug) 159f
Extrahieren 402f
Extrusionskörper 393f,4 15

F
Fangmodus, An Kante ausrichten 94, 131
Fangmodus, An Objekt ausrichten 61, 82
Fangmodus, An Punkt ausrichten 83ff

Fangmodus, An Teilstück ausrichten 90f
Farbe, Dialogfenster 143f
Farbpalette Vectorworks Classic 70, 157f
Favoriten-Palette 2, 43ff, 47
Flächen abschrägen 354ff
Flächen zusammenfügen 78, 102f
Füllung und Textur bearbeiten (Werkzeug) 183f, 204, 215f

G
Gruppieren (Befehl) 120, 126

H
Hilfslinie (Werkzeug) 342f, 348f
Hilfslinien löschen 348f
Hohlkörper 366f

I
Import DXF/DWG... 303, 306f
In Bezug auf Bezugspunkt verschieben 411f
Informationen-Objekt-Palette 63
Informationen-Objekt-Palette, Klasse 245f
Informationen-Palette 2f
Intelligenter Zeiger 61

K
Klasse, „Automatisch zuweisen" 143, 225
Klasse bearbeiten 143, 225, 245
Klassen 3, 59, 4f, 59
Klassendarstellung 247f
Klassensichtbarkeit-Status 247, 250
Klassenstile zuweisen 245ff
Klassen-Unterklassen 224
Komplexe Linienarten 72f
Konstruktionsebenen 4, 389f
Kopieren (Befehl) 190
Kopieren (Werkzeug Verschieben) 110, 209
Kreis 89ff
Kreisbogen 100ff, 235f
Kurvenverbindung anlegen (Werkzeug) 379f

L
Layoutebene 254ff
Layoutebene bearbeiten 257f
Linie 59ff
Linie – Methode - Aus Anfangspunkt 60
Linie – Methode - In beliebigen Winkeln 60
Linie - Methode - Drücken/Ziehen 331ff
Linienart (Komplexe), Linie Gras abstrakt 72f
Linienart, gestrichelt und gepunktet 67f
Linienart-Wiederholungen ein/aus 185f

Liniendicke 70f
Linienendzeichen (Pfeil) 73f
Linienendzeichen verketten 73f, 76
Linienendzeichenart 76ff
Linienendzeichenart bearbeiten 74ff

M
Maßstab 5, 55f
Mausfunktionen 26f
Mehrere Ansichtsfenster 29f, 428f
Mehrere Ansichtsfenster verwenden 428f
Mehrfenstertechnik 428f
Menüzeile 1, 11
Methodenzeile 1
Mit Linien unterteilen (Befehl) 173f
Mosaik-Wiederholungen ein/aus 208ff
Multifunktionsleiste 11f

N
Navigationspalette 3, 250f
Neue Ebene erstellen 142
Neue Klasse erstellen 142f
Neues Dokument anlegen 138ff
Neues Dokument öffnen 8f
NURBS anlegen (Befehl) 378
NURBS-Kurve 377ff

O
Objekt anlegen-Kreis 208
Objekt anlegen-Linie, Dialogfenster 63f
Objekt anlegen-Rechteck, Dialogfenster 106f, 122
Objektmaßanzeige 61f, 80
Ordner für Linienarten 189f
Ordner für Mosaike 205f
Ordner für Schraffuren 196f
Ordner für Symbole anlegen 272f

P
Paletten 2ff, 42ff
Papierformat 6f, 56
Parallele (Werkzeug) 120, 123f
Parallele zu Ausrichtkante mit Abstand 94, 131
Pfadkörper anlegen 429ff
Plan rotieren 21f
Plangröße 1, 6ff
Plankopf 254, 265f
Polare Koordinateneingabe 62
Polygon 78
Polygon, „Aus umschließenden Objekten" 165, 242f
Polylinie 78, 116ff
Profil an Pfad rotieren 385
Programm Einstellungen (Befehl) 9, 24

Projektionsart, „Auf jede Fläche einzeln" 443
Projektionsart-Orthogonal 23f
Projektpräsentation 254ff
Punkt (2D) 59f, 40

R
Rechteck 78ff
Rechteck, Methode - Drücken/Ziehen Zusammenfügen 331ff
Regelmäßiges Vieleck (Werkzeug) 166f
Renderworks 384f
Renderworks Eigen 444ff
Renderworks-Texturen 383, 441f
Rotationskörper 372
Rotieren (Werkzeug) 400f

S
Schichtkörper 405ff
Schneiden (Werkzeug) 161ff
Schnelleinstellungen 2, 7
Schnellsuche 33f
Schnittbox (Befehl) 436f
Schnittfläche löschen 78, 125f
Schnittvolumen löschen 396f, 401f
Senkrecht auf Arbeitsebene blicken 18, 310f
Sichern nach 10, 57
Sichern und ein Backup erstellen 57f
Skalieren (Befehl) 149f
Smart Options 2, 31ff
Spiegeln (Werkzeug) 64ff, 109f
Standard Linienarten 67f
Strecke messen (Werkzeug) 125
Symbol bearbeiten 314f
Symbol ersetzen 281f
Symbol in Zubehör-Manager aktivieren 277, 284
Symbol skalieren 316
Symbol umbenennen 314
Symbol, Einfügepunkt 270ff
Symbole 269ff

T
Taste **F** 28, 33
Taste **F1** 38
Taste **G** 28, 128, 398
Taste **R** 28, 433
Taste **T** 28, 84, 88
Taste „." 419
Tastenkürzel 27ff
Teilen (Befehl) 417f

Teilstück (Fangmodus) 90, 153
Teilwinkel (Werkzeug) 153ff
Temporärer Nullpunkt 120, 127ff
Text 263f
Textur 382ff, 438ff
Textur über Klasse zuweisen 440ff
Texturen zuweisen 438ff
Tools-Palette 3f, 43f
Transformieren (Methode) 80f

U
Umformen (Werkzeug) 239
Unterobjekte bearbeiten 425f
Unterteilen und zerschneiden (Befehl) 148f

V
Vectorworks starten 39ff, 54
Vectorworks-Programmoberfläche 1
Vectorworks-Bibliotheken 176f, 294f
Vectorworks-Direkthilfe 38f
Vectorworks-Hilfe 36ff
Verbinden (Befehl) 236, 238
Verjüngungskörper anlegen 359
Verrunden (Werkzeug) 103, 112
Verschieben (Befehl) 111, 361
Verschieben (Werkzeug) 109f, 127f
Verschieben, 3D Verschieben 361
Verschieben, Methode - Drücken-Ziehen-Loslassen 77
Versetzen (Werkzeug) 49, 231f
Vollkörper Addition 393f
Vollkörper bearbeiten 425f
Vollkörper Subtraktion 426
Volumenmodell (Darstellungsart) 374
Volumen zusammenfügen 357
Vorgabedokument 5f

W
Wegschneiden (Werkzeug) 418f, 427
Werkzeuggruppe „Modellieren" 4, 366
Werkzeugpaletten 4, 60

Z
Zeichenfläche 1
Zeigerfang-Gruppe 2, 53
Zeigerfang-Set 53
Zerschneiden (Werkzeug) 163f
ZOOM 19f, 285
Zoom auf Seite 20
Zubehör-Manager 3, 68ff, 175ff, 438ff

GPSR Compliance

The European Union's (EU) General Product Safety Regulation (GPSR) is a set of rules that requires consumer products to be safe and our obligations to ensure this.

If you have any concerns about our products, you can contact us on ProductSafety@springernature.com

In case Publisher is established outside the EU, the EU authorized representative is:

Springer Nature Customer Service Center GmbH
Europaplatz 3
69115 Heidelberg, Germany

Batch number: 09598945

Printed by Printforce, the Netherlands